精通嵌入式 Linux 编程

[美] 弗兰克·瓦斯奎兹　等著

陈会翔　译

清华大学出版社

北　京

内 容 简 介

本书详细阐述了与嵌入式 Linux 开发相关的基本解决方案，主要包括初识嵌入式 Linux 开发、关于工具链、引导加载程序详解、配置和构建内核、构建根文件系统、选择构建系统、使用 Yocto 进行开发、Yocto技术内幕、创建存储策略、现场更新软件、连接设备驱动程序、使用分线板进行原型设计、init 程序、使用 BusyBox runit 启动、管理电源、打包 Python 程序、了解进程和线程、管理内存、使用 GDB 进行调试、性能分析和跟踪、实时编程等内容。此外，本书还提供了相应的示例、代码，以帮助读者进一步理解相关方案的实现过程。

本书适合作为高等院校计算机及相关专业的教材和教学参考书，也可作为相关开发人员的自学用书和参考手册。

北京市版权局著作权合同登记号 图字：01-2022-1459

Copyright © Packt Publishing 2021.First published in the English language under the title
Mastering Embedded Linux Programming,Third Edition.
Simplified Chinese-language edition © 2023 by Tsinghua University Press.All rights reserved.

本书中文简体字版由 Packt Publishing 授权清华大学出版社独家出版。未经出版者书面许可，不得以任何方式复制或抄袭本书内容。

本书封面贴有清华大学出版社防伪标签，无标签者不得销售。

版权所有，侵权必究。举报：010-62782989，beiqinquan@tup.tsinghua.edu.cn。

图书在版编目（CIP）数据

精通嵌入式 Linux 编程 ／（美）弗兰克·瓦斯奎兹等著；陈会翔译. —北京：清华大学出版社，2023.5
书名原文：Mastering Embedded Linux Programming, Third Edition
ISBN 978-7-302-63563-5

Ⅰ．①精…　Ⅱ．①弗…　②陈…　Ⅲ．①Linux 操作系统—程序设计　Ⅳ．①TP316.85

中国国家版本馆 CIP 数据核字（2023）第 088494 号

责任编辑：贾小红
封面设计：刘　超
版式设计：文森时代
责任校对：马军令
责任印制：宋　林

出版发行：清华大学出版社
　　　　　网　　　址：http://www.tup.com.cn，http://www.wqbook.com
　　　　　地　　　址：北京清华大学学研大厦 A 座　　　邮　　编：100084
　　　　　社 总 机：010-83470000　　　　　　　　　邮　　购：010-62786544
　　　　　投稿与读者服务：010-62776969，c-service@tup.tsinghua.edu.cn
　　　　　质量反馈：010-62772015，zhiliang@tup.tsinghua.edu.cn
印 装 者：三河市天利华印刷装订有限公司
经　　销：全国新华书店
开　　本：185mm×230mm　　　印　　张：42.5　　　字　　数：849 千字
版　　次：2023 年 6 月第 1 版　　　　　　　　印　　次：2023 年 6 月第 1 次印刷
定　　价：159.00 元

产品编号：097525-01

译 者 序

嵌入式 Linux 对于开发人员的知识面要求非常广,并且要具有一定的深度。本书为了适应这种需求,在软硬件开发的多方面均有涉猎,并提供了丰富的理论解释和操作示例。

以硬件开发为例(不接触硬件的嵌入式 Linux 开发人员不是一个好的开发者),本书在第 1 章既介绍目前最为流行的 Raspberry Pi 4 开发板,也介绍低成本的 BeagleBone Black 开发板,还介绍 QEMU 模拟器(你可以认为它是无成本的);在第 3 章介绍设备树及其编译;在第 9 章介绍各种类型的闪存、字符设备和块设备等;在第 11 章介绍硬件中断、GPIO 接口、LED、I2C、SPI 总线,以及设备驱动程序的开发等;在第 12 章介绍如何阅读硬件原理图和数据表,使用分线板进行原型设计,使用逻辑分析仪探测 SPI 信号等。熟练掌握这些内容和相关操作示例无疑将加深开发人员对于硬件原理的了解,并有助于通过软硬件结合技术解决问题。

在软件开发方面,本书从多个层面强化了读者对于嵌入式 Linux 开发的理解。

第一个层面是 Linux 内核开发和管理。第 1 章解释开源许可机制;第 2 章介绍 CPU 架构和 C 库,工具链的构建和交叉编译技巧等,并演示 crosstool-NG、makefile、Autotools 和 CMake 等工具的应用;第 3 章介绍引导加载程序和引导顺序,还介绍 U-Boot 工具;第 4 章演示内核配置机制 Kconfig 和内核构建系统 Kbuild 的操作;第 5 章介绍根文件系统的目录布局、程序和库、设备节点以及 proc 和 sysfs 伪文件系统等,并演示创建引导 initramfs、配置用户账户、管理设备节点、配置网络、使用 NFS 挂载根文件系统、使用 TFTP 加载内核等操作;第 6 章介绍 Buildroot 和 Yocto Project 两个构建系统;第 7 章和第 8 章则继续深化对 Yocto 的讲解,并介绍 devtool 和 BitBake 的应用。掌握这些内容无疑能加深开发人员对处理器、操作系统和编译器的理解,也使他们对各种构建和配置工具的应用更加熟练。

第二个层面是具体实现技术。在第 9 章介绍如何从引导加载程序和 Linux 中访问闪存;第 10 章讨论软件更新机制,并演示使用 Mender 和 balena 进行更新的操作;第 13 章和第 14 章详细介绍和比较 BusyBox init、System V init、systemd、BusyBox runit 4 个初始化程序;第 15 章探讨电源管理技术;第 16 章介绍 Python 程序打包技术,并演示 pip、venv、conda 和 Docker 操作;第 17 章阐释进程和线程的区别,并介绍进程间通信和线程间通信技术、调度策略等;第 18 章阐释内核空间和用户空间的内存布局,并介绍如何使用 mmap 分配、共享和访问内存;第 21 章讨论实时编程的本质特点,阐释了内核抢占、线程化中断处理程序、可抢占内核锁技术和高分辨率定时器等。掌握这些内容能使开发人员真正发挥出自己的设计能力，面对具体开发任务时做到胸有成竹。

第三个层面是调试和优化。在进行嵌入式 Linux 开发时，出现错误在所难免。第 18 章演示如何使用 top、ps 和 smem 查看每个进程的内存使用情况，以及如何使用 mtrace 和 Valgrind 识别内存泄漏等；第 19 章介绍 Linux 平台最常见的 GDB 调试器和广受欢迎的 Visual Studio Code 开源代码编辑器，并演示本机调试和远程调试流程，以及使用 kgdb 调试内核代码的操作；第 20 章介绍 top、穷人的性能分析器（这是一个名称怪异的性能分析工具）、perf、Ftrace、LTTng、BPF、Valgrind 和 strace 等多种性能分析工具；第 21 章演示如何使用 cyclictest 和 Ftrace 测量调度延迟。掌握这些内容对提升开发人员分析和解决问题的能力，培养开发人员面对复杂局面时的自信都有很大的帮助。

在翻译本书的过程中，为了更好地帮助读者理解和学习，本书对大量的术语以中英文对照的形式给出，这样的安排不但方便读者理解书中的代码，而且也有助于读者通过网络查找和利用相关资源。

本书由陈会翔翻译，黄进青也参与了部分内容的翻译工作。由于译者水平有限，难免有疏漏和不妥之处，在此诚挚欢迎读者提出意见和建议。

译　者

前　言

多年来，Linux 一直是嵌入式计算的中流砥柱。然而，涵盖该领域所有主题的书籍非常少，本书旨在填补这一空白。"嵌入式 Linux"一词的定义并不明确，它可以应用于从恒温器到 Wi-Fi 路由器，再到工业控制单元的各种设备内的操作系统。但是，它们都建立在相同的基本开源软件之上。这些正是我们在本书中要描述的技术，本书的写作基于我们作为工程师的经验和为培训课程开发的资料。

技术不会停滞不前。基于嵌入式计算的行业与主流计算一样容易受到摩尔定律的影响。这种指数级的增长意味着自本书第一版出版以来发生了惊人的大量变化。你现在正在阅读的第三版经过全面修订，使用最新版本的主要开源组件，包括 Linux 5.4、Yocto Project 3.1 Dunfell 和 Buildroot 2020.02 LTS。除了 Autotools，本书还包含 CMake，这是一种新构建系统，近年来得到了越来越多的采用。

本书大致按照你在实际项目中遇到的顺序来涵盖这些主题。第 1 篇包括第 1～8 章，涉及项目的早期阶段。本篇涵盖选择工具链、引导加载程序和内核等基础知识。我们以 Buildroot 和 Yocto 项目为例介绍嵌入式构建系统的概念。本篇以对 Yocto Project 的新深入研究结束。

第 2 篇包括第 9～15 章，着眼于在进行开发之前需要做出的各种设计决策。本篇涵盖文件系统、软件更新、设备驱动程序、init 程序和电源管理等主题。第 12 章演示使用分线板进行快速原型设计的各种技术，包括如何使用逻辑分析仪读取原理图、焊接接头和排除信号故障等。第 14 章深入探讨 Buildroot，你将学习如何使用 BusyBox runit 将系统软件划分为单独的服务。

第 3 篇包括第 16～18 章，将为你的项目实施阶段提供帮助。我们从 Python 打包和依赖管理开始，随着机器学习应用程序风靡全球，这个话题变得越来越重要。然后，我们讨论各种形式的进程间通信和多线程编程。本篇最后还仔细探讨 Linux 如何管理内存，并演示如何使用各种可用工具来测量内存使用情况和检测内存泄漏。

第 4 篇包括第 19～21 章，向你展示如何有效地利用 Linux 提供的许多调试和分析工具来检测问题和识别性能瓶颈。第 19 章介绍如何配置 Visual Studio Code 以使用 GDB 进行远程调试。第 20 章介绍 BPF，这是一种在 Linux 内核中实现高级编程跟踪的新技术。最后一章则阐释如何在实时应用程序中使用 Linux。

　　本书的每一章都介绍嵌入式 Linux 的一个主要领域。它描述知识背景，以便你可以了解一般原则，它还包括详细的有效示例来说明这些领域中的操作。你可以把它当作一本理论书籍，也可以将它作为一本实战操作指南。如果你能二者兼得，那么效果当然最好：你可以先熟悉理论，然后在现实生活中尝试。

本书读者

　　本书是为对嵌入式计算和 Linux 感兴趣的开发人员编写的。在编写本书时，我们假设你对 Linux 命令行有基本的了解；在编程示例中，我们假设你对 C 和 Python 语言的知识有一定的了解。其中还有几章侧重于嵌入式目标板的硬件，因此对于本书读者来说，熟悉硬件和硬件接口将是一个明显的优势。

内容介绍

　　本书分为 4 篇共 21 章，具体介绍如下。

❑　第 1 篇：嵌入式 Linux 的要素，包括第 1～8 章。

➢　第 1 章"初识嵌入式 Linux 开发"，详细阐释嵌入式 Linux 生态系统，介绍硬件选择和开发环境配置等准备工作。

➢　第 2 章"关于工具链"，描述工具链的组件，演示如何为目标开发板的交叉编译代码创建工具链。本章还详细介绍从何处获取工具链，并提供有关如何从源代码中构建工具链的详细信息。

➢　第 3 章"引导加载程序详解"，阐释引导加载程序在将 Linux 内核加载到内存这一过程中的作用，并以 U-Boot 为例演示其操作。本章还介绍设备树，它是一种对几乎所有嵌入式 Linux 系统中的硬件细节进行编码的机制。

➢　第 4 章"配置和构建内核"，介绍如何为嵌入式系统选择 Linux 内核并为设备内的硬件配置它。本章还介绍如何将 Linux 移植到新的硬件上。

➢　第 5 章"构建根文件系统"，通过有关如何配置根文件系统的分步指南，详细介绍嵌入式 Linux 实现的用户空间部分背后的思想。

➢　第 6 章"选择构建系统"，涵盖两个常用的嵌入式 Linux 构建系统 Buildroot 和 Yocto Project，它们可以自动执行此前 4 章中描述的步骤。

➢　第 7 章"使用 Yocto 进行开发"，演示如何在现有板级支持包（BSP）层之上构建系统镜像，如何使用 Yocto 的可扩展 SDK 开发板载软件包，如何推出你自己的嵌入式 Linux 发行版，以及如何进行运行时包管理和配置远程包服务器等。

➤ 第 8 章"Yocto 技术内幕"，介绍 Yocto 的构建工作流程和架构，包括对 Yocto 独特的多层方法的解释。本章还通过实际配方文件中的示例详细介绍 BitBake 语法和语义方面的基础知识。

❑ 第 2 篇：系统架构和设计决策，包括第 9～15 章。

➤ 第 9 章"创建存储策略"，讨论管理闪存带来的挑战，包括原始闪存芯片和嵌入式 MMC（eMMC）封装。本章还描述适用于各种技术的文件系统。

➤ 第 10 章"现场更新软件"，介绍在设备部署后更新软件的各种方法，包括完全托管的无线（OTA）更新。本章讨论的关键主题是可靠性和安全性。

➤ 第 11 章"连接设备驱动程序"，描述内核设备驱动程序如何通过实现一个简单的驱动程序与硬件进行交互。本章还阐释从用户空间调用设备驱动程序的各种方法。

➤ 第 12 章"使用分线板进行原型设计"，演示如何使用 BeagleBone Black 开发板的预构建 Debian 镜像和外围分线板快速构建硬件和软件原型。你将了解如何阅读数据表、连接电路板、多路复用设备树绑定以及分析 SPI 信号。

➤ 第 13 章"init 程序"，解释第一个用户空间程序 init，讨论如何通过它启动系统的其余部分。本章描述 init 程序的 3 个版本（每个版本都适用于不同的嵌入式系统组）：从简单的 BusyBox init 到 System V init，再到当前最先进的方法 systemd。

➤ 第 14 章"使用 BusyBox runit 启动"，演示如何使用 Buildroot 将系统划分为单独的 BusyBox runit 服务，每个服务都有自己的专用进程监督和日志记录，就像 systemd 提供的那样。与 System V init 不同，BusyBox runit 服务是同时启动而不是顺序启动，这可以显著加快启动速度。

➤ 第 15 章"管理电源"，考虑可以调整 Linux 以降低功耗的各种方法，包括动态频率和电压调整、选择更深的空闲状态和系统挂起等。其目的是使设备在电池充电时运行时间更长，并且运行温度更低。

❑ 第 3 篇：编写嵌入式应用程序，包括第 16～18 章。

➤ 第 16 章"打包 Python 程序"，解释哪些选项可用于将 Python 模块捆绑在一起进行部署，以及何时使用一种方法而不是另一种方法。本章涵盖 pip、venv、conda 和 Docker。

➤ 第 17 章"了解进程和线程"，从应用程序开发人员的角度描述嵌入式系统。

本章着眼于进程和线程、进程间通信和调度策略。

➢ 第 18 章"管理内存",介绍虚拟内存背后的思想以及地址空间如何被划分为内存映射。本章还描述如何准确测量内存使用情况,以及如何检测内存泄漏。

❑ 第 4 篇:调试和优化性能,包括第 19~21 章。

➢ 第 19 章"使用 GDB 进行调试",演示使用 GNU 调试器 GDB 和调试代理 gdbserver 来调试在目标设备上远程运行的应用程序。本章还介绍如何扩展这个模型来调试内核代码,即利用 kgdb 调试内核代码。

➢ 第 20 章"性能分析和跟踪",涵盖可用于测量系统性能的技术。本章从整个系统的性能分析开始,介绍多种性能分析工具。本章还描述如何使用 Valgrind 检查应用程序在线程同步和内存分配方面的正确性。

➢ 第 21 章"实时编程",提供 Linux 实时编程的详细指南,包括内核配置和 PREEMPT_RT 实时内核补丁。内核跟踪工具 Ftrace 可用于测量内核调度延迟并显示各种内核配置的效果。

充分利用本书

本书中使用的软件是完全开源的。在几乎所有示例中,我们都使用了撰写本文时可用的最新稳定版本。虽然我们试图以不特定于版本的方式来描述主要功能,但不可避免的是一些示例需要适应以后的软件。

本书涵盖的软硬件如表 P-1 所示。

表 P-1　本书涵盖的软硬件

本书涵盖的软硬件	操作系统需求
BeagleBone Black	不适用
Raspberry Pi 4	不适用
QEMU(32 位 ARM)	Linux(任意版本)
Yocto Project 3.1(Dunfell)	兼容 Linux 发行版*
Buildroot 2020.02 LTS	Linux(任意版本)
crosstool-NG 1.24.0	Linux(任意版本)
U-Boot v2021.01	Linux(任意版本)
Linux Kernel 5.4	Linux(任意版本)

* 有关更多详细信息,你可以参阅 *Yocto Project Quick Build*(《Yocto Project 快速构建》)指南的 "Compatible Linux Distribution"(《兼容 Linux 发行版》)部分。其网址如下:

https://www.yoctoproject.org/docs/current/brief-yoctoprojectqs/brief-yoctoprojectqs.html

嵌入式开发涉及主机和目标两个系统：主机用于开发程序，目标用于运行程序。对于主机系统，我们使用的是 Ubuntu 20.04 LTS，但大多数 Linux 发行版只需稍作修改即可工作。你可能决定在虚拟机中以访客身份运行 Linux，但你应该知道，某些任务（如使用 Yocto Project 构建发行版）要求很高，最好在 Linux 的本机安装上运行。

本书选择了 3 个示例目标：QEMU 模拟器、BeagleBone Black 和 Raspberry Pi 4。使用 QEMU 意味着你可以尝试大多数示例，而无须投资任何额外的硬件。另外，如果你有真正的硬件，有些事情会更好，为此，我们选择了 BeagleBone Black，因为它较为便宜，广泛可用，并且有很好的社区支持。Raspberry Pi 4 是在本书第 3 版中添加的，因为它内置了 Wi-Fi 和蓝牙。当然，你不仅限于这 3 个目标。本书背后的想法是为你提供问题的通用解决方案，以便你可以将它们应用到广泛的目标板上。

下载示例代码文件

本书随附的代码可以在 GitHub 上找到，其网址如下：

https://github.com/PacktPublishing/Mastering-Embedded-Linux-Programming-Third-Edition

如果代码有更新，那么它将在 GitHub 存储库中被更新。

下载彩色图像

我们还提供了一个 PDF 文件，其中包含本书中使用的屏幕截图/图表的彩色图像。你可以通过以下地址进行下载：

https://static.packt-cdn.com/downloads/9781789530384_ColorImages.pdf

本书约定

本书中使用了许多文本约定。

（1）有关代码块的设置如下：

```
#include <stdio.h>
#include <stdlib.h>
int main (int argc, char *argv[])
```

```
{
    printf ("Hello, world!\n");
    return 0;
}
```

（2）为了突出代码块，相关内容需要以粗体的形式进行显示：

```
#!/bin/sh
mount -t proc proc /proc
mount -t sysfs sysfs /sys
mount -t devtmpfs devtmpfs /dev
echo /sbin/mdev > /proc/sys/kernel/hotplug
mdev -s
```

（3）任何命令行的输入或输出都采用如下所示的粗体代码形式：

```
$ sudo tunctl -u $(whoami) -t tap0
```

（4）术语或重要单词采用中英文对照的形式给出，在括号内保留其英文原文。示例如下：

　　　　在嵌入式设备中最常见的架构是 ARM、MIPS、PowerPC 和 x86，每一种都有 32 位和 64 位变体，它们都具有内存管理单元（memory management unit, MMU）。

（5）对于界面词汇或专有名词将保留其英文原文，在括号内添加其中文译文。示例如下：

　　　　最后，将 BR2_ROOTFS_OVERLAY 设置为指向覆盖层的路径。可以在 menuconfig 中使用 System configuration（系统配置）| Root filesystem overlay directories（根文件系统覆盖层目录）选项进行配置。

（6）本书还使用了以下两个图标：

ⓘ 表示警告或重要的注意事项。

TIP 表示提示信息或操作技巧。

关 于 作 者

Frank Vasquez 是一位专注于消费电子产品的独立软件顾问。他在设计和构建嵌入式 Linux 系统方面拥有十多年的经验。在此期间，他完成了许多设备的开发，包括机架式 DSP 音频服务器、潜水员手持式声纳摄像机和消费者物联网热点。在成为嵌入式 Linux 开发工程师之前，Frank 曾经是 IBM 的数据库内核开发人员，他在该公司主要从事 DB2 方面的工作。他目前住在硅谷。

Chris Simmonds 是居住在英格兰南部的一名软件顾问和培训师。他在设计和构建开源嵌入式系统方面拥有近 20 年的经验。他是 2net Ltd 的创始人和首席顾问，该公司提供嵌入式 Linux、Linux 设备驱动程序和 Android 平台开发方面的专业培训和指导服务。他曾在嵌入式领域的许多大公司培训工程师，包括 ARM、高通、英特尔、爱立信和 General Dynamics。他经常在开源和嵌入式会议上发表演讲，包括 Embedded Linux Conference 和 Embedded World 会议。

关于审稿人

Ned Konz 是一个自学成才者，他相信史特金定律（Sturgeon's law）——该定律说的是：任何事物，其中 90% 都是垃圾——并试图在其他 10% 的事情上努力工作。在过去 45 年的工作中，他从事过工业机器、消费和医疗设备的软件和电子设计，也在惠普实验室与艾伦凯的团队一起进行过用户界面研究。他曾将 Linux 嵌入设备中，包括高端 SONAR 系统、监控相机和 Glowforge 激光切割机。作为西雅图 Product Creation Studio 的高级嵌入式系统程序员，他负责为各种客户产品设计软件和电子产品。在业余时间，他喜欢制造电子产品，并常在摇滚乐队中演奏贝司。他还完成过两次单人自行车之旅，每次行程超过 4500 英里（7242.048 千米）。

"我要感谢我的妻子 Nancy 的支持，也要感谢 Frank Vasquez 推荐我作为技术审稿人。"

Khem Raj 拥有电子和通信工程学士学位（荣誉）。在他 20 年的软件系统职业生涯中，他曾与包含初创企业和财富 500 强公司在内的各种组织合作。在此期间，他致力于开发操作系统、编译器、计算机编程语言、可扩展构建系统以及系统软件开发和优化。他对开源充满热情，并且是一位多产的开源贡献者，维护着流行的开源项目，如 Yocto Project。他经常在开源会议上发表演讲。他是一个狂热的读者和终身学习者。

目　　录

第 1 篇　嵌入式 Linux 的要素

第 2 篇　系统架构和设计决策

第 3 篇　编写嵌入式应用程序

第 4 篇　调试和优化性能

第 1 篇

嵌入式 Linux 的要素

本篇旨在帮助你搭建一个开发环境，为后续学习创建一个工作平台。这通常被称为"让板子跑起来"（board bring-up）阶段。所谓"板子"指的是电路板或开发板。

本篇包括以下 8 章：

第 1 章　初识嵌入式 Linux 开发

现在我们要开始一个新项目，这次将运行 Linux。在将手指放在键盘上之前，应该考虑哪些东西？我们从宏观层次上来认识嵌入式 Linux 开发，看看它为什么大受欢迎，开源许可的含义是什么，以及运行 Linux 需要什么样的硬件。

Linux 在 1999 年左右首次成为嵌入式设备的可行选择。那时 Axis 公司发布了他们的第一款基于 Linux 的网络摄像头和他们的第一款数字视频录像机（digital video recorder，DVR）TiVo。有关 Axis 公司的详细信息，你可访问以下网址：

https://www.axis.com

有关 TiVo 的详细信息，你可访问以下网址：

https://business.tivo.com

自 1999 年以来，Linux 变得越来越流行，以至于今天它已成为许多产品类别的首选操作系统。2021 年，有超过 20 亿台设备运行 Linux。这包括大量运行 Android（使用 Linux 内核）的智能手机，以及数以亿计的机顶盒、智能电视和 Wi-Fi 路由器，更不用说还有许多出货量较小但是非常多样化的设备，如车辆诊断、称重秤、工业设备和医疗监控单元等。

本章将介绍以下主题：
- ❑　选择 Linux 的原因
- ❑　不选择 Linux 的原因
- ❑　找到合适的玩家
- ❑　穿越项目生命周期
- ❑　开源的意义
- ❑　为嵌入式 Linux 开发选择硬件
- ❑　获取本书所需硬件
- ❑　配置开发环境

1.1　选择 Linux 的原因

为什么 Linux 如此普及？为什么像电视机这样简单的产品都需要运行像 Linux 这样复杂的操作系统才能在屏幕上显示流媒体视频？

简单的答案是摩尔定律：英特尔公司的联合创始人戈登·摩尔在 1965 年观察到，芯片上的元件密度大约每两年翻一番。

这适用于我们在日常生活中设计和使用的设备，就像它适用于台式计算机、笔记本计算机和服务器一样。大多数嵌入式设备的核心是高度集成的芯片，它包含一个或多个处理器核心，并且连接了主内存、大容量存储器和多种类型的外围设备。这被称为系统级芯片（system on chip，SoC，也称为片上系统）。

根据摩尔定律，SoC 的复杂性正在增加。典型的 SoC 具有长达数千页的技术参考手册。今天的高清电视机不再像过去的模拟电视机那样简单地显示视频流。

视频流是数字的，并且可能是加密的，需要处理才能创建图像。你的电视机已经连接到互联网。它可以接收来自智能手机、平板计算机和家庭媒体服务器的内容，也可以用于玩游戏等。你需要一个完整的操作系统来管理这种程度的复杂性。

以下是推动开发人员广泛采用 Linux 的一些要点。

❑　Linux 具有必要的功能。它具有良好的调度程序，优秀的网络栈，支持 USB、Wi-Fi 蓝牙、多种存储介质，以及多媒体设备等。换言之，它几乎对所有选项开放。

❑　Linux 已被移植到广泛的处理器架构中，包括一些在系统级芯片设计中常见的架构，如 ARM、MIPS、x86 和 PowerPC 等。

❑　Linux 是开源的，因此你可以自由地获取源代码并对其进行修改以满足你的需要。你可以为你的特定 SoC 板或设备创建板支持包，也可以添加主线源代码中可能缺少的协议、功能和技术，还可以删除不需要的功能以削减内存和存储要求。总之，Linux 是非常灵活的。

❑　Linux 有一个活跃的社区。对于 Linux Kernel 来说，该社区尤其活跃，每 8～10 周就会发布一个新的 Kernel 版本，每个版本都包含来自 1000 多名开发人员的代码。一个活跃的社区意味着 Linux 是最新的并支持当前的硬件、协议和标准。

❑　开源许可证保证你可以访问源代码，没有必须绑定到某个供应商的担忧。

基于上述要点，Linux 系统成为复杂设备的理想选择，但是在这里我也必须提出一些注意事项。例如，Linux 的复杂性使得它有一定的理解难度，再加上不断发展的开发过程和开源的去中心化结构，你必须付出一些努力来学习如何使用它，并随着它的变化不断地重新学习。希望本书能在这个过程中对你有所帮助。

1.2　不选择 Linux 的原因

Linux 适合你的项目吗？在要解决的问题已证明其复杂性的情况下，Linux 运行良好。在需要连接性、稳定可靠性和复杂用户界面的情况下，它尤其适用。但是，它并不能解决所有问题，因此在开始之前你需要考虑以下几点。

- ❑ 你的硬件能胜任这项工作吗？与 VxWorks 或 QNX 等传统实时操作系统（realtime operating system，RTOS）相比，Linux 需要更多资源，至少需要一个 32 位处理器和更多内存。在有关典型硬件要求的部分中，我们将详细介绍其需求。
- ❑ 你有合适的技术吗？在项目的早期（即"让板子跑起来"阶段），你需要详细了解 Linux 及其与硬件的关系；在调试和调整应用程序时，你需要能够解释结果。你如果没有相应的技术，则可能希望外包一些工作。当然，阅读本书对你的技术是有帮助的！
- ❑ 你的系统是实时的吗？Linux 可以处理许多实时活动，只要你注意某些细节即可，在第 21 章"实时编程"中将对此展开详细介绍。
- ❑ 你的代码是否需要监管批准（如医疗、汽车、航空航天等行业都有严格的监管条例）？监管层确认和验证这一因素可能会使另一个操作系统成为更好的选择。你即使确实选择了在这些环境中使用 Linux，从为现有产品（如你正在构建的产品）提供 Linux 的公司购买商业发行版也是有意义的。

请仔细考虑这些要点。比较好的做法可能是寻找运行 Linux 的类似产品，看看它们是如何做到的，然后遵循最佳实践。

1.3　找到合适的玩家

开源软件从何而来？谁写的？特别是，这与嵌入式开发的关键组件（工具链、引导加载程序、内核和根文件系统中的基本实用程序）有什么关系？

与嵌入式 Linux 开发相关的主要玩家如下。

- ❑ 开源社区：这是生成你将要使用的软件的发源地。社区是一个松散的开发者联盟，其中许多人以某种方式获得资助，可能来自非营利组织、学术机构或商业公司。他们共同努力，以促进各种项目的目标。他们有很多——有的小，有的大。在本书的余下部分中，我们将使用 Linux 本身、U-Boot、BusyBox、Buildroot、Yocto 项目以及 GNU 伞下的许多项目。

❑ CPU 架构师：这些是设计我们使用的 CPU 的组织。目前重要的玩家是 ARM/Linaro（ARM Cortex-A）、Intel（x86 和 x86_64）、SiFive（RISC-V）和 IBM（PowerPC）。它们实现了或至少影响了对基本 CPU 架构的支持。

❑ SoC 供应商（包括 Broadcom、Intel、Microchip、NXP、Qualcomm、TI 等）：他们从 CPU 架构师那里获取 Kernel 和工具链，并对其进行修改以支持他们的芯片。他们还将创建参考板，下游厂商将使用这些设计来创建开发板和商业产品。

❑ 电路板供应商和代工厂商（OEM）：这些厂商从 SoC 供应商处获取参考设计并将其构建到特定产品中，如机顶盒或相机；或者创建更通用的开发板，如 Advantech 和 Kontron 的开发板。

值得一提的是，这里有一个很重要的类别是廉价的开发板，如 BeagleBoard/BeagleBone 和 Raspberry Pi（树莓派）开发板，它们都创建了自己的软件和硬件附加组件生态系统。

❑ 商业 Linux 供应商：西门子（Mentor）、Timesys 和 Wind River 等公司提供的商业 Linux 发行版已经通过了多个行业（如医疗、汽车、航空航天等行业）的严格监管确认和验证。

上述玩家形成了一个链条，你的项目通常位于最后，这意味着你无法自由地选择组件。你不能简单地从 https://www.kernel.org/ 中获取最新内核（只有在极少数情况可以这样做），因为它可能不支持你正在使用的芯片或开发板。

这也是嵌入式开发一直存在的问题。理想情况下，上述链条中每个环节的开发人员都会将他们的更改推送到上游，但他们实际上并不会。发现一个 Kernel 有数千个未合并的补丁的情况并不罕见。此外，SoC 供应商往往只为他们最新的芯片积极开发开源组件，这意味着对任何超过几年的芯片的支持都将被冻结并且不会收到任何更新。

这个问题产生的结果就是大多数嵌入式设计都基于旧版本的软件。它们不会收到新版本中的安全修复、性能增强或功能。诸如 Heartbleed（OpenSSL 库中的一个错误）和 ShellShock（bash shell 中的一个错误）这一类的问题都未得到修复。在本章后面的安全主题下还将详细讨论这一点。

对于这个问题，我们作为开发人员能做什么呢？首先，向你的供应商（NXP、Texas Instruments 和 Xilinx 等）咨询以下问题：他们的更新政策是什么？他们多久修改一次内核版本？当前的内核版本是什么？之前的版本是什么？他们在上游合并变更的策略是什么？一些供应商在这些方面有很大的优势，你应该更喜欢他们的芯片。

其次，你可以采取一些措施让自己更加自给自足。本书第 1 篇的章节更详细地解释了这种依赖关系，并向你展示了可以自助的地方。不要只选择 SoC 或电路板供应商提供给你的封装，然后盲目使用它，而不考虑替代方案。

1.4　穿越项目生命周期

本书共分为 4 篇，恰好反映了项目的各个阶段。这些阶段不一定是连续的。一般来说，它们会重叠，你需要跳回去重新审视以前做过的事情。当然，随着项目的进展，它们代表了开发人员的关注点。

1.4.1　篇章内容概述

了解本书篇章内容刚好可以从宏观上认识嵌入式 Linux 开发的各个阶段。

❑ 第 1 篇：嵌入式 Linux 的要素（包括第 1～8 章）将帮助你设置开发环境并为后续阶段创建工作平台。它通常被称为"让板子跑起来"阶段。

❑ 第 2 篇：系统架构和设计决策（包括第 9～15 章）将帮助你了解你必须做出的一些设计决策，这些决策涉及程序和数据的存储、如何在内核设备驱动程序和应用程序之间划分工作，以及如何初始化系统。

❑ 第 3 篇：编写嵌入式应用程序（包括第 16～18 章）展示如何打包和部署 Python 应用程序，有效利用 Linux 进程和线程模型，以及如何在资源受限的设备中管理内存。

❑ 第 4 篇：调试和优化性能（包括第 19～21 章）描述如何在应用程序和内核中跟踪、分析和调试代码。最后一章解释如何在需要时设计实时行为。

接下来，我们来认识嵌入式 Linux 的 4 个基本要素。

1.4.2　嵌入式 Linux 的 4 个基本要素

嵌入式 Linux 开发的每个项目都将从获取、定制和部署工具链、引导加载程序、内核和根文件系统 4 个元素开始。这也是本书第 1 篇的主题。

❑ 工具链（toolchain）：为目标设备创建代码所需的编译器和其他工具。

❑ 引导加载程序（bootLoader）：初始化开发板并加载 Linux 内核的程序。

❑ 内核（kernel）：这是系统的核心，管理系统资源并与硬件连接。

❑ 根文件系统（root filesystem）：包含内核完成初始化后运行的库和程序。

当然，还有第 5 个要素，即与你的嵌入式应用程序相关的程序集合，它们可以使设备做它应该做的任何事情，如称重、播放电影、控制机器人或驾驶无人机等。这里就暂且不展开细说了。

一般来说，当你购买 SoC 或电路板（开发板）时，你将获得部分或全部这些要素（可能是一个软件包的形式）。但是，由于 1.3 节"找到合适的玩家"中提到的原因，它们可能不是你的最佳选择。我们将在前 8 章中为你提供做出正确选择的背景知识，并向你介绍两个自动化整个过程的工具：Buildroot 和 Yocto 项目。

1.5　开源的意义

因为嵌入式 Linux 的组件是开源（open source）的，所以现在我们需要认真考虑：开源究竟意味着什么，为什么会有开源这种运行方式，以及这对于专有嵌入式设备的程序开发会有什么样的影响等。

1.5.1　开源和免费有区别

在谈论"开源"时，经常使用免费（free）这个词。刚接触该主题的人通常认为开源就意味着无须支付任何费用，而开源软件的许可也确实保证你可以免费使用该软件开发并部署系统。但是，这里 free 更重要的含义其实是"自由"，因为你可以自由地获取源代码，以任何你认为合适的方式对其进行修改，并将其重新部署到其他系统中。开源许可赋予你此权利。

相形之下，还有一种免费软件许可（freeware license），它允许你免费复制二进制文件，但不向你提供源代码。

另外还有一些许可，它们允许你在某些情况下免费使用软件，例如，仅供个人使用，但不能用于商业目的。这些都不是开源的。

1.5.2　开源许可机制

我们将提供以下说明以帮助你了解使用开源许可机制的含义，但要指出的是，我只是一名工程师而不是律师。以下是我对许可机制及其解释方式的理解。

开源许可大致分为以下两类。

❑　Copyleft 许可：例如 GNU 通用公共许可证（GNU general public license，GPL）。

❑　自由许可（permissive license，也称为宽松许可）：如 BSD 和 MIT 许可。

自由许可从本质上说，只要你不以任何方式修改许可条款，就可以修改源代码并在你自己选择的系统中使用它。换句话说，自由许可意味着你可以随心所欲地使用它，包括将其构建到可能的专有系统中。

GPL 许可与此类似，但它有一些条款会强制你将获取和修改软件的权利转让给你的最终用户。换句话说，你需要共享你的源代码。

一种选择是将其放在公共服务器上使其完全公开，另一种方法则是仅通过书面形式向最终用户提供它，以便在请求时提供代码。GPL 进一步说你不能将 GPL 代码合并到专有程序中。任何这样做的尝试都会使 GPL 适用于整体。换句话说，你不能在一个程序中结合 GPL 和专有代码。

除了 Linux 内核，GNU 编译器集合（GNU compiler collection，GCC）和 GNU 调试器（GNU debugger，GDB）以及与 GNU 项目相关的许多其他免费可用的工具也都属于 GPL 的范畴。

那么，开源库的许可机制又是什么样的呢？如果它获得 GPL 许可，则与它链接的任何程序也将成为 GPL。当然，大多数库的许可都基于 GNU 宽通用公共许可证（GNU lesser general public license，LGPL），如果是这种情况，那么你可以从专有程序中链接到它们。

ℹ️ 注意：

上面的所有描述都具体涉及 GPL v2 和 LGPL v2.1。需要指出的是，还有 GPL v3 和 LGPL v3 版本。这些版本有一些争议，我承认我并不完全理解其中的含义。

当然，其目的是确保最终用户可以替换任何系统中的 GPL v3 和 LGPL v3 组件，这符合"造福所有人"的开源软件精神。

GPL v3 和 LGPL v3 自有它们的问题，如存在安全问题。如果设备的所有者有权访问系统代码，那么不受欢迎的入侵者也可能如此。一般来说，防御措施是拥有由供应商等权威机构签署的内核镜像，这样就不可能进行未经授权的更新，但这是否侵犯了我修改设备的权利呢？目前意见不一。

ℹ️ 注意：

TiVo 机顶盒是这场辩论的重要组成部分。它使用 Linux 内核，该内核在 GPL v2 下获得许可。TiVo 已发布其内核版本的源代码，因此符合该许可机制。TiVo 还有一个引导加载程序，它只会加载由 TiVo 签名的内核二进制文件。因此，你可以为 TiVo 机器构建修改后的内核，但不能将其加载到硬件上。自由软件基金会（Free Software Foundation，FSF）认为这不符合开源软件的精神，并将此过程称为 Tivoization。

GPL v3 和 LGPL v3 就是为了明确防止这种情况发生而编写的。一些项目,尤其是 Linux 内核,一直不愿意采用 GPL v3 许可,因为它们会对设备制造商施加限制。

1.6　为嵌入式 Linux 开发选择硬件

如果你正在为嵌入式 Linux 项目设计或选择硬件,那么需要注意些什么?

第一,要考虑的当然是内核支持的 CPU 架构——除非你打算自己添加新架构!查看 Linux 5.4 的源代码,共有 25 种架构,每一种架构都由 arch/目录中的一个子目录表示。它们都是 32 位或 64 位架构,大多数带有 MMU,但也有一些没有。在嵌入式设备中最常见的架构是 ARM、MIPS、PowerPC 和 x86,每一种都有 32 位和 64 位变体,它们都具有内存管理单元(memory management unit,MMU)。

本书的大部分内容都是针对这类处理器编写的。还有另一组没有 MMU,它运行被称为微控制器 Linux(microcontroller Linux)或 uClinux 的 Linux 子集。这些处理器架构包括 ARC(Argonaut RISC Core)、Blackfin、MicroBlaze 和 Nios 等。我会时不时地提到 uClinux,但由于这是一个比较专业的话题,因此就不展开细说了。

第二,你将需要合理数量的 RAM 内存。16 MiB 是一个还不错的最小值,尽管使用它的一半运行 Linux 也是有可能的。你如果准备不厌其烦地优化系统的每个部分,那么甚至可以运行 4 MiB 的 Linux。它甚至有可能变得更低,但到了某个点上,它就不再是 Linux。

💡 提示:

MiB 是 Mega Binary Byte 的缩写,指的是百万位二进制字节。MB 单位是以 10 为底数的指数,而 MiB 则是以 2 为底数的指数。

$1 \text{ MiB} = 2^{20} = 1048576$ 字节 $= 1024 \text{ KiB}$

$1 \text{ MB} = 10^{6} = 1000000$ 字节 $= 1000 \text{ KB}$

第三,还需要有非易失性存储,这通常是指闪存。对于网络摄像头或简单路由器等简单设备而言,8 MiB 就足够了。与 RAM 一样,你如果真的想要,则需要创建一个可用的 Linux 系统,但存储空间越低,则越难做到。Linux 支持广泛的闪存设备,包括原始 NOR 和 NAND 闪存芯片,以及 SD 卡、eMMC 芯片、USB 闪存等形式的托管闪存。

第四,串口也很有用,最好是基于 UART 的串口。它不必安装在产品电路板上,但可以使板子的启动、调试和开发更加容易。

第五,从头开始时,你需要一些加载软件的方法。为此,许多微控制器板都配备了联合测试行动组(joint test action group,JTAG)接口。现代 SoC 还能够直接从可移动媒体加载引导代码，尤其是 SD 和 micro SD 卡，或诸如 UART、USB 之类的串行接口。

除了这些基础选项，还有一些接口可以连接到你的设备完成工作所需的特定硬件。Mainline Linux 带有用于数千种不同设备的开源驱动程序，并且还有来自 SoC 制造商和第三方芯片 OEM 的驱动程序（质量参差不齐），你可以将它们包含在设计中，但是别忘记前文我们对于制造商的评价（详见 1.3 节"找到合适的玩家"），不要太相信他们的承诺和能力。作为嵌入式设备的开发人员，你会发现你可能需要花费大量时间评估和调整第三方代码（如果有的话），或者与制造商联络（如果还能找到的话）。

最后，你必须为设备独有的接口编写设备支持，或者找人为你完成。

1.7　获取本书所需硬件

本书中的示例旨在通用，但为了使它们相关且易于理解，我不得不选择特定的硬件。我选择了 3 个示例设备：Raspberry Pi 4、BeagleBone Black 和 QEMU。

❑　Raspberry Pi 4 是迄今为止市场上最流行的基于 ARM 的单板计算机。

❑　BeagleBone Black 是广泛可用且价格低廉的开发板，可用于严肃的嵌入式硬件。

❑　QEMU 是机器模拟器，可用于创建一系列典型的嵌入式硬件系统。

专门使用 QEMU 很诱人，但是，像所有模拟一样，它与真实的东西并不完全相同。使用 Raspberry Pi 4 和 BeagleBone Black，你可以满意地与真实硬件交互并且看到真实的 LED 灯光闪烁效果。

虽然 BeagleBone Black 现在已有几年历史，但它仍然是开源硬件（这与 Raspberry Pi 不一样）。这意味着任何人都可以免费获得开发板设计材料，以将 BeagleBone Black 或衍生产品构建到他们的产品中。

无论如何，我们都鼓励你尝试尽可能多的示例，使用这 3 个平台中的任何一个，或者事实上你可能必须使用的任何嵌入式硬件。

1.7.1　Raspberry Pi 4

在撰写本文时，Raspberry Pi 4 Model B 是 Raspberry Pi Foundation 生产的旗舰微型双显示屏台式计算机。它们的网站地址如下：

https://raspberrypi.org/

Pi 4 的技术规格包括以下内容：

❑　Broadcom BCM2711 1.5 GHz 四核 Cortex-A72 (ARM® v8) 64 位 SoC。

❑　2、4 或 8 GiB DDR4 RAM。

❑　2.4 GHz 和 5.0 GHz 802.11ac 无线、蓝牙 5.0、BLE。

❑　用于调试和开发的串行端口。

❑　MicroSD 插槽，可用作启动设备。

❑　用于为开发板供电的 USB-C 连接器。

❑　两个全尺寸 USB 3.0 和两个全尺寸 USB 2.0 主机端口。

❑　一个千兆以太网端口。

❑　两个用于视频和音频输出的 micro-HDMI 端口。

此外，还有一个 40 针扩展接头，可接插各种各样的子板，这被称为硬件扩展板（hardware attached on top，HAT），它可以允许你调整板子以执行许多不同的操作。当然，对于本书中的示例，你不需要任何 HAT。相反，你将使用 Pi 4 的内置 Wi-Fi 和蓝牙连接（BeagleBone Black 则没有这些东西）。

除了开发板本身，你还需要以下东西：

❑　一个 5 V USB-C 电源，能够提供 3 A 或更多电流。

❑　带有 3.3 V 逻辑电平引脚的 USB 转 TTL 串行电缆，如 Adafruit 954。

❑　MicroSD 卡和从你的开发计算机或笔记本计算机中向其写入的方法，将软件加载到板上需要这些卡。

❑　以太网电缆和用于连接的路由器，因为某些示例需要网络连接。

接下来我们认识 BeagleBone Black。

1.7.2　BeagleBone Black

BeagleBone 和后来的 BeagleBone Black 是针对 CircuitCo LLC 生产的信用卡大小的小型开发板的开放式硬件设计。信息的主要存储库网址如下：

https://beagleboard.org/

💡 提示：

Beagle 本意是一种狩猎犬，中文音译称为“比格犬”。BeagleBone 的字面意思是“比格犬骨头”，它是一款开源硬件，板子是白色的。BeagleBone Black（BBB）是新版本，名称中的 Black 指示其板子是黑色的。

其规格的要点如下：

❑　TI AM335x 1 GHz ARM® Cortex-A8 Sitara SoC。

❑　512 MiB DDR3 内存。

- ❑　2 或 4 GiB 8 位 eMMC 板载闪存。
- ❑　用于调试和开发的串行端口。
- ❑　MicroSD 插槽，可用作启动设备。
- ❑　Mini-USB OTG 客户端/主机端口，也可用于为开发板供电。
- ❑　全尺寸 USB 2.0 主机端口。
- ❑　一个 10/100 以太网端口。
- ❑　用于视频和音频输出的 HDMI 端口。

此外，还有两个 46 针扩展接头，可接插各种各样的子板，这被称为 cape，它可以允许你调整板子以执行许多不同的操作。当然，本书中的示例不需要接入任何 cape。

💡 提示：

cape 是 BeagleBone Black 的扩展功能板，但这个名称有点奇怪，它并非某个专业术语的首字母简写，我们怀疑它来自和 Raspberry Pi 4 的比较结果。因为 Raspberry Pi 4 的扩展功能板被称为 HAT（帽子），所以 BeagleBone Black 比照它将自己的扩展功能板称为 cape（披风）。

除了开发板本身，你还需要以下东西：

- ❑　Mini-USB 到 USB-A 电缆（随板提供）。
- ❑　一根串口线，可与板子提供的 6 针 3.3 V TTL 电平信号进行连接。BeagleBoard 网站上有兼容电缆的链接。
- ❑　MicroSD 卡和从开发计算机或笔记本计算机中向其写入数据的方法，将软件加载到板上需要这些卡。
- ❑　以太网电缆和用于连接的路由器，因为某些示例需要网络连接。
- ❑　能够提供 1 A 或更多电流的 5 V 电源。

除上述东西外，第 12 章 "使用分线板进行原型设计" 还需要以下设备：

- ❑　SparkFun 型号 GPS-15193 分线板。
- ❑　Saleae Logic 8 逻辑分析仪。该设备将用于探测 BeagleBone Black 和 NEO-M9N 之间的 SPI 通信引脚。

1.7.3　QEMU

QEMU 是一个机器模拟器，它和 VMWare Workstation、VirtualBox 之类的虚拟机软件是类似的。它有多种不同的类型，每一种都可以模拟处理器架构和使用该架构构建的许多板。例如，我们可以有以下类型。

❑ qemu-system-arm：32 位 ARM。

❑ qemu-system-mips：MIPS。

❑ qemu-system-ppc：PowerPC。

❑ qemu-system-x86：x86 和 x86_64。

对于每种架构，QEMU 都会模拟一系列硬件，你可以使用-machine help 选项查看这些硬件。每台机器都将模拟通常在该板上可找到的大多数硬件。有一些选项可以将硬件链接到本地资源，例如使用本地文件模拟磁盘驱动器。

以下是一个具体的例子：

```
$ qemu-system-arm -machine vexpress-a9 -m 256M -drive
file=rootfs.ext4,sd -net nic -net use -kernel zImage -dtb
vexpress- v2p-ca9.dtb -append "console=ttyAMA0,115200 root=/
dev/mmcblk0" -serial stdio -net nic,model=lan9118 -net
tap,ifname=tap0
```

上述命令行中使用的选项如下。

❑ -machine vexpress-a9：创建一个 ARM Versatile Express 开发板的模拟机器，并且使用 Cortex A-9 处理器。

❑ -m 256M：使用 256 MiB 的 RAM 内存。

❑ -drive file=rootfs.ext4,sd：将 SD 接口连接到本地文件 rootfs.ext4（它将包含一个文件系统镜像）。

❑ -kernel zImage：从名为 zImage 的本地文件加载 Linux 内核。

❑ -dtb vexpress-v2p- ca9.dtb：从本地文件 vexpress-v2p-ca9.dtb 加载设备树。

❑ -append "..."：将此字符串附加为内核命令行。

❑ -serial stdio：将该串口连接到启动 QEMU 的终端，通常这样你就可以通过串行控制台登录模拟的机器。

❑ -net nic,model=lan9118：创建网络接口。

❑ -net tap,ifname=tap0：将网络接口连接到虚拟网络接口 tap0。

要配置网络的主机端，你需要来自用户模式 Linux（user mode Linux，UML）项目的 tunctl 命令；在 Debian 和 Ubuntu 上，该软件包被命名为 uml-utilites。具体如下：

```
$ sudo tunctl -u $(whoami) -t tap0
```

这将创建一个名为 tap0 的网络接口，该接口连接到已模拟的 QEMU 机器中的网络控制器。你可以按与任何接口完全相同的方式配置 tap0。

所有这些选项都将在后面的章节中进行详细描述。在大多数示例中将使用 Versatile

Express，但使用不同的机器或架构应该也很容易。

1.8　配置开发环境

我们将只使用开源软件，开发工具如此，目标操作系统和应用程序也如此。我们假设你将在你的开发系统上使用 Linux。我们使用 Ubuntu 20.04 LTS 测试了所有主机命令，因此对该特定版本略有偏差，但任何现代 Linux 发行版都应该能正常工作。

1.9　小　　结

按照摩尔定律设定的轨迹，嵌入式硬件将继续变得更加复杂。Linux 具有以有效方式利用硬件的能力和灵活性。我们将一起学习如何利用这种能力，以便能够打造出令用户满意的强大而可靠的产品。本书将带你了解嵌入式项目生命周期的 5 个阶段，从嵌入式 Linux 开发的 4 个要素开始。

种类繁多的嵌入式平台和快速的开发速度导致了相互隔离的软件池。在许多情况下，你将依赖这些独立的软件，尤其是你的 SoC 或主板供应商提供的 Linux 内核，以及或多或少的一些工具链。有些 SoC 制造商在将其更改推向上游方面做得越来越好，并且这些更改的维护也变得越来越容易。尽管有这些改进，为你的嵌入式 Linux 项目选择正确的硬件仍然是一个充满危险的练习。在嵌入式 Linux 生态系统上构建产品时，开源许可证合规性是你需要注意的另一个主题。

本章详细介绍了本书中将要使用的硬件和一些软件（QEMU）。稍后，我们将研究一些强大工具，它们可以帮助你为设备创建和维护软件。我们将讨论 Buildroot 并深入研究 Yocto Project。在描述这些构建工具之前，还将探讨嵌入式 Linux 的 4 个元素，你可以将它们应用于所有嵌入式 Linux 项目，无论它们是如何创建的。

第 2 章 "关于工具链" 将讨论工具链，你需要它来为你的目标平台编译代码。

第 2 章　关于工具链

工具链是嵌入式 Linux 的第一个元素，也是项目的起点。你将使用它来编译将在你的设备上运行的所有代码。你在早期阶段所做的选择将对最终结果产生深远的影响。你的工具链应该能够通过为你的处理器使用最佳指令集来有效地利用你的硬件。它应该支持你需要的语言，并具有可移植操作系统接口（portable operating system interface，POSIX）和其他系统接口的可靠实现。

你的工具链应该在整个项目中保持不变。换句话说，你一旦选择了工具链，那么坚持下去就很重要。在项目期间以不一致的方式更改编译器和开发库会导致一些可能难以察觉的细微错误。话虽如此，当发现安全漏洞或错误时，最好还是更新你的工具链。

获取工具链可以很简单，简单到只要下载和安装 TAR 文件即可；也可以很复杂，复杂到需要从源代码中构建整个工具链。本章将采用后一种方法，借助一个名为 crosstool-NG 的工具，这样我们就可以向你展示创建工具链的细节。在后面的第 6 章"选择构建系统"中，我们将切换到使用构建系统生成的工具链，这也是获取工具链的更常用方法。在第 14 章"使用 BusyBox runit 启动"时，我们将通过下载预构建的 Linaro 工具链，并与 Buildroot 一起使用来节省更多时间。

本章包含以下主题：
- ❑　工具链简介
- ❑　寻找工具链
- ❑　使用 crosstool-NG 构建工具链
- ❑　工具链剖析
- ❑　与库链接——静态和动态链接
- ❑　交叉编译的技巧

2.1　技　术　要　求

要遵循本章示例操作，请确保你具有以下条件：

基于 Linux 的主机系统，需要包含 autoconf、automake、bison、bzip2、cmake、flex、g++、gawk、gcc、gettext、git、gperf、help2man、libncurses5-dev、libstdc++6、libtool、

libtool-bin、make、patch、python3-dev、rsync、texinfo、unzip、wget 和 xz-utils 或安装了它们的等价物。

　　在操作系统方面，推荐使用 Ubuntu 20.04 LTS 或更高版本，因为在撰写本文时，本章中的练习都是针对该 Linux 发行版进行测试的。

　　以下是在 Ubuntu 20.04 LTS 上安装所有必需包的命令：

```
$ sudo apt-get install autoconf automake bison bzip2 cmake \
flex g++ gawk gcc
gettext git gperf help2man libncurses5-dev libstdc++6 libtool \
libtool-bin make
patch python3-dev rsync texinfo unzip wget xz-utils
```

　　本章所有代码都可以在本书配套 GitHub 存储库的 Chapter02 文件夹中找到，该配套存储库的网址如下：

https://github.com/PacktPublishing/Mastering-Embedded-Linux-Programming-Third-Edition

2.2　工具链简介

　　工具链是一组工具，该工具将源代码编译为可在目标设备上运行的可执行文件，它包括编译器、链接器和运行时库。最初，你需要一个工具链来构建嵌入式 Linux 系统的其他 3 个元素：引导加载程序、内核和根文件系统。它必须能够编译用汇编语言、C 和 C++编写的代码，因为这些是基础开源包中使用的语言。

　　一般来说，Linux 的工具链基于来自 GNU 项目的组件，在撰写本文时大多数情况下仍然如此。GNU 是一个自由软件操作系统，也就是说，它尊重其使用者的自由。GNU 操作系统包括 GNU 包（专门由 GNU 项目发布的程序）和由第三方发布的自由软件。GNU 官网地址如下：

http://www.gnu.org

　　当然，在过去几年中，Clang 编译器和相关的低级虚拟机（low level virtual machine, LLVM）项目已经发展到可以替代 GNU 工具链的程度。LLVM 的官网地址如下：

http://llvm.org

　　基于 LLVM 和 GNU 的工具链之间的一个主要区别是许可机制。LLVM 采用的是 BSD 许可，而 GNU 采用的则是 GPL 许可。

Clang 也有一些技术优势，如更快的编译和更好的诊断，但 GNU GCC 则具有与现有代码库兼容以及支持更广泛的架构和操作系统的优势。

Clang 现在可以编译嵌入式 Linux 所需的所有组件，并且是 GNU 的可行替代品。要了解更多信息，可访问以下网址：

https://www.kernel.org/doc/html/latest/kbuild/llvm.html

在以下网址中提供了一个关于如何使用 Clang 进行交叉编译的很好的说明：

https://clang.llvm.org/docs/CrossCompilation.html

如果你想将它用作嵌入式 Linux 构建系统的一部分，则 EmbToolkit 完全支持 GNU 和 LLVM/Clang 工具链。有关 EmbToolkit 的详细信息，可访问以下网址：

https://embtoolkit.org

许多人正在努力将 Clang 与 Buildroot 和 Yocto 一起使用项目。在第 6 章 "选择构建系统" 中将介绍嵌入式构建系统。当然，本章将重点介绍 GNU 工具链，因为它仍然是 Linux 上最流行和最成熟的工具链。

一个标准的 GNU 工具链由以下 3 个主要组件组成。

❑ Binutils：一组二进制实用程序，包括汇编器（assembler）和链接器（linker）。它可在以下网址中获得。

http://gnu.org/software/binutils

❑ GNU 编译器集合（GNU compiler collection，GCC）：这些是 C 和其他语言的编译器。根据 GCC 的版本，其可编译的语言包括 C++、Objective-C、Objective-C++、Java、Fortran、Ada 和 Go。它们都使用一个生成汇编代码的通用后端，代码被馈送到 GNU 汇编器。它可在以下网址中获得。

http://gcc.gnu.org/

❑ C 库：这是基于可移植操作系统接口（POSIX）规范的、标准化的应用程序编程接口（application programming interface，API），它是应用程序操作系统内核的主要接口。你需要考虑若干个 C 库，下文将会详细讨论。

除了这些，你还需要一份 Linux 内核头文件的副本，其中包含直接访问内核时所需的定义和常量。现在，你需要它们来编译 C 库，后期在编写程序或编译与特定 Linux 设备交互的库时也需要它们，例如，通过 Linux 帧缓冲区驱动程序显示图形。这不仅仅是在内核源代码的 include 目录中复制头文件的问题。这些头文件仅用于内核，并且包含一些定义，如果这些头文件以原始状态用于编译常规 Linux 应用程序，则将导致冲突。

因此，你将需要生成一组经过清理的内核头文件，在第 5 章"构建根文件系统"中将对此展开详细说明。

内核头文件是否是从你将要使用的确切版本的 Linux 中生成的通常并不重要。由于内核接口总是向后兼容的，因此只需要头文件来自与你在目标上使用的内核相同或更早的内核即可。

大多数人会认为 GNU 调试器（GNU debugger，GDB）也是工具链的一部分，并且通常在此时构建它。在第 19 章"使用 GDB 进行调试"中将详细讨论 GDB。

我们现在已经讨论了内核头文件并了解了工具链的组件是什么，接下来看看不同类型的工具链。

2.2.1　工具链的类型

本书将介绍两种类型的工具链，如下所示。

❑ 原生（native）工具链，也称为本机工具链：此工具链在与其生成的程序相同类型的系统（有时是相同的实际系统）上运行。这是台式机和服务器的常见情况，并且在某些类别的嵌入式设备上变得流行。例如，运行 Debian for ARM 的 Raspberry Pi 具有自托管的原生编译器。

❑ 跨平台（cross）工具链，也称为交叉工具链：此工具链在与目标不同类型的系统上运行，允许在快速的台式计算机上完成开发，然后被加载到嵌入式目标上进行测试。

几乎所有嵌入式 Linux 开发都是使用跨平台开发工具链完成的，部分原因是大多数嵌入式设备不适合程序开发，因为这些嵌入式设备缺乏计算能力、内存和存储，但也因为跨平台开发工具链使主机和目标环境分开。当主机和目标使用相同的架构（如 x86_64）时，后一点尤其重要。在这种情况下，可轻松地在主机上进行原生编译，然后简单地将二进制文件复制到目标中。

这在一定程度上是可行的，但主机发行版可能会比目标更频繁地接收更新，或者为目标构建代码的不同工程师的主机开发库版本可能会略有不同。随着时间的推移，开发系统和目标系统会出现分歧，并且你将违反"工具链应在整个项目生命周期内保持不变"的原则。如果你能确保主机和目标构建环境彼此同步，即可使用这种方法。但是，更好的方法是将主机和目标分开，而跨平台工具链就是这样做的方法。

当然，也有一个反对论点是支持原生开发的。跨平台开发产生了交叉编译目标所需的所有库和工具的负担。在 2.7 节"交叉编译的技巧"中可以看到，跨平台开发并不总是简单的，因为许多开源软件包并不是以这种方式构建的。集成的构建工具，包括 Buildroot 和 Yocto 项目，通过封装规则来帮助交叉编译典型嵌入式系统中需要的一系列包，但你如果想编译大量额外的包，那么最好以原生方式编译它们。例如，使用交叉编译器为 Raspberry Pi 或 BeagleBone 构建 Debian 发行版将非常困难。相反，它们是以原生方式编译的。

从头开始创建原生构建环境并不容易。首先，你仍然需要一个交叉编译器来在目标上创建原生构建环境，并使用它来构建包。然后，为了在合理的时间内执行原生构建，你需要一个配置良好的目标电路板的构建工场，或者你可以使用快速模拟器（quick emulator，QEMU）来模拟目标。

本章将重点介绍一个更主流的交叉编译环境，它相对容易设置和管理。我们将首先讨论一种目标 CPU 架构与其他架构的区别。

2.2.2　CPU 架构

工具链必须根据目标 CPU 的能力来构建，这包括以下内容。

❑ CPU 架构：ARM、无互锁流水线阶段的微处理器（microprocessor without interlocked pipelined stage，MIPS）、x86_64 等。

❑ 大端操作（big endian operation）或小端操作（little endian operation）：一些 CPU 可以在这两种模式下运行，但机器代码对于每种模式来说都是不一样的。

❑ 浮点支持：并非所有版本的嵌入式处理器都实现硬件浮点单元，在这种情况下，必须将工具链配置为调用软件浮点库。

❑ 应用程序二进制接口（application binary interface，ABI）：用于在函数调用之间传递参数的调用约定。

对于许多 CPU 架构来说，ABI 在整个处理器系列中都是不变的。一个值得注意的例外是 ARM。ARM 架构在 20 世纪末过渡到扩展应用程序二进制接口（extended application binary interface，EABI），导致之前的 ABI 被命名为旧应用程序二进制接口（old application binary interface，OABI）。虽然 OABI 现在已过时，但你将继续看到对 EABI 的引用。从那时起，EABI 根据浮点参数的传递方式分成了两部分。

最初的 EABI 使用通用（整数）寄存器，而较新的扩展应用二进制接口硬浮点（extended application binary interface hard-float，EABIHF）使用浮点寄存器。EABIHF 在浮点运算方面明显更快，因为它不需要在整数和浮点寄存器之间进行复制，但它与没有浮点单元的 CPU 不兼容。因此，这里需要在两个不兼容的 ABI 之间做出选择：你不能混合和匹配二者，必须在这个阶段做出决定。

GNU 对工具链中的每个工具的名称使用前缀，以标识可以生成的各种组合。它包含由短横分隔的 3 个或 4 个组件组成的元组，具体如下。

- ❑ CPU：这是 CPU 架构，如 ARM、MIPS 或 x86_64。如果 CPU 有两种字节序模式，则可以通过添加后缀 el 表示小端或添加后缀 eb 表示大端来区分它们。例如，小端 MIPS 被写成 mipsel，而大端 ARM 被写成 armeb。
- ❑ 供应商：标识工具链的供应商。如 buildroot、poky，或者如果未知，则写作 unknown。有时它被完全排除在外。
- ❑ 内核：对于本书示例而言，它始终是 linux。
- ❑ 操作系统：用户空间组件的名称，这可以是 gnu 或 musl。ABI 也可能附加在此处，因此对于 ARM 工具链，你可能会看到诸如 gnueabi、gnueabihf、musleabi 或 musleabihf 这样的例子。

可以使用 gcc 的-dumpmachine 选项找到构建工具链时使用的元组。例如，你可能会在主机上看到以下内容：

```
$ gcc -dumpmachine
x86_64-linux-gnu
```

这个元组表示 CPU 架构为 x86_64，内核为 Linux，用户空间为 gnu。

ℹ️ 注意：

在机器上安装原生编译器时，通常会在工具链中创建不带前缀的每个工具的链接，以便你可以使用 gcc 命令调用 C 编译器。

下面是一个使用交叉编译器的例子：

```
$ mipsel-unknown-linux-gnu-gcc -dumpmachine
mipsel-unknown-linux-gnu
```

这个元组表示 CPU 架构为小端 MIPS，厂商未知，内核为 Linux，用户空间为 gnu。

2.2.3　选择 C 库

UNIX 操作系统的编程接口是用 C 语言定义的，现在由 POSIX 标准定义。C 库是该接口的实现，它是 Linux 程序通往内核的网关，如图 2.1 所示。即使你正在使用另一种语言（可能是 Java 或 Python）编写程序，相应的运行时支持库最终也必须调用 C 库。

当 C 库需要内核的服务时，它会使用内核系统调用接口在用户空间和内核空间之间进行转换。可以通过直接进行内核系统调用来绕过 C 库，但这很麻烦，而且几乎没有必要。

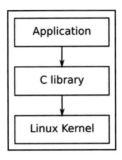

图 2.1　C 库

原　　文	译　　文	原　　文	译　　文
Application	应用程序	Linux Kernel	Linux 内核
C library	C 库		

有若干个 C 库可供选择。主要选项如下。

❑　glibc：这是标准的 GNU C 库，可从以下网址中获得。

https://gnu.org/software/libc

该库很大，直到最近还是不太容易配置，但它是 POSIX API 最完整的实现。其许可是 LGPL 2.1。

❑　musl libc：该库可从以下网址中获得。

https://musl.libc.org

musl libc 库是相对较新的库，但作为 GNU libc 的小型且符合标准的替代品，它已经引起了很多关注。对于 RAM 和存储量有限的系统来说，这是一个不错的选择。其许可是 MIT。

❑　uClibc-ng：该库可从以下网址中获得。

https://uclibc-ng.org

其名称中的 u 确实是一个希腊语 mu 字符（μ），表示这是单片机 C 库。它最初是为与 uClinux（在没有内存管理单元的 CPU 上运行的 Linux）一起工作而开发的，但后来被改编为与完整的 Linux 一起使用。

uClibc-ng 库是原始 uClibc 项目的一个分支，可惜该项目已经基本废弃了。其网址如下：

https://uclibc.org

uClibc-ng 库和原始 uClibc 库的许可均为 LGPL 2.1。

❑ eglibc：该库可从以下网址中获得。

http://www.eglibc.org/home

eglibc 是 glibc 的一个分支，但现在已经过时了，其修改的原意是使其更适合嵌入式使用。此外，eglibc 还添加了配置选项和对 glibc 未涵盖的架构的支持，特别是 PowerPC e500 CPU 内核。来自 eglibc 的代码库在 2.20 版本中被合并回 glibc。eglibc 库则不再维护。

那么，该选哪个合适呢？我的建议是仅在使用 uClinux 时才选择 uClibc-ng。如果你的存储或 RAM 内存容量非常有限，那么 musl libc 是一个不错的选择，否则请使用 glibc。该选择流程如图 2.2 所示。

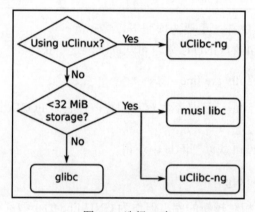

图 2.2　选择 C 库

原　　文	译　　文	原　　文	译　　文
Using uClinux?	是否使用 uClinux？	No	否
Yes	是	< 32 MiB storage?	存储空间是否小于 32 MiB？

你对 C 库的选择可能会限制你对工具链的选择，因为并非所有预构建的工具链都支持所有 C 库。

2.3　寻找工具链

你的跨平台开发工具链有以下 3 种选择。

❑ 你可能会找到一个符合你需求的现成工具链。

❑　你可以使用由嵌入式构建工具生成的工具，这在第 6 章"选择构建系统"中有
　　详细的介绍。

❑　你可以按照本章后面的说明自己创建一个。

预先构建的交叉工具链是一个有吸引力的选择，因为你只需下载并安装它即可，但这
也意味着你将受限于该特定工具链的配置，并且你将依赖于构建该工具链的个人或组织。

构建工具链的个人或组织可能是以下之一。

❑　SoC 或电路板供应商。大多数供应商都提供 Linux 工具链。

❑　致力于为给定架构提供系统级支持的联盟。例如，Linaro 具有用于 ARM 架构的
　　预构建工具链。其网址如下：

https://www.linaro.org

❑　第三方 Linux 工具供应商，如 Mentor Graphics、TimeSys 或 MontaVista。

❑　适用于桌面 Linux 发行版的跨平台工具包。例如，基于 Debian 的发行版具有用
　　于 ARM、MIPS 和 PowerPC 目标的交叉编译包。

❑　由集成嵌入式构建工具之一生成的二进制 SDK。Yocto 项目中就有一些这样的
　　示例。其网址如下：

http://downloads.yoctoproject.org/releases/yocto/yocto-[version]/toolchain

❑　你再也找不到的论坛链接。

在上述所有情况下，你必须确定他们提供的预构建工具链是否满足你的要求。预构
建工具链是否使用你喜欢的 C 库？请记住我们在第 1 章"初识嵌入式 Linux 开发"中对
硬件供应商有关支持和更新的评论（总结一句话就是不太靠谱），提供商是否会为你提
供安全修复和错误更新等。你如果对其中任何一个的回答都是否定的，那么应该考虑创
建自己的工具链。

遗憾的是，构建工具链并非易事。你如果真的想自己完成整个过程，可以查看 Cross
Linux From Scratch（CLFS）网站，其网址如下：

https://trac.clfs.org

在该网站将找到有关如何创建每个组件的分步说明。

一个更简单的替代方案是使用 crosstool-NG，它将流程封装到一组脚本中，并具有菜
单驱动的前端。但是，你仍然需要掌握相当程度的知识，才能做出正确的选择。

使用 Buildroot 或 Yocto Project 等构建系统更简单，因为它们会在构建过程中生成工
具链。这是我的首选解决方案，在第 6 章"选择构建系统"中将详细演示该操作。

随着 crosstool-NG 的兴起，构建自己的工具链无疑是一个有效且可行的选择。接下来，我们看看如何做到这一点。

2.4　使用 crosstool-NG 构建工具链

若干年前，Dan Kegel 编写了一组用于生成交叉开发工具链的脚本和 makefile，并将其称为 crosstool，有关详细信息，可访问以下网址：

http://kegel.com/crosstool/

2007 年，Yann E. Morin 在此基础上创建了下一代交叉开发工具 crosstool-NG，其官网地址如下：

https://crosstool-ng.github.io

今天，它是迄今为止从源代码创建独立交叉工具链的最便捷方式。

本节将使用 crosstool-NG 为 BeagleBone Black 和 QEMU 构建工具链。

2.4.1　安装 crosstool-NG

在从源代码构建 crosstool-NG 之前，你首先需要在主机上安装原生工具链和一些构建工具。有关 crosstool-NG 的构建和运行时依赖项的完整列表，请参阅 2.1 节"技术要求"。

接下来，从 crosstool-NG Git 存储库中获取当前版本。本书示例使用的是 1.24.0 版本。解压提取该版本并创建前端菜单系统 ct-ng，如以下命令所示：

```
$ git clone https://github.com/crosstool-ng/crosstool-ng.git
$ cd crosstool-ng
$ git checkout crosstool-ng-1.24.0
$ ./bootstrap
$ ./configure --prefix=${PWD}
$ make
$ make install
```

--prefix=${PWD} 选项意味着程序将被安装到当前目录中，这避免了对 root 权限的需要。你如果将其安装在默认位置/usr/local/share 中，则需要 root 权限。

现在我们已经有了一个可以正常工作的 crosstool-NG 安装，可使用它来构建交叉工具链。输入 bin/ct-ng 以启动交叉工具链菜单。

2.4.2　为 BeagleBone Black 构建工具链

crosstool-NG 可以构建许多不同的工具链组合。为了使初始配置更容易，它附带了一组涵盖许多常见用例的示例。使用 bin/ct-ng list-samples 即可生成列表。

BeagleBone Black 有一个 TI AM335x SoC，它包含一个 ARM Cortex A8 核心和一个 VFPv3 浮点单元。由于 BeagleBone Black 有充足的 RAM 和存储空间，因此可以使用 glibc 作为 C 库。最接近的样本是 arm-cortex_a8-linux-gnueabi。

可以通过在名称前加上 show-前缀来查看默认配置，如下所示：

```
$ bin/ct-ng show-arm-cortex_a8-linux-gnueabi
[G...] arm-cortex_a8-linux-gnueabi
    Languages        : C,C++
    OS               : linux-4.20.8
    Binutils         : binutils-2.32
    Compiler         : gcc-8.3.0
    C library        : glibc-2.29
    Debug tools      : duma-2_5_15 gdb-8.2.1 ltrace-0.7.3 strace-4.26
    Companion libs   : expat-2.2.6 gettext-0.19.8.1 gmp-6.1.2
isl-0.20 libelf-0.8.13 libiconv-1.15 mpc-1.1.0 mpfr-4.0.2
ncurses-6.1 zlib-1.2.11
    Companion tools  :
```

这与我们的要求非常匹配，除了它使用 eabi 二进制接口（这会在整数寄存器中传递浮点参数）。我们更愿意为此目的使用硬件浮点寄存器，因为它会加速具有 float 和 double 参数类型的函数调用。稍后可以更改该配置，因此现在你应该选择此目标配置：

```
$ bin/ct-ng arm-cortex_a8-linux-gnueabi
```

此时可使用配置菜单命令 menuconfig 查看配置并进行更改：

```
$ bin/ct-ng menuconfig
```

菜单系统基于 Linux 内核 menuconfig，因此任何配置过内核的人都会熟悉用户界面的导航操作。你如果不熟悉 menuconfig，则可以参阅第 4 章"配置和构建内核"，以获取有关 menuconfig 的详细说明。

我们建议你此时进行以下 3 项配置更改：

❑　在 Paths and misc options（路径和其他选项）中，禁用 Render the toolchain read-only（以只读方式呈现工具链）（CT_PREFIX_DIR_RO）。

❑　在 Target options（目标选项）| Floating point（浮点）中，选择 hardware(FPU)

（硬件）（FPU）（CT_ARCH_FLOAT_HW）。

❑　在 Target options（目标选项）中，为 Use specific FPU（使用特定 FPU）输入 neon。

如果你想在安装工具链后将库添加到工具链中，则上述第一项配置更改是必需的，在 2.6 节"与库链接——静态和动态链接"中将对此展开详细介绍。

出于前面我们讨论过的原因，上述第二项配置更改将选择 eabihf 二进制接口。

第三项配置更改是成功构建 Linux 内核所必需的。

上述更改项目的括号中的名称是存储在配置文件中的配置标签。

完成更改后，退出 menuconfig 菜单并按原样保存配置。

现在可以使用 crosstool-NG 根据你修改后的规范获取、配置和构建组件，具体方法是输入以下命令：

```
$ bin/ct-ng build
```

该构建过程大约需要半小时，完成之后你会发现你的工具链已经出现在~/x-tools/arm-cortex_a8-linux-gnueabihf 中。

接下来，我们构建一个针对 QEMU 的工具链。

2.4.3　为 QEMU 构建工具链

在 QEMU 目标上，你将模拟一个具有 ARM926EJ-S 处理器核心的 ARM 多功能 PB 评估板，该处理器核心实现了 ARMv5TE 指令集。你需要生成符合规范的 crosstool-NG 工具链。该过程与 BeagleBone Black 的过程非常相似。

首先通过运行 bin/ct-ng list-samples 找到一个很好的基本配置。它并没有完全匹配，因此这里我们可以使用一个通用目标 arm-unknown-linux-gnueabi。你可以按以下方式选择它，注意首先运行 distclean 以确保没有从以前的构建中遗留下来的工件：

```
$ bin/ct-ng distclean
$ bin/ct-ng arm-unknown-linux-gnueabi
```

与 BeagleBone Black 一样，你可以使用配置菜单命令 bin/ct-ng menuconfig 查看配置并进行更改。

但是这里只需进行一项更改：在 Paths and misc options（路径和其他选项）中，禁用 Render the toolchain read-only 以只读方式呈现工具链（CT_PREFIX_DIR_RO）。

现在使用以下命令构建工具链：

```
$ bin/ct-ng build
```

和之前为 BeagleBone Black 构建工具链一样，此构建过程大约需要半个小时。该工具链将安装在~/x-tools/arm-unknown-linux-gnueabi 中。

你将需要一个有效的交叉工具链来完成 2.5 节"工具链剖析"中的练习。

2.5　工具链剖析

为了更好地了解典型工具链中的内容，可以检查你刚刚创建的 crosstool-NG 工具链。以下示例将使用为 BeagleBone Black 创建的 ARM Cortex A8 工具链，其前缀为 arm-cortex_a8-linux-gnueabihf-。如果你为 QEMU 目标构建了 ARM926EJ-S 工具链，那么前缀将改为 arm-unknown-linux-gnueabi。

ARM Cortex A8 工具链位于~/x-tools/arm-cortex_a8-linux-gnueabihf/bin 目录中。在该目录中，你会找到交叉编译器 arm-cortex_a8-linux-gnueabihf-gcc。要使用它，你需要使用以下命令将该目录添加到路径中：

```
$ PATH=~/x-tools/arm-cortex_a8-linux-gnueabihf/bin:$PATH
```

现在可以使用 C 语言编写一个简单的 helloworld 程序，示例如下：

```
#include <stdio.h>
#include <stdlib.h>

int main (int argc, char *argv[])
{
    printf ("Hello, world!\n");
    return 0;
}
```

其编译方式如下：

```
$ arm-cortex_a8-linux-gnueabihf-gcc helloworld.c -o helloworld
```

可以通过使用 file 命令输出文件的类型来确认它已被交叉编译：

```
$ file helloworld
helloworld: ELF 32-bit LSB executable, ARM, EABI5 version 1
(SYSV), dynamically linked, interpreter /lib/ld-linux-armhf.
so.3, for GNU/Linux 4.20.8, with debug_info, not stripped
```

现在你已经验证了你的交叉编译器可以正常工作。接下来，我们将仔细看看它。

2.5.1　了解你的交叉编译器

想象一下，你刚刚收到了一个工具链，并且想了解更多有关其配置的信息，则可以通过查询 gcc 进行了解。例如，要查找版本，需要使用--version：

```
$ arm-cortex_a8-linux-gnueabihf-gcc --version
arm-cortex_a8-linux-gnueabihf-gcc (crosstool-NG 1.24.0) 8.3.0
Copyright (C) 2018 Free Software Foundation, Inc.
This is free software; see the source for copying conditions.
There is NO warranty; not even for MERCHANTABILITY or FITNESS
FOR A PARTICULAR PURPOSE.
```

要查找它是如何配置的，需要使用-v：

```
$ arm-cortex_a8-linux-gnueabihf-gcc -v
Using built-in specs.
COLLECT_GCC=arm-cortex_a8-linux-gnueabihf-gcc
COLLECT_LTO_WRAPPER=/home/frank/x-tools/arm-cortex_a8-linux-gnueabihf/
libexec/gcc/arm-cortex_a8-linux-gnueabihf/8.3.0/lto-wrapper
Target: arm-cortex_a8-linux-gnueabihf
Configured with: /home/frank/crosstool-ng/.build/arm-cortex_
a8-linux-gnueabihf/src/gcc/configure --build=x86_64-build_
pc-linux-gnu --host=x86_64-build_pc-linux-gnu --target=arm-cortex_
a8-linux-gnueabihf --prefix=/home/frank/x-tools/
arm-cortex_a8-linux-gnueabihf --with-sysroot=/home/frank/x-tools/
arm-cortex_a8-linux-gnueabihf/arm-cortex_a8-linux-gnueabihf/
sysroot --enable-languages=c,c++ --with-cpu=cortex-a8
--with-float=hard --with-pkgversion='crosstool-NG 1.24.0'
--enable-__cxa_atexit --disable-libmudflap --disable-libgomp
--disable-libssp --disable-libquadmath --disable-libquadmath-support
--disable-libsanitizer --disable-libmpx --with-gmp=/
home/frank/crosstool-ng/.build/arm-cortex_a8-linux-gnueabihf/
buildtools --with-mpfr=/home/frank/crosstool-ng/.build/
arm-cortex_a8-linux-gnueabihf/buildtools --with-mpc=/home/
frank/crosstool-ng/.build/arm-cortex_a8-linux-gnueabihf/
buildtools --with-isl=/home/frank/crosstool-ng/.build/
arm-cortex_a8-linux-gnueabihf/buildtools --enable-lto --with-host-
libstdcxx='-static-libgcc -Wl,-Bstatic,-lstdc++,-Bdynamic
-lm' --enable-threads=posix --enable-target-optspace --enable-plugin
--enable-gold --disable-nls --disable-multilib --with-local-
prefix=/home/frank/x-tools/arm-cortex_a8-linux-gnueabihf/
arm-cortex_a8-linux-gnueabihf/sysroot --enable-long-long
```

```
Thread model: posix
gcc version 8.3.0 (crosstool-NG 1.24.0)
```

这里有很多输出，但需要注意的比较有趣的部分如下。

❑　--with-sysroot=/home/frank/x-tools/arm-cortex_a8-linux-gnueabihf/arm-cortex_a8-linux-gnueabihf/sysroot：这是默认的 sysroot 目录，下文将会对此进行解释。

❑　--enable-languages=c,c++：使用该选项意味着同时启用了 C 和 C++语言。

❑　--with-cpu=cortex-a8：该代码是为 ARM Cortex A8 核心生成的。

❑　--with-float=hard：为浮点单元生成操作码并使用 VFP 寄存器作为参数。

❑　--enable-threads=posix：启用 POSIX 线程。

这些是编译器的默认设置。你可以在 gcc 命令行上覆盖其中的大部分。例如，如果要针对不同的 CPU 进行编译，则可以通过在命令行中添加-mcpu 来覆盖已经配置的设置--with-cpu，如下所示：

```
$ arm-cortex_a8-linux-gnueabihf-gcc -mcpu=cortex-a5 \
helloworld.c \
-o helloworld
```

可以使用--target-help 输出可用的特定架构选项的范围，如下所示：

```
$ arm-cortex_a8-linux-gnueabihf-gcc --target-help
```

你可能想知道此时获得完全正确的配置是否重要，因为你始终可以按照此处所示进行更改。答案取决于你预期使用它的方式。你如果计划为每个目标创建一个新的工具链，那么一开始就设置好一切是有意义的，因为这将降低以后出错的风险。在第 6 章 "选择构建系统" 中，我将其称为 Buildroot 哲学。

另外，你如果想构建一个通用的工具链，并且准备在为特定目标构建时提供正确的设置，那么应该使基本工具链通用，这也是 Yocto 项目进行处理的方式。上面的示例遵循了 Buildroot 哲学。

2.5.2　sysroot、库和头文件

工具链 sysroot 是一个目录，其中包含库、头文件和其他配置文件的子目录。该目录可以在通过--with-sysroot=配置工具链时进行设置，也可以使用--sysroot=在命令行中进行设置。

可以使用-print-sysroot 查看默认 sysroot 的位置：

```
$ arm-cortex_a8-linux-gnueabihf-gcc -print-sysroot
```

```
/home/frank/x-tools/arm-cortex_a8-linux-gnueabihf/
arm-cortex_a8-linux-gnueabihf/sysroot
```

在 sysroot 中可找到以下子目录。

- ❑ lib：包含 C 库和动态链接器/加载器 ld-linux 的共享对象。
- ❑ usr/lib：C 库的静态库归档文件，以及随后可能安装的其他库。
- ❑ usr/include：包含所有库的头文件。
- ❑ usr/bin：包含在目标上运行的实用程序，如 ldd 命令。
- ❑ usr/share：用于本地化和国际化。
- ❑ sbin：提供 ldconfig 实用程序，用于优化库加载路径。

很明显，其中一些是在开发主机上编译程序所需的，而另一些（如共享库和 ld-linux）则是在运行时在目标上所需的。

2.5.3　工具链中的其他工具

下面是调用 GNU 工具链的各种其他组件的命令列表，以及简要说明。

- ❑ addr2line：通过读取可执行文件中的调试符号表，将程序地址转换为文件名和数字。它在解码系统崩溃报告中输出的地址时非常有用。
- ❑ ar：用于创建静态库的归档实用程序。
- ❑ as：这是 GNU 汇编器。
- ❑ c++filt：用于对 C++和 Java 符号进行分解。
- ❑ cpp：这是 C 预处理器，用于扩展#define、#include 和其他类似指令。你很少需要单独使用它。
- ❑ elfedit：用于更新 ELF 文件的 ELF 标头。
- ❑ g++：这是 GNU C++前端，它假定源文件包含 C++代码。
- ❑ gcc：这是 GNU C 前端，它假定源文件包含 C 代码。
- ❑ gcov：这是一个代码覆盖工具。
- ❑ gdb：这是 GNU 调试器。
- ❑ gprof：这是一个程序性能分析工具。
- ❑ ld：这是 GNU 链接器。
- ❑ nm：列出目标文件中的符号。
- ❑ objcopy：用于复制和翻译目标文件。
- ❑ objdump：用于显示来自目标文件的信息。
- ❑ ranlib：在静态库中创建或修改索引，使链接阶段更快。

❑　readelf：以 ELF 对象格式显示有关文件的信息。

❑　size：列出节的大小和总大小。

❑　strings：显示文件中的可输出字符的字符串。

❑　strip：用于去除调试符号表的目标文件，使其更小。一般来说，你会剥离所有放在目标上的可执行代码。

接下来，我们将从命令行工具中切换并返回 C 库的主题。

2.5.4　查看 C 库的组件

C 库不是单个库文件。它由共同实现 POSIX API 的 4 个主要部分组成。

❑　libc：包含众所周知的可移植操作系统接口（POSIX）函数（如 printf、open、close、read、write 等）的主 C 库。

❑　libm：包含数学函数，如 cos、exp 和 log 等。

❑　libpthread：包含名称以 pthread_ 开头的所有 POSIX 线程函数。

❑　librt：具有对 POSIX 的实时扩展，包括共享内存和异步 I/O。

上述第一项 libc 总是链接进来的，但其他项则必须用-l 选项显式链接。-l 的参数是去掉 lib 的库名。例如，通过调用 sin()计算正弦函数的程序将使用-lm 链接 libm：

```
$ arm-cortex_a8-linux-gnueabihf-gcc myprog.c -o myprog -lm
```

可以使用 readelf 命令验证在此程序或其他程序中链接了哪些库：

```
$ arm-cortex_a8-linux-gnueabihf-readelf -a myprog | grep
"Shared library"
 0x00000001 (NEEDED)         Shared library: [libm.so.6]
 0x00000001 (NEEDED)         Shared library: [libc.so.6]
```

共享库需要一个运行时链接器，可使用以下方法公开它：

```
$ arm-cortex_a8-linux-gnueabihf-readelf -a myprog | grep
"program interpreter"
    [Requesting program interpreter: /lib/ld-linux-armhf.so.3]
```

这非常有用，因此我编写了一个名为 list-libs 的脚本文件，你可以在本书配套代码存储库的 MELP/list-libs 目录中找到该文件。它包含以下命令：

```
#!/bin/sh
${CROSS_COMPILE}readelf -a $1 | grep "program interpreter"
${CROSS_COMPILE}readelf -a $1 | grep "Shared library"
```

除了 C 库的 4 个组件，我们还可以链接到其他库文件。接下来我们将详细介绍如何做到这一点。

2.6　与库链接——静态和动态链接

你为 Linux 编写的任何应用程序，无论是使用 C 还是 C++，都将与 libc C 库链接。这是非常基础的操作，你甚至不必告诉 gcc 或 g++这样做，因为它总是链接 libc。反之，如果要链接其他库，则必须通过-l 选项显式命名。

库代码可按以下两种不同的方式链接。

❑　静态链接：这意味着你的应用程序调用的所有库函数及其依赖项都从库存档中提取并绑定到你的可执行文件中。

❑　动态链接：这意味着这些文件中对库文件和函数的引用是在代码中生成的，但实际的链接是在运行时动态完成的。你可以在本书配套代码存储库的 MELP/list-libs 目录中找到示例代码。

下面我们先来认识静态链接。

2.6.1　静态库

静态链接在某些情况下很有用。例如，如果你正在构建一个仅由 BusyBox 和一些脚本文件组成的小型系统，那么静态链接 BusyBox 会更简单，并且不必复制运行时库文件和链接器。静态链接也会更小，因为你只链接应用程序使用的代码，而不是提供整个 C 库。如果你需要在保存运行时库的文件系统可用之前运行程序，则静态链接也很有用。

可以通过在命令行中添加-static 来静态链接所有库：

```
$ arm-cortex_a8-linux-gnueabihf-gcc -static helloworld.c -o
helloworld-static
```

可以看到二进制文件的大小急剧增加：

```
$ ls -l
total 4060
-rwxrwxr-x 1 frank frank   11816       Oct 23 15:45 helloworld
-rw-rw-r-- 1 frank frank     123       Oct 23 15:35 helloworld.c
-rwxrwxr-x 1 frank frank 4140860       Oct 23 16:00 helloworld-static
```

静态链接可从库存档中提取代码，库存档通常命名为 lib[name].a。在上述示例中，它是 libc.a，位于[sysroot]/usr/lib 中：

```
$ export SYSROOT=$(arm-cortex_a8-linux-gnueabihf-gcc -print-sysroot)
$ cd $SYSROOT
$ ls -l usr/lib/libc.a
-rw-r--r-- 1 frank frank 31871066 Oct 23 15:16 usr/lib/libc.a
```

请注意，上述示例中的语法 export SYSROOT=$(arm-cortex_a8-linux-gnueabihf-gcc
-print-sysroot) 将 sysroot 的路径放在 shell 变量 SYSROOT 中，这使示例更加清晰。

创建静态库就像使用 ar 命令创建目标文件的存档一样简单。如果我有两个分别名为
test1.c 和 test2.c 的源文件，并且想创建一个名为 libtest.a 的静态库，则可执行以下操作：

```
$ arm-cortex_a8-linux-gnueabihf-gcc -c test1.c
$ arm-cortex_a8-linux-gnueabihf-gcc -c test2.c
$ arm-cortex_a8-linux-gnueabihf-ar rc libtest.a test1.o test2.o
$ ls -l
total 24
-rw-rw-r-- 1 frank frank 2392 Oct 9 09:28 libtest.a
-rw-rw-r-- 1 frank frank 116 Oct 9 09:26 test1.c
-rw-rw-r-- 1 frank frank 1080 Oct 9 09:27 test1.o
-rw-rw-r-- 1 frank frank 121 Oct 9 09:26 test2.c
-rw-rw-r-- 1 frank frank 1088 Oct 9 09:27 test2.o
```

然后可使用以下命令将 libtest 链接到我的 helloworld 程序中：

```
$ arm-cortex_a8-linux-gnueabihf-gcc helloworld.c -ltest \
-L../libs -I../libs -o helloworld
```

接下来，我们将使用动态链接重建相同的程序。

2.6.2　共享库

部署库的一种更常见的方式是将它作为在运行时链接的共享对象，这样可以更有效
地利用存储和系统内存，因为只需要加载一个代码副本。它还可以轻松地更新库文件，
而无须重新链接所有使用它们的程序。

共享库的目标代码必须与位置无关，以便运行时链接器可以自由地将其定位到内存
的下一个空闲地址处。为此可将-fPIC 参数添加到 gcc 中，然后使用-shared 选项链接它：

```
$ arm-cortex_a8-linux-gnueabihf-gcc -fPIC -c test1.c
$ arm-cortex_a8-linux-gnueabihf-gcc -fPIC -c test2.c
$ arm-cortex_a8-linux-gnueabihf-gcc -shared -o libtest.so
test1.o test2.o
```

这将创建共享库 libtest.so。要将应用程序与此库链接，可添加-ltest，这与 2.6.1 节"静

态库"中提到的静态链接的情况完全相同，但这次代码不包含在可执行文件中。相反，存在对运行时链接器必须解析的库的引用：

```
$ arm-cortex_a8-linux-gnueabihf-gcc helloworld.c -ltest \
-L../libs -I../libs -o helloworld
$ MELP/list-libs helloworld
    [Requesting program interpreter: /lib/ld-linux-armhf.so.3]
 0x00000001 (NEEDED)       Shared library: [libtest.so.6]
 0x00000001 (NEEDED)       Shared library: [libc.so.6]
```

该程序的运行时链接器是/lib/ld-linux-armhf.so.3，它必须被存在于目标的文件系统中。链接器将在默认搜索路径（/lib 和/usr/lib）中查找 libtest.so。你如果还希望它在其他目录中查找库，则可以在 LD_LIBRARY_PATH shell 变量中放置一个以冒号分隔的路径列表：

```
$ export LD_LIBRARY_PATH=/opt/lib:/opt/usr/lib
```

因为共享库与它们链接的可执行文件是分开的，所以在部署时需要了解它们的版本。

2.6.3　了解共享库版本号

共享库的好处之一是，它们可以独立于使用它们的程序进行更新。

库更新有以下两种类型：

❑ 以向后兼容的方式修复错误或添加新功能。
❑ 破坏与现有应用程序的兼容性。

GNU/Linux 有一个版本控制方案来处理这两种情况。

每个库都有一个发布版本和一个接口号。发布版本只是一个附加到库名称中的字符串，例如，JPEG 图像库 libjpeg 当前版本为 8.2.2，因此该库被命名为 libjpeg.so.8.2.2。有一个名为 libjpeg.so 的符号链接指向 libjpeg.so.8.2.2，因此，当你使用-ljpeg 编译程序时，将链接到当前版本。如果你安装的是 8.2.3 版，则该链接会被更新，你将改为使用该链接。

现在假设版本 9.0.0 出现并且破坏了向后兼容性。libjpeg.so 的链接现在指向 libjpeg.so.9.0.0，因此任何新程序都将与新版本链接，当 libjpeg 的接口发生更改时可能会引发编译错误，开发人员可以修复该错误。

目标上的任何未被重新编译的程序都会以某种方式失败，因为它们仍在使用旧接口。这就是名为 soname 的对象可以发挥作用的地方。

soname 可在构建库时对接口编号进行编码，并在加载库时由运行时链接器使用。它被格式化为 <library name>.so.<interface number>。例如，对于 libjpeg.so.8.2.2，其 soname

是 libjpeg.so.8，因为构建 libjpeg 共享库时的接口号是 8：

```
$ readelf -a /usr/lib/x86_64-linux-gnu/libjpeg.so.8.2.2 \
| grep SONAME
  0x000000000000000e (SONAME)          Library soname: [libjpeg.so.8]
```

任何用它编译的程序都会在运行时请求 libjpeg.so.8，这将是在目标上指向 libjpeg.so.8.2.2 的符号链接。

安装 libjpeg 9.0.0 版本时，它的 soname 为 libjpeg.so.9，因此可能会在同一系统上安装同一库的两个不兼容版本。与 libjpeg.so.8.*.*链接的程序将加载 libjpeg.so.8，而与 libjpeg.so.9.*.*链接的程序将加载 libjpeg.so.9。

这就是为什么当你查看/usr/lib/x86_64-linux-gnu/libjpeg*的目录列表时，会发现以下 4 个文件。

❑ libjpeg.a：这是用于静态链接的库存档。

❑ libjpeg.so -> libjpeg.so.8.2.2：这是一个符号链接，用于动态链接。

❑ libjpeg.so.8 -> libjpeg.so.8.2.2：这是一个符号链接，在运行时加载库时使用。

❑ libjpeg.so.8.2.2：这是实际的共享库，在编译时和运行时都使用。

前两个文件仅在主机上用于构建需要，而后两个文件则在运行时在目标上需要。

虽然你可以直接从命令行中调用各种 GNU 交叉编译工具，但这种技术并不能扩展到诸如 helloworld 程序之类的玩具示例之外。为了真正有效地进行交叉编译，我们需要将交叉工具链与构建系统结合起来。

2.7 交叉编译的技巧

拥有一个有效的跨平台工具链是旅程的起点，而不是终点。在某些时候，你会想要开始交叉编译你在目标上需要的各种工具、应用程序和库。其中许多将是开源软件包，每个包都有自己的编译方法和自己的特点。

目前有一些常见的构建系统，其中包括：

❑ 纯 makefile，其中工具链通常由 make 变量 CROSS_COMPILE 控制。

❑ 称为 Autotools 的 GNU 构建系统。

❑ CMake。

CMake 的官网地址如下：

https://cmake.org

Autotools 和 makefile 都是构建嵌入式 Linux 系统所需要的（即使是基本的嵌入式 Linux 系统也是如此）。CMake 是跨平台的，并且多年来得到了越来越多的采用，尤其是在 C++社区中。本节将介绍这 3 种构建工具。

2.7.1　相对简单的 makefile

一些重要的包非常易于交叉编译，这包括 Linux 内核、U-Boot 引导加载程序和 BusyBox。对于其中的每一个，你只需将工具链前缀放在 make 变量 CROSS_COMPILE 中，如 arm-cortex_a8-linux-gnueabi-。注意别忘记末尾的短横（-）。

因此，要编译 BusyBox，需要输入：

```
$ make CROSS_COMPILE=arm-cortex_a8-linux-gnueabihf-
```

或者，你也可以将其设置为 shell 变量：

```
$ export CROSS_COMPILE=arm-cortex_a8-linux-gnueabihf-
$ make
```

对于 U-Boot 和 Linux 来说，你还必须将 make 变量 ARCH 设置为它们支持的机器架构之一，在第 3 章"引导加载程序详解"和第 4 章"配置和构建内核"中将对此展开详细介绍。

Autotools 和 CMake 都可以生成 makefile。Autotools 仅生成 makefile，而 CMake 则支持其他构建项目的方式，具体取决于我们针对的平台（对于本书示例来说就是 Linux）。

接下来，我们看看如何使用 Autotools 进行交叉编译。

2.7.2　Autotools

Autotools 这个名字是指一组在许多开源项目中用作构建系统的工具。这些组件以及相应的项目页面如下：

❑　GNU Autoconf

https://www.gnu.org/software/autoconf/autoconf.html

❑　GNU Automake

https://www.gnu.org/savannah-checkouts/gnu/automake/

❑ GNU Libtool

https://www.gnu.org/software/libtool/libtool.html

❑ Gnulib

https://www.gnu.org/software/gnulib/

Autotools 的作用是减轻或消除包可能被编译的不同类型系统之间的差异，考虑不同版本的编译器、不同版本的库、不同的头文件位置以及与其他包的依赖关系。

使用 Autotools 的包带有一个名为 configure 的脚本，它将检查依赖关系并根据它找到的内容生成 makefile。该 configure 脚本还可以让你有机会启用或禁用某些功能。可以通过运行 ./configure --help 查找提供的选项。

要为原生操作系统配置、构建和安装包，你通常需要运行以下 3 个命令：

```
$ ./configure
$ make
$ sudo make install
```

Autotools 也能够处理交叉开发。你可以通过设置以下 shell 变量来影响已经配置的脚本的行为。

❑ CC：C 编译器命令。
❑ CFLAGS：附加的 C 编译器标志。
❑ CXX：C++编译器命令。
❑ CXXFLAGS：附加的 C++编译器标志。
❑ LDFLAGS：附加链接器标志。例如，你如果在非标准目录<lib dir>中有库，则可以通过添加-L<lib dir>将其添加到库搜索路径中。
❑ LIBS：包含要传递给链接器的附加库的列表，例如-lm 用于数学库。
❑ CPPFLAGS：包含 C/C++预处理器标志，例如可以添加-I<include dir>以在非标准目录<include dir>中搜索头文件。
❑ CPP：要使用的 C 预处理器。

有时只要设置 CC 变量就足够了，如下所示：

```
$ CC=arm-cortex_a8-linux-gnueabihf-gcc ./configure
```

在其他时候，这将导致以下错误：

```
[…]
checking for suffix of executables...
checking whether we are cross compiling... configure: error: in
```

```
'/home/frank/sqlite-autoconf-3330000':
configure: error: cannot run C compiled programs.
If you meant to cross compile, use '--host'.
See 'config.log' for more details
```

失败的原因是，configure 会经常通过编译代码片段并运行它们来查看发生了什么，试图以此发现工具链的功能，如果程序已经被交叉编译，那么这将无法正常工作。

🛈 **注意：**

在交叉编译时可以将--host=<host>传递给 configure，以便 configure 在系统中搜索针对指定<host>平台的交叉编译工具链。这样，configure 就不会尝试在配置步骤中运行非本机代码片段。

Autotools 在编译包时可能涉及 3 种不同类型的机器。

- ❑ 构建（Build）：构建包的计算机，默认为当前计算机。
- ❑ 主机（Host）：程序将在其上运行的计算机。对于原生编译，这将留空，默认为与 Build 相同的计算机。交叉编译时，将其设置为工具链的元组。
- ❑ 目标（Target）：程序将为其生成代码的计算机。可以在构建交叉编译器时设置它。

因此，要交叉编译，你只需要覆盖 host 即可，具体如下：

```
$ CC=arm-cortex_a8-linux-gnueabihf-gcc \
./configure --host=arm-cortex_a8-linux-gnueabihf
```

最后要注意的一件事是，默认安装目录是<sysroot>/usr/local/*。你通常会将其安装在<sysroot>/usr/*中，以便从默认位置处获取头文件和库。

配置典型 Autotools 包的完整命令如下：

```
$ CC=arm-cortex_a8-linux-gnueabihf-gcc \
./configure --host=arm-cortex_a8-linux-gnueabihf --prefix=/usr
```

接下来我们将深入研究 Autotools 并使用它来交叉编译一个流行的库。

2.7.3　编译示例——SQLite

SQLite 库实现了一个非常简单的关系数据库，在嵌入式设备上非常流行。首先我们需要获取 SQLite 的副本：

```
$ wget http://www.sqlite.org/2020/sqlite-autoconf-3330000.tar.gz
$ tar xf sqlite-autoconf-3330000.tar.gz
$ cd sqlite-autoconf-3330000
```

接下来，运行 configure 脚本：

```
$ CC=arm-cortex_a8-linux-gnueabihf-gcc \
./configure --host=arm-cortex_a8-linux-gnueabihf --prefix=/usr
```

这似乎是可行的。如果失败，则会在终端上输出错误消息并记录在 config.log 中。注意，我们已经创建了几个 makefile，所以现在可以构建它：

```
$ make
```

最后，通过设置 make 变量 DESTDIR 将它安装到工具链目录中。如果不这样做，则会尝试将它安装到主机的/usr 目录中，这不是你想要的结果：

```
$ make DESTDIR=$(arm-cortex_a8-linux-gnueabihf-gcc -print-
sysroot) install
```

你可能会发现最终命令失败并出现文件权限错误。crosstool-NG 工具链默认是只读的，这就是在构建它时将 CT_PREFIX_DIR_RO 设置为 y 很有用的原因。另一个常见问题是工具链安装在系统目录中，如/opt 或/usr/local。在这种情况下，运行安装时你将需要 root 权限。

安装后，你应该会发现各种文件已添加到你的工具链中。

❑ <sysroot>/usr/bin: sqlite3：这是 SQLite 的命令行界面，你可以在目标机器上安装和运行它。

❑ <sysroot>/usr/lib: libsqlite3.so.0.8.6、libsqlite3.so.0、libsqlite3.so、libsqlite3.la、libsqlite3.a：这些是共享库和静态库。

❑ <sysroot>/usr/lib/pkgconfig: sqlite3.pc：这是包配置文件，2.7.5 节"交叉编译带来的问题"将详细介绍它。

❑ <sysroot>/usr/lib/include: sqlite3.h、sqlite3ext.h：这些是头文件。

❑ <sysroot>/usr/share/man/man1: sqlite3.1：这是手册页。

现在可以通过在链接阶段添加-lsqlite3 来编译使用 sqlite3 的程序：

```
$ arm-cortex_a8-linux-gnueabihf-gcc -lsqlite3 sqlite-test.c -o
sqlite-test
```

在这里，sqlite-test.c 是一个调用 SQLite 函数的假设程序。由于 sqlite3 已经被安装到 sysroot 中，因此编译器会毫无问题地找到头文件和库文件。如果它们安装在别处，则必须添加-L<lib dir>和-I<include dir>。

当然，这里也会有运行时依赖关系，你必须将适当的文件安装到目标目录中，在第 5 章"构建根文件系统"中将对此展开详细介绍。

　　为了交叉编译库或包，首先需要交叉编译其依赖项。Autotools 依靠一个名为 pkg-config 的实用程序来收集有关由 Autotools 交叉编译的包的重要信息。

2.7.4　包配置

　　跟踪包依赖是相当复杂的。包配置实用程序 pkg-config 可通过在[sysroot]/usr/lib/pkgconfig 中保存 Autotools 包的数据库来帮助跟踪已经安装了哪些包，以及每个包需要哪些编译标志。有关其详细信息，可访问以下网址：

https://www.freedesktop.org/wiki/Software/pkg-config/

　　例如，假设有一个用于 SQLite3 的包配置，其文件名为 sqlite3.pc，其中包含需要使用它的其他包所需的基本信息：

```
$ cat $(arm-cortex_a8-linux-gnueabihf-gcc -print-sysroot)/usr/
lib/pkgconfig/sqlite3.pc
# Package Information for pkg-config

prefix=/usr
exec_prefix=${prefix}
libdir=${exec_prefix}/lib
includedir=${prefix}/include

Name: SQLite
Description: SQL database engine
Version: 3.33.0
Libs: -L${libdir} -lsqlite3
Libs.private: -lm -ldl -lpthread
Cflags: -I${includedir}
```

　　可以使用 pkg-config 提取其信息，并且其形式可直接提供给 gcc。对于像 libsqlite3 这样的库，你需要知道库名称（--libs）和任何特殊的 C 标志（--cflags）：

```
$ pkg-config sqlite3 --libs --cflags
Package sqlite3 was not found in the pkg-config search path.
Perhaps you should add the directory containing 'sqlite3.pc'
to the PKG_CONFIG_PATH environment variable
No package 'sqlite3' found
```

　　可以看到，提示未找到 sqlite3 包，失败是因为它正在查看主机的 sysroot 并且主机上尚未安装 libsqlite3 的开发包。你需要通过设置 PKG_CONFIG_LIBDIR shell 变量将其指向目标工具链的 sysroot 来修复该问题：

```
$ export PKG_CONFIG_LIBDIR=$(arm-cortex_a8-linux-gnueabihf-gcc \
-print-sysroot)/usr/lib/pkgconfig
$ pkg-config sqlite3 --libs --cflags
-lsqlite3
```

现在的输出是-lsqlite3。在这种情况下，你已经知道这一点，但一般来说你不会知道，因此这是一项有价值的技术。要编译的最终命令如下：

```
$ export PKG_CONFIG_LIBDIR=$(arm-cortex_a8-linux-gnueabihf-gcc \
-print-sysroot)/usr/lib/pkgconfig
$ arm-cortex_a8-linux-gnueabihf-gcc $(pkg-config sqlite3 \
--cflags --libs) \
sqlite-test.c -o sqlite-test
```

许多配置脚本都可以读取 pkg-config 生成的信息，这在交叉编译时可能会导致错误，接下来我们将看到这一点。

2.7.5　交叉编译带来的问题

sqlite3 是一个表现良好的包并且可以很好地进行交叉编译，但并非所有的包都是如此。典型的问题包括：

- ❑ 用于库（如 zlib）的本地构建系统，其 configure 脚本的行为与前文描述的 Autotools configure 并不相同。
- ❑ configure 脚本从主机中读取 pkg-config 信息、头文件和其他文件，而忽略--host 覆盖设置。
- ❑ 脚本坚持尝试运行交叉编译代码。

上述每种情况都需要仔细分析错误和 configure 脚本的附加参数以提供正确的信息，或者对代码进行修补以完全避免问题。

请记住，一个包可能有许多依赖项，特别是对于使用 GTK 或 Qt 图形界面或处理多媒体内容的程序来说更是如此。例如，mplayer 是一种流行的多媒体内容播放工具，它依赖于 100 多个库。全部构建它们需要数周的时间。

因此，我不建议以这种方式为目标手动交叉编译组件，除非没有替代方案或要构建的包的数量很少。更好的方法是使用 Buildroot 或 Yocto Project 等构建工具，或者通过为目标架构设置原生构建环境来完全避免该问题。现在你可以理解为什么像 Debian 这样的发行版总是以原生方式编译。

2.7.6　CMake

从某种意义上说，CMake 更像是一个元构建系统（meta build system），它依赖于底层平台的原生工具来构建软件。在 Windows 系统上，CMake 可以为 Microsoft Visual Studio 生成项目文件，而在 macOS 上，它可以为 Xcode 生成项目文件。

与每个主要平台的主要集成开发环境结合并非易事，这也从侧面说明了 CMake 作为领先的跨平台构建系统解决方案的成功。CMake 还可以在 Linux 上运行，它可以与你选择的交叉编译工具链结合使用。

要为原生 Linux 操作系统配置、构建和安装包，需要运行以下命令：

```
$ cmake .
$ make
$ sudo make install
```

在 Linux 上，原生构建工具是 GNU make，因此 CMake 默认会生成 makefile 供我们构建。一般来说，我们希望执行源外构建（out-of-source build），以便目标文件和其他构建工件与源文件保持分离。

要在名为_build 的子目录中配置源外构建，需要运行以下命令：

```
$ mkdir _build
$ cd _build
$ cmake ..
```

这将在 CMakeLists.txt 所在的项目目录的_build 子目录中生成 makefile。CMakeLists.txt 文件是基于 Autotools 的项目的 configure 脚本的 CMake 等效文件。

然后，可以从_build 目录中构建项目，并像前文一样安装包：

```
$ make
$ sudo make install
```

CMake 使用绝对路径，因此一旦生成了 makefile，就无法复制或移动_build 子目录，否则任何后续的 make 步骤都可能会失败。

值得一提的是，CMake 默认将包安装到系统目录中（如/usr/bin），即使对于源外构建也是如此。

要生成 makefile 以便 make 将包安装在_build 子目录中，需要将之前的 cmake 命令替换为以下内容：

```
$ cmake .. -D CMAKE_INSTALL_PREFIX=../_build
```

可以看到这里不再需要在 make install 前加上 sudo，因为我们不需要提升权限来将包文件复制到_build 目录中。

同样，我们可以使用另一个 CMake 命令行选项来生成用于交叉编译的 makefile：

```
$ cmake .. -D CMAKE_C_COMPILER="/usr/local/share/x-tools/
arm-cortex_a8-linux-gnueabihf-gcc"
```

使用 CMake 进行交叉编译的最佳实践其实是创建一个工具链文件，然后通过该文件设置 CMAKE_C_COMPILER 和 CMAKE_CXX_COMPILER，以及其他针对嵌入式 Linux 开发的相关变量。

当我们通过在库和组件之间强制定义明确的 API 边界以按模块化方式设计软件时，CMake 的效果是最好的。

以下是 CMake 中常见的一些关键术语。

❑ target（目标）：软件组件，如库或可执行文件。

❑ properties（属性）：包括构建目标所需的源文件、编译器选项和链接库等。

❑ package（包）：一个 CMake 文件，它将配置外部目标以进行构建，就像它是在 CMakeLists.txt 本身中定义的一样。

例如，如果我们有一个名为 dummy 的基于 CMake 的可执行文件需要依赖 SQLite，则可以定义以下 CMakeLists.txt：

```
cmake_minimum_required (VERSION 3.0)
project (Dummy)
add_executable(dummy dummy.c)
find_package (SQLite3)
target_include_directories(dummy PRIVATE ${SQLITE3_INCLUDE_DIRS})
target_link_libraries (dummy PRIVATE ${SQLITE3_LIBRARIES})
```

find_package 命令将搜索包（在本例中为 SQLite3）并导入该包，以便可以将外部目标作为依赖项添加到虚拟可执行文件的 target_link_libraries 列表中以进行链接。

CMake 为流行的 C 和 C++包提供了许多查找器，包括 OpenSSL、Boost 和 protobuf 等，与仅使用纯 makefile 相比，这使得原生开发更加高效。

PRIVATE 限定符可防止诸如标头和标志之类的详细信息泄露到虚拟目标之外。当构建的目标是库而不是可执行文件时，使用 PRIVATE 更有意义。将目标视为模块，并在使用 CMake 定义你自己的目标时应尽量减少它们被公开的可能性。仅在绝对必要时使用 PUBLIC 限定符，并将 INTERFACE 限定符用于仅标头库。

可以将你的应用程序建模为在目标之间具有边的依赖关系图（边表示目标之间的关系）。这样的依赖关系图不仅应包括你的应用程序直接链接到的库，还应包括任何传递的依赖项。为获得最佳结果，可删除图中看到的任何循环或其他不必要的独立性。一般来说，最好在开始编码之前执行此练习。这样一个小小的计划即可产生一个整洁的、易于维护的 CMakeLists.txt，而不是没人愿意碰的难以理解的混乱文件。

2.8 小　结

工具链是嵌入式 Linux 开发的起点，随之而来的一切都取决于你是否拥有一个有效的、可靠的工具链。

你可以仅从一个工具链——可使用 crosstool-NG 构建或从 Linaro 下载——开始，然后使用它来编译目标上所需的所有包。或者，你也可以使用 Buildroot 或 Yocto Project 等构建系统将工具链作为从源代码中生成的分发包的一部分。当心作为硬件包的一部分免费提供给你的工具链或发行版，它们通常配置不当且不再维护。

一旦有了工具链，就可以使用它来构建嵌入式 Linux 系统的其他组件。在第 3 章"引导加载程序详解"中，我们将介绍引导加载程序，它可以使你的设备活过来并开始引导过程。我们将使用本章构建的工具链为 BeagleBone Black 构建一个有效的引导加载程序。

2.9 延 伸 阅 读

以下是一些视频文件，它们讨论了跨平台工具链和构建系统的最新技术。

❑ *A Fresh Look at Toolchains and Crosscompilers in 2020*（《2020 年的工具链和交叉编译器抢先看》），by Bernhard "Bero" Rosenkränzer：

https://www.youtube.com/watch?v=BHaXqXzAs0Y

❑ *Modern CMake for modular design*（《现代 CMake 和模块化设计》），by Mathieu Ropert：

https://www.youtube.com/watch?v=eC9-iRN2b04

第3章　引导加载程序详解

引导加载程序（bootLoader）是嵌入式 Linux 开发的第二个元素，它负责启动系统并加载操作系统内核。本章将详细阐释引导加载程序的作用，特别是它如何使用称为设备树（device tree）的数据结构将控制权从自身传递给内核。

设备树也称为扁平设备树（flattened device tree，FDT）。我们将介绍设备树的基础知识，因为这将帮助你遵循设备树中描述的连接并将其与真实硬件相关联。

本章还将介绍称为 U-Boot 的流行开源引导加载程序，并向你展示如何使用它来引导目标设备，以及如何自定义它，以便它可以在新设备上运行。我们使用 BeagleBone Black 作为新设备示例。

本章包含以下主题：
❑　引导加载程序的作用
❑　引导顺序
❑　从引导加载程序转移到内核中
❑　设备树简介
❑　U-Boot
出发！

3.1　技　术　要　求

要遵循本章中的示例操作，需要确保你具备以下条件：
❑　基于 Linux 的主机系统，安装了 device-tree-compiler、git、make、patch 和 u-boot-tools 或它们的等价物。
❑　第 2 章 "关于工具链" 中用于 BeagleBone Black 的 crosstool-NG 工具链。
❑　microSD 读卡器和卡。
❑　USB 转 TTL 3.3V 串行电缆。
❑　BeagleBone Black 电路板。
❑　5V 1A 直流电源。
本章所有代码都可以在本书配套 GitHub 存储库的 Chapter03 文件夹中找到。该存储库的网址如下：

https://github.com/PacktPublishing/Mastering-Embedded-Linux-Programming-Third-Edition

3.2　引导加载程序的作用

在嵌入式 Linux 系统中，引导加载程序有两项主要工作：将系统初始化到基础级别和加载内核。事实上，第一项工作在某种程度上是第二项工作的附属，因为它只需要让系统工作到加载内核中即可。

在上电或复位后执行引导加载程序代码的第一行时，系统处于极小化的状态。此时 DRAM 控制器未被设置，因此无法访问主内存。同样，其他接口也未被配置，因此通过 NAND 闪存控制器、MMC 控制器等访问的存储都不可用。一般来说，开始时唯一可操作的资源是单个 CPU 内核、一些片上静态存储器和引导 ROM。

系统引导由若干个阶段的代码组成，每个阶段都会使更多的系统投入运行中。引导加载程序的最后一步是将内核加载到 RAM 中并为其创建执行环境。引导加载程序和内核之间的接口细节是与特定的架构相关的，但无论是哪一种架构，它都必须做两件事：首先，引导加载程序必须传递一个指针，指向包含硬件配置信息的结构；其次，它还必须传递一个指向内核命令行的指针。

内核命令行是控制 Linux 行为的文本字符串。一旦内核开始执行，就不再需要引导加载程序，并且可以回收它使用的所有内存。

引导加载程序的一项辅助工作是提供一种维护模式，用于更新引导配置、将新的引导镜像加载到内存中，并且可能还会运行诊断。这通常由简单的命令行用户界面控制，一般通过串行控制台进行。

3.3　引导顺序

在早期比较简单的时代，只需将引导加载程序放在处理器复位向量处的非易失性（non-volatile）存储器中。NOR 闪存（NOR flash memory）在当时很常见，它因为可以直接被映射到地址空间中，所以是最理想的存储方式。图 3.1 显示了这种配置，复位向量（reset vector）位于闪存区域顶端的 0xfffffffc。引导加载程序已被链接，因此在该位置有一条跳转指令，指向引导加载程序代码的开头。

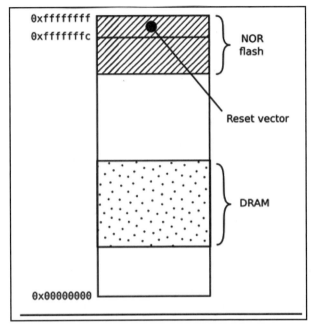

图 3.1　NOR 闪存

原　　文	译　　文	原　　文	译　　文
NOR flash	NOR 闪存	Reset vector	复位向量

从这一点开始，在 NOR 闪存中运行的引导加载程序代码可以初始化动态随机存取存储器（dynamic random access memory，DRAM）控制器，以便主内存（DRAM）变得可用，然后将自身复制到 DRAM 中。一旦完全运行，引导加载程序就可以将内核从闪存加载到 DRAM 中并将控制权转移给它。

但是，一旦你不再使用简单的线性可寻址存储介质（如 NOR 闪存），启动顺序就会变成一个复杂的多阶段过程。每个系统级芯片（SoC）的技术细节都不太一样，但它们通常遵循以下每个阶段。

3.3.1　阶段 1——ROM 代码

在没有可靠的外部存储器的情况下，复位或上电后立即运行的代码必须被存储在 SoC 的片上，这被称为 ROM 代码（ROM code）。它在制造时被加载到芯片中，因此 ROM 代码是专有的，不能被开源等效物替代。一般来说，它不包含初始化内存控制器的代码，DRAM 配置由于是高度与特定设备相关的，因此只能使用不需要内存控制器的静态随机存取存储器（static random access memory，SRAM）。

　　大多数嵌入式 SoC 设计都有少量片上 SRAM，其容量大小从 4 KB 到几百千字节（KB）不等，如图 3.2 所示。

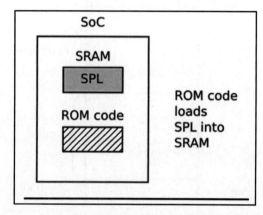

图 3.2　阶段 1——ROM 代码

原　　文	译　　文
ROM code	ROM 代码
ROM code loads SPL into SRAM	ROM 代码将 SPL 载入 SRAM 中

　　ROM 代码能够将一小块代码从若干个预编程位置之一加载到 SRAM 中。例如，TI OMAP 和 Sitara 芯片会尝试从以下位置处加载代码：

- ❑　NAND 闪存的前几页。
- ❑　通过串行外设接口（serial peripheral interface，SPI）连接的闪存。
- ❑　MMC 设备（可能是 eMMC 芯片或 SD 卡）的第一个扇区。
- ❑　来自 MMC 设备第一个分区上名为 MLO 的文件。

　　如果从所有这些存储设备中读取失败，那么 ROM 代码还会尝试从以太网、USB 或 UART 中读取字节流。后者主要用作在生产期间将代码加载到闪存中的一种方式，而不是在正常操作时的用法。

　　大多数嵌入式 SoC 都有以类似方式工作的 ROM 代码。在 SoC 中，SRAM 不足以加载完整的引导加载程序（如 U-Boot），因此必须有一个称为辅助程序加载器（secondary program loader，SPL）的中间加载程序。

　　在 ROM 代码阶段结束时，SPL 将出现在 SRAM 中，并且 ROM 代码会跳转到该代码的开头。

3.3.2　阶段 2——SPL

辅助程序加载器（SPL）必须设置内存控制器和系统的其他重要部分，以准备将第三级程序加载器（tertiary program loader，TPL）加载到 DRAM 中。

SPL 的功能受限于 SRAM 的大小，它和 ROM 代码一样，可以从存储设备列表中读取程序，再次使用从闪存设备开始的预编程偏移量。SPL 如果具有内置的文件系统驱动程序，那么可以从磁盘分区中读取一些已知的文件名，如 u-boot.img。

SPL 通常不允许任何用户交互，但它可能会输出版本信息和进度消息，你可以在控制台上看到这些信息。图 3.3 解释了阶段 2 架构。

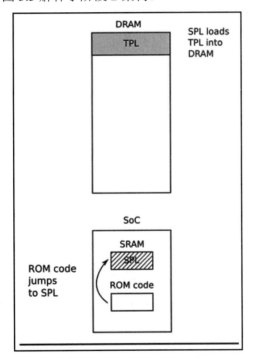

图 3.3　阶段 2——SPL

原　　文	译　　文
SPL loads TPL into DRAM	SPL 将 TPL 加载到 DRAM 中
ROM code jumps to SPL	ROM 代码跳转到 SPL

图 3.3 显示了从 ROM 代码到 SPL 的跳转。当 SPL 在 SRAM 中执行时，它会将 TPL 加载到 DRAM 中。在第二阶段结束时，TPL 出现在 DRAM 中，SPL 可以跳转到该区域。

SPL 可能是开源的，TI x-loader 和 Atmel AT91Bootstrap 就是如此，但它也经常包含由制造商作为二进制大对象（binary large object，BLOB）提供的专有代码。

3.3.3　阶段 3——TPL

在这一阶段，我们将运行一个完整的引导加载程序，如 U-Boot（下文将详细讨论）。

一般来说，会有一个简单的命令行用户界面可让你执行维护任务，例如将新的引导和内核镜像加载到闪存中，以及加载和引导内核，并且通常还会有一种无须用户干预即可自动加载内核的方法。

图 3.4 解释了阶段 3 架构。

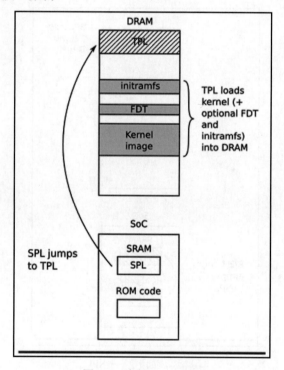

图 3.4　阶段 3——TPL

原　文	译　文
SPL jumps to TPL	SPL 跳转到 TPL
TPL loads kernel (+optional FDT and initramfs) into DRAM	TPL 加载内核（可选加载 FDT 和 initramfs）到 DRAM 中
Kernel image	内核镜像

图 3.4 显示了从 SRAM 中的 SPL 到 DRAM 中的 TPL 的跳转。当 TPL 执行时，它会将内核加载到 DRAM 中。如果需要，还可以选择将扁平设备树（FDT）和初始 RAM 文件系统（initramfs）附加到 DRAM 中的镜像。无论哪种方式，在第三阶段结束时，内存中都有一个内核等待启动。

一旦内核运行，嵌入式引导加载程序通常就会从内存中消失，并且不再参与系统的操作。在此之前，TPL 需要将引导过程的控制权交给内核。

3.4　从引导加载程序转移到内核中

当引导加载程序将控制权传递给内核时，它必须传递一些基本信息，其中包括以下内容：

- ❑ 机器编号，用于不支持设备树的 PowerPC 和 ARM 平台，以识别 SoC 的类型。
- ❑ 迄今为止检测到的硬件的基本细节，（至少）包括物理 RAM 的大小和位置，以及 CPU 的时钟速度。
- ❑ 内核命令行。
- ❑ （可选）设备树二进制文件的位置和大小。
- ❑ （可选）初始 RAM 磁盘的位置和大小，称为初始 RAM 文件系统（initial RAM file system，initramfs）。

内核命令行是一个纯 ASCII 字符串，它通过给出包含根文件系统的设备的名称来控制 Linux 的行为。第 4 章"配置和构建内核"将对此展开详细讨论。

根文件系统（root filesystem）通常以 RAM 磁盘的形式提供，在这种情况下，引导加载程序负责将 RAM 磁盘镜像加载到内存中。在第 5 章"构建根文件系统"中将详细介绍如何创建初始 RAM 磁盘。

传递此信息的方式取决于架构，并且近年来发生了变化。例如，在 PowerPC 架构中，引导加载程序仅用于传递指向电路板信息结构的指针，而在 ARM 架构中，它传递指向 A 标签（A tag）列表的指针。在 Documentation/arm/Booting 中的内核源代码对 A 标签的格式有很好的描述。

在上述两种情况下，传递的信息量都非常有限，大部分信息需要在运行时发现或作为平台数据（platform data）硬编码到内核中。平台数据的广泛使用意味着每个电路板都必须为该平台配置和修改内核，因此需要一种更好的方法。

这种更好的方法就是设备树。在 ARM 世界中，从 2013 年 2 月开始，随着 Linux 3.8 的发布，正式开始远离 A 标签。如今，几乎所有 ARM 系统都使用设备树来收集有关硬件平台细节的信息，从而允许单个内核二进制文件在各种平台上运行。

现在我们已经介绍了引导加载程序的作用、引导顺序的各个阶段，以及它如何将控制权传递给内核，接下来我们介绍如何配置引导加载程序以使其在流行的嵌入式 SoC 上运行。

3.5　设备树简介

你如果正在使用 ARM 或 PowerPC 架构的 SoC，那么几乎肯定会在某个时候遇到设备树。本节旨在让你快速了解它们是什么，以及它们是如何工作的。本书的整个学习过程中将反复重温有关设备树的主题。

设备树是定义计算机系统硬件组件的一种灵活方式。请记住，设备树只是静态数据，而不是可执行代码。一般来说，设备树由引导加载程序加载并传递给内核，当然，也可以将设备树与内核镜像本身捆绑在一起，以满足无法单独加载它们的引导加载程序。

该格式源自称为 OpenBoot 的 Sun Microsystems 引导加载程序，OpenBoot 被正式纳入为开放固件（open firmware）规范，即 IEEE 标准 IEEE 1275—1994。

设备树用于基于 PowerPC 的 Macintosh 计算机，因此是 PowerPC Linux 端口的合理选择。从那时起，它被许多 ARM Linux 实现大规模采用，而一部分 MIPS、MicroBlaze、ARC 和其他架构也都有采用。

有关设备树的详细信息，可访问以下网址：

https://www.devicetree.org

3.5.1　有关设备树的基础知识

Linux 内核在 arch/$ARCH/boot/dts 中包含了大量的设备树源文件，这是学习设备树的一个很好的起点。在 arch/$ARCH/dts 的 U-boot 源代码中也有少量的源代码。如果你是从第三方获得的硬件，则 dts 文件将构成电路板支持包的一部分，因此你应该会收到一个 dts 文件连同其他源文件。

设备树将计算机系统表示为一个分层结构，其中的组件连接在一起形成一个集合。这个分层结构和树一样，故称"设备树"。设备树以一个根节点开始，用正斜杠（/）表示，其中包含表示系统硬件的后续节点。每个节点都有一个名称并包含许多属性，属性格式为 name = "value"。以下就是一个简单的例子：

```
/dts-v1/;
/ {
```

```
model = "TI AM335x BeagleBone";
compatible = "ti,am33xx";
#address-cells = <1>;
#size-cells = <1>;
cpus {
    #address-cells = <1>;
    #size-cells = <0>;
    cpu@0 {
        compatible = "arm,cortex-a8";
        device_type = "cpu";
        reg = <0>;
    };
};
memory@0x80000000 {
    device_type = "memory";
    reg = <0x80000000 0x20000000>; /* 512 MB */
};
};
```

在上述示例中，有一个根节点，其中包含一个 cpus 节点和一个 memory 节点。cpus
节点中又包含一个名为 cpu@0 的 CPU 节点。这些节点的名称通常包括一个@，后跟一个
地址，用于将该节点与其他相同类型的节点区分开来。节点如果具有 reg 属性，则需要@。

根节点和 CPU 节点都具有 compatible 属性。Linux 内核将使用此属性与每个设备驱
动程序在 of_device_id 结构中导出的字符串进行比较，以此来找到匹配的设备驱动程序
（更多信息请参见第 11 章"连接设备驱动程序"）。

ℹ️ 注意：

约定 compatible 属性的值由制造商名称和组件名称组成，以减少不同制造商制造的
类似设备之间的混淆。因此，我们可以看到 ti,am33xx 和 arm,cortex-a8 之类的值。

在有多个驱动程序可以处理此设备的情况下，compatible 属性具有多个值也是很常见的。

CPU 节点和内存节点都有一个 device_type 属性，该属性描述了设备的类别。节点的
名称通常源自 device_type 属性。

3.5.2　reg 属性

上述示例中显示的 memory 和 cpu 节点都有一个 reg 属性，该属性指的是寄存器
（register）空间中的一系列单元。reg 属性由两个值组成，分别表示实际物理地址和范围的
大小（长度）。二者都被写为零个或多个 32 位整数，称为单元（cell）。因此，上述示例

中的 memory 节点指的是从 0x80000000 开始并且长度为 0x20000000 字节的单个内存组。

当地址或大小值不能以 32 位表示时,理解 reg 属性会变得更加复杂。例如,在具有 64 位寻址的设备上,每个 reg 属性需要两个单元:

```
/ {
    #address-cells = <2>;
    #size-cells = <2>;
    memory@80000000 {
        device_type = "memory";
        reg = <0x00000000 0x80000000 0 0x80000000>;
    };
};
```

有关所需单元数的信息被保存在祖先节点的#address-cells 和#size_cells 属性中。换句话说,要理解 reg 属性,你必须向后查看节点层次结构,直至找到#address-cells 和#size_cells。如果没有,则其默认值为 1——但设备树编写器依赖默认值是不好的做法。

现在,让我们回到 cpu 和 cpus 节点。CPU 也有地址,在四核设备中,它们可能被寻址为 0、1、2 和 3。这可以被认为是没有任何深度的一维数组,因此大小为零。在前面的示例中,你可以看到在 cpus 节点中有#address-cells = <1>和#size-cells = <0>,在子节点 cpu@0 中,为 reg 属性分配了一个值,即 reg = <0>。

3.5.3　标签和中断

到目前为止,我们所描述的设备树的结构假定存在一个单一的组件分层结构,而实际上可能会有多个。除了组件与系统其他部分之间明显的数据连接,它还可能连接到中断控制器、时钟源和稳压器。为了表达这些连接,我们可以给一个节点添加一个标签,并从其他节点中引用这个标签。这些标签有时被称为phandle,该名称来源于 pointer handle(指针句柄)的组合,因为在编译设备树时,如果节点包含来自另一个节点的引用,则在其一个称为 phandle 的属性中将被分配一个唯一的数值。你如果反编译设备树二进制文件,则可以看到它们。

现在让我们来看一个系统示例,该系统包含一个可以产生 interrupts 和 interrupt-controller 的 LCD 控制器:

```
/dts-v1/;
{
    intc: interrupt-controller@48200000 {
        compatible = "ti,am33xx-intc";
        interrupt-controller;
```

```
        #interrupt-cells = <1>;
        reg = <0x48200000 0x1000>;
    };
    lcdc: lcdc@4830e000 {
        compatible = "ti,am33xx-tilcdc";
        reg = <0x4830e000 0x1000>;
        interrupt-parent = <&intc>;
        interrupts = <36>;
        ti,hwmods = "lcdc";
        status = "disabled";
    };
};
```

在上述示例中，我们有一个标签为 intc 的 interrupt-controller@48200000 节点。interrupt-controller 属性将其标识为中断控制器。像所有中断控制器一样，它有一个#interrupt-cells 属性，它告诉我们需要多少个单元来表示一个中断源。在本示例中，只有 1 个单元来代表中断请求（interrupt request，IRQ）编号。其他中断控制器可能会使用额外的单元来表征中断，例如，指示它是边沿触发还是电平触发。

每个中断控制器的绑定中描述了中断单元的数量及其含义。设备树绑定可以在 Linux 内核源代码的 Documentation/devicetree/bindings/目录中找到。

再来看 lcdc@4830e000 节点，它有一个 interrupt-parent 属性，该属性使用标签引用它所连接的中断控制器。它还有一个 interrupts 属性，在本例中为 36。请注意，此节点有自己的标签 lcdc，它可以在其他地方使用：任何节点都可以有标签。

3.5.4　设备树包含文件

许多硬件在同一系列的 SoC 之间和使用相同 SoC 的电路板之间是通用的。这会通过将公共部分拆分为包含文件（通常带有.dtsi 扩展名）反映在设备树中。

Open Firmware（开放固件）标准将/include/定义为要使用的机制，以下代码片段就是一个示例（取自 vexpress-v2p-ca9.dts）：

```
/include/ "vexpress-v2m.dtsi"
```

不过，仔细查看内核中的.dts 文件，你会发现从 C 中借用的替代 include 语句。例如，在 am335x-boneblack.dts 中可以看到：

```
#include "am33xx.dtsi"
#include "am335x-bone-common.dtsi"
```

以下是来自 am33xx.dtsi 的另一个示例：

```
#include <dt-bindings/gpio/gpio.h>
#include <dt-bindings/pinctrl/am33xx.h>
#include <dt-bindings/clock/am3.h>
```

最后，include/dt-bindings/pinctrl/am33xx.h 包含正常的 C 宏：

```
#define PULL_DISABLE     (1 << 3)
#define INPUT_EN         (1 << 5)
#define SLEWCTRL_SLOW    (1 << 6)
#define SLEWCTRL_FAST    0
```

如果设备树源是使用 Kbuild 系统构建的，那么所有这些问题都可以解决，该系统通过 C 预处理器 CPP 运行它们，其中#include 和#define 语句都被处理成适合设备树编译器的文本。上述示例说明了这种动机，这意味着设备树源可以使用与内核代码相同的常量定义。

当我们使用任意一种语法包含文件时，节点会相互叠加以创建一个复合树，在这样的树中，外层将扩展或修改内部层。例如，am33xx.dtsi 对所有 am33xx SoC 是通用的，它定义了第一个 MMC 控制器接口，如下所示：

```
mmc1: mmc@48060000 {
    compatible = "ti,omap4-hsmmc";
    ti,hwmods = "mmc1";
    ti,dual-volt;
    ti,needs-special-reset;
    ti,needs-special-hs-handling;
    dmas = <&edma_xbar 24 0 0
            &edma_xbar 25 0 0>;
    dma-names = "tx", "rx";
    interrupts = <64>;
    reg = <0x48060000 0x1000>;
    status = "disabled";
};
```

请注意，这里的 status 是 disabled（已禁用），这意味着不应将任何设备驱动程序绑定到它，并且它的标签为 mmc1。

BeagleBone 和 BeagleBone Black 都有一个连接到 mmc1 的 microSD 卡接口。这就是为什么在 am335x-bone-common.dtsi 中，明明相同的节点还要由其标签引用，即&mmc1：

```
&mmc1 {
    status = "okay";
```

```
    bus-width = <0x4>;
    pinctrl-names = "default";
    pinctrl-0 = <&mmc1_pins>;
    cd-gpios = <&gpio0 6 GPIO_ACTIVE_LOW>;
};
```

可以看到，此时 status 属性被设置为 okay，这会导致 MMC 设备驱动程序在 BeagleBone 的两个变体上运行时与此接口绑定。

此外，在引脚控制配置 mmc1_pins 中还添加了对标签的引用。限于篇幅，我们无法详细描述管脚控制和管脚复用。感兴趣的读者可以在 Documentation/devicetree/bindings/pinctrl 目录的 Linux 内核源代码中找到一些相关信息。

当然，mmc1 接口将连接到 BeagleBone Black 上的不同电压调节器。这在 am335x-boneblack.dts 中已有表述，你将在其中看到对 mmc1 的另一个引用，它通过 vmmcsd_fixed 标签将其与电压调节器相关联：

```
&mmc1 {
    vmmc-supply = <&vmmcsd_fixed>;
};
```

因此，像这样的分层设备树源文件为我们提供了灵活性并减少了对重复代码的需求。

3.5.5　编译设备树

引导加载程序和内核需要设备树的二进制表示，因此必须使用设备树编译器（device tree compiler，DTC）进行编译。结果是一个以.dtb 结尾的文件，它被称为设备树二进制文件（device tree binary）或设备树 BLOB。

在 scripts/dtc/dtc 的 Linux 源代码中有一个 dtc 的副本，它也可以作为一个包在许多 Linux 发行版上使用。你可以使用它来编译一个简单的设备树（不使用 #include），如下所示：

```
$ dtc simpledts-1.dts -o simpledts-1.dtb
DTC: dts->dts on file "simpledts-1.dts"
```

请注意，dtc 不会提供有用的错误消息，并且除检查语言的基本语法外，不进行任何检查，这意味着调试源文件中的输入错误可能是一个漫长的过程。

要构建更复杂的示例，必须使用 Kbuild 内核，在第 4 章 "配置和构建内核" 中将对此展开详细讨论。

与内核一样，引导加载程序可以使用设备树来初始化嵌入式 SoC 及其外围设备。当你从诸如 QSPI 闪存之类的大容量存储设备中加载内核时，此设备树至关重要。

虽然嵌入式 Linux 提供了多种引导加载程序，但我们只介绍其中一种：U-Boot。接下来就让我们深入研究该引导加载程序。

3.6 U-Boot

本书将只专注讨论 U-Boot，因为它支持大量的处理器架构和大量的独立板卡和设备。它已经存在了很长时间，并且有一个很好的支持社区。

U-Boot 的全名是 Das U-Boot，它最初是作为嵌入式 PowerPC 板的开源引导加载程序而存在的。然后，它被移植到基于 ARM 的电路板上，后来又被移植到其他架构中，包括 MIPS 和 SH。U-Boot 由 Denx Software Engineering 进行托管和维护。此外，U-Boot 还有很多可用的信息，感兴趣的读者可访问以下网址了解更多信息：

https://www.denx.de/wiki/U-Boot

在 u-boot@lists.denx.de 上也有一个邮件列表，你可以通过填写并提交以下网址提供的表单来订阅：

https://lists.denx.de/listinfo/u-boot

3.6.1 构建 U-Boot

让我们从获取源代码开始。与大多数项目一样，推荐的方法是克隆.git 存档并检查你打算使用的标签——这里我们使用的是撰写本文时的最新版本。示例如下：

```
$ git clone git://git.denx.de/u-boot.git
$ cd u-boot
$ git checkout v2021.01
```

或者，你也可从以下网址中获取其压缩包（Tarball）：

ftp://ftp.denx.de/pub/u-boot

在 configs/目录下有 1000 多个常用开发板和设备的配置文件。在大多数情况下，你可以根据文件名很好地猜测要使用哪个，也可以通过查看 board/目录中每个开发板的 README 文件来获得更详细的信息，还可以通过在适当的网络教程或论坛中寻找所需的信息。

以 BeagleBone Black 为例，我们会发现有一个很可能的配置文件，其名称为 configs/am335x_evm_defconfig，并且在该板的 README 文件中有 The binary produced by this board supports ... Beaglebone Black（该开发板生成的二进制文件支持...Beaglebone Black）这样的字眼，该 README 文件就是 am335x 芯片的 board/ti/am335x/README 文件。

有了这些知识，为 BeagleBone Black 构建 U-Boot 就很简单了。你需要通过设置 CROSS_COMPILE 这个 make 变量来通知 U-Boot 你的交叉编译器的前缀，然后使用 make [board]_defconfig 类型的命令选择配置文件。

因此，要使用在第 2 章"关于工具链"中创建的 crosstool-NG 编译器构建 U-Boot，你需要输入以下内容：

```
$ source ../MELP/Chapter02/set-path-arm-cortex_a8-linux-
gnueabihf
$ make am335x_evm_defconfig
$ make
```

其编译结果如下。

❑ u-boot：ELF 对象格式的 U-Boot，适合与调试器一起使用。

❑ u-boot.map：符号表。

❑ u-boot.bin：原始二进制格式的 U-Boot，适合在你的设备上运行。

❑ u-boot.img：这是添加了 U-Boot 标头的 u-boot.bin，适合上传到 U-Boot 的运行副本中。

❑ u-boot.srec：Motorola S-record（SRECORD 或 SRE）格式的 U-Boot，适合通过串行连接传输。

如前文所述，BeagleBone Black 还需要辅助程序加载器（SPL）。这是同时构建的，并被命名为 MLO：

```
$ ls -l MLO u-boot*
-rw-rw-r-- 1 frank frank 108260        Feb 8 15:24 MLO
-rwxrwxr-x 1 frank frank 6028304       Feb 8 15:24 u-boot
-rw-rw-r-- 1 frank frank 594076        Feb 8 15:24 u-boot.bin
-rw-rw-r-- 1 frank frank 20189         Feb 8 15:23 u-boot.cfg
-rw-rw-r-- 1 frank frank 10949         Feb 8 15:24 u-boot.cfg.configs
-rw-rw-r-- 1 frank frank 54860         Feb 8 15:24 u-boot.dtb
-rw-rw-r-- 1 frank frank 594076        Feb 8 15:24 u-boot-dtb.bin
-rw-rw-r-- 1 frank frank 892064        Feb 8 15:24 u-boot-dtb.img
-rw-rw-r-- 1 frank frank 892064        Feb 8 15:24 u-boot.img
-rw-rw-r-- 1 frank frank 1722          Feb 8 15:24 u-boot.lds
-rw-rw-r-- 1 frank frank 802250        Feb 8 15:24 u-boot.map
-rwxrwxr-x 1 frank frank 539216        Feb 8 15:24 u-boot-nodtb.bin
```

```
-rwxrwxr-x 1 frank frank 1617810      Feb 8 15:24 u-boot.srec
-rw-rw-r-- 1 frank frank 211574       Feb 8 15:24 u-boot.sym
```

对于其他目标来说，该过程是类似的。

3.6.2 安装 U-Boot

第一次在开发板上安装引导加载程序需要一些外部帮助。如果开发板有硬件调试接口，如 JTAG（联合测试行动组），则可以将 U-Boot 的副本直接加载到 RAM 中并使其运行。从这一点开始，你就可以使用 U-Boot 命令，以便它将自己复制到闪存中。这方面的细节是与特定的电路板相关的，因此超出了本书的讨论范围。

许多 SoC 设计都有内置的引导 ROM，可用于从各种外部源（如 SD 卡、串行接口或 USB 大容量存储器）中读取引导代码。BeagleBone Black 中的 am335x 芯片就是这种情况，它使你可以轻松地尝试新软件。

你需要一个 SD 读卡器才能将镜像写入卡中。这也有两种类型：插入 USB 端口的外部读卡器和许多笔记本计算机上存在的内置 SD 读卡器。将卡插入读卡器中时，Linux 会分配一个设备名称。lsblk 命令是找出已分配的设备的有用工具。例如，当我将标称的 8 GB microSD 卡插入读卡器中时，看到的是以下内容：

```
$ lsblk
NAME          MAJ:MIN   RM     SIZE   RO   TYPE   MOUNTPOINT
sda              8:0     1     7.4G    0   disk
└─sda1           8:1     1     7.4G    0   part   /media/frank/6662-6262
nvme0n1        259:0     0   465.8G    0   disk
├─nvme0n1p1    259:1     0     512M    0   part   /boot/efi
├─nvme0n1p2    259:2     0      16M    0   part
├─nvme0n1p3    259:3     0   232.9G    0   part
└─nvme0n1p4    259:4     0   232.4G    0   part   /
```

在上述示例中，nvme0n1 是我的 512 GB 硬盘，sda 则是 microSD 卡。sda 有一个单独的分区 sda1，该分区被挂载为/media/frank/6662-6262 目录。

ℹ注意：

虽然 microSD 卡外面印有 8 GB，但里面实际上却只有 7.4 GB。部分原因是使用了不同的单位。广告宣称的容量以千兆字节（gigabyte）为单位，即 10^9，但软件报告的大小却是以千兆位字节（gibibyte）为单位，即 2^{30}。千兆字节的缩写为 GB，而千兆位字节的缩写为 GiB。这同样适用于 KB 和 KiB，以及 MB 和 MiB。本书将尝试使用正确的单位。对于 SD 卡来说，8 GB 大约是 7.4 GiB。

如果使用内置 SD 卡插槽，则会看到以下内容：

```
$ lsblk
NAME              MAJ:MIN   RM    SIZE   RO   TYPE   MOUNTPOINT
mmcblk0           179:0      1    7.4G    0   disk
└─mmcblk0p1       179:1      1    7.4G    0   part   /media/frank/6662-6262
nvme0n1           259:0      0  465.8G    0   disk
├─nvme0n1p1       259:1      0    512M    0   part   /boot/efi
├─nvme0n1p2       259:2      0     16M    0   part
├─nvme0n1p3       259:3      0  232.9G    0   part
└─nvme0n1p4       259:4      0  232.4G    0   part   /
```

在上述示例中，microSD 卡显示为 mmcblk0，分区为 mmcblk0p1。请注意，你使用的 microSD 卡的格式可能与此卡不同，因此你可能会看到不同数量的分区具有不同的挂载点。格式化 SD 卡时，确定其设备名称非常重要，否则有可能会将硬盘误认为是 SD 卡并对其进行格式化，那会是一个悲伤的故事。这不止一次发生在我身上，因此，我在本书的代码存档中提供了一个名为 MELP/format-sdcard.sh 的 shell 脚本，它具有合理数量的检查，以防止你（和我）使用错误的设备名称。其参数是 microSD 卡的设备名称，在第一个示例中为 sda，在第二个示例中为 mmcblk0。以下是它的使用示例：

```
$ MELP/format-sdcard.sh mmcblk0
```

该脚本创建了两个分区：第一个分区是 64 MiB，格式化为 FAT32，将包含引导加载程序；第二个分区是 1 GiB，格式化为 ext4，在第 5 章 "构建根文件系统" 中将会使用它。该脚本在应用于任何大于 32 GiB 的驱动器时会中止，因此你如果使用的是容量更大的 microSD 卡，则需要对其进行修改。

格式化 microSD 卡后，可将其从读卡器中取出，然后重新插入，以便自动挂载分区。在当前版本的 Ubuntu 上，这两个分区应该被挂载为/media/[user]/boot 和/media/[user]/rootfs。

现在可以将 SPL 和 U-Boot 复制到其中，如下所示：

```
$ cp MLO u-boot.img /media/frank/boot
```

最后，卸载它：

```
$ sudo umount /media/frank/boot
```

现在，在 BeagleBone 板未上电的情况下，将 microSD 卡插入读卡器中，然后插入串行电缆。串行端口应在你的计算机上显示为/dev/ttyUSB0。启动合适的终端程序，如 gtkterm、minicom 或 picocom，并以 115200 比特每秒（bits per second，bps）的速度连接到端口，不进行流量控制。gtkterm 可能是最容易设置和使用的：

```
$ gtkterm -p /dev/ttyUSB0 -s 115200
```

你如果收到权限错误，则可能需要将自己添加到 dialout 组中并重新启动以使用此端口。

按住 BeagleBone Black 上的 Boot Switch（引导开关）按钮（最靠近 microSD 插槽），使用外部 5V 电源连接器为电路板供电，大约 5 秒后松开按钮。你应该在串行控制台上看到一些输出，然后是 U-Boot 提示符：

```
U-Boot SPL 2021.01 (Feb 08 2021 - 15:23:22 -0800)
Trying to boot from MMC1

U-Boot 2021.01 (Feb 08 2021 - 15:23:22 -0800)

CPU : AM335X-GP rev 2.1
Model: TI AM335x BeagleBone Black
DRAM: 512 MiB
WDT: Started with servicing (60s timeout)
NAND: 0 MiB
MMC: OMAP SD/MMC: 0, OMAP SD/MMC: 1
Loading Environment from FAT... *** Warning - bad CRC, using
default environment

<ethaddr> not set. Validating first E-fuse MAC
Net: eth2: ethernet@4a100000, eth3: usb_ether
Hit any key to stop autoboot: 0
=>
```

按键盘上的任意键以阻止 U-Boot 在默认环境下自动启动。现在我们面前有一个 U-Boot 提示符，让我们来了解 U-Boot。

3.6.3　使用 U-Boot

现在我将介绍一些可以使用 U-Boot 执行的常见任务。

一般来说，U-Boot 通过串行端口提供命令行界面。它提供了为每个开发板定制的命令提示符。在后面的示例中，我将使用=>。

输入 help 会输出在这个版本的 U-Boot 中配置的所有命令，输入 help <command>会输出有关特定命令的更多信息。

BeagleBone Black 的默认命令解释器非常简单。你不能通过按左键或右键进行命令行编辑，按 Tab 键也没有命令自动完成，而按向上键没有命令历史记录。按这些键中的任何一个都会中断你当前尝试输入的命令，你必须按 Ctrl+C 快捷键并重新开始。你可以安全使用的唯一行编辑键是退格键。

作为一个选项，你可以配置一个名为 hush 的不同命令 shell，它具有更复杂的交互式支持，包括命令行编辑。

默认数字格式为十六进制。示例如下：

```
=> nand read 82000000 400000 200000
```

上述示例将从 NAND 闪存起始位置的偏移量 0x400000 处读取 0x200000 字节到 RAM 地址 0x82000000 中。

3.6.4　环境变量

U-Boot 广泛使用环境变量在函数之间存储和传递信息，甚至创建脚本。环境变量是存储在内存区域中的简单 name=value 对。变量的初始总体可以被编码在开发板配置头文件中，具体如下：

```
#define CONFIG_EXTRA_ENV_SETTINGS
"myvar1=value1"
"myvar2=value2"
[…]
```

可以使用 setenv 从 U-Boot 命令行中创建和修改变量。例如，setenv foo bar 可以使用 bar 值创建 foo 变量。请注意，变量名称和值之间没有=符号。你还可以通过将变量设置为空字符串（即 setenv foo）来删除它。

可以使用 printenv 将所有变量输出到控制台中，或者使用 printenv foo 将单个变量输出到控制台中。

如果 U-Boot 已经配置了空间来存储环境，则可以使用 saveenv 命令保存它。如果有原始 NAND 或 NOR 闪存，则可以为此目的保留一个 erase 块，通常将另一个块用作冗余副本以防止损坏。

如果有 eMMC 或 SD 卡存储，则可以将其存储在保留的扇区阵列中，或者存储在磁盘分区中名为 uboot.env 的文件内。其他选项还包括将其存储在通过 I2C 或 SPI 接口连接的串行 EEPROM 或非易失性 RAM 中。

3.6.5　引导镜像格式

U-Boot 没有文件系统。相反，它使用 64 字节的标头标记信息块，以便它可以跟踪内容。我们使用 mkimage 命令行工具为 U-Boot 准备文件，该工具与 Ubuntu 上的 u-boot-tools

包捆绑在一起。你还可以通过从 U-Boot 源代码树中运行 make tools 来获取 mkimage，然后将其作为 tools/mkimage 进行调用。

以下是该命令用法的简要总结：

```
$ mkimage
Error:  Missing output filename
Usage:  mkimage -l image
           -l ==> list image header information
        mkimage [-x] -A arch -O os -T type -C comp -a addr -e ep
-n name -d data_file[:data_file...] image
           -A ==> set architecture to 'arch'
           -O ==> set operating system to 'os'
           -T ==> set image type to 'type'
           -C ==> set compression type 'comp'
           -a ==> set load address to 'addr' (hex)
           -e ==> set entry point to 'ep' (hex)
           -n ==> set image name to 'name'
           -d ==> use image data from 'datafile'
           -x ==> set XIP (execute in place)
        mkimage [-D dtc_options] [-f fit-image.its|-f auto|-F]
[-b <dtb> [-b <dtb>]] [-i <ramdisk.cpio.gz>] fit-image
           <dtb> file is used with -f auto, it may occur
multiple times.
           -D => set all options for device tree compiler
           -f => input filename for FIT source
           -i => input filename for ramdisk file
Signing / verified boot options: [-E] [-B size] [-k keydir] [-K
dtb] [ -c <comment>] [-p addr] [-r] [-N engine]
           -E => place data outside of the FIT structure
           -B => align size in hex for FIT structure and header
           -k => set directory containing private keys
           -K => write public keys to this .dtb file
           -c => add comment in signature node
           -F => re-sign existing FIT image
           -p => place external data at a static position
           -r => mark keys used as 'required' in dtb
           -N => openssl engine to use for signing
        mkimage -V ==> print version information and exit
Use '-T list' to see a list of available image types
```

例如，要为 ARM 处理器准备内核镜像，需要使用以下命令：

```
$ mkimage -A arm -O linux -T kernel -C gzip -a 0x80008000 \
-e 0x80008000
-n 'Linux' -d zImage uImage
```

在上述例子中，架构是 arm，操作系统是 linux，镜像类型是 kernel。

另外，压缩方案为 gzip，加载地址为 0x80008000，入口点与加载地址相同。

最后，镜像名称为 Linux，镜像数据文件被命名为 zImage，生成的镜像被命名为 uImage。

3.6.6　加载镜像

一般来说，你将从可移动存储（如 SD 卡或网络）中加载镜像。SD 卡在 U-Boot 中由
MMC 驱动程序进行处理。用于将镜像加载到内存中的典型顺序如下：

```
=> mmc rescan
=> fatload mmc 0:1 82000000 uimage
reading uimage
4605000 bytes read in 254 ms (17.3 MiB/s)
=> iminfo 82000000

## Checking Image at 82000000 ...
Legacy image found
Image Name: Linux-3.18.0
Created: 2014-12-23 21:08:07 UTC
Image Type: ARM Linux Kernel Image (uncompressed)
Data Size: 4604936 Bytes = 4.4 MiB
Load Address: 80008000
Entry Point: 80008000
Verifying Checksum ... OK
```

mmc rescan 命令重新初始化 MMC 驱动程序，可能是为了检测最近是否插入了 SD 卡。
接下来，fatload 用于从 SD 卡上 FAT 格式的分区中读取文件。其格式如下：

```
fatload <interface> [<dev[:part]> [<addr> [<filename> [bytes [pos]]]]]
```

如果<interface>是 mmc（上述示例就是如此），则<dev:part>是 MMC 接口的设备号，
从 0 开始计数，分区号从 1 开始计数。因此，<0:1>是第一个设备上的第一个分区，这对
于 microSD 卡是 mmc 0（板载 eMMC 是 mmc 1）。

内存位置 0x82000000 被选择为位于此时未使用的 RAM 区域中。我们如果打算启动
这个内核，则必须确保当内核镜像被解压缩并位于运行时位置 0x80008000 处时，该 RAM
区域不会被覆盖。

要通过网络加载镜像文件，必须使用普通文件传输协议（trivial file transfer protocol，TFTP）。这需要你在开发系统上安装 TFTP 守护程序 tftpd 并开始运行它。

你还必须在你的计算机和目标开发板之间配置任何防火墙，以允许 UDP 端口 69 上的 TFTP 协议通过。TFTP 的默认配置只允许访问/var/lib/tftpboot 目录。下一步是将要传输到目标的文件复制到该目录中。

然后，假设你正在使用一对静态 IP 地址，这样就不需要进一步的网络管理，加载一组内核镜像文件的命令序列应如下所示：

```
=> setenv ipaddr 192.168.159.42
=> setenv serverip 192.168.159.99
=> tftp 82000000 uImage
link up on port 0, speed 100, full duplex
Using cpsw device
TFTP from server 192.168.159.99; our IP address is 192.168.159.42
Filename 'uImage'.
Load address: 0x82000000
Loading:
################################################################
################################################################
################################################################
################################################################
#############################################################
3 MiB/s
done
Bytes transferred = 4605000 (464448 hex)
```

最后，让我们看看如何将镜像烧写到 NAND 闪存中并将其读回，这是由 nand 命令处理的。以下示例通过 TFTP 加载内核镜像并将其编程到闪存中：

```
=> tftpboot 82000000 uimage
=> nandecc hw
=> nand erase 280000 400000
NAND erase: device 0 offset 0x280000, size 0x400000
Erasing at 0x660000 -- 100% complete.
OK
=> nand write 82000000 280000 400000

NAND write: device 0 offset 0x280000, size 0x400000
4194304 bytes written: OK
```

现在可以使用 nand read 命令从闪存中加载内核：

```
=> nand read 82000000 280000 400000
```

一旦内核被加载到 RAM 中，我们就可以启动它。

3.6.7　引导 Linux

bootm 命令可启动内核镜像运行。其语法如下：

```
bootm [address of kernel] [address of ramdisk] [address of dtb].
```

内核镜像的地址是必需的，但如果内核配置不需要 ramdisk 和 dtb 的地址，则它们可以被省略。如果有 dtb 但没有 initramfs，则可以将第二个地址替换为短横（-）。

这看起来如下所示：

```
=> bootm 82000000 - 83000000
```

每次开机都要输入一长串的命令来引导电路板是不可接受的。因此，接下来让我们看看如何自动化引导过程。

3.6.8　使用 U-Boot 脚本自动化引导过程

U-Boot 可将一系列命令存储在环境变量中。名为 bootcmd 的特殊变量如果包含一个脚本，那么会在上电时延迟 bootdelay 秒后运行。你如果在串行控制台上对此进行观察，则可以看到延迟倒计时至 0。在此期间，你可以按任意键终止倒计时并进入与 U-Boot 的交互会话。

创建脚本的方式很简单，但不容易阅读。你只需附加用分号分隔的命令，分号前面必须有一个\转义字符。因此，如果要从闪存中的偏移地址加载内核镜像并启动它，则可以使用以下命令：

```
setenv bootcmd nand read 82000000 400000 200000\;bootm 82000000
```

现在我们已经知道如何使用 U-Boot 在 BeagleBone Black 上启动内核。但是如何将 U-Boot 移植到没有板级支持包（BSP）的新板上呢？接下来就让我们看看这个问题。

3.6.9　将 U-Boot 移植到新板上

假设你的硬件部门创建了一个名为 Nova 的新板，该板基于 BeagleBone Black，并且你需要将 U-Boot 移植到该板上。现在你需要了解 U-Boot 代码的布局以及电路板配置机制的工作原理。我将向你展示如何创建现有开发板的变体（BeagleBone Black）你可以继续将其用作进一步定制的基础。

这里有很多文件需要更改。我已将它们放在 MELP/Chapter03/0001-BSP-for-Nova.patch 的代码存档的补丁文件中。你可以简单地将该补丁应用到 U-Boot 版本 2021.01 的纯净副本上，如下所示：

```
$ cd u-boot
$ patch -p1 < MELP/Chapter03/0001-BSP-for-Nova.patch
```

你如果想使用不同版本的 U-Boot，则必须对补丁进行一些更改才能纯净地应用它。

现在让我们看看如何创建补丁。你如果想一步一步地跟随操作，则需要一个没有 Nova BSP 补丁的 U-Boot 2021.01 的纯净副本。我们将要处理的主要目录如下。

❑ arch：包含特定于 arm、mips 和 powerpc 目录中每个受支持架构的代码。在每个架构中，每个家族成员都有一个子目录。例如，在 arch/arm/cpu/中，有架构变体的目录，包括 amt926ejs、armv7 和 armv8。

❑ board：包含特定于开发板的代码。如果有来自同一供应商的若干个开发板，则它们可以一起被收集到同一个子目录中。因此，对 BeagleBone 所基于的 am335x EVM 开发板的支持位于 board/ti/am335x 中。

❑ common：包含一些核心函数，包括命令 shell 和可以从它们中调用的命令，每个命令都在一个名为 cmd_[command name].c 的文件中。

❑ doc：包含若干个描述 U-Boot 各个方面的 README 文件。如果你想知道如何使用 U-Boot 端口，那么这是一个很好的起点。

❑ include：除了许多共享的头文件，它还包含非常重要的 include/configs/子目录，你可以在其中找到大多数开发板配置设置。

Kconfig 可以从 Kconfig 文件中提取配置信息并将整个系统配置存储在名为.config 的文件中。在第 4 章 "配置和构建内核" 中将详细介绍该文件。

每个开发板都有一个存储在 configs/[board name]_defconfig 中的默认配置。对于 Nova 开发板，我们可以先复制 EVM 的配置：

```
$ cp configs/am335x_evm_defconfig configs/nova_defconfig
```

现在编辑 configs/nova_defconfig 并在 CONFIG_AM33XX=y 之后插入 CONFIG_TARGET_NOVA=y，如下所示：

```
CONFIG_ARM=y
CONFIG_ARCH_CPU_INIT=y
CONFIG_ARCH_OMAP2PLUS=y
```

```
CONFIG_TI_COMMON_CMD_OPTIONS=y
CONFIG_AM33XX=y
CONFIG_TARGET_NOVA=y
CONFIG_SPL=y
[…]
```

请注意，CONFIG_ARM=y 会导致包含 arch/arm/Kconfig 的内容，而 CONFIG_ AM33XX=y 则会导致包含 arch/arm/mach-omap2/am33xx/Kconfig。

接下来，在同一个文件中的 CONFIG_DISTRO_DEFAULTS=y 之后插入 CONFIG_ SYS_CUSTOM_LDSCRIPT=y 和 CONFIG_SYS_LDSCRIPT== "board/ti/nova/u-boot.lds"，如下所示：

```
[…]
CONFIG_SPL=y
CONFIG_DEFAULT_DEVICE_TREE="am335x-evm"
CONFIG_DISTRO_DEFAULTS=y
CONFIG_SYS_CUSTOM_LDSCRIPT=y
CONFIG_SYS_LDSCRIPT="board/ti/nova/u-boot.lds"
CONFIG_SPL_LOAD_FIT=y
[…]
```

至此，我们已经完成了对 configs/nova_defconfig 的修改。

3.6.10　与特定开发板相关的文件

每个开发板都有一个名为board/[board name]或board/[vendor]/[board name]的子目录，其中应包含以下内容。

❑　Kconfig：包含开发板的配置选项。

❑　MAINTAINERS：包含有关开发板当前是否已维护的记录，如果是，又由谁维护。

❑　Makefile：用于构建与特定开发板相关的代码。

❑　README：包含有关此 U-Boot 端口的任何有用信息。例如涵盖了哪些硬件变体。

此外，可能还有一些与特定开发板功能相关的源文件。

我们的 Nova 板基于 BeagleBone，而 BeagleBone 又基于 TI am335x EVM。因此，我们应该复制 am335x 开发板文件：

```
$ mkdir board/ti/nova
$ cp -a board/ti/am335x/* board/ti/nova
```

接下来，编辑 board/ti/nova/Kconfig 并将 SYS_BOARD 设置为 "nova"，以便在

board/ti/nova 中构建文件。然后，将 SYS_CONFIG_NAME 设置为"nova"，以便它使用 include/configs/nova.h 作为配置文件：

```
if TARGET_NOVA

config SYS_BOARD
        default "nova"

config SYS_VENDOR
        default "ti"

config SYS_SOC
        default "am33xx"

config SYS_CONFIG_NAME
        default "nova"
[...]
```

还有一个文件需要我们更改，那就是已被放置在 board/ti/nova/u-boot.lds 中的链接器脚本，它包含对 board/ti/am335x/built-in.o 的硬编码引用。其修改如下：

```
{
    *(.__image_copy_start)
    *(.vectors)
    CPUDIR/start.o (.text*)
    board/ti/nova/built-in.o (.text*)
}
```

现在需要将 Nova 的 Kconfig 文件链接到 Kconfig 文件链中。首先，编辑 arch/arm/Kconfig 并在 source "board/tcl/sl50/Kconfig"之后插入 source "board/ti/nova/ Kconfig"，具体如下：

```
[...]
source "board/st/stv0991/Kconfig"
source "board/tcl/sl50/Kconfig"
source "board/ti/nova/Kconfig"
source "board/toradex/colibri_pxa270/Kconfig"
source "board/variscite/dart_6ul/Kconfig"
[...]
```

然后，编辑 arch/arm/mach-omap2/am33xx/Kconfig 并在 TARGET_AM335X_EVM 之后立即添加 TARGET_NOVA 的配置选项，如下所示：

```
[…]
config TARGET_NOVA
        bool "Support the Nova! board"
        select DM
        select DM_GPIO
        select DM_SERIAL
        select TI_I2C_BOARD_DETECT
        imply CMD_DM
        imply SPL_DM
        imply SPL_DM_SEQ_ALIAS
        imply SPL_ENV_SUPPORT
        imply SPL_FS_EXT4
        imply SPL_FS_FAT
        imply SPL_GPIO_SUPPORT
        imply SPL_I2C_SUPPORT
        imply SPL_LIBCOMMON_SUPPORT
        imply SPL_LIBDISK_SUPPORT
        imply SPL_LIBGENERIC_SUPPORT
        imply SPL_MMC_SUPPORT
        imply SPL_NAND_SUPPORT
        imply SPL_OF_LIBFDT
        imply SPL_POWER_SUPPORT
        imply SPL_SEPARATE_BSS
        imply SPL_SERIAL_SUPPORT
        imply SPL_SYS_MALLOC_SIMPLE
        imply SPL_WATCHDOG_SUPPORT
        imply SPL_YMODEM_SUPPORT
        help
          The Nova target board
[…]
```

所有的 imply SPL_ 行都是必需的，这样 U-Boot 才能进行纯净无误地构建。

现在我们已经为 Nova 开发板复制和修改了与特定开发板相关的文件，接下来让我们继续看看头文件的配置。

3.6.11　配置头文件

每个开发板在 include/configs/中都有一个头文件，其中包含大部分配置信息。该文件由开发板的 Kconfig 文件中的 **SYS_CONFIG_NAME** 标识符命名。该文件的格式在 U-Boot 源代码树顶层的 README 文件中有详细描述。

对于 Nova 板，我们只需将 include/configs/am335x_evm.h 复制到 include/configs/nova.h 中并进行一些更改，如下所示：

```
[…]
#ifndef __CONFIG_NOVA_H
#define __CONFIG_NOVA_H

include <configs/ti_am335x_common.h>
#include <linux/sizes.h>

#undef CONFIG_SYS_PROMPT
#define CONFIG_SYS_PROMPT "nova!> "

#ifndef CONFIG_SPL_BUILD
# define CONFIG_TIMESTAMP
#endif
[…]
#endif /* ! __CONFIG_NOVA_H */
```

除了用__CONFIG_NOVA_H 替换__CONFIG_AM335X_EVM_H，唯一需要做的更改是设置一个新的命令提示符，以便我们可以在运行时识别此引导加载程序。

完全修改源代码树之后，接下来可以为我们的自定义开发板构建 U-Boot。

3.6.12　构建和测试

要为 Nova 板构建 U-Boot，需要选择你刚刚创建的配置：

```
$ source ../MELP/Chapter02/set-path-arm-cortex_a8-linux-
gnueabihf
$ make distclean
$ make nova_defconfig
$ make
```

将 MLO 和 u-boot.img 复制到你之前创建的 microSD 卡的引导分区中，并引导开发板。你应该会看到与以下类似的输出（注意命令提示符）：

```
U-Boot SPL 2021.01-dirty (Feb 08 2021 - 21:30:41 -0800)
Trying to boot from MMC1

U-Boot 2021.01-dirty (Feb 08 2021 - 21:30:41 -0800)

CPU  : AM335X-GP rev 2.1
```

```
Model:   TI AM335x BeagleBone Black
DRAM:    512 MiB
WDT:     Started with servicing (60s timeout)
NAND:    0 MiB
MMC:     OMAP SD/MMC: 0, OMAP SD/MMC: 1
Loading Environment from FAT... *** Warning - bad CRC, using
default environment

<ethaddr> not set. Validating first E-fuse MAC
Net:     eth2: ethernet@4a100000, eth3: usb_ether
Hit any key to stop autoboot: 0
nova!>
```

可以将这些更改提交到 git 中，并使用 git format-patch 命令为所有这些更改创建补丁：

```
$ git add .
$ git commit -m "BSP for Nova"
[detached HEAD 093ec472f6] BSP for Nova
12 files changed, 2379 insertions(+)
    create mode 100644 board/ti/nova/Kconfig
    create mode 100644 board/ti/nova/MAINTAINERS
    create mode 100644 board/ti/nova/Makefile
    create mode 100644 board/ti/nova/README
    create mode 100644 board/ti/nova/board.c
    create mode 100644 board/ti/nova/board.h
    create mode 100644 board/ti/nova/mux.c
    create mode 100644 board/ti/nova/u-boot.lds
    create mode 100644 configs/nova_defconfig
    create mode 100644 include/configs/nova.h
$ git format-patch -1
0001-BSP-for-Nova.patch
```

生成此补丁之后，即结束了我们将 U-Boot 作为 TPL 的讨论。U-Boot 也可以配置为完全绕过引导过程中的 TPL 阶段。接下来，我们研究这种引导 Linux 的替代方法。

3.6.13　Falcon 模式

我们习惯于引导现代嵌入式处理器的思路，这通常是由 CPU 引导 ROM 的，ROM 代码加载 SPL，SPL 加载 u-boot.bin，U-Boot 加载 Linux 内核。

你可能想知道是否有一种方法可以减少步骤数，以简化和加快启动过程。答案是 U-Boot Falcon 模式（Falcon mode）。这个思路很简单：让 SPL 直接加载内核镜像，而忽略 u-boot.bin。没有用户交互，也没有脚本。Falcon 模式只是将内核从闪存或 eMMC 的已知位置处加载到内存中，将预先准备好的参数块传递给它，然后开始运行。

　　配置 Falcon 模式的细节超出了本书的讨论范围。读者如果想了解更多的信息，则可查看 doc/README.falcon。

ⓘ 注意：

　　Falcon 模式中的 Falcon 英文意思为"游隼"，游隼是所有鸟类中速度最快的，最高速度可以达到每小时 390 千米左右。

3.7　小　　结

　　每个系统都需要一个引导加载程序来激活硬件并加载内核。U-Boot 受到许多开发人员的青睐，因为它支持一系列有用的硬件，并且很容易被移植到新设备上。本章介绍了如何通过串行控制台从命令行中以交互方式检查和驱动 U-Boot。这些命令行练习包括使用 TFTP 通过网络加载内核以进行快速迭代。最后，我们还通过为 Nova 板生成补丁，介绍了如何将 U-Boot 移植到新设备上。

　　在过去的几年中，嵌入式硬件的复杂性和不断增加的多样性导致制造商引入了设备树作为描述硬件的一种方式。设备树只是系统的文本表示，它被编译成设备树二进制文件（DTB），并在加载时被传递给内核。内核负责解释设备树，并为其找到的设备加载和初始化驱动程序。

　　在实际使用中，U-Boot 非常灵活，允许从大容量存储、闪存或网络中加载镜像，然后启动。在认识了启动 Linux 的一些复杂性之后，在第 4 章"配置和构建内核"中，我们将介绍该过程的下一阶段，因为嵌入式项目的第三个元素——内核——将开始发挥作用。

第 4 章　配置和构建内核

内核是嵌入式 Linux 的第三个元素，它是负责资源管理和与硬件连接的组件，因此几乎影响最终软件构建的每一个方面。内核通常是为特定硬件配置量身定制的，当然，在第 3 章"引导加载程序详解"中我们也已经介绍过，设备树允许你创建一个通用内核，然后通过设备树的内容为特定硬件量身定制。

本章将详细介绍如何为开发板获取内核，以及如何配置和编译它。我们将再次研究引导加载程序，只不过这一次的关注重点是内核所扮演的角色。我们还将讨论设备驱动程序，看看它们如何从设备树中获取信息。

本章包含以下主题：
❑　内核的作用
❑　选择内核
❑　构建内核
❑　编译——Kbuild
❑　引导内核
❑　将 Linux 移植到新板上

4.1　技 术 要 求

要遵循本章示例操作，请确保你具备以下条件：
❑　基于 Linux 的主机系统。
❑　第 2 章"关于工具链"中介绍的 crosstool-NG 工具链。
❑　microSD 读卡器和卡。
❑　第 3 章"引导加载程序详解"中安装的带有 U-Boot 的 microSD 卡。
❑　USB 转 TTL 3.3V 串行电缆。
❑　Raspberry Pi 4。
❑　5V 3A USB-C 电源。
❑　BeagleBone Black。
❑　5V 1A 直流电源。

本章所有代码都可以在本书配套 GitHub 存储库的 Chapter04 文件夹中找到。该存储库的网址如下：

https://github.com/PacktPublishing/Mastering-Embedded-Linux-Programming-Third-Edition

4.2　内核的作用

Linux 始于 1991 年，当时 Linus Torvalds 开始为基于 Intel 386 和 486 的个人计算机编写操作系统。他受到 Andrew S. Tanenbaum 4 年前编写的 Minix 操作系统的启发。Linux 在很多方面与 Minix 不同。主要区别在于，它是一个 32 位虚拟内存内核，并且其代码是开源的，后来在 GPL v2 许可下发布。Linus Torvalds 于 1991 年 8 月 25 日在 comp.os.minix 新闻组的一篇著名帖子中宣布了这一消息，该帖子开头如下：

所有使用 Minix 的人，大家好——我正在为 386（486）AT 克隆做一个（免费）操作系统（只是一个爱好，不会像 GNU 那样大而专业）。自 4 月以来我就一直在酝酿，并已经做好了准备。任何人对 Minix 中喜欢/不喜欢的东西都可以告诉我，因为我的操作系统在某种程度上和它类似，例如（由于实际原因）文件系统的物理布局相同等。

严格来说，Linus 并没有完整编写一个操作系统，而是只写了一个内核，内核只是操作系统的一个组件。为了创建一个包含用户空间命令和 shell 命令解释器的完整操作系统，Linus Torvalds 使用了 GNU 项目中的组件，尤其是工具链、C 库和基本的命令行工具。这种区别今天仍然存在，并为 Linux 的使用方式提供了很大的灵活性。

Linux 内核可以与 GNU 用户空间相结合，以创建在桌面和服务器上运行的完整 Linux 发行版，这有时也称为 GNU/Linux；它可以与 Android 用户空间结合，以创建著名的移动操作系统，也可以与基于 BusyBox 的小型用户空间结合，以创建精简的嵌入式系统。

可以将 Linux 与 BSD 操作系统（FreeBSD、OpenBSD 和 NetBSD）进行对比，在这些操作系统中，内核、工具链和用户空间被组合成一个单一的代码库。Linux 则不一样，通过删除工具链，你可以部署更精简的运行时镜像，而无须编译器或头文件。通过将用户空间与内核分离，你可以获得 init 系统（runit 对比 systemd）、C 库（musl 对比 glibc）和包格式（.apk 对比.deb）等方面的选项。

Linux 内核负责 3 项主要工作：管理资源、与硬件连接以及为用户空间程序提供有用的抽象级别的 API，如图 4.1 所示。

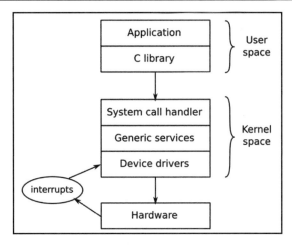

图 4.1 用户空间、内核空间和硬件

原　　文	译　　文	原　　文	译　　文
Application	应用程序	Device drivers	设备驱动程序
C library	C 库	Kernel space	内核空间
User space	用户空间	Hardware	硬件
System call handler	系统调用处理程序	interrupts	中断
Generic services	通用服务		

在用户空间中运行的应用程序以较低的 CPU 权限级别进行运行。除了调用库，它们做不了什么。用户空间和内核空间之间的主要接口是 C 库，它将用户级函数（如 POSIX 定义的函数）转换为内核系统调用。

系统调用接口使用与特定架构相关的方法，如陷阱（trap）或软件中断（software interrupt），从而将 CPU 从低权限用户模式切换到高权限内核模式，允许访问所有内存地址和 CPU 寄存器。

系统调用处理程序（system call handler）将调用分派给适当的内核子系统，例如内存分配调用转到内存管理器，文件系统调用转到文件系统代码，诸如此类。其中一些调用需要来自底层硬件的输入，并将被传递给设备驱动程序。在某些情况下，硬件本身可以通过引发中断来调用内核函数。

ℹ️ 注意：

图 4.1 显示了内核代码的第二个入口点：硬件中断。中断只能在设备驱动程序中被处理，而不能由用户空间应用程序处理。

换句话说，你的应用程序所做的所有有用的事情，都是通过内核来完成的。因此，内核是系统中最重要的元素之一。

既然内核如此重要，所以接下来让我们来看看如何选择一个内核。

4.3　选择内核

在为项目选择内核时，既要考虑使用最新版本软件的愿望，又要考虑特定供应商对代码库的长期支持的兴趣和需要。

4.3.1　内核开发周期

Linux 的开发迭代速度很快，每 8~12 周就会发布一个新版本。近年来，版本号的构建方式发生了一些变化。在 2011 年 7 月之前，有一个三号版本方案，版本号类似于 2.6.39。其中，中间的数字表示它是开发者版本还是稳定版本——奇数（如 2.1.x、2.3.x、2.5.x 等）适用于开发人员，偶数则适用于最终用户。

从 2.6 版开始，长期开发分支（奇数）的想法被放弃了，因为它减慢了向用户提供新功能的速度。2011 年 7 月编号从 2.6.39 更改为 3.0 纯粹是因为 Linus 觉得数字变得太大了，在这两个版本之间，Linux 的功能或架构并没有发生巨大的飞跃。Linus 还趁机丢掉了中间的数字。从那以后，在 2015 年 4 月和 2019 年 3 月，他分别将主版本从 3 提高到 4，从 4 提高到 5，同样纯粹是为了整洁，而不是因为任何大的架构转变。

Linus 管理着开发内核树。你可以按以下方式克隆 Git 树来关注他：

```
$ git clone git://git.kernel.org/pub/scm/linux/kernel/git/
torvalds/linux.git
```

这将检查到子目录 linux。你可以通过时不时在该目录中运行 git pull 命令来保持最新状态。

目前，一个完整的内核开发周期从两周的合并窗口开始，在此期间，Linus 接受新功能的补丁。在合并窗口结束时，稳定阶段开始，在此期间，Linus 每周生成版本号以-rc1、-rc2 等结尾的候选版本（release candidate），通常最高为-rc7 或-rc8。在此期间，人们将测试候选版本并提交错误报告和修复。当所有重要的错误都被修复后，发布新版本的内核。

在合并窗口期间合并的代码必须已经相当成熟。一般来说，它是从内核的许多子系统和架构维护者的存储库中提取的。通过保持较短的开发周期，可以在功能已准备就绪时合并它们。如果内核维护人员认为某个功能不够稳定或者开发得不够好，则可以简单地将其推迟到下一个版本。

跟踪不同版本的变化并不容易。你可以阅读 Linus 的 Git 存储库中的提交日志，但是由于已经有 10000 以上的条目，因此很难在短时间内获得更好的了解。值得庆幸的是，有一个 Linux KernelNewbies 网站（https://kernelnewbies.org）提供了 Linux 内核每个版本的简洁概述，其网址如下：

https://kernelnewbies.org/LinuxVersions

4.3.2　稳定和长期支持版本

Linux 的快速变化是一件好事，因为它为主线代码库带来了新特性，但它与嵌入式项目较长的生命周期则不太适应。内核开发人员主要通过两种方式解决这个问题，即稳定（stable）版本和长期（long-term）版本。

在主线内核（由 Linus Torvalds 维护）发布后，它被移动到 Stable 树（由 greg kroah-hartman 维护）中。错误修复将应用于稳定内核，而主线内核则开始下一个开发周期。稳定内核的加点版本由第三个数字标记，如 3.18.1、3.18.2 等。在版本 3 之前，甚至还有 4 个版本数字，如 2.6.29.1、2.6.39.2 等。

你可以使用以下命令获取稳定树：

```
$ git clone git://git.kernel.org/pub/scm/linux/kernel/git/
stable/linux-stable.git
```

还可以使用 git checkout 获取特定版本，如版本 5.4.50：

```
$ cd linux-stable
$ git checkout v5.4.50
```

一般来说，只有稳定内核会更新到下一个主线版本（8～12 周后），因此你会在以下网址看到有时只有一个，而有时有两个稳定内核：

https://www.kernel.org/

为了迎合那些想要更长时间更新的用户以确保发现并修复任何错误，一些内核被标记为 long-term 并维护两年或更长时间。每年至少有一个长期内核版本。

在撰写本文时访问 https://www.kernel.org/，可以看到共有 5 个长期内核：5.4、4.19、4.14、4.9 和 4.4。最早的已经维护了近 5 年，版本为 4.4.256。如果你正在构建一个必须在这段时间内维护的产品，那么最新的长期内核（在本书中为 5.4）可能是一个不错的选择。

4.3.3　供应商支持

在理想情况下，你可以从以下网址下载内核，并为任何声称支持 Linux 的设备配置内核：

https://www.kernel.org/

当然，情况并非始终如此。事实上，主线 Linux 仅对可以运行 Linux 的众多设备中的一小部分提供可靠的支持。你可能会从独立的开源项目（如 Linaro 或 Yocto 项目），或为嵌入式 Linux 提供第三方支持的公司中找到对你的开发板或系统级芯片（SoC）的支持，但在更多情况下，你将不得不转向让你的 SoC 或开发板供应商提供有效内核。

众所周知，有些供应商比其他供应商更擅长支持 Linux。在这一点上，我的建议是选择那些能够提供良好支持的供应商，或者更棒的是，它们会不厌其烦地将内核更改纳入主线。你可以在 Linux 内核邮件列表或提交历史记录中搜索候选 SoC 或电路板的近期活动。

当主线内核中没有上游更改时，关于供应商是否能够提供良好支持的判断主要基于口耳相传。有一些供应商仅发布一个内核代码就弃之不顾，而将其所有精力转向其较新的 SoC，这样的供应商显然名声不佳。

4.3.4　许可机制

Linux 源代码在 GPL v2 下获得许可，这意味着你必须以许可中指定的方式之一提供内核源代码。

内核许可证的实际文本在 COPYING 文件中。它以 Linus 编写的附加声明开始，该声明指出，通过系统调用接口从用户空间调用内核的代码不被视为内核的衍生作品，因此不在许可范围内。因此，在 Linux 之上运行专有应用程序是没有问题的。

但是，Linux 许可有一个领域引起了无休止的混乱和争论：内核模块。内核模块（kernel module）只是在运行时与内核动态链接的一段代码，从而扩展了内核的功能。GPL 没有区分静态和动态链接，因此内核模块的源代码似乎应该被 GPL 覆盖。但是，在 Linux 早期，关于这条规则的例外情况是存在争议的，这与 Andrew 文件系统有关。该代码早于 Linux，所以（有人认为）它不是衍生作品，因此该许可证不适用。

多年来，关于其他代码段也进行了类似的讨论，现在公认的结果是：GPL 不一定适用于内核模块。这是由内核 MODULE_LICENSE 宏进行编码的，它可以采用 Proprietary 值来指示它不是在 GPL 下发布的。

你如果打算使用相同的参数，则可能需要阅读一封经常被引用的电子邮件，其标题为 Linux GPL and binary module exception clause?（Linux GPL 和二进制模块例外条款？），它的存档位置如下：

https://yarchive.net/comp/linux/gpl_modules.html

总的来说，GPL 应该被认为是一件大好事，因为它保证了当我们从事嵌入式开发项目时，总能获得内核的源代码。没有它，嵌入式 Linux 将更难使用并且更加碎片化。

<h1 style="text-align:center">4.4　构 建 内 核</h1>

在决定了构建基于哪个内核之后，下一步就是构建它。

4.4.1　获取源

本书中使用的所有 3 个目标，即 Raspberry Pi 4、BeagleBone Black 和 ARM Versatile PB，都得到了主线内核的良好支持。因此，使用 https://www.kernel.org/ 提供的最新长期内核是有意义的，在撰写本文时其版本是 5.4.50。当你自己来做这件事时，你应该检查是否有更高版本的 5.4 内核并改用它，因为它会修复 5.4.50 发布后发现的错误。

ℹ 注意：

如果有更新的长期版本，你可以考虑使用该版本，但是请注意，相应的操作可能也已经发生了一些变化，这意味着本书提供的命令序列不能完全按照给定的方式工作。

要获取 5.4.50 Linux 内核的发行版压缩包，需要使用以下命令：

```
$ wget https://cdn.kernel.org/pub/linux/kernel/v5.x/linux-5.4.50.tar.xz
$ tar xf linux-5.4.50.tar.xz
$ mv linux-5.4.50 linux-stable
```

要获取更高版本，需要将 linux- 之后的 5.4.50 替换为所需的长期版本。

这里会有很多代码。5.4 内核中有超过 57000 个文件，包含 C 源代码、头文件和汇编代码，根据 SLOCCount 实用程序测量，代码总行数超过 1400 万行。尽管如此，了解代码的基本布局并大致了解在何处查找特定组件是值得的。

本书感兴趣的主要目录如下。

- ❑　arch：包含与特定架构相关的文件。每个架构有一个子目录。
- ❑　Documentation：包含内核说明文档。如果想查找有关 Linux 某个方面的更多信息，请始终先查看此处。
- ❑　drivers：包含设备驱动程序——这里有数以千计的驱动程序。每种类型的驱动程序都有一个子目录。
- □　fs：包含文件系统代码。
- □　include：包含内核头文件，包括构建工具链时所需的文件。
- □　init：包含内核启动代码。
- □　kernel：包含核心功能，包括调度、锁定、定时器、电源管理和调试/跟踪代码。
- □　mm：包含内存管理。
- □　net：包含网络协议。
- □　scripts：包含许多有用的脚本，包括在第 3 章"引导加载程序详解"中介绍过的设备树编译器（DTC）。
- □　tools：包含许多有用的工具，包括 Linux 性能计数器工具 perf，在第 20 章"性能分析和跟踪"中将详细介绍它。

随着时间的推移，你会逐渐熟悉这个结构，并意识到你如果正在寻找特定 SoC 的串口代码，那么会在 drivers/tty/serial 而不是在 arch/$ARCH/mach-foo 中找到它，因为它是一个设备驱动程序，而不是与特定 CPU 架构相关的东西。

4.4.2　了解内核配置——Kconfig

Linux 的优势之一是，你可以配置内核以适应不同的工作，从小型专用设备（如智能恒温器）到复杂的手机均可适用。在当前版本中，有数千个配置选项。正确进行配置本身就是一项任务，但在开始具体的配置操作之前，我想向你展示它是如何工作的，以便你更好地了解正在发生的事情。

配置机制称为 Kconfig，与之集成的构建系统称为 Kbuild。二者的说明文档都包含在 Documentation/kbuild 中。

Kconfig/Kbuild 可用于许多其他项目以及内核，包括 crosstool-NG、U-Boot、Barebox 和 BusyBox 等。

配置选项在名为 Kconfig 的文件分层结构中被声明，并且使用 Documentation/kbuild/kconfig-language.rst 中描述的语法。

在 Linux 中，最上层的 Kconfig 如下所示：

```
mainmenu "Linux/$(ARCH) $(KERNELVERSION) Kernel Configuration"

comment "Compiler: $(CC_VERSION_TEXT)"

source "scripts/Kconfig.include"
[…]
```

arch/Kconfig 的第一行如下所示：

```
source "arch/$(SRCARCH)/Kconfig"
```

该行包括依赖于架构的配置文件，它来自其他 Kconfig 文件，具体取决于启用的选项。
让架构发挥如此重要的作用具有以下 3 个含义：

❑　必须在配置 Linux 时通过设置 ARCH=[architecture]来指定架构，否则它将默认
　　为本地机器架构。

❑　为 ARCH 设置的值通常决定了 SRCARCH 的值，因此很少需要显式设置
　　SRCARCH。

❑　最上层菜单的布局因架构而异。

你放入 ARCH 中的值是你在 arch 目录中找到的子目录之一，奇怪的是 ARCH=i386
和 ARCH=x86_64 都来自 arch/x86/Kconfig。

Kconfig 文件主要由菜单组成，由 menu 和 endmenu 关键字描述。菜单项则由 config
关键字标记。

下面是一个菜单示例，取自 drivers/char/Kconfig：

```
menu "Character devices"
[…]
config DEVMEM
    bool "/dev/mem virtual device support"
    default y
    help
        Say Y here if you want to support the /dev/mem device.
        The /dev/mem device is used to access areas of physical
        memory.
        When in doubt, say "Y".
[…]
endmenu
```

config 后面的参数命名了一个变量，在本例中为 DEVMEM。由于这个选项是一个 bool
（布尔值），因此它只能有两个值：如果启用，则赋值为 y；如果不启用，则根本不定义
该变量。屏幕上显示的菜单项的名称是 bool 关键字后面的字符串。

此配置项与所有其他配置项一起被存储在名为.config 的文件中。

🔵 提示：

.config 中的前导小点（.）表示它是一个隐藏文件，除非输入 ls -a 以显示所有文件，
否则 ls 命令不会显示该文件。

该配置项对应的行内容如下:

```
CONFIG_DEVMEM=y
```

除了 bool, 还有其他几种数据类型。以下是完整列表。

❑　bool: y 或未定义。

❑　tristate: 用于可以将功能构建为内核模块或构建到主内核镜像中的情况。值为 m
　　表示模块, 值为 y 表示内置, 如果未启用该功能, 则未定义。

❑　int: 使用十进制表示法的整数值。

❑　hex: 使用十六进制表示法的无符号整数值。

❑　string: 字符串值。

项目之间可能存在依赖关系, 由 depends on 表示, 如下所示:

```
config MTD_CMDLINE_PARTS
    tristate "Command line partition table parsing"
    depends on MTD
```

如果未在其他地方启用 CONFIG_MTD, 则不会显示此菜单选项, 因此无法选择。

还有反向依赖; 如果启用此选项, 则 select 关键字将启用其他选项。arch/$ARCH 中
的 Kconfig 文件有大量的 select 语句, 可以启用与特定架构相关的功能, 例如, ARM 架
构的 select 语句:

```
config ARM
    bool
    default y
    select ARCH_CLOCKSOURCE_DATA
    select ARCH_HAS_DEVMEM_IS_ALLOWED
[...]
```

通过选择 ARCH_CLOCKSOURCE_DATA 和 ARCH_HAS_DEVMEM_IS_ALLOWED,
我们可以将 y 值分配给这些变量, 以便将这些功能静态构建到内核中。

有若干个配置实用程序可以读取 Kconfig 文件并生成.config 文件。其中一些程序会
在屏幕上显示菜单并允许你以交互方式进行选择。menuconfig 可能是大多数人熟悉的,
此外还有 xconfig 和 gconfig。

要使用 menuconfig, 首先需要安装 ncurses、flex 和 bison。以下命令可在 Ubuntu 上
安装所有这些必需的项目:

```
$ sudo apt install libncurses5-dev flex bison
```

你可以通过 make 命令启动 menuconfig, 但是要记住, 对于内核, 你必须提供一个架

构，如下所示：

```
$ make ARCH=arm menuconfig
```

现在可以看到带有突出显示的 DEVMEM 配置选项的 menuconfig，如图 4.2 所示。

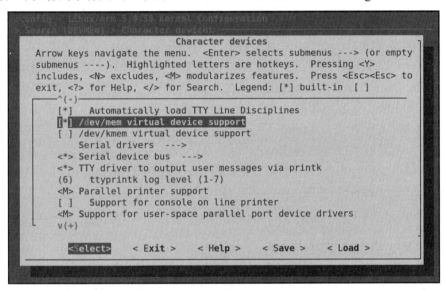

图 4.2　选中了 DEVMEM 选项

项目左侧的星号（*）表示已选择将驱动程序静态构建到内核中，如果是 M，则表示已选择将其构建为内核模块以在运行时插入内核。

💡 提示：

你经常会看到诸如 enable CONFIG_BLK_DEV_INITRD 之类的说明，但是由于要浏览的菜单太多，因此可能需要一段时间才能找到设置该配置的位置。所有配置编辑器都有搜索功能。你可以通过按正斜杠键（/）在 menuconfig 中使用它。在 xconfig 中，搜索功能位于 Edit（编辑）菜单中，但请确保你已经离开正在搜索的配置项的 CONFIG_ 部分。

在有这么多东西要配置的情况下，每次想要构建内核时都从一张白纸开始显然是不合理的，所以在 arch/$ARCH/configs 中有一组已知的工作配置文件，每个文件都包含适用于单个 SoC 或一组 SoC 的合适的配置值。

你可以使用 make [configuration file name] 命令选择一个。例如，要将 Linux 配置为在使用 ARMv7-A 架构的各种 SoC 上运行，则可以输入以下内容：

```
$ make ARCH=arm multi_v7_defconfig
```

这是一个在各种不同开发板上运行的通用内核。对于更专业的应用程序，例如，当使用供应商提供的内核时，默认配置文件是开发板支持包的一部分，在构建内核之前，你需要找出应该使用哪一个。

还有另一个有用的配置目标，名为 oldconfig。在将配置移动到较新的内核版本中时可使用它。此目标采用现有的.config 文件，并提示你有关新配置选项的问题。将.config 从旧内核复制到新的源目录中，并运行 make ARCH=arm oldconfig 命令即可使其更新。

oldconfig 目标还可用于验证你手动编辑的.config 文件。如果在顶部出现 Automatically generated file; DO NOT EDIT（自动生成的文件；不要编辑）之类的文字，忽略它即可。有时忽略这样的警告是没问题的。

如果你确实对配置进行了更改，则修改后的.config文件将成为你的开发板支持包的一部分，并且需要被置于源代码控制之下。

启动内核构建时，会生成一个头文件 include/generated/autoconf.h，其中包含每个配置值的 #define，以便可以将其包含在内核源代码中。

现在我们已经确定了一个内核并学习了如何配置它，接下来将开始识别内核。

4.4.3　使用 LOCALVERSION 识别内核

现在可以分别使用 make kernelversion 和 make kernelrelease 目标发现你构建的内核版本和发行版本：

```
$ make ARCH=arm kernelversion
5.4.50
$ make ARCH=arm kernelrelease
5.4.50
```

这在运行时通过 uname 命令进行报告，也可用于命名存储内核模块的目录。

如果你更改了默认配置，则建议附加你自己的版本信息，这可以通过设置 CONFIG_LOCALVERSION 进行配置。例如，我如果想用 melp 标识符和版本 1.0 标记我正在构建的内核，则可以在 menuconfig 中定义本地版本，如图 4.3 所示。

现在运行 make kernelversion 会产生与之前相同的输出，但如果运行 make kernelrelease，则会看到以下内容：

```
$ make ARCH=arm kernelrelease
5.4.50-melp-v1.0
```

这是一个愉快的绕过内核版本控制的方式，但现在我们还是回到配置内核以进行编译的话题上来吧。

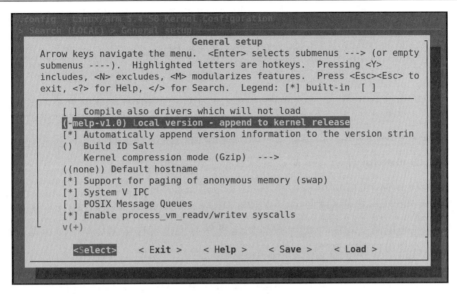

图 4.3　附加到内核发布版本中

4.4.4　使用内核模块的时机

我们已经多次提到过内核模块，那么，什么情况下适合使用内核模块呢？

桌面 Linux 发行版广泛使用了内核模块，以便可以在运行时加载正确的设备和内核功能，具体取决于检测到的硬件和所需的功能。如果没有模块，则每个驱动程序和功能都必须静态链接到内核中，这将使得它变得非常大。

另外，对于嵌入式设备，硬件和内核配置通常在内核构建时就已经知道，因此模块不是那么有用。事实上，它们还可能会导致问题，因为它们在内核和根文件系统之间创建了版本依赖关系，如果更新一个而不更新另一个则会导致启动失败。因此，在构建嵌入式内核时完全没有任何模块是很常见的。

对于以下情况，在嵌入式系统中使用内核模块是一个好主意：

❑　当你拥有专有模块时，出于前文给出的许可原因，这会是一个不错的选择，因为这样你就不必开放专有模块的代码（详见 4.3.4 节 "许可机制"）。

❑　通过延迟加载非必要驱动程序来减少启动时间。

❑　当有多个驱动程序可以被加载时，静态编译它们会占用太多内存。例如，你有一个支持多种设备的 USB 接口。这本质上与桌面发行版中使用的参数相同。

接下来，我们介绍如何使用 Kbuild 编译带有或不带有内核模块的内核镜像。

4.5　编译——Kbuild

内核构建系统 Kbuild 是一组 make 脚本，它们从 .config 文件中获取配置信息，计算出依赖关系，并编译生成内核镜像所需的一切。此内核镜像包含所有静态链接的组件，可能是设备树二进制文件，可能还有一个或多个内核模块。依赖关系在每个目录中带有可构建组件的 makefile 中进行表示。例如，以下两行取自 drivers/char/Makefile：

```
obj-y += mem.o random.o
obj-$(CONFIG_TTY_PRINTK) += ttyprintk.o
```

在上述代码的第一行中，obj-y 规则可无条件地编译文件以生成目标，因此 mem.c 和 random.c 始终是内核的一部分。

在第二行中，ttyprintk.c 依赖于一个配置参数。如果 CONFIG_TTY_PRINTK 为 y，那么它将被编译为内置；如果是 m，那么它将被构建为模块；如果参数未定义，那么它根本不会被编译。

对于大多数目标，只需输入 make（使用适当的 ARCH 和 CROSS_COMPILE）就可以完成这项工作，但一次采取一步是有益的。

有关 CROSS_COMPILE 这个 make 变量的含义，请参见 2.7 节 "交叉编译的技巧"。

4.5.1　找出要构建的内核目标

要构建内核镜像，你需要知道引导加载程序期望的是什么。以下是一个粗略的指南。

❑　U-Boot：传统上，U-Boot 需要 uImage，但较新的版本可以使用 bootz 命令加载 zImage 文件。

❑　x86 目标：需要 bzImage 文件。

❑　大多数其他引导加载程序：需要 zImage 文件。

下面是构建 zImage 文件的示例：

```
$ make -j 4 ARCH=arm CROSS_COMPILE=arm-cortex_a8-linux-
gnueabihf- zImage
```

💡 提示：

-j 4 选项告诉 make 并行运行多少作业，这将减少构建所需的时间。一般来说，可以设置为运行和 CPU 内核一样多的作业。

为 ARM 构建具有多平台支持的 uImage 文件存在一个小问题。多平台支持是当前一代 ARM SoC 内核的规范，Linux 3.7 版本中引入了对 ARM 的多平台支持，它允许单个内核二进制文件在多个平台上运行，并且是朝着为所有 ARM 设备提供少量内核的道路上迈出的重要一步。内核通过读取引导加载程序传递给它的机器编号或设备树来选择正确的平台。出现问题是因为每个平台的物理内存位置可能不同，所以内核的重定位地址（通常是物理 RAM 开头的 0x8000 字节）也可能不同。

重定位地址在内核构建时通过 mkimage 命令编码到 uImage 头中，但是如果有多个重定位地址可供选择，则会失败。换句话说，uImage 格式不兼容多平台镜像。

你仍然可以从多平台构建中创建 uImage 二进制文件，只要你提供你希望启动此内核的特定 SoC 的 LOADADDR 即可。你可以通过查看 arch/$ARCH/mach-[your SoC]/Makefile.boot 找到该加载地址并记录 zreladdr-y 的值：

```
$ make -j 4 ARCH=arm CROSS_COMPILE=arm-cortex_a8-linux-
gnueabihf- LOADADDR=0x80008000 uImage
```

无论以哪种内核镜像格式为目标，在生成可引导镜像之前都可以先创建两个相同的构建工件（build artifact）。

4.5.2　构建工件

内核构建会在最上层目录中生成两个文件：vmlinux 和 System.map。

❏　vmlinux 是作为 ELF 二进制文件的内核。如果你已在启用 debug（CONFIG_DEBUG_INFO=y）的情况下编译内核，那么它将包含可与 kgdb 等调试器一起使用的调试符号。你还可以使用其他 ELF 二进制工具，例如使用 size 来测量组成 vmlinux 可执行文件的每个部分（text、data 和 bss）的长度：

```
$ arm-cortex_a8-linux-gnueabihf-size vmlinux
    text       data       bss      dec         hex        filename
14005643    7154342     403160   21563145    1490709     vmlinux
```

dec 和 hex 值分别是十进制和十六进制的总文件大小。

❏　System.map 包含人类可读形式的符号表。

大多数引导加载程序无法直接处理 ELF 代码。还有一个进步的处理阶段是使用 vmlinux 并将这些二进制文件放在适合各种引导加载程序的 arch/$ARCH/boot 中。

❏　Image：vmlinux 转换为原始二进制格式。

❏　zImage：对于 PowerPC 架构，这只是 Image 的压缩版本，这意味着引导加载程序必须进行解压缩。对于所有其他架构，压缩后的 Image 将被放到代码末尾处，该代码负责对其进行解压缩和重新定位。

❑　uImage：zImage 加上一个 64 字节的 U-Boot 标头。

在构建运行时，你将看到正在执行的命令的摘要：

```
$ make -j 4 ARCH=arm CROSS_COMPILE=arm-cortex_a8-linux-
gnueabihf- \
zImage
    CC      scripts/mod/empty.o
    CC      scripts/mod/devicetable-offsets.s
    MKELF   scripts/mod/elfconfig.h
    HOSTCC  scripts/mod/modpost.o
    HOSTCC  scripts/mod/sumversion.o
[...]
```

有时，当内核构建失败时，查看正在执行的实际命令很有用。为此，可以将 V=1 添加到命令行中：

```
$ make -j 4 ARCH=arm CROSS_COMPILE=arm-cortex_a8-linux-
gnueabihf- \
V=1 zImage
[...]
arm-cortex_a8-linux-gnueabihf-gcc -Wp,-MD,drivers/tty/.
tty_baudrate.o.d -nostdinc -isystem /home/frank/x-tools/
arm-cortex_a8-linux-gnueabihf/lib/gcc/arm-cortex_a8-linux-
gnueabihf/8.3.0/include -I./arch/arm/include -I./arch/arm/
include/generated -I./include -I./arch/arm/include/uapi -I./
arch/arm/include/generated/uapi -I./include/uapi -I./include/
generated/uapi -include ./include/linux/kconfig.h -include
./include/linux/compiler_types.h -D__KERNEL__ -mlittle-
endian -Wall -Wundef -Werror=strict-prototypes -Wno-trigraphs
-fno-strict-aliasing -fno-common -fshort-wchar -fno-PIE
-Werror=implicit-function-declaration -Werror=implicit-int
-Wno-format-security -std=gnu89 -fno-dwarf2-cfi-asm -fno-ipa-
sra -mabi=aapcs-linux -mfpu=vfp -funwind-tables -marm -Wa,-mno-
warn- deprecated -D__LINUX_ARM_ARCH__=7 -march=armv7-a -msoft-
float -Uarm -fno-delete-null-pointer-checks -Wno-frame-address
-Wno-format-truncation -Wno-format-overflow -O2 --param=allow-
store- data-races=0 -Wframe-larger-than=1024 -fstack-protector-
strong -Wno-unused-but-set-variable -Wimplicit-fallthrough
-Wno-unused-const-variable -fomit-frame-pointer -fno-var-
tracking- assignments -Wdeclaration-after-statement -Wvla
```

```
-Wno-pointer-sign -Wno-stringop-truncation -Wno-array-bounds
-Wno-stringop-overflow -Wno-restrict -Wno-maybe-uninitialized
-fno-strict-overflow -fno-merge-all-constants -fmerge-
constants -fno-stack-check -fconserve-stack -Werror=date-time
-Werror=incompatible-pointer-types -Werror=designated-init
-fmacro-prefix-map=./= -Wno-packed-not-aligned -DKBUILD_
BASENAME='"tty_baudrate"' -DKBUILD_MODNAME='"tty_baudrate"' -c
-o drivers/tty/tty_baudrate.o drivers/tty/tty_baudrate.c
[…]
```

现在我们已经了解了 Kbuild 如何获取预编译的 vmlinux ELF 二进制文件，并将其转换为可引导的内核镜像。接下来，我们看看如何编译设备树。

4.5.3　编译设备树

你如果有多平台构建，则需要构建设备树。dtbs 目标将根据 arch/$ARCH/boot/dts/ Makefile 中的规则，使用该目录中的设备树源文件构建设备树。以下是为 multi_v7_ defconfig 构建 dtbs 目标的片段：

```
$ make ARCH=arm dtbs
[…]
    DTC     arch/arm/boot/dts/alpine-db.dtb
    DTC     arch/arm/boot/dts/artpec6-devboard.dtb
    DTC     arch/arm/boot/dts/at91-kizbox2.dtb
    DTC     arch/arm/boot/dts/at91-nattis-2-natte-2.dtb
    DTC     arch/arm/boot/dts/at91-sama5d27_som1_ek.dtb
[…]
```

编译后的.dtb 文件与源文件在同一目录中生成。

4.5.4　编译模块

如果要将某些功能构建为模块，则可以使用 modules 目标单独构建它们：

```
$ make -j 4 ARCH=arm CROSS_COMPILE=arm-cortex_a8-linux-
gnueabihf- \
modules
```

编译后的 modules 有一个.ko 后缀，并且生成在与源代码相同的目录中，这意味着它们被分散在内核源代码树的各处。找到它们有点小麻烦，但你可以使用 modules_install make 目标将它们安装在正确的位置。默认位置是你的开发系统中的/lib/modules，这几乎肯定不是你想要的。

要将它们安装在根文件系统的暂存区（第 5 章"构建根文件系统"将详细讨论根文件系统），需要使用 INSTALL_MOD_PATH 提供路径：

```
$ make -j4 ARCH=arm CROSS_COMPILE=arm-cortex_a8-linux-
gnueabihf- \
INSTALL_MOD_PATH=$HOME/rootfs modules_install
```

相对于文件系统的根目录，内核模块被放入/lib/modules/[kernel version]目录中。

4.5.5　清理内核源

清理内核源代码树有 3 个 make 目标。

❑ clean：删除目标文件和大多数中间文件。

❑ mrproper：删除所有中间文件，包括.config 文件。使用此目标可将源树返回克隆或提取源代码后立即所处的状态。如果你对这个名字感到好奇，那么我可以告诉你，Mr. Proper 是世界某些地区常见的清洁产品。make mrproper 的意思是给内核源代码一个非常好的清理。

❑ distclean：这与 mrproper 相同，但也会删除编辑器备份文件、补丁文件和其他软件开发工件。

我们已经看到了内核编译步骤及其结果输出。接下来我们为手头上现有的开发板构建一些内核。

4.5.6　为 Raspberry Pi 4 构建 64 位内核

尽管在主线内核中已经支持Raspberry Pi 4，但我发现Raspberry Pi Foundation的 Linux 分支（在撰写本文时）更加稳定。该分支的网址如下：

https://github.com/raspberrypi/linux

该分支的 4.19.y 分支也比同一个分支的 rpi-5.4.y 分支维护得更积极。这种情况在不久的将来可能会改变，但现在我们将坚持使用 4.19.y 分支。

由于 Raspberry Pi 4 有一个 64 位四核 ARM Cortex-A72 CPU，因此我们将使用来自 ARM 的 GNU 工具链，它针对 AArch64 GNU/Linux 来交叉编译一个 64 位内核。这个预构建的工具链可以从以下网址中下载：

https://developer.arm.com/tools-and-software/open-source-software/developer-tools/gnu-toolchain/gnu-a/downloads

首先执行以下操作：

```
$ cd ~
$ wget https://developer.arm.com/-/media/Files/downloads/
gnu-a/10.2-2020.11/binrel/gcc-arm-10.2-2020.11-x86_64-aarch64-
none-linux-gnu.tar.xz
$ tar xf gcc-arm-10.2-2020.11-x86_64-aarch64-none-linux-gnu.tar.xz
$ mv gcc-arm-10.2-2020.11-x86_64-aarch64-none-linux-gnu \
gcc-arm-aarch64-none-linux-gnu
```

gcc-arm-10.2-2020.11-x86_64-aarch64-none-linux-gnu 是当前 x86_64 Linux 托管的交叉编译器，在撰写本文时针对的是 AArch64 GNU/Linux 目标。如果下载失败，请将上述命令中的 10.2-2020.11 替换为当前版本。

接下来，安装获取和构建内核所需的几个包：

```
$ sudo apt install subversion libssl-dev
```

现在你已经安装了必要的工具链和软件包，将 4.19.y 内核克隆到名为 linux 的更深一层目录，并将一些预构建的二进制文件导出到 boot 子目录中：

```
$ git clone --depth=1 -b rpi-4.19.y https://github.com/
raspberrypi/linux.git
$ svn export https://github.com/raspberrypi/firmware/trunk/boot
$ rm boot/kernel*
$ rm boot/*.dtb
$ rm boot/overlays/*.dtbo
```

导航到新克隆的 linux 目录并构建内核：

```
$ PATH=~/gcc-arm-aarch64-none-linux-gnu/bin/:$PATH
$ cd linux
$ make ARCH=arm64 CROSS_COMPILE=aarch64-none-linux-gnu- \
bcm2711_defconfig
$ make -j4 ARCH=arm64 CROSS_COMPILE=aarch64-none-linux-gnu
```

构建完成后，将内核镜像、设备树 BLOB 和引导参数复制到 boot 子目录中：

```
$ cp arch/arm64/boot/Image ../boot/kernel8.img
$ cp arch/arm64/boot/dts/overlays/*.dtbo ../boot/overlays/
$ cp arch/arm64/boot/dts/broadcom/*.dtb ../boot/
$ cat << EOF > ../boot/config.txt
enable_uart=1
arm_64bit=1
EOF
```

```
$ cat << EOF > ../boot/cmdline.txt
console=serial0,115200 console=tty1 root=/dev/mmcblk0p2
rootwait
EOF
```

上述命令都可以在脚本 MELP/Chapter04/build-linux-rpi4-64.sh 中找到。请注意，写入
cmdline.txt 的内核命令行必须全部在一行中。

我们将这些步骤分解为以下几个阶段。

（1）将 Raspberry Pi Foundation 的内核的 rpi-4.19.y 分支克隆到 linux 目录下。

（2）将 boot 子目录的内容从 Raspberry Pi Foundation 的 firmware 存储库导出到 boot
目录中。

（3）从 boot 目录中删除现有的内核镜像、设备树 BLOB 和设备树覆盖。

（4）从 linux 目录中为 Raspberry Pi 4 构建 64 位内核、模块和设备树。

（5）将新构建的内核镜像、设备树 BLOB 和设备树覆盖从 arch/arm64/boot/复制到
boot 目录中。

（6）将 config.txt 和 cmdline.txt 文件写入引导目录中，供 Raspberry Pi 4 的引导加载
程序读取并传递给内核。

我们来看看 config.txt 中的设置。

enable_uart=1 行在引导期间启用串行控制台，默认情况下是禁用的。

arm_64bit=1 行指示 Raspberry Pi 4 的引导加载程序以 64 位模式启动 CPU，并从名为
kernel8.img 的文件中加载内核镜像，而不是 32 位 ARM 的默认 kernel.img 文件。

我们再来看看 cmdline.txt。

console=serial0,115200 和 console=tty1 内核命令行参数指示内核在内核启动时将日志
消息输出到串行控制台上。

4.5.7　为 BeagleBone Black 构建内核

根据已经给出的信息，以下是使用 crosstool-NG ARM Cortex A8 交叉编译器为
BeagleBone Black 构建内核、模块和设备树的完整命令序列：

```
$ cd linux-stable
$ make ARCH=arm CROSS_COMPILE=arm-cortex_a8-linux-gnueabihf-
mrproper
$ make ARCH=arm multi_v7_defconfig
$ make -j4 ARCH=arm CROSS_COMPILE=arm-cortex_a8-linux-
gnueabihf- zImage
$ make -j4 ARCH=arm CROSS_COMPILE=arm-cortex_a8-linux-
```

```
gnueabihf- modules
$ make ARCH=arm CROSS_COMPILE=arm-cortex_a8-linux-gnueabihf-
dtbs
```

上述命令位于 MELP/Chapter04/build-linux-bbb.sh 脚本中。

4.5.8　为 QEMU 构建内核

以下是使用 crosstool-NG v5TE 编译器为 QEMU 模拟的 ARM Versatile PB 构建 Linux 的命令序列：

```
$ cd linux-stable
$ make ARCH=arm CROSS_COMPILE=arm-unknown-linux-gnueabi-
mrproper
$ make -j4 ARCH=arm CROSS_COMPILE=arm-unknown-linux-gnueabi-
zImage
$ make -j4 ARCH=arm CROSS_COMPILE=arm-unknown-linux-gnueabi-
modules
$ make ARCH=arm CROSS_COMPILE=arm-unknown-linux-gnueabi-
dtbs
```

上述命令位于 MELP/Chapter04/build-linux-versatilepb.sh 脚本中。

现在我们已经了解了如何使用 Kbuild 为目标编译内核。接下来，我们再次探讨如何引导和启动内核。

4.6　引　导　内　核

Linux 的引导和启动高度依赖于设备。本节将向你展示在 Raspberry Pi 4、BeagleBone Black 和 QEMU 上是如何引导和启动内核的。对于其他目标板，你必须咨询供应商或社区（如果有的话）以获取相应信息。

此时，你应该拥有 Raspberry Pi 4、BeagleBone Black 和 QEMU 的内核镜像文件和设备树 BLOB。

4.6.1　引导 Raspberry Pi 4

Raspberry Pi 使用 Broadcom 公司提供的专有引导加载程序，而不是 U-Boot。与之前的 Raspberry Pi 型号不同，Raspberry Pi 4 的引导加载程序驻留在板载 SPI EEPROM 而不是 microSD 卡上。我们仍然需要将 Raspberry Pi 4 的内核镜像和设备树 BLOB 放在 microSD 上，以启动我们的 64 位内核。

首先，你需要一个具有足够大的 FAT32 格式 boot 分区的 microSD 卡，以容纳必要的内核构建工件。boot 分区必须是 microSD 卡上的第一个分区。分区大小为 1 GB 的就足够了。将 microSD 卡插入读卡器中，并将 boot 目录的全部内容复制到 boot 分区中。

拔出 microSD 卡并将其插入 Raspberry Pi 4 中。

将 USB 转 TTL 串行电缆连接到 40 针 GPIO 接头上的 GND、TXD 和 RXD 针，有关该操作的详细介绍，可访问以下网址：

https://learn.adafruit.com/adafruits-raspberry-pi-lesson-5-using-a-console-cable/connect-the-lead

接下来，启动终端模拟器，如 gtkterm。

最后，打开 Raspberry Pi 4 的电源，你应该会在串行控制台上看到以下输出：

```
[    0.000000] Booting Linux on physical CPU 0x0000000000 [0x410fd083]
[    0.000000] Linux version 4.19.127-v8+ (frank@franktop)
(gcc version 10.2.1 20201103 (GNU Toolchain for the A-profile
Architecture 10.2-2020.11 (arm-10.16))) #1 SMP PREEMPT Sat Feb
6 16:19:37 PST 2021
[    0.000000] Machine model: Raspberry Pi 4 Model B Rev 1.1
[    0.000000] efi: Getting EFI parameters from FDT:
[    0.000000] efi: UEFI not found.
[    0.000000] cma: Reserved 64 MiB at 0x0000000037400000
[    0.000000] random: get_random_bytes called from start_
kernel+0xb0/0x480 with crng_init=0
[    0.000000] percpu: Embedded 24 pages/cpu s58840 r8192 d31272 u98304
[    0.000000] Detected PIPT I-cache on CPU0
[…]
```

该序列将以内核恐慌（kernel panic，KP）结束，因为内核无法在 microSD 卡上找到根文件系统。本章稍后会详细解释内核恐慌。

4.6.2 引导 BeagleBone Black

首先，你需要一个安装了 U-Boot 的 microSD 卡（有关详细操作可参考 3.6.2 节"安装 U-Boot"）。将该 microSD 卡插入读卡器中，然后从 linux-stable 目录中将 arch/arm/boot/zImage 和 arch/arm/boot/dts/am335x-boneblack.dtb 文件复制到 boot 分区中。

拔出 microSD 卡并将其插入 BeagleBone Black 中。

启动终端模拟器，如 gtkterm，并准备好在看到 U-Boot 消息后立即按空格键。

接下来，打开 BeagleBone Black 的电源并按空格键。你应该看到一个 U-Boot 提示符。在 U-Boot# 提示符后输入以下命令以加载 Linux 和设备树二进制文件：

```
U-Boot# fatload mmc 0:1 0x80200000 zImage
reading zImage
7062472 bytes read in 447 ms (15.1 MiB/s)
U-Boot# fatload mmc 0:1 0x80f00000 am335x-boneblack.dtb
reading am335x-boneblack.dtb
34184 bytes read in 10 ms (3.3 MiB/s)
U-Boot# setenv bootargs console=ttyO0
U-Boot# bootz 0x80200000 - 0x80f00000
## Flattened Device Tree blob at 80f00000
Booting using the fdt blob at 0x80f00000
Loading Device Tree to 8fff4000, end 8ffff587 ... OK
Starting kernel ...
[ 0.000000] Booting Linux on physical CPU 0x0
[…]
```

可以看到，我们将内核命令行设置为 console=ttyO0，这告诉 Linux 将哪个设备用于控制台输出，在本示例中是开发板上的第一个 UART 设备 ttyO0。如果没有这一项设置，则在 Starting kernel ...（内核启动中...）之后看不到任何消息，因此不知道它是否在正常工作。

该序列将以内核恐慌结束，原因我稍后会解释。

4.6.3 引导 QEMU

假设你已经安装了 qemu-system-arm，则可以使用内核和 ARM Versatile PB 的.dtb 文件启动它，如下所示：

```
$ QEMU_AUDIO_DRV=none \
qemu-system-arm -m 256M -nographic -M versatilepb -kernel \
zImage
-append "console=ttyAMA0,115200" -dtb versatile-pb.dtb
```

可以看到，上述示例将 QEMU_AUDIO_DRV 设置为 none，这只是为了抑制来自 QEMU 的关于缺少音频驱动程序配置的错误消息，我们不使用这些配置。

与 Raspberry Pi 4 和 BeagleBone Black 一样，上述示例将以内核恐慌结束，系统将停止。要退出 QEMU，可以按 Ctrl + A 快捷键，然后按 X 键（注意是两次单独的按键）。

接下来，我们来讨论内核恐慌是什么。

4.6.4　内核恐慌

上述 3 个引导示例虽然开始很正常，但结果却很糟糕：

```
[ 1.886379] Kernel panic - not syncing: VFS: Unable to mount
root fs on unknown-block(0,0)
[ 1.895105] ---[ end Kernel panic - not syncing: VFS: Unable to
mount root fs on unknown-block(0, 0)
```

这是内核恐慌的一个很好的例子。当内核遇到不可恢复的错误时，就会发生内核恐慌。默认情况下，它将向控制台中输出一条消息，然后停止。

你可以设置 panic 命令行参数，允许在发生恐慌后重新启动前延迟几秒钟。

在上述示例中，发生的不可恢复的错误是没有根文件系统，说明如果没有用户空间来控制内核，那么内核是无用的。你可以通过提供根文件系统（作为 ramdisk 或可挂载的大容量存储设备）来提供用户空间。

第 5 章"构建根文件系统"将讨论如何创建根文件系统，但首先我们需要了解导致 panic 的事件序列。

4.6.5　早期用户空间

为了从内核初始化过渡到用户空间，内核必须挂载一个根文件系统并在该根文件系统中执行一个程序。这可以通过 ramdisk 或通过在块设备上安装一个真实文件系统来实现。所有这些操作的代码都在 init/main.c 中，从 rest_init()函数开始，它创建第一个 PID 为 1 的线程并运行 kernel_init()中的代码。如果有 ramdisk，那么它将尝试执行程序/init，该程序将承担设置用户空间的任务。

内核如果无法找到并运行/init，那么会尝试通过调用 init/do_mounts.c 中的 prepare_namespace()函数来挂载文件系统。这需要一个 root=命令行来提供用于挂载的块设备的名称，通常采用以下形式：

```
root=/dev/<disk name><partition number>
```

或者，对于 SD 卡和 eMMC，将采用以下形式：

```
root=/dev/<disk name>p<partition number>
```

例如，对于 SD 卡上的第一个分区，这将是 root=/dev/mmcblk0p1。如果挂载成功，那么内核将尝试执行/sbin/init，然后是/etc/init、/bin/init，接着是/bin/sh，在第一个有效的地方停止。该程序可以在命令行上被覆盖。

对于 ramdisk，内核运行 rdinit=程序。

对于文件系统，内核运行 init=程序。

4.6.6　内核消息

内核开发人员喜欢通过自由使用 printk()和类似函数来输出有用的信息。消息按重要性分类，0 为最高，如表 4.1 所示。

表 4.1　内核消息重要性分类

内核消息重要性等级	值	含　　义
KERN_EMERG	0	系统无法使用
KERN_ALERT	1	必须立即采取动作
KERN_CRIT	2	紧急状况
KERN_ERR	3	出错状况
KERN_WARNING	4	警告状况
KERN_NOTICE	5	正常但重要的情况
KERN_INFO	6	普通消息
KERN_DEBUG	7	调试级别的消息

它们首先被写入缓冲区 __log_buf 中，其大小是 2 的 CONFIG_LOG_BUF_SHIFT 次方。例如，如果 CONFIG_LOG_BUF_SHIFT 为 16，则 __log_buf 为 64 KiB（$2^{16} = 65536$）。你可以使用 dmesg 命令转储整个缓冲区。

如果消息的级别低于控制台日志级别，则将其显示在控制台上并放置在 __log_buf 中。默认控制台日志级别为 7，表示显示 6 级及以下的消息，过滤掉 7 级的 KERN_DEBUG。

你可以通过多种方式更改控制台日志级别，包括使用 loglevel=<level>内核参数，或 dmesg -n <level>命令。

4.6.7　内核命令行

内核命令行是由引导加载程序传递给内核的字符串，在使用 U-Boot 的情况下，将通过 bootargs 变量进行传递；内核命令行也可以在设备树中被定义，或在 CONFIG_CMDLINE 中被设置为内核配置的一部分。

我们已经看到了一些内核命令行的例子，但其实还有更多。在 Documentation/kernel-parameters.txt 中有一个完整的列表。

以下是一个最有用的简短列表。

❑ debug：将控制台日志级别设置为最高级别 8，以确保你可以在控制台上看到所有内核消息。

❑ init=：从挂载的根文件系统中运行的 init 程序，默认为/sbin/init。

❑ lpj=：将 loops_per_jiffy 设置为给定常数。下文将详细介绍它。

❑ panic=：内核崩溃时的行为。如果大于 0，则给出重新启动前的秒数；如果为 0，则永远等待（这是默认设置）；如果小于 0，则会立即重新启动。

❑ quiet：将控制台日志级别设置为静默，抑制除紧急消息外的所有消息。由于大多数设备都有串行控制台，因此输出所有这些字符串需要时间。使用此选项减少消息数量会缩短引导时间。

❑ rdinit=：从 ramdisk 中运行的 init 程序。默认为/init。

❑ ro：将根设备安装为只读。对始终是读/写的 ramdisk 没有影响。

❑ root=：安装根文件系统的设备。

❑ rootdelay=：尝试挂载根设备之前等待的秒数，默认为 0。如果设备需要时间来探测硬件，那么这很有用，但也请参阅 rootwait。

❑ rootfstype=：根设备的文件系统类型。在许多情况下，它会在挂载期间自动检测，但它是 jffs2 文件系统所必需的。

❑ rootwait：无限期地等待检测到根设备。通常对于 MMC 设备是必需的。

❑ rw：将根设备安装为读写（默认）。

lpj 参数经常与减少内核启动时间有关。在初始化期间，内核循环大约 250 ms 以校准延迟循环。该值被存储在 loops_per_jiffy 变量中，其报告如下：

```
Calibrating delay loop... 996.14 BogoMIPS (lpj=4980736)
```

内核如果总是在相同的硬件上运行，那么总是会计算相同的值。可以通过将 lpj=4980736 添加到命令行中来将启动时间缩短 250 ms。

接下来，我们将介绍如何将 Linux 移植到假设的 Nova 开发板（该板基于 BeagleBone Black 开发板）上。

4.7　将 Linux 移植到新板上

将 Linux 移植到新开发板上可以很容易，也可能很困难，具体取决于你的开发板与现有开发板的相似程度。

在第 3 章 "引导加载程序详解" 中，我们将 U-Boot 移植到了一个名为 Nova 的新板上，该板基于 BeagleBone Black。内核代码需要做的改动很少，所以很容易。

但是，如果你要移植到全新硬件上，则还有更多工作要做。在第 12 章 "使用分线板进行原型设计" 中将深入探讨其他硬件外设的主题。

arch/$ARCH 中与特定架构相关的代码的组织因系统而异。

x86 架构非常干净，因为大多数硬件细节都是在运行时检测到的。

PowerPC 架构将与 SoC 和特定开发板相关的文件被放入子目录平台中。

ARM 架构相当混乱，部分原因是许多基于 ARM 的 SoC 之间存在很多可变性。与平台相关的代码放在名为 mach-* 目录中，每个 SoC 大约一个。还有其他名为 plat-* 的目录，其中包含多个 SoC 版本通用的代码。

对于 BeagleBone Black，相关目录是 arch/arm/mach-omap2。不过不要被 BeagleBone Black 这个名字所迷惑。BeagleBone Black 包含对 OMAP2、3 和 4 芯片，以及 BeagleBone 使用的 AM33xx 系列芯片的支持。

接下来，我们看看如何为新开发板创建设备树，以及如何将其输入 Linux 的初始化代码中。

4.7.1　新的设备树

首先要做的是为开发板创建一个设备树，并对其进行修改以描述 Nova 板的附加或更改的硬件。在这个简单的例子中，我们只需将 am335x-boneblack.dts 复制到 nova.dts 中，并将模型名称更改为 Nova，如下所示：

```
/dts-v1/;

#include "am33xx.dtsi"
#include "am335x-bone-common.dtsi"
#include "am335x-boneblack-common.dtsi"

/ {
        model = "Nova";
        compatible = "ti,am335x-bone-black", "ti,am335x-bone",
"ti,am33xx";
};
[…]
```

可以按以下方式显式构建 Nova 设备树二进制文件：

```
$ make ARCH=arm nova.dtb
```

如果希望在选择 AM33xx 目标时通过 make ARCH=arm dtbs 编译 Nova 的设备树，则可以在 arch/arm/boot/dts/Makefile 中添加一个依赖项，如下所示：

```
[...]
dtb-$(CONFIG_SOC_AM33XX) +=
    nova.dtb
[...]
```

可以通过启动 BeagleBone Black 来查看使用 Nova 设备树的效果（具体步骤详见 4.6.2 节"引导 BeagleBone Black"），使用与之前相同的 zImage 文件，但加载 nova.dtb 而不是 am335x-boneblack.dtb。

该机器模型的输出如下所示：

```
Starting kernel ...
[ 0.000000] Booting Linux on physical CPU 0x0
[ 0.000000] Linux version 5.4.50-melp-v1.0-dirty (frank@
franktop) (gcc version 8.3.0 (crosstool-NG crosstool-ng-1.24.0)
) #2 SMP Sat Feb 6 17:19:36 PST 2021
[ 0.000000] CPU: ARMv7 Processor [413fc082] revision 2 (ARMv7),
cr=10c5387d
[ 0.000000] CPU: PIPT / VIPT nonaliasing data cache, VIPT
aliasing instruction cache
[ 0.000000] OF: fdt:Machine model: Nova
[...]
```

现在我们已经有了一个专门用于 Nova 板的设备树，可以对其进行修改以描述 Nova 和 BeagleBone Black 之间的硬件差异。这很可能还要更改内核配置，在这种情况下，你应该基于 arch/arm/configs/multi_v7_defconfig 的副本创建自定义配置文件。

4.7.2　设置开发板的兼容属性

创建新的设备树意味着我们可以描述 Nova 开发板上的硬件，选择设备驱动程序并设置要匹配的属性。但是，假设 Nova 板需要与 BeagleBone Black 不同的早期初始化代码，那么该如何链接呢？

开发板设置由根节点中的 compatible 属性控制。以下就是 Nova 板目前的设置：

```
/ {
    model = "Nova";
    compatible = "ti,am335x-bone-black", "ti,am335x-bone","ti,am33xx";
};
```

当内核解析这个节点时,它将为 compatible 属性的每个值搜索匹配的机器,从左侧开始,并在找到的第一个匹配项处停止。每台机器都被定义在一个由 DT_MACHINE_START 和 MACHINE_END 宏分隔的结构中。在 arch/arm/mach-omap2/board-generic.c 中,我们发现以下内容:

```
#ifdef CONFIG_SOC_AM33XX
static const char *const am33xx_boards_compat[] __initconst = {
    "ti,am33xx",
    NULL,
};
DT_MACHINE_START(AM33XX_DT, "Generic AM33XX (Flattened Device Tree)")
    .reserve = omap_reserve,
    .map_io = am33xx_map_io,
    .init_early = am33xx_init_early,
    .init_machine = omap_generic_init,
    .init_late = am33xx_init_late,
    .init_time = omap3_gptimer_timer_init,
    .dt_compat = am33xx_boards_compat,
    .restart = am33xx_restart,
MACHINE_END
#endif
```

请注意,上述字符串数组 am33xx_boards_compat 包含"ti,am33xx",它与 compatible 属性中列出的机器之一匹配。事实上,这是唯一可能的匹配项,因为 ti,am335x-bone-black 或 ti,am335x-bone 都没有匹配项。

DT_MACHINE_START 和 MACHINE_END 之间的结构包含一个指向字符串数组的指针,以及板设置函数的函数指针。

你可能想知道,如果 ti,am335x-bone-black 和 ti,am335x-bone 始终匹配不到任何东西,那么为什么还要使用它们呢?部分答案是:它们是为未来准备的占位符,而且内核中有一些地方包含使用 of_machine_is_compatible()函数对机器进行的运行时测试。例如,在驱动程序/net/ethernet/ti/cpsw-common.c 中可以看到以下内容:

```
int ti_cm_get_macid(struct device *dev, int slave, u8 *mac_addr)
{
[…]
    if (of_machine_is_compatible("ti,am33xx"))
        return cpsw_am33xx_cm_get_macid(dev, 0x630, slave, mac_addr);
[…]
```

因此,我们不仅要查看 mach-*目录,还要查看整个内核源代码,以获取依赖于机器 compatible 属性的所有位置的列表。

在 Linux 5.4 版本的内核中，你会发现仍然没有对 ti, am335x-bone-black 和 ti,am335x-bone 的检查，但以后可能会有。

回到 Nova 开发板，我们如果想要添加与特定机器相关的设置，则可以在 arch/arm/mach-omap2/board-generic.c 中添加一台机器，如下所示：

```
#ifdef CONFIG_SOC_AM33XX
[…]
static const char *const nova_compat[] __initconst = {
    "ti,nova",
    NULL,
};
DT_MACHINE_START(NOVA_DT, "Nova board (Flattened Device Tree)")
    .reserve = omap_reserve,
    .map_io = am33xx_map_io,
    .init_early = am33xx_init_early,
    .init_machine = omap_generic_init,
    .init_late = am33xx_init_late,
    .init_time = omap3_gptimer_timer_init,
    .dt_compat = nova_compat,
    .restart = am33xx_restart,
MACHINE_END
#endif
```

然后可以按以下方式更改设备树根节点：

```
/ {
    model = "Nova";
    compatible = "ti,nova", "ti,am33xx";
};
```

现在，机器将匹配 board-generic.c 中的 ti,nova。我们保留了 ti,am33xx，是因为希望运行时测试（如 drivers/net/ethernet/ti/cpsw-common.c 中的测试）继续工作。

4.8　小　　结

使 Linux 变得如此强大的原因在于，它能够随心所欲地配置内核。获取内核源代码的最终位置如下：

https://www.kernel.org/

当然，你也可能需要从所使用设备的供应商或支持该设备的第三方那里获取特定

SoC 或开发板的源代码。

为特定目标定制内核可能包括对以下项目的更改：

❑　核心内核代码。

❑　不在 Linux 主线内核中的设备的附加驱动程序。

❑　默认内核配置文件。

❑　设备树源文件。

一般来说，你可以从目标板的默认配置开始，然后通过运行其中一种配置工具（如 menuconfig）对其进行调整。此时你应该考虑的一件事是，内核功能和驱动程序是否应该被编译为模块或内置。内核模块对于嵌入式系统通常没有很大的优势，因为嵌入式系统中的功能集和硬件通常都定义良好。但是，模块通常被用作将专有代码导入内核中的一种方式，此外也可以通过在启动后加载非必要的驱动程序来减少启动时间。

构建内核会生成一个名为 zImage、bzImage 或 uImage 的压缩内核镜像文件，具体取决于你将使用的引导加载程序和目标架构。如果你的目标需要，那么内核构建还将生成你已配置的任何内核模块（如.ko 文件）和设备树二进制文件（如.dtb 文件）。

将 Linux 移植到新的目标板上可以非常简单，也可能非常困难，具体取决于硬件与主线内核或供应商提供的内核中的硬件有多大不同。如果你的硬件基于众所周知的参考设计，那么这可能只是对设备树或平台数据进行更改的问题。你可能需要添加设备驱动程序（在第 11 章 "连接设备驱动程序" 中将详细讨论）。但是，如果硬件与参考设计完全不同，那么你可能需要额外的内核支持，这超出了本书的讨论范围。

内核是基于 Linux 的系统的核心，但它不能单独工作。另外，内核需要一个包含用户空间组件的根文件系统。根文件系统可以是 ramdisk 或通过块设备访问的文件系统，这正是第 5 章 "构建根文件系统" 的主题。如前文所述，在没有根文件系统的情况下引导内核会导致内核恐慌。

4.9　延 伸 阅 读

以下资源包含有关本章介绍的主题的更多信息。

❑　*So You Want to Build an Embedded Linux System?*（《构建一个嵌入式 Linux 系统？》）by Jay Carlson：

https://jaycarlson.net/embedded-linux/

❑ *Linux Kernel Development, Third Edition*〔《Linux 内核开发（第 3 版)》〕by Robert Love

❑ *Linux Weekly News*（《Linux 每周新闻》）：

https://lwn.net

❑ *BeagleBone Forum*（"BeagleBone 论坛"）：

https://beagleboard.org/discuss#bone_forum_embed

❑ *Raspberry Pi Forums*（"Raspberry Pi 论坛"）：

https://www.raspberrypi.org/forums/

第5章 构建根文件系统

　　根文件系统是嵌入式 Linux 的第四个也是最后一个元素。阅读本章后，你将能够构建、引导和运行一个简单的嵌入式 Linux 系统。

　　本章描述的技术被泛称为自己卷（roll your own，RYO）。回到嵌入式 Linux 的早期，这是创建根文件系统的唯一方法，到现在也仍然存在一些适用于 RYO 根文件系统的用例，例如当 RAM 或存储量非常有限时，用于快速演示，或者用于标准构建系统工具不能（容易地）满足你的需求的任何情况。

💡 提示：

　　自己卷（RYO）这个名称来自手卷烟，由于香烟价格很高，因此有些老烟枪会买材料来自己卷，其实就是自己动手的意思。

　　当然，这些情况非常罕见。需要强调的是：本章的目的是教学，而不是构建日常嵌入式系统的秘诀。正常构建系统可使用第 6 章"选择构建系统"中介绍的工具。

　　本章的第一个目标是创建一个最小的根文件系统，它会给我们一个 shell 提示。

　　然后，以此为基础，我们将添加脚本来启动其他程序并配置网络接口和用户权限。BeagleBone Black 和 QEMU 目标都有可行的示例。

　　知道如何从头开始构建根文件系统是一项很有用的技能，当我们在后面的章节中讨论更复杂的示例时，它将帮助你理解正在发生的事情。

　　本章包含以下主题：
- ❑ 根文件系统中应该有什么
  - ➢ 目录布局
  - ➢ 根文件系统的程序
  - ➢ 根文件系统的库
  - ➢ 设备节点
  - ➢ proc 和 sysfs 文件系统
- ❑ 将根文件系统传输到目标中
- ❑ 创建引导 initramfs
- ❑ init 程序
- ❑ 配置用户账户

- ❏ 管理设备节点的更好方法
- ❏ 配置网络
- ❏ 使用设备表创建文件系统镜像
- ❏ 使用 NFS 挂载根文件系统
- ❏ 使用 TFTP 加载内核

5.1　技　术　要　求

要遵循本章示例操作，请确保你具备以下条件。

- ❏ 基于 Linux 的主机系统。
- ❏ microSD 读卡器和卡。
- ❏ 第 4 章"配置和构建内核"中为 BeagleBone Black 准备的 microSD 卡。
- ❏ 第 4 章"配置和构建内核"中获得的 QEMU 的 zImage 和 DTB。
- ❏ USB 转 TTL 3.3V 串行电缆。
- ❏ BeagleBone Black 开发板。
- ❏ 5V 1A 直流电源。
- ❏ NFS 和 TFTP 的以太网电缆和端口。

本章所有代码都可以在本书配套 GitHub 存储库的 Chapter05 文件夹中找到，该存储库的网址如下：

https://github.com/PacktPublishing/Mastering-Embedded-Linux-Programming-Third-Edition

5.2　根文件系统中应该包含的东西

内核需要获得一个根文件系统，这可以是从引导加载程序中作为指针传递的 initramfs，也可以是给定内核命令行中通过 root= 参数挂载的块设备。

一旦有了根文件系统，内核就会执行第一个程序，该程序默认命名为 init（详见 4.6.5 节"早期用户空间"）。然后，就内核而言，它的工作就完成了，接下来将由 init 程序开始启动其他程序并使系统正常运行。

要制作最小的根文件系统，你需要以下组件。

- ❏ init：这是启动一切的程序。一般来说，它将通过运行一系列脚本来启动程序。在第 13 章"init 程序"中将更详细地描述 init 的工作原理。

❑　shell：你需要一个 shell 来为你提供命令提示符，但更重要的是，还需要运行由 init 和其他程序调用的 shell 脚本。

❑　守护程序（daemon）：守护程序是为其他程序提供服务的后台程序。这方面常见的示例是系统日志守护进程（syslogd）和安全 shell 守护进程（sshd）。init 程序必须启动初始的守护进程群以支持主系统应用程序。事实上，init 本身就是一个守护程序：它是提供启动其他守护进程服务的守护程序。

❑　共享库（shared library）：大多数程序都与共享库链接，因此它们也必须存在于根文件系统中。

❑　配置文件（configuration file）：init 和其他守护程序的配置都被存储在一系列文本文件中，通常在/etc 目录中。

❑　设备节点（device node）：这些是允许访问各种设备驱动程序的特殊文件。

❑　proc 和 sys：这两个伪文件系统可将内核数据结构表示为目录和文件的层次结构。许多程序和库函数都依赖于/proc 和/sys。

❑　内核模块（kernel module）：如果你已将内核的某些部分配置为模块，则它们需要安装在根文件系统中，通常在/lib/modules/[kernel version]中。

此外，还有一些与特定设备相关的应用程序（设备需要它们才能完成其预期的工作），以及它们生成的运行时数据文件。

ℹ️ 注意：

在某些情况下，你可以将上述大部分程序压缩成一个静态链接的程序，然后启动该程序而不是 init。例如，如果你的程序名为/myprog，则可以将以下命令添加到内核命令行中：

```
init=/myprog
```

我只遇到过一次这样的配置，在一个安全系统中，fork 系统调用已被禁用，因此无法启动任何其他程序。

这种方法的缺点是，你不能使用通常进入嵌入式系统中的许多工具。你必须自己做所有事情。

5.3　目　录　布　局

有趣的是，Linux 内核并不关心文件和目录的布局，而只关心由 init=或 rdinit=命名的程序的存在，所以你可以随意将文件放在任何你喜欢的地方。例如，将运行 Android 的设备的文件布局与桌面 Linux 发行版的文件布局进行比较，你会发现它们几乎完全不同。

当然，许多程序希望某些文件位于某些位置，如果设备使用类似的布局（Android 除外），那么这对于开发人员是有帮助的。大多数 Linux 系统的基本布局是在文件系统层次标准（filesystem hierarchy standard，FHS）中定义的，该标准网址如下：

https://refspecs.linuxfoundation.org/fhs.shtml

FHS 涵盖了从最大到最小的 Linux 操作系统的所有实现。嵌入式设备倾向于根据需要使用子集，但通常包括以下内容。

- /bin：所有用户必备的程序。
- /dev：设备节点和其他特殊文件。
- /etc：系统配置文件。
- /lib：基本共享库，如构成 C 库的那些东西。
- /proc：有关进程的信息。表示为虚拟文件。
- /sbin：系统管理员必不可少的程序。
- /sys：有关设备及其驱动程序的信息，表示为虚拟文件。
- /tmp：放置临时或易失文件的地方。
- /usr：附加程序、库和系统管理员的实用工具程序，分别位于/usr/bin、/usr/lib 和 /usr/sbin 目录中。
- /var：可以在运行时修改的文件和目录（如日志消息）的层次结构，其中一些必须在启动后被保留。

部分项目有一些微妙的区别。例如，/bin 和 /sbin 之间的区别只是后者不需要包含在非 root 用户的搜索路径中。Red Hat 派生的发行版的用户将熟悉这一点。/usr 的意义在于它可能位于与根文件系统不同的分区中，因此它不能包含启动系统所需的任何内容。

5.3.1　暂存目录

你应该首先在主机上创建一个暂存（staging）目录，这样就可以在其中组装最终将被传输到目标中的文件。在以下示例中，我使用~/rootfs 作为暂存目录。你需要在其中创建一个大致的目录结构，如下所示：

```
$ mkdir ~/rootfs
$ cd ~/rootfs
$ mkdir bin dev etc home lib proc sbin sys tmp usr var
$ mkdir usr/bin usr/lib usr/sbin
$ mkdir -p var/log
```

要更清楚地查看目录层次结构，需要使用 tree 命令，加上 -d 选项表示仅显示目录，示例如下：

```
$ tree -d
.
├── bin
├── dev
├── etc
├── home
├── lib
├── proc
├── sbin
├── sys
├── tmp
├── usr
│   ├── bin
│   ├── lib
│   └── sbin
└── var
    └── log
```

下文我们将看到，并非所有目录都具有相同的文件权限，并且目录中的各个文件可以具有比目录本身更严格的权限。

5.3.2　POSIX 文件访问权限

每个进程，在本章讨论的语境中意味着每个正在运行的程序，都属于一个用户和一个或多个组。用户由称为用户 ID（user ID，UID）的 32 位数字表示。有关用户的信息，包括从 UID 到名称的映射，被保存在/etc/passwd 中。

类似地，组由组 ID（group ID，GID）表示，信息被保存在/etc/group 中。

始终有一个 UID 为 0 的 root 用户和一个 GID 为 0 的 root 组。root 用户也被称为超级用户（superuser），因为在默认配置中，它将绕过大多数权限检查，可以访问系统中的所有资源。基于 Linux 的系统中的安全性主要是和限制对 root 账户的访问有关。

每个文件和目录也有一个所有者，并且只属于一个组。进程对文件或目录的访问级别由一组访问权限标志控制，这称为文件的模式（mode）。

文件模式有 3 个 3 位集合：第一个集合适用于文件的所有者（owner），第二个集合适用于与文件同组的成员（member），最后一个集合则适用于其他所有人——也就是这个世界上剩余的人。

这些位用于文件的读取（r）、写入（w）和执行（x）权限。由于 3 位恰好适合八进制数字，因此它们通常用八进制表示，如图 5.1 所示。

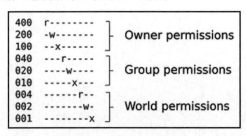

图 5.1　文件访问权限

原　　文	译　　文	原　　文	译　　文
Owner permissions	所有者权限	World permissions	任何人权限
Group permissions	组成员权限		

其实还有第四个八进制数字，其值具有特殊意义。

❑　SUID（4）：文件如果是可执行文件，那么会在程序运行时将进程的有效 UID 更改为文件所有者的 UID。

❑　SGID（2）：与 SUID 类似，它会将进程的有效 GID 更改为文件组的有效 GID。

❑　Sticky（1）：在目录中，这限制了删除操作，因此一个用户不能删除另一个用户拥有的文件。这通常在/tmp 和/var/tmp 上予以设置。

SUID 位可能是最常用的。它可以为非 root 用户提供临时权限升级到超级用户以执行任务。一个很好的例子是 ping 程序：ping 打开一个原始套接字，这是一个需要权限的操作。

为了让普通用户使用 ping（它归 root 用户所有，并且设置了 SUID 位），因此当你运行 ping 时，无论你的 UID 是什么，它都会以 UID 0 执行。

要设置此前导八进制数字，需要在 chmod 命令中使用 4、2 或 1 的值。例如，要在暂存 root 目录中的/bin/ping 上设置 SUID，需要在 755 模式前添加 4，如下所示：

```
$ cd ~/rootfs
$ ls -l bin/ping
-rwxr-xr-x 1 root root 35712 Feb 6 09:15 bin/ping
$ sudo chmod 4755 bin/ping
$ ls -l bin/ping
-rwsr-xr-x 1 root root 35712 Feb 6 09:15 bin/ping
```

可以看到，第二个 ls 命令将模式的前 3 位显示为 rws，而之前它们是 rwx。s 表示设置了 SUID 位。

5.3.3　暂存目录中的文件所有权权限

就安全性和稳定性而言，至关重要的是要注意将被放置在目标设备上的文件的所有权和权限。一般来说，你希望将敏感资源限制为只能由 root 用户访问，尽量不要让使用非 root 用户的程序访问。

在运行程序时，最好使用非 root 用户，这样如果它们受到外部攻击的危害，它们只能为攻击者提供尽可能少的系统资源。

例如，名为/dev/mem 的设备节点可以访问系统内存，这在某些程序中是必需的。但是，如果每个人都可以对/dev/mem 进行读写，那么就没有安全性，因为每个人都可以访问内存中的所有内容。因此，/dev/mem 应该由 root 拥有，属于 root 组，并且具有 600 模式，它拒绝除所有者之外的任何人的读写访问权限。

但是暂存目录存在权限问题。你在那里创建的文件将归你所有，但是当它们被安装在设备上时，它们应该属于特定的所有者和组，主要是 root 用户。一个明显的解决方法是在此阶段使用以下命令将所有权更改为 root：

```
$ cd ~/rootfs
$ sudo chown -R root:root *
```

问题是你需要 root 权限才能运行 chown 命令，从此时起，你需要成为 root 才能修改暂存目录中的任何文件。在不知不觉中，你正在以 root 身份登录进行所有开发，这不是一个好主意。稍后我们还会讨论该问题。

5.4　根文件系统的程序

现在来研究根文件系统的一些基础程序，以及运行它们所需的支持库、配置和数据文件。先来看看需要的程序类型。

5.4.1　init 程序

init 是第一个运行的程序，因此它是根文件系统的重要组成部分。本章将使用 BusyBox 提供的简单 init 程序。

5.4.2　shell

我们需要一个 shell 来运行脚本并给出一个命令提示符，以便用户可以与系统进行交互。在生产设备上可能不需要交互式 shell，但它对开发、调试和维护很有用。嵌入式系统中有多种常用的 shell，如下所示。

- ❑ bash：这是很出名并且都爱用的桌面 Linux 的 shell。它是 UNIX Bourne shell 的超集，具有许多扩展。当然，也有许多非 bash 不用者。
- ❑ ash：同样基于 Bourne shell，它与 UNIX 的 BSD 变体有着悠久的历史。BusyBox 有一个 ash 版本，该版本已被扩展以使其与 bash 更兼容。ash 比 bash 小得多，因此它是嵌入式系统非常受欢迎的选择。
- ❑ hush：这是一个非常小的 shell，在 3.6.3 节 "使用 U-Boot" 中提到过它。hush 在内存很小的设备上很有用。BusyBox 中也有一个 hush 版本。

💡 提示：

如果使用 ash 或 hush 作为目标上的 shell，请确保在目标上测试你的 shell 脚本。仅在主机上使用 bash 进行测试是不行的，因为你可能会惊讶地发现，将这些脚本复制到目标中时，它们不再起作用。

在根文件系统基础程序列表中，下一个是实用程序。

5.4.3　实用程序

shell 只是启动其他程序的一种方式，shell 脚本只不过是要运行的程序列表，具有一些流控制和在程序之间传递信息的方法。要使 shell 有用，你还需要 UNIX 命令行所基于的实用程序。

即使是对于基本的根文件系统来说，你也需要大约 50 个实用程序，这会带来两个问题。首先，跟踪每个程序的源代码并交叉编译将是一项艰巨的工作。

其次，由此产生的程序集合将占用几十兆字节，这在嵌入式 Linux 发展的早期是一个真正的大问题，因为那时你只有几兆字节可用。为了解决这个问题，BusyBox 应运而生。

5.4.4　关于 BusyBox

BusyBox 的起源其实与嵌入式 Linux 无关。该项目由 Bruce Perens 于 1996 年为 Debian 安装程序发起，以便他可以从 1.44 MB 软盘启动 Linux。巧合的是，这大约是当时嵌入式设备上的存储器的大小，因此嵌入式 Linux 社区很快就接受了它。

从那时起，BusyBox 就一直是嵌入式 Linux 的核心。

BusyBox 是从头开始编写的，用于执行那些基本 Linux 实用程序的基本功能。开发人员利用了帕累托法则（Pareto principle，也称为 80/20 法则或二八法则）：程序中最有用的 80%是在 20%的代码中实现的。因此，BusyBox 工具实现了桌面等效功能的子集，但它们的功能足以满足大多数情况下的需要。

　　BusyBox 采用的另一个技巧是将所有工具组合到一个二进制文件中，从而可以轻松地在它们之间共享代码。它的工作原理是这样的：BusyBox 是一个小程序（applet）的集合，每个小程序都以[applet]_main 的形式导出其 main 函数。例如，cat 命令在 coreutils/cat.c 中实现并导出 cat_main。BusyBox 的 main 函数本身则根据命令行参数将调用分派到正确的小程序中。

　　因此，要读取文件，你需要使用要运行的小程序的名称来启动 BusyBox，后跟小程序所需的任何参数，如下所示：

```
$busybox cat my_file.txt
```

你还可以运行不带参数的 BusyBox，以获取所有已编译小程序的列表。

　　以这种方式使用 BusyBox 相当笨拙。让 BusyBox 运行 cat 小程序的更好方法是创建从/bin/cat 到/bin/busybox 的符号链接：

```
$ ls -l bin/cat bin/busybox
-rwxr-xr-x 1 root root 892868    Feb 2 11:01 bin/busybox
lrwxrwxrwx 1 root root 7         Feb 2 11:01 bin/cat -> busybox
```

　　这样，当你在命令行中输入 cat 时，BusyBox 就是实际运行的程序。BusyBox 只需检查通过 argv[0]传入的可执行文件的路径，即/bin/cat，提取应用程序名称 cat，然后进行表查找以匹配 cat 和 cat_main。所有这些都是在 libbb/appletlib.c 中完成的，其相应的代码如下（略有简化）：

```
applet_name = argv[0];
applet_name = bb_basename(applet_name);
run_applet_and_exit(applet_name, argv);
```

　　BusyBox 有 300 多个小程序，包括一个 init 程序、若干个复杂程度不同的 shell 以及用于大多数管理任务的实用程序，甚至还有一个简化版本的 vi 编辑器，以便你可以更改设备上的文本文件。典型的 BusyBox 二进制文件只能启用几十个小程序。

　　总而言之，BusyBox 的典型安装由一个程序组成，每个程序都有一个符号链接，但它的行为就像它是单个应用程序的集合一样。

5.4.5　构建 BusyBox

　　BusyBox 使用与内核相同的 Kconfig 和 Kbuild 系统，因此其交叉编译很简单。你可以通过克隆 BusyBox Git 存储库并查看你想要的版本来获取源代码（1_31_1 是撰写本文时的最新版本），如下所示：

```
$ git clone git://busybox.net/busybox.git
$ cd busybox
$ git checkout 1_31_1
```

你也可以从以下网址中下载相应的 TAR 文件：

https://busybox.net/downloads/

然后，从默认配置开始配置 BusyBox，它启用了 BusyBox 的几乎所有功能：

```
$ make distclean
$ make defconfig
```

此时，你可能需要运行 make menuconfig 来微调配置。例如，你几乎肯定要在 Busybox Settings（Busybox 设置）|Installation Options（安装选项）中设置安装路径（CONFIG_PREFIX）以指向暂存目录。

然后，你可以按通常的方式进行交叉编译。如果你的预期目标是 BeagleBone Black，则可以使用以下命令：

```
$ make ARCH=arm CROSS_COMPILE=arm-cortex_a8-linux-gnueabihf-
```

如果你的预期目标是 Versatile PB 的 QEMU 模拟，则使用以下命令：

```
$ make ARCH=arm CROSS_COMPILE=arm-unknown-linux-gnueabi-
```

无论哪种情况，结果都是可执行的 busybox。对于像这样的默认配置构建，其大小约为 900 KiB。如果这对你来说太大了，那么还可以通过更改配置来减少不需要的实用程序。

要将 BusyBox 安装到暂存区域中，请使用以下命令：

```
$ make ARCH=arm CROSS_COMPILE=arm-cortex_a8-linux-gnueabihf-
install
```

这会将二进制文件复制到 CONFIG_PREFIX 已经配置的目录中，并且创建链接到它的所有符号。

现在我们来看看 Busybox 的替代品 ToyBox。

5.4.6　ToyBox——BusyBox 的替代品

BusyBox 不是唯一，和它类似的项目还有 ToyBox，其网址如下：

http://landley.net/toybox/

该项目由 Rob Landley 发起，他之前是 BusyBox 的维护者。ToyBox 与 BusyBox 具有相同的目标，但更强调遵守标准，特别是 POSIX-2008 和 LSB 4.1，而不是强调与这些标准的 GNU 扩展的兼容性。

ToyBox 比 BusyBox 小，部分原因是它实现的小程序更少。它的许可证是 BSD 而不是 GPL v2，这使其与具有 BSD 许可的用户空间的操作系统兼容，如 Android。因此，ToyBox 会出现在所有新的 Android 设备的随附软件列表中。从最近的 0.8.3 版本开始，Toybox 的 Makefile 可以构建一个完整的 Linux 系统，该系统可仅在给定 Linux 和 ToyBox 源代码的情况下启动到 shell 提示符。

5.5　根文件系统的库

程序和库是被链接在一起的。你可以按静态方式将它们都链接在一起，在这种情况下，目标设备上将没有库。但是，如果你有两个或 3 个以上的程序，那么这会占用不必要的大量存储空间。因此，你需要将共享库从工具链复制到暂存目录中。那么问题来了：你怎么知道需要哪些库呢？

5.5.1　选择需要的库

一种选择是从工具链的 sysroot 目录中复制所有.so 文件。不要试图预测要包含哪些库，只需假设你的镜像最终将需要它们。这当然是合乎逻辑的，如果你正在创建一个供其他人用于一系列应用程序的平台，那么这将是正确的方法。但是请注意，一个完整的 glibc 非常大。对于 glibc 2.22 的 crosstool-NG 构建，库、语言环境和其他支持文件达到 33 MiB。当然，你也可以使用 musl libc 或 uClibc-ng，这样容量会大大减少。

另一种选择是只挑选那些你需要的库。在这种情况下，你需要一种发现库依赖关系的方法。基于第 2 章 "关于工具链" 中学习的一些知识，我们可以使用 readelf 命令来完成此任务，示例如下：

```
$ cd ~/rootfs
$ arm-cortex_a8-linux-gnueabihf-readelf -a bin/busybox | grep
"program interpreter"
[Requesting program interpreter: /lib/ld-linux-armhf.so.3]
$ arm-cortex_a8-linux-gnueabihf-readelf -a bin/busybox | grep
"Shared library"
0x00000001 (NEEDED) Shared library: [libm.so.6]
0x00000001 (NEEDED) Shared library: [libc.so.6]
```

在上述示例中，第一个 readelf 命令可在 busybox 二进制文件中搜索包含 program interpreter 的行，第二个 readelf 命令则在 busybox 二进制文件中搜索包含 Shared library 的行。现在，你需要在工具链 sysroot 目录中找到这些文件并将它们复制到暂存目录中。

请记住，你可以按以下方式找到 sysroot：

```
$ arm-cortex_a8-linux-gnueabihf-gcc -print-sysroot
/home/chris/x-tools/arm-cortex_a8-linux-gnueabihf/arm-cortex_
a8-linux-gnueabihf/sysroot
```

为了减少输入代码的量，我将在 shell 变量中保留一份副本：

```
$ export SYSROOT=$(arm-cortex_a8-linux-gnueabihf-gcc -print-sysroot)
```

如果你查看 sysroot 中的/lib/ld-linux-armhf.so.3，则会发现它实际上是一个符号链接：

```
$ cd $SYSROOT
$ ls -l lib/ld-linux-armhf.so.3
lrwxrwxrwx 1 chris chris 10 Mar 3 15:22 lib/ld-linux-armhf.so.3
-> ld-2.22.so
```

对 libc.so.6 和 libm.so.6 重复该练习，你将得到一个包含 3 个文件和 3 个符号链接的列表。现在你可以使用 cp -a 复制每个库，这将保留符号链接：

```
$ cd ~/rootfs
$ cp -a $SYSROOT/lib/ld-linux-armhf.so.3 lib
$ cp -a $SYSROOT/lib/ld-2.22.so lib
$ cp -a $SYSROOT/lib/libc.so.6 lib
$ cp -a $SYSROOT/lib/libc-2.22.so lib
$ cp -a $SYSROOT/lib/libm.so.6 lib
$ cp -a $SYSROOT/lib/libm-2.22.so lib
```

对每个程序重复此过程。

💡提示：

这样做只是为了获得尽可能小的嵌入式占用空间。你可能会错过通过 dlopen(3)调用加载的库——主要是插件。在本章后面配置网络接口时，我们将看一个带有名称解析服务（name service switch，NSS）库的示例。

5.5.2　通过剥离减小尺寸

库和程序通常使用存储在符号表中的一些信息进行编译，以帮助调试和跟踪。在生产系统中很少需要这些。因此，节省空间的一种快速简便的方法便是剥离符号表的二进制文件。以下示例显示了剥离前的 libc：

```
$ file rootfs/lib/libc-2.22.so
lib/libc-2.22.so: ELF 32-bit LSB shared object, ARM, EABI5
version 1 (GNU/Linux), dynamically linked (uses shared libs),
for GNU/Linux 4.3.0, not stripped
$ ls -og rootfs/lib/libc-2.22.so
-rwxr-xr-x 1 1542572 Mar 3 15:22 rootfs/lib/libc-2.22.so
```

现在，让我们看看剥离调试信息的结果：

```
$ arm-cortex_a8-linux-gnueabihf-strip rootfs/lib/libc-2.22.so
$ file rootfs/lib/libc-2.22.so
rootfs/lib/libc-2.22.so: ELF 32-bit LSB shared object, ARM,
EABI5 version 1 (GNU/Linux), dynamically linked (uses shared
libs), for GNU/Linux 4.3.0, stripped
$ ls -og rootfs/lib/libc-2.22.so
-rwxr-xr-x 1 1218200 Mar 22 19:57 rootfs/lib/libc-2.22.so
```

可以看到，在本示例中，我们节省了 324372 字节，大约占剥离前文件大小的 20%。

提示：

在剥离内核模块时要谨慎。模块加载器需要一些符号来重新定位模块代码，因此如果它们被剥离，模块将无法加载。使用以下命令可删除调试符号，同时保留那些用于重定位的符号：

```
strip --strip-unneeded <module name>
```

5.6　设备节点

Linux 中的大多数设备都由设备节点表示，这与 UNIX 哲学一致，即一切都是文件（除了网络接口，它们是套接字）。设备节点可以指块设备或字符设备。块设备（block device）是大容量存储设备，如 SD 卡或硬盘驱动器。除了网络接口，剩下的都是字符设备（character device）。

设备节点的常规位置是名为/dev 的目录。例如，串行端口可以由名为/dev/ttyS0 的设备节点表示。

设备节点是使用名为 mknod（它是 make node 的缩写）的程序创建的：

```
mknod <name> <type> <major> <minor>
```

mknod 的参数如下。

❑ name：这是你要创建的设备节点的名称。

❑ type：c 表示字符设备，b 表示块设备。

❑ major 和 minor：这是一对数字，内核使用它们将文件请求路由到适当的设备驱动程序代码。Documentation/devices.txt 文件的内核源代码中有一个标准的 major 和 minor 编号列表。

你需要为系统上要访问的所有设备创建设备节点。可以使用 mknod 命令手动执行此操作（下面将会详细说明），或者你可以在运行时使用稍后将会提到的设备管理器之一自动创建它们。

在一个真正极简化的根文件系统中，你只需要两个节点即可使用 BusyBox 进行引导，这两个节点是 console 和 null。

console（控制台）只需要可以被设备节点的所有者 root 访问，因此其访问权限为 600（rw-------）。

null（空设备）应该是所有人可读可写的，所以其模式是 666（rw-rw-rw-）。

你可以使用 mknod 的-m 选项在创建节点时设置模式。你需要以 root 身份创建设备节点，如下所示：

```
$ cd ~/rootfs
$ sudo mknod -m 666 dev/null c 1 3
$ sudo mknod -m 600 dev/console c 5 1
$ ls -l dev
total 0
crw------- 1 root root 5, 1 Mar 22 20:01 console
crw-rw-rw- 1 root root 1, 3 Mar 22 20:01 null
```

你可以使用标准 rm 命令删除设备节点。不存在什么 rmnod 命令，因为一旦创建，设备节点就只是文件。

5.7　proc 和 sysfs 文件系统

proc 和 sysfs 是两个伪文件系统，它们为内核的内部工作提供了一个窗口。proc 和 sysfs 都将内核数据表示为目录层次结构中的文件：当你读取其中一个文件时，你看到的内容并非来自磁盘存储，它已经被内核中的函数动态格式化。有些文件也是可写的，这意味着使用你写入的新数据调用内核函数，如果它具有正确的格式并且你有足够的权限，那么它将修改存储在内核内存中的值。换句话说，proc 和 sysfs 其实是提供了另一种与设备驱动程序和其他内核代码交互的方式。

5.7.1　proc 和 sysfs 文件系统的功能

proc 和 sysfs 文件系统应该被挂载在名为/proc 和/sys 的目录中：

```
# mount -t proc proc /proc
# mount -t sysfs sysfs /sys
```

尽管 proc 和 sysfs 在概念上非常相似，但它们执行的是不同的功能。proc 从早期开始就是 Linux 的一部分，它最初的目的是向用户空间公开有关进程（process）的信息，因此而得名。为此，每个进程都有一个名为/proc/\<PID>的目录，其中包含有关其状态的信息。进程列表命令 ps 可读取这些文件以生成其输出。

此外，还有一些文件提供有关内核其他部分的信息，例如，/proc/cpuinfo 可告诉你有关 CPU 的信息，/proc/interrupts 包含有关中断的信息等。

最后，在/proc/sys 中，有一些文件可显示和控制内核子系统的状态和行为，尤其是调度、内存管理和网络。手册页是你在 proc 目录中找到的文件的最佳参考资料，你可以通过输入 man 5 proc 来查看手册页。

另外，sysfs 的作用是将内核驱动模型（driver model）呈现给用户空间，它将导出与设备和设备驱动程序以及它们相互连接的方式相关的文件层次结构。在第 11 章"连接设备驱动程序"中描述与设备驱动程序的交互时，将更详细地介绍 Linux 驱动程序模型。

5.7.2　挂载文件系统

mount 命令允许我们将一个文件系统附加到另一个文件系统的目录中，从而形成文件系统的层次结构。最上面的文件系统是在内核启动时挂载的，叫作根文件系统（root filesystem）。

mount 命令的格式如下：

```
mount [-t vfstype] [-o options] device directory
```

mount 的参数如下：
- vfstype 是文件系统的类型。
- options 是以逗号分隔的挂载选项列表。
- device 是文件系统所在的块设备节点。
- directory 是你要挂载文件系统的目录。

在-o 之后可以提供多种选项，查看手册页 mount(8)可了解更多信息。例如，如果你想将第一个分区中包含 ext4 文件系统的 SD 卡挂载到名为/mnt 的目录中，则可以输入以下代码：

```
# mount -t ext4 /dev/mmcblk0p1 /mnt
```

假设挂载成功，你将能够在/mnt 目录中看到存储在 SD 卡上的文件。在某些情况下，你可以省略文件系统类型，让内核探测设备以找出其中存储的内容。

如果挂载失败，你可能首先需要卸载分区，以防止你的 Linux 发行版配置为在插入 SD 卡时自动挂载所有分区。

现在再来仔细研究前面挂载 proc 文件系统的示例，你可能会有些奇怪：没有设备节点（如 /dev/proc），这是因为 proc 文件系统是伪文件系统而不是真实文件系统。但是 mount 命令需要一个 device 参数，因此，我们必须给 device 一个应该到达的字符串，但该字符串是什么并不重要。以下两个命令实现了完全相同的结果：

```
# mount -t proc procfs /proc
# mount -t proc nodevice /proc
```

mount 命令会忽略 procfs 和 nodevice 字符串。在挂载伪文件系统时，使用文件系统类型代替设备是相当普遍的。

5.7.3　内核模块

如果你有内核模块，则需要使用 modules_install 内核 make 目标将这些内核模块安装到根文件系统中（详见第 4 章"配置和构建内核"），这会将它们与 modprobe 命令所需的配置文件一起复制到名为/lib/modules/<kernel version>的目录中。

请注意，你刚刚在内核和根文件系统之间创建了依赖关系。如果你更新了其中一个，则也必须更新另一个。

现在我们知道如何从 SD 卡中挂载文件系统，不妨来看看挂载根文件系统的不同选项。它的替代选项（ramdisk 和 NFS）可能会让你大吃一惊，如果你是嵌入式 Linux 开发的新手，则更是如此。ramdisk 可保护原始源镜像免受损坏和磨损。在第 9 章"创建存储策略"中将会介绍有关闪存软件的更多信息。网络文件系统（network filesystem，NFS）则允许更快速的开发，因为文件更改可以立即传播到目标。

5.8　将根文件系统传输到目标

在暂存目录中创建极简化的根文件系统后，下一个任务是将其传输到目标中。这有以下 3 种方式可供选择。

❑　initramfs：也称为 ramdisk，这是由引导加载程序加载到 RAM 中的文件系统镜像。ramdisk 易于创建，并且不依赖于大容量存储驱动程序。当主根文件系统需要更新时，ramdisk 可用于后备维护模式。ramdisk 甚至可以用作小型嵌入式设备中的主要根文件系统，并且它通常用作主流 Linux 发行版中的早期用户空间。需要强调的是，根文件系统的内容是易失的，你在运行时对根文件系统所做的任何更改都将在系统下次启动时丢失。因此，你将需要另一种存储类型来存储永久数据，如配置参数。

❑　磁盘镜像：这是根文件系统的副本，已被格式化并准备好被加载到目标的大容量存储设备上。例如，它可以是准备复制到 SD 卡上的 ext4 格式的镜像，也可以是准备通过引导加载程序加载到闪存中的 jffs2 格式的镜像。
创建磁盘镜像可能是最常见的选项。在第 9 章 "创建存储策略" 中提供了更多有关不同类型的海量存储的信息。

❑　网络文件系统（NFS）：暂存目录可以通过 NFS 服务器导出到网络上，并在引导时由目标挂载。这通常在开发阶段完成，而不是重复循环创建磁盘镜像并将其重新加载到大容量存储设备上，后者是一个相当缓慢的过程。

接下来，我们将从 ramdisk 开始讨论，并使用它来说明对根文件系统的一些改进，例如添加用户名和设备管理器以自动创建设备节点。然后，我们将演示如何创建磁盘镜像，以及如何使用 NFS 通过网络挂载根文件系统。

5.9　创建引导 initramfs

初始 RAM 文件系统（initial RAM filesystem，initramfs）是压缩的 cpio 存档。cpio 是一种早期的 UNIX 归档格式，类似于 TAR 和 ZIP，但更容易解码，因此需要更少的内核代码。你需要使用 CONFIG_BLK_DEV_INITRD 配置内核以支持 initramfs。

创建引导 ramdisk 有以下 3 种不同的方法：

❑　作为独立的 cpio 存档。
❑　作为嵌入在内核镜像中的 cpio 存档。
❑　作为内核构建系统在构建过程中处理的设备表。

第一个选项提供了最大的灵活性，因为我们可以将内核和 ramdisk 匹配为刚好符合需求的内容。但是，这意味着你需要处理两个文件而不是一个文件，并且并非所有引导加载程序都可以加载单独的 ramdisk。

接下来，我们看看如何在内核中构建一个独立的 initramfs。

5.9.1　独立的 initramfs

以下指令序列将创建存档，压缩它，并添加一个准备加载到目标中的 U-Boot 标头：

```
$ cd ~/rootfs
$ find . | cpio -H newc -ov --owner root:root >
../initramfs.cpio
$ cd ..
$ gzip initramfs.cpio
$ mkimage -A arm -O linux -T ramdisk -d initramfs.cpio.gz
uRamdisk
```

可以看到，我们使用了--owner root:root 选项运行 cpio。这是前面提到的文件所有权问题的快速修复（详见 5.3.3 节"暂存目录中的文件所有权权限"）。它使 cpio 存档中的所有内容的 UID 和 GID 为 0。

uRamdisk 文件的最终大小约为 2.9 MB，没有内核模块。再加上内核 zImage 文件的 4.4 MB 和 U-Boot 的 440 KB，总共需要 7.7 MB 的存储空间来启动该开发板。显然，这与启动它的 1.44 MB 软盘还有一点距离。

如果大小是一个真正的问题，则可以使用以下选项之一：

❏ 通过省去不需要的驱动程序和函数来缩小内核。
❏ 省去不需要的实用程序，使 BusyBox 更小。
❏ 使用 musl libc 或 uClibc-ng 代替 glibc。
❏ 静态编译 BusyBox。

现在我们已经组装了一个 initramfs，接下来即可引导该存档。

5.9.2　引导 initramfs

我们可以做的最简单的事情是在控制台上运行一个 shell，以便可以与目标进行交互。我们可以通过将 rdinit=/bin/sh 添加到内核命令行中来做到这一点。

接下来，我们看看如何为 QEMU 和 BeagleBone Black 执行此操作。

5.9.3　使用 QEMU 引导

QEMU 有一个名为-initrd 的选项来将 initramfs 加载到内存中。在第 4 章"配置和构建内核"中，你应该已经拥有一个使用 arm-unknown-linux-gnueabi 工具链和 Versatile PB

的设备树二进制义件编译的 zImage。从本章开始,你应该已经创建了一个 initramfs,其中包括使用相同工具链编译的 BusyBox。

现在,你可以使用 MELP/Chapter05/run-qemu-initramfs.sh 中的脚本或使用以下命令来启动 QEMU:

```
$ QEMU_AUDIO_DRV=none \
qemu-system-arm -m 256M -nographic -M versatilepb \
-kernel zImage
-append "console=ttyAMA0 rdinit=/bin/sh" \
-dtb versatile-pb.dtb
-initrd initramfs.cpio.gz
```

你应该得到一个带有提示符 /# 的 root shell。

5.9.4　引导 BeagleBone Black

对于 BeagleBone Black 开发板,我们需要在第 4 章“配置和构建内核”中准备的 microSD 卡,以及使用 arm-cortex_a8-linux-gnueabihf 工具链构建的根文件系统。

将你在之前创建的 uRamdisk 复制到 microSD 卡的 boot 分区中,然后使用它来引导 BeagleBone Black 到出现 U-Boot 提示符的位置处。然后,输入以下命令:

```
fatload mmc 0:1 0x80200000 zImage
fatload mmc 0:1 0x80f00000 am335x-boneblack.dtb fatload mmc 0:1
0x81000000 uRamdisk
setenv bootargs console=ttyO0,115200 rdinit=/bin/sh
bootz 0x80200000 0x81000000 0x80f00000
```

如果一切顺利,那么你将在串行控制台上获得一个带有提示符 /# 的 root shell。该操作完成后,我们需要在两个平台上挂载 proc。

5.9.5　挂载 proc

你会发现在两个平台上 ps 命令都不起作用,这是因为 proc 文件系统尚未挂载。因此可尝试按以下方式挂载它:

```
# mount -t proc proc /proc
```

现在再次运行 ps,你将看到进程列表。

对此设置的改进是编写一个挂载 proc 的 shell 脚本(可以将需要在启动时完成的任何其他操作也包括在其中)。然后,你可以在启动时运行此脚本而不是/bin/sh。

以下代码片段给出了一个示例：

```
#!/bin/sh
/bin/mount -t proc proc /proc
# Other boot-time commands go here
/bin/sh
```

最后一行/bin/sh 可启动一个新的 shell，它将为你提供交互式 root shell 提示。

以这种方式将 shell 用作 init 非常方便，例如，当你想拯救一个带有损坏的 init 程序的系统时即可这样做。当然，在大多数情况下，你还是应该使用 init 程序，下文将详细介绍该程序。但是在此之前，我们看看另外两种加载 initramfs 的方法。

5.9.6　将 initramfs 构建到内核镜像中

到目前为止，我们已经创建了一个压缩的 initramfs 作为单独的文件，并使用引导加载程序将其加载到内存中。但是，某些引导加载程序无法以这种方式加载 initramfs 文件，为了应对这些情况，Linux 可以被配置为将 initramfs 合并到内核镜像中。

为此，请更改内核配置并将 CONFIG_INITRAMFS_SOURCE 设置为你之前创建的 cpio 存档的完整路径。如果你使用的是 menuconfig，那么它位于 General setup（常见设置）| Initramfs source file（initramfs 源文件）中。请注意，它必须是以.cpio 结尾的未压缩 cpio 文件，而不是 gzipped 已压缩版本。

完成上述更改后，构建内核。

引导过程和以前一样，只是没有 ramdisk 文件。对于 QEMU，命令如下：

```
$ QEMU_AUDIO_DRV=none \
qemu-system-arm -m 256M -nographic -M versatilepb \
-kernel zImage \
-append "console=ttyAMA0 rdinit=/bin/sh" \
-dtb versatile-pb.dtb
```

对于 BeagleBone Black，可在 U-Boot 提示符下输入以下命令：

```
fatload mmc 0:1 0x80200000 zImage
fatload mmc 0:1 0x80f00000 am335x-boneblack.dtb
setenv bootargs console=ttyO0,115200 rdinit=/bin/sh
bootz 0x80200000 - 0x80f00000
```

当然，每次更改根文件系统的内容，然后重建内核时，一定要记得重新生成 cpio 文件。

5.9.7　使用设备表构建 initramfs

设备表是一个文本文件，它列出了存档或文件系统镜像中的文件、目录、设备节点和链接。压倒性的优势是，它允许你在存档文件中创建由 root 用户或其他 UID 拥有的条目，而无须自己拥有 root 权限。你甚至可以在不需要 root 权限的情况下创建设备节点。这一切都是可能的，因为存档只是一个数据文件。只有在引导时由 Linux 扩展它的时候，才会使用你指定的属性创建真正的文件和目录。

内核有一个特性，允许我们在创建 initramfs 时使用设备表。你可以编写设备表文件，然后将 CONFIG_INITRAMFS_SOURCE 指向该文件。这样，当你构建内核时，它会根据设备表中的指令创建 cpio 存档。你在任何时候都不需要 root 访问权限。

以下是一个简单的 rootfs 的设备表，只不过缺少大部分指向 BusyBox 的符号链接以使其易于管理：

```
dir /bin 775 0 0
dir /sys 775 0 0
dir /tmp 775 0 0
dir /dev 775 0 0
nod /dev/null 666 0 0 c 1 3
nod /dev/console 600 0 0 c 5 1
dir /home 775 0 0
dir /proc 775 0 0
dir /lib 775 0 0
slink /lib/libm.so.6 libm-2.22.so 777 0 0
slink /lib/libc.so.6 libc-2.22.so 777 0 0
slink /lib/ld-linux-armhf.so.3 ld-2.22.so 777 0 0
file /lib/libm-2.22.so /home/chris/rootfs/lib/libm-2.22.so 755 0 0
file /lib/libc-2.22.so /home/chris/rootfs/lib/libc-2.22.so 755 0 0
file /lib/ld-2.22.so /home/chris/rootfs/lib/ld-2.22.so 755 0 0
```

上述示例中的语法相当明显：

❑ dir <name> <mode> <uid> <gid>
❑ file <name> <location> <mode> <uid> <gid>
❑ nod <name> <mode> <uid> <gid> <dev_type> <maj> <min>
❑ slink <name> <target> <mode> <uid> <gid>

其中，dir、nod 和 slink 命令可以在 initramfs cpio 存档中创建一个文件系统对象，并指定 name（名称）、mode（模式）、uid（用户 ID）和 gid（组 ID）。

file 命令则可以将文件从源位置复制到存档中，并设置 mode（模式）、uid（用户 ID）和 gid（组 ID）。

usr/gen_initramfs_list.sh 中的内核源代码的脚本使从头开始创建 initramfs 设备表的任务变得更加容易，该脚本可从给定目录中创建设备表。例如，如果要为 rootfs 目录创建 initramfs 设备表，并将用户 ID 1000 和组 ID 1000 拥有的所有文件的所有权更改为用户 ID 0 和组 ID 0，则可以使用以下命令：

```
$ bash linux-stable/scripts/gen_initramfs_list.sh -u 1000 \
-g 1000
rootfs > initramfs-device-table
```

使用此脚本的-o 选项可以创建一个压缩的 initramfs 文件，其格式取决于-o 之后的文件扩展名。

请注意，该脚本仅适用于 bash shell。如果你的系统具有不同的默认 shell（大多数 Ubuntu 配置都是如此），那么你会发现脚本失败。因此，在上面给出的命令中，我明确地使用了 bash 来运行脚本。

5.9.8　旧的 initrd 格式

Linux ramdisk 有一种较旧的格式，称为 initrd。initrd 是 Linux 2.6 之前唯一可用的格式，如果你使用 Linux 的 MMU-less 变体 uClinux，则仍然需要它。initrd 非常晦涩难懂，我们不打算介绍它。但是，你如果需要用到或对此感兴趣，则可以在 Documentation/initrd.txt 的内核源代码中查看更多信息。

一旦 initramfs 引导成功，系统就需要开始运行程序。第一个运行的程序便是 init 程序。接下来，我们介绍 init 程序。

5.10　init 程序

在启动时运行 shell，甚至是 shell 脚本对于简单用例来说都很好，但实际上你还需要一些更灵活的东西。一般来说，UNIX 系统运行一个名为 init 的程序来启动和监视其他程序。多年以来，出现过许多 init 程序，其中一些我们将在第 13 章 "init 程序" 中进行详细介绍，目前我们仅打算简要介绍 BusyBox 的 init 程序。

5.10.1　BusyBox 的 init 程序

该 init 程序首先读取配置文件/etc/inittab。以下是一个足以满足我们需求的简单示例：

```
::sysinit:/etc/init.d/rcS
::askfirst:-/bin/ash
```

当 init 被启动时，第一行运行一个 shell 脚本 rcS，第二行将输出消息 Please press Enter to activate this console（请按 Enter 键激活此控制台）到控制台上，并在你按 Enter 键时启动 shell。

/bin/ash 前面的短横（-）表示它将成为一个登录 shell，它在给出 shell 提示符之前将获取/etc/profile 和$HOME/.profile。

像这样启动 shell 的优点之一是启用了作业控制。最直接的效果是可以使用 Ctrl+C 快捷键终止当前程序。

也许你之前没有注意到这一点，但是等到你运行 ping 程序时，你会发现无法停止它，这时就体现出这种 shell 启动方式的好处了，因为你可以按 Ctrl+C 快捷键终止程序。

如果根文件系统中不存在任何 inittab，则 BusyBox init 程序会提供默认的 inittab。它比上面介绍的 inittab 配置更广泛。

在名为/etc/init.d/rcS 的脚本中，放置了需要在启动时执行的初始化命令，例如挂载 proc 和 sysfs 文件系统的命令：

```
#!/bin/sh
mount -t proc proc /proc
mount -t sysfs sysfs /sys
```

确保按以下方式使 rcS 可执行：

```
$ cd ~/rootfs
$ chmod +x etc/init.d/rcS
```

可以通过更改-append 参数在 QEMU 上尝试运行 init，如下所示：

```
-append "console=ttyAMA0 rdinit=/sbin/init"
```

对于 BeagleBone Black，你需要在 U-Boot 中设置 bootargs 变量，如下所示：

```
setenv bootargs console=ttyO0,115200 rdinit=/sbin/init
```

接下来，我们仔细看看 init 在启动过程中读取的 inittab。

5.10.2　启动守护进程

一般来说，你希望在启动时运行某些后台进程。让我们以日志守护进程 syslogd 为例。syslogd 的目的是收集来自其他程序的日志消息，主要是其他守护进程。很自然地，BusyBox 使用了一个小程序来解决这个问题。

启动守护进程很简单，只要在 etc/inittab 中按以下方式添加行即可：

```
::respawn:/sbin/syslogd -n
```

respawn 表示如果程序终止，那么它将自动重启；-n 表示它应该作为前台进程进行运行。日志被写入/var/log/messages 中。

ⓘ 注意：

你可能还想以相同的方式启动 klogd：klogd 会将内核日志消息发送到 syslogd，以便可以将它们记录到永久存储中。

接下来，我们看看如何配置用户账户。

5.11　配置用户账户

如前文所述，以 root 身份运行所有程序并不是一种好习惯，因为如果一个程序受到外部攻击的破坏，那么整个系统都将处于危险之中。因此，最好创建非特权用户账户并在不需要完全 root 权限的场合下都使用它们。

5.11.1　配置账户

用户名在/etc/passwd 中被配置。每个用户一行，使用由冒号分隔的 7 个信息字段，按顺序排列如下：
- ❏　登录名。
- ❏　用于验证密码的哈希码，或者更常见的是一个 x，它表示密码被存储在 /etc/shadow 中。
- ❏　用户 ID。
- ❏　组 ID。
- ❏　注释字段，通常留空。
- ❏　该用户的 home 目录。

❑　此用户将使用的 shell（可选）。

以下是一个简单的示例，其中用户 root 的 UID 为 0，用户 daemon 的 UID 为 1：

```
root:x:0:0:root:/root:/bin/sh
daemon:x:1:1:daemon:/usr/sbin:/bin/false
```

将用户 daemon 的 shell 设置为/bin/false 可确保使用该名称登录的任何尝试都将失败。

各种程序必须读取/etc/passwd 才能查找用户名和 UID，因此该文件必须是世界可读的。如果密码哈希也被存储在其中，那么这会是一个问题，因为恶意程序将能够获取副本并使用各种破解程序发现实际密码。因此，为了减少这些敏感信息的暴露，密码被存储在/etc/shadow 中，并在密码字段中放置 x 以表明是这种情况。

名为/etc/shadow 的文件只有 root 才能访问，所以只要 root 用户不被泄露，密码就是安全的。shadow 密码文件由用户条目（每个用户一个条目，每个条目 9 个字段）组成。以下是上面显示的密码文件的镜像示例：

```
root::10933:0:99999:7:::
daemon:*:10933:0:99999:7:::
```

前两个字段是用户名和密码哈希。其余 7 个字段与密码老化有关，这在嵌入式设备上通常不是问题。如果你对全部细节感到好奇，请参阅 shadow(5)的手册页。

在上述示例中，root 的密码为空，这意味着 root 可以在不提供密码的情况下进行登录。为 root 设置一个空密码在开发过程中很有用，但在生产环境中则不能这么做。你可以通过在目标上运行 passwd 命令来生成或更改密码哈希，这会将新哈希写入/etc/shadow中。你如果希望所有后续根文件系统都具有相同的密码，则可以将此文件复制回暂存目录中。

组名以类似的方式被存储在/etc/group 中。每组有一行，由冒号分隔的 4 个字段组成。这些字段如下所示：

❑　组的名称。

❑　组密码，通常是 x 字符，表示没有组密码。

❑　组 ID（GID）。

❑　属于该组的可选用户列表，用逗号分隔。

示例如下：

```
root:x:0:
daemon:x:1:
```

现在我们已经学习了如何配置用户账户，接下来我们看看如何将其添加到根文件系统中。

5.11.2　将用户账户添加到根文件系统中

首先，你必须将文件 etc/passwd、etc/shadow 和 etc/group 添加到暂存目录（详见 5.11.1 节"配置账户"）中，确保 etc/shadow 的权限是 0600。

接下来，你需要通过启动一个名为 getty 的程序来进入登录过程。BusyBox 中有一个 getty 版本。你可以使用 respawn 关键字从 inittab 中启动它，这会在登录 shell 终止时重新启动 getty。你的 inittab 应如下所示：

```
::sysinit:/etc/init.d/rcS
::respawn:/sbin/getty 115200 console
```

然后，重建 ramdisk 并像以前一样使用 QEMU 或 BeagleBone Black 进行尝试。

在本章前面，我们介绍了如何使用 mknod 命令创建设备节点。接下来，我们看看如何以更简单的方法创建设备节点。

5.12　管理设备节点的更好方法

使用 mknod 静态创建设备节点是一项艰巨且不灵活的工作。还有其他方法可以按需自动创建设备节点。

- ❑ devtmpfs：这是一个伪文件系统，你在引导时挂载在/dev 上。内核使用内核当前知道的所有设备的设备节点填充它，并在运行时如果检测到新设备则为它们创建节点。这些节点归 root 所有，默认权限为 0600。

  一些著名的设备节点，如/dev/null 和/dev/random，将默认值覆盖为 0666。要确切了解这是如何完成的，可查看 Linux 源文件 drivers/char/mem.c，了解 struct memdev 是如何初始化的。

- ❑ mdev：这是一个 BusyBox 小程序，用于使用设备节点填充目录并根据需要创建新节点。有一个配置文件/etc/mdev.conf，其中包含所有权规则和节点的模式。

- ❑ udev：这是 mdev 的主流等价物。你会在桌面 Linux 和一些嵌入式设备中找到它。它非常灵活，是高端嵌入式设备的不错选择。它现在是 systemd 的一部分。

ℹ️ 注意：

尽管 mdev 和 udev 都可以自己创建设备节点，但让 devtmpfs 完成这项工作并使用 mdev/udev 作为最上层来实现设置所有权和权限的策略会更容易。devtmpfs 方法是在用户空间启动之前生成设备节点的唯一可维护的方式。

接下来，我们看看这些工具的使用示例。

5.12.1　使用 devtmpfs 的示例

对 devtmpfs 文件系统的支持由内核配置变量 CONFIG_DEVTMPFS 控制。它在 ARM Versatile PB 的默认配置中未启用，因此如果你想使用此目标尝试以下操作，则必须返回内核配置并启用此选项。尝试 devtmpfs 很简单，输入以下命令即可：

```
# mount -t devtmpfs devtmpfs /dev
```

在此之后你会注意到，/dev 中有更多的设备节点。要永久修复该问题，请将其添加到 /etc/init.d/rcS 中：

```
#!/bin/sh
mount -t proc proc /proc
mount -t sysfs sysfs /sys
mount -t devtmpfs devtmpfs /dev
```

如果在内核配置中启用 CONFIG_DEVTMPFS_MOUNT，那么内核将在挂载根文件系统后自动挂载 devtmpfs。当然，这个选项在引导 initramfs 时不起作用。

5.12.2　使用 mdev 的示例

虽然 mdev 设置起来有点复杂，但它确实允许你在创建设备节点时修改它们的权限。你首先使用 -s 选项运行 mdev，这会导致它扫描 /sys 目录以查找有关当前设备的信息。根据此信息，它会使用相应的节点填充 /dev 目录。

你如果想跟踪新设备上线并为它们创建节点，则需要通过写入 /proc/sys/kernel/hotplug 使 mdev 成为热插拔客户端。

以下在 /etc/init.d/rcS 中添加的代码（加粗显示）将实现所有这些功能：

```
#!/bin/sh
mount -t proc proc /proc
mount -t sysfs sysfs /sys
mount -t devtmpfs devtmpfs /dev
echo /sbin/mdev > /proc/sys/kernel/hotplug
mdev -s
```

默认模式为 660，所有权为 root:root。你可以通过在 /etc/mdev.conf 中添加规则来更改此设置。例如，要为 null、random 和 urandom 设备提供正确的模式，则可以将以下语句添加到/etc/mdev.conf 中：

```
null root:root 666
random root:root 444
urandom root:root 444
```

在 docs/mdev.txt 中的 BusyBox 源代码提供了该格式的说明文档，在名为 examples 的目录中还有更多示例。

5.12.3　静态设备节点的优劣

如前文所述，静态设备节点有一个很大的劣势就是它不够灵活，需要占用较大的空间，但是与运行设备管理器相比，静态创建的设备节点也有一个优势，那就是它们在引导期间不需要任何时间来创建。如果要优先考虑最小化引导时间，则使用以静态方式创建的设备节点将节省大量时间。

在检测到设备并创建它们的节点之后，启动序列的下一步通常是配置网络。

5.13　配　置　网　络

现在，我们来看看如何配置网络，以便可以与外界进行通信。假设有一个以太网接口 eth0，那么我们只需要一个简单的 IPv4 配置即可。

5.13.1　BusyBox 中的网络配置

以下示例使用了 BusyBox 中的网络实用程序，它们对于简单的用例来说已经足够了。我们使用了较旧但可靠的 ifup 和 ifdown 程序。你可以阅读它们的手册页以获取详细信息。主网络配置被存储在/etc/network/interfaces 中。你将需要在暂存目录中创建这些目录：

```
etc/network
etc/network/if-pre-up.d
etc/network/if-up.d
var/run
```

对于静态 IP 地址，/etc/network/interfaces 应如下所示：

```
auto lo
iface lo inet loopback
```

```
auto eth0
iface eth0 inet static
    address 192.168.1.101
    netmask 255.255.255.0
    network 192.168.1.0
```

对于使用 DHCP 分配的动态 IP 地址，/etc/network/interfaces 应如下所示：

```
auto lo
iface lo inet loopback

auto eth0
iface eth0 inet dhcp
```

你还必须配置 DHCP 客户端程序。BusyBox 有一个名为 udchpcd 的客户端程序。它需要一个应该进入/usr/share/udhcpc/default.script 的 shell 脚本。在 examples/udhcp/simple.script 目录下的 BusyBox 源代码中有一个合适的默认值。

5.13.2　glibc 的网络组件

glibc 使用一种称为名称解析服务（name service switch，NSS）的机制来控制将名称解析为网络和用户的数字的方式。例如，用户名可以通过文件/etc/passwd 解析为 UID，而网络服务（如 HTTP）可以通过/etc/services 解析为服务端口号。这一切都是由/etc/nsswitch.conf 配置的，有关其详细信息，请参见手册页 nss(5)。

以下是一个简单的示例，足以满足大多数嵌入式 Linux 实现：

```
passwd:     files
group:      files
shadow:     files
hosts:      files dns
networks:   files
protocols:  files
services:   files
```

一切都由/etc 中相应命名的文件解析，主机名除外，如果它们不在/etc/hosts 中，则可以通过 DNS 查找表进行另外解析。

要完成这项工作，你需要使用这些文件填充/etc。networks（网络）、protocols（协议）和 services（服务）在所有 Linux 系统中都是相同的，因此可以从开发计算机的/etc 中复制它们。/etc/hosts 至少应该包含以下地址：

```
127.0.0.1 localhost
```

其他文件 passwd、group 和 shadow 在前面的 5.11 节"配置用户账户"中已经介绍过了。

拼图的最后一块是执行名称解析的库。这些库是根据 nsswitch.conf 的内容按需加载的插件，这意味着如果你使用 readelf 或 ldd，那么它们不会显示为依赖项。你只需从工具链的 sysroot 中复制它们即可：

```
$ cd ~/rootfs
$ cp -a $SYSROOT/lib/libnss* lib
$ cp -a $SYSROOT/lib/libresolv* lib
```

暂存目录现在已经完成，接下来可以从中生成一个文件系统。

5.14　使用设备表创建文件系统镜像

在之前的 5.9 节"创建引导 initramfs"中可以看到，内核可以选择使用设备表创建 initramfs。设备表非常有用，因为它们允许非 root 用户创建设备节点并将任意 UID 和 GID 值分配给任何文件或目录。相同的概念已应用于创建其他文件系统镜像格式的工具，如以下从文件系统格式到工具的映射所示：

❑　jffs2：mkfs.jffs2

❑　ubifs：mkfs:ubifs

❑　ext2：genext2fs

在第 9 章"创建存储策略"中讨论闪存的文件系统时将会详细介绍 jffs2 和 ubifs。

第 3 种是 ext2，它是一种常用于托管闪存（包括 SD 卡）的格式。以下示例将使用 ext2 创建可以复制到 SD 卡中的磁盘镜像。

5.14.1　安装和使用 genext2fs 工具

首先，你需要在主机上安装 genext2fs 工具。在 Ubuntu 上，要安装的包名为 genext2fs：

```
$ sudo apt install genext2fs
```

genext2fs 将采用格式为<name> <type> <mode> <uid> <gid> <major> <minor> <start> <inc> <count>的设备表文件，其中各字段的含义如下。

❑　name：名称。

❑　type：可以是以下类型之一。

　➢　f：普通文件。

> ➢　d：目录。
> ➢　c：字符特殊设备文件。
> ➢　b：块特殊设备文件。
> ➢　p：FIFO（命名管道）。
- ❑　uid：文件的 UID。
- ❑　gid：文件的 GID。
- ❑　major 和 minor：设备编号（仅限设备节点）。
- ❑　start、inc 和 count：允许你从 start 中的 minor 编号开始创建一组设备节点（仅限设备节点）。

你不必像使用内核 initramfs 表那样指定每个文件。你只需指向一个目录（暂存目录）并列出你需要在最终文件系统镜像中进行的更改和例外。

以下是一个填充静态设备节点的简单示例：

```
/dev d 755 0 0 - - - - -
/dev/null c 666 0 0 1 3 0 0 -
/dev/console c 600 0 0 5 1 0 0 -
/dev/ttyO0 c 600 0 0 252 0 0 0 -
```

然后，你可以使用 genext2fs 生成 4 MB 的文件系统镜像（即 4096 个默认大小的块，1024 字节）：

```
$ genext2fs -b 4096 -d rootfs -D device-table.txt -U rootfs.
ext2
```

现在可以将生成的镜像 rootfs.ext2 复制到 SD 卡或类似设备中，因此，接下来我们看看如何执行此操作。

5.14.2　引导 BeagleBone Black

名为 MELP/format-sdcard.sh 的脚本在 microSD 卡上创建了两个分区：一个分区用于引导文件，另一个分区用于根文件系统。假设你已经在 5.14.1 节"安装和使用 genext2fs 工具"中创建了根文件系统镜像，则可以使用 dd 命令将其写入第二个分区中。

如前文所述，将文件直接复制到这样的存储设备中时，请绝对确保你知道哪一个分区是属于 microSD 卡。在本示例中，我们使用的是内置读卡器，也就是名为/dev/mmcblk0 的设备，所以命令如下：

```
$ sudo dd if=rootfs.ext2 of=/dev/mmcblk0p2
```

请注意,你的主机系统上的读卡器可能有不同的名称。

然后,将 micro SD 卡插入 BeagleBone Black 开发板中,并将内核命令行设置为 root=/dev/mmcblk0p2。

U-Boot 命令的完整序列如下:

```
fatload mmc 0:1 0x80200000 zImage
fatload mmc 0:1 0x80f00000 am335x-boneblack.dtb
setenv bootargs console=ttyO0,115200 root=/dev/mmcblk0p2
bootz 0x80200000 - 0x80f00000
```

以上就是从普通块设备(如 SD 卡)中安装文件系统的示例。相同的原则适用于其他文件系统类型,在第 9 章"创建存储策略"中将对此展开更详细的讨论。

5.15　使用 NFS 挂载根文件系统

如果你的设备有网络接口,则在开发过程中通过网络挂载根文件系统通常很有用。它使你可以访问主机上几乎无限的存储空间,因此你可以添加调试工具和带有大型符号表的可执行文件。这样做还有一些额外的好处,例如,对开发机器上的根文件系统所做的更新可以立即在目标上可用。你还可以从主机上访问所有目标的日志文件。

首先,你需要在主机上安装和配置 NFS 服务器。在 Ubuntu 上,要安装的包名为 nfs-kernel-server:

```
$ sudo apt install nfs-kernel-server
```

你需要告知 NFS 服务器,哪些目录正在导出到网络上,这由/etc/exports 控制。每个导出项都有一行。其格式在手册页 exports(5)中有详细说明。

例如,要在我的主机上导出根文件系统,可使用以下内容:

```
/home/chris/rootfs *(rw,sync,no_subtree_check,no_root_squash)
```

*表示将目录导出到本地网络上的任何地址处。如果愿意,你可以在此时提供单个 IP 地址或范围。*后面跟的是括号中的选项列表。注意,*和左括号之间不能有任何空格。对这些选项的解释如下。

❑ rw:这会将目录导出为可读写。

❑ sync:此选项可选择 NFS 协议的同步版本,它比 async(异步)选项更稳定可靠但速度稍慢一些。

❑ no_subtree_check:此选项禁用子树检查,这具有一些轻微的安全隐患,但在某些情况下可以提高可靠性。

❑ no_root_squash：此选项允许处理来自用户 ID 0 的请求，而不会压缩到不同的用户 ID。必须允许目标正确访问 root 拥有的文件。

对/etc/exports 进行更改后，需重新启动 NFS 服务器。

现在你需要设置目标以通过 NFS 挂载根文件系统。为此，你的内核必须使用 CONFIG_ROOT_NFS 进行配置。

然后，你可以通过将以下内容添加到内核命令行中来配置 Linux 以在引导时执行挂载：

```
root=/dev/nfs rw nfsroot=<host-ip>:<root-dir> ip=<target-ip>
```

上述选项的含义如下。

❑ rw：以读写方式挂载根文件系统。

❑ nfsroot：指定主机的 IP 地址，后跟导出的根文件系统的路径。

❑ ip：这是分配给目标的 IP 地址。一般来说，网络地址是在运行时分配的（详见 5.13 节"配置网络"）。当然，在这种情况下，必须在挂载根文件系统并启动 init 之前配置接口。因此，它是在内核命令行上配置的。

🛈 注意：

在 Documentation/filesystems/nfs/nfsroot.txt 的内核源代码中提供了更多关于 NFS 根文件系统挂载的信息。

接下来，我们分别在 QEMU 和 BeagleBone Black 开发板上引导一个包含根文件系统的完整镜像。

5.15.1　使用 QEMU 进行测试

以下脚本使用一对静态 IPv4 地址在主机上名为 tap0 的网络设备和目标上的 eth0 之间创建一个虚拟网络，然后使用参数启动 QEMU 以使用 tap0 作为模拟接口。

你需要将根文件系统的路径更改为暂存目录的完整路径，如果 IP 地址与你的网络配置冲突，则可能也需要更改：

```
#!/bin/bash
KERNEL=zImage
DTB=versatile-pb.dtb
ROOTDIR=/home/chris/rootfs
HOST_IP=192.168.1.1
TARGET_IP=192.168.1.101
NET_NUMBER=192.168.1.0
```

```
NET_MASK=255.255.255.0

sudo tunctl -u $(whoami) -t tap0
sudo ifconfig tap0 ${HOST_IP}
sudo route add -net ${NET_NUMBER} netmask ${NET_MASK} dev tap0
sudo sh -c "echo 1 > /proc/sys/net/ipv4/ip_forward"

QEMU_AUDIO_DRV=none \
qemu-system-arm -m 256M -nographic -M versatilepb -kernel
${KERNEL} -append "console=ttyAMA0,115200 root=/dev/nfs rw
nfsroot=${HOST_IP}:${ROOTDIR} ip=${TARGET_IP}" -dtb ${DTB} -net
nic -net tap,ifname=tap0,script=no
```

该脚本在 MELP/Chapter05/run-qemu-nfsroot.sh 中可用。

它应该像以前一样启动，现在直接通过 NFS 导出使用暂存目录。你在该目录中创建的任何文件都将立即对目标设备可见，并且在设备中创建的任何文件都将对开发计算机可见。

5.15.2　使用 BeagleBone Black 进行测试

以类似的方式，你可以在 BeagleBone Black 的 U-Boot 提示符下输入以下命令：

```
setenv serverip 192.168.1.1
setenv ipaddr 192.168.1.101
setenv npath [path to staging directory]
setenv bootargs console=ttyO0,115200 root=/dev/nfs rw
nfsroot=${serverip}:${npath} ip=${ipaddr}
fatload mmc 0:1 0x80200000 zImage
fatload mmc 0:1 0x80f00000 am335x-boneblack.dtb
bootz 0x80200000 - 0x80f00000
```

在 MELP/Chapter05/uEnv.txt 中有一个 U-Boot 环境文件，其中包含所有这些命令。只需将其复制到 microSD 卡的引导分区中，然后 U-Boot 将完成剩下的工作。

5.15.3　文件权限问题

你复制到暂存目录中的文件将归你登录的用户的 UID 所有，通常为 1000。当然，目标并不知道该用户。更重要的是，目标创建的任何文件都将归目标配置的用户所有，这通常是 root 用户。因此，整个事情变成一团糟。糟糕的是，并没有什么简易方法。最好的解决方案是复制暂存目录并使用 sudo chown -R 0:0 *命令将所有权改为 UID 和 GID 为

0。然后，将此目录导出为 NFS 挂载。这享受不到在开发系统和目标系统之间共享一个根文件系统副本的便利，但至少文件所有权是正确的。

在嵌入式 Linux 中，将设备驱动程序静态链接到内核，而不是在运行时从根文件系统中作为模块动态地加载它们，这并不少见。那么，在修改内核源代码或 DTB 时，如何才能获得 NFS 提供的快速迭代的相同好处呢？答案是 TFTP。

5.16　使用 TFTP 加载内核

现在我们已经知道了如何使用 NFS 通过网络挂载根文件系统，你可能想知道是否有一种方法也可以通过网络加载内核、设备树和 initramfs。如果能做到这一点，那么唯一需要写入目标存储中的组件就是引导加载程序。其他一切都可以从主机上加载。这将节省很多时间，因为你不需要不断地刷新目标，你甚至可以在闪存驱动程序仍在开发时就完成自己的工作。

普通文件传输协议（trivial file transfer protocol，TFTP）就是解决这个问题的方法。TFTP 是一种非常简单的文件传输协议，它的设计初衷就是易于在 U-Boot 等引导加载程序中实现。

首先，你需要在主机上安装 TFTP 守护程序。在 Ubuntu 上，要安装的软件包名为 tftpd-hpa：

```
$ sudo apt install tftpd-hpa
```

默认情况下，tftpd-hpa 授予对/var/lib/tftpboot 目录中文件的只读访问权限。安装并运行 tftpd-hpa 后，将要复制到目标的文件复制到/var/lib/tftpboot 中，对于 BeagleBone Black 来说，这些文件就是 zImage 和 am335x-boneblack.dtb。

然后，在 U-Boot 命令提示符下输入以下命令：

```
setenv serverip 192.168.1.1
setenv ipaddr 192.168.1.101
tftpboot 0x80200000 zImage
tftpboot 0x80f00000 am335x-boneblack.dtb
setenv npath [path to staging]
setenv bootargs console=ttyO0,115200 root=/dev/nfs rw
nfsroot=${serverip}:${npath} ip=${ipaddr}
bootz 0x80200000 - 0x80f00000
```

你可能会发现 tftpboot 命令挂起，无休止地输出字母 T，这意味着 TFTP 请求正在超时。发生这种情况的原因有很多，最常见的原因如下：
- ❑ serverip 的 IP 地址不正确。
- ❑ TFTP 守护程序未在服务器上运行。
- ❑ 服务器上有防火墙阻止 TFTP 协议。默认情况下，大多数防火墙确实会阻止 TFTP 端口 69。

解决该问题后，U-Boot 可以从主机上加载文件并以通常方式进行启动。你可以通过将命令放入 uEnv.txt 文件中来自动化该过程。

5.17　小　　结

Linux 的优势之一是它可以支持广泛的根文件系统，因此可以对其进行定制以满足各方面的需求。我们已经看到可以使用少量组件手动构建简单的根文件系统，而 BusyBox 在这方面特别有用。通过一步一步地完成这个过程，它让我们更深入地了解了 Linux 系统的一些基本工作原理，包括网络和用户账户配置。

当然，随着设备变得越来越复杂，这项任务可能很快变得难以管理。而且，一直存在的担忧是，在实现中可能存在我们没有注意到的安全漏洞。

在第 6 章"选择构建系统"中，我们将向你展示如何使用嵌入式构建系统，使得创建嵌入式 Linux 系统的过程变得更加容易和可靠。我们将从 Buildroot 开始讨论，然后看看更复杂但更强大的 Yocto Project。

5.18　延 伸 阅 读

以下资源包含有关本章介绍的主题的更多信息。
- ❑ *Filesystem Hierarchy Standard, Version 3.0*（文件系统分层标准 3.0 版）：

  https://refspecs.linuxfoundation.org/fhs.shtml

- ❑ *ramfs, rootfs and initramfs*（ramfs、rootfs 和 initramfs），by Rob Landley：

  Documentation/filesystems/ramfs-rootfs-initramfs.txt

第6章　选择构建系统

在本书前面的章节中，我们介绍了嵌入式 Linux 的 4 个要素，并逐步展示了如何构建工具链、引导加载程序、内核和根文件系统，然后将它们组合成基本的嵌入式 Linux 系统。这里面的步骤很多，因此不妨研究如何通过尽可能自动化来简化此过程。

我们将研究嵌入式构建系统，并特别关注其中两个：Buildroot 和 Yocto Project。这两个都是复杂而灵活的工具，需要厚厚的一本书才能完整地描述它们的工作原理。因此，本章将仅向你展示构建系统背后的一般思想。

我们将演示如何构建一个简单的设备镜像，以及如何使用前几章中的 Nova 板示例以及 Raspberry Pi 4 进行一些有用的更改。

本章包含以下主题：
- ❏ 比较构建系统
- ❏ 分发二进制文件
- ❏ Buildroot 简介
- ❏ Yocto Project 简介

出发！

6.1　技术要求

要遵循本章示例中的操作，请确保你具备以下条件：
- ❏ 基于 Linux 的主机系统，至少有 60 GB 可用磁盘空间。
- ❏ Etcher Linux 版（镜像文件快速刻录工具）。
- ❏ microSD 读卡器和卡。
- ❏ USB 转 TTL 3.3V 串行电缆。
- ❏ Raspberry Pi 4。
- ❏ 5V 3A USB-C 电源。
- ❏ 用于网络连接的以太网电缆和端口。
- ❏ BeagleBone Black 开发板。
- ❏ 5V 1A 直流电源。

本章所有代码都可以在本书配套 GitHub 存储库的 Chapter06 文件夹中找到。该存储库网址如下：

https://github.com/PacktPublishing/Mastering-Embedded-Linux-Programming-Third-Edition

6.2　比较构建系统

在第 5 章 "构建根文件系统" 中将手动创建系统的过程描述为自己卷（RYO）过程。它的优点是你可以完全控制软件，并且可以对其进行定制以执行任何你需要的操作。如果你想让它执行一些真正奇怪但创新性的任务，或者如果你想将内存占用减少到尽可能小的尺寸，那么 RYO 就是你的最佳选择。但是，在绝大多数情况下，手动构建都是浪费时间，并且会产生劣质的、不可维护的系统。

构建系统的思路是自动化我们到目前为止介绍过的所有步骤。

构建系统应该能够从上游源代码构建以下部分或全部项目：

❑　工具链。

❑　引导加载程序。

❑　内核。

❑　根文件系统。

从上游源代码构建很重要，原因有很多，但主要的原因还是这意味着你可以放心地随时进行重建，而无须外部依赖。这也意味着你拥有用于调试的源代码，并且可以满足你的许可要求，以便在必要时将代码分发给用户。

因此，要完成其工作，构建系统必须能够执行以下操作：

（1）从上游下载源代码，这可以直接来自于源代码控制系统，或者也可以作为一个存档并缓存在本地。

（2）应用补丁以启用交叉编译、修复与架构相关的错误、应用本地配置策略等。

（3）构建各种组件。

（4）创建一个暂存区域并组装一个根文件系统。

（5）创建各种格式的镜像文件，准备加载到目标上。

其他好处还包括：

（1）添加你自己的包，例如，包含应用程序或内核更改。

（2）选择各种根文件系统配置文件：例如，你可以根据自己的需要确定包的大小，是否添加图形界面或其他功能等。

（3）创建一个可以分发给其他开发人员的独立软件开发工具包（SDK），这样他们就不必安装完整的构建系统。

（4）跟踪你选择的各种软件包使用了哪些开源许可证。

（5）具有用户友好的用户界面。

在所有用例中，构建系统都会将系统的组件封装成包，一些用于主机，一些用于目标。每个包都由一组规则定义，以获取源、构建它并将结果安装在正确的位置。包之间存在依赖关系，并且有一种构建机制来解决依赖关系并构建所需的包的集合。

在过去几年里，开源构建系统已经相当成熟，其中包括：

❑ Buildroot：这是一个使用 GNU Make 和 Kconfig 的系统，并且非常易于使用。其网址如下：

https://buildroot.org

❑ EmbToolkit：这是一个用于生成根文件系统和工具链的简单系统，并且是迄今为止唯一现成可用的支持 LLVM/Clang 的系统。其网址如下：

https://www.embtoolkit.org

❑ OpenEmbedded：这是一个强大的系统，也是 Yocto Project 和其他项目的核心组件。其网址如下：

https://openembedded.org

❑ OpenWrt：这是一个构建工具，主要是为了构建无线路由器固件，它是现成可用的，支持运行时包管理。其网址如下：

https://openwrt.org

❑ PTXdist：这是一个由 Pengutronix 赞助的开源构建系统。其网址如下：

https://www.ptxdist.org

❑ Yocto Project：它通过元数据、工具和文档扩展了 OpenEmbedded 核心，并且可能是目前最流行的系统。其网址如下：

https://www.yoctoproject.org

本章将专注于讨论其中两个：Buildroot 和 Yocto Project。它们以不同的方式解决问题，并有不同的目标。

Buildroot 的主要目的是构建根文件系统镜像，并因此得名，当然它也可以构建引导加载程序和内核镜像，以及工具链。它易于安装和配置并可快速生成目标镜像。

　　另外，Yocto Project 在定义目标系统的方式上更为通用，因此它可以构建复杂的嵌入式设备。默认情况下，每个组件都使用 RPM 格式生成为二进制包，然后将这些包组合成文件系统镜像。此外，你还可以在文件系统镜像中安装包管理器，后者允许你在运行时更新包。换句话说，当你使用 Yocto Project 进行构建操作时，实际上是在创建自己的自定义 Linux 发行版。请记住，启用运行时包管理还意味着配置和运行你自己的相应包存储库。

6.3　分发二进制文件

　　在大多数情况下，主流 Linux 发行版是由 RPM 或 DEB 格式的二进制（预编译）包的集合构成的。

- ❑　RPM 代表的是 Red Hat 包管理器（Red Hat package manager），用于 Red Hat、SUSE、Fedora 和其他基于它们的发行版。
- ❑　Debian 和 Debian 派生的发行版（包括 Ubuntu 和 Mint）则使用称为 DEB 的 Debian 包管理器格式。

　　此外，还有一种与特定嵌入式设备相关的轻量级格式，称为 Itsy 包（Itsy Package，IPK）格式，它基于 DEB。

　　在设备上包含包管理器的能力是构建系统之间的最大区别之一。在目标设备上安装包管理器后，你就可以轻松地向其部署新包并更新现有包。在第 10 章 "现场更新软件" 中将详细讨论这一点的含义。

6.4　Buildroot 简介

　　当前版本的 Buildroot 能够构建工具链、引导加载程序、内核和根文件系统。它使用 GNU Make 作为主要的构建工具。在以下网址中可以找到其很好的在线文档：

https://buildroot.org/docs.html

The Buildroot user manual（《Buildroot 用户手册》）网址如下：

https://buildroot.org/downloads/manual/manual.html

6.4.1　Buildroot 的背景知识

Buildroot 是最早的构建系统之一，它最初是 uClinux 和 uClibc 项目的一部分，作为生成用于测试的小型根文件系统的一种方式。Buildroot 在 2001 年年底成为一个单独的项目，并继续发展到 2006 年，之后它进入了一个相当沉寂的阶段。但是，自 2009 年 Peter Korsgaard 接手管理以来，Buildroot 一直在迅速发展，增加了对基于 glibc 的工具链的支持，并大大增加了软件包和目标开发板的数量。

有趣的是，Buildroot 也是另一个流行的构建系统 OpenWrt 的祖先，有关 OpenWrt 的详细介绍，可访问以下网址：

http://wiki.openwrt.org

OpenWrt 在 2004 年左右从 Buildroot 中分叉出来。OpenWrt 的主要重点是为无线路由器生产软件，因此，其软件包组合面向网络基础设施。OpenWrt 还具有使用 IPK 格式的运行时包管理器，因此无须完全刷新镜像即可更新或升级设备。

当然，Buildroot 和 OpenWrt 已经出现了很大的分歧，因此它们现在几乎是完全不同的构建系统。Buildroot 和 OpenWrt 构建的包也不兼容。

6.4.2　稳定版本和长期支持版本

Buildroot 开发人员每年在 2 月、5 月、8 月和 11 月发布 4 次稳定版本。它们由 <year>.02、<year>.05、<year>.08 和<year>.11 形式的 Git 标签标记。有时，某个版本会被标记为长期支持版本（long-term support，LTS），这意味着在初始版本之后的 12 个月内将有一些加点版本来修复安全性和其他重要错误。2017.02 版本是第一个获得 LTS 标签的版本。

6.4.3　安装 Buildroot

像往常一样，你可以通过克隆存储库或下载存档来安装 Buildroot。以下是获取版本 2020.02.9 的示例，这是撰写本文时最新的稳定版本：

```
$ git clone git://git.buildroot.net/buildroot -b 2020.02.9
$ cd buildroot
```

等效的 TAR 存档可在以下网址中获得：

https://buildroot.org/downloads

接下来，你应该阅读 *The Buildroot user manual*（《Buildroot 用户手册》）中有关 "System requirements"（《系统需求》）的部分，其网址如下：

https://buildroot.org/downloads/manual/manual.html

请确保你已安装上述网址中列出的所有软件包。这分为两部分，一部分是构建工具必备的包，具体如下：

❑　which
❑　sed
❑　make（3.81 或更高版本）
❑　binutils
❑　build-essential（仅用于基于 Debian 的系统）
❑　gcc（4.8 或更高版本）
❑　g++（4.8 或更高版本）
❑　bash
❑　patch
❑　gzip
❑　bzip2
❑　perl（5.8.7 或更高版本）
❑　tar
❑　cpio
❑　unzip
❑　rsync
❑　file（必须位于/usr/bin/file 中）
❑　bc

另一部分是源代码提取工具，这仅包括 wget。

6.4.4　配置 Buildroot

Buildroot 使用了内核 Kconfig/Kbuild 机制，这在 4.4.2 节"了解内核配置——Kconfig"中已经介绍过了。你可以使用 make menuconfig（xconfig 或 gconfig）直接从头开始配置 Buildroot，或者你也可以为各种开发板和 QEMU 模拟器选择 100 多种配置之一（可以在 configs/目录中找到这些配置）。输入 make list-defconfigs 即可列出所有默认配置。

我们从构建一个可以在 ARM QEMU 模拟器上运行的默认配置开始：

```
$ cd buildroot
$ make qemu_arm_versatile_defconfig
$ make
```

ℹ️ 注意：

不必使用-j 选项告诉 make 运行多少并行作业：Buildroot 将自行优化使用 CPU。如果要限制作业的数量，可以运行 make menuconfig 然后在 Build（构建）选项下进行查看。

构建过程将需要半小时到一个小时或更长时间，具体取决于主机系统的功能和互联网链接的速度。它将下载大约 220 MiB 的代码并消耗大约 3.5 GiB 的磁盘空间。

完成后你会发现新建了以下两个目录。

❏　dl/：包含 Buildroot 已构建的上游项目的存档。

❏　output/：包含所有中间结果和最终编译资源。

在 output/中可看到以下内容。

❏　build/：在这里可以找到每个组件的构建目录。

❏　host/：包含在主机上运行的 Buildroot 所需的各种工具，包括工具链的可执行文件（在 output/host/usr/bin 中）。

❏　images/：这是最重要的，因为它包含构建的结果。根据配置时选择的内容，可找到一个引导加载程序、一个内核和一个或多个根文件系统镜像。

❏　staging/：这是工具链的 sysroot 的符号链接。链接的名称有点混乱，因为它不指向暂存区，在第 5 章 "构建根文件系统" 中对此有说明。

❏　target/：这是 root 目录的暂存区。请注意，你不能将其用作根文件系统，因为文件所有权和权限设置不正确。如第 5 章 "构建根文件系统" 所述，当在 image/ 目录中创建文件系统镜像时，Buildroot 将使用设备表来设置所有权和权限。

6.4.5　运行

在 board/目录中有一些相应的示例配置条目，其中包含自定义配置文件和有关在目标上安装结果的信息。以刚刚构建的系统为例，相关文件是 board/qemu/arm-versatile/readme.txt，它告诉你如何使用这个目标启动 QEMU。

假设你已经安装了 qemu-system-arm（详见第 1 章 "初识嵌入式 Linux 开发"），则可以使用以下命令运行它：

```
$ qemu-system-arm -M versatilepb -m 256 \
```

```
-kernel output/images/zImage \
-dtb output/images/versatile-pb.dtb \
-drive file=output/images/rootfs.ext2,if=scsi,format=raw \
-append "root=/dev/sda console=ttyAMA0,115200" \
-serial stdio -net nic,model=rtl8139 -net user
```

本书的配套代码存档中有一个名为 MELP/Chapter06/run-qemu-buildroot.sh 的脚本，
其中包含该命令。当 QEMU 启动时，你应该会在启动 QEMU 的同一终端窗口中看到内
核引导的消息，然后是登录提示：

```
Booting Linux on physical CPU 0x0
Linux version 4.19.91 (frank@franktop) (gcc version 8.4.0
(Buildroot 2020.02.9)) #1 Sat Feb 13 11:54:41 PST 2021
CPU: ARM926EJ-S [41069265] revision 5 (ARMv5TEJ), cr=00093177
CPU: VIVT data cache, VIVT instruction cache
OF: fdt: Machine model: ARM Versatile PB
[...]
VFS: Mounted root (ext2 filesystem) readonly on device 8:0.
devtmpfs: mounted
Freeing unused kernel memory: 140K
This architecture does not have kernel memory protection.
Run /sbin/init as init process
EXT4-fs (sda): warning: mounting unchecked fs, running e2fsck
is recommended
EXT4-fs (sda): re-mounted. Opts: (null)
Starting syslogd: OK
Starting klogd: OK
Running sysctl: OK
Initializing random number generator: OK
Saving random seed: random: dd: uninitialized urandom read (512 bytes read)
OK
Starting network: 8139cp 0000:00:0c.0 eth0: link up, 100Mbps,
full-duplex, lpa 0x05E1
udhcpc: started, v1.31.1
random: mktemp: uninitialized urandom read (6 bytes read)
udhcpc: sending discover
udhcpc: sending select for 10.0.2.15
udhcpc: lease of 10.0.2.15 obtained, lease time 86400
deleting routers
random: mktemp: uninitialized urandom read (6 bytes read)
adding dns 10.0.2.3
OK
```

```
Welcome to Buildroot
buildroot login:
```

以 root 身份登录，无须密码。

你将看到 QEMU 启动了一个黑色窗口，以及一个带有内核启动消息的窗口。它将显示目标的图形帧缓冲区。在本示例中，目标永远不会写入帧缓冲区中，这就是它显示为黑色的原因。要关闭 QEMU，可以按 Ctrl+Alt+2 快捷键进入 QEMU 控制台中，然后输入 quit，或者直接关闭帧缓冲区窗口。

6.4.6　以真实硬件为目标

为 Raspberry Pi 4 配置和构建可启动镜像的步骤与 ARM QEMU 几乎相同：

```
$ cd buildroot
$ make clean
$ make raspberrypi4_64_defconfig
$ make
```

构建完成后，镜像将被写入名为 output/images/sdcard.img 的文件中。

post-image.sh 脚本和 genimage-raspberrypi4-64.cfg 配置文件用于写入镜像文件，它们都位于 board/raspberrypi/ 目录中。

要将 sdcard.img 写入 microSD 卡中并在 Raspberry Pi 4 上启动，请执行以下步骤：

（1）将 microSD 卡插入 Linux 主机上。

（2）启动 Etcher。这是一款镜像文件快速刻录工具。

（3）在 Etcher 中单击 Flash from file（来自文件的闪存）。

（4）找到你为 Raspberry Pi 4 构建的 sdcard.img 镜像并打开它。

（5）在 Etcher 中单击 Select target（选择目标）。

（6）选择在步骤（1）中插入的 microSD 卡。

（7）在 Etcher 中单击 Flash（闪存）以写入镜像。

（8）当 Etcher 写入完成时将闪烁并弹出 microSD 卡。

（9）将 microSD 卡插入 Raspberry Pi 4 中。

（10）通过 USB-C 端口为 Raspberry Pi 4 供电。

将 Raspberry Pi 4 开发板连接到以太网并观察网络活动指示灯是否闪烁，闪烁表示你的 Raspberry Pi 4 已成功启动。为了通过 ssh 连接到你的 Raspberry Pi 4，你需要在 Buildroot 镜像配置中添加一个 SSH 服务器，如 dropbear 或 openssh。

6.4.7　创建自定义 BSP

现在，我们使用 Buildroot 为 Nova 板示例创建一个板级支持包（board support package，BSP），使用与前面章节相同版本的 U-Boot 和 Linux。你可以在 MELP/Chapter06/ buildroot 中看到我在本节中对 Buildroot 所做的更改。

存储更改的推荐位置如下。

- board/\<organization\>/\<device\>：这包含任何补丁、二进制 BLOB、额外的构建步骤、Linux 配置文件、U-Boot 和其他组件。
- configs/\<device\>_defconfig：包含开发板的默认配置。
- package/\<organization\>/\<package_name\>：可以在此处放置开发板的任何附加包。

我们首先创建一个目录来存储为 Nova 板进行的更改：

```
$ mkdir -p board/melp/nova
```

接下来，从任何以前的构建中清除工件，在更改配置时应该始终这样做：

```
$ make clean
```

现在选择 BeagleBone 的配置，我们将使用它作为 Nova 配置的基础：

```
$ make beaglebone_defconfig
```

make beaglebone_defconfig 命令可配置 Buildroot 以构建针对 BeagleBone Black 的镜像。这个配置是一个很好的起点，但是我们仍然需要为 Nova 板定制它，首先要做的是选择为 Nova 创建的自定义 U-Boot 补丁。

6.4.8　U-Boot 配置

在第 3 章"引导加载程序详解"中，我们基于 2021.01 版本的 U-Boot 为 Nova 板示例创建了一个自定义的引导加载程序，并为其创建了一个补丁文件，你可以在 MELP/ Chapter03/0001-BSP-for-Nova.patch 中找到该文件。我们可以配置 Buildroot 以选择相同的版本并应用该补丁。

首先将补丁文件复制到 board/melp/nova 中，然后使用 make menuconfig 将 U-Boot 版本设置为 2021.01，将补丁文件设置为 board/melp/nova/0001-BSP-for-Nova.patch，开发板的名称设置为 Nova，如图 6.1 所示。

我们还需要一个 U-Boot 脚本来从 SD 卡中加载 Nova 设备树和内核。可以将文件放到 board/melp/nova/uEnv.txt 中。它应该包含以下命令：

```
bootpart=0:1
bootdir=
bootargs=console=ttyO0,115200n8 root=/dev/mmcblk0p2 rw
rootfstype=ext4 rootwait
uenvcmd=fatload mmc 0:1 88000000 nova.dtb;fatload mmc 0:1
82000000 zImage;bootz 82000000 - 88000000
```

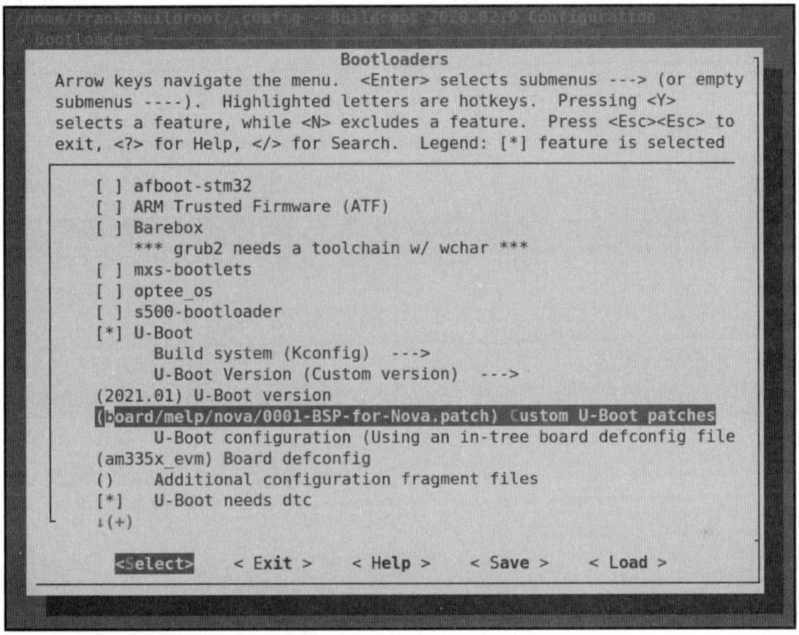

图 6.1　选择自定义 U-Boot 补丁

请注意，尽管有可见的换行，但 bootargs 和 uenvcmd 都是在单行上定义的。

rootfstype=ext4 rootwait 是 bootargs 的一部分，而 bootz 82000000 - 88000000 则是 uenvcmd 的一部分。

现在我们已经为 Nova 板打了补丁并配置了 U-Boot，下一步就是配置内核。

6.4.9　Linux 配置

在第 4 章 "配置和构建内核" 中，我们将内核基于 Linux 5.4.50，并提供了一个新的设备树，它位于 MELP/Chapter04/nova.dts 中。将该设备树复制到 board/melp/nova 中，再将 Buildroot 内核配置更改为 Linux 5.4 版本，将设备树源更改为 board/melp/nova/nova.dts，如图 6.2 所示。

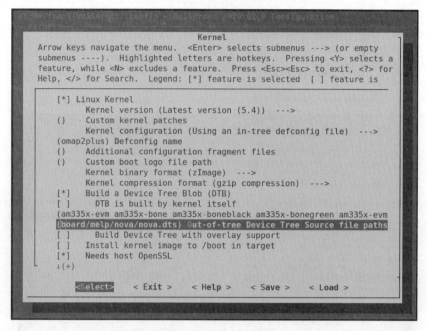

图 6.2 选择设备树源

我们还必须更改用于内核头文件的内核系列，以便它们与正在构建的内核相匹配，如图 6.3 所示。

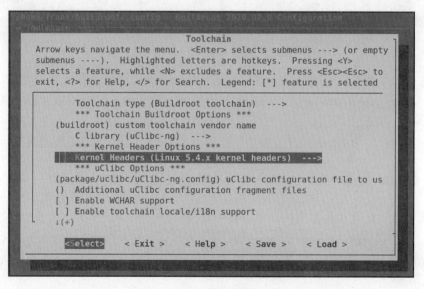

图 6.3 选择自定义内核头文件

Linux 的配置已经完成，接下来可以构建系统镜像，包括内核和根文件系统。

6.4.10　构建系统镜像

在构建系统镜像的最后阶段，Buildroot 使用名为 genimage 的工具为 SD 卡创建镜像，我们可以将目录复制到卡中。

我们还需要一个配置文件来以正确的方式布置镜像。将该文件命名为 board/melp/nova/genimage.cfg 并填充它，如下所示：

```
image boot.vfat {
    vfat {
        files = {
            "MLO",
            "u-boot.img",
            "zImage",
            "uEnv.txt",
            "nova.dtb",
        }
    }

    size = 16M
}

image sdcard.img {
    hdimage {
    }

    partition u-boot {
        partition-type = 0xC
        bootable = "true"
        image = "boot.vfat"
    }

    partition rootfs {
        partition-type = 0x83
        image = "rootfs.ext4"
        size = 512M
    }
}
```

这将创建一个名为 sdcard.img 的文件，其中包含两个分区，分别命名为 u-boot 和

rootfs。第一个分区包含 boot.vfat 中列出的引导文件，而第二个分区则包含名为 rootfs.ext4 的根文件系统镜像，该系统镜像将由 Buildroot 生成。

最后，我们还需要创建一个调用 genimage 的 post-image.sh 脚本，从而创建 SD 卡镜像。我们将它放在 board/melp/nova/post-image.sh 中：

```sh
#!/bin/sh
BOARD_DIR="$(dirname $0)"

cp ${BOARD_DIR}/uEnv.txt $BINARIES_DIR/uEnv.txt

GENIMAGE_CFG="${BOARD_DIR}/genimage.cfg"
GENIMAGE_TMP="${BUILD_DIR}/genimage.tmp"

rm -rf "${GENIMAGE_TMP}"

genimage \
    --rootpath "${TARGET_DIR}" \
    --tmppath "${GENIMAGE_TMP}" \
    --inputpath "${BINARIES_DIR}" \
    --outputpath "${BINARIES_DIR}" \
    --config "${GENIMAGE_CFG}"
```

这会将 uEnv.txt 脚本复制到 output/images 目录中，并使用配置文件运行 genimage。注意 post-image.sh 必须是可执行的，否则构建将在最后失败：

```
$ chmod +x board/melp/nova/post-image.sh
```

现在可以再次运行 make menuconfig 并深入页面中。在该页面中，导航到 Custom scripts to run before creating filesystem images（自定义脚本以在创建文件系统镜像之前运行），然后输入 post-image.sh 脚本的路径，如图 6.4 所示。

最后，只需输入 make 即可为 Nova 板构建 Linux 系统镜像。完成后，你将在 output/images/目录中看到这些文件（以及一些额外的 DTB）：

```
nova.dtb        sdcard.img      rootfs.ext2     u-boot.img
boot.vfat       rootfs.ext4     uEnv.txt        MLO
rootfs.tar      bzImage
```

要对其进行测试，请将 microSD 卡插入读卡器中并使用 Etcher 将 output/images/ sdcard.img 写入 SD 卡中，就像在 6.4.6 节"以真实硬件为目标"中我们对 Raspberry Pi 4 所做的那样。无须事先格式化 microSD，因为我们已经在第 5 章"构建根文件系统"中格式化过了，而且 genimage 已经创建了所需的精确磁盘布局。

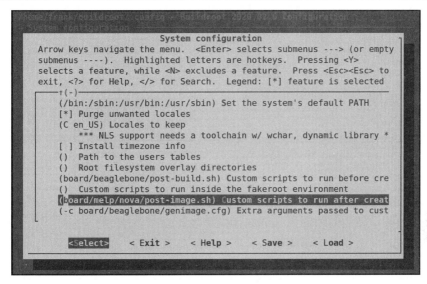

图 6.4　选择自定义脚本

Etcher 刻录完成后，将 microSD 卡插入 BeagleBone Black 中并打开电源，同时按
Switch Boot（切换引导）按钮强制从 SD 卡中加载。你应该看到它使用我们选择的 U-Boot、
Linux 版本和 Nova 设备树启动。

在证明 Nova 板的自定义配置有效之后，即可保留配置的副本，以便其他人可以再次
使用它。可使用以下命令执行此操作：

```
$ make savedefconfig BR2_DEFCONFIG=configs/nova_defconfig
```

现在我们已经有了 Nova 板的 Buildroot 配置。随后，你可以通过输入以下命令来检
索此自定义配置：

```
$ make nova_defconfig
```

我们已经成功配置了 Buildroot。但是，如果你想向其中添加自己的代码，又该怎么
办呢？接下来让我们看看如何做到这一点。

6.4.11　添加自己的代码

假设你已经开发了一个程序，并且你希望将其包含在构建的系统中。你有以下两个
选择：

❑　你可以使用自己的构建系统单独构建它，然后将二进制文件作为覆盖层包含到

　　　　最终构建的系统中。

❑　　你可以创建一个 Buildroot 包，该包可以从菜单中选择它并像其他包一样构建到
　　　系统中。

6.4.12　覆盖层

　　覆盖层（overlay）只是一个目录结构，它在构建过程的后期阶段被复制到 Buildroot
根文件系统的最上层。覆盖层可以包含可执行文件、库以及你可能想要添加的任何其他
内容。

　　请注意，任何编译后的代码都必须与在运行时部署的库兼容，这反过来意味着它必
须使用 Buildroot 所使用的相同工具链进行编译。

　　使用 Buildroot 工具链非常简单，只需将其添加到 PATH 中即可：

```
$ PATH=<path_to_buildroot>/output/host/usr/bin:$PATH
```

　　工具链的前缀是<ARCH>-linux-。所以，要编译一个简单的程序，可执行以下操作：

```
$ PATH=/home/frank/buildroot/output/host/usr/bin:$PATH
$ arm-linux-gcc helloworld.c -o helloworld
```

　　使用正确的工具链编译程序后，只需将可执行文件和其他支持文件安装到暂存区域
中，然后将其标记为 Buildroot 的覆盖层。

　　对于 helloworld 示例，你可以将其放在 board/melp/nova 目录中：

```
$ mkdir -p board/melp/nova/overlay/usr/bin
$ cp helloworld board/melp/nova/overlay/usr/bin
```

　　最后，将 BR2_ROOTFS_OVERLAY 设置为指向覆盖层的路径。可以在 menuconfig
中使用 System configuration（系统配置）|Root filesystem overlay directories（根文件系统
覆盖层目录）选项进行配置。

6.4.13　添加包

　　Buildroot 包（超过 2000 个）被存储在 package 目录中，每个包都在其自己的子目录
中。一个包至少包含两个文件：Config.in（其中包含使包在配置菜单中可见所需的 Kconfig
代码片段）和一个名为<package_name>.mk 的 Makefile。

🛈 注意：

　　Buildroot 包不包含代码，仅包含代码获取方式的说明，如下载 tar 压缩包、执行 git

pull 命令等。

makefile 以 Buildroot 预期的格式编写，并包含允许 Buildroot 下载、配置、编译和安装程序的指令。

编写新包 makefile 是一项复杂的操作，因此在 *The Buildroot user manual*（《Buildroot 用户手册》）中有详细介绍，其网址如下：

https://buildroot.org/downloads/manual/manual.html

下面将通过一个示例向你展示如何为存储在本地的简单程序（如 helloworld 程序）创建一个包。

首先使用配置文件 Config.in 创建 package/helloworld/子目录，如下所示：

```
config BR2_PACKAGE_HELLOWORLD
    bool "helloworld"
    help
        A friendly program that prints Hello World! Every 10s
```

第一行必须是 BR2_PACKAGE_<uppercase package name>格式。后面是一个 bool 值和包名，因为它将出现在配置菜单中，这将允许用户选择这个包。help 部分是可选的，但编写它通常是一个好主意，因为它可以充当自我解释文档。

接下来，通过编辑 package/Config.in 将新包链接到 Target Packages（目标包）菜单。提供配置文件来源，如下所示：

```
menu "My programs"
    source "package/helloworld/Config.in"
endmenu
```

可以将这个新的 helloworld 包附加到现有的子菜单中，但是创建一个仅包含我们的包的新子菜单并将其插入 menu "Audio and video applications"之前会更简洁。

将 menu "My programs"插入 package/Config.in 中之后，创建一个 makefile，即 package/helloworld/helloworld.mk，以提供 Buildroot 所需的数据：

```
HELLOWORLD_VERSION = 1.0.0
HELLOWORLD_SITE = /home/frank/MELP/Chapter06/helloworld
HELLOWORLD_SITE_METHOD = local

define HELLOWORLD_BUILD_CMDS
    $(MAKE) CC="$(TARGET_CC)" LD="$(TARGET_LD)" -C $(@D) all
endef

define HELLOWORLD_INSTALL_TARGET_CMDS
```

```
    $(INSTALL) -D -m 0755 $(@D)/helloworld $(TARGET_DIR)/usr/
bin/helloworld
endef

$(eval $(generic-package))
```

你可以在本书代码存档 MELP/Chapter06/buildroot/package/helloworld 中找到 helloworld 包，在 MELP/Chapter06/helloworld 中找到该程序的源代码。代码的位置被硬编码为本地路径名。在实际操作中，你可以从源代码系统或中心服务器上获取代码。*The Buildroot user manual*（《Buildroot 用户手册》）中提供了有关如何执行此操作的详细信息，以及其他包中的大量示例。

6.4.14　许可合规性

Buildroot 基于一个开源软件，因此它编译的包也理应如此。在项目期间的某个阶段，你应该检查许可证，这可以通过运行以下命令来完成：

```
$ make legal-info
```

该信息被收集到 output/legal-info/中。在 host-manifest.csv 中有用于编译主机工具的许可证摘要。在目标上的相应文件则是 manifest.csv。此外，README 文件和 *The Buildroot user manual*（《Buildroot 用户手册》）中还有更多信息。

在第 14 章 "使用 BusyBox runit 启动" 中将再次讨论 Buildroot。

接下来，我们切换构建系统并开始了解 Yocto Project。

6.5　Yocto Project 简介

Yocto Project 是一个比 Buildroot 更复杂的工具。它不仅可以像 Buildroot 一样构建工具链、引导加载程序、内核和根文件系统，而且可以为你生成一个完整的 Linux 发行版，其中包含可以在运行时安装的二进制包。

Yocto Project 的构建过程是围绕配方组构建的，类似于 Buildroot 包，但使用 Python 和 shell 脚本的组合编写。

Yocto Project 包括一个名为 BitBake 的任务调度程序，它可以从配方（recipe）中生成你配置的任何内容。以下网址提供了大量在线文档：

https://www.yoctoproject.org

6.5.1　Yocto Project 的背景知识

如果你知道 Yocto Project 的背景，会发现其结构很有意义。如前文所述，Yocto Project 的核心组件是 OpenEmbedded，而 OpenEmbedded 又源于将 Linux 移植到各种手持计算机中的多个项目，包括 Sharp Zaurus 和 Compaq iPaq。

OpenEmbedded 于 2003 年作为这些手持计算机的构建系统而诞生。不久之后，其他开发人员开始将其用作运行嵌入式 Linux 设备的通用构建系统。它是由热情的程序员社区开发并持续发展的。

OpenEmbedded 项目开始使用精简的 IPK 格式创建一组二进制包，然后可以通过各种方式组合它们以创建目标系统并在运行时安装在目标上。它通过为每个包创建配方并使用 BitBake 作为任务调度程序来做到这一点。

OpenEmbedded 过去和现在都非常灵活。通过提供正确的元数据（metadata），你可以根据自己的规范创建整个 Linux 发行版。一个相当知名的版本是 Ångström Distribution，当然还有许多其他发行版。

在 2005 年的某个时候，时任 OpenedHand 开发人员的 Richard Purdie 创建了 OpenEmbedded 的一个分支，他对包的选择更加保守，并创建了在一段时间内很稳定的版本。他将其命名为 Poky（这个名称据说来自日本小吃）。

尽管 Poky 是一个分支，但 OpenEmbedded 和 Poky 仍继续相伴运行，共享更新并或多或少地保持架构同步。英特尔于 2008 年收购了 OpenedHand，并于 2010 年成立 Yocto Project 时将 Poky Linux 转移到 Linux 基金会。

自 2010 年以来，OpenEmbedded 和 Poky 的通用组件已合并到一个单独的项目中，称为 OpenEmbedded Core，或简称为 OE-Core。

因此，Yocto Project 收集了若干个组件，其中最重要的如下。

- ❑ OE-Core：这是核心元数据，与 OpenEmbedded 共享。
- ❑ BitBake：这是任务调度程序，与 OpenEmbedded 和其他项目共享。
- ❑ Poky：这是参考发布。
- ❑ Documentation：这是每个组件的用户手册和开发人员指南。
- ❑ Toaster：这是 BitBake 及其元数据的基于 Web 的界面。

Yocto Project 提供了一个稳定的基础，既可以按原样使用，也可以使用元层（meta layer）进行扩展（本章后面将详细讨论元层）。许多 SoC 供应商以这种方式为其设备提供 BSP。元层也可用于创建扩展或不同的构建系统。

有一些系统版本是开源的，如 Ångström Distribution，还有一些则是商业产品，如 MontaVista Carrier Grade Edition、Mentor Embedded Linux 和 Wind River Linux。

Yocto Project 有一个品牌和兼容性测试方案，以确保组件之间的互操作性，因此你会在各种网页上看到诸如 Yocto Project compatible（兼容 Yocto Project）之类的声明。

总之，你可以将 Yocto Project 视为整个嵌入式 Linux 领域的基础，并且它本身就是一个完整的构建系统。

ⓘ 注意：

你可能想知道 Yocto 这个名字的含义。yocto（幺）是 10^{-24} 的国际单位制（SI）词头，国际单位制采用十进制进位系统，其他常见 SI 词头还包括：deci（分）表示 1×10^{-1}，centi（厘）表示 1×10^{-2}，milli（毫）表示 1×10^{-3}，micro（微）表示 1×10^{-6}，kilo（千）表示 1×10^{3}，mega（兆）表示 1×10^{6}。

为什么要将该项目命名为 Yocto？部分原因是表明它可以构建非常小的 Linux 系统（虽然公平地说，其他构建系统也可以做到），但更大的原因可能是抢基于 OpenEmbedded 的 Ångström Distribution 的风头。因为 Ångström 表示的是 10^{-10}，与 yocto 相比，这要大得多！

6.5.2　稳定版本和支持

一般来说，Yocto Project 每 6 个月发布一次，时间通常在每年 4 月和 10 月。它们主要以其代号而闻名，但了解 Yocto Project 和 Poky 的版本号也很有用。表 6.1 显示了撰写本文时它们的 6 个最新版本。

表 6.1　Yocto Project 和 Poky 的版本

代　　号	发　布　日　期	Yocto 版本	Poky 版本
Gatesgarth	2020 年 10 月	3.2	24
Dunfell	2020 年 4 月	3.1	23
Zeus	2019 年 10 月	3.0	22
Warrior	2019 年 4 月	2.7	21
Thud	2018 年 11 月	2.6	20
Sumo	2018 年 4 月	2.5	19

稳定版本提供对当前版本周期和下一个版本周期的安全和关键错误修复的支持。换言之，每个版本在发布后的大约 12 个月内均受支持。

此外，Dunfell 是 Yocto 的第一个长期支持（LTS）版本。指定 LTS 意味着 Dunfell

将在 2 年的延长期内接收缺陷修复和更新。因此，未来的计划是每 2 年选择一次 Yocto Project 的 LTS 版本。

与 Buildroot 一样，如果你想要继续获得支持，则可以更新到下一个稳定版本，或者你可以将更改向后移植到你的既有版本。你还可以选择使用来自 Mentor Graphics、Wind River 等操作系统供应商的 Yocto Project，它们提供为期数年的商业支持。

接下来，让我们看看如何安装 Yocto Project。

6.5.3　安装 Yocto Project

要获取 Yocto Project 的副本，需要克隆存储库，选择代码名称作为分支，在本例中为 dunfell，如下所示：

```
$ git clone -b dunfell git://git.yoctoproject.org/poky.git
```

定期运行 git pull 以从远程分支获取最新的错误修复和安全补丁是一种很好的做法。

你也可以阅读 *Yocto Project Quick Build*（《快速构建》）指南的"Compatible Linux Distribution"（《兼容 Linux 发行版》）和"Build Host Packages"（《构建主机包》）部分，其网址如下：

https://www.yoctoproject.org/docs/current/brief-yoctoprojectqs/brief-yoctoprojectqs.html

确保你的 Linux 发行版的基本软件包已安装在你的主机上。

接下来让我们看看配置操作。

6.5.4　配置

与 Buildroot 一样，让我们从构建 QEMU ARM 模拟器开始。

首先需要提供一个脚本来设置环境：

```
$ source poky/oe-init-build-env
```

这会为你创建一个名为 build/的工作目录，并使其成为当前目录。所有配置以及任何中间和目标镜像文件都将放在此目录中。每次要处理此项目时，都必须获取此脚本。

你也可以选择不同的工作目录，方法是将其作为参数添加到 oe-init-build-env 中，示例如下：

```
$ source poky/oe-init-build-env build-qemuarm
```

这将使你进入 build-qemuarm/目录中。这样，你就可以拥有多个构建目录，每个目录可用于不同的项目：你可以通过传递给 oe-init-build-env 的参数来选择要使用的目录。

最初，构建目录只包含一个名为 conf/的子目录，其中包含该项目的以下配置文件。

❑ local.conf：包含你要构建的设备的规范和构建环境。

❑ bblayers.conf：包含你将要使用的元层的路径。稍后将介绍元层。

现在可以将 conf/local.conf 中的 MACHINE 变量设置为 qemuarm，方法也很简单，删除该行前面的注释字符（#）即可：

```
MACHINE ?= "qemuarm"
```

接下来，即可使用 Yocto 构建我们的第一个镜像。

6.5.5 构建

要实际执行构建，你需要运行 BitBake，告诉它你要创建哪个根文件系统镜像。一些常见的镜像如下。

❑ core-image-minimal：这是一个基于控制台的小型系统，可用于测试并作为自定义镜像的基础。

❑ core-image-minimal-initramfs：这类似于 core-image-minimal，但构建为 ramdisk。

❑ core-image-x11：这是一个基本镜像，通过 X11 服务器和 xterminal 终端应用程序支持图形。

❑ core-image-full-cmdline：这个基于控制台的系统提供标准的命令行界面（CLI）体验和对目标硬件的全面支持。

通过给 BitBake 最终目标，它将向后工作并首先构建所有依赖项，从工具链开始。现在，我们只想创建一个最小的镜像来看看它是如何工作的：

```
$ bitbake core-image-minimal
```

该构建过程可能需要一些时间（可能超过一个小时），即使你有多个 CPU 核心和大量 RAM 也是如此。它将下载大约 10 GiB 的源代码，并且会消耗大约 40 GiB 的磁盘空间。

构建完成后，你会在 build 目录中找到若干个新目录，其结构如下所示。

（1）downloads/：其中包含为构建下载的所有源代码。

（2）tmp/：其中包含大部分构建工件。你应该在 tmp/中看到以下内容。

❑ work/：包含构建目录和根文件系统的暂存区。

❑ deploy/：包含要在目标上部署的最终二进制文件。

➤ deploy/images/[machine name]/：包含引导加载程序、内核和根文件系统镜像，它们准备在目标上运行。

> ➤ deploy/rpm/：包含构成镜像的 RPM 包。
> ➤ deploy/licenses/：包含从每个包中提取的许可证文件。

构建完成后，即可在 QEMU 上启动已获得的镜像。

6.5.6　运行 QEMU 目标

构建 QEMU 目标时，会生成 QEMU 的内部版本，这消除了为你的发行版安装 QEMU 包的需要，从而避免了版本依赖性。我们可以使用一个名为 runqemu 的包装脚本来运行这个版本的 QEMU。

要运行 QEMU 模拟，请确保你已获取 oe-init-build-env，然后只需输入以下内容：

```
$ runqemu qemuarm
```

在这种情况下，QEMU 已经配置了图形控制台，因此登录提示出现在黑色帧缓冲区中，如图 6.5 所示。

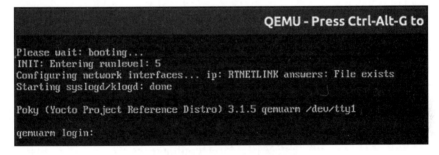

图 6.5　QEMU 图形控制台

以 root 身份登录，无须密码。要关闭 QEMU，请关闭帧缓冲区窗口。

要在没有图形窗口的情况下启动 QEMU，需要将 nographic 添加到命令行中：

```
$ runqemu qemuarm nographic
```

在这种情况下，要关闭 QEMU，需要先按 Ctrl+A 快捷键，然后再按 X 键。

runqemu 脚本还有许多其他选项。输入 runqemu help 可以获取更多信息。

6.5.7　元层

Yocto Project 的元数据是分层的。按照惯例，每一层都有一个以 meta 开头的名称。Yocto Project 的核心层如下。

❑ meta：这是 OpenEmbedded 核心，包含对 Poky 的一些更改。

❑ meta-poky：这是特定于 Poky 发行版的元数据。

❑ meta-yocto-bsp：包含 Yocto Project 支持的机器的板级支持包。

BitBake 在其中搜索配方的层列表被存储在<your build directory>/conf/bblayers.conf 中，默认情况下，包括上述列表中提到的所有 3 个层。

通过以这种方式构建配方和其他配置数据，很容易通过添加新层来扩展 Yocto Project。SoC 制造商、Yocto Project 本身以及希望为 Yocto Project 和 OpenEmbedded 增加价值的广大参与者都提供了附加层。在以下网址中有一个有用的层列表：

http://layers.openembedded.org/layerindex/

以下是一些层列表示例。

❑ meta-qt5：Qt 5 库和实用程序。

❑ meta-intel：英特尔 CPU 和 SoC 的板级支持包（BSP）。

❑ meta-raspberrypi：用于 Raspberry Pi 板的 BSP。

❑ meta-ti：基于 TI ARM 的 SoC 的 BSP。

添加层非常简单，只要将 meta 目录复制到合适的位置并将其添加到 bblayers.conf 中即可。确保你阅读了每层应随附的 REAMDE 文件，以查看它与其他层的依赖关系，以及它与 Yocto Project 的哪些版本兼容。

为了说明层的工作方式，让我们为 Nova 板创建一个层，用作本章余下部分添加功能时的示例。你可以在 MELP/Chapter06/meta-nova 的代码存档中查看该层的完整实现。

每个元层必须至少有一个配置文件，名为 conf/layer.conf，它还应该有 README 文件和许可证。

要创建 meta-nova 层，请执行以下步骤：

```
$ source poky/oe-init-build-env build-nova
$ bitbake-layers create-layer nova
$ mv nova ../meta-nova
```

这会将你置于名为 build-nova 的工作目录中，并创建一个名为 meta-nova 的层，其中包括 conf/layer.conf、README 和 COPYING.MIT 中的 MIT LICENSE。

layer.conf 文件如下所示：

```
# We have a conf and classes directory, add to BBPATH
BBPATH .= ":${LAYERDIR}"

# We have recipes-* directories, add to BBFILES
```

```
BBFILES += "${LAYERDIR}/recipes-*/*/*.bb \
            ${LAYERDIR}/recipes-*/*/*.bbappend"


BBFILE_COLLECTIONS += "nova"
BBFILE_PATTERN_nova = "^${LAYERDIR}/"
BBFILE_PRIORITY_nova = "6"


LAYERDEPENDS_nova = "core"
LAYERSERIES_COMPAT_nova = "dunfell"
```

它将自身添加到 BBPATH 中，并将其包含的配方添加到 BBFILES 中。通过查看代码，你可以看到配方位于名称以 recipes-开头的目录中，并且文件名以.bb（对于普通 BitBake 配方）或.bbappend（通过覆盖或添加来扩展现有配方）结尾。

此层名为 nova，已被添加到 BBFILE_COLLECTIONS 的层列表中，优先级为 6。如果相同的配方出现在多个层中，则使用该层的优先级：层中具有最高优先级的那个层获胜。

现在，你需要使用以下命令将此层添加到构建配置中：

```
$ bitbake-layers add-layer ../meta-nova
```

确保在提供该环境后从你的 build-nova 工作目录中运行此命令。

你可以按以下方式确认你的层结构设置是否正确：

```
$ bitbake-layers show-layers
NOTE: Starting bitbake server...
layer                 path                                priority
================================================================
meta                  /home/frank/poky/meta                     5
meta-poky             /home/frank/poky/meta-poky                5
meta-yocto-bsp        /home/frank/poky/meta-yocto-bsp           5
meta-nova             /home/frank/meta-nova                     6
```

在这里，你可以看到新的元层。它的优先级为 6，这意味着我们可以覆盖其他层中的配方，它们都具有较低的优先级。

此时，使用这个空层运行构建系统是一个好主意。例如，虽然其最终目标是 Nova 板，但是我们也可以在 conf/local.conf 中取消注释以下行，以便为 BeagleBone Black 构建系统：

```
MACHINE ?= "beaglebone-yocto"
```

然后像之前一样，使用 bitbake core-image-minimal 构建一个小镜像。

除了配方，层还可以包含 BitBake 类、机器配置文件、发行版等。

接下来，让我们来了解配方，并看看如何创建自定义镜像以及如何创建包。

6.5.8　BitBake 和配方

BitBake 可以处理若干种不同类型的元数据，包括以下内容。

- ❏ 配方（recipe）：以.bb 结尾的文件。这些文件包含有关构建软件单元的信息，包括如何获取源代码的副本、其他组件的依赖关系以及如何构建和安装它。
- ❏ 附加（append）：以.bbappend 结尾的文件。这些文件允许覆盖或扩展配方的一些细节。.bbappend 文件只是将其指令附加到具有相同根名称的配方（.bb）文件的末尾。
- ❏ 包括（include）：以.inc 结尾的文件。这些文件包含若干个配方共有的信息，允许在它们之间共享信息。可以使用 include 或 require 关键字来包含文件。include 和 require 的不同之处在于，如果文件不存在，require 会产生错误，而 include 则不会。
- ❏ 类（class）：以.bbclass 结尾的文件。这些文件包含常见的构建信息，例如，如何构建内核或如何构建 autotools 项目。这些类在配方和其他类中使用 inherit 关键字继承和扩展。classes/base.bbclass 类在每个配方中都被隐式继承。
- ❏ 配置（configuration）：以.conf 结尾的文件。这些文件定义了管理项目构建过程的各种配置变量。

配方是用 Python 和 shell 脚本组合编写的任务集合。这些任务的名称包括 do_fetch、do_unpack、do_patch、do_configure、do_compile 和 do_install。

你可以使用 BitBake 来执行这些任务。默认任务是 do_build，它将执行构建配方所需的所有子任务。你可以使用 bitbake -c listtasks [recipe]列出配方中可用的任务，例如可以按以下方式在 core-image-minimal 中列出任务：

```
$ bitbake -c listtasks core-image-minimal
```

ℹ️**注意**：

-c 选项告诉 BitBake 从配方中运行特定任务，而不必在任务名称的开头包含 do_ 部分。

do_listtasks 任务是一个特殊任务，它列出了配方中定义的所有任务。另一个例子是 fetch 任务，它可以下载配方的源代码：

```
$ bitbake -c fetch busybox
```

要获取目标及其所有依赖项的代码（这在确保已下载要构建的镜像的所有代码时很有用），可使用以下命令：

```
$ bitbake core-image-minimal --runall=fetch
```

配方文件通常被命名为\<package-name\>_\<version\>.bb。它们可能依赖于其他配方，这将允许 BitBake 计算出完成最上层作业需要执行的所有子任务。

例如，要在 meta-nova 中为我们的 helloworld 程序创建一个配方，则可以创建一个如下所示的目录结构：

```
meta-nova/recipes-local/helloworld
├─── files
│      └─── helloworld.c
└─── helloworld_1.0.bb
```

该示例中的配方是 helloworld_1.0.bb，源是 files/子目录中的本地配方目录。该配方包含以下说明：

```
DESCRIPTION = "A friendly program that prints Hello World!"
PRIORITY = "optional"
SECTION = "examples"

LICENSE = "GPLv2"
LIC_FILES_CHKSUM = "file://${COMMON_LICENSE_DIR}/GPL-2.0;md5=80
1f80980d171dd6425610833a22dbe6"

SRC_URI = "file://helloworld.c"

S = "${WORKDIR}"

do_compile() {
    ${CC} ${CFLAGS} ${LDFLAGS} helloworld.c -o helloworld
}

do_install() {
    install -d ${D}${bindir}
    install -m 0755 helloworld ${D}${bindir}
}
```

源代码的位置由 SRC_URI 设置。在本示例中，file://URI 意味着该代码是本地 recipe 目录的代码。BitBake 将搜索 files/、helloworld/和 helloworld-1.0/目录，它们都相对于包含配方的目录。

需要定义的任务是 do_compile 和 do_install，它们将分别编译源文件并将源文件安装到目标根文件系统中：${D}展开到配方的暂存区，而${bindir}则展开到默认的二进制目录，即/usr/bin。

每个配方都有一个由 LICENSE 定义的许可证，此处设置为 GPLv2。包含许可证文本和校验和的文件由 LIC_FILES_CHKSUM 定义。如果校验和不匹配，则 BitBake 将终止构建，表明许可证已以某种方式更改。

请注意，MD5 校验和值和 COMMON_LICENSE_DIR 在同一行，用分号分隔。

许可文件可能是包的一部分，也可能指向 meta/files/common-licenses/中的标准许可文本之一，本示例就是如此。

默认情况下，不允许使用商业许可证，但启用它们也很容易。你需要在配方中指定许可证，如下所示：

```
LICENSE_FLAGS = "commercial"
```

然后，在你的 conf/local.conf 文件中，明确允许此许可证，如下所示：

```
LICENSE_FLAGS_WHITELIST = "commercial"
```

现在，为了确保我们的 helloworld 配方正确编译，可以让 BitBake 构建它，如下所示：

```
$ bitbake helloworld
```

如果一切顺利，你应该会看到它在 tmp/work/cortexa8hf-neon-poky-linux-gnueabi/helloworld/中创建了一个工作目录。你还应该看到在 tmp/deploy/rpm/cortexa8hf_neon/helloworld-1.0-r0.cortexa8hf_neon.rpm 中有一个 RPM 包。

不过，它还不是目标镜像的一部分。要安装的软件包列表被保存在名为 IMAGE_INSTALL 的变量中，你可以将以下行添加到 conf/local.conf 中，以将它附加到该列表的末尾：

```
IMAGE_INSTALL_append = " helloworld"
```

请注意，开始的双引号和第一个包名称之间必须有一个空格。现在，该包将被添加到 bitbake 的任何镜像中：

```
$ bitbake core-image-minimal
```

现在如果查看 tmp/deploy/images/beaglebone-yocto/core-image-minimal-beaglebone-yocto.tar.bz2，你会看到/usr/bin/helloworld 确实已经安装了。

6.5.9　通过 local.conf 自定义镜像

你可能希望在开发过程中将包添加到镜像中或以其他方式对其进行调整。如前文所述，你可以通过添加以下语句来简单地将包附加到要安装的包列表中：

```
IMAGE_INSTALL_append = " strace helloworld"
```

你可以通过 EXTRA_IMAGE_FEATURES 进行更全面的更改。以下是一个简短的列表，可以让你了解可启用的功能。

❑ dbg-pkgs：为镜像中已安装的所有软件包安装调试符号包。

❑ debug-tweaks：允许 root 登录而无须密码和其他使开发更容易的更改。

❑ package-management：安装包管理工具并保留包管理器数据库。

❑ read-only-rootfs：这使根文件系统成为只读的。在第 9 章"创建存储策略"中将更详细地介绍这一点。

❑ x11：这将安装 X 服务器。

❑ x11-base：这将安装最小环境的 X 服务器。

❑ x11-sato：这将安装 OpenedHand Sato 环境。

你可以按这种方式添加更多功能。建议你查看 Yocto Project 参考手册的 Image Features（镜像功能）部分，其网址如下：

https://www.yoctoproject.org/docs/latest/ref-manual/ref-manual.html

此外，你还应该通读 meta/classes/core-image.bbclass 中的代码。

6.5.10　编写镜像配方

对 local.conf 进行更改的问题在于它们是本地的。你如果想创建要与其他开发人员共享或加载到生产系统上的镜像，那么应该将更改放入镜像配方（image recipe）中。

镜像配方包含有关如何为目标创建镜像文件的说明，包括引导加载程序、内核和根文件系统镜像。按照惯例，镜像配方被放入名为 images 的目录中，因此可使用以下命令获取所有可用镜像的列表：

```
$ ls meta*/recipes*/images/*.bb
```

你会在 meta/recipes-core/images/core-image-minimal.bb 中发现 core-image-minimal 的配方。

一种简单的方法是获取现有的镜像配方，并使用类似于你在 local.conf 中使用的语句对其进行修改。

例如，假设你想要一个与 core-image-minimal 相同但包含 helloworld 程序和 strace 实用程序的镜像，你可以用一个两行的配方文件来做到这一点，其中包括（使用 require 关键字）基本镜像并添加你想要的包。传统的做法是将镜像放在名为 images 的目录中，因此将具有以下内容的 nova-image.bb 配方添加到 meta-nova/recipes-local/images 中：

```
require recipes-core/images/core-image-minimal.bb
IMAGE_INSTALL += "helloworld strace"
```

现在可以从 local.conf 中删除 IMAGE_INSTALL_append 行并使用以下代码构建它：

```
$ bitbake nova-image
```

这一次，构建过程应该能够更快地进行，因为 BitBake 重用了构建 core-image-minimal 留下的产品。

BitBake 不仅可以构建在目标设备上运行的镜像，还可以构建用于在主机上开发的 SDK，让我们看看如何做到这一点。

6.5.11　创建 SDK

能够创建其他开发人员可以安装的独立工具链非常有用，这避免了团队中的每个人都需要完整安装 Yocto Project。理想情况下，你希望工具链包含目标上安装的所有库的开发库和头文件。可以使用 populate_sdk 任务对任何镜像执行此操作，如下所示：

```
$ bitbake -c populate_sdk nova-image
```

该结果是 tmp/deploy/sdk 中的自安装 shell 脚本：

```
poky-<c_library>-<host_machine>-<target_image><target_machine>-
toolchain-<version>.sh
```

对于使用 nova-image 配方构建 SDK 来说，它的脚本如下：

```
poky-glibc-x86_64-nova-image-cortexa8hf-neon-beaglebone-yocto-toolchain-
3.1.5.sh
```

如果你只想要一个仅包含 C 和 C++ 交叉编译器、C 库和头文件的基本工具链，则可以运行以下命令：

```
$ bitbake meta-toolchain
```

要安装 SDK，只需运行 shell 脚本。默认安装目录是/opt/poky，但安装脚本允许你进行更改，如下所示：

```
$ tmp/deploy/sdk/poky-glibc-x86_64-nova-image-cortexa8hf-neon-beaglebone-
yocto-toolchain-3.1.5.sh
Poky (Yocto Project Reference Distro) SDK installer version 3.1.5
```

```
=============================================================
Enter target directory for SDK (default: /opt/poky/3.1.5):
You are about to install the SDK to "/opt/poky/3.1.5". Proceed [Y/n]? Y
[sudo] password for frank:
Extracting SDK..............................................done
Setting it up...done
SDK has been successfully set up and is ready to be used.
Each time you wish to use the SDK in a new shell session, you
need to source the environment setup script e.g.
$ . /opt/poky/3.1.5/environment-setup-cortexa8hf-neon-poky-
linux-gnueabi
```

要使用该工具链，首先，获取环境并设置脚本：

```
$ source /opt/poky/3.1.5/environment-setup-cortexa8hf-neon-
poky-linux-gnueabi
```

💡 提示：

为 SDK 设置内容的 environment-setup-*脚本与你在 Yocto Project 构建目录中工作时获取的 oe-init-build-env 脚本不兼容。在获取这两个脚本中的任意一个脚本之前始终启动新的终端会话是一个很好的规则。

Yocto Project 生成的工具链没有有效的 sysroot 目录。我们知道这一事实，是因为将 -print-sysroot 选项传递给工具链的编译器会返回/not/exist：

```
$ arm-poky-linux-gnueabi-gcc -print-sysroot
/not/exist
```

因此，如果你想要像前几章那样尝试交叉编译，则会遭遇失败，如下所示：

```
$ arm-poky-linux-gnueabi-gcc helloworld.c -o helloworld
helloworld.c:1:10: fatal error: stdio.h: No such file or directory
    1 | #include <stdio.h>
      |          ^~~~~~~~~
compilation terminated.
```

这是因为编译器已配置为适用于各种 ARM 处理器，并且在你使用正确的标志集启动它时完成微调。反之，在进行交叉编译时，你应该使用提供 environment-setup 脚本时创建的 shell 变量。它包括以下内容。

❑　CC：C 编译器。

❑　CXX：C++编译器。

❑　CPP：C 预处理器。

❏　AS：汇编程序。

❏　LD：链接器。

例如，我们发现 CC 已设置为如下内容：

```
$ echo $CC
arm-poky-linux-gnueabi-gcc -mfpu=neon -mfloat-abi=hard
-mcpu=cortex-a8 -fstack-protector-strong -D_FORTIFY_SOURCE=2
-Wformat -Wformat-security -Werror=format-security --sysroot=/
opt/poky/3.1.5/sysroots/cortexa8hf-neon-poky-linux-gnueabi
```

只要你使用$CC 编译，一切都应该正常：

```
$$CC -O helloworld.c -o helloworld
```

接下来，让我们看看许可证审核。

6.5.12　许可证审核

Yocto Project 坚持每个包都有一个许可证。构建时，每个包的许可证副本都被放在
tmp/deploy/licenses/[package name]中。此外，镜像中使用的包和许可证的摘要都被放在
-<machine name>-<date stamp>/目录中。

对于我们刚刚构建的 nova-image，其目录将被命名，如下所示：

```
tmp/deploy/licenses/nova-image-beaglebone-yocto-20210214072839/
```

至此，我们已经完成了对嵌入式 Linux 的两个领先的构建系统（Buildroot 和 Yocto
Project）的讨论。Buildroot 简单快捷，这使其成为相当简单的单一用途设备的不错选择，
这也正是传统的嵌入式 Linux 所需要的；Yocto Project 则更加复杂和灵活。

尽管整个社区和行业都对 Yocto Project 提供了良好的支持，但该工具的学习曲线仍
然非常陡峭，新手可能需要几个月的时间才能熟练使用 Yocto，即便如此，它有时也会做
一些让你意想不到的事情。

6.6　小　　结

本章介绍了如何使用 Buildroot 和 Yocto Project 来配置、自定义和构建嵌入式 Linux
镜像。我们使用了 Buildroot 为基于 BeagleBone Black 的假设板（Nova）创建了一个带有
自定义 U-Boot 补丁和设备树规范的 BSP，然后介绍了如何以 Buildroot 包的形式将我们
自己的代码添加到镜像中。此外，本章还介绍了 Yocto Project，特别是介绍了一些基本的

BitBake 术语、如何编写镜像配方以及如何创建 SDK。

不要忘记，你使用这些工具创建的任何设备都需要在现场维护一段时间，而且有可能是多年。Yocto Project 和 Buildroot 都在初始发布后大约 1 年提供加点版本，而 Yocto Project 现在提供至少 2 年的长期支持。无论哪种情况，你都会发现必须由你自己维护你的版本；否则就只能掏钱购买商业支持。第三种可能性是忽略问题，但这不应该被视为一种选择。

在第 7 章"使用 Yocto 进行开发"中，我们将研究文件存储和文件系统，并讨论你在其中所做的选择将如何影响嵌入式 Linux 系统的稳定性和可维护性。

6.7　延　伸　阅　读

以下资源包含有关本章介绍的主题的更多信息。

❑ *The Buildroot user manual*（《Buildroot 用户手册》），Buildroot Association：

http://buildroot.org/downloads/manual/manual.html

❑ *Yocto Project documentation*（《Yocto Project 说明文档》），Yocto Project：

https://www.yoctoproject.org/documentation

❑ *Embedded Linux Development Using the Yocto Project Cookbook*（《使用 Yocto Project 进行嵌入式 Linux 项目开发宝典》），by Alex González

第 7 章　使用 Yocto 进行开发

在不受支持的硬件上启动 Linux 可能是一个艰苦的过程。幸运的是，Yocto 提供了板级支持包（board support package，BSP），以在 BeagleBone Black 和 Raspberry Pi 4 等流行的单板计算机上引导嵌入式 Linux 开发。

在现有 BSP 层之上构建使我们能够快速利用复杂的内置外设（如蓝牙和 Wi-Fi）。本章将创建一个自定义应用程序层来做到这一点。

接下来，我们将介绍 Yocto 的可扩展软件开发工具包（SDK）支持的开发工作流程。修改目标设备上运行的软件通常意味着更换 SD 卡。由于重建和重新部署完整镜像太耗时，我们将向你展示如何使用 devtool 快速自动化和迭代你的工作。与此同时，你将学习如何将工作成果保存在自己的层中，以免丢失。

Yocto 不仅能构建 Linux 镜像，还能构建整个 Linux 发行版。在开始组装自定义 Linux 发行版之前，我们将讨论这样做的理由。我们将做出许多选择，包括是否为目标设备上的快速应用程序开发添加运行时包管理。当然，这是以必须维护包数据库和远程包服务器为代价的，本章末尾会讨论这个话题。

本章包含以下主题：

❑　在现有 BSP 之上构建镜像

❑　使用 devtool 捕获更改

❑　构建自己的发行版

❑　配置远程包服务器

出发！

7.1　技 术 要 求

要遵循本章中的示例操作，请确保你具备以下条件：

❑　基于 Linux 的主机系统，至少有 60 GB 可用磁盘空间。

❑　Yocto 3.1（Dunfell）LTS 版本。

❑　Etcher Linux 版。

❑　microSD 读卡器和卡。

❑　Raspberry Pi 4。

❑　5V 3A USB-C 电源。

❑　用于网络连接的以太网电缆和端口。

❑　Wi-Fi 路由器。

❑　带蓝牙的智能手机。

你应该已经在第 6 章 "选择构建系统" 中构建了 Yocto 的 3.1（Dunfell）LTS 版本。如果还没有，则请参阅 *Yocto Project Quick Build*（《项目快速构建》）指南的 "Compatible Linux Distribution"（《兼容 Linux 发行版》）和 "Build Host Packages"（《构建主机包》）部分，其网址如下：

https://www.yoctoproject.org/docs/current/brief-yoctoprojectqs/brief-yoctoprojectqs.html

然后根据第 6 章中的说明在 Linux 主机上构建 Yocto。

本章所有代码都可以在本书配套 GitHub 存储库的 Chapter07 文件夹中找到，该存储库网址如下：

https://github.com/PacktPublishing/Mastering-Embedded-Linux-Programming-Third-Edition

7.2　在现有 BSP 之上构建镜像

板级支持包（BSP）层向 Yocto 添加了对特定硬件设备或设备系列的支持。这种支持通常包括引导加载程序、设备树 BLOB 以及在特定硬件上引导 Linux 所需的其他内核驱动程序。BSP 还可能包括完全启用和利用硬件的所有功能所需的任何附加用户空间软件和外围固件。按照惯例，BSP 层名称以 meta-前缀开头，后跟机器名称。为你的目标设备找到最佳 BSP 是使用 Yocto 为其构建可引导镜像的第一步。

OpenEmbedded 层索引是开始寻找优质 BSP 的最佳位置，具体可访问以下网址：

https://layers.openembedded.org/layerindex

电路板制造商或芯片供应商也可能提供 BSP 层。Yocto Project 为 Raspberry Pi 的所有变体提供了 BSP。你可以在 Yocto Project 源存储库中找到该 BSP 层和 Yocto Project 认可的所有其他层的 GitHub 存储库。Yocto Project 源存储库的网址如下：

https://git.yoctoproject.org

7.2.1　构建现有的 BSP

以下练习假设你已经将 Yocto 的 Dunfell 版本克隆或提取到主机环境中名为 poky 的

目录中。在继续操作之前，我们还需要从该 poky 目录上一层克隆以下依赖层，以使该层和 poky 目录彼此相邻：

```
$ git clone -b dunfell git://git.openembedded.org/meta-openembedded
$ git clone -b dunfell git://git.yoctoproject.org/meta-raspberrypi
```

请注意，依赖层的分支名称需要与 Yocto 版本相匹配以实现兼容性。此外，还可以定期使用 git pull 命令使所有 3 个克隆保持最新并与它们的远程版本同步。

meta-raspberrypi 层是所有 Raspberry Pi 的 BSP。一旦这些依赖关系到位，你就可以构建一个为 Raspberry Pi 4 定制的镜像。但在这样做之前，不妨来探索 Yocto 通用镜像的配方。

（1）导航到克隆 Yocto 的目录：

```
$ cd poky
```

（2）向下移动到标准镜像配方所在的目录中：

```
$ cd meta/recipes-core/images
```

（3）列出核心镜像配方：

```
$ ls -1 core*
core-image-base.bb
core-image-minimal.bb
core-image-minimal-dev.bb
core-image-minimal-initramfs.bb
core-image-minimal-mtdutils.bb
core-image-tiny-initramfs.bb
```

（4）显示 core-image-base 配方：

```
$ cat core-image-base.bb
SUMMARY = "A console-only image that fully supports the target device \
hardware."

IMAGE_FEATURES += "splash"

LICENSE = "MIT"

inherit core-image
```

请注意，此配方继承自 core-image，因此它导入了 core-image.bbclass 的内容，稍后会看到这一点。

（5）显示 core-image-minimal 配方：

```
$ cat core-image-minimal.bb
SUMMARY = "A small image just capable of allowing a device to boot."

IMAGE_INSTALL = "packagegroup-core-boot ${CORE_IMAGE_EXTRA_INSTALL}"

IMAGE_LINGUAS = " "

LICENSE = "MIT"

inherit core-image

IMAGE_ROOTFS_SIZE ?= "8192"
IMAGE_ROOTFS_EXTRA_SPACE_append = "${@bb.utils.
contains("DISTRO_FEATURES", "systemd", " + 4096", "",d)}"
```

和 core-image-base 一样，这个配方也继承自 core-image 类文件。

（6）显示 core-image-minimal-dev 配方：

```
$ cat core-image-minimal-dev.bb
require core-image-minimal.bb

DESCRIPTION = "A small image just capable of allowing a
device to boot and \
is suitable for development work."

IMAGE_FEATURES += "dev-pkgs"
```

请注意，此配方需要上一步中的 core-image-minimal 配方。回想一下，require 指令的
工作方式很像 include。另外，请注意 dev-pkgs 已被附加到 IMAGE_FEATURES 列表中。

（7）向上导航到 poky/meta 下的 classes 目录：

```
$ cd ../../classes
```

（8）显示 core-image 类文件：

```
$ cat core-image.bbclass
```

请注意这个类文件顶部的可用 IMAGE_FEATURES 的长列表，它包括前面提到的
dev-pkgs 功能。

诸如 core-image-minimal 和 core-image-minimal-dev 之类的标准镜像与机器无关。在
第 6 章 "选择构建系统" 中，我们为 QEMU ARM 模拟器和 BeagleBone Black 开发板构
建了 core-image-minimal。我们也可以很容易地为 Raspberry Pi 4 构建一个 core-image-

minimal 镜像。相比之下，BSP 层则包含用于特定板或一系列板的镜像配方。

现在让我们看看 meta-rasberrypi BSP 层中的 rpi-test-image 配方，看看如何将 Wi-Fi 和蓝牙支持添加到 Raspberry Pi 4 的 core-image-base 中。

（1）在克隆 Yocto 的目录上导航到上一级：

```
$ cd ../../..
```

（2）向下移动到 meta-raspberrypi BSP 层的目录中，这是 Raspberry Pi 的镜像配方所在的位置：

```
$ cd meta-raspberrypi/recipes-core/images
```

（3）列出 Raspberry Pi 镜像配方：

```
$ ls -1
rpi-basic-image.bb
rpi-hwup-image.bb
rpi-test-image.bb
```

（4）显示 rpi-test-image 配方：

```
$ cat rpi-test-image.bb
# Base this image on core-image-base
include recipes-core/images/core-image-base.bb

COMPATIBLE_MACHINE = "^rpi$"

IMAGE_INSTALL_append = " packagegroup-rpi-test"
```

请注意，IMAGE_INSTALL 变量已被覆盖，以便它可以附加 packagegroup-rpi-test 并将这些包都包含在镜像中。

（5）导航到 meta-raspberrypi/recipes-core 下相邻的 packagegroups 目录：

```
$ cd ../packagegroups
```

（6）显示 packagegroup-rpi-test 配方：

```
$ cat packagegroup-rpi-test.bb
DESCRIPTION = "RaspberryPi Test Packagegroup"
LICENSE = "MIT"
LIC_FILES_CHKSUM = "file://${COMMON_LICENSE_DIR}/
MIT;md5=0835ade698e0bcf8506ecda2f7b4f302"

PACKAGE_ARCH = "${MACHINE_ARCH}"
```

```
inherit packagegroup

COMPATIBLE_MACHINE = "^rpi$"

OMXPLAYER = "${@bb.utils.contains('MACHINE_FEATURES',
'vc4graphics', '', 'omxplayer', d)}"

RDEPENDS_${PN} = "\
    ${OMXPLAYER} \
    bcm2835-tests \
    rpio \
    rpi-gpio \
    pi-blaster \
    python3-rtimu \
    python3-sense-hat \
    connman \
    connman-client \
    wireless-regdb-static \
    bluez5 \
"
RRECOMMENDS_${PN} = "\
    ${@bb.utils.contains("BBFILE_COLLECTIONS", "meta-multimedia",
"bigbuckbunny-1080p bigbuckbunny-480p bigbuckbunny-720p", "", d)} \
    ${MACHINE_EXTRA_RRECOMMENDS} \
"
```

请注意，connman、connman-client 和 bluez5 包都包含在运行时依赖项列表中，以便完全启用 Wi-Fi 和蓝牙。

现在可以为 Raspberry Pi 4 构建 rpi-test-image。

（1）在克隆 Yocto 的目录上导航到上一级：

```
$ cd ../../..
```

（2）设置 BitBake 工作环境：

```
$ source poky/oe-init-build-env build-rpi
```

这会设置一堆环境变量，并将你置于新创建的 build-rpi 目录中。

（3）将以下元层添加到镜像中：

```
$ bitbake-layers add-layer ../meta-openembedded/meta-oe
$ bitbake-layers add-layer ../meta-openembedded/meta-python
$ bitbake-layers add-layer ../meta-openembedded/meta-networking
```

```
$ bitbake-layers add-layer ../meta-openembedded/meta-multimedia
$ bitbake-layers add-layer ../meta-raspberrypi
```

添加这些层的顺序很重要，因为 meta-networking 和 meta-multimedia 层都依赖于 meta-python 层。如果 bitbake-layers add-layer 或 bitbake-layers show-layers 由于解析错误而启动失败，则删除 build-rpi 目录并从步骤（1）重新开始此练习。

（4）验证所有必要的层都已被添加到镜像中：

```
$ bitbake-layers show-layers
```

列表中应该总共有 8 层：meta、meta-poky、meta-yocto-bsp、meta-oe、meta-python、meta-networking、meta-multimedia 和 meta-raspberrypi。

（5）观察前面的 bitbake-layers add-layer 命令对 bblayers.conf 所做的更改：

```
$ cat conf/bblayers.conf
```

步骤（4）中的 8 层应该被赋值给 BBLAYERS 变量。

（6）列出 meta-raspberrypi BSP 层支持的机器：

```
$ ls ../meta-raspberrypi/conf/machine
```

请注意，应该有 raspberrypi4 和 raspberrypi4-64 机器配置。

（7）将以下行添加到 conf/local.conf 文件中：

```
MACHINE = "raspberrypi4-64"
```

这会覆盖 conf/local.conf 文件中的以下默认值：

```
MACHINE ??= "qemux86-64"
```

将 MACHINE 变量设置为 raspberrypi4-64 可确保我们要构建的镜像适用于 Raspberry Pi 4 开发板。

（8）将 ssh-server-openssh 附加到 conf/local.conf 文件的 EXTRA_IMAGE_FEATURES 列表中：

```
EXTRA_IMAGE_FEATURES ?= "debug-tweaks ssh-server-openssh"
```

这会将 SSH 服务器添加到我们的镜像中以进行本地网络访问。

（9）构建镜像：

```
$ bitbake rpi-test-image
```

第一次运行构建过程可能需要几分钟到几小时才能完成，具体取决于你的主机环境有多少 CPU 核心可用。

TARGET_SYS 应该是 aarch64-poky-linux，而 MACHINE 则应该是 raspberrypi4-64，因为此镜像的目标是 Raspberry Pi 4 中 64 位的 ARM Cortex-A72 核心。

镜像构建完成后，在 tmp/deploy/images/raspberrypi4-64 目录中应该有一个名为 rpi-test-image-raspberrypi4-64.rootfs.wic.bz2 的文件：

```
$ ls -l tmp/deploy/images/raspberrypi4-64/rpi-test*wic.bz2
```

请注意，rpi-test-image-raspberrypi4-64.rootfs.wic.bz2 是指向同一目录中实际镜像文件的符号链接。一个表示构建日期和时间的整数将被附加到镜像文件名的 wic.bz2 扩展名之前。

现在使用 Etcher 将该镜像写入 microSD 卡中，并在你的 Raspberry Pi 4 开发板上启动它：

（1）将 microSD 卡插入主机。

（2）启动 Etcher。

（3）在 Etcher 中单击 Flash from file（来自文件的闪存）。

（4）找到你为 Raspberry Pi 4 构建的 wic.bz2 镜像并将其打开。

（5）在 Etcher 中单击 Select target（选择目标）。

（6）选择在步骤（1）中插入的 microSD 卡。

（7）在 Etcher 中单击 Flash（闪存）以写入镜像。

（8）当 Etcher 写入完成时将闪烁并弹出 microSD 卡。

（9）将 microSD 卡插入 Raspberry Pi 4 中。

（10）通过 USB-C 端口为 Raspberry Pi 4 供电。

将 Raspberry Pi 4 开发板连接到以太网并观察网络活动指示灯是否闪烁，闪烁表示你的 Raspberry Pi 4 已成功启动。

7.2.2　控制 Wi-Fi

在上一个练习中，我们为 Raspberry Pi 4 构建了一个可启动镜像，其中包括可正常工作的以太网、Wi-Fi 和蓝牙。现在设备已启动并通过以太网连接到你的本地网络，接下来让我们连接到附近的 Wi-Fi 网络。

在本练习中将使用 connman，因为这是 meta-raspberrypi 层现成可用的东西。其他 BSP 层依赖于不同的网络接口配置守护进程（如 system-networkd 和 NetworkManager）。

请按以下步骤操作。

（1）我们构建的镜像的主机名是 raspberrypi4-64，所以你应该能够以 root 身份通过

ssh 进入设备中：

```
$ ssh root@raspberrypi4-64.local
```

当系统询问你是否要继续连接时，输入 yes。系统不会提示你输入密码。

如果在 raspberrypi4-64.local 中找不到主机，可使用 arp-scan 之类的工具来定位你的 Raspberry Pi 4 的 IP 地址，然后通过 ssh 进入该地址中，而不是通过主机名进行操作。

（2）进入后，验证 Wi-Fi 驱动程序是否已安装：

```
root@raspberrypi4-64:~# lsmod  | grep 80211
cfg80211               753664  1 brcmfmac
rfkill                 32768   6 nfc,bluetooth,cfg80211
```

（3）启动 connman-client：

```
root@raspberrypi4-64:~# connmanctl
connmanctl>
```

（4）开启无线网络：

```
connmanctl> enable wifi
Enabled wifi
```

如果 Wi-Fi 已开启，则可以忽略 Error wifi: Already enabled（错误 WiFi：已启用）提示。

（5）注册 connmanctl 作为连接代理：

```
connmanctl> agent on
Agent registered
```

（6）扫描 Wi-Fi 网络：

```
connmanctl> scan wifi
Scan completed for wifi
```

（7）列出所有可用的 Wi-Fi 网络：

```
connmanctl> services
*AO Wired                ethernet_dca6320a8ead_cable
    RT-AC66U_B1_38_2G   wifi_
dca6320a8eae_52542d41433636555f42315f33385f3247_managed_psk
    RT-AC66U_B1_38_5G   wifi_
dca6320a8eae_52542d41433636555f42315f33385f3547_managed_psk
```

RT-AC66U_B1_38_2G 和 RT-AC66U_B1_38_5G 是华硕路由器的 Wi-Fi 网络 SSID。你的列表看起来会有所不同。Wired 前的*AO 部分表示设备当前通过以太网在线。

（8）连接到 Wi-Fi 网络：

```
connmanctl> connect wifi_
dca6320a8eae_52542d41433636555f42315f33385f3547_managed_psk
Agent RequestInput wifi_
dca6320a8eae_52542d41433636555f42315f33385f3547_managed_psk
    Passphrase = [ Type=psk, Requirement=mandatory ]
Passphrase? somepassword
Connected wifi_
dca6320a8eae_52542d41433636555f42315f33385f3547_managed_psk
```

注意将 connect 后的服务标识符替换为步骤（7）中的服务标识符或目标网络。将你的 Wi-Fi 密码替换为某个密码。

（9）再次列出服务：

```
connmanctl> services
*AO Wired                 ethernet_dca6320a8ead_cable
*AR RT-AC66U_B1_38_5G     wifi_
dca6320a8eae_52542d41433636555f42315f33385f3547_managed_psk
    RT-AC66U_B1_38_2G     wifi_
dca6320a8eae_52542d41433636555f42315f33385f3247_managed_psk
```

这一次，*AR 出现在你刚刚连接的 SSID 前面，表示这个网络连接已经准备好。以太网优先于 Wi-Fi，因此设备通过 Wired 保持在线。

（10）退出 connman-client：

```
connmanctl> quit
```

（11）将你的 Raspberry Pi 4 开发板从以太网中断开，从而关闭 ssh 会话：

```
root@raspberrypi4-64:~# client_loop: send disconnect:
Broken pipe
```

（12）重新连接到 Raspberry Pi 4：

```
$ ssh root@raspberrypi4-64.local
```

（13）再次启动 connman-client：

```
root@raspberrypi4-64:~# connmanctl
connmanctl>
```

（14）再次列出服务：

```
connmanctl> services
*AO RT-AC66U_B1_38_5G       wifi_
dca6320a8eae_52542d41433636555f42315f33385f3547_managed_psk
```

可以看到，Wired 连接（以太网）现在已经消失，而你之前连接的 Wi-Fi SSID 现在已升级为在线。

connman 守护程序将你的 Wi-Fi 凭据保存到/var/lib/connman 下的网络配置文件目录中，该目录保留在 microSD 卡上。这意味着当你的 Raspberry Pi 4 启动时，connman 将自动重新连接到你的 Wi-Fi 网络。

重启后无须再次执行上述步骤。如果你愿意，现在可以将以太网连接拔掉了。

7.2.3 控制蓝牙

除了 connman 和 connman-client 包，meta-raspberrypi 层还包括用于其蓝牙栈的 bluez5。所有这些包以及必要的蓝牙驱动程序都包含在我们为 Raspberry Pi 4 构建的 rpi-test-image 中。

让我们启动和运行蓝牙，并尝试将其与另一个设备配对：

（1）启动 Raspberry Pi 4 并通过 ssh 进入：

```
$ ssh root@raspberrypi4-64.local
```

（2）验证板载蓝牙驱动程序：

```
root@raspberrypi4-64:~# lsmod  | grep bluetooth
bluetooth              438272  9 bnep
ecdh_generic            24576  1 bluetooth
rfkill                  32768  6 nfc,bluetooth,cfg80211
```

（3）初始化用于蓝牙连接的 HCI UART 驱动程序：

```
root@raspberrypi4-64:~# btuart
bcm43xx_init
Flash firmware /lib/firmware/brcm/BCM4345C0.hcd
Set Controller UART speed to 3000000 bit/s
Device setup complete
```

（4）启动 connman-client：

```
root@raspberrypi4-64:~# connmanctl
connmanctl>
```

（5）开启蓝牙：

```
connmanctl> enable bluetooth
Enabled Bluetooth
```

如果蓝牙已打开，请忽略 Error bluetooth: Already enabled（错误蓝牙：已启用）提示。

（6）退出 connman-client：

```
connmanctl> quit
```

（7）启动蓝牙命令行界面：

```
root@raspberrypi4-64:~# bluetoothctl
Agent registered
[CHG] Controller DC:A6:32:0A:8E:AF Pairable: yes
```

（8）请求默认代理：

```
[bluetooth]# default-agent
Default agent request successful
```

（9）给控制器上电：

```
[bluetooth]# power on
Changing power on succeeded
```

（10）显示控制器信息：

```
[bluetooth]# show
Controller DC:A6:32:0A:8E:AF (public)
Name: BlueZ 5.55
Alias: BlueZ 5.55
Class: 0x00200000
Powered: yes
Discoverable: no
DiscoverableTimeout: 0x000000b4
Pairable: yes
```

（11）开始扫描蓝牙设备：

```
[bluetooth]# scan on
Discovery started
[CHG] Controller DC:A6:32:0A:8E:AF Discovering: yes
…
[NEW] Device DC:08:0F:03:52:CD Frank's iPhone
…
```

如果你的智能手机在附近并且启用了蓝牙，则它应该在列表中显示为[NEW] Device。在上面的示例中，Frank's iPhone 左侧的 DC:08:0F:03:52:CD 部分就是我的智能手机的蓝牙 MAC 地址。

（12）停止扫描蓝牙设备：

```
[bluetooth]# scan off
...
[CHG] Controller DC:A6:32:0A:8E:AF Discovering: no
Discovery stopped
```

（13）如果你已经打开了自己的智能手机，则可以转到"设置"下的"蓝牙"，以便接受来自 Raspberry Pi 4 的配对请求。

（14）尝试与你的智能手机配对：

```
[bluetooth]# pair DC:08:0F:03:52:CD
Attempting to pair with DC:08:0F:03:52:CD
[CHG] Device DC:08:0F:03:52:CD Connected: yes
Request confirmation
[agent] Confirm passkey 936359 (yes/no):
```

记得使用你自己的智能手机的蓝牙 MAC 地址替换上述示例中的 DC:08:0F:03:52:CD。

（15）在输入 yes 之前，接受智能手机的配对请求，如图 7.1 所示。

图 7.1　手机上的蓝牙配对请求

（16）输入 yes 确认密码：

```
[agent] Confirm passkey 936359 (yes/no): yes
[CHG] Device DC:08:0F:03:52:CD ServicesResolved: yes
[CHG] Device DC:08:0F:03:52:CD Paired: yes
Pairing successful
[CHG] Device DC:08:0F:03:52:CD ServicesResolved: no
[CHG] Device DC:08:0F:03:52:CD Connected: no
```

（17）连接到你的智能手机：

```
[bluetooth]# connect DC:08:0F:03:52:CD
Attempting to connect to DC:08:0F:03:52:CD
[CHG] Device DC:08:0F:03:52:CD Connected: yes
Connection successful
[CHG] Device DC:08:0F:03:52:CD ServicesResolved: yes
Authorize service
```

同样，别忘记使用你自己的智能手机的蓝牙 MAC 地址替换上述示例中的 DC:08:0F:
03:52:CD。

（18）当提示授权服务时，输入 yes：

```
[agent] Authorize service 0000110e-0000-1000-8000-
00805f9b34fb (yes/no): yes
[Frank's iPhone]#
```

你的 Raspberry Pi 4 现在已配对并通过蓝牙连接到你的智能手机。它应该以 BlueZ 5.55
的形式出现在智能手机的蓝牙设备列表中。

bluetoothctl 程序有许多命令和子菜单。我们只是介绍了一些表面上的东西。建议你
输入 help 并仔细阅读其说明文档，以了解可以从命令行执行的操作。

与 connman 一样，BlueZ 蓝牙栈是一个 D-Bus 服务，因此你可以通过 Python 或其他
高级编程语言使用 D-Bus 绑定，以编程方式通过 D-Bus 与其通信。

7.2.4　添加自定义层

你如果正在使用 Raspberry Pi 4 来制作新产品的原型，则可以通过将包添加到列表中
来快速生成自己的自定义镜像（该列表被赋值给 conf/local.conf 中的 IMAGE_INSTALL_
append 变量）。虽然这种技术简单有效，但在某些时候，你会想要开发自己的嵌入式应
用程序。如何构建此附加软件以便可以将它包含在你的自定义镜像中？答案是你必须使
用新配方创建一个自定义层来构建你的软件。

请按以下步骤操作。

（1）在克隆 Yocto 的目录上导航到上一级。

（2）设置 BitBake 工作环境：

```
$ source poky/oe-init-build-env build-rpi
```

这会设置一堆环境变量，并将你置于 build-rpi 目录中。

（3）为你的应用程序创建一个新层：

```
$ bitbake-layers create-layer ../meta-gattd
NOTE: Starting bitbake server...
Add your new layer with 'bitbake-layers add-layer ../
meta-gattd'
```

该层被命名为 meta-gattd（对应 GATT 守护进程）。你也可以随意命名你的层，但请遵守添加 meta-前缀的约定。

（4）向上导航到新层目录：

```
$ cd ../meta-gattd
```

（5）检查层的文件结构：

```
$ tree
.
├── conf
│   └── layer.conf
├── COPYING.MIT
├── README
└── recipes-example
    └── example
        └── example_0.1.bb
```

（6）重命名 recipes-examples 目录：

```
$ mv recipes-example recipes-gattd
```

（7）重命名 example 目录：

```
$ cd recipes-gattd
$ mv example gattd
```

（8）重命名 example 配方文件：

```
$ cd gattd
$ mv example_0.1.bb gattd_0.1.bb
```

（9）显示重命名的配方文件：

```
$ cat gattd_0.1.bb
```

你需要使用构建软件所需的元数据填充此配方，包括 SRC_URI 和 md5 校验和。

（10）将 gattd_0.1.bb 替换为我在 MELP/Chapter07/meta-gattd/recipes-gattd/gattd_0.1.bb 中为你提供的现成配方。

（11）为你的新层创建一个 Git 存储库并将其推送到 GitHub。

现在我们已经为要开发的应用程序创建了一个自定义层，接下来要做的就是将它添加到你的工作镜像中。

（1）在克隆 Yocto 的目录上导航到上一级。

```
$ cd ../../..
```

（2）从 GitHub 上克隆你的层或我的 meta-gattd 层：

```
$ git clone https://github.com/fvasquez/meta-gattd.git
```

要克隆你自己的层，可以将 fvasquez 替换为你的 GitHub 用户名，将 meta-gattd 替换为你的层的存储库名称。

（3）设置 BitBake 工作环境：

```
$ source poky/oe-init-build-env build-rpi
```

这会设置一堆环境变量并将你放回 build-rpi 目录中。

（4）将新克隆的层添加到镜像中：

```
$ bitbake-layers add-layer ../meta-gattd
```

别忘记将 meta-gattd 替换为你的层名称。

（5）验证所有必要的层都已添加到镜像中：

```
$ bitbake-layers show-layers
```

列表中应该总共有 9 层（包括你的新层在内）。

（6）将额外的包添加到 conf/local.conf 文件中：

```
CORE_IMAGE_EXTRA_INSTALL += "gattd"
```

CORE_IMAGE_EXTRA_INSTALL 是一个很方便的变量，用于将额外的包添加到从 core-image 类继承的镜像中，就像 rpi-test-image 所做的一样。

IMAGE_INSTALL 是控制镜像中包含哪些包的变量。我们不能在 conf/local.conf 中使用 IMAGE_INSTALL += "gattd"，因为它替换了在 core-image.bbclass 中完成的默认分配。因此，可以改用 IMAGE_INSTALL_append = " gattd" 或 CORE_IMAGE_EXTRA_

INSTALL += " gattd"。

（7）重新构建镜像：

```
$ bitbake rpi-test-image
```

如果你的软件成功构建和安装，那么它应该包含在已完成的 rpi-test-image-raspberrypi4-64.rootfs.wic.bz2 镜像中。你可以将该镜像写入 microSD 卡中并在你的 Raspberry Pi 4 上启动以找到你的工作成果。

在开发的最初阶段，将包添加到 conf/local.conf 中是有意义的。当你准备好与团队的其他成员分享你的劳动成果时，应该创建一个镜像配方并将你的包放在那里。在第 6 章"选择构建系统"的末尾，我们就编写了一个 nova-image recipe，添加了一个 helloworld 包到 core-image-minimal 中。

我们已经花费了大量时间在实际硬件上测试新构建的镜像，是时候将我们的注意力转回到软件上了。接下来，我们将介绍一个工具，该工具旨在简化我们在开发嵌入式软件时已经习惯的烦琐的编译、测试和调试周期。

7.3　使用 devtool 捕获更改

在第 6 章"选择构建系统"中，我们介绍了从头开始为 helloworld 程序创建配方。像这样复制粘贴包配方的方法最初可能会起作用，但随着项目的增长以及需要维护的配方数量成倍增加，它很快就会变得非常令人沮丧。因此，接下来我们来研究更好的包配方处理方法。

本节要介绍的工具称为 devtool，它是 Yocto 可扩展 SDK 的基石。

7.3.1　开发工作流程

在开始使用 devtool 之前，你需要确保在新层中进行工作，而不是修改树中的配方，否则，你很容易覆盖之前的工作成果，白白浪费时间。

（1）在克隆 Yocto 的目录上导航到上一级。

（2）设置 BitBake 工作环境：

```
$ source poky/oe-init-build-env build-mine
```

这会设置一堆环境变量，并将你置于一个新的 build-mine 目录中。

（3）在 conf/local.conf 中为 64 位 ARM 设置 MACHINE：

```
MACHINE ?= "quemuarm64"
```

（4）创建新层：

```
$ bitbake-layers create-layer ../meta-mine
```

（5）添加新层：

```
$ bitbake-layers add-layer ../meta-mine
```

（6）检查新层是否创建在你想要的位置：

```
$ bitbake-layers show-layers
```

列表中应该总共有 4 层，即 meta、meta-poky、meta-yocto-bsp 和 meta-mine。

要获得有关开发工作流程的第一手经验，你需要一个将要部署的目标。这意味着先构建一个镜像：

```
$ devtool build-image core-image-full-cmdline
```

第一次构建完整镜像大约需要几个小时。完成后，继续操作并启动它：

```
$ runqemu qemuarm64 nographic
[…]
Poky (Yocto Project Reference Distro) 3.1.6 qemuarm64 ttyAMA0

qemuarm64 login: root
root@qemuarm64:~#
```

通过指定 nographic 选项，我们可以直接在单独的 shell 中运行 QEMU。这使得打字比处理模拟的图形输出更容易。以 root 身份登录。没有密码。要在 nographic 模式下运行时退出 QEMU，请在目标 shell 中按 Ctrl+A 快捷键，然后按 X 键。

暂时让 QEMU 保持运行，因为在后续练习中需要它。你可以使用 ssh root@192.168.7.2 通过 SSH 进入此虚拟机。

devtool 支持 3 种常见的开发工作流程：

❑ 添加新配方。

❑ 修补由现有配方构建的源。

❑ 升级配方以获取上游源的更新版本。

当你启动任何这些工作流时，devtool 都会创建一个临时工作区供你进行更改。此沙箱包含配方文件和获取的源。

完成工作后，devtool 会将你的更改重新集成到你的层中，以便可以销毁工作区。

7.3.2　创建新配方

假设你想要一些开源软件，但尚未有人提交 BitBake 配方。再假设轻量级的 bubblewrap 容器运行时出现了问题，那么在这种情况下，你可以从 GitHub 存储库中下载 bubblewrap 的源 tar 压缩包（tarball）版本并为其创建一个配方，而这正是 devtool add 适合做的事情。

首先，devtool add 将创建一个带有它自己的本地 Git 存储库的工作区。在这个新的工作区目录中，它将创建一个 recipes/bubblewrap 目录并将 tar 压缩包内容提取到 sources/bubblewrap 目录中。

devtool 了解流行的构建系统，如 Autotools 和 CMake，并将尽最大努力弄清楚这是什么类型的项目（对于 bubblewrap 来说，就是 Autotools）。

然后，它将使用已解析的元数据（加上以前 BitBake 构建包时缓存的数据）来确定 DEPENDS 和 RDEPENDS 的值，并找出要继承的文件和必备的文件。

请按以下步骤操作。

（1）打开另一个 shell 并导航到克隆 Yocto 的目录的上一层。

（2）设置 BitBake 环境：

```
$ source poky/oe-init-build-env build-mine
```

这会设置一堆环境变量，并将你带回 build-mine 工作目录。

（3）使用源 tar 压缩包版本的 URL 运行 devtool add：

```
$ devtool add https://github.com/containers/bubblewrap/
releases/download/v0.4.1/bubblewrap-0.4.1.tar.xz
```

如果一切按计划进行，devtool add 将生成一个你可以构建的配方。

（4）在构建新配方之前，可以先看看它：

```
$ devtool edit-recipe bubblewrap
```

devtool 将在编辑器中打开 recipes/bubblewrap/bubblewrap_0.4.1.bb。请注意，devtool 已经为你填写了 md5 校验和。

（5）将以下行添加到 bubblewrap_0.4.1.bb 的末尾：

```
FILES_${PN} += "/usr/share/*"
```

更正任何明显的错误，保存所有更改，然后退出编辑器。

（6）要构建新配方，请使用以下命令：

```
$ devtool build bubblewrap
```

（7）将编译好的 bwrap 可执行文件部署到目标模拟器中：

```
$ devtool deploy-target bubblewrap root@192.168.7.2
```

这会将必要的构建工件安装到目标模拟器上。

（8）从你的 QEMU shell 中，运行刚刚构建和部署的 bwrap 可执行文件：

```
root@qemuarm64:~# bwrap --help
```

如果你看到一堆和 bubblewrap 相关的自解释文档，那么构建和部署就是成功的；如果没有看到，则可使用 devtool 重复编辑、构建和部署步骤，直至你确信 bubblewrap 正常有效。

（9）满意后，清理目标模拟器：

```
$ devtool undeploy-target bubblewrap root@192.168.7.2
```

（10）将所有工作合并回层中：

```
$ devtool finish -f bubblewrap ../meta-mine
```

（11）从工作区中删除剩余的源：

```
$ rm -rf workspace/sources/bubblewrap
```

你如果认为其他人可能会从你的新配方中受益，则不妨向 Yocto 提交补丁。

7.3.3　修改由配方构建的源

假设你在命令行 JSON 预处理器 jq 中发现了一个错误，于是你在以下网址中搜索其 GitHub 存储库，发现没有人报告此问题：

https://github.com/stedolan/jq

然后，你查看了源代码，发现只需要进行一些很小的代码修改即可解决该问题，因此你决定自己修补 jq。这时 devtool modify 就能派上用场了。

这一次，当 devtool 查看 Yocto 的缓存元数据时，它发现 jq 的配方已经存在。与 devtool add 一样，devtool modify 可使用自己的本地 Git 存储库创建一个新的临时工作区，它在其中复制该配方文件并提取上游源代码。

jq 是用 C 语言编写的，位于名为 meta-oe 的现有 OpenEmbedded 层中。在修改包源之前，需要将此层以及 jq 的依赖项添加到我们的工作镜像中。

（1）从 build-mine 环境中删除以下层：

```
$ bitbake-layers remove-layer workspace
$ bitbake-layers remove-layer meta-mine
```

（2）从 GitHub 存储库中克隆 meta-openembedded 存储库：

```
$ git clone -b dunfell https://github.com/openembedded/
meta-openembedded.git ../meta-openembedded
```

（3）将 meta-oe 和 meta-mine 层添加到镜像中：

```
$ bitbake-layers add-layer ../meta-openembedded/meta-oe
$ bitbake-layers add-layer ../meta-mine
```

（4）验证所有必要的层都已被添加到镜像中：

```
$ bitbake-layers show-layers
```

列表中应该总共有 5 层，即 meta、meta-poky、meta-yocto-bsp、meta-oe 和 meta-mine。

（5）在 conf/local.conf 中加入下面一行，因为 onig 包是 jq 的运行时依赖：

```
IMAGE_INSTALL_append = " onig"
```

（6）重新构建镜像：

```
$ devtool build-image core-image-full-cmdline
```

（7）先按 Ctrl+A 快捷键，再按 X 键从你的其他 shell 中退出 QEMU，然后重新启动 QEMU 模拟器：

```
$ runqemu qemuarm64 nographic
```

与许多修补工具一样，devtool modify 可使用你的提交消息来生成补丁文件名，因此请保持你的提交消息简短且有意义。它还会根据你的 Git 历史记录自动生成补丁文件，并使用新的补丁文件名创建一个.bbappend 文件。请记住修剪和压缩你的 Git 提交，以便 devtool 将你的工作划分为合理的补丁文件。

（1）使用你要修改的包的名称运行 devtool modify：

```
$ devtool modify jq
```

（2）使用你喜欢的编辑器更改你的代码。使用标准的 Git 添加和提交工作流程来跟踪你所做的工作。

（3）使用以下命令构建修改后的源：

```
$ devtool build jq
```

（4）将编译好的 jq 可执行文件部署到目标模拟器中：

```
$ devtool deploy-target jq root@192.168.7.2
```

这会将必要的构建工件安装到目标模拟器中。

如果连接失败，则删除陈旧的模拟器的密钥，如下所示：

```
$ ssh-keygen -f "/home/frank/.ssh/known_hosts" \
-R "192.168.7.2"
```

将 frank 替换为路径中的用户名。

（5）从你的 QEMU shell 中运行刚刚构建和部署的 jq 可执行文件。如果不能重现该错误，则说明你的更改有效；否则，你可以重复上述编辑、构建和部署步骤，直至满意。

（6）满意后，清理目标模拟器：

```
$ devtool undeploy-target jq root@192.168.7.2
```

（7）将所有的工作合并回你的层中：

```
$ devtool finish jq ../meta-mine
```

如果由于 Git 源代码树混杂而导致合并失败，则可以删除任何剩余的 jq 构建工件并再次尝试 devtool finish。

（8）从工作区中删除剩余的源：

```
$ rm -rf workspace/sources/jq
```

你如果认为其他人可能会从你的补丁中受益，则可以将它们提交给上游项目维护者。

7.3.4　将配方升级到较新版本

假设你正在目标设备上运行 Flask Web 服务器，并且刚刚发布了新版本的 Flask。这个最新版本的 Flask 有一个新功能，你迫不及待想要上手，于是你决定自己升级配方，而不是等待 Flask 配方维护者升级到新的发布版本。你可能会认为这很简单，只要在配方文件中添加版本号就可以了，但这其实也涉及 md5 校验和。当然，如果这个烦琐的过程可以完全自动化，那自然是很好的，而这也正是 devtool upgrade 可以派上用场的地方。

Flask 是一个 Python 3 库，因此你的镜像需要包含 Python 3、Flask 和 Flask 的依赖项才能升级它。要获得所有这些，请按照以下步骤操作。

（1）从你的 build-mine 环境中删除以下层：

```
$ bitbake-layers remove-layer workspace
```

```
$ bitbake-layers remove-layer meta-mine
```

（2）将 meta-python 和 meta-mine 层添加到镜像中：

```
$ bitbake-layers add-layer ../meta-openembedded/meta-python
$ bitbake-layers add-layer ../meta-mine
```

（3）验证所有必要的层都已被添加到镜像中：

```
$ bitbake-layers show-layers
```

列表中应该总共有 6 层，即 meta、meta-poky、meta-yocto-bsp、meta-oe、meta-python
和 meta-mine。

（4）现在应该有很多 Python 模块可供你使用：

```
$ bitbake -s | grep ^python3
```

其中一个模块是 python3-flask。

（5）通过在 conf/local.conf 中搜索 python3 和 python3-flask，确保正在构建它们并安
装到你的镜像中。如果它们不存在，那么你可以通过将以下行添加到你的 conf/local.Conf
中来包含它们：

```
IMAGE_INSTALL_append = "python3 python3-flask"
```

（6）重新构建镜像：

```
$ devtool build-image core-image-full-cmdline
```

（7）先按 Ctrl+A 快捷键，再按 X 键从你的其他 shell 中退出 QEMU，然后重新启动
QEMU 模拟器：

```
$ runqemu qemuarm64 nographic
```

ℹ️注意：

在撰写本文时，meta-python 中包含的 Flask 版本是 1.1.1，而 PyPI 上可用的最新版本
是 1.1.2。

现在所有部件都已就位，让我们进行升级。

（1）使用包名和要升级到的目标版本运行 devtool upgrade：

```
$ devtool upgrade python3-flask --version 1.1.2
```

（2）在构建升级配方之前，让我们先看看它：

```
$ devtool edit-recipe python3-flask
```

devtool 将在编辑器中打开 recipes/python3/python3-flask_1.1.2.bb：

```
inherit pypi setuptools3
require python-flask.inc
```

在这个配方中没有与特定版本相关的改变，所以保存新文件并退出你的编辑器。

（3）要构建新配方，请使用以下命令：

```
$ devtool build python3-flask
```

（4）将新的 Flask 模块部署到目标模拟器中：

```
$ devtool deploy-target python3-flask root@192.168.7.2
```

这会将必要的构建工件安装到目标模拟器中。

如果连接失败，则删除旧的模拟器的密钥，如下所示：

```
$ ssh-keygen -f "/home/frank/.ssh/known_hosts" \
-R "192.168.7.2"
```

将 frank 替换为路径中的用户名。

（5）从你的 QEMU shell 中启动 python3 REPL 并检查已部署的 Flask 版本：

```
root@qemuarm64:~# python3
>>> import flask
>>> flask.__version__
'1.1.2'
>>>
```

如果在 REPL 中输入 flask.__version__，返回的是 '1.1.2'，则说明升级是有效的。如果升级不成功，则可以使用 devtool 重复上述编辑、构建和部署步骤，直到找出问题所在。

（6）满意后，清理目标模拟器：

```
$ devtool undeploy-target python3-flask root@192.168.7.2
```

（7）将所有的工作合并回你的层中：

```
$ devtool finish python3-flask ../meta-mine
```

如果由于 Git 源代码树混杂而导致合并失败，则可以删除任何剩余的 python3-flask 构建工件并再次尝试 devtool finish。

（8）从工作区中删除剩余的源：

```
$ rm -rf workspace/sources/python3-flask
```

你如果认为其他人也可能急于将他们的发行版升级到最新版本的软件包，那么向

Yocto 提交补丁。

最后，让我们来看看如何构建自己的发行版。此功能是 Yocto 独有的（在 Buildroot 中无此功能）。发行层（distro layer）是一种强大的抽象，可以在针对不同硬件的多个项目之间被共享。

7.4　构建自己的发行版

在第 6 章 "选择构建系统" 中，我们已经介绍过，Yocto 使开发人员能够构建自己的自定义 Linux 发行版，这其实是通过像 meta-poky 这样的发行层来完成的。

事实上，你甚至不需要自己的发行层就可以构建自定义镜像，你无须修改任何 Poky 的分发元数据都可以做很多事情。但是，你如果想更改发行版策略（如功能、C 库实现、包管理器的选择等），那么可以选择构建自己的发行版。

构建自己的发行版是一个三步过程：

（1）创建一个新的发行层。

（2）创建发行版配置文件。

（3）向你的发行版中添加更多配方。

在深入探讨如何构建自己的发行版这一技术细节之前，我们不妨来考虑何时是推出自己的发行版的合适时机。

7.4.1　推出发行版的合适时机

发行版（distro）设置定义了包格式（rpm、deb 或 ipk）、包提要、init 系统（systemd 或 sysvinit）以及特定的包版本。你可以通过从 Poky 继承并覆盖发行版需要更改的内容，在新层中创建自己的发行版。当然，如果你发现除了明显的本地设置（如相对路径），你还向构建目录的 local.conf 文件中添加了很多值，则应该从头开始创建自己的发行版。

7.4.2　创建一个新的发行层

你现在应该已经掌握了如何创建层，创建发行层的操作其实也一样。

请按以下步骤操作。

（1）在克隆 Yocto 的目录上导航到上一级。

（2）设置 BitBake 工作环境：

```
$ source poky/oe-init-build-env build-rpi
```

这会设置一堆环境变量，并让你回到之前的 build-rpi 目录中。

（3）从 build-rpi 环境中删除 meta-gattd 层：

```
$ bitbake-layers remove-layer meta-gattd
```

（4）注释掉或从 conf/local.conf 中删除 CORE_IMAGE_EXTRA_INSTALL：

```
#CORE_IMAGE_EXTRA_INSTALL += "gattd"
```

（5）为发行版创建一个新层：

```
$ bitbake-layers create-layer ../meta-mackerel
```

（6）现在将新层添加到 build-rpi 配置中：

```
$ bitbake-layers add-layer ../meta-mackerel
```

我们的发行版的名称是 mackerel。创建自己的发行版层使我们能够将发行版策略与包配方（实现）分开。

7.4.3　配置发行版

在 meta-mackerel 发行层的 conf/distro 目录中创建发行版配置文件。注意将其命名为与你的发行版相同的名称（如 mackerel.conf）。

在 conf/distro/mackerel.conf 中设置所需的 DISTRO_NAME 和 DISTRO_VERSSION 变量，具体如下：

```
DISTRO_NAME = "Mackerel (Mackerel Embedded Linux Distro)"
DISTRO_VERSION = "0.1"
```

在 mackerel.conf 中还可以设置以下可选变量：

```
DISTRO_FEATURES: Add software support for these features.
DISTRO_EXTRA_RDEPENDS: Add these packages to all images.
DISTRO_EXTRA_RRECOMMENDS: Add these packages if they exist.
TCLIBC: Select this version of the C standard library.
```

对这些变量的解释如下。

❑　DISTRO_FEATURES：为这些功能添加软件支持。

❑　DISTRO_EXTRA_RDEPENDS：将这些包添加到所有镜像中。

❑　DISTRO_EXTRA_RRECOMMENDS：添加这些包（如果存在的话）。

❑　TCLIBC：选择这个版本的 C 标准库。

完成这些变量后，你可以在 conf/local.conf 中定义你想要用于你的发行版的任何变量。查看其他发行版的 conf/distro 目录，如 Poky 发行版的，以了解它们如何组织内容，或者你也可以复制并使用 conf/distro/defaultsetup.conf 作为模板。

如果你决定将自己的发行版配置文件分解为多个包含文件，请确保将它们放在你的层的 conf/distro/include 目录中。

7.4.4　向发行版添加更多配方

可以将更多与发行版相关的元数据添加到你的发行版层中。你需要为其他配置文件添加配方，这些是现有配方尚未安装的配置文件。更重要的是，你还需要添加附加文件以自定义现有配方并将其配置文件添加到你的发行版中。

7.4.5　运行时包管理

为你的发行版镜像包含一个包管理器，这对于实现安全的无线更新和快速的应用程序开发非常有用。当你的团队开发每天多次更新的软件时，频繁的软件包更新是让每个人保持同步和前进的一种方式。完整的镜像更新是不必要的（只有一个包更改）和破坏性的（需要重新启动）。能够从远程服务器上获取包并将它们安装在目标设备上称为运行时包管理（runtime package management）。

Yocto 支持不同的包格式（rpm 和 ipk）和不同的包管理器（dnf 和 opkg）。你为发行版选择的包格式决定了你可以在其中包含的包管理器。

要为自己的发行版选择包格式，你需要在发行版的 conf 文件中设置 PACKAGE_CLASSES 变量。将以下行添加到 meta-mackerel/conf/distro/mackerel.conf 中：

```
PACKAGE_CLASSES ?= "package_ipk"
```

现在可以回到 build-rpi 目录中：

```
$ source poky/oe-init-build-env build-rpi
```

我们的目标是 Raspberry Pi 4 开发板，因此请确保在 conf/local.conf 中对 MACHINE 进行相应的设置：

```
MACHINE = "raspberrypi4-64"
```

注释掉构建目录的 conf/local.conf 中的 PACKAGE_CLASSES，因为我们的发行版已经选择了 package_ipk：

```
#PACKAGE_CLASSES ?= "package_rpm"
```

要启用运行时包管理，请将"package-management"附加到构建目录的 conf/local.conf 的 EXTRA_IMAGE_FEATURES 列表中：

```
EXTRA_IMAGE_FEATURES ?= "debug-tweaks ssh-server-openssh
package-management"
```

这将安装一个包数据库，其中包含你当前构建到发行版镜像的所有包。预填充的包数据库是可选的，因为你始终可以在部署发行版镜像后在目标上初始化包数据库。

将构建目录的 conf/local.conf 文件中的 DISTRO 变量设置为我们的发行版的名称：

```
DISTRO = "mackerel"
```

这会将构建目录的 conf/local.conf 文件指向我们的发行版配置文件。

现在可以构建发行版：

```
$ bitbake -c clean rpi-test-image
$ bitbake rpi-test-image
```

我们正在用不同的包格式重新构建 rpi-test-image，所以这需要一点时间。这次完成的镜像被放置在不同的目录中：

```
$ ls tmp-glibc/deploy/images/raspberrypi4-64/rpi-test-image*wic.bz2
```

使用 Etcher 将镜像写入 microSD 卡中，并在你的 Raspberry Pi 4 上启动它。像以前一样将 Raspberry Pi 4 接入以太网和 SSH 上：

```
$ ssh root@raspberrypi4-64.local
```

如果连接失败，则删除 Raspberry Pi 4 的陈旧密钥，如下所示：

```
$ ssh-keygen -f "/home/frank/.ssh/known_hosts" \
-R "raspberrypi4-64.local"
```

记得将上述路径中的 frank 替换为你的用户名。

登录后，验证是否已安装 opkg 包管理器：

```
root@raspberrypi4-64:~# which opkg
/usr/bin/opkg
```

如果没有远程包服务器，就无法提取包，这样包管理器也就没什么用。因此，接下来我们看看如何配置远程包服务器。

7.5　配置远程包服务器

设置 HTTP 远程包服务器并将目标客户端指向它比你想象的要容易。客户端服务器地址配置因包管理器而异。我们将在 Raspberry Pi 4 上手动配置 opkg。

7.5.1　配置包服务器

让我们从包服务器开始。

（1）在克隆 Yocto 的目录上导航到上一级。

（2）设置 BitBake 工作环境：

```
$ source poky/oe-init-build-env build-rpi
```

这会设置一堆环境变量并让你回到 build-rpi 目录中。

（3）构建 curl 包：

```
$ bitbake curl
```

（4）填充包索引：

```
$ bitbake package-index
```

（5）找到包安装程序文件：

```
$ ls tmp-glibc/deploy/ipk
```

在 ipk 中应该有 3 个目录：aarch64、all 和 raspberrypi4_64。架构目录是 aarch64，而机器目录则是 raspberrypi4_64。这两个目录的名称也许会有所不同，具体取决于你的镜像在构建时是如何配置的。

（6）导航到 ipk 目录，这是包安装程序文件所在的位置：

```
$ cd tmp-glibc/deploy/ipk
```

（7）获取 Linux 主机的 IP 地址。

（8）启动 HTTP 包服务器：

```
$ sudo python3 -m http.server --bind 192.168.1.69 80
[sudo] password for frank:
Serving HTTP on 192.168.1.69 port 80 (http://192.168.1.69:80/) ...
```

别忘记将 192.168.1.69 替换为你的 Linux 主机的 IP 地址。

7.5.2　配置目标客户端

现在，让我们配置目标客户端。

（1）通过 SSH 回到你的 Raspberry Pi 4 中：

```
$ ssh root@raspberrypi4-64.local
```

（2）编辑/etc/opkg/opkg.conf 使其如下所示：

```
src/gz all http://192.168.1.69/all
src/gz aarch64 http://192.168.1.69/aarch64
src/gz raspberrypi4_64 http://192.168.1.69/raspberrypi4_64

dest root /
option lists_dir /var/lib/opkg/lists
```

请注意将 192.168.1.69 替换为你的 Linux 主机的 IP 地址。

（3）运行 opkg 更新：

```
root@raspberrypi4-64:~# opkg update
Downloading http://192.168.1.69/all/Packages.gz.
Updated source 'all'.
Downloading http://192.168.1.69/aarch64/Packages.gz.
Updated source 'aarch64'.
Downloading http://192.168.1.69/raspberrypi4_64/Packages.gz.
Updated source 'raspberrypi4_64'.
```

（4）尝试运行 curl：

```
root@raspberrypi4-64:~# curl
```

该命令应该失败，因为没有安装 curl。

（5）安装 curl：

```
root@raspberrypi4-64:~# opkg install curl
Installing libcurl4 (7.69.1) on root
Downloading http://192.168.1.69/aarch64/
libcurl4_7.69.1-r0_aarch64.ipk.
Installing curl (7.69.1) on root
Downloading http://192.168.1.69/aarch64/curl_7.69.1-r0_aarch64.ipk.
Configuring libcurl4.
Configuring curl.
```

（6）验证 curl 是否已安装：

```
root@raspberrypi4-64:~# curl
curl: try 'curl --help' for more information
root@raspberrypi4-64:~# which curl
/usr/bin/curl
```

当你继续在 Linux 主机的 build-rpi 目录中工作时，可以检查来自 Raspberry Pi 4 的更新，示例如下：

```
root@raspberrypi4-64:~# opkg list-upgradable
```

然后，你可以应用它们：

```
root@raspberrypi4-64:~# opkg upgrade
```

显然，这比重新写入镜像、更换 microSD 卡并重新启动开发板要快得多，方便得多。

7.6　小　　结

你需要学习很多东西。相信我——这仅仅只是一个开始。Yocto 是一个你爬不出来的永无止境的天坑。配方和工具不断变化，虽然有很多文档，但遗憾的是已经过时了。

幸运的是还有 devtool，它可以自动消除复制粘贴开发中的大部分错误。如果你能善于利用工具并不断地将你的工作保存到你自己的层中，那么 Yocto 就不会让你那么痛苦。在不知不觉中，你将滚动自己的发行层并运行自己的远程包服务器。

远程包服务器只是部署包和应用程序的方式之一。在第 16 章 "打包 Python 程序" 中还介绍了其他一些方式。尽管该章的标题明示打包的是 Python 程序，但在该章中讨论的一些技术（如 conda 和 Docker）适用于任何编程语言。

虽然包管理器非常适合开发，但运行时包管理在生产环境中运行的嵌入式系统上并不常用。因此，第 10 章 "现场更新软件" 中将仔细研究完整镜像和容器化的无线更新机制。

7.7　延　伸　阅　读

以下资源包含有关本章介绍的主题的更多信息。

❑　*Transitioning to a Custom Environment*（《过渡到自定义环境》），Yocto Project：

https://www.yoctoproject.org/docs/transitioning-to-a-custom-environment

❑ *Yocto Project Development Manual*（《Yocto Project 开发手册》），by Scott Rifenbark：

https://www.yoctoproject.org/docs/latest/dev-manual/dev-manual.html

❑ *Using Devtool to Streamline Your Yocto Project Workflow*（《使用 Devtool 简化 Yocto Project 工作流程》），by Tim Orling：

https://www.youtube.com/watch?v=CiD7rB35CRE

❑ *Using a Yocto build workstation as a remote opkg repository*（《使用 Yocto 构建工作站作为远程 opkg 存储库》），Jumpnow Technologies：

https://jumpnowtek.com/yocto/Using-your-build-workstation-as-a-remote-package-repository.html

第 8 章　Yocto 技术内幕

本章将深入研究 Yocto，因为它是嵌入式 Linux 的首要构建系统。

我们将从 Yocto 的架构开始，带你了解整个构建工作流程的每个步骤。接下来，我们还将讨论 Yocto 的多层方法，以及为什么将元数据分成不同的层是一个好主意。随着越来越多的 BitBake 层堆积在你的项目中，不可避免地会出现问题，因此我们将研究一些调试 Yocto 构建失败的方法，包括任务日志、devshell 和依赖图等。

在详细分解构建系统后，我们将重温 BitBake 主题。这一次，我们将介绍更多的基本语法和语义，以便你可以从头开始编写自己的配方。我们将从实际配方、包含和配置文件中查看 BitBake shell 和 Python 代码的真实示例，以便你在开始探索进入 Yocto 的元数据海洋时知道会发生什么。

本章包含以下主题：

❑　Yocto 架构和工作流程分解

❑　将元数据分层

❑　构建失败故障排除

❑　了解 BitBake 语法和语义

出发！

8.1　技 术 要 求

要遵循本章中的示例操作，请确保你具备以下条件。

❑　基于 Linux 的主机系统，至少有 60 GB 可用磁盘空间。

❑　Yocto 3.1（Dunfell）LTS 版本。

你应该已经在第 6 章 "选择构建系统" 中构建了 Yocto 的 3.1（Dunfell）LTS 版本。如果还没有，则请参阅 *Yocto Project Quick Build*（《项目快速构建》）指南的 "Compatible Linux Distribution"（《兼容 Linux 发行版》）和 "Build Host Packages"（《构建主机包》）部分，其网址如下：

https://www.yoctoproject.org/docs/current/brief-yoctoprojectqs/brief-yoctoprojectqs.html

然后根据第 6 章中的说明在 Linux 主机上构建 Yocto。

8.2　Yocto 架构和工作流程分解

Yocto 是一个复杂的大家伙，因此把它拆开是理解它的第一步。构建系统的架构可以根据其工作流程进行组织。Yocto 的工作流程来自它所基于的 OpenEmbedded 项目。源资料通过元数据以 BitBake 配方的形式被输入系统中。构建系统使用此元数据来获取、配置源代码并将其编译为二进制包源材料（package feed）。在生成完成的 Linux 镜像和 SDK 之前，这些单独的输出包将在暂存区域内组装，并附有一个清单，其中包括板上每个包的许可证。OpenEmbedded 架构工作流程如图 8.1 所示。

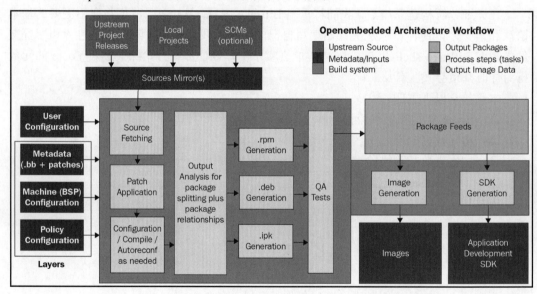

图 8.1　OpenEmbedded 架构工作流程

原　　文	译　　文
Upstream Project Releases	上游项目版本
Local Projects	本地项目
SCMs (optional)	单片机（可选）
Sources Mirror(s)	源镜像
User Configuration	用户配置
Metadata (.bb + patches)	元数据（.bb+补丁）
Machine (BSP) Configuration	机器（BSP）配置

续表

原　　文	译　　文
Policy Configuration	策略配置
Layers	层
Source Fetching	源提取
Patch Application	补丁应用程序
Configuration/Compile/Autoreconf as needed	配置/编译/需要时自动重新配置
Output Analysis for package splitting plus package relationships	包拆分和包关系的输出分析
.rpm Generation	.rpm 生成
.deb Generation	.deb 生成
.ipk Generation	.ipk 生成
QA Tests	质量检查测试
Package Feeds	包源材料
Image Generation	镜像生成
SDK Generation	软件开发工具包（SDK）生成
Images	镜像
Application Development SDK	应用程序开发 SDK
Openembedded Architecture Workflow	Openembedded 架构工作流
Upstream Source	上游源
Metadata/Inputs	元数据/输入
Build system	构建系统
Output Packages	输出包
Process steps (tasks)	处理步骤（任务）
Output Image Data	输出镜像数据

以下是 Yocto 构建系统工作流程的 7 个步骤：

（1）为策略、机器和软件元数据定义层。

（2）从软件项目的源 URI 中获取源。

（3）提取源代码，打补丁，编译软件。

（4）将构建工件安装到暂存区中以进行打包。

（5）将已安装的构建工件捆绑到根文件系统的包源材料中。

（6）在提交之前对二进制包源材料运行质量检查测试。

（7）以并行方式生成 Linux 镜像和 SDK。

除了步骤（1）和步骤（7），此工作流程中的所有步骤均基于每个配方执行。代码检查、清理和其他形式的静态分析可能发生在编译之前或之后。单元测试和集成测试可以直接在构建机器上、在充当目标 SoC 替身的 QEMU 实例上或在目标本身上运行。构建完成后，可以将完成的镜像部署到一组专用设备上以做进一步测试。作为嵌入式 Linux 构建系统的金标准，Yocto 是许多产品的软件持续集成/持续交付（continuous integration/ continuous delivery，CI/CD）流水线的重要组成部分。

Yocto 生成的包可以是 rpm、deb 或 ipk 格式。除了主二进制包，构建系统默认尝试为配方生成以下所有包。

- ❑ dbg：二进制文件，包括调试符号。
- ❑ static-dev：头文件和静态库。
- ❑ dev：头文件和共享库符号链接。
- ❑ doc：文档，包括手册页。
- ❑ locale：语言翻译信息。

除非启用 ALLOW_EMPTY 变量，否则不会生成不包含文件的包。默认情况下要生成的包的集合由 PACKAGES 变量确定。这两个变量都在 meta/classes/packagegroup.bbclass 中被定义，但它们的值可以被从 BitBake 类继承的包组配方覆盖。

构建一个 SDK 可以实现另一个完整的开发工作流程，以操作单独的包配方。在 7.3 节"使用 devtool 捕获更改"中介绍了如何使用 devtool 添加和修改 SDK 软件包，以便可以将它们重新集成到镜像中。

8.2.1　元数据

元数据（metadata）是进入构建系统的输入，它控制构建的内容和方式。元数据不仅仅是配方。板级支持包（BSP）、策略、补丁和其他形式的配置文件也是元数据。构建哪个版本的包以及从哪里提取源代码当然是元数据的形式。开发人员通过命名文件、设置变量和运行命令来做出所有这些选择。这些配置操作、参数值及其生成的工件是另一种形式的元数据。Yocto 可解析所有这些输入并将它们转换为完整的 Linux 镜像。

开发人员在使用 Yocto 执行构建操作时所做的第一个选择便是目标机器架构。为此，你可以在项目的 conf/local.conf 文件中设置 MACHINE 变量。以 QEMU 为目标时，我喜欢使用 MACHINE ?= "qemuarm64"将 aarch64 指定为机器架构。Yocto 将确保正确的编译器标志从 BSP 向下传播到其他构建层中。

与特定架构相关的设置在名为 tunes 的文件中被定义，这些文件位于 Yocto 的 meta/ conf/machine/include 目录中，以及各个 BSP 层本身。每个 Yocto 版本都包含许多 BSP 层。在第 7 章"使用 Yocto 进行开发"中多次使用了 meta-raspberrypi BSP 层。每个 BSP 的源代码都位于其自己的 Git 存储库中。

例如，要克隆 Xilinx（赛灵思）的 BSP 层（其中包含对其 Zynq 系列 SoC 的支持），需要使用以下命令：

```
$ git clone git://git.yoctoproject.org/meta-xilinx
```

这只是 Yocto 附带的众多 BSP 层的一个示例。本书以后的任何练习都不需要该层，因此你只要看看就行了。

元数据需要源代码才能执行操作。BitBake 的 do_fetch 任务可以通过多种不同的方式获取配方源文件。以下是两种最明显的方法：

❑　当其他人开发了一些你需要的软件时，获得它的最简单方法是告诉 BitBake 下载该项目的 tar 压缩包版本。

❑　要扩展其他人的开源软件，只需在 GitHub 上分叉（Fork）存储库。然后 BitBake 的 do_fetch 任务就可以使用 Git 从给定的 SRC_URI 中克隆源文件。

如果你的团队负责该软件，那么你可以选择将其作为本地项目嵌入你的工作环境中。你可以通过将其嵌套为子目录或使用 externalsrc 类在树外定义它来做到这一点。

嵌入意味着该源将被绑定到你的层存储库中，并且不能在其他地方随意使用。使用 externalsrc 的树外项目需要在所有构建实例上使用相同的路径并破坏可再现性。这两种技术都只是用于加快开发的工具。二者都不应该在生产中使用。

策略（policy）是捆绑在一起作为分发层的属性。其中包括 Linux 发行版需要哪些功能（如 systemd）、C 库实现（glibc 或 musl）和包管理器。每个发行版层都有自己的 conf/distro 子目录，该目录中的.conf 文件定义了分发或镜像的顶级策略。

有关发行层的示例，请参见 meta-poky 子目录。这个 Poky 参考分发层包括.conf 文件，用于为你的目标设备构建默认、微型、前沿和替代风格的 Poky。在 7.4 节"构建自己的发行版"中介绍了更多内容。

8.2.2　构建任务

我们已经讨论了 BitBake 的 do_fetch 任务如何下载和提取配方的源代码。构建过程的下一步是修补、配置和编译源代码，即 do_patch、do_configure 和 do_compile。

do_patch 任务可使用 FILESPATH 变量和配方的 SRC_URI 变量来定位补丁文件并将它们应用于预期的源代码。

FILESPATH 变量（可以在 meta/classes/base.bbclass 中找到）定义了构建系统用于搜索补丁文件的默认目录的集合。有关详细信息，可阅读 *Yocto Project Reference Manual*（《Yocto Project 参考手册》），其网址如下：

https://www.yoctoproject.org/docs/current/ref-manual/ref-manual.html#ref-tasks-patch

按照惯例，补丁文件名称以.diff 和.patch 结尾，并位于相应配方文件所在的子目录下。通过定义 FILESEXTRAPATHS 变量并将文件路径名附加到配方的 SRC_URI 变量中，可以扩展和覆盖此默认行为。

修补源代码后，do_configure 和 do_compile 任务可对其进行配置、编译和链接，如图 8.2 所示。

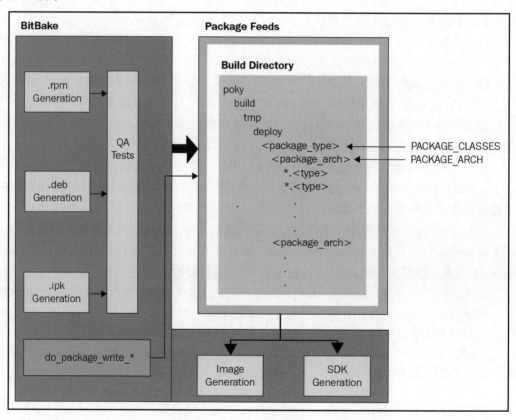

图 8.2　包源材料

原　　文	译　　文	原　　文	译　　文
Package Feeds	包源材料	.ipk Generation	.ipk 生成
Build Directory	构建目录	QA Tests	质量检查测试
.rpm Generation	.rpm 生成	Image Generation	镜像生成
.deb Generation	.deb 生成	SDK Generation	软件开发工具包（SDK）生成

do_compile 编译完成后，do_install 任务可将生成的文件复制到准备打包的暂存区中。在那里，do_package 和 do_package_data 任务协同工作以处理暂存区域中的构建工件并将它们分成包。在将它们提交到包源材料区域之前，do_package_qa 任务将使包工件接受一系列质量检查测试。这些自动生成的 QA 检查在 meta/classes/insane.bbclass 中被定义。

最后，do_package_write_*任务可创建单独的包并将它们发送到包源材料区域中。填充包源材料区域后，BitBake 就可以生成镜像和 SDK。

8.2.3　镜像生成

生成镜像是一个多阶段的过程，它依赖于若干个变量来执行一系列任务。do_rootfs 任务将为镜像创建根文件系统。以下变量决定了将哪些包安装到镜像上。

- ❑ IMAGE_INSTALL：要安装到镜像上的包。
- ❑ PACKAGE_EXCLUDE：要从镜像中排除的包。
- ❑ IMAGE_FEATURES：要安装到镜像上的附加包。
- ❑ PACKAGE_CLASSES：要使用的包格式（rpm、deb 或 ipk）。
- ❑ IMAGE_LINGUAS：要包含的支持包的语言。

回想一下，在 6.5.10 节"编写镜像配方"中，我们曾经将包添加到 IMAGE_INSTALL 变量中。来自 IMAGE_INSTALL 变量的包列表将被传递给包管理器（dnf、apt 或 opkg），以便它们可以被安装在镜像上。

调用哪个包管理器取决于包源材料的格式，相应的任务包括 do_package_write_rpm、do_package_write_deb 或 do_package_write_ipk。

无论目标中是否包含运行时包管理器，都会安装包。如果板载没有包管理器，则出于干净和节省空间的目的，在包安装阶段结束时，会从镜像中删除无关紧要的文件。

包安装完成后，将运行包的安装后脚本。这些安装后脚本包含在包中。如果所有安装后脚本都成功运行，则会写入清单（manifest）并在根文件系统镜像上执行优化。

最上层的.manifest 文件列出了已安装在镜像上的所有包。默认库大小和可执行启动时间优化由 ROOTFS_POSTPROCESS_COMMAND 变量定义。

现在根文件系统已经完全填充，do_image 任务可以开始镜像处理。

首先，执行 IMAGE_PREPROCESS_COMMAND 变量定义的所有预处理命令。

接下来，该过程将创建最终的镜像输出文件。它通过为 IMAGE_FSTYPES 变量中指定的每种镜像类型（如 cpio.lz4、ext4 和 squashfs-lzo）启动一个 do_image_*任务来实现这一点。然后构建系统将获取 IMAGE_ROOTFS 目录的内容并将其转换为一个或多个镜像文件。当指定的文件系统格式允许时，这些输出镜像文件会被压缩。

最后，do_image_complete 任务通过执行由 IMAGE_POSTPROCESS_COMMAND 变量定义的每个后处理命令来完成镜像。

至此，我们已经详细拆分和阐释了 Yocto 的整个构建工作流程，接下来让我们看看构建大型项目的一些最佳实践。

8.3　将元数据分层

Yocto 元数据围绕以下概念进行组织。

- 发行版（distro）：操作系统功能，包括 C 库、init（初始化）系统和窗口管理器等的选择。
- 机器（machine）：CPU 架构、内核、驱动程序和引导加载程序。
- 配方（recipe）：应用程序二进制文件和/或脚本。
- 镜像（image）：开发、制造或生产。

这些概念直接映射到构建系统的实际副产品，从而为我们提供在设计项目时的指导。我们可以一股脑地将所有东西组装在一个单一的层中，但这可能会导致一个不灵活且不可维护的项目。硬件不可避免地会被修改，一个成功的消费设备很快就会变成一系列产品。出于这些原因，最好尽早采用多层方法，以便最终可以轻松地修改、替换和重用的软件组件。

至少，你应该从 Yocto 开始为每个主要项目创建单独的分发、BSP 和应用程序层。

- 分发层（distribution layer）可构建目标操作系统（Linux 发行版）——你的应用程序将在该系统上运行。帧缓冲区和窗口管理器配置文件都属于分发层。
- 板级支持包（BSP）层指定了硬件运行所需的引导加载程序、内核和设备树等。
- 应用程序层则包含构建所有包所需的配方，以容纳自定义应用程序。

在第 6 章"选择构建系统"中首次介绍了 MACHINE 变量，当时我们使用了 Yocto 执行第一次构建操作。

在 7.4 节"构建自己的发行版"中，我们介绍了 DISTRO 变量。

本书中的其他 Yocto 练习依赖于 meta-poky 作为其发行层。通过将层插入活动构建目录 conf/bblayers.conf 文件的 BBLAYERS 变量中，即可将层添加到你的构建中。以下是 Poky 的默认 BBLAYERS 定义示例：

```
BBLAYERS ?= " \
    /home/frank/poky/meta \
    /home/frank/poky/meta-poky \
    /home/frank/poky/meta-yocto-bsp \
    "
```

　　不要直接编辑 bblayers.conf，而是使用 bitbake-layers 命令行工具来处理项目层。开发人员应该抵制直接修改 Poky 源代码树的诱惑，始终在 Poky 上方创建你自己的层（如 meta-mine）并在该层进行更改。

　　以下是开发期间活动构建目录（如 build-mine）conf/bblayers.conf 文件内 BBLAYERS 变量的外观：

```
BBLAYERS ?= " \
    /home/frank/poky/meta \
    /home/frank/poky/meta-poky \
    /home/frank/poky/meta-yocto-bsp \
    /home/frank/meta-mine \
    /home/frank/build-mine/workspace \
    "
```

　　workspace 是我们在第 7 章"使用 Yocto 进行开发"尝试使用 devtool 时遇到的一个特殊临时层。每个 BitBake 层都具有相同的基本目录结构，无论它是什么类型的层。按照惯例，层目录名称通常以 meta-前缀开头。以下面的虚拟层为例：

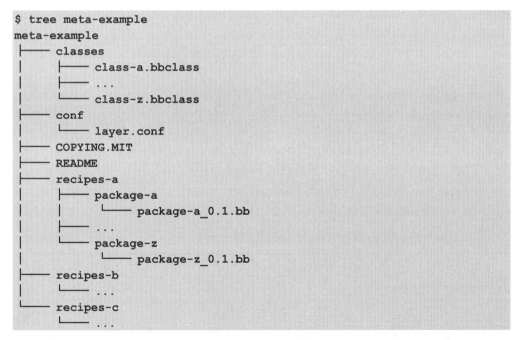

```
$ tree meta-example
meta-example
├── classes
│   ├── class-a.bbclass
│   ├── ...
│   └── class-z.bbclass
├── conf
│   └── layer.conf
├── COPYING.MIT
├── README
├── recipes-a
│   ├── package-a
│   │   └── package-a_0.1.bb
│   ├── ...
│   └── package-z
│       └── package-z_0.1.bb
├── recipes-b
│   └── ...
└── recipes-c
    └── ...
```

　　每个层都必须有一个带有 layer.conf 文件的 conf 目录，以便 BitBake 可以设置元数据文件的路径和搜索模式。

在第 6 章"选择构建系统"中，当我们为 Nova 板创建 meta-nova 层时，仔细查看了 layer.conf 的内容。

BSP 和分发层也可能在 conf 目录下有一个 machine 或 distro 子目录，其中包含更多的.conf 文件。在第 7 章"使用 Yocto 进行开发"中，我们介绍了机器和分发层的结构，当时我们在 meta-raspberrypi 层之上构建并创建了自己的 meta-mackerel 发行层。

只有定义了自己的 BitBake 类的层才需要 classes 子目录。

配方是按类别组织的，如连接性分类，因此 recipes-a 实际上是 recipes-connectivity 之类的占位符。一个类别可以包含一个或多个包，每个包都有自己的一组 BitBake 配方文件（.bb）。配方文件按包的版本号进行版本控制。同样，诸如 package-a 和 package-z 之类的名称实际上只是真实包的占位符。

在所有这些不同的层中导航很容易迷失方向，即使你越来越精通 Yocto，有时候也会搞不清楚某个特定文件究竟是如何出现在镜像中的，或者当你需要修改或扩展操作时，找不到所需的配方文件在哪里。幸运的是，Yocto 提供了一些命令行工具来帮助你回答这些问题。我们建议你探索 recipetool、oe-pkgdata-util 和 oe-pkgdata-browser 并熟悉它们，这样可以为自己节省很多时间。

8.4　构建失败故障排除

在前两章中，我们介绍了如何为 QEMU 模拟器、自定义 Nova 开发板和 Raspberry Pi 4 构建可引导镜像。但是，当出现问题时该怎么办？本节将介绍一些有用的调试技术，这些技术应该可以让解决 Yocto 构建失败的问题变得不那么令人生畏。

要执行后续练习中的命令，需要激活 BitBake 环境，其操作如下。

（1）在克隆 Yocto 的目录上导航到上一级。

（2）设置 BitBake 工作环境：

```
$ source poky/oe-init-build-env build-rpi
```

这会设置一堆环境变量，并将你带回到我们在第 7 章"使用 Yocto 进行开发"创建的 build-rpi 目录中。

8.4.1　隔离错误

如果你的构建过程失败了，那么它在哪里失败了？你会有一条错误消息，但它是什么意思，它来自哪里呢？别着急，调试的第一步是重现错误。一旦可以重现错误，你就可以将问题缩小到一系列已知步骤。追溯这些步骤是你发现故障的方式。

（1）查看 BitBake 构建错误消息，看看你是否能够识别出任何包或任务名称。你如果不确定工作区中有哪些包，则可使用以下命令获取它们的列表：

```
$ bitbake-layers show-recipes
```

（2）一旦确定了哪个包构建失败，即可在当前层中搜索任何与该包相关的配方或附加文件，如下所示：

```
$ find ../poky -name "*connman*.bb*"
```

在本示例中，要搜索的包是 connman。上述 find 命令中的 ../poky 参数假定你的构建目录与 poky 相邻，就像第 7 章"使用 Yocto 进行开发"中的 build-pi 一样。

（3）列出所有可用于 connman 配方的任务：

```
$ bitbake -c listtasks connman
```

（4）要重现错误，可以重建 connman，示例如下：

```
$ bitbake -c clean connman && bitbake connman
```

在知道了构建失败的配方和任务之后，即可继续进行下一阶段的调试。

8.4.2　检查和转储环境值

在调试构建失败的情况时，你会希望查看和转储 BitBake 环境中变量的当前值。让我们从顶部开始，一路向下。

（1）检查全局环境，搜索 DISTRO_FEATURES 的值：

```
$ bitbake -e | less
```

输入/DISTRO_FEATURES=（注意前导斜杠），less 应该会跳到类似以下的行：

```
DISTRO_FEATURES="acl alsa argp bluetooth ext2 ipv4
ipv6 largefile pcmcia usbgadget usbhost wifi xattr nfs
zeroconf pci 3g nfc x11 vfat largefile opengl ptest
multiarch wayland vulkan pulseaudio sysvinit gobject-
introspection-data ldconfig"
```

（2）要检查 busybox 的包环境并找到其源目录，需要使用以下命令：

```
$ bitbake -e busybox | grep ^S=
```

（3）要检查 connman 的包环境并找到其工作目录，需要使用以下命令：

```
$ bitbake -e connman | grep ^WORKDIR=
```

包的工作目录是在 BitBake 构建期间保存其配方任务日志的位置。

在步骤（1）中，可以将 bitbake -e 的输出通过管道传输到 grep 中，但 less 允许我们更轻松地跟踪变量的评估。在 less 中输入不带尾随等号的/DISTRO_FEATURES 以搜索更多出现的变量。按 n 键向前跳到下一个出现的地方，按 N 键则跳回上一个出现的地方。

相同的命令适用于镜像和包配方：

```
$ bitbake -e core-image-minimal | grep ^S=
```

在本示例中，要检查和转储的目标环境属于 core-image-minimal。

现在你已经知道源和任务日志文件在哪里，接下来让我们来看看任务日志。

8.4.3　读取任务日志

BitBake 将为每个 shell 任务创建一个日志文件，并将其保存到包工作目录的临时文件夹中。在 connman 示例中，该临时文件夹的路径看起来像这样：

```
$ ./tmp/work/aarch64-poky-linux/connman/1.37-r0/temp
```

日志文件名的格式是 log.do_<task>.<pid>。还有一些 symlinks 的名称末尾没有<pid>，这些 symlinks 指向每个任务的最新日志文件。

日志文件包含任务运行的输出，在大多数情况下，这是调试问题所需的所有信息。如果没有，那还能怎么做呢？自然是添加更多日志记录了。

8.4.4　添加更多日志记录

从 Python 中进行日志记录不同于在 BitBake 中从 shell 中进行日志记录。要从 Python 中进行日志记录，你需要使用 BitBake 的 bb 模块，该模块将调用 Python 的标准 logger 模块，如下所示：

```
bb.plain -> none; Output: logs console
bb.note -> logger.info; Output: logs
bb.warn -> logger.warning; Output: logs console
bb.error -> logger.error; Output: logs console
bb.fatal -> logger.critical; Output: logs console
bb.debug -> logger.debug; Output: logs console
```

要从 shell 中登录，需要使用 BitBake 的 logging 类，其来源可以在 meta/classes/logging.bbclass 中找到。所有继承 base.bbclass 的配方都会自动继承 logging.bbclass。这意味着你

应该已经可以从大多数 shell 配方文件中使用以下所有日志记录函数：

```
bbplain -> Prints exactly what is passed in. Use sparingly.
bbnote -> Prints noteworthy conditions with the NOTE prefix.
bbwarn -> Prints a non-fatal warning with the WARNING prefix.
bberror -> Prints a non-fatal error with the ERROR prefix.
bbfatal -> Prints a fatal error and halts the build.
bbdebug -> Prints debug messages depending on log level.
```

对上述日志记录函数的解释如下。

❑　bbplain ->：准确输出传入的内容。谨慎使用。

❑　bbnote ->：输出带有 NOTE 前缀的值得注意的状况。

❑　bbwarn ->：输出带有 WARNING 前缀的非致命警告。

❑　bberror ->：输出带有 ERROR 前缀的非致命错误。

❑　bbfatal ->：输出一个致命错误并停止构建。

❑　bbdebug ->：根据日志级别输出调试消息。

根据 logging.bbclass 源，bbdebug 函数将采用整数调试日志级别作为其第一个参数：

```
# Usage:     bbdebug 1 "first level debug message"
#            bbdebug 2 "second level debug message
bbdebug () {
    USAGE = 'Usage: bbdebug [123] "message"'
    ...
}
```

根据调试日志级别，bbdebug 消息可能会也可能不会进入控制台中。

8.4.5　从 devshell 中运行命令

BitBake 提供了一个开发 shell，以便你可以在更具交互性的环境中手动运行构建命令。要进入用于构建 connman 的 devshell 中，需要使用以下命令：

```
$ bitbake -c devshell connman
```

首先，此命令将提取并修补 connman 的源代码。

接下来，它会在 connman 的源目录中打开一个新终端，并正确设置构建环境。

一旦进入 devshell 中，就可以运行诸如./configure 和 make 之类的命令，或使用$CC 直接调用交叉编译器。

devshell 非常适合试验诸如 CFLAGS 或 LDFLAGS 之类的值，这些值可以作为命令行参数或环境变量传递给 CMake 和 Autotools 等工具。

如果你阅读的错误消息没有什么提示意义，则可以提高构建命令的详细程度。

8.4.6　查看包的依赖关系

有时，你可能无法在包配方文件中找到构建错误的原因，因为该错误实际上是在构建包的依赖项之一时发生的。要获取 connman 包的依赖项列表，需要使用以下命令：

```
$ bitbake -v connman
```

可以使用 BitBake 的内置任务浏览器来显示和导航依赖项：

```
$ bitbake -g connman -u taskexp
```

上述命令在分析 connman 后将启动任务浏览器的图形用户界面，如图 8.3 所示。

图 8.3　任务浏览器

🛈 注意：

一些较大的镜像，如 core-image-x11，具有复杂的包依赖树，可能会使任务浏览器崩溃。

接下来，让我们离开有关构建失败的话题，深入研究 Yocto Project 的原始材料，即 BitBake 元数据。

8.5　了解 BitBake 语法和语义

BitBake 是一个任务运行器。在这方面它类似于 GNU make，区别在于它是在配方而不是 makefile 上运行。这些配方中的元数据定义了 shell 和 Python 中的任务。BitBake 本身是使用 Python 编写的。Yocto 所基于的 OpenEmbedded 项目由 BitBake 和大量用于构建嵌入式 Linux 发行版的配方组成。

BitBake 的强大之处在于它能够并行运行任务，同时仍然满足任务间的依赖关系。其对元数据的分层和基于继承的方法使 Yocto 能够以基于 Buildroot 的构建系统根本无法实现的方式进行扩展。

在第 6 章"选择构建系统"中，我们了解了 5 种类型的 BitBake 元数据文件，即.bb、.bbappend、.inc、.bbclass 和.conf。我们还编写了用于构建基本 helloworld 程序和 nova-image 镜像的 BitBake 配方。现在，我们将更仔细地探讨 BitBake 元数据文件的内容。

我们知道任务是用 shell 和 Python 混合编写的，但是，需要去哪里执行任务？为什么要执行该任务？可以使用哪些语言结构？用它们做什么？如何组合元数据来构建应用程序？在充分利用 Yocto 的强大功能之前，你需要充分了解 BitBake。

8.5.1　任务

任务实际上是 BitBake 需要按顺序运行以执行配方的函数。回想一下，任务名称都以 do_前缀开头。以下是来自 recipes-core/systemd 的任务：

```
do_deploy () {
    install ${B}/src/boot/efi/systemd-boot*.efi ${DEPLOYDIR}
}
addtask deploy before do_build after do_compile
```

在上述示例中，定义了一个名为 do_deploy 的函数，并使用 addtask 命令立即将其提升为任务。addtask 命令还指定了任务间的依赖关系。例如，这个 do_deploy 任务依赖于 do_compile 任务完成，而 do_build 任务则依赖于 do_deploy 任务完成。addtask 表达的依赖关系只能在配方文件内部。

也可以使用 deltask 命令删除任务。这会阻止 BitBake 作为配方的一部分执行任务。要删除上述 do_deploy 任务，可使用以下命令：

```
deltask do_deploy
```

这会从配方中删除任务，但原始的 do_deploy 函数定义仍然存在，并且仍然可以被调用。

8.5.2　依赖项

为了确保高效的并行处理，BitBake 在任务级别处理依赖关系。我们已经看到了如何使用 addtask 来表达单个配方文件中任务之间的依赖关系，但不同配方中的任务之间也存在依赖关系。事实上，这些任务间依赖关系是我们在考虑包之间的构建时（build-time）和运行时（runtime）依赖关系时通常会想到的。

8.5.3　任务间依赖项

变量标志（varflags）是一种将属性或特性附加到变量中的方法。它们的行为类似于哈希映射中的键，因为它们允许你将键设置为值并通过它们的键检索值。BitBake 定义了大量用于配方和类的 varflags。

这些 varflags 指示任务的组件和依赖项是什么。以下是一些 varflags 的例子：

```
do_patch[postfuncs] += "copy_sources"
do_package_index[depends] += "signing-keys:do_deploy"
do_rootfs[recrdeptask] += "do_package_write_deb do_package_qa"
```

分配给 varflag 键的值通常是一项或多项其他任务。这意味着 BitBake varflags 为我们提供了另一种表达任务间依赖关系的方式，这和 addtask 是不一样的。大多数嵌入式 Linux 开发人员可能永远都不需要在日常工作中接触 varflags。我在这里介绍它们，是为了方便你理解以下 DEPENDS 和 RDEPENDS 示例。

8.5.4　构建时依赖项

BitBake 使用 DEPENDS 变量来管理构建时（build-time）依赖项。任务的 deptask varflag 表示在执行该任务之前必须为 DEPENDS 中的每个项目完成的任务：

```
do_package[deptask] += "do_packagedata"
```

在上述示例中，DEPENDS 中每一项的 do_packagedata 任务都必须在 do_package 执行之前完成。

💡 提示：

有关构建时依赖项的详细信息，可参考 *BitBake User Manual*（《BitBake 用户手册》），其网址如下：

https://www.yoctoproject.org/docs/current/bitbake-user-manual/bitbake-user-manual.html#build-dependencies

或者，你也可以绕过 DEPENDS 变量并使用 depends 标志显式地定义构建时依赖项：

```
do_patch[depends] += "quilt-native:do_populate_sysroot"
```

在上述示例中，属于 quilt-native 命名空间的 do_populate_sysroot 任务必须在 do_patch 可以执行之前完成。配方的任务通常在它们自己的命名空间中被组合在一起，以实现这种形式的直接访问。

8.5.5　运行时依赖项

BitBake 可以使用 PACKAGES 和 RDEPENDS 变量来管理运行时依赖关系。

PACKAGES 变量将列出配方创建的所有运行时包。这些包中的每一个都可以具有 RDEPENDS 运行时依赖项。这些是必须已经安装的包才能运行给定的包。

任务的 rdeptask varflag 指定在执行该任务之前必须为每个运行时依赖项完成哪些任务：

```
do_package_qa[rdeptask] = "do_packagedata"
```

在上述示例中，RDEPENDS 中每个项目的 do_package_data 任务必须在 do_package_qa 可以执行之前完成。

💡 提示：

有关运行时依赖项的详细信息，可参考 *BitBake User Manual*（《BitBake 用户手册》），其网址如下：

https://www.yoctoproject.org/docs/current/bitbake-user-manual/bitbake-user-manual.html#runtime-dependencies

rdepends 标志的工作方式与 depends 标志非常相似，它允许你绕过 RDEPENDS 变量。唯一的区别是 rdepends 在运行时而不是构建时强制执行。

8.5.6　变量

BitBake 变量语法类似于 make 变量语法。BitBake 中变量的范围取决于定义变量的元数据文件的类型。配方文件（.bb）中声明的每个变量都是本地的。配置文件（.conf）中声明的每个变量都是全局变量。

镜像只是一个配方，因此镜像不会影响另一个配方中发生的事情。

8.5.7　赋值和扩展

变量赋值和扩展就像在 shell 中一样。默认情况下，一旦语句被解析并且是无条件的，赋值就会发生。

$字符可触发变量扩展。大括号是可选的，用于保护要扩展的变量免受紧随其后的字符的影响。扩展变量通常用双引号括起来以避免意外的分词和通配符：

```
OLDPKGNAME = "dbus-x11"
PROVIDES_${PN} = "${OLDPKGNAME}"
```

变量是可变的，通常在引用时进行评估，而不是赋值，就像在 make 中一样。这意味着，如果在赋值的右侧引用了一个变量，那么在扩展左侧的变量之前，不会评估该引用的变量。因此，如果右侧的值随时间变化，那么左侧变量的值也会发生变化。

条件赋值仅在解析发现变量未定义时才定义。这可以防止重新赋值：

```
PREFERRED_PROVIDER_virtual/kernel ?= "linux-yocto"
```

在 makefile 的顶部使用条件赋值，以防止可能已经由构建系统设置的变量（如 CC、CFLAGS 和 LDFLAGS）被覆盖。条件赋值可确保我们稍后不会在配方中附加或前置未定义的变量。

使用 ??=的延迟赋值（lazy assignment）与 ?= 的行为相同，只是赋值是在解析过程结束时进行的，而不是立即进行：

```
TOOLCHAIN_TEST_HOST ??= "localhost"
```

这意味着如果变量名位于多个延迟赋值的左侧，则最后一个延迟赋值语句获胜。

💡提示：

有关延迟赋值的详细信息，可参考 *BitBake User Manual*（《BitBake 用户手册》），其网址如下：

https://www.yoctoproject.org/docs/current/bitbake-user-manual/bitbake-user-manual.html#setting-a-weak-default-value

另一种形式的变量赋值将强制在解析时立即计算赋值的右侧：

```
target_datadir := "${datadir}"
```

请注意，用于立即赋值的:=运算符来自 make，而不是 shell。

8.5.8　附加和前置

在 BitBake 中附加（append）或前置（prepend）变量或变量标志是很容易的。以下两个运算符可以在左侧的值与右侧附加或前置的值之间插入一个空格：

```
CXXFLAGS += "-std=c++11"
PACKAGES =+ "gdbserver"
```

请注意，当应用于整数而不是字符串值时，+=运算符表示递增，而不是附加。

如果你希望忽略单个空格，则也可以使用赋值运算符：

```
BBPATH .= ":${LAYERDIR}"
FILESEXTRAPATHS =. "${FILE_DIRNAME}/systemd:"
```

附加和前置赋值运算符的单个空格版本可以在整个 BitBake 元数据文件中使用。

8.5.9　覆盖

BitBake 还提供了另一种语法来附加和前置变量。这种连接方式也称为覆盖（override）语法：

```
CFLAGS_append = " -DSQLITE_ENABLE_COLUMN_METADATA"
PROVIDES_prepend = "${PN} "
```

虽然乍一看可能并不明显，但上述两行并未定义新变量。_append 和 _prepend 后缀可修改或覆盖现有变量的值。它们的功能更像 BitBake 的 .= 和 =.。

与 += 和 =+ 运算符相比，它们在组合字符串时省略了单个空格。

与那些运算符不同，覆盖是延迟的，因此在所有解析完成之前不会进行赋值。

最后，让我们看看更高级的条件赋值形式，它涉及在 meta/conf/bitbake.conf 中定义的 OVERRIDES 变量。

OVERRIDES 变量是你希望满足的条件列表（以冒号分隔）。此列表用于在同一变量的多个版本之间进行选择，每个版本由不同的后缀区分。各种后缀与条件的名称相匹配。

假设 OVERRIDES 列表中包含${TRANSLATED_TARGET_ARCH}作为条件，那么你可以定义以 aarch64 的目标 CPU 架构为条件的变量版本，如 VALGRINDARCH_aarch64 变量：

```
VALGRINDARCH ?= "${TARGET_ARCH}"
VALGRINDARCH_aarch64 = "arm64"
VALGRINDARCH_x86-64 = "amd64"
```

当 TRANSLATED_TARGET_ARCH 变量扩展为 aarch64 时，VALGRINDARCH_aarch64 版本的 VALGRINDARCH 变量被选中，而不是所有其他覆盖。

与其他条件赋值方法（如 C 中的 #ifdef 指令）相比，基于 OVERRIDES 选择变量值更简洁、更不易出错。

BitBake还支持根据特定项目是否列出在OVERRIDES中来对变量值进行附加和前置操作。有关详细信息，可参考 *BitBake User Manual*（《BitBake 用户手册》），其网址如下：

https://www.yoctoproject.org/docs/current/bitbake-user-manual/bitbake-user-manual.html #conditional-metadata

以下是各种真实示例：

```
EXTRA_OEMAKE_prepend_task-compile = "${PARALLEL_MAKE} "
EXTRA_OEMAKE_prepend_task-install = "${PARALLEL_MAKEINST} "
DEPENDS = "attr libaio libcap acl openssl zip-native"
DEPENDS_append_libc-musl = " fts "
EXTRA_OECONF_append_libc-musl = " LIBS=-lfts "
EXTRA_OEMAKE_append_libc-musl = " LIBC=musl "
```

在上述示例中可以看到，libc-musl 成为将字符串值附加到 DEPENDS、EXTRA_OECONF 和 EXTRA_OEMAKE 变量中的条件。与前面用于附加和前置变量的无条件覆盖语法一样，这种条件语法也是延迟的，直到解析了配方和配置文件之后才会发生赋值。

基于 OVERRIDES 的内容有条件地附加和前置变量是复杂的，并且可能导致意外的意外。因此，在采用这些更高级的 BitBake 功能之前，建议你对基于 OVERRIDES 的条件赋值进行大量练习。

8.5.10 内联 Python

BitBake 中的@符号允许开发人员在变量中注入和执行 Python 代码。每次展开=运算符左侧的变量时，都会计算内联 Python 表达式。

:=运算符右侧的内联 Python 表达式在解析时仅计算一次。

以下是一些内联 Python 变量扩展的示例：

```
PV = "${@bb.parse.vars_from_file(d.getVar('FILE', False),d)[1] or '1.0'}"
BOOST_MAJ = "${@"_".join(d.getVar("PV").split(".")[0:2])}"
GO_PARALLEL_BUILD ?= "${@oe.utils.parallel_make_argument(d, '-p %d')}"
```

请注意，bb 和 oe 是 BitBake 和 OpenEmbedded 的 Python 模块的别名。

另外，请注意 d.getVar("PV")用于从任务的运行时环境中检索 PV 变量的值。d 变量指的是 BitBake 将原始执行环境的副本保存到的数据存储对象中。这主要为了演示 BitBake shell 和 Python 代码如何互操作。

8.5.11　函数

函数是 BitBake 任务的组成部分。这些函数是用 shell 或 Python 编写的，并在.bbclass、.bb 和.inc 文件中被定义。

8.5.12　shell

用 shell 编写的函数将作为函数或任务被执行。作为任务运行的函数的名称通常以 do_前缀开头。下面是一个函数在 shell 中的样子：

```
meson_do_install() {
    DESTDIR='${D}' ninja -v ${PARALLEL_MAKEINST} install
}
```

请记住在编写函数时保持与 shell 无关。BitBake 使用/bin/sh 执行 shell 片段，这可能是也可能不是 bash shell，具体取决于主机发行版。

可通过对你的 shell 脚本运行 scripts/verify-bashisms 检查来避免非 bash 不用者的吐槽。

8.5.13　Python

BitBake 可理解以下 3 种类型的 Python 函数：

❏　纯 Python 函数。

❏　BitBake 风格的 Python 函数。

❏　匿名函数。

8.5.14　纯 Python 函数

纯 Python 函数（pure Python function）是用常规 Python 编写的，并由其他 Python 代码调用。这里所谓的"纯"是指函数只存在于 Python 解释器的执行环境中，而不是函数式编程意义上的纯粹。以下是来自 meta/recipes-connectivity/bluez5/bluez5.inc 的示例：

```
def get_noinst_tools_paths (d, bb, tools):
    s = list()
    bindir = d.getVar("bindir")
    for bdp in tools.split():
        f = os.path.basename(bdp)
        s.append("%s/%s" % (bindir, f))
    return "\n".join(s)
```

可以看到，该函数就像一个真正的 Python 函数一样接收参数。

关于该函数，还有一些更值得注意的事情：

❑ 数据存储（datastore）对象不可用，因此你需要将其作为函数参数（在此实例中为 d 变量）进行传递。

❑ os 模块是自动可用的，所以不需要导入或传入。

纯 Python 函数可以由使用@符号分配给 shell 变量的内联 Python 调用。事实上，这正是这个包含文件的下一行发生的事情：

```
FILES_${PN}-noinst-tools = \
"${@get_noinst_tools_paths(d, bb, d.getVar('NOINST_TOOLS'))}"
```

请注意，d 数据存储对象和 bb 模块都在@符号之后的内联 Python 范围内自动可用。

8.5.15　BitBake 风格的 Python 函数

BitBake 风格的 Python 函数定义由 python 关键字而不是 Python 的原生 def 关键字表示。这些函数是通过调用 bb.build 来执行的。exec_func()来自其他 Python 函数，包括 BitBake 自己的内部函数。

与纯 Python 函数不同，BitBake 风格的函数不带参数。缺少参数并不是什么大问题，因为数据存储对象（即 d）始终可以作为全局变量使用。

虽然和 Python 风格不太像，但 BitBake 风格的函数在整个 Yocto 中占主导地位。以下是来自 meta/classes/sign_rpm.bbclass 的 BitBake 风格 Python 函数的定义：

```
python sign_rpm () {
    import glob
```

```
    from oe.gpg_sign import get_signer

    signer = get_signer(d, d.getVar('RPM_GPG_BACKEND'))
    rpms = glob.glob(d.getVar('RPM_PKGWRITEDIR') + '/*')

    signer.sign_rpms(   rpms,
                        d.getVar('RPM_GPG_NAME'),
                        d.getVar('RPM_GPG_PASSPHRASE'),
                        d.getVar('RPM_FILE_CHECKSUM_DIGEST'),
                        int(d.getVar('RPM_GPG_SIGN_CHUNK')),
                        d.getVar('RPM_FSK_PATH'),
                        d.getVar('RPM_FSK_PASSWORD'))
}
```

8.5.16　匿名 Python 函数

匿名 Python 函数看起来很像 BitBake 风格的 Python 函数，但它在解析期间执行。因为它们首先运行，所以匿名函数适用于可以在解析时完成的操作，如初始化变量和其他形式的设置。

匿名函数定义可以使用也可以不使用 __anonymous 函数名称来编写：

```
python __anonymous () {
    systemd_packages = "${PN} ${PN}-wait-online"
    pkgconfig = d.getVar('PACKAGECONFIG')
    if ('openvpn' or 'vpnc' or 'l2tp' or 'pptp') in pkgconfig.split():
        systemd_packages += " ${PN}-vpn"
    d.setVar('SYSTEMD_PACKAGES', systemd_packages)
}
python () {
    packages = d.getVar('PACKAGES').split()
    if d.getVar('PACKAGEGROUP_DISABLE_COMPLEMENTARY') != '1':
        types = ['', '-dbg', '-dev']
        if bb.utils.contains('DISTRO_FEATURES', 'ptest', True,False, d):
            types.append('-ptest')
        packages = [pkg + suffix for pkg in packages
                    for suffix in types]
        d.setVar('PACKAGES', ' '.join(packages))
    for pkg in packages:
        d.setVar('ALLOW_EMPTY_%s' % pkg, '1')
}
```

有关匿名 Python 函数的详细信息，可以访问 *BitBake User Manual*（《BitBake 用户手

册》），其网址如下：

https://www.yoctoproject.org/docs/current/bitbake-user-manual/bitbake-user-manual.html#anonymous-python-functions

匿名 Python 函数中的 d 变量表示整个配方的数据存储，因此，当你在匿名函数范围内设置变量时，该值将在其他函数运行时通过全局数据存储对象提供给它们。

8.5.17　RDEPENDS

现在让我们回到运行时依赖项的主题上。RDPENDS 是必须安装的包，安装它们之后才能运行给定的包。其列表在包的 RDEPENDS 变量中被定义。以下是 populate_sdk_base.bbclass 的一个有趣的片段：

```
do_sdk_depends[rdepends] = "${@get_sdk_ext_rdepends(d)}"
```

以下是对应的内联 Python 函数的定义：

```
def get_sdk_ext_rdepends(d):
    localdata = d.createCopy()
    localdata.appendVar('OVERRIDES', ':task-populate-sdk-ext')
    return localdata.getVarFlag('do_populate_sdk', 'rdepends')
```

这里有一些东西要解释一下。

首先，该函数将制作数据存储对象的副本，以免修改任务运行时环境。

其次，OVERRIDES 变量是用于在变量的多个版本之间进行选择的条件列表。task-populate-sdk-ext 条件将被添加到数据存储的本地副本的 OVERRIDES 列表中。

最后，该函数返回 do_populate_sdk 任务的 rdepends varflag 的值。现在的区别在于 rdepends 是使用_task-populate-sdk-ext 版本的变量来评估的，示例如下：

```
SDK_EXT_task-populate-sdk-ext = "-ext"
SDK_DIR_task-populate-sdk-ext = "${WORKDIR}/sdk-ext"
```

这种临时 OVERRIDES 的使用可谓相当聪明。

BitBake 语法和语义似乎令人生畏。将 shell 和 Python 结合起来可以有趣地组合语言特性。我们现在不仅知道如何定义变量和函数，而且还可以从类文件中继承、覆盖变量和以编程方式更改条件。这些高级概念在.bb、.bbappend、.inc、.bbclass 和.conf 文件中一次又一次地出现，并且随着时间的推移将变得越来越容易识别。

8.6　小　　结

即使你可以使用 Yocto 构建任何东西，但要知道构建系统在做什么或如何做并不总是那么容易，不过我们还是有希望的。有些命令行工具可以帮助我们找到某些东西的来源，并且知道如何更改它。我们可以读取和写入任务日志，还可以使用 devshell 从命令行中配置和编译个别的东西。如果开发人员能够从一开始就将项目分成多个层，则可能会从所做的工作中获得更多的成果。

BitBake 的 shell 和 Python 组合支持一些强大的语言结构，如继承、覆盖和条件变量选择。这既是好事又是坏事。从某种意义上说，层和配方是完全可组合和可定制的，这很好；但是从某种意义上说，不同配方文件和不同层中的元数据可以按奇怪和意想不到的方式交互，这又很糟糕。将这些强大的语言功能与数据存储对象的能力相结合，你将获得极大的乐趣。

对 Yocto Project 的深入探索至此结束，同时，本书第 1 篇有关嵌入式 Linux 要素的介绍也已经完成。从第 9 章 "创建存储策略" 开始，我们将讨论系统架构和设计决策。在第 10 章 "现场更新软件" 中，我们还会使用 Yocto。

8.7　延 伸 阅 读

以下资源包含有关本章介绍的主题的更多信息。

❑ *Yocto Projects Overview and Concepts Manual*（《Yocto Project 概述和概念手册》），by Scott Rifenbark：

https://www.yoctoproject.org/docs/latest/overview-manual/overviewmanual.html

❑ *What I Wish I'd Known*（《我想知道的东西》），Yocto Project：

https://www.yoctoproject.org/docs/what-i-wish-id-known

❑ *BitBake User Manual*（《BitBake 用户手册》），by Richard Purdie, Chris Larson, and Phil Blundell：

https://www.yoctoproject.org/docs/latest/bitbake-usermanual/bitbake-user-manual.html

❑ *Embedded Linux Projects Using Yocto Project Cookbook*（《使用 Yocto Project 进行嵌入式 Linux 项目开发宝典》），by Alex Gonzalez

第 2 篇

系统架构和设计决策

到第 2 篇结束时，你应该能够就程序和数据的存储、如何在内核设备驱动程序和应用程序之间划分工作以及如何初始化系统做出明智的决定。

本篇包括以下 7 章：

❑ 第 9 章，创建存储策略
❑ 第 10 章，现场更新软件
❑ 第 11 章，连接设备驱动程序
❑ 第 12 章，使用分线板进行原型设计
❑ 第 13 章，init 程序
❑ 第 14 章，使用 BusyBox runit 启动
❑ 第 15 章，管理电源

第9章 创建存储策略

嵌入式设备的海量存储选项在稳定可靠性、速度和用于现场更新的方法方面对系统的其余部分有很大影响。大多数设备使用某种形式的闪存。随着存储容量从数十兆字节（MB）增加到数百吉字节（GB），闪存在过去几年中变得便宜很多。

本章将首先详细阐释闪存背后的技术，以及不同的内存组织策略如何影响必须管理它的低级驱动软件，包括 Linux 内存技术设备（memory technology device，MTD）层。

对于每种闪存技术，在文件系统方面都有不同的选择。本章将详细介绍嵌入式设备上最常见的闪存，并探讨如何选择不同的闪存类型。

最后，我们还将深入研究一些可以充分利用闪存的技术，并将所有内容整合到一个连贯的存储策略中。

本章包含以下主题：
- 存储选项
- 从引导加载程序中访问闪存
- 从 Linux 中访问闪存
- 闪存文件系统
- NOR 和 NAND 闪存的文件系统
- 托管闪存的文件系统
- 只读压缩文件系统
- 临时文件系统
- 将根文件系统设为只读
- 文件系统选择

出发！

9.1 技术要求

要遵循本章示例中的操作，请确保你具备以下条件：
- 基于 Linux 的主机系统，安装了 e2fsprogs、genext2fs、mtd-utils、squashfs-tools 和 util-linux 或它们的等价物。

- ❑　第 3 章"引导加载程序详解"中的 U-Boot 源代码树。
- ❑　microSD 读卡器和卡。
- ❑　USB 转 TTL 3.3V 串行电缆。
- ❑　第 4 章"配置和构建内核"中的 Linux 内核源代码树。
- ❑　BeagleBone Black。
- ❑　5V 1A 直流电源。

你应该已经在第 3 章"引导加载程序详解"中为 BeagleBone Black 下载并构建了 U-Boot，并应该已经从第 4 章"配置和构建内核"中获得了 Linux 内核源代码树。

Ubuntu 为创建和格式化各种文件系统所需的大多数工具提供了软件包。要在 Ubuntu 20.04 LTS 系统上安装这些工具，需要使用以下命令：

```
$ sudo apt install e2fsprogs genext2fs mtd-utils squashfs-tools
util-linux
```

mtd-utils 包中包括 mtdinfo、mkfs.jffs2、sumtool、nandwrite 和 UBI 命令行工具。

9.2　存　储　选　项

嵌入式设备需要功耗低、物理上小巧、坚固且可靠的存储，其使用寿命可能长达数十年。在几乎所有情况下，这都意味着固态存储。固态存储是在多年前与只读存储器（read-only memory，ROM）一起推出的，但在过去的 20 年中，它一直是某种形式的闪存。在那个时候就已经有好几代的闪存了，从 NOR 到 NAND，再到 eMMC 等托管闪存。

NOR 闪存昂贵但可靠，可以映射到 CPU 地址空间，这使你可以直接从闪存执行代码。NOR 闪存芯片容量低，从数兆字节到吉字节都有。

NAND 闪存比 NOR 便宜得多，并且容量更大，从几十兆字节到几十吉字节不等。但是，它需要大量的硬件和软件支持才能将其变成有用的存储介质。

托管闪存（managed flash memory）由一个或多个 NAND 闪存芯片组成，封装有一个控制器，可处理闪存的复杂性并提供类似于硬盘的硬件接口。该类产品吸引人的是它消除了驱动软件的复杂性，并使系统设计人员免受闪存技术的频繁变化之苦。SD 卡、eMMC 芯片和 USB 闪存驱动器（通常称为 U 盘）都属于这一类。目前几乎所有的智能手机和平板计算机都具有 eMMC 存储，并且这种趋势很可能会随着其他类别的嵌入式设备而发展。

硬盘驱动器很少出现在嵌入式系统中。一个例外是机顶盒和智能电视中的数字视频录制，其中需要大量存储空间和快速写入时间。

在所有存储选项中，稳定可靠性都是最重要的：你希望设备能够启动并达到正常工作状态，即使出现电源故障和意外重置也不影响其中保存的数据。你应该选择在这种情况下表现良好的文件系统。

本节将详细阐释 NOR 闪存、NAND 闪存和各种托管闪存之间的区别，作为你在选择闪存技术时的参考。

9.2.1　NOR 闪存

NOR 闪存是一种非易失闪存技术，即断电后仍能保存数据。早在 1988 年即已出现。NOR 闪存芯片中的存储单元被排列成擦除块（erase block），擦除块的大小为 64～128 KiB 不等。擦除一个块会将所有位设置为 1。它可以一次编程一个字（8、16 或 32 位，具体取决于数据总线宽度）。每个擦除周期都会对存储单元造成轻微损坏，并且在多个周期之后，擦除块变得不可靠并且不能再使用。最大擦除周期数应在芯片的数据表中给出，但通常为 100 KB～1 MB。

NOR 闪存数据可以逐字被读取。芯片通常被映射到 CPU 地址空间中，这意味着你可以直接从 NOR 闪存中执行代码。这使得 NOR 闪存成为放置引导加载程序代码的方便位置，因为除了硬连线地址映射，它不需要初始化。以这种方式支持 NOR 闪存的 SoC 具有提供默认内存映射的配置，以便它包含 CPU 的复位向量。

内核，甚至是根文件系统，也可以位于闪存中，避免将它们复制到 RAM 中，从而创建内存占用空间小的设备。这种技术被称为芯片内执行（execute in place，XIP）。注意，这并不是说程序在存储器内执行，而是指 CPU 能够直接从 NOR 闪存中取指令，供译码器和执行器来使用。这个问题非常专业，限于篇幅在此不作讨论。如果你对此感兴趣，本章末尾的 9.13 节"延伸阅读"中提供了一些参考资料。

NOR 闪存芯片有一个标准的寄存器级接口，称为通用闪存接口（common flash interface，CFI），所有现代芯片都支持该接口。CFI 在标准 JESD68 中有描述，其网址如下：

https://www.jedec.org/

现在我们已经了解了 NOR 闪存是什么，接下来让我们看看 NAND 闪存。

9.2.2　NAND 闪存

NAND 闪存同样是一种非易失性存储技术。NAND 闪存比 NOR 闪存便宜得多，容量也更大。第一代 NAND 芯片每个存储单元存储一位，这在现在被称为单级单元（single-level cell，SLC）技术。后来的几代转移到每个单元存储两位，这被称为多级单元（multi-level cell，MLC）芯片，现在还有每个单元存储三位的三级单元（tri-level cell，

TLC）芯片。

随着每个单元的位数增加，存储的可靠性降低，需要更复杂的控制器硬件和软件来弥补这一点。如果需要考虑可靠性，则应确保使用的是 SLC NAND 闪存芯片。

与 NOR 闪存一样，NAND 闪存被组织成大小为 16 KiB～512 KiB 不等的擦除块，并且再次擦除块会将所有位设置为 1。但是，在块变得不可靠之前的擦除周期数较低，通常对于 TLC 芯片来说只有 1 KB 周期，而对于 SLC 芯片来说则高达 100 KB。

NAND 闪存只能以页为单位进行读写，通常为 2 KiB 或 4 KiB。由于它们不能被逐字节访问，因此它们不能被映射到地址空间中，所以必须先将代码和数据复制到 RAM 中才能访问它们。

进出芯片的数据传输容易发生位翻转，这可以使用纠错码（error-correction code，ECC）检测和纠正。

SLC 芯片一般使用简单的汉明码（hamming code），这可以在软件中高效实现，并且可以纠正页面读取中的单比特错误。

MLC 和 TLC 芯片需要更复杂的码，如 Bose-Chaudhuri-Hocquenghem（BCH），每页最多可以纠正 8 位错误。这些都需要硬件支持。

ECC 必须被存储在某个地方，因此 NAND 闪存的每页都有一个额外的内存区域，称为带外（out-of-band，OOB）区或空闲区（spare area）。

SLC 设计通常每 32 字节的主存储中有 1 字节的带外区，因此对于 2 KiB 页面设备，其带外区是每页 64 字节，而对于 4 KiB 页面设备来说，其带外区是 128 字节。

MLC 和 TLC 芯片具有相应较大的带外区，以适应更复杂的 ECC。图 9.1 显示了具有 128 KiB 擦除块和 2 KiB 页的芯片的组织结构。

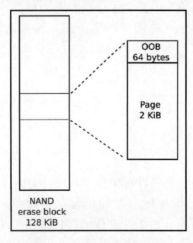

图 9.1　OOB 区（空闲区）

原 文	译 文	原 文	译 文
NAND erase block	NAND 擦除块	Page	页
OOB 64 bytes	带外区 64 字节		

在生产过程中，制造商将测试所有块，并通过在块中每个页面的 OOB 区设置一个标志来标记任何失败的块。经常会发现全新的芯片有高达 2% 的块以这种方式标记为坏块。当出现问题时，在擦除区域之前保存 OOB 信息以进行分析可能很有用。

此外，如果有些块已经快要达到擦除周期极限（该比例应该在产品规范内有规定），则 NAND 闪存驱动程序应该检测到这一点并将其标记为坏块。

一旦在 OOB 区中为坏块标志和 ECC 字节腾出空间，仍然就会有一些字节剩余。一些闪存文件系统可以利用这些空闲字节来存储文件系统元数据。因此，系统的许多部分都对 OOB 区的布局感兴趣，这包括 SoC ROM 引导代码、引导加载程序、内核 MTD 驱动程序、文件系统代码，以及创建文件系统镜像的工具等。

这里没有什么标准可言，大家都各干各的，因此很容易陷入冲突，例如，引导加载程序使用了内核 MTD 驱动程序无法读取的 OOB 格式写入数据。所以，作为开发人员，你有责任确保它们保持一致。

访问 NAND 闪存芯片需要一个 NAND 闪存控制器，它通常是 SoC 的一部分。你将需要引导加载程序和内核中的相应驱动程序。

NAND 闪存控制器可处理芯片的硬件接口，在页面之间传输数据，并且可能包括用于纠错的硬件。

NAND 闪存芯片有一个标准的寄存器级接口，称为开放式 NAND 闪存接口（open NAND flash interface，ONFI），大多数现代芯片都遵循该接口。有关详细信息，可访问以下网址：

http://www.onfi.org/

现代 NAND 闪存技术很复杂。将 NAND 闪存与控制器配对已经不够了。我们还需要一个硬件接口，将大部分技术细节（如纠错）抽象出来。

9.2.3 托管闪存

如果有一个定义明确的硬件接口和一个隐藏内存复杂性的标准闪存控制器，那么在操作系统中支持闪存（尤其是 NAND）的负担就会变得更小。这样的硬件就是托管闪存，它已经变得越来越普遍。

从本质上讲，这意味着将一个或多个闪存芯片与一个微控制器相结合，该微控制器提供具有小扇区大小的理想存储设备，并且与传统文件系统兼容。

对于嵌入式系统来说最重要的芯片类型有以下两种：

❑　安全数字（secure digital，SD）卡。

❑　嵌入式多媒体卡（eMMC）。

9.2.4　多媒体卡和安全数字卡

多媒体卡（multimediacard，MMC）是 SanDisk（闪迪）和 Siemens（西门子）于 1997 年推出的一种使用闪存的封装存储形式。不久之后，在 1999 年，SanDisk、松下和东芝创建了安全数字（SD）卡，它基于 MMC，但添加了加密和 DRM（这体现了名称中的"安全"部分）。SD 和 MMC 卡都适用于数码相机、音乐播放器和类似设备等消费电子产品。

目前，SD 卡是消费电子和嵌入式电子产品管理闪存的主要形式，尽管加密功能很少使用。较新版本的 SD 卡规范允许更小的封装（mini SD 和 microSD，通常写为 uSD）和更大的容量，如 32 GB 的高容量 SDHC 和高达 2 TB 的扩展容量 SDXC。

MMC 和 SD 卡的硬件接口非常相似，可以在全尺寸 SD 卡插槽中使用全尺寸 MMC 卡（但不能反过来）。早期版本使用 1 位串行外设接口（serial peripheral interface，SPI），较新的卡则使用 4 位接口。

SD 卡在 512 字节的扇区中有一个用于读取和写入内存的命令集。封装内部是一个微控制器和一个或多个 NAND 闪存芯片，如图 9.2 所示。

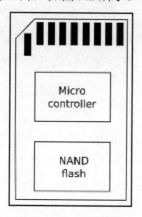

图 9.2　SD 卡封装

原　　文	译　　文	原　　文	译　　文
Micro controller	微控制器	NAND flash	NAND 闪存

微控制器可实现命令集并管理闪存，执行闪存转换层的功能（下文将详细介绍闪存

转换层）。它们使用 FAT 文件系统进行预格式化：在 SDSC 卡上为 FAT16，在 SDHC 上为 FAT32，在 SDXC 上为 exFAT。

NAND 闪存芯片的质量和微控制器上的软件因卡而异。当然，无论是 SD 还是 MMC，它们在应用于深度嵌入式设备时，其可靠性都是值得怀疑的，而且对于容易出现文件损坏的 FAT 文件系统来说，这种怀疑更甚。因此，请记住，MMC 和 SD 卡的主要用例是数码相机、平板计算机和手机上的可移动存储。

9.2.5 eMMC

嵌入式 MMC（embedded MMC，eMMC）是封装后的 MMC 内存，因此它可以被焊接到主板上，使用 4 位或 8 位接口进行数据传输。

eMMC 旨在用作操作系统的存储，芯片通常没有使用任何文件系统进行预格式化。

9.2.6 其他类型的托管闪存

最早的托管闪存技术之一是 CompactFlash（CF），它使用个人计算机存储卡国际协会（Personal Computer Memory Card International Association，PCMCIA）硬件接口的子集。CF 通过并行 ATA 接口公开内存，并在操作系统中显示为标准硬盘。它们在基于 x86 的单板计算机和专业视频和摄像设备中很常见。

我们每天使用的另一种格式是 USB 闪存驱动器（U 盘）。在这种情况下，可以通过 USB 接口访问存储器，由控制器实现 USB 大容量存储规范，以及闪存转换层和闪存芯片的接口。

USB 大容量存储协议基于 SCSI 磁盘命令集。与 MMC 和 SD 卡一样，它们通常使用 FAT 文件系统进行预格式化。它们在嵌入式系统中的主要用例是与计算机交换数据。

托管闪存存储选项列表中的最新成员是通用闪存存储（universal flash storage，UFS）。与 eMMC 一样，它被封装在已安装到主板的芯片中。它具有高速串行接口，可以实现比 eMMC 更高的数据速率。它支持 SCSI 磁盘命令集。

现在我们已经知道了哪些类型的闪存可用，接下来，让我们了解 U-Boot 从这些闪存中加载内核镜像的方式。

9.3 从引导加载程序中访问闪存

在第 3 章"引导加载程序详解"中，我们已经提到过，引导加载程序需要从各种闪存设备上加载内核二进制文件和其他镜像，并执行系统维护任务，如擦除和重新编程闪存。因此，无论你所拥有的闪存类型是什么（NOR、NAND 或托管闪存），引导加载程序都必须具有适当的驱动程序和底层结构来支持对闪存的读取、擦除和写入操作。

在以下示例中我们将使用 U-Boot，其他引导加载程序遵循类似的模式。

9.3.1　U-Boot 和 NOR 闪存

U-Boot 在 drivers/mtd 中有 NOR CFI 芯片的驱动程序，并可利用各种 erase 命令来擦除内存，使用 cp.b 逐字节复制数据，对闪存单元进行编程。

假设你的 NOR 闪存从 0x40000000 映射到 0x48000000，其中的 4 MiB（从 0x40040000 开始）是内核镜像。在这种情况下，可使用以下 U-Boot 命令将新内核加载到闪存中：

```
=> tftpboot 100000 uImage
=> erase 40040000 403fffff
=> cp.b 100000 40040000 $(filesize)
```

上述示例中的 filesize 变量由 tftpboot 命令设置为刚刚下载的文件的大小。

9.3.2　U-Boot 和 NAND 闪存

对于 NAND 闪存来说，你需要 SoC 上的 NAND 闪存控制器驱动程序，你可以在 drivers/mtd/nand 目录下的 U-Boot 源代码中找到该驱动程序。

你可以使用 nand 命令的 erase（擦除）、write（写入）和 read（读取）子命令来管理内存。以下示例可将一个内核镜像加载到 RAM 的 0x82000000 处，然后放入闪存中，从 0x280000 偏移量开始：

```
=> tftpboot 82000000 uImage
=> nand erase 280000 400000
=> nand write 82000000 280000 $(filesize)
```

U-Boot 还可以读取存储在 JFFS2、YAFFS2 和 UBIFS 文件系统中的文件。nand write 将跳过标记为坏的块。如果你正在写入的数据是针对文件系统的，请确保文件系统也跳过坏块。

9.3.3　U-Boot 和 MMC、SD 和 eMMC

U-Boot 在 drivers/mmc 中有若干个 MMC 控制器的驱动程序。你可以在用户界面的层级上使用 mmc read 和 mmc write 访问原始数据，这允许你处理原始内核和文件系统镜像。

U-Boot 还可以从 MMC 存储上的 FAT32 和 ext4 文件系统中读取文件。

U-Boot 需要驱动程序来访问 NOR、NAND 和托管闪存。你应该使用哪个驱动程序取决于你选择的 NOR 芯片或 SoC 上的闪存控制器。从 Linux 中访问原始 NOR 和 NAND 闪存涉及额外的软件层。

9.4　从 Linux 中访问闪存

原始 NOR 和 NAND 闪存由内存技术设备（memory technology device，MTD）子系统处理，它将为你提供读取、擦除和写入闪存块的基本接口。在使用 NAND 闪存的情况下，也有处理 OOB 区并用于识别坏块的函数。

对于托管闪存，你需要驱动程序来处理特定的硬件接口。MMC/SD 卡和 eMMC 使用的是 mmcblk 驱动程序，而 CompactFlash 和硬盘驱动器则使用 SCSI 磁盘驱动程序 sd。USB 闪存驱动器（U 盘）使用 usb_storage 驱动程序和 sd 驱动程序。

9.4.1　内存技术设备子系统

内存技术设备（MTD）子系统由 David Woodhouse 于 1999 年启动，并在随后的几年中得到了广泛的开发。本节将重点介绍它处理 NOR 和 NAND 闪存这两种主要技术的方式。

MTD 由三层组成：一组核心函数，一组用于各种类型芯片的驱动程序，以及一组将闪存呈现为字符设备或块设备的用户级驱动程序，如图 9.3 所示。

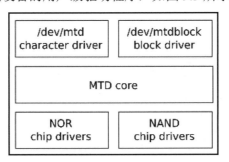

图 9.3　MTD 层

原　　文	译　　文	原　　文	译　　文
character driver	字符设备驱动程序	NOR chip drivers	NOR 芯片驱动程序
block driver	块设备驱动程序	NAND chip drivers	NAND 芯片驱动程序
MTD core	MTD 核心函数		

芯片驱动程序处于最低级别，并与闪存芯片连接。

NOR 闪存芯片只需要少量驱动程序，足以涵盖 CFI 标准和变体，再加上一些不兼容的芯片（这些芯片现在大多已过时）。

对于 NAND 闪存，你需要正在使用的 NAND 闪存控制器的驱动程序，这通常被作为板级支持包（BSP）的一部分进行提供。

在当前的主线内核中，drivers/mtd/nand 目录中有大约 40 个驱动程序。

9.4.2　MTD 分区

在大多数情况下，你需要将闪存划分为多个区域，例如，分别为引导加载程序、内核镜像或根文件系统提供空间的区域。在 MTD 中，有若干种方法可以指定分区的大小和位置，主要有以下 3 种：

❑　通过内核命令行使用 CONFIG_MTD_CMDLINE_PARTS。
❑　通过使用 CONFIG_MTD_OF_PARTS 的设备树。
❑　使用平台映射驱动程序。

对于第一种方法来说，要使用的内核命令行选项是 mtdparts，它在 Linux 源代码中的定义（位于 drivers/mtd/cmdlinepart.c）如下：

```
mtdparts=<mtddef>[;<mtddef]
<mtddef> := <mtd-id>:<partdef>[,<partdef>]
<mtd-id> := unique name for the chip
<partdef> := <size>[@<offset>][<name>][ro][lk]
<size> := size of partition OR "-" to denote all remaining
    space
<offset> := offset to the start of the partition; leave blank
    to follow the previous partition without any gap
<name> := '(' NAME ')'
```

我们可以来看一个例子。想象一下，你有一个 128 MiB 的闪存芯片，要将它分成 5 个分区，可使用以下典型命令行：

```
mtdparts=:512k(SPL)ro,780k(U-Boot)ro,128k(U-BootEnv),
4m(Kernel),-(Filesystem)
```

冒号之前的第一个元素是 mtd-id，它通过数字或板级支持包分配的名称来标识闪存芯片。如果只有一个芯片（本示例就是如此），则可以留空；如果有多个芯片，则每个芯片的信息用分号分隔。

然后，每个芯片都有一个以逗号分隔的分区列表，每个分区的大小以字节为单位，即 KiB（k）或 MiB（m），括号中是名称。ro 后缀使分区对 MTD 只读，通常用于防止意外覆盖引导加载程序。

芯片的最后一个分区的大小可以用破折号（-）代替，表示它将占用所有剩余空间。

可以通过阅读/proc/mtd 查看运行时的配置摘要：

```
# cat /proc/mtd
dev: size erasesize name
mtd0: 00080000 00020000 "SPL"
mtd1: 000C3000 00020000 "U-Boot"
mtd2: 00020000 00020000 "U-BootEnv"
mtd3: 00400000 00020000 "Kernel"
mtd4: 07A9D000 00020000 "Filesystem"
```

/sys/class/mtd 中有每个分区的更详细信息，包括擦除块大小和页面大小，使用 mtdinfo 可以获得很清晰的汇总信息：

```
# mtdinfo /dev/mtd0
mtd0
Name: SPL
Type: nand
Eraseblock size: 131072 bytes, 128.0 KiB
Amount of eraseblocks: 4 (524288 bytes, 512.0 KiB)
Minimum input/output unit size: 2048 bytes
Sub-page size: 512 bytes
OOB size: 64 bytes
Character device major/minor: 90:0
Bad blocks are allowed: true
Device is writable: false
```

指定 MTD 分区的另一种方法是通过设备树。以下就是一个创建与上述命令行示例相同分区的示例：

```
nand@0,0 {
    #address-cells = <1>;
    #size-cells = <1>;
    partition@0 {
        label = "SPL";
        reg = <0 0x80000>;
    };
    partition@80000 {
        label = "U-Boot";
        reg = <0x80000 0xc3000>;
    };
```

```
    partition@143000 {
        label = "U-BootEnv";
        reg = <0x143000 0x20000>;
    };
    partition@163000 {
        label = "Kernel";
        reg = <0x163000 0x400000>;
    };
    partition@563000 {
        label = "Filesystem";
        reg = <0x563000 0x7a9d000>;
    };
};
```

第三种方法是将分区信息编码为 mtd_partition 结构中的平台数据，以下示例就是如此。该示例取自 arch/arm/mach-omap2/board-omap3beagle.c（NAND_BLOCK_SIZE 在其他地方被定义为 128 KiB）：

```
static struct mtd_partition omap3beagle_nand_partitions[] = {
    {
        .name = "X-Loader",
        .offset = 0,
        .size = 4 * NAND_BLOCK_SIZE,
        .mask_flags = MTD_WRITEABLE, /* force read-only */
    },
    {
        .name = "U-Boot",
        .offset = 0x80000;
        .size = 15 * NAND_BLOCK_SIZE,
        .mask_flags = MTD_WRITEABLE, /* force read-only */
    },
    {
        .name = "U-Boot Env",
        .offset = 0x260000;
        .size = 1 * NAND_BLOCK_SIZE,
    },
    {
        .name = "Kernel",
        .offset = 0x280000;
        .size = 32 * NAND_BLOCK_SIZE,
    },
    {
        .name = "File System",
```

```
        .offset = 0x680000;
        .size = MTDPART_SIZ_FULL,
    },
};
```

请注意，平台数据方式已被弃用：你可能仅在一些旧 SoC 的板级支持包（BSP）中发现它，它们未被更新为使用设备树。

9.4.3　MTD 设备驱动程序

MTD 子系统的上层包含一对设备驱动程序。

❑　字符设备，主设备号为 90。每个 MTD 分区编号 N 有两个设备节点：
  ➢　/dev/mtdN（次设备号=N*2）。
  ➢　/dev/mtdNro（次设备号=(N*2 + 1)）。
  mtdNro 只是 mtdN 的只读版本。
❑　块设备，主设备号为 31，次设备号为 N。设备节点的格式为/dev/mtdblockN。
让我们先来看看字符设备，因为它是二者中最常用的。

9.4.4　MTD 字符设备

字符设备是最重要的：它们允许你以字节数组的形式访问底层闪存，以便可以读取和写入（编程）闪存。它还实现了许多 ioctl 函数，允许你擦除块并管理 NAND 芯片上的 OOB 区。以下列表取自 include/uapi/mtd/mtd-abi.h。

❑　MEMGETINFO：获取基本的 MTD 特征信息。
❑　MEMERASE：擦除 MTD 分区中的块。
❑　MEMWRITEOOB：为页面写入带外数据。
❑　MEMREADOOB：读取页面的带外数据。
❑　MEMLOCK：锁定芯片（如果支持的话）。
❑　MEMUNLOCK：解锁芯片（如果支持的话）。
❑　MEMGETREGIONCOUNT：获取擦除区域的数量。如果分区中有不同大小的擦除块，则非零，这在 NOR 闪存中很常见，在 NAND 中很少见。
❑　MEMGETREGIONINFO：如果 MEMGETREGIONCOUNT 不为零，则可用于获取每个区域的偏移量、大小和块计数。
❑　MEGETOOBSEL：已弃用。
❑　MEMGETBADBLOCK：获取坏块标志。

❑　MEMSETBADBLOCK：设置坏块标志。

❑　OTPSELECT：如果芯片支持它则设置 OTP 模式。OTP 指的是一次性可编程
（one-time programmable）

❑　OTPGETREGIONCOUNT：获取 OTP 区域的数量。

❑　OTPGETREGIONINFO：获取有关 OTP 区域的信息。

❑　ECCGETLAYOUT：已弃用。

有一组称为 mtd-utils 的实用程序可用于操作闪存（使用上述 ioctl 函数）。其源代码
的网址如下：

git://git.infradead.org/mtd-utils.git

该源代码可以作为包在 Yocto Project 和 Buildroot 中进行提供。其基本工具如下表所
示。该包还包含 JFFS2 和 UBI/UBIFS 文件系统的实用程序（下文将详细介绍）。对于这
些工具中的每一个，MTD 字符设备是以下参数之一。

❑　flash_erase：擦除一系列块。

❑　flash_lock：锁定一系列块。

❑　flash_unlock：解锁一系列块。

❑　nanddump：从 NAND 闪存中转储内存，可选地包括 OOB 区。跳过坏块。

❑　nandtest：对 NAND 闪存进行测试和诊断。

❑　nandwrite：将文件中的数据写入（编程）NAND 闪存中，跳过坏块。

💡 提示：

在将新内容写入闪存中之前，必须始终擦除闪存：flash_erase 是执行此操作的命令。

要对 NOR 闪存进行编程，你只需使用文件复制命令（如 cp）将字节复制到 MTD 设
备节点上。

糟糕的是，这不适用于 NAND 内存，因为复制将在第一个坏块处失败。相反，使用
nandwrite，它会跳过任何坏块。要读回 NAND 内存，你应该使用 nanddump，它也会跳
过坏块。

9.4.5　MTD 块设备 mtdblock

mtdblock 驱动程序不经常使用，其目的是将闪存呈现为可用于格式化和挂载文件系
统的块设备。但是，它有严重的局限性，因为它不处理 NAND 闪存中的坏块，不进行磨
损均衡，也不处理文件系统块和闪存擦除块之间的大小不匹配。

换句话说，它没有闪存转换层，而闪存转换层对于可靠的文件存储至关重要。mtdblock 设备有用的唯一情况是将只读文件系统（如 SquashFS）挂载在可靠的闪存（如 NOR）之上。

💡 **提示：**

如果你想要在 NAND 闪存上使用只读文件系统，则应该使用 UBI 驱动程序，下文将详细介绍它。

9.4.6　将内核错误记录到 MTD 上

内核错误（kernel error），也称为 Oops，它常通过 klogd 和 syslogd 守护程序记录到循环内存缓冲区或文件中。重启后，如果是环形缓冲区（ring buffer），则日志将丢失，即使是文件，在系统崩溃之前，日志也可能没有被正确地写入。

💡 **提示：**

Oops 和内核恐慌（kernel panic）不是同一件事。Oops 实际上是表示惊叹的语气词，类似于中文的"哎呀，糟了"，Panic 的含义就是"恐慌"。所以当内核报 Oops 错误时，可能只要杀死特定进程即可，而出现 Panic 错误时，问题要严重得多，它很容易导致内核崩溃。

一种更可靠的方法是将内核 Oops 和 Panic 作为循环日志缓冲区写入 MTD 分区中。你可以使用 CONFIG_MTD_OOPS 启用它并将 console=ttyMTDN 添加到内核命令行中，其中 N 是要写入消息的 MTD 设备号。

9.4.7　模拟 NAND 存储器

NAND 模拟器可以使用系统 RAM 模拟 NAND 芯片。主要用途是测试必须支持 NAND 的代码但是又不必访问物理 NAND 内存。特别是，模拟坏块、位翻转（bit flip）和其他错误的能力允许你测试难以使用真实闪存执行的代码路径。有关更多信息，读者最好查看代码本身，它提供了对驱动程序配置方式的全面描述，其代码在 drivers/mtd/nand/nandsim.c 中。

使用 CONFIG_MTD_NAND_NANDSIM 内核配置即可启用它。

9.4.8　MMC 块驱动程序

使用 mmcblk 块驱动程序可访问 MMC/SD 卡和 eMMC 芯片。你需要一个主机控制器来匹配你正在使用的 MMC 适配器，它是板级支持包（BSP）的一部分。驱动程序位于 drivers/mmc/host 的 Linux 源代码中。

MMC 存储使用分区表进行分区，其分区方式与硬盘的分区方式完全相同，也就是说，可以使用 fdisk 或类似实用程序对 MMC 存储进行分区。

现在我们已经知道了 Linux 如何访问各种类型的闪存。接下来，我们将研究闪存固有的问题以及 Linux 如何通过文件系统或块设备驱动程序处理这些问题。

9.5　闪存文件系统

在有效利用闪存进行大容量存储方面存在几个挑战：擦除块和磁盘扇区的大小不匹配，每个擦除块的擦除周期数有限，以及需要对 NAND 芯片的坏块进行处理等。这些差异由闪存转换层（flash translation layer，FTL）解决。

9.5.1　闪存转换层的特点

闪存转换层具有以下特点。

- 次级分配（sub allocation）：文件系统最好使用较小的分配单元，通常是 512 字节的扇区。这比128 KiB 或更大的闪存擦除块要小得多。因此，必须将擦除块细分为更小的单元以避免浪费大量空间。

- 垃圾收集（garbage collection）：次级分配的结果是，一旦文件系统使用了一段时间，擦除块就会包含良好数据和陈旧数据的混合。由于我们只能释放整个擦除块，因此回收这些空闲空间的唯一方法是将好的数据合并到一个地方，然后将现在为空的擦除块返回空闲列表中。这称为垃圾收集，通常作为后台线程实现。

- 磨损均衡（wear leveling）：如前文所述，每个块的擦除周期数是有限制的。因此，为了最大限度地延长芯片的使用寿命，重要的是要四处移动数据，以使每个块的擦除次数大致相同。

- 坏块处理（bad block handling）：在 NAND 闪存芯片上，必须避免使用任何标记为坏的块，并且如果它们不能被擦除，也要将它们标记为坏块。

- 健壮性（robustness）：嵌入式设备可能会在没有警告的情况下被关闭或重置，因此任何文件系统都应该能够在不损坏的情况下应对，常见的处理方式是合并日志或事务日志。

9.5.2　闪存转换层的部署方式

闪存转换层有以下 3 种部署方式。

❑　在文件系统中：与 JFFS2、YAFFS2 和 UBIFS 一样。

❑　在块设备驱动程序中：UBIFS 所依赖的 UBI 驱动程序实现了闪存转换层（FTL）的某些方面。

❑　在设备控制器中：与托管闪存设备一样。

当闪存转换层在文件系统或块驱动程序中时，其代码是内核的一部分，因此它是开源的，这意味着我们可以看到它是如何工作的，并且可以预期它会随着时间的推移而得到改进。

另外，如果闪存转换层（FTL）位于托管闪存设备中，那么它是隐藏的，我们无法验证它是否按我们的意愿工作。

不仅如此，将 FTL 放入磁盘控制器中意味着它会丢失保存在文件系统层中的信息（如哪些扇区属于已删除的文件），因此不再包含有用的数据。这个问题可以通过添加在文件系统和设备之间传递此信息的命令来解决。在稍后的 TRIM 命令部分中，我们将描述它是如何工作的。

当然，代码可见性的问题仍然存在。如果你使用的是托管闪存，则只能选择你可以信任的制造商。

现在我们已经知道了文件系统背后的运行机制，接下来让我们看看哪些文件系统最适合哪些类型的闪存。

9.6　NOR 和 NAND 闪存的文件系统

要将原始闪存芯片用于大容量存储，你必须使用理解底层技术特性的文件系统。有 3 个这样的文件系统。

❑　JFFS2（journaling flash file system 2，日志闪存文件系统 2）：它是第一个用于 Linux 的闪存文件系统，至今仍在使用。它适用于 NOR 和 NAND 内存，但它在挂载过程中速度非常慢。

❑　YAFFS2（yet another flash file system 2，还是另一个闪存文件系统 2）：它与 JFFS2 类似，但专门用于 NAND 闪存。它被 Google 采用为 Android 设备上首选的原始闪存文件系统。

❑　UBIFS（unsorted block image file system，未排序块镜像文件系统）：它与 UBI 块驱动程序一起工作以创建可靠的闪存文件系统。它适用于 NOR 和 NAND 存储器，并且由于它通常提供比 JFFS2 或 YAFFS2 更好的性能，因此它应该是新设计的首选解决方案。

所有这些文件系统都使用 MTD 作为闪存的通用接口。

9.6.1　JFFS2

日志闪存文件系统（journaling flash file system）最开始出现在 1999 年用于 Axis 2100 网络摄像机的软件中。多年来，它是唯一的 Linux 闪存文件系统，并已被部署在数千种不同类型的设备上。今天它已经不再是最好的选择，但我们仍需要先介绍它，因为它是进化路径的源头。

JFFS2 是一个使用 MTD 访问闪存的日志结构文件系统。在日志结构的文件系统中，更改将作为节点按顺序写入闪存中。一个节点可能包含对目录的更改，如创建和删除的文件的名称，或者它也可能包含对文件数据的更改。一段时间后，一个节点可能会被后续节点中包含的信息所取代，成为一个过时的节点。NOR 和 NAND 闪存都被组织为擦除块。擦除一个块会将其所有位设置为 1。

JFFS2 将擦除块分为以下 3 种类型。

❑　空闲（free）：根本不包含节点。

❑　干净（clean）：仅包含有效节点。

❑　脏（dirty）：至少包含一个过时的节点。

在任何时候，都有一个接收更新的块，它被称为开放块（open block）。如果断电或系统被重置，唯一可能丢失的数据就是对开放块的最后一次写入。

此外，节点在写入时将被压缩，这增加了闪存芯片的有效存储容量。如果你使用昂贵的 NOR 闪存，那么这一点很重要。

当空闲块的数量低于某个阈值时，会启动垃圾收集器内核线程，该线程会扫描脏块，将有效节点复制到开放块中，然后释放脏块。

同时，垃圾收集器还提供了一种粗略的磨损均衡形式，因为它可以将有效数据从一个块循环到另一个块。选择开放块时，会注意让每个块被擦除的次数大致相同（只要包含随时间变化的数据就会有磨损）。有时，垃圾收集器也会选择一个干净的块进行垃圾收集，以确保包含很少写入的静态数据的块也被磨损均衡。

JFFS2 文件系统有一个直写缓存（write-through cache），这意味着写入操作被同步地写入闪存中，就好像它已使用-o sync 选项挂载一样。在提高可靠性的同时，直写缓存确实增加了写入数据的时间。

9.6.2　摘要节点

JFFS2 有一个最大的缺点：由于没有片上索引，因此必须在挂载时通过从头到尾读取日志来推断目录的结构。扫描结束时，你可以全面了解有效节点的目录结构，但所花费的时间与分区的大小成正比。通常每兆字节大约需要一秒的挂载扫描时间，这导致总挂载时间可达数十甚至数百秒。

于是摘要节点（summary node）成为 Linux 2.6.15 中的一个选项，它用于减少挂载期间的扫描时间。摘要节点被写入开放擦除块的末尾（就在它关闭之前）。

摘要节点包含挂载时扫描所需的所有信息，从而减少了扫描期间要处理的数据量。摘要节点可以将挂载时间减少 2～5 倍，代价是大约占用 5% 的存储空间开销。它们可以通过 CONFIG_JFFS2_SUMMARY 内核配置启用。

9.6.3　干净标记

所有位都设置为 1 的已擦除块与已被写入 1 的块无法区分，但后者尚未刷新其存储单元，并且在擦除之前无法再次编程。JFFS2 使用一种称为干净标记（clean marker）的机制来区分这两种情况。成功擦除块后，会在块的开头或块第一页的 OOB 区（空闲区）中写入一个干净标记。如果存在干净标记，则它必定是干净块。

9.6.4　创建 JFFS2 文件系统

在运行时创建一个空的 JFFS2 文件系统非常简单，只要使用干净标记擦除 MTD 分区然后再挂载它。这里无须格式化步骤，因为空白的 JFFS2 文件系统完全由空闲块组成。例如，要格式化 MTD 分区 6，可以在设备上输入以下命令：

```
# flash_erase -j /dev/mtd6 0 0
# mount -t jffs2 mtd6 /mnt
```

flash_erase 的 -j 选项添加了干净标记，使用 jffs2 类型挂载会将分区显示为空文件系统。请注意，要挂载的设备是 mtd6，而不是 /dev/mtd6。

或者，你也可以为块指定 /dev/mtdblock6 设备节点。这只是 JFFS2 的一个特性。挂载后，即可像对待任何其他文件系统一样对待它。

你可以直接从开发系统的暂存区域中创建文件系统镜像，使用 mkfs.jffs2 以 JFFS2 格式写入文件，并使用 sumtool 添加摘要节点。这两个工具都是 mtd-utils 包的一部分。

例如，要为擦除块大小为 128 KiB（0x20000）的 NAND 闪存设备（使用摘要节点）创建 rootfs 文件镜像，可使用以下两个命令：

```
$ mkfs.jffs2 -n -e 0x20000 -p -d ~/rootfs -o ~/rootfs.jffs2
$ sumtool -n -e 0x20000 -p -i ~/rootfs.jffs2 -o ~/rootfs-sum.jffs2
```

在上述示例中：-p 选项可在镜像文件的末尾添加填充以使其成为整数个擦除块；-n 选项可禁止在镜像中创建干净标记，这对于 NAND 设备是正常的，因为干净标记位于 OOB 区域中，而对于 NOR 设备，可以省略-n 选项。你可以使用带有 mkfs.jffs2 的设备表，通过添加-D [device table]来设置文件的权限和所有权。当然，Buildroot 和 Yocto Project 将会为你完成所有这些工作。

你可以将该镜像从引导加载程序编程到闪存中。例如，你如果已将文件系统镜像加载到地址为 0x82000000 的 RAM 中，并且希望将其加载到从闪存芯片的 0x163000 字节开始且长度为 0x7a9d000 字节的闪存分区中，则可使用以下 U-Boot 命令：

```
nand erase clean 163000 7a9d000
nand write 82000000 163000 7a9d000
```

也可以使用 mtd 驱动程序在 Linux 上执行相同的操作，如下所示：

```
# flash_erase -j /dev/mtd6 0 0
# nandwrite /dev/mtd6 rootfs-sum.jffs2
```

要使用 JFFS2 根文件系统引导，你需要在内核命令行上为分区传递 mtdblock 设备和 rootfstype，因为 JFFS2 无法自动检测到：

```
root=/dev/mtdblock6 rootfstype=jffs2
```

在 JFFS2 出现后不久，另一个日志结构文件系统也出现了。

9.6.5　YAFFS2

YAFFS 文件系统由 Charles Manning 从 2001 年开始编写，专门用于处理 NAND 闪存芯片，而当时 JFFS2 并没有解决该问题。为了处理更大的页面大小（2 KiB），后续更改又催生了 YAFFS2。YAFFS 的网址如下：

https://www.yaffs.net

YAFFS 也是一个日志结构的文件系统，它遵循与 JFFS2 相同的设计原则。但是它采用了不同的设计决策，这意味着它具有更快的挂载扫描时间、更简单和更快的垃圾收集，并且没有压缩，这会加快读写速度，但会降低存储的使用效率。

　　YAFFS 不局限于 Linux，它已被移植到各种操作系统中。它具有双重许可证：GPLv2（这是为了与 Linux 兼容），另外还有用于其他操作系统的商业许可证。遗憾的是，YAFFS 代码从未被合并到主线 Linux 中，因此你必须给内核打补丁。

　　要获取 YAFFS2 并给内核打补丁，需要使用以下命令：

```
$ git clone git://www.aleph1.co.uk/yaffs2
$ cd yaffs2
$ ./patch-ker.sh c m <path to your link source>
```

然后，你可以使用 CONFIG_YAFFS_YAFFS2 配置内核。

9.6.6　创建 YAFFS2 文件系统

　　与 JFFS2 一样，要在运行时创建 YAFFS2 文件系统，只需擦除分区并挂载它即可。但要注意的是，在这种情况下不要启用干净标记：

```
# flash_erase /dev/mtd/mtd6 0 0
# mount -t yaffs2 /dev/mtdblock6 /mnt
```

要创建文件系统镜像，最简单的方法是使用 mkyaffs2 工具，该工具的网址如下：

https://code.google.com/p/yaffs2utils

mkyaffs2 工具的用法如下：

```
$ mkyaffs2 -c 2048 -s 64 rootfs rootfs.yaffs2
```

在上述示例中，-c 是页面大小，-s 是 OOB 大小。

　　有一个名为 mkyaffs2image 的工具是 YAFFS 代码的一部分，但它有以下几个缺点。

　　首先，页面和 OOB 大小在源代码中是硬编码的：如果内存与默认值 2048 和 64 不匹配，则必须进行编辑和重新编译。

　　其次，OOB 布局与 MTD 不兼容。MTD 使用前两个字节作为坏块标记，而 mkyaffs2image 则使用这些字节来存储部分 YAFFS 元数据。

　　要从目标的 Linux shell 提示符中将镜像复制到 MTD 分区中，需要执行以下步骤：

```
# flash_erase /dev/mtd6 0 0
# nandwrite -a /dev/mtd6 rootfs.yaffs2
```

要使用 YAFFS2 根文件系统进行引导，需要将以下内容添加到内核命令行中：

```
root=/dev/mtdblock6 rootfstype=yaffs2
```

在认识了用于原始 NOR 和 NAND 闪存的文件系统之后，接下来我们研究更现代的选项之一。该文件系统运行在 UBI 驱动程序之上。

9.6.7　UBI 和 UBIFS

未排序块镜像（unsorted block image，UBI）驱动程序是闪存的卷管理器，负责处理坏块和磨损均衡。它由 Artem Bitutskiy 实现，并首次出现在 Linux 2.6.22 中。与此同时，诺基亚的工程师们也在研究一种可以利用 UBI 特性的文件系统，他们称之为 UBIFS。它出现在 Linux 2.6.27 中。以这种方式拆分闪存转换层使代码更加模块化，并且还允许其他文件系统利用 UBI 驱动程序，下文我们会看到。

9.6.8　UBI

UBI 通过将物理擦除块（physical erase block，PEB）映射到逻辑擦除块（logical erase block，LEB）中来提供闪存芯片的理想化、可靠视图。坏块由于没有被映射到 LEB 中，因此绝不会被使用。如果一个块不能被擦除，那么它将被标记为坏块并从映射中删除。

UBI 将在 LEB 的头部记录每个 PEB 被擦除的次数，然后更改映射以确保每个 PEB 被擦除的次数相同。

UBI 通过 MTD 层访问闪存。作为一项额外功能，它可以将 MTD 分区划分为多个 UBI 卷，从而通过以下方式提高磨损均衡：假设你有两个文件系统，一个包含相当静态的数据，如根文件系统，另一个包含不断变化的数据。

如果它们存储在单独的 MTD 分区中，则磨损均衡仅对第二个分区有影响，而如果你选择将它们存储在单个 MTD 分区的两个 UBI 卷中，则磨损均衡将在存储的两个区域进行，从而增加了闪存的寿命。图 9.4 说明了这种情况。

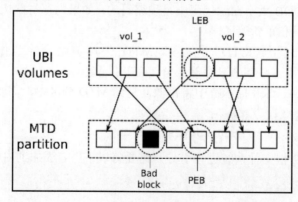

图 9.4　UBI 数量

原　　文	译　　文	原　　文	译　　文
UBI volumes	UBI 卷	Bad block	坏块
MTD partition	MTD 分区		

通过这种方式，UBI 满足了闪存转换层的两个要求：磨损均衡和坏块处理。

要为 UBI 准备 MTD 分区，不能像 JFFS2 和 YAFFS2 那样使用 flash_erase。相反，你要使用 ubiformat 实用程序，它将保留被存储在 PEB 标头中的擦除计数。

ubiformat 需要知道输入/输出（I/O）的最小单位，对于大多数 NAND 闪存芯片来说就是页面大小，但也有些芯片允许在页面大小的一半或四分之一的子页面中进行读写。有关详细信息，请参阅芯片的数据表，当有疑问时，可使用页面大小。

以下示例使用了 2048 字节的页面大小准备 mtd6：

```
# ubiformat /dev/mtd6 -s 2048
ubiformat: mtd0 (nand), size 134217728 bytes (128.0 MiB),
1024 eraseblocks of 131072 bytes (128.0 KiB),
min. I/O size 2048 bytes
```

然后，你可以使用 ubiattach 命令将 UBI 驱动程序加载到以上述示例中的方式准备好的 MTD 分区上：

```
# ubiattach -p /dev/mtd6 -O 2048
UBI device number 0, total 1024 LEBs (130023424 bytes, 124.0 MiB),
available 998 LEBs (126722048 bytes, 120.9 MiB),
LEB size 126976 bytes (124.0 KiB)
```

这将创建/dev/ubi0 设备节点，你可以通过它访问 UBI 卷。

你可以在多个 MTD 分区上使用 ubiattach，这样的话你就可以通过/dev/ubi1、/dev/ubi2 等访问它们。

请注意，由于每个 LEB 都有一个标头（其中包含 UBI 将要使用的元信息），因此 LEB 比 PEB 小两页。例如，对于物理擦除块（PEB）大小为 128 KiB，页面为 2 KiB 的芯片来说，它的逻辑擦除块（LEB）的大小为 124 KiB。这是创建 UBIFS 镜像时需要的重要信息。

PEB 到 LEB 的映射在附加阶段被加载到内存中，这个过程所花费的时间与 PEB 的数量成正比，通常是几秒钟。

Linux 3.7 中添加了一个新功能，称为 UBI 快速映射（UBI fastmap），它会不时地建立映射到闪存的检查点（checkpoint），从而减少连接时间。其内核配置选项是 CONFIG_MTD_UBI_FASTMAP。

在 ubiformat 后第一次附加到 MTD 分区时，将没有卷。你可以使用 ubimkvol 创建卷。例如，假设你有一个 128 MiB 的 MTD 分区，并且你希望将其拆分为两个卷，其中第一个卷大小为 32 MiB，第二个卷将占用剩余空间：

```
# ubimkvol /dev/ubi0 -N vol_1 -s 32MiB
Volume ID 0, size 265 LEBs (33648640 bytes, 32.1 MiB),
LEB size 126976 bytes (124.0 KiB), dynamic, name "vol_1",alignment 1
# ubimkvol /dev/ubi0 -N vol_2 -m
Volume ID 1, size 733 LEBs (93073408 bytes, 88.8 MiB),
LEB size 126976 bytes (124.0 KiB), dynamic, name "vol_2",alignment 1
```

现在你的设备将包含两个节点，即/dev/ubi0_0 和/dev/ubi0_1。你可以使用 ubinfo 确认这一点：

```
# ubinfo -a /dev/ubi0
ubi0
Volumes count: 2
Logical eraseblock size: 126976 bytes, 124.0 KiB
Total amount of logical eraseblocks: 1024 (130023424 bytes,124.0 MiB)
Amount of available logical eraseblocks: 0 (0 bytes)
Maximum count of volumes 128
Count of bad physical eraseblocks: 0
Count of reserved physical eraseblocks: 20
Current maximum erase counter value: 1
Minimum input/output unit size: 2048 bytes
Character device major/minor: 250:0
Present volumes: 0, 1

Volume ID: 0 (on ubi0)
Type: dynamic
Alignment: 1
Size: 265 LEBs (33648640 bytes, 32.1 MiB)
State: OK
Name: vol_1
Character device major/minor: 250:1
-----------------------------------
Volume ID: 1 (on ubi0)
Type: dynamic
Alignment: 1
Size: 733 LEBs (93073408 bytes, 88.8 MiB)
State: OK
```

```
Name: vol_2
Character device major/minor: 250:2
```

至此，你获得了一个 128 MiB 的 MTD 分区，其中包含两个 UBI 卷，大小分别为 32 MiB 和 88.8 MiB。可用的总存储空间为 32 MiB 加上 88.8 MiB，即 120.8 MiB。剩余的 7.2 MiB 空间由每个 PEB 开始时的 UBI 标头占用，并保留空间用于映射在芯片生命周期内变坏的块。

9.6.9 UBIFS

UBIFS 可以使用 UBI 卷来创建一个健壮的文件系统。另外，UBIFS 添加了次级分配和垃圾收集功能以创建完善的闪存转换层。

与 JFFS2 和 YAFFS2 不同，UBIFS 在芯片上存储索引信息，因此安装速度很快，但不要忘记预先附加 UBI 卷可能需要大量时间。UBIFS 还允许像在普通磁盘文件系统中一样执行回写缓存（write-back cache）策略，这意味着写入速度要快得多，但通常会存在的问题是，在断电时，尚未从缓存中刷新到闪存的数据可能丢失。你可以通过仔细使用 fsync(2)和 fdatasync(2)函数在关键点强制刷新文件数据来解决此问题。

UBIFS 有一个日志，用于在断电时快速恢复。日志大小最小为 4 MiB，因此 UBIFS 不适合非常小的闪存设备。

在创建 UBI 卷后，可以使用卷的设备节点（如/dev/ubi0_0）挂载它们，或者使用整个分区的设备节点加上卷名，如下所示：

```
# mount -t ubifs ubi0:vol_1 /mnt
```

为 UBIFS 创建文件系统镜像分为以下两个阶段：

❑ 使用 mkfs.ubifs 创建 UBIFS 镜像。
❑ 使用 ubinize 将其嵌入 UBI 卷中。

对于第一阶段，mkfs.ubifs 需要通过-m 获知页面大小，通过-e 获知 UBI 逻辑擦除块（LEB）的大小，通过-c 获知卷中的最大擦除块数。如果第一个卷是 32 MiB，一个擦除块是 128 KiB，那么擦除块的数量就是 256。

因此，要获取 rootfs 目录的内容并创建一个名为 rootfs.ubi 的 UBIFS 镜像，需要输入以下内容：

```
$ mkfs.ubifs -r rootfs -m 2048 -e 124KiB -c 256 -o rootfs.ubi
```

第二阶段需要你为 ubinize 创建一个配置文件，该文件描述了镜像中每个卷的特征。帮助页面（ubinize -h）提供了有关格式的详细信息。

以下示例可创建两个卷，即 vol_1 和 vol_2：

```
[ubifsi_vol_1]
mode=ubi
image=rootfs.ubi
vol_id=0
vol_name=vol_1
vol_size=32MiB
vol_type=dynamic

[ubifsi_vol_2]
mode=ubi
image=data.ubi
vol_id=1
vol_name=vol_2
vol_type=dynamic
vol_flags=autoresize
```

第二个卷具有 autoresize（自动调整大小）标志，因此将扩展以填充 MTD 分区上的剩余空间。只有一个卷可以有这个标志。

根据这些信息，ubinize 将创建一个镜像文件，通过-o 参数命名，通过-p 参数指定 PEB 大小，页面大小为-m，子页面大小为-s：

```
$ ubinize -o ~/ubi.img -p 128KiB -m 2048 -s 512 ubinize.cfg
```

要在目标上安装此镜像，需要在目标上输入以下命令：

```
# ubiformat /dev/mtd6 -s 2048
# nandwrite /dev/mtd6 /ubi.img
# ubiattach -p /dev/mtd6 -O 2048
```

如果要通过 UBIFS 根文件系统进行引导，则需要提供以下内核命令行参数：

```
ubi.mtd=6 root=ubi0:vol_1 rootfstype=ubifs
```

至此，我们已经熟悉了原始 NOR 和 NAND 闪存文件系统。接下来，我们看看托管闪存的文件系统。

9.7　托管闪存的文件系统

随着托管闪存技术的不断发展，尤其是 eMMC，开发人员需要考虑如何有效地使用它。虽然托管闪存似乎具有与硬盘驱动器相同的特性，但底层 NAND 闪存芯片具有大擦除块、有限擦除周期和坏块处理的局限性。此外，还有一点也很重要，那就是要保证托管闪存在断电情况下仍稳定可靠。

　　虽然托管闪存也可以使用任何普通的磁盘文件系统，但我们应该尝试选择一个可以减少磁盘写入并在计划外关闭后快速重启的文件系统。

9.7.1　Flashbench

　　为了充分利用底层闪存，你需要知道擦除块大小和页面大小。制造商通常不会公布这些数字，但你可以通过观察芯片或卡的行为来推断它们。

　　Flashbench 就是这样一种工具。它最初由 Arnd Bergman 编写，你可以通过以下网址获取其代码：

https://github.com/bradfa/flashbench

以下是在 SanDisk 4 GB SDHC 卡上的典型运行：

```
$ sudo ./flashbench -a /dev/mmcblk0 --blocksize=1024
align   536870912  pre  4.38ms  on  4.48ms  post  3.92ms  diff   332µs
align   268435456  pre  4.86ms  on   4.9ms  post  4.48ms  diff   227µs
align   134217728  pre  4.57ms  on  5.99ms  post  5.12ms  diff  1.15ms
align    67108864  pre  4.95ms  on  5.03ms  post  4.54ms  diff   292µs
align    33554432  pre  5.46ms  on  5.48ms  post  4.58ms  diff   462µs
align    16777216  pre  3.16ms  on  3.28ms  post  2.52ms  diff   446µs
align     8388608  pre  3.89ms  on   4.1ms  post  3.07ms  diff   622µs
align     4194304  pre  4.01ms  on  4.89ms  post   3.9ms  diff   940µs
align     2097152  pre  3.55ms  on  4.42ms  post  3.46ms  diff   917µs
align     1048576  pre  4.19ms  on  5.02ms  post  4.09ms  diff   876µs
align      524288  pre  3.83ms  on  4.55ms  post  3.65ms  diff   805µs
align      262144  pre  3.95ms  on  4.25ms  post  3.57ms  diff   485µs
align      131072  pre   4.2ms  on  4.25ms  post  3.58ms  diff   362µs
align       65536  pre  3.89ms  on  4.24ms  post  3.57ms  diff   511µs
align       32768  pre  3.94ms  on  4.28ms  post   3.6ms  diff   502µs
align       16384  pre  4.82ms  on  4.86ms  post  4.17ms  diff   372µs
align        8192  pre  4.81ms  on  4.83ms  post  4.16ms  diff   349µs
align        4096  pre  4.16ms  on  4.21ms  post  4.16ms  diff  52.4µs
align        2048  pre  4.16ms  on  4.16ms  post  4.17ms  diff     9ns
```

　　可以看到，flashbench 在各种二次幂边界之前和之后读取 1024 字节的块。当你跨越页面或擦除块边界时，边界之后的读取需要更长的时间。最右边的一列显示了差异，并且是最有趣的一列。读取从底部开始，4 KiB 有很大的跳跃，这是最可能的页面大小。

在 8 KiB 时有从 52.4 μs 到 349 μs 的第二次跳跃。这很常见，表明该卡可以使用多平面访问同时读取两个 4 KiB 页面。此外，差异不太明显，但在 512 KiB 时从 485 μs 明显跃升至 805 μs，这可能是擦除块的大小。鉴于测试的卡很旧，这些应该是你能预料到的数字。

9.7.2　丢弃和修剪

一般来说，当你删除一个文件时，只有修改后的目录节点被写入存储中，而包含文件内容的扇区则保持不变。当闪存转换层在磁盘控制器中时，与托管闪存一样，它不知道这组磁盘扇区不再包含有用的数据，因此它最终会复制陈旧的数据。

在过去几年中，将有关已删除扇区的信息传递到磁盘控制器这一事务的添加改善了这种情况。SCSI 和 SATA 规范有一个 TRIM 命令，而 MMC 则有一个类似的命令，名为 ERASE。在 Linux 中，此功能称为丢弃（discard）。

要使用 discard 功能，你需要一个支持它的存储设备（大多数当前的 eMMC 芯片都支持该功能），以及一个与之匹配的 Linux 设备驱动程序。你可以通过查看/sys/block/<block device>/queue/中的块系统队列参数来检查这一点。

我们感兴趣的参数如下。

❑　discard_granularity：设备内部分配单元的大小。
❑　discard_max_bytes：一次性可以丢弃的最大字节数。
❑　discard_zeroes_data：如果为 1，则丢弃的数据将置为 0。

如果设备或设备驱动程序不支持丢弃功能，则这些值将全部被设置为 0。例如，以下是在我的 BeagleBone Black 的 2 GiB eMMC 芯片上看到的参数：

```
# grep -s "" /sys/block/mmcblk0/queue/discard_*
/sys/block/mmcblk0/queue/discard_granularity:2097152
/sys/block/mmcblk0/queue/discard_max_bytes:2199023255040
/sys/block/mmcblk0/queue/discard_zeroes_data:1
```

更多信息可以在内核文档文件中找到，即 Documentation/block/queue-sysfs.txt。

你可以在挂载文件系统时启用丢弃功能，方法是在 mount 命令中添加-o discard 选项。ext4 和 F2FS 都支持丢弃功能。

💡提示：

在使用-o discard 挂载选项之前，请确保存储设备支持丢弃功能，因为可能会发生数据丢失的情况。

也可以从命令行中强制丢弃，这与使用 fstrim 命令挂载分区的方式无关，该命令是

util-linux 软件包的一部分。一般来说,你可以定期运行此命令以释放未使用的空间。fstrim 在已挂载的文件系统上运行,因此要修剪根文件系统/,需要输入以下内容:

```
# fstrim -v /
/: 2061000704 bytes were trimmed
```

上述示例使用了详细选项-v,以便输出可能被释放的字节数。在本示例中,2061000704 是文件系统中的大致可用空间量,因此它是可以被修剪的最大存储量。

9.7.3 Ext4

自 1992 年以来,扩展文件系统(extended filesystem,Ext)一直是 Linux 桌面的主要文件系统。当前版本 Ext4 非常稳定,经过了良好测试,并且有一个日志可以快速地从计划外关闭中恢复,而且几乎没有什么损失。它是托管闪存设备的不错选择,而且你会发现它是具有 eMMC 存储的 Android 设备的首选文件系统。如果设备支持丢弃功能,你还可以使用-o discard 选项挂载。

要在运行时格式化和创建 Ext4 文件系统,需要输入以下内容:

```
# mkfs.ext4 /dev/mmcblk0p2
# mount -t ext4 -o discard /dev/mmcblk0p1 /mnt
```

要在构建时创建文件系统镜像,需要使用 genext2fs 实用程序,该实用程序可从以下网址中获得:

http://genext2fs.sourceforge.net

在以下示例中,使用-B 指定了块大小,用-b 指定了镜像中的块数:

```
$ genext2fs -B 1024 -b 10000 -d rootfs rootfs.ext4
```

genext2fs 可以使用设备表来设置文件权限和所有权,在 5.14.1 节"安装和使用 genext2fs 工具"中有一个使用-D [file table]的示例。

顾名思义,genext2fs 实际上会生成 Ext2 格式的镜像。你可以使用 tune2fs 升级到 Ext4,具体如下(有关该命令选项的详细信息可以在 tune2fs(8)手册页中找到):

```
$ tune2fs -j -J size=1 -O filetype,extents,uninit_bg,dir_index \
rootfs.ext4
$ e2fsck -pDf rootfs.ext4
```

在创建 Ext4 格式的镜像时,Yocto Project 和 Buildroot 使用的都是这些步骤。

虽然日志对于可能会在没有警告的情况下关闭的设备来说是一项资产,但它确实为每个写入事务增加了额外的写入周期，从而可能导致耗尽了闪存。如果设备由电池供电，尤其是在电池不可拆卸的情况下，计划外断电的可能性很小，因此你可能希望不使用日志。

即使使用日志，文件系统损坏也可能在意外断电时发生。在许多设备中，按住电源按钮、拔下电源线或拔出电池都可能会导致立即关机。由于缓冲 I/O 的性质，如果在写入完成之前断电，则写入闪存中的数据可能会丢失，因此最好在用户分区上以非交互方式运行 fsck，以便在挂载之前检查并修复任何文件系统损坏，否则文件系统的损坏会随着时间的推移而加剧，直到成为一个严重的问题。

9.7.4　F2FS

闪存友好文件系统（flash-friendly file system，F2FS）是一种日志结构的文件系统，专为托管闪存设备，尤其是 eMMC 芯片和 SD 卡而设计。它由三星编写，并在 3.8 版本中并入主线 Linux 中。它被标记为 experimental（实验性的），表明它还没有被广泛部署，但似乎有一些安卓设备正在使用它。

F2FS 会考虑页面和擦除块的大小，然后尝试在这些边界上对齐数据。日志格式在断电时提供了弹性，还提供了良好的写入性能，在一些测试中显示比 Ext4 有两倍的改进。在 Documentation/filesystems/f2fs.txt 中的内核文档对 F2FS 的设计有很好的描述，本章末尾的 9.13 节 "延伸阅读" 也提供了相关的参考资料。

mkfs.f2fs 实用程序可使用-l 标签创建一个空的 F2FS 文件系统：

```
# mkfs.f2fs -l rootfs /dev/mmcblock0p1
# mount -t f2fs /dev/mmcblock0p1 /mnt
```

目前还没有可用于离线创建 F2FS 文件系统镜像的工具。

9.7.5　FAT16/32

早期的 Microsoft 文件系统 FAT16 和 FAT32 作为大多数操作系统所理解的通用格式仍然很重要。当你购买 SD 卡或 USB 闪存驱动器时，几乎可以肯定它被格式化为 FAT32，并且在某些情况下，卡上微控制器针对 FAT32 访问模式进行了优化。

此外，一些引导 ROM 需要 FAT 分区用于第二阶段引导加载程序，例如基于 TI OMAP 的芯片。但是，FAT 格式绝对不适合存储关键文件，因为此格式容易损坏并且对存储空间的利用效率不佳。

Linux 可通过 msdos 文件系统支持 FAT16，通过 vfat 文件系统支持 FAT32 和 FAT16。要在第二个 MMC 硬件适配器上安装设备（如 SD 卡），需要输入以下命令：

```
# mount -t vfat /dev/mmcblock1p1 /mnt
```

ⓘ 注意：

vfat 驱动程序曾经存在许可问题，这可能（也可能不会）侵犯 Microsoft 持有的专利。

FAT32 对设备大小的限制为 32 GiB。更大容量的设备可以使用 Microsoft exFAT 格式进行格式化，这是对 SDXC 卡的要求。exFAT 没有内核驱动程序，但可以通过用户空间 FUSE 驱动程序来支持。由于 exFAT 是 Microsoft 专有的，因此，如果你在设备上支持这种格式，则肯定会产生许可问题。

至此，我们已经了解了适用于托管闪存的读写文件系统。那么，节省空间的只读文件系统呢？选择很简单：SquashFS。

9.8　只读压缩文件系统

如果你没有足够的存储空间来容纳所有内容，则压缩数据很有用。默认情况下，JFFS2 和 UBIFS 都会进行动态数据压缩。但是，如果文件永远不会被写入（根文件系统通常就是如此），则可以通过使用只读压缩文件系统来获得更好的压缩率。

Linux 支持多种只读压缩文件系统：romfs、cramfs 和 squashfs。前两个现在已经过时了，所以接下来我们只介绍 SquashFS。

9.8.1　SquashFS

SquashFS 文件系统由 Phillip Lougher 在 2002 年编写，作为 cramfs 的替代品。它作为内核补丁存在了很长时间，最终在 2009 年的 2.6.29 版本中并入主线 Linux 中。它非常易于使用，可使用 mksquashfs 创建文件系统镜像并将其安装到闪存中：

```
$ mksquashfs rootfs rootfs.squashfs
```

生成的文件系统是只读的，因此没有在运行时修改任何文件的机制。更新 SquashFS 文件系统的唯一方法是擦除整个分区并在新镜像中进行编程。

9.8.2　在 NAND 闪存上使用 SquashFS

SquashFS 不能识别坏块，因此必须与可靠的闪存一起使用，如 NOR 闪存。当然，只要你使用 UBI 创建模拟的、可靠的 MTD，它就可以在 NAND 闪存上使用。

你必须启用 CONFIG_MTD_UBI_BLOCK 内核配置，这将为每个 UBI 卷创建一个只读的 MTD 块设备。图 9.5 显示了两个 MTD 分区，每个分区都有附带的 mtdblock 设备。第二个分区还用于创建一个 UBI 卷，该卷作为第三个可靠的 mtdblock 设备被公开，你可以将其用于任何不支持坏块的只读文件系统。

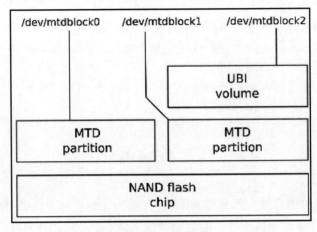

图 9.5　UBI 卷

原　　文	译　　文	原　　文	译　　文
UBI volume	UBI 卷	NAND flash chip	NAND 闪存芯片
MTD partition	MTD 分区		

只读文件系统非常适合不可变内容，但是对于不需要在重启后保留的临时文件呢？这是 RAM 磁盘能派上用场的地方。

9.9　临时文件系统

总是有一些文件的生命周期很短或在重新启动后就没有了意义。许多这样的文件都放在/tmp 中，因此防止这些文件进入永久存储是有意义的。

临时文件系统（temporary filesystem，tmpfs）非常适合此目的。你可以通过简单地挂载 tmpfs 创建一个基于 RAM 的临时文件系统：

```
# mount -t tmpfs tmp_files /tmp
```

与 procfs 和 sysfs 一样，没有与 tmpfs 关联的设备节点，因此你必须提供一个占位符字符串，即上述示例中的 tmp_files。

随着文件的创建和删除，tmpfs 使用的内存量会增加和减少。默认的最大容量是物理
RAM 的一半。在大多数情况下，如果 tmpfs 变得那么大，那将是一场灾难，因此使用
-o size 参数来限制它是一个非常好的主意。该参数可以按字节、KiB (k)、MiB (m)或
GiB (g)为单位给出，示例如下：

```
# mount -t tmpfs -o size=1m tmp_files /tmp
```

除了/tmp，/var 的一些子目录也包含易失性数据，最好也为它们使用 tmpfs，方法是
为每个子目录创建单独的文件系统，或者更经济地使用符号链接。

Buildroot 的执行方法如下：

```
/var/cache -> /tmp
/var/lock -> /tmp
/var/log -> /tmp
/var/run -> /tmp
/var/spool -> /tmp
/var/tmp -> /tmp
```

在 Yocto Project 中，/run 和/var/volatile 是通过 tmpfs 挂载的，带有指向它们的符号链
接，如下所示：

```
/tmp -> /var/tmp
/var/lock -> /run/lock
/var/log -> /var/volatile/log
/var/run -> /run
/var/tmp -> /var/volatile/tmp
```

在嵌入式 Linux 系统上，将根文件系统加载到 RAM 中的情况并不少见。这样，在运
行时可能对其内容造成的任何损坏都不是永久性的。但是，根文件系统不需要驻留在
SquashFS 或 tmpfs 上以受到保护，你只需要使根文件系统是只读的。

9.10　将根文件系统设为只读

你需要使你的目标设备能够在包括文件损坏在内的意外事件中幸存下来，并且仍然
能够启动并实现至少最低级别的功能。使根文件系统只读是实现这一目标的关键部分，
因为它消除了意外覆盖。

使根文件系统成为只读文件很容易：在内核命令行上将 rw 替换为 ro 或使用固有的

只读文件系统（如 SquashFS）即可。

但是，你会发现有一些文件和目录在传统上是可写的。

- /etc/resolv.conf：此文件由网络配置脚本编写，用于记录 DNS 名称服务器的地址。该信息是易变的，因此你只需将其设置为指向临时目录的符号链接，如 /etc/resolv.conf -> /var/run/resolv.conf。
- /etc/passwd：此文件与/etc/group、/etc/shadow 和/etc/gshadow 一起存储用户名和组名以及密码。它们需要以符号方式被链接到持久存储区域。
- /var/lib：许多应用程序希望能够写入此目录并在此处保存永久数据。一种解决方案是在引导时将一组基本文件复制到 tmpfs 文件系统中，然后将 mount/var/lib 绑定到新位置上。你可以通过将一系列命令（如以下命令）放入其中一个引导脚本中来做到这一点：

```
$ mkdir -p /var/volatile/lib
$ cp -a /var/lib/* /var/volatile/lib
$ mount --bind /var/volatile/lib /var/lib
```

- /var/log：这是 syslog 和其他守护程序保存其日志的地方。一般来说，你不会希望将日志记录到闪存中，因为它会产生许多小的写入周期。一个简单的解决方案是使用 tmpfs 挂载/var/log，使所有日志消息易失。在 syslogd 的情况下，BusyBox 有一个可以将日志记录到循环环形缓冲区中的版本。

你如果使用的是 Yocto Project，则可以通过将 IMAGE_FEATURES = "read-only-rootfs"添加到 conf/local.conf 或你的镜像配方中来创建只读根文件系统。

9.11　文件系统选择

到目前为止，我们已经了解了固态内存背后的技术以及多种类型的文件系统。现在，是时候总结可用的选项了。在大多数情况下，你可以将存储需求分为以下 3 类。

- 永久的读写数据：运行时配置、网络参数、密码、数据日志和用户数据。
- 永久的只读数据：程序、库和配置文件是恒定的，如根文件系统。
- 易失性数据：临时存储，如/tmp。

读写存储的选择如下。

- NOR：UBIFS 或 JFFS2。
- NAND：UBIFS、JFFS2 或 YAFFS2。

❑ eMMC：ext4 或 F2FS。

对于只读存储，你可以使用其中任何一个，使用 ro 属性进行安装。此外，如果你想节省空间，还可以使用 SquashFS。

最后，对于易失性存储，只有一种选择：tmpfs。

9.12 小 结

闪存从一开始就是嵌入式 Linux 的首选存储技术，多年来，Linux 获得了很好的支持，从低级驱动程序到闪存感知文件系统，最新的是 UBIFS。

随着引入新闪存技术的速度加快，要跟上高端变化的步伐变得越来越困难。系统设计人员越来越多地转向 eMMC 形式的托管闪存，以提供独立于内部存储芯片的稳定硬件和软件接口。嵌入式 Linux 开发人员开始掌握这些新芯片。在 Ext4 和 F2FS 中对 TRIM 的支持已经确立，并且它正在慢慢地进入芯片本身。此外，经过优化以管理闪存的新文件系统（如 F2FS）的出现是一个可喜的进步。

当然，事实仍然是闪存与硬盘驱动器不同。当你最小化文件系统写入的数量时，必须谨慎处理——尤其是因为更高密度的 TLC 芯片可能仅能够支持少至 1000 次的擦除周期。

在第 10 章"现场更新软件"中，我们将继续讨论存储选项的主题，探索使部署到远程设备上的软件仍保持最新的不同方法。

9.13 延 伸 阅 读

以下资源包含有关本章介绍的主题的更多信息。

❑ *XIP: The past, the present... the future?*（《芯片内执行技术：属于过去，现在，还是未来？》），by Vitaly Wool：

https://archive.fosdem.org/2007/slides/devrooms/embedded/Vitaly_Wool_XIP.pdf

❑ *General MTD documentation*（《通用 MTD 文档》）：

http://www.linux-mtd.infradead.org/doc/general.html

❑ *Optimizing Linux with cheap flash drives*（《使用便宜的闪存驱动器优化 Linux》）， by Arnd Bergmann：

https://lwn.net/Articles/428584/

❑　*eMMC/SSD File System Tuning Methodology*（《eMMC/SSD 文件系统调优方法》），
Cogent Embedded, Inc.：

https://elinux.org/images/b/b6/EMMC-SSD_File_System_Tuning_Methodology_v1.0.pdf

❑　*Flash-Friendly File System* (F2FS), by Joo-Young Hwang：

https://elinux.org/images/1/12/Elc2013_Hwang.pdf

❑　*An F2FS teardown*（《F2FS 详解》），by Neil Brown：

https://lwn.net/Articles/518988/

第 10 章　现场更新软件

在前面的章节中，我们讨论了为 Linux 设备构建软件的各种方法，以及如何为各种类型的大容量存储创建系统镜像。在投入生产环境中时，只需将系统镜像复制到闪存中，即可部署它。现在，让我们来考虑第一次发货后设备的使用寿命问题。

随着人类社会进入物联网时代，我们创造的设备很可能通过互联网连接在一起。与此同时，软件正变得越来越复杂。更多的软件意味着更多的错误。连接到互联网意味着可以从远处利用这些漏洞。因此，我们有一个共同的要求，那就是能够在现场更新软件。当然，软件更新比修复错误带来更多的好处。它意味着我们可以随着时间的推移提高系统性能或启用功能，从而为现有硬件打开增加价值的大门。

本章包含以下主题：
- 启动更新的方法
- 更新的内容
- 有关软件更新的基础知识
- 更新机制的类型
- OTA 更新
- 使用 Mender 进行本地更新
- 使用 Mender 进行 OTA 更新
- 使用 balena 进行本地更新

10.1　技 术 要 求

要遵循本章示例中的操作，请确保具备以下条件：
- 基于 Linux 的主机系统，至少有 60 GB 可用磁盘空间。
- Yocto 3.1（Dunfell）LTS 版本。
- Etcher Linux 版。
- microSD 读卡器和卡。
- Raspberry Pi 4。
- 5V 3A USB-C 电源。
- Wi-Fi 路由器。

本章 10.7 节"使用 Mender 进行本地更新"和 10.8 节"使用 Mender 进行 OTA 更新"都需要使用 Yocto。

你应该已经在第 6 章"选择构建系统"中构建了 Yocto 的 3.1（Dunfell）LTS 版本。如果还没有，则请参阅 *Yocto Project Quick Build*（《项目快速构建》）指南的"Compatible Linux Distribution"（《兼容 Linux 发行版》）和"Build Host Packages"（《构建主机包》）部分，其网址如下：

https://www.yoctoproject.org/docs/current/brief-yoctoprojectqs/brief-yoctoprojectqs.html

然后根据第 6 章中的说明在 Linux 主机上构建 Yocto。

本章所有代码都可以在本书配套 GitHub 存储库的 Chapter10 文件夹中找到，该存储库网址如下：

https://github.com/PacktPublishing/Mastering-Embedded-Linux-Programming-Third-Edition

10.2　启动更新的方法

软件更新有多种方法，概括地说，可以归纳为以下几种：

❑　本地更新，这种更新方法通常由技术人员执行，该技术人员在 USB 闪存驱动器（U 盘）或 SD 卡等便携式介质上携带更新，并且必须单独访问每个系统。
❑　远程更新，这种更新方法由用户或技术人员在本地启动，但从远程服务器上下载更新。
❑　无线（over-the-air，OTA）更新，完全远程推送和管理更新，无须本地输入。

我们将首先介绍这几种软件更新的方法和更新内容，然后展示一个使用 Mender 的示例。有关 Mender 的详细信息，可访问以下网址：

https://mender.io

10.3　更新的内容

嵌入式 Linux 设备的设计和实现非常多样化。但是，它们都具有以下基本组件：

❑　引导加载程序。
❑　核心。
❑　根文件系统。
❑　系统应用程序。

❑ 与特定设备相关的数据。

一些组件比其他组件更难更新，如图 10.1 所示。

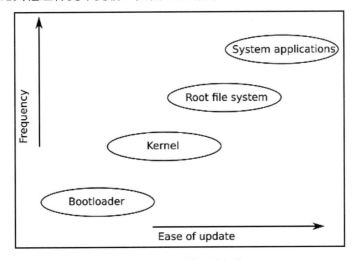

图 10.1 更新的组成部分

原 文	译 文	原 文	译 文
Frequency	频率	Kernel	内核
Ease of update	更新难易程度	Root file system	根文件系统
Bootloader	引导加载程序	System applications	系统应用程序

让我们依次来看看每个组件。

10.3.1 引导加载程序

引导加载程序是处理器启动时运行的第一段代码。处理器定位引导加载程序的方式与特定设备有很大关系，但在大多数情况下，只有一个这样的位置，因此只能有一个引导加载程序。如果没有备份，那么更新引导加载程序是有风险的：如果系统中途断电会发生什么？因此，大多数更新解决方案都会单独使用引导加载程序。这不是一个大问题，因为引导加载程序仅在开机时运行很短的时间，通常都不会是运行时错误的重要来源。

10.3.2 内核

Linux 内核是一个关键组件，肯定需要不时地进行更新。

内核包含以下几个部分：

❏ 由引导加载程序加载的二进制镜像，通常存储在根文件系统中。

❏ 许多设备还具有向内核描述硬件的设备树二进制文件（device tree binary，DTB），因此必须被同步更新。DTB 通常与内核二进制文件一起被存储。

❏ 根文件系统中可能有内核模块。

内核和 DTB 可以被存储在根文件系统中，只要引导加载程序能够读取该文件系统格式，或者它可以被存储在专用分区中，那么在任何一种情况下，拥有冗余副本都是可能的，并且也更加安全。

10.3.3　根文件系统

根文件系统包含使系统正常工作所需的基本系统库、实用程序和脚本。能够替换和升级所有这些是非常可取的。该机制取决于文件系统的实现。

嵌入式根文件系统的常见格式如下。

❏ ramdisk，在启动时从原始闪存或磁盘镜像中加载。要更新它，只需要覆盖 ramdisk 镜像并重新启动即可。

❏ 存储在闪存分区中的只读压缩文件系统，如 squashfs。由于这些类型的文件系统没有实现写入功能，因此更新它们的唯一方法是将完整的文件系统镜像写入分区中。

❏ 普通文件系统类型：对于原始闪存，JFFS2 和 UBIFS 格式很常见，而对于托管闪存，如 eMMC 和 SD 卡，格式可能是 Ext4 或 F2FS。由于这些文件在运行时是可写的，因此可以逐个文件更新它们。

10.3.4　系统应用程序

系统应用程序是设备的主要有效载荷，它们负责实现设备的主要功能。因此，它们可能会经常更新以修复错误并添加功能。

系统应用程序可能与根文件系统被捆绑在一起，但更常见的是将它们放置在单独的文件系统中，以使其更新更容易，并保持系统文件（通常是开源的）和应用程序文件（通常是专有的）之间的分离。

10.3.5　与特定设备相关的数据

这是在运行时修改的文件的组合，包括配置设置、日志、用户提供的数据等。它们并不需要经常被更新，但确实需要在更新期间被保留。

此类数据需要被存储在其自己的分区中。

10.3.6　需要更新的组件

总之，更新可能包括新版本的内核、根文件系统和系统应用程序。设备将具有不应被更新干扰的其他分区，就像设备运行时数据一样。

软件更新失败的成本可能是灾难性的。安全软件更新也是企业和家庭互联网环境中的一个主要问题。在交付任何硬件之前，我们需要能够自信地更新软件。

10.4　有关软件更新的基础知识

乍一看，更新软件似乎是一项很简单的任务：只需要用新副本覆盖一些文件即可。但是，如果更新期间断电，该怎么办？如果在测试更新时未发现错误导致部分设备无法启动，该怎么办？如果第三方发送虚假更新，将你的设备纳入僵尸网络中，又该怎么办？只有当你能意识到这些问题，并且能拿出有效的解决方案时，你的工程师之路才算正式开始。

因此，你的软件更新机制至少需要做到：

❏　稳定可靠，不会因更新而导致设备无法使用。

❏　故障安全，在所有其他方法都失败时还有一个备用模式。

❏　安全机制，防止设备被人劫持，安装未经授权的更新。

换句话说，我们需要一个不受墨菲定律影响的系统。所谓墨菲定律（Murphy's law）是一种心理学效应，其原文是：如果有两种或两种以上的方式去做某件事情，而其中一种选择方式将导致灾难，则必定有人会做出这种选择。其引申义是：如果事情有变坏的可能，那么不管这种可能性有多小，它必定会发生。当然，软件更新中的一些问题并非微不足道。将软件部署到现场设备上与将软件部署到云上不同。嵌入式 Linux 系统需要在没有任何人工干预的情况下检测和响应内核恐慌或引导循环等事故。

10.4.1　使更新稳定可靠

你可能认为更新 Linux 系统的问题很久以前就解决了——我们都有定期更新的 Linux 桌面（不是吗？）。此外，在数据中心中运行的大量 Linux 服务器也同样保持着最新状态。但是，服务器和设备之间还是有差异的，前者在受保护的环境中运行，它不太可能突然断电或网络连接中断。万一更新失败，始终可以访问服务器并使用外部机制重复安装。

　　另外，设备通常被部署在电源不稳定和网络连接间歇性断开的远程站点上，这使得更新更有可能被中断。

　　由此而来的是，考虑访问设备以对失败的更新采取补救措施可能非常昂贵，例如，如果设备是位于山顶环境监测站的传感器或是海底控制油井的阀门。因此，对于嵌入式设备而言，拥有不会导致系统无法使用的强大更新机制更为重要。

　　这里的关键词是原子性（atomicity）。作为一个整体的更新必须是原子的：不应该有系统的一部分已更新但其他部分却未更新的阶段。必须对系统进行一次不间断的更改，才能切换到新版本的软件。

　　这意味着在我们的策略中必须排除一种最明显的更新机制：简单地更新单个文件（例如，通过提取文件系统部分上的存档来进行更新）。

　　如果在更新期间重置系统，则无法确保将有一组一致的文件，即使是使用 apt、yum或 zypper 等包管理器也无济于事。如果你查看所有这些包管理器的内部结构，你会发现它们确实可以在文件系统上提取存档，并通过在更新前后运行脚本来配置包。

　　因此，我们的结论就是：包管理器适用于数据中心的受保护世界，甚至也适用于你的桌面，但不适用于设备。

　　为实现原子性，更新必须与运行中的系统一起被安装，然后抛出一个开关，从旧系统切换到新系统。以下将描述实现原子性的两种不同方法。

　　第一种方法是拥有根文件系统和其他主要组件的两个副本。一个副本在运行中，而另一个副本则可以接收更新。当更新完成后，将抛出一个开关，以便在重新启动时，引导加载程序选择更新的副本。这被称为对称镜像更新（symmetric image update）或 A/B镜像更新（A/B image update）。

　　该主题的变体是使用特殊的恢复模式（recovery mode）操作系统，该系统负责更新主操作系统。原子性保证在引导加载程序和恢复操作系统之间共享。这被称为非对称镜像更新（asymmetric image update）。它是在 Nougat 7.x 版之前在 Android 中采取的方法。

　　第二种方法是在系统分区的不同子目录中拥有两个或多个根文件系统副本，然后在引导时使用 chroot(8)选择其中一个根文件系统副本。Linux 运行后，更新客户端可以将更新安装到另一个根文件系统中，当更新完成并检查确认无误之后，它可以抛出开关并重新启动。这被称为原子文件更新（atomic file update），并且是 OSTree 的典型示例。

10.4.2　使更新不受故障影响

　　需要考虑的下一个问题是从正确安装的更新中恢复，但这些更新中却包含停止系统引导的代码。理想情况下，我们希望系统能够检测到这种情况并恢复到以前的工作镜像。

以下两种故障模式都会导致系统无法运行。

❑ 第一种故障模式是内核恐慌，这可能是由内核设备驱动程序中的错误，或者是因为无法运行 init 程序引起。解决这个问题的比较好的方法是配置内核在恐慌之后重新启动的秒数。这可以通过设置 CONFIG_PANIC_TIMEOUT 来实现，也可以通过内核命令行进行设置。例如，要在恐慌之后重新启动 5 s，则可以将 annic = 5 添加到内核命令行中。

你可能还想要更进一步，将内核配置为在出现 Oops 时即发生恐慌。请记住，当内核遇到致命错误时会生成 Oops。在某些情况下，它其实能够从错误中恢复，当然也有无法恢复的情况。但在所有这些情况下，都是有些东西出了问题，系统无法正常工作。

要在内核配置中的 Oops 上启用恐慌，可以设置 CONFIG_PANIC_ON_OOPS=y 或者在内核命令行上添加 oops=panic。

❑ 第二种故障模式是，内核启动 init 成功，但由于某种原因，主应用程序无法运行。为此，你需要一个看门狗。看门狗（watchdog）是一个硬件或软件计时器，如果计时器在其到期之前未重置计时器，则重启系统。

如果你使用的是 systemd，则可以使用内置的看门狗功能（在第 13 章 "init 程序" 中将对此展开详细介绍）。

如果未使用 systemd，则可能希望启用内置于 Linux 中的看门狗支持（有关详细信息，可查看 Documentation/watchdog 中的内核源代码）。

这两种故障可能导致引导循环（boot loop）：内核恐慌或看门狗超时都会导致系统重启。如果问题是持久的，则系统将不断重启。

要突破引导循环，我们需要在引导加载程序中添加一些代码来检测这种情况，并恢复到上一个已知的能够正常工作的版本。

典型的方法是使用引导计数（boot count），每次通过引导加载程序进行引导时，该计数都会递增。一旦系统启动并正常运行后，该计数在用户空间中就会被重置为 0。如果系统进入引导循环，则该计数器不会被重置，而是会继续递增。在这种情况下，你可以将引导加载程序配置为在该计数器超过某个阈值时采取补救措施。

在 U-Boot 中，这是由以下 3 个变量处理的。

❑ bootcount：每次处理器启动时，此变量都会递增。

❑ bootlimit：如果 bootcount 超过 bootlimit，则 U-Boot 运行 altbootcmd 中的命令而不是 bootcmd 中的命令。

❑　altbootcmd：其中包含备用引导命令，例如，回滚到先前版本的软件或启动恢复
　　模式操作系统。

为此，用户空间程序必须有一种方法来重置引导计数。我们可以使用允许在运行时
访问 U-Boot 环境的 U-Boot 实用工具。

❑　fw_printenv：输出 U-Boot 变量的值。

❑　fw_setenv：设置 U-Boot 变量的值。

这两个命令需要知道 U-Boot 环境块存储的位置，在/etc/fw_env.config 中有一个配置
文件。例如，如果 U-Boot 环境存储在从 eMMC 内存开始的偏移量 0x800000 处，并在
0x1000000 处有一个备份副本，则该配置将如下所示：

```
# cat /etc/fw_env.config
/dev/mmcblk0 0x800000 0x40000
/dev/mmcblk0 0x1000000 0x40000
```

这里还有最后一件事需要说明。在每次启动时增加引导计数，然后在应用程序正常
运行时将其重置为 0 会导致对环境块的不必要写入，从而磨损闪存并减慢系统初始化速
度。为了避免在所有重新启动过程中都必须这样做，U-Boot 有一个名为 upgrade_available
的变量。如果 upgrade_available 为 0，则 bootcount 不递增。upgrade_available 在安装更新
后被设置为 1，以便引导计数保护仅在需要时使用。

10.4.3　确保更新安全

最后一个问题与更新机制本身的潜在滥用有关。你在实施更新机制时的主要目的是
提供一种可靠的自动化或半自动化方法来安装安全补丁和新功能。

但是，其他人可能会使用相同的机制来安装未经授权的软件版本，从而劫持设备。
因此，我们需要研究如何确保不会发生这种情况。

最大的漏洞是虚假远程更新。为了防止这种情况，需要在开始下载之前对更新服务
器进行身份验证。我们还需要一个安全的传输通道，如 HTTPS，以防止篡改下载流。稍
后在讨论 OTA 更新时，我将继续介绍这一点。

还有本地提供的更新的真实性问题。检测虚假更新的方法之一是在引导加载程序中
使用安全引导协议。如果内核镜像在工厂已使用数字密钥签名，则引导加载程序可以在
加载内核之前检查密钥，如果密钥不匹配，则拒绝加载它。只要制造商将密钥保密，就
不可能加载未经授权的内核。U-Boot 实现了这样的机制，在 doc/uImage.FIT/verified-
boot.txt 中的 U-Boot 源代码中对此有详细描述。

ⓘ **注意：**

安全启动，好还是坏？

如果我购买了具有软件更新功能的设备，则相信该设备的供应商会提供有用的更新。同时绝对不希望恶意第三方在我不知情的情况下安装软件。但是，我应该被允许自己安装软件吗？如果我完全拥有该设备，那为什么无权修改它，包括加载新软件？

回想我们之前提到过的 TiVo 机顶盒，它最终导致了 GPL v3 许可证的创建。同样的事例还有 Linksys WRT54G Wi-Fi 路由器：当访问硬件变得容易时，它催生了一个全新的行业（即通过刷新路由器的固件将廉价路由器变身为高档产品），包括 OpenWrt 项目。如果你对此感兴趣，可访问以下网址：

https://www.wi-fiplanet.com/tutorials/article.php/3562391

总之，这是一个复杂的问题，位于自由与控制的十字路口。我认为一些设备制造商以安全为借口来保护他们的软件（有时其实是伪劣软件）。

现在我们已经知道了软件更新需要满足哪些要求，那么，如何在嵌入式 Linux 系统上更新软件呢？

10.5　更新机制的类型

本节将探讨应用软件更新的 3 种方法：
- ❏　对称镜像更新，也称为 A/B 镜像更新。
- ❏　非对称镜像更新，也称为恢复模式更新。
- ❏　原子文件更新。

10.5.1　对称镜像更新

在该方案中，操作系统有两个副本，每个副本都包括 Linux 内核、根文件系统和系统应用程序。它们在图 10.2 中被标记为 A 和 B。

对称镜像更新的工作方式如下。

（1）引导加载程序有一个标志，指示它应该加载哪个镜像。最初，该标志被设置为 A，因此引导加载程序将加载操作系统镜像 A。

（2）要安装更新，作为操作系统一部分的更新程序会覆盖操作系统镜像 B。

（3）完成后，更新程序将引导标志更改为 B 并重新引导。

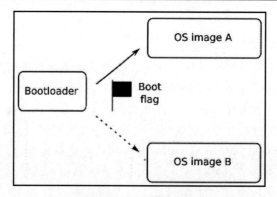

图 10.2　对称镜像更新

原　　文	译　　文	原　　文	译　　文
Bootloader	引导加载程序	OS image B	操作系统镜像 B
OS image A	操作系统镜像 A	Boot flag	引导标志

（4）现在引导加载程序将加载新的操作系统。

（5）安装进一步更新时，更新程序会覆盖镜像 A 并将引导标志更改为 A，就这样，你可以在两个副本之间来回进行更新。

（6）如果在引导标志被更改之前更新失败，则引导加载程序继续加载能正常工作的那个操作系统。

目前有若干个可实现对称镜像更新的开源项目。

第一个示例项目是在独立模式下运行的 Mender 客户端，在 10.7 节“使用 Mender 进行本地更新”中将对它进行详细介绍。

第二个示例项目是 SWUpdate，其网址如下：

https://github.com/sbabic/swupdate

SWUpdate 可以接收 CPIO 格式包中的多个镜像更新，然后将这些更新部署到系统的不同部分。它允许你使用 Lua 语言编写插件来进行自定义处理。它支持原始闪存的文件系统（可以作为 MTD 闪存分区被访问），也支持 UBI 卷的大容量存储，以及使用磁盘分区表的 SD/eMMC 存储。

第三个示例项目是 RAUC，该名称代表的是 Robust Auto-Update Controller（鲁棒的自动更新控制器），其网址如下：

https://github.com/rauc/rauc

它同样支持原始闪存、UBI 卷和 SD/eMMC 设备，还可以使用 OpenSSL 密钥对镜像进行签名和验证。

第四个示例项目是 Buildroot 长期贡献者 Frank Hunleth 创建的 fwup，其网址如下：

https://github.com/fwup-home/fwup

对称镜像更新方案有以下缺点。

第一个缺点是，它采用的是更新整个文件系统镜像的方式，更新包很大，这会给连接设备的网络基础设施带来压力。当然，这可以通过仅发送已更改的文件系统块来缓解，方法是执行新文件系统与先前版本的二进制 diff 比较。Mender 的商业版支持此类增量更新，在撰写本文时，增量更新仍是 RAUC 和 fwup 中的测试版功能。

第二个缺点是，需要为根文件系统和其他组件的冗余副本保留存储空间。如果根文件系统是最大的组件，那么它几乎可以使你需要安装的闪存数量翻倍。出于这个原因，有人提出了非对称更新方案，这也是接下来我们将要讨论的主题。

10.5.2　非对称镜像更新

可以通过保留一个纯粹用于更新主操作系统的最小恢复操作系统来减少存储需求，如图 10.3 所示。

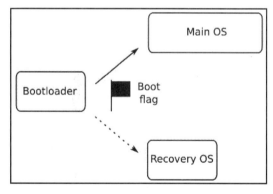

图 10.3　非对称镜像更新

原　　文	译　　文	原　　文	译　　文
Bootloader	引导加载程序	Recovery OS	恢复操作系统
Main OS	主操作系统	Boot flag	引导标志

要安装非对称更新，请执行以下操作。

（1）将引导标志设置为指向恢复操作系统并重新启动。

（2）一旦恢复操作系统运行，它就可以将更新流传输到主操作系统镜像中。

（3）如果更新中断，那么引导加载程序将再次启动进入恢复操作系统，继续更新。

（4）只有更新完成并通过验证，恢复操作系统才会清除引导标志并再次重新启动，这一次加载新的主操作系统。

（5）在更新正确但有缺陷的情况下，系统回退到恢复模式，以便可以尝试补救措施，例如，请求更早的更新版本。

恢复操作系统通常比主操作系统小很多，可能只有几兆字节，因此存储开销并不大。有趣的是，这是 Android 在 Nougat 发布之前采用的方案。

对于非对称镜像更新的开源实现，可以考虑 SWUpdate 或 RAUC，在 10.5.1 节"对称镜像更新"中提到过它们。

该方案的一个主要缺点是，当恢复操作系统运行时，设备无法正常运转。这种方案也不允许更新恢复操作系统本身。

10.5.3　原子文件更新

还有一种方法是在单个文件系统的多个目录中存在根文件系统的冗余副本，然后在引导时使用 chroot(8)命令选择其中一个副本。这允许更新一个目录树，同时将另一个目录树挂载为 root 目录。

此外，对于在根文件系统版本之间未更改的文件，你也可以使用链接，而不是制作其副本，这将节省大量磁盘空间并减少更新包中要下载的数据量。这些就是原子文件更新背后的基本思想。

🛈 注意：

chroot 命令可在现有目录中运行程序。程序将此目录视为其 root 目录，因此无法访问更高级别的任何文件或目录。它常用于在受限环境中运行程序，有时也称这种环境为 chroot 监狱（chroot jail）。

OSTree 项目是这个想法最流行的实现，现在更名为 libOSTree。其网址如下：

https://ostree.readthedocs.org/en/latest/

OSTree 于 2011 年左右开始，它是一种向 GNOME 桌面开发人员部署更新的方式，并改进了他们的持续集成测试，有关详细信息，可访问以下网址：

https://wiki.gnome.org/Projects/GnomeContinuous

此后，OSTree 被用作嵌入式设备的更新解决方案。OSTree 是汽车级 Linux （automotive grade Linux，AGL）中可用的更新方法之一，它通过 meta-update 层在 Yocto Project 中处于可用状态，该层由高级远程信息处理系统（advanced telematic system，ATS）支持。

使用 OSTree 时，文件被存储在目标的/ostree/repo/objects 目录中。这些文件被赋予了名称，以便同一文件的多个版本可以存在于存储库中。然后，将一组给定的文件链接到一个部署目录，该目录的名称如/ostree/deploy/os/29ff9···/。这被称为签出（check out），因为它与从 Git 存储库中签出分支的方式有一些相似之处。每个部署目录都包含构成根文件系统的文件。部署目录可以有任意数量，但默认情况下只有两个。

例如，以下有两个 deploy 目录，每个目录都有指向 repo 目录的链接：

```
/ostree/repo/objects/...
/ostree/deploy/os/a3c83.../
 /usr/bin/bash
 /usr/bin/echo
/ostree/deploy/os/29ff9.../
 /usr/bin/bash
 /usr/bin/echo
```

要从 OSTree 目录引导，其操作如下。

（1）引导加载程序使用 initramfs 引导内核，在内核命令行上传递要使用的部署路径：

```
bootargs=ostree=/ostree/deploy/os/deploy/29ff9...
```

（2）在 initramfs 中包含一个 init 程序，即 ostree-init，该程序将读取命令行并执行 chroot 到给定的路径。

（3）安装系统更新时，OSTree 安装代理会将已更改的文件下载到 repo 目录中。

（4）完成后，将创建一个新的 deploy 目录，其中包含指向将构成新根文件系统的文件集合的链接。其中一些文件是新文件，另外一些文件则与以前相同。

（5）最后，OSTree 安装代理将更改引导加载程序的引导标志，以便在下次重新启动时，它将 chroot 改为新的 deploy 目录。

（6）引导加载程序对引导计数进行检查，如果检测到引导循环，则回退到前一个能够正常运行的根。

尽管开发人员可以在目标设备上手动操作更新程序或安装客户端，但最终，软件更新仍需要通过无线方式自动进行。

10.6　OTA 更新

无线（over-the-air，OTA）更新意味着能够通过网络将软件推送到设备或设备组，通常无须最终用户与设备进行任何交互。为此，我们需要一个中央服务器来控制更新过程，另外还需要一个可将更新下载到更新客户端的协议。

在典型的实现中，客户端将不时地轮询更新服务器以检查是否有任何更新。轮询间隔需要足够长，以便轮询流量不会占用大部分网络带宽，但又要足够短，以便可以及时交付更新。几十分钟到几个小时的间隔通常是一个很好的折衷方案。

来自设备的轮询消息包含某种唯一标识符（如序列号或 MAC 地址），以及当前软件版本。由此，更新服务器可以查看是否需要更新。轮询消息还可以包含其他状态信息，如正常运行时间、环境参数或对设备的中央管理有用的任何内容。

更新服务器通常被链接到一个管理系统，该管理系统会将新版本的软件分配给其控制下的各种设备群。如果设备数量很大，该设备可能会分批发送更新，以避免网络过载。系统中将会有某种状态显示，可以显示设备的当前状态，并突出显示问题。

当然，更新机制必须是安全的，以便未获授权者无法将虚假更新发送到终端设备。这涉及客户端和服务器能够通过交换证书来相互验证。然后客户端可以验证已下载的包是否由预期的密钥签名。

以下是可用于 OTA 更新的 3 个开源项目示例。

❑　Mender（管理模式）。

❑　Balena。

❑　Eclipse hawkBit，需要与更新程序客户端（如 SWUpdate 或 RAUC）结合使用，其网址如下：

　　https://github.com/eclipse/hawkbit

接下来，我们介绍 Mender。

10.7　使用 Mender 进行本地更新

有关软件更新的工作原理其实前面已经介绍得差不多了。接下来，我们看看这些原则是如何在实践中发挥作用的。

本节将使用 Mender 作为示例。Mender 使用对称 A/B 镜像更新机制，并在更新失败的情况下可以进行回退。它可以在本地更新的独立模式下运行，也可以在 OTA 更新的托管模式下运行。让我们先从独立模式开始。

Mender 由 mender.io 编写和支持，其网址如下：

https://mender.io

在该网站的文档部分提供了更多关于该软件的信息。在这里我们不会深入地研究该软件的配置，因为我们的目的是说明其软件更新的原理。

让我们从 Mender 客户端的构建开始。

10.7.1　构建 Mender 客户端

Mender 客户端可被用作 Yocto 元层。以下示例使用了 Yocto Project 的 Dunfell 版本，这与第 6 章 "选择构建系统" 中使用的版本相同。

首先获取 meta-mender 层，如下所示：

```
$ git clone -b dunfell git://github.com/mendersoftware/meta-mender
```

请注意，在克隆 meta-mender 层之前，你应该在 poky 目录上导航到上一级，以便两个目录在同一级别上彼此相邻。

Mender 客户端需要对 U-Boot 的配置进行一些更改，以处理引导标志和引导计数变量。Mender 客户端层具有用于此 U-Boot 集成的示例实现的子层，我们可以直接使用这些子层，如 meta-mender-qemu 和 meta-mender-raspberrypi。以下示例将使用 QEMU 模拟器。

下一步是创建一个构建目录并为此配置添加层：

```
$ source poky/oe-init-build-env build-mender-qemu
$ bitbake-layers add-layer ../meta-openembedded/meta-oe
$ bitbake-layers add-layer ../meta-mender/meta-mender-core
$ bitbake-layers add-layer ../meta-mender/meta-mender-demo
$ bitbake-layers add-layer ../meta-mender/meta-mender-qemu
```

然后，我们需要通过在 conf/local.conf 中添加一些设置来设置环境：

```
1 MENDER_ARTIFACT_NAME = "release-1"
2 INHERIT += "mender-full"
3 MACHINE = "vexpress-qemu"
4 INIT_MANAGER = "systemd"
5 IMAGE_FSTYPES = "ext4"
```

上述第 2 行包含一个名为 mender-full 的 BitBake 类，它负责对创建 A/B 镜像格式所需的镜像进行特殊处理。

　　第 3 行选择了一个名为 vexpress-qemu 的机器，它使用 QEMU 来模拟 ARM Versatile Express 板，而不是 Yocto Project 中默认的 Versatile PB。

　　第 4 行选择了 systemd 作为 init 守护进程来代替默认的 System V init。在第 13 章"init 程序"中将更详细地描述 init 守护进程。

　　第 5 行使根文件系统镜像以 Ext4 格式生成。

　　现在可以构建一个镜像：

```
$ bitbake core-image-full-cmdline
```

　　和以前一样，构建的结果在 tmp/deploy/images/vexpress-qemu 中。

　　与我们过去所做的 Yocto Project 构建相比，你会注意到这里有一些新的东西。有一个名为 core-image-full-cmdline-vexpress-qemu-grub-[timestamp].mender 的文件，以及另一个以.uefiimg 结尾的类似名称的文件。

　　在 10.7.2 节"安装更新"中需要这个.mender 文件。.uefiimg 文件是使用来自 Yocto Project 的称为 wic 的工具创建的。其输出是包含分区表的镜像，并可以直接被复制到 SD 卡或 eMMC 芯片上。

　　我们可以使用 Mender 层提供的脚本运行 QEMU 目标，它将首先启动 U-Boot，然后加载 Linux 内核：

```
$ ../meta-mender/meta-mender-qemu/scripts/mender-qemu
[…]
[ OK ] Started Mender OTA update service.
[ OK ] Started Mender Connect service.
[ OK ] Started NFS status monitor for NFSv2/3 locking..
[ OK ] Started Respond to IPv6 Node Information Queries.
[ OK ] Started Network Router Discovery Daemon.
[ OK ] Reached target Multi-User System.


        Starting Update UTMP about System Runlevel Changes...

Poky (Yocto Project Reference Distro) 3.1.6 vexpress-qemu ttyAMA0

vexpress-qemu login:
```

　　如果你看到的不是登录提示，而是如下错误：

```
mender-qemu: 117: qemu-system-arm: not found
```

　　则可以在你的系统上安装 qemu-system-arm，然后重新运行脚本：

```
$ sudo apt install qemu-system-arm
```

以 root 身份登录，无须密码。查看目标上的分区布局，可以看到以下内容：

```
# fdisk -l /dev/mmcblk0
Disk /dev/mmcblk0: 608 MiB, 637534208 bytes, 1245184 sectors
Units: sectors of 1 * 512 = 512 bytes
Sector size (logical/physical): 512 bytes / 512 bytes
I/O size (minimum/optimal): 512 bytes / 512 bytes
Disklabel type: gpt
Disk identifier: 15F2C2E6-D574-4A14-A5F4-4D571185EE9D


Device              Start        End   Sectors   Size Type
/dev/mmcblk0p1      16384      49151     32768    16M EFI System
/dev/mmcblk0p2      49152     507903    458752   224M Linux filesystem
/dev/mmcblk0p3     507904     966655    458752   224M Linux filesystem
/dev/mmcblk0p4     966656    1245150    278495   136M Linux filesystem
```

这里一共有以下 4 个分区。

❑　分区 1：该分区包含 U-Boot 引导文件。

❑　分区 2 和 3：这两个分区包含 A/B 根文件系统。目前它们是相同的。

❑　分区 4：该分区只是一个包含剩余分区的扩展分区。

运行 mount 命令，显示分区 2 将被用作根文件系统，分区 3 则接收更新：

```
# mount
/dev/mmcblk0p2 on / type ext4 (rw,relatime)
[…]
```

有了 Mender 客户端之后，接下来就可以开始安装更新。

10.7.2　安装更新

现在我们可以更改根文件系统，然后将其安装为更新。

请按以下步骤操作。

（1）打开另一个 shell 并回到构建目录中：

```
$ source poky/oe-init-build-env build-mender-qemu
```

（2）复制刚刚构建的镜像。这是我们要更新的实时镜像：

```
$ cd tmp/deploy/images/vexpress-qemu
$ cp core-image-full-cmdline-vexpress-qemu-grub.uefiimg \
```

```
core-image-live-vexpress-qemu-grub.uefiimg
$ cd -
```

如果不这样做，则 QEMU 脚本只会加载 BitBake 生成的最新镜像，包括更新，这会破坏演示的对象。

（3）更改目标的主机名，安装时会很容易看到。为此，可编辑 conf/local.conf 并添加以下行：

```
hostname_pn-base-files = "vexpress-qemu-release2"
```

（4）现在可以像以前一样构建镜像：

```
$ bitbake core-image-full-cmdline
```

这次我们对.uefiimg 文件不感兴趣（其中包含一个完整的新镜像）。相反，我们只想采用新的根文件系统，它位于 core-image-full-cmdline-vexpress-qemu-grub.mender 中。

该.mender 文件采用 Mender 客户端可识别的格式。.mender 文件格式由版本信息、标头和根文件系统镜像组成，它们放在一个压缩的.tar 存档中。

（5）将新工件部署到目标，在设备本地启动更新，但从服务器上接收更新。

先按 Ctrl+A 快捷键，然后按 X 键，终止在上一个终端会话中启动的模拟器。最后使用新复制的镜像再次启动 QEMU：

```
$ ../meta-mender/meta-mender-qemu/scripts/mender-qemu \
core-image-live
```

（6）检查网络是否已配置，QEMU 位于 10.0.2.15 上，主机位于 10.0.2.2 上：

```
# ping 10.0.2.2
PING 10.0.2.2 (10.0.2.2) 56(84) bytes of data.
64 bytes from 10.0.2.2: icmp_seq=1 ttl=255 time=0.286 ms
^C
--- 10.0.2.2 ping statistics ---
1 packets transmitted, 1 received, 0% packet loss, time 0ms
rtt min/avg/max/mdev = 0.286/0.286/0.286/0.000 ms
```

（7）在另一个终端会话中，在主机上启动一个可以提供更新的 Web 服务器：

```
$ cd tmp/deploy/images/vexpress-qemu
$ python3 -m http.server
Serving HTTP on 0.0.0.0 port 8000 (http://0.0.0.0:8000/)
...
```

Web 服务器正在侦听端口 8000。当你使用完 Web 服务器后，可按 Ctrl + C 快捷键以终止它。

（8）回到目标，发出以下命令以获取更新：

```
# mender --log-level info install \
> http://10.0.2.2:8000/core-image-full-cmdline-vexpress-qemu-grub.mender
INFO[0751] Wrote 234881024/234881024 bytes to the inactive partition
INFO[0751] Enabling partition with new image installed to
be a boot candidate: 3
```

更新已被写入分区 3（/dev/mmcblk0p3）中，而根文件系统仍在分区 2（mmcblk0p2）中。

（9）通过从 QEMU 命令行中输入 reboot 来重启 QEMU。请注意，现在根文件系统已被安装在分区 3 中，并且主机名已被更改：

```
# mount
/dev/mmcblk0p3 on / type ext4 (rw,relatime)
[…]
# hostname
vexpress-qemu-release2
```

成功！

（10）还有一件事要做。我们需要考虑引导循环的问题。使用 fw_printenv 查看 U-Boot 变量，可看到以下内容：

```
# fw_printenv upgrade_available
upgrade_available=1
# fw_printenv bootcount
bootcount=1
```

如果系统在未清除 bootcount 的情况下重新启动，则 U-Boot 应该会检测到它并回退到之前的安装。

让我们测试 U-Boot 的回退行为。

（1）立即重启目标。

（2）当目标再次出现时，可以看到 U-Boot 已经恢复到之前的安装：

```
# mount
/dev/mmcblk0p2 on / type ext4 (rw,relatime)
[…]
# hostname
vexpress-qemu
```

（3）重复更新过程：

```
# mender --log-level info install \
```

```
> http://10.0.2.2:8000/core-image-full-cmdline-vexpress-qemu-grub.mender
# reboot
```

（4）但这一次，在重新启动后，commit 更改：

```
# mender commit
[…]
# fw_printenv upgrade_available
upgrade_available=0
# fw_printenv bootcount
bootcount=1
```

（5）一旦 upgrade_available 被清除，则 U-Boot 就不再检查 bootcount，因此设备将继续挂载这个更新后的根文件系统。当加载进一步的更新时，Mender 客户端将清除 bootcount 并再次设置 upgrade_available。

此示例使用了命令行中的 Mender 客户端在本地启动更新。更新本身来自服务器，但也可以很容易地在 USB 闪存驱动器或 SD 卡上提供。除了 Mender，也可以使用前文提到的其他镜像更新客户端：SWUpdate 或 RAUC。它们各有优势，但基本技术是相同的。

接下来，我们看看 OTA 更新在实践中是如何工作的。

10.8　使用 Mender 进行 OTA 更新

本节仍将在设备上使用 Mender 客户端，但这一次将在托管模式下运行。此外，我们将配置服务器来部署更新，这样就不需要本地交互。

10.8.1　设置更新服务器

Mender 为此提供了一个开源服务器。有关如何设置此演示服务器的文档，请访问以下网址：

https://docs.mender.io/2.4/getting-started/on-premise-installation

Mender 服务器需要安装 Docker Engine 19.03 或更高版本。有关详细信息，可访问 Docker 网站：

https://docs.docker.com/engine/installation

Mender 服务器还需要 Docker Compose 1.25 或更高版本，其安装说明如下：

https://docs.docker.com/compose/install/

要验证你的系统上有哪些版本的 Docker 和 Docker Compose，需要使用以下命令：

```
$ docker --version
Docker version 19.03.8, build afacb8b7f0
$ docker-compose --version
docker-compose version 1.25.0, build unknown
```

Mender 服务器还需要一个名为 jq 的命令行 JSON 解析器：

```
$ sudo apt install jq
```

在安装了上述所有 3 个工具（Docker Engine 19.03 + Docker Compose 1.25 + jq）之后，再安装 Mender 集成环境，如下所示：

```
$ curl -L \
https://github.com/mendersoftware/integration/
archive/2.5.1.tar.gz | tar xz
$ cd integration-2.5.1
$ ./demo up
Starting the Mender demo environment...
[…]
Creating a new user...
****************************************

Username: mender-demo@example.com
Login password: D53444451DB6

****************************************
Please keep the password available, it will not be cached by
the login script.
Mender demo server ready and running in the background. Copy
credentials above and log in at https://localhost
Press Enter to show the logs.
Press Ctrl-C to stop the backend and quit.
```

当你运行./demo up 脚本时，会看到它下载了数百兆字节的 Docker 镜像，这可能需要一些时间，具体取决于你的 Internet 连接速度。一段时间后，你会看到它创建了一个新的演示用户和密码。这意味着服务器已启动并正在运行。

现在你可以在 https://localhost/ 上运行 Mender Web 界面，在 Web 浏览器中输入该 URL 并接受弹出的证书警告。出现警告是因为 Web 服务正在使用浏览器无法识别的自签名证书。在登录页面输入 Mender 服务器生成的用户名和密码。

现在需要更改目标的配置，以便它轮询我们的本地服务器以获取更新。对于此演示，可通过在 hosts 文件中附加一行，将 docker.mender.io 和 s3.docker.mender.io 服务器 URL 映射到地址 localhost 上。要使用 Yocto Project 进行此更改，请执行以下操作。

（1）在克隆 Yocto 的目录上导航到上一级。

（2）创建一个层，该层包含一个附加到配方（它将创建 hosts 文件）中的文件，即 recipes-core/base-files/base-files_3.0.14.bbappend。在 MELP/Chapter10/meta-ota 中已经有一个合适的层可以进行复制：

```
$ cp -a melp3/Chapter10/meta-ota .
```

（3）获取有效的构建目录：

```
$ source poky/oe-init-build-env build-mender-qemu
```

（4）添加 meta-ota 层：

```
$ bitbake-layers add-layer ../meta-ota
```

你的层结构现在应该包含 8 层，其中包括 meta-oe、meta-mender-core、meta-mender-demo、meta-mender-qemu 和 meta-ota。

（5）使用以下命令构建新镜像：

```
$ bitbake core-image-full-cmdline
```

（6）制作一个副本。这将成为本节的实时镜像：

```
$ cd tmp/deploy/images/vexpress-qemu
$ cp core-image-full-cmdline-vexpress-qemu-grub.uefiimg \
core-image-live-ota-vexpress-qemu-grub.uefiimg
$ cd -
```

（7）启动该实时镜像：

```
$ ../meta-mender/meta-mender-qemu/scripts/mender-qemu \
core-image-live-ota
```

几秒钟后，你将看到一个新设备出现在 Web 界面的 Dashboard（仪表板）上。这发生得很快，是因为出于演示目的，Mender 客户端已配置为每 5 s 轮询一次服务器。在生产环境中应该使用更长的轮询间隔：建议 30 min。

（8）查看目标上的/etc/mender/mender.conf 文件，了解如何配置此轮询间隔：

```
# cat /etc/mender/mender.conf
{
    "InventoryPollIntervalSeconds": 5,
    "RetryPollIntervalSeconds": 30,
    "ServerURL": "https://docker.mender.io",
    "TenantToken": "dummy",
    "UpdatePollIntervalSeconds": 5
}
```

请注意服务器的 URL。

（9）返回 Web 浏览器界面，单击右下角 Accept device（接受设备）旁边的绿色复选标记，如图 10.4 所示。

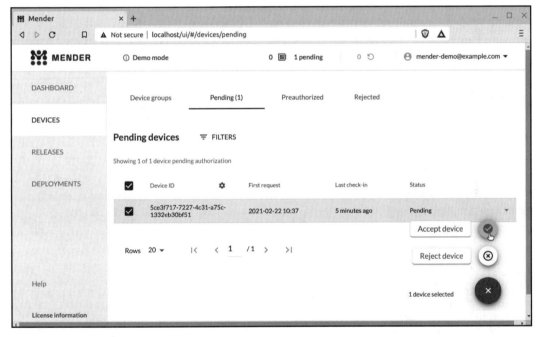

图 10.4　接受设备

（10）单击设备条目以查看其详细信息。

10.8.2　上传工件

现在我们可以再次创建更新并进行部署——这次是 OTA 方式。

请按以下步骤操作。

（1）更新 conf/local.conf 中的以下行：

```
MENDER_ARTIFACT_NAME = "OTA-update1"
```

（2）再次构建镜像：

```
$ bitbake core-image-full-cmdline
```

这将在 tmp/deploy/images/vexpress-qemu 暂存目录中生成一个新的 core-image-full-cmdline-vexpress-qemugrub.mender 文件。

（3）在 Web 浏览器中选择 Releases（发布）选项卡，单击左下角的紫色 UPLOAD（上传）按钮，打开 Upload an Artifact（上传工件）界面。

（4）浏览并找到 tmp/deploy/images/vexpress-qemu 暂存目录中的 core-image-full-cmdline-vexpress-qemu-grub.mender 文件，单击 UPLOAD（上传）按钮，如图 10.5 所示。

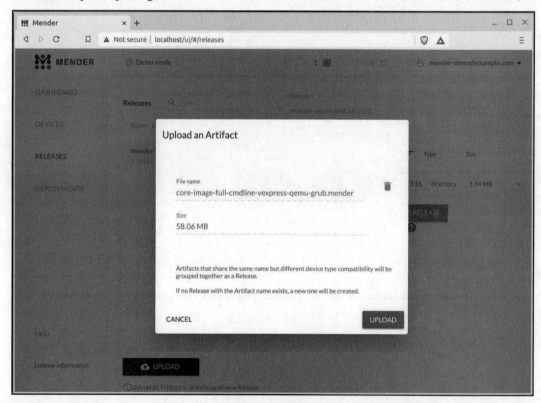

图 10.5　上传工件

Mender 服务器应该将文件复制到服务器数据存储中，并且一个名为 OTA-update1 的新工件应该出现在 Releases（发布）下面。

10.8.3　部署更新

要将更新部署到 QEMU 设备上，请执行以下操作。

（1）单击 Device（设备）选项卡并选择设备。

（2）单击设备信息右下角的 Create a Deployment for this Device（为该设备创建部署）选项。

（3）从 Releases（发布）页面中选择 OTA-update1 工件，然后单击 Create Deployment with this Release（使用此版本创建部署）按钮，如图 10.6 所示。

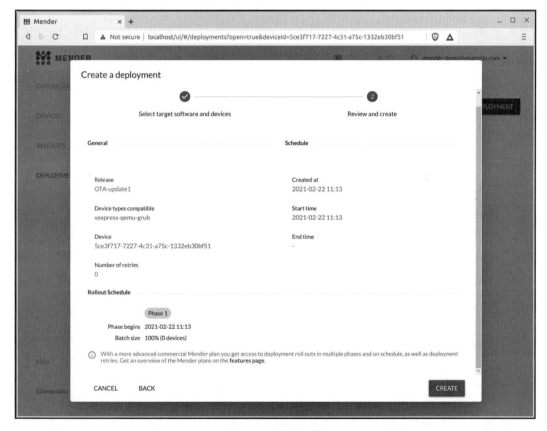

图 10.6　创建部署

（4）在 Create a deployment（创建一个部署）的 Select target software and devices（选择目标软件和设备）步骤中单击 Next（下一步）按钮。

（5）在 Create a deployment（创建一个部署）的 Review and create（检查并创建）步骤中单击 CREATE（创建）按钮以开始部署。

（6）部署应该很快从 Pending（挂起）过渡到 In progress（进行中），如图 10.7 所示。

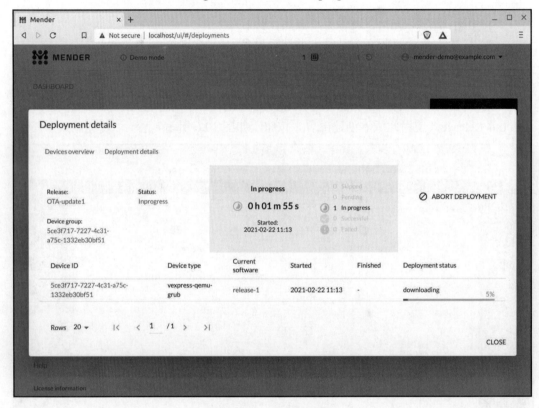

图 10.7　部署进行中

（7）大约 13 min 后，Mender 客户端应该已将更新写入备用文件系统镜像中，然后 QEMU 将重新启动并提交更新。Web 浏览器界面应该报告 Finished（已完成），现在客户端正在运行 OTA-update1，如图 10.8 所示。

💡提示：

在对 Mender 服务器进行几次试验后，你可能希望清除状态并重新开始。要执行该操作，需要在 integration2.5.1/目录中输入以下两个命令：

```
./demo down
./demo up
```

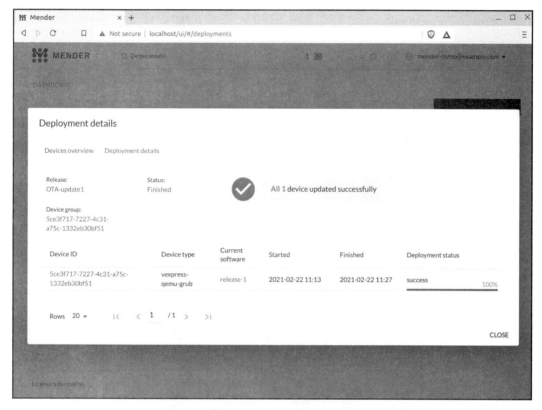

图 10.8　设备更新成功

Mender 很简洁，被用于许多商业产品中，但有时我们只想尽快将软件项目部署到一些开发板上，则可以考虑使用 balena。

快速的应用程序开发是 balena 的亮点。接下来，就让我们看看如何使用 balena 将一个简单的 Python 应用程序部署到 Raspberry Pi 4 开发板上。

10.9　使用 balena 进行本地更新

balena 使用 Docker 容器来部署软件更新。设备运行 balenaOS，它是一个基于 Yocto 的 Linux 发行版，附带 balenaEngine（它是 balena 的 Docker 兼容容器引擎）。OTA 更新通过 balenaCloud 推送的版本自动进行，balenaCloud 是一种用于管理设备群的托管服务。balena 还可以在本地模式下运行，以便更新来自运行在本地主机上的服务器而不是云。本节将使用本地模式进行练习。

balena 由 balena.io 编写和支持。其网址如下：

https://balena.io

　　在 balena.io 的在线文档的 Reference（参考）部分中有更多关于该软件的信息。本节不会深入研究 balena 的工作原理，因为我们的目标只是在一小部分设备上部署和自动更新软件以实现快速开发。

　　balena 为 Raspberry Pi 4 和 BeagleBone Black 等流行的开发板提供了预构建的 balenaOS 镜像。下载这些镜像需要 balenaCloud 账户。

10.9.1　创建一个账户

　　即使你仅打算在本地模式下操作，需要做的第一件事也是注册一个 balenaCloud 账户。其注册网址如下：

https://dashboard.balena-cloud.com/signup

　　输入你的电子邮件地址和密码，如图 10.9 所示。

图 10.9　注册一个 balenaCloud 账户

　　单击 Sign up（注册）按钮提交表单，完成处理后，系统将提示你输入你的个人资料详细信息。你可以选择跳过此表单，此时你将进入新账户下的 balenaCloud 仪表板中。

　　如果你退出了或会话过期，则可以访问以下网址：

https://dashboard.balena-cloud.com/login

　　输入注册时使用的电子邮件地址和密码重新登录仪表板。

10.9.2　创建应用程序

　　在将 Raspberry Pi 4 开发板添加到 balenaCloud 账户中之前，首先需要创建一个应用程序，如图 10.10 所示。

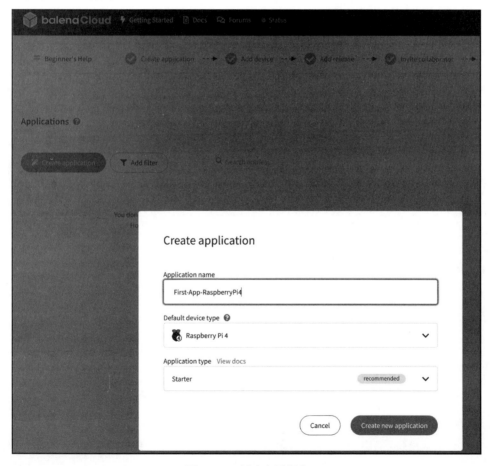

图 10.10　创建应用程序

以下是在 balenaCloud 上为 Raspberry Pi 4 创建应用程序的具体步骤。

（1）使用你的电子邮件地址和密码登录 balenaCloud 仪表板。

（2）单击左上角 Applications（应用程序）下的 Create application（创建应用程序）按钮，打开 Create application（创建应用程序）对话框。

（3）输入新应用程序的名称（如 First-App-RaspberryPi4）并选择 Raspberry Pi 4 作为 Default device type（默认设备类型）。

（4）单击 Create application（创建应用程序）对话框中的 Create new application（创建新应用程序）按钮以提交表单。

Application type（应用程序类型）默认为 Starter（初学者），这对于本节练习来说已经很适合了。你的新应用程序应出现在 balenaCloud 仪表板的 Applications（应用程序）中。

10.9.3　添加设备

现在我们在 balenaCloud 上有一个应用程序，可以向其中添加一个 Raspberry Pi 4。请按以下步骤操作。

（1）使用你的电子邮件地址和密码登录 balenaCloud 仪表板。

（2）单击已创建的新应用程序。

（3）单击 Devices（设备）页面中的 Add device（添加设备）按钮，如图 10.11 所示。

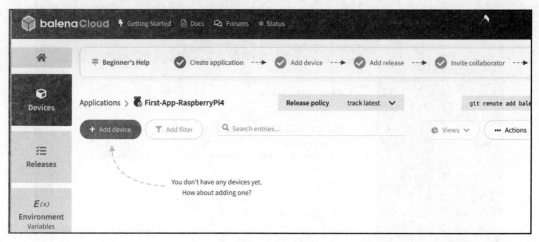

图 10.11　添加设备

（4）此时将弹出 Add new device（添加新设备）对话框。

（5）确保 Raspberry Pi 4 是选定的设备类型。该选项应该已经被选中，因为你使用了 Raspberry Pi 4 作为默认设备类型创建了该应用程序。

（6）确保 balenaOS 是选定的操作系统。

（7）确保已选择的 balenaOS 版本是最新的。该选项应该已经被选中，因为 Add new device（添加新设备）会默认选择 balenaOS 的最新可用版本，它根据 recommended（推荐）指定该版本。

（8）选择 Development（开发）作为 balenaOS 的版本。需要开发镜像才能启用本地模式，以便更好地进行测试和故障排除。

（9）选择 Wi-Fi + Ethernet（无线+以太网）进行网络连接。你也可以选择 Ethernet only（仅使用以太网），但自动连接到 Wi-Fi 是一个非常方便的功能。

（10）在各自字段中输入你的 Wi-Fi 路由器的 SSID 和密码。请注意将图 10.12 中的 RT-AC66U_B1_38_2G 替换为你自己的 Wi-Fi 路由器的 SSID。

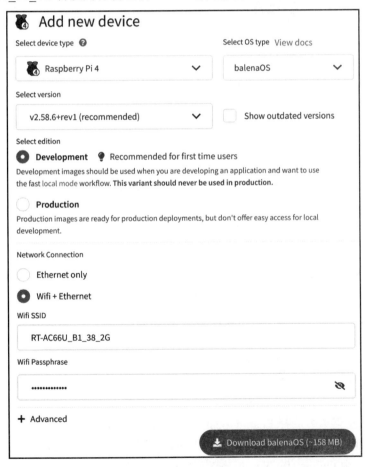

图 10.12　添加新设备

（11）单击 Download balenaOS（下载 balenaOS）按钮。

（12）将压缩后的镜像文件保存到你的主机上。

现在我们已经有了一个 microSD 卡镜像，可以使用它来为你的应用程序的测试队列配置任意数量的 Raspberry Pi 4。

你现在应该熟悉从主机上配置 Raspberry Pi 4 的步骤。找到从 balenaCloud 上下载的 balenaOS img.zip 文件，然后使用 Etcher 将其写入 microSD 卡中。将 microSD 卡插入你的 Raspberry Pi 4 开发板上并通过 USB-C 端口为其供电。

Raspberry Pi 4 大约需要一两分钟才能出现在 balenaCloud 仪表板的 Devices（设备）页面上，如图 10.13 所示。

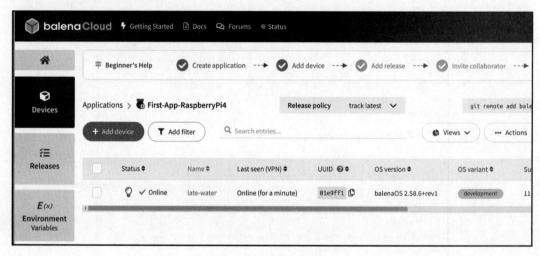

图 10.13　可以看到的设备

10.9.4　启用本地模式

现在我们已经将 Raspberry Pi 4 连接到 balena 应用程序，但是还需要启用本地模式，以便可以从附近的主机而不是云端上部署 OTA 更新。

（1）从 balenaCloud 仪表板的 Devices（设备）页面上单击目标 Raspberry Pi 4。我的设备被命名为 late-water。你的设备名字应该会有所不同。

（2）单击 Raspberry Pi 4 设备仪表板上灯泡旁边的向下箭头。

（3）从下拉菜单中选择 Enable local mode（启用本地模式），如图 10.14 所示。

在启用本地模式后，设备仪表板中的 Logs（日志）和 Terminal（终端）面板将不再可用。设备状态由 Online (for N minutes)〔在线（N 分钟）〕变为 Online (local mode)〔在线（本地模式）〕。

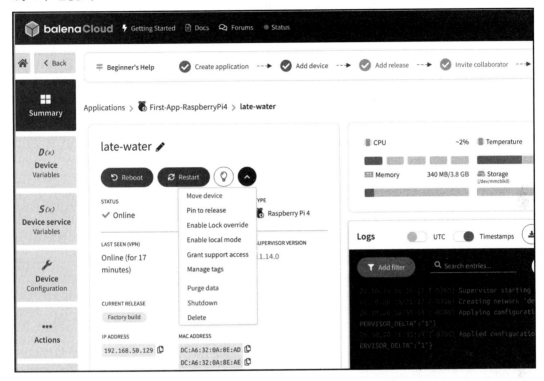

图 10.14　启用本地模式

在目标设备上启用了本地模式之后，即可开始向它部署一些代码。当然，在这样做之前，还需要安装 balena CLI。

10.9.5　安装 CLI

要在 Linux 主机上安装 balena CLI，请按以下步骤操作。

（1）打开 Web 浏览器并导航到最新的 balena CLI 发布页面，其网址如下：

https://github.com/balena-io/balena-cli/releases/latest

（2）单击适用于 Linux 系统的最新 ZIP 文件进行下载。

其文件名是 balena-cli-vX.Y.Z-linux-x64-standalone.zip 形式的，注意用主要、次要和补丁版本号替换 X、Y 和 Z。

（3）将 zip 文件内容解压缩到你的主目录中：

```
$ cd ~
$ unzip Downloads/balena-cli-v12.25.4-linux-x64-standalone.zip
```

提取的内容包含在 balena-cli 目录中。

（4）将 balena-cli 目录添加到你的 PATH 环境变量中：

```
$ export PATH=$PATH:~/balena-cli
```

如果你希望对 PATH 变量的这些更改保持不变，则可以在主目录的.bashrc 文件中添加这样的一行。

（5）验证安装是否成功：

```
$ balena version
12.25.4
```

在撰写本文时，balena CLI 的最新版本是 12.25.4。

现在我们有了一个可正常工作的 balena CLI，接下来可以扫描本地网络以查找已经配置的 Raspberry Pi 4：

```
$ sudo env "PATH=$PATH" balena scan
Reporting scan results
-
    host:                       01e9ff1.local
    address:                    192.168.50.129
    dockerInfo:
        Containers:             1
        ContainersRunning:      1
        ContainersPaused:       0
        ContainersStopped:      0
        Images:                 2
        Driver:                 overlay2
        SystemTime:             2020-10-26T23:44:44.37360414Z
        KernelVersion:          5.4.58
        OperatingSystem:        balenaOS 2.58.6+rev1
        Architecture:           aarch64
    dockerVersion:
        Version:                19.03.13-dev
        ApiVersion:             1.40
```

请注意扫描输出中的主机名 01e9ff1.local 和 IP 地址 192.168.50.129。你的 Raspberry Pi 4 的主机名和 IP 地址会有所不同。记下这两条信息，因为在余下的练习中需要它们。

10.9.6　推送一个项目

现在可以通过本地网络将 Python 项目推送到 Raspberry Pi 4 开发板上。

请按以下步骤操作。

（1）克隆一个简单的"Hello World!" Python Web 服务器项目：

```
$ git clone https://github.com/balena-io-examples/balenapython-
hello-world.git
```

（2）导航到项目目录：

```
$ cd balena-python-hello-world
```

（3）将代码推送到你的 Raspberry Pi 4 上：

```
$ balena push 01e9ff1.local
```

别忘记用你的设备的主机名替换 01e9ff1.local 参数。

（4）等待 Docker 镜像完成构建和启动，让应用程序在前台运行，以便它能够记录到 stdout 标准输出。

（5）从 Web 浏览器向位于 https://192.168.50.129 的 Web 服务器发出请求。

别忘记用你的设备的 IP 地址替换 192.168.50.129。

在 Raspberry Pi 4 上运行的 Web 服务器应以"Hello World!"响应。balena push 的实时输出中应该出现如下一行：

```
[Logs] [10/26/2020, 5:26:35 PM] [main] 192.168.50.146 - -
[27/Oct/2020 00:26:35] "GET / HTTP/1.1" 200 -
```

该日志条目中的 IP 地址应该是你发出 Web 请求的机器的 IP 地址。每次刷新网页时都会出现一个新的日志条目。要停止跟踪日志并返回 shell，可以按 Ctrl + C 快捷键。

容器将继续在目标设备上运行，并且"Hello World!" Web 服务器将继续为可能的请求提供服务。

可以通过发出以下命令随时重新开始跟踪日志：

```
$ balena logs 01e9ff1.local
```

同样，别忘记用你的设备的主机名替换 01e9ff1.local 参数。

这个简单 Web 服务器的源代码可以在项目目录中名为 main.py 的文件中找到：

```
tree
.
```

```
├──── Dockerfile.template
├──── img
│     ├──── enable-public-URLs.png
│     └──── log-output.png
├──── README.md
├──── requirements.txt
└──── src
      └──── main.py
```

10.9.7　修改和更新项目

现在让我们对项目源代码稍作修改并重新部署。

请按以下步骤操作。

（1）在你喜欢的编辑器中打开 src/main.py。

（2）将 'Hello World!' 替换为 'Hello from Pi 4!'，保存你的更改。

以下 git diff 输出将捕获这些更改：

```
$ git diff
diff --git a/src/main.py b/src/main.py
index 940b2df..26321a1 100644
--- a/src/main.py
+++ b/src/main.py
@@ -3,7 +3,7 @@ app = Flask(__name__)

@app.route('/')
def hello_world():
-    return 'Hello World!'
+    return 'Hello from Pi 4!'

if __name__ == '__main__':
    app.run(host='0.0.0.0', port=80)
```

（3）将新代码推送到 Raspberry Pi 4 上：

```
$ balena push 01e9ff1.local
```

同样，别忘记用你的设备的主机名替换 01e9ff1.local 参数。

（4）等待 Docker 镜像更新。由于本地模式独有的称为 Livepush 的智能缓存功能，这一次该过程应该快得多。

（5）从 Web 浏览器中向位于 https://192.168.50.129 的 Web 服务器发出请求。

别忘记用你的设备的 IP 地址替换 192.168.50.129。

在 Raspberry Pi 4 上运行的 Web 服务器的响应现在应该变成 "Hello from Pi 4!"。

可以通过 IP 地址 SSH 到本地目标设备：

```
$ balena ssh 192.168.50.129
Last login: Tue Oct 27 00:32:04 2020 from 192.168.50.146
root@01e9ff1:~#
```

注意使用你的设备的 IP 地址替换 192.168.50.129。

这并不是特别有用，因为应用程序是在 Docker 容器中运行的。

要通过 SSH 连接到运行 Python Web 服务器的容器并观察它在做什么，需要在 balena ssh 命令中包含服务名称：

```
$ balena ssh 192.168.50.129 main
root@01e9ff1:/usr/src/app# ls
Dockerfile Dockerfile.template README.md requirements.txt src
root@01e9ff1:/usr/src/app# ps -ef
UID        PID   PPID   C   STIME  TTY     TIME      CMD
root       1     0      0   00:26  pts/0   00:00:01  /usr/local/bin/
python -u src/main.py
root       30    1      0   00:26  ?       00:00:00  /lib/systemd/
systemd-udevd --daemon
root       80    0      2   00:48  pts/1   00:00:00  /bin/bash
root       88    80     0   00:48  pts/1   00:00:00  ps -ef
#
```

如实时日志输出中所示，此应用程序的服务名称是 main。

恭喜！你已成功创建了 balenaOS 镜像和主机开发环境，你和你的团队可以使用它来迭代项目代码并快速重新部署到目标设备上。这是一个不小的成就。以 Docker 容器的形式推送代码更改是全栈工程师常见的开发工作流程。有了 balena，现在你可以使用自己熟悉的技术在实际硬件上开发嵌入式 Linux 应用程序。

10.10 小 结

能够更新现场设备上的软件至少是一个有用的属性，如果设备被连接到互联网，那么这绝对是必须的。一般来说，它会是一个直到项目的最后部分才执行的功能。本章已经详细说明了与设计有效且稳定可靠的更新机制相关的问题，并且还提供了若干个现成的开源选项，你只要直接借用即可，就不必另起炉灶自行开发了。

最常用的方法，也是真实世界最多检验的方法，是对称镜像（A/B）更新，或者其兄

弟，非对称（恢复）镜像更新。在这里，你可以选择 SWUpdate、RAUC、Mender 和 fwup
等诸多工具。最近的一项创新是原子文件更新，采用 OSTree 的形式。这在减少需要下载
的数据量和需要在目标上安装的冗余存储量方面具有很好的特性。最后，随着 Docker 的
普及，对容器化软件更新的需求也随之而来，而这正是 balena 能派上用场的地方。

　　小规模部署更新常使用 U 盘或 SD 卡，但是，如果你想部署到远程位置或进行大规
模部署，则需要无线（OTA）更新选项。

　　第 11 章"连接设备驱动程序"将介绍如何通过使用设备驱动程序来控制系统的硬件
组件。

第 11 章　连接设备驱动程序

内核设备驱动程序是将底层硬件公开给系统其余部分的机制。作为嵌入式系统的开发人员，你需要了解这些设备驱动程序如何融入整体架构，以及如何从用户空间程序中访问它们。

你的系统也可能会有一些新的硬件，你必须想办法访问它们。在很多情况下，你会发现一些已经为你提供的设备驱动程序，你可以在不编写任何内核代码的情况下实现你想要的一切。例如，你可以使用 sysfs 中的文件来操作 GPIO 引脚和 LED，并且可以使用一些库来访问串行总线，这包括串行外设接口（serial peripheral interface，SPI）和内部集成电路（inter-integrated circuit，I2C）。

有很多地方都可以找到如何编写设备驱动程序的教程，但很少有人告诉你为什么要这样做以及在这样做时的选择，而这正是本章将要介绍的内容。但是，请记住，这不是一本专门用于编写内核设备驱动程序的书，这里提供的信息只是为了帮助你高屋建瓴地看待这个领域，而不是让你钻研特定的驱动程序。有很多优秀的书籍和文章都可以帮助你编写设备驱动程序，本章末尾的 11.12 节"延伸阅读"列出了其中的一部分。

本章包含以下主题：
❑ 设备驱动程序的作用
❑ 字符设备
❑ 块设备
❑ 网络设备
❑ 在运行时查找驱动程序
❑ 寻找合适的设备驱动程序
❑ 用户空间中的设备驱动程序
❑ 编写内核设备驱动程序
❑ 发现硬件配置
出发！

11.1　技术要求

要遵循本章中的示例操作，请确保你具备以下条件：

❑　基于 Linux 的主机系统。

❑　microSD 读卡器和卡。

❑　BeagleBone Black 开发板。

❑　5V 1A 直流电源。

❑　用于网络连接的以太网电缆和端口。

本章所有代码都可以在本书配套 GitHub 存储库的 Chapter11 文件夹中找到，该存储库的网址如下：

https://github.com/PacktPublishing/Mastering-Embedded-Linux-Programming-Third-Edition

11.2　设备驱动程序的作用

正如我们在第 4 章"配置和构建内核"中提到的，内核的功能之一是封装计算机系统的许多硬件接口，并以一致的方式将它们呈现给用户空间程序。内核具有一些框架，旨在使编写设备驱动程序变得更加容易，而设备驱动程序则是在它上面的内核和它下面的硬件之间进行调解的一段代码。

开发人员可以编写设备驱动程序来控制物理设备（如 UART 或 MMC 控制器），或者也可以表示虚拟设备，如空设备（/dev/null）或 ramdisk。一个驱动程序可以控制多个相同类型的设备。

内核设备驱动程序代码以高特权级别运行，内核的其余部分也是如此。它可以完全访问处理器地址空间和硬件寄存器，它可以处理中断和 DMA 传输，它还可以利用复杂的内核基础设施进行同步和内存管理。但是，你应该知道这样做有一个缺点。如果一个有缺陷的驱动程序出现问题，那么它可能真的会出错并导致系统崩溃。

因此，有一个原则是：设备驱动程序应该尽可能简单，只需向做出真正决策的应用程序提供信息。你应该常听到有人说"内核中无策略"（no policy in the kernel），意思就是说，设置管理系统整体行为的策略是用户空间的责任。例如，加载内核模块以响应外部事件（如插入了 U 盘）就是用户空间程序 udev 的职责，而不是内核的职责。内核只是提供了一种加载内核模块的方法。

在 Linux 中，设备驱动程序主要分为以下 3 种类型。

❑　字符（character）：这适用于丰富功能的无缓冲 I/O，是在应用程序代码和驱动程序之间的一个薄层。另外，它还是实现自定义设备驱动程序时的首选。

❑　块（block）：它有一个为块 I/O 量身定制的接口，适用于大容量存储设备。另外，它还有一个厚厚的缓冲层，旨在使磁盘读取和写入尽可能快，这使其不适用于其他任何事情。

❑ 网络（network）：这类似于块设备，但用于传输和接收网络数据包而不是磁盘块。

其实还有第 4 种类型，它在一个伪文件系统中将自己呈现为一组文件。例如，你可以通过/sys/class/gpio 中的一组文件来访问 GPIO 驱动程序，本章后面将会介绍它。现在先让我们来看看这 3 种基本设备类型。

11.3　字符设备

字符设备在用户空间中由称为设备节点（device node）的特殊文件标识。此文件名使用与其关联的主要和次要编号被映射到设备驱动程序中。

从广义上讲，主编号（major number）可将设备节点映射到特定的设备驱动程序中，而次编号（minor number）则告诉驱动程序正在访问哪个接口。

例如，ARM Versatile PB 上第一个串口的设备节点命名为/dev/ttyAMA0，主编号为 204，次编号为 64。第二个串口的设备节点主编号相同，因为它由同一个设备驱动程序处理，但次编号则是 65。从以下目录列表中可以看到所有 4 个串行端口的编号：

```
# ls -l /dev/ttyAMA*
crw-rw---- 1 root root 204, 64 Jan 1 1970 /dev/ttyAMA0
crw-rw---- 1 root root 204, 65 Jan 1 1970 /dev/ttyAMA1
crw-rw---- 1 root root 204, 66 Jan 1 1970 /dev/ttyAMA2
crw-rw---- 1 root root 204, 67 Jan 1 1970 /dev/ttyAMA3
```

可以在 Documentation/devices.txt 的内核文档中找到标准主要和次要编号的列表。该列表不会经常更新，并且不包括上一段中描述的 ttyAMA 设备。不过，你如果查看drivers/tty/serial/amba-pl011.c 中的内核源代码，则会看到主要和次要编号的声明位置：

```
#define SERIAL_AMBA_MAJOR 204
#define SERIAL_AMBA_MINOR 64
```

如果设备有多个实例（上述示例中的 ttyAMA 驱动程序就是如此），则形成设备节点名称的约定是采用基本名称（本示例中为 ttyAMA），然后附加 0~3 的实例编号。

正如我们在第 5 章"构建根文件系统"中提到的，可通过以下几种方式创建设备节点（详见 5.12 节"管理设备节点的更好方法"）。

❑ devtmpfs：当设备驱动程序使用由驱动程序提供的基本名称（如 ttyAMA）和实例编号注册新设备接口时，设备节点即创建完成。

- ❑ udev 或 mdev（不带 devtmpfs）：与 devtmpfs 基本相同，只是用户空间守护程序必须从 sysfs 中提取设备名称并创建节点。稍后我们将讨论 sysfs。
- ❑ mknod：如果你使用静态设备节点，则它是使用 mknod 手动创建的。

你可能对我们在这里使用的数字有印象，主要和次要编号都是 0～255 的 8 位数字。事实上，从 Linux 2.6 开始，主编号是 12 位长，这给出了有效的数字（1～4095），次编号为 20 位，数字为 0～1048575。

当你打开一个字符设备节点时，内核会检查主要和次要编号是否在字符设备驱动注册的范围内。如果是，那么它将调用传递给驱动程序；否则，打开调用失败。设备驱动程序可以提取次编号以找出要使用的硬件接口。

要编写访问设备驱动程序的程序，你必须了解它的工作原理。换句话说，设备驱动程序与文件不同：你对它所做的事情会改变设备的状态。一个简单的例子是伪随机数生成器 urandom，每次读取时它都会返回随机数据字节。以下是一个执行此操作的程序（可以在 MELP/Chapter11/read-urandom 中找到该代码）：

```c
#include <stdio.h>
#include <sys/types.h>
#include <sys/stat.h>
#include <fcntl.h>
#include <unistd.h>

int main(void)
{
    int f;
    unsigned int rnd;
    int n;
    f = open("/dev/urandom", O_RDONLY);
    if (f < 0) {
        perror("Failed to open urandom");
        return 1;
    }
    n = read(f, &rnd, sizeof(rnd));
    if (n != sizeof(rnd)) {
        perror("Problem reading urandom");
        return 1;
    }
    printf("Random number = 0x%x\n", rnd);
    close(f);
    return 0;
}
```

UNIX 驱动程序模型的好处在于，一旦我们知道有一个名为 urandom 的设备，每次我们从中读取数据时，它都会返回一组新的伪随机数据，所以我们不需要知道它的任何信息。我们可以只使用诸如 open(2)、read(2) 和 close(2) 之类的标准函数。

💡 提示：

你可以改用称为 fopen(3)、fread(3) 和 fclose(3) 之类的流 I/O 函数，但这些函数中隐含的缓冲通常会导致意外行为。例如，fwrite(3) 通常只写入用户空间缓冲区，而不是设备。你需要调用 fflush(3) 来强制冲刷缓冲区。因此，调用设备驱动程序时最好不要使用流 I/O函数。

大多数设备驱动程序使用字符接口。大容量存储设备是一个明显的例外。读取和写入磁盘需要块接口才能获得最大速度。

11.4　块　设　备

块设备也与设备节点相关联，设备节点也有主设备号和次设备号。

💡 提示：

尽管字符设备和块设备是使用主要和次要编号来标识的，但它们位于不同的命名空间中。主编号为 4 的字符驱动程序与主编号为 4 的块驱动程序没有任何关系。

对于块设备，主设备号用于标识设备驱动程序，次设备号用于标识分区。让我们以 BeagleBone Black 上的 MMC 驱动程序为例：

```
# ls -l /dev/mmcblk*
brw-rw---- 1 root disk 179, 0 Jan 1 2000 /dev/mmcblk0
brw-rw---- 1 root disk 179, 1 Jan 1 2000 /dev/mmcblk0p1
brw-rw---- 1 root disk 179, 2 Jan 1 2000 /dev/mmcblk0p2
brw-rw---- 1 root disk 179, 8 Jan 1 2000 /dev/mmcblk1
brw-rw---- 1 root disk 179, 16 Jan 1 2000 /dev/mmcblk1boot0
brw-rw---- 1 root disk 179, 24 Jan 1 2000 /dev/mmcblk1boot1
brw-rw---- 1 root disk 179, 9 Jan 1 2000 /dev/mmcblk1p1
brw-rw---- 1 root disk 179, 10 Jan 1 2000 /dev/mmcblk1p2
```

在上述示例中：mmcblk0 是 microSD 卡槽，一个卡有两个分区；mmcblk1 是 eMMC 芯片，它也有两个分区。MMC 块驱动程序的主编号是 179（你可以在 devices.txt 中查找到它）。次编号用于在范围内标识不同的物理 MMC 设备，以及该设备上存储介质的分区。

对于 MMC 驱动程序，该范围是每个设备的 8 个次编号：从 0 到 7 的次编号用于第一个设备，从 8 到 15 的编号用于第二个，以此类推。

在每个范围内，第一个次编号将整个设备表示为原始扇区，其他的最多表示 7 个分区。

在 eMMC 芯片上，保留了两个 128 KiB 的内存区域供引导加载程序使用。它们被表示为 mmcblk1boot0 和 mmcblk1boot1 的两个设备，它们的次编号分别为 16 和 24。

再举一个例子，你可能知道 SCSI 磁盘驱动程序，称为 sd，它用于控制使用 SCSI 命令集的一系列磁盘，包括 SCSI、SATA、USB 大容量存储和通用闪存（universal flash storage，UFS）。每个接口（或磁盘）有 8 个主编号和 16 个次编号范围。从 0 到 15 的次编号用于第一个接口，设备节点名为 sda 到 sda15，从 16 到 31 的编号用于第二个磁盘，设备节点名为 sdb 到 sdb15，以此类推。这一直持续到第 16 个磁盘，次编号从 240 到 255，设备节点名称为 sdp 到 sdp15。因为 SCSI 磁盘非常流行，所以还为它保留了其他主编号，但这不是我们要考虑的问题。

MMC 和 SCSI 块驱动程序都希望在磁盘的开头找到一个分区表。分区表是使用 fdisk、sfidsk 和 parted 等实用程序创建的。

用户空间程序可以直接通过设备节点打开块设备并与之交互。不过，这并不是一件常见的事情，通常只用于执行管理操作，如创建分区、使用文件系统格式化分区以及挂载等。挂载文件系统后，你可以通过该文件系统中的文件间接与块设备交互。

大多数块设备都有一个可以正常工作的内核驱动程序，所以我们很少需要自己编写。网络设备也是如此。就像文件系统抽象出块设备的细节一样，网络栈也消除了直接与网络设备交互的需要。

11.5　网 络 设 备

网络设备不通过设备节点访问，没有主要和次要编号。相反，内核将根据字符串和实例编号为网络设备分配一个名称。以下是网络驱动程序注册接口方式的示例：

```
my_netdev = alloc_netdev(0, "net%d", NET_NAME_UNKNOWN, netdev_setup);
ret = register_netdev(my_netdev);
```

这会在第一次调用时创建一个名为net0的网络设备，第二次调用时创建一个名为net1的网络设备，以此类推。更常见的名称包括 lo、eth0 和 wlan0。请注意：这是它开头的名称；设备管理器（如 udev）可能会在以后将其更改为不同的东西。

一般来说，网络接口名称仅在使用 ip 和 ifconfig 等实用程序配置网络时使用，以建立网络地址和路由。此后，你可以通过打开套接字并让网络层决定如何将它路由到正确的接口来间接与网络驱动程序交互。

当然，也可以通过创建套接字并使用 include/linux/sockios.h 中列出的 ioctl 命令直接从用户空间访问网络设备。

例如，该程序使用 SIOCGIFHWADDR 针对驱动程序查询硬件（MAC）地址（代码在 MELP/Chapter11/show-mac-addresses 中）：

```c
#include <stdio.h>
#include <stdlib.h>
#include <string.h>
#include <unistd.h>
#include <sys/ioctl.h>
#include <linux/sockios.h>
#include <net/if.h>

int main(int argc, char *argv[])
{
    int s;
    int ret;
    struct ifreq ifr;
    int i;
    if (argc != 2) {
        printf("Usage %s [network interface]\n", argv[0]);
        return 1;
    }
    s = socket(PF_INET, SOCK_DGRAM, 0);
    if (s < 0) {
        perror("socket");
        return 1;
    }
    strcpy(ifr.ifr_name, argv[1]);
    ret = ioctl(s, SIOCGIFHWADDR, &ifr);
    if (ret < 0) {
        perror("ioctl");
        return 1;
    }
    for (i = 0; i < 6; i++)
        printf("%02x:", (unsigned char)ifr.ifr_hwaddr.sa_data[i]);
    printf("\n");
    close(s);
    return 0;
}
```

　　该程序将采用网络接口名称作为参数。打开套接字后，我们将接口名称复制到一个结构中，并将该结构传递给套接字上的 ioctl 调用，然后输出结果 MAC 地址。

　　现在我们已经知道了设备驱动程序的 3 个类型的区别，那么，如何列出系统上正在使用的不同驱动程序呢？

11.6　在运行时查找驱动程序

　　一旦你有一个正在运行的 Linux 系统，了解哪些设备驱动程序已经被加载以及它们处于什么状态就会很有用。开发人员可以通过阅读/proc 和/sys 中的文件找到更多信息。

　　首先，你可以通过读取/proc/devices 列出当前已经加载并处于活动状态的字符设备和块设备的驱动程序：

```
# cat /proc/devices
Character devices:
1       mem
2       pty
3       ttyp
4       /dev/vc/0
4       tty
4       ttyS
5       /dev/tty
5       /dev/console
5       /dev/ptmx
7       vcs
10      misc
13      input
29      fb
81      video4linux
89      i2c
90      mtd
116     alsa
128     ptm
136     pts
153     spi
180     usb
189     usb_device
204     ttySC
204     ttyAMA
```

```
207    ttymxc
226    drm
239    ttyLP
240    ttyTHS
241    ttySiRF
242    ttyPS
243    ttyWMT
244    ttyAS
245    ttyO
246    ttyMSM
247    ttyAML
248    bsg
249    iio
250    watchdog
251    ptp
252    pps
253    media
254    rtc

Block devices:
259    blkext
  7    loop
  8    sd
 11    sr
 31    mtdblock
 65    sd
 66    sd
 67    sd
 68    sd
 69    sd
 70    sd
 71    sd
128    sd
129    sd
130    sd
131    sd
132    sd
133    sd
134    sd
135    sd
179    mmc
```

对于每个驱动程序，你可以看到主编号和基本名称。但是，这并不能告诉你每个驱动程序连接到多少个设备。它只显示 ttyAMA，但它不会让你知道它是否连接到 4 个真正的串行端口。稍后讨论 sysfs 时，我们会继续这个话题。

当然，网络设备不会出现在这个列表中，因为它们没有设备节点。相反，你可以使用 ifconfig 或 ip 等工具来获取网络设备列表：

```
# ip link show
1: lo: <LOOPBACK,UP,LOWER_UP> mtu 65536 qdisc noqueue state
UNKNOWN mode DEFAULT
    link/loopback 00:00:00:00:00:00 brd 00:00:00:00:00:00
2: eth0: <NO-CARRIER,BROADCAST,MULTICAST,UP> mtu 1500 qdisc
pfifo_fast state DOWN mode DEFAULT qlen 1000
    link/ether 54:4a:16:bb:b7:03 brd ff:ff:ff:ff:ff:ff
3: usb0: <BROADCAST,MULTICAST,UP,LOWER_UP> mtu 1500 qdisc
pfifo_fast state UP mode DEFAULT qlen 1000
    link/ether aa:fb:7f:5e:a8:d5 brd ff:ff:ff:ff:ff:ff
```

你还可以使用众所周知的 lsusb 和 lspci 命令查找连接到 USB 或 PCI 总线的设备。在各自的手册页和大量在线指南中都有关于它们的信息，故不赘述。

真正有趣的信息在 sysfs 中，这是我们将讨论的下一个主题。

11.6.1　从 sysfs 中获取信息

你可以通过比较正统的方式将 sysfs 定义为内核对象、属性和关系的表示。内核对象是目录（directory），属性是文件（file），关系是从一个对象到另一个对象的符号链接（symbolic link）。从更实际的角度来看，由于 Linux 设备驱动程序模型将所有设备和驱动程序都表示为内核对象，因此你可以通过查看/sys 来查看该系统的内核视图，如下所示：

```
# ls /sys
block class devices fs module
bus dev firmware kernel power
```

在发现有关设备和驱动程序的信息的上下文中，我们将重点讨论其中的 3 个目录：devices、class 和 block。

11.6.2　设备

设备（/sys/devices）是内核自引导以来发现的设备以及它们如何相互连接的视图。它由系统总线在最上层组织，因此你看到的内容因系统而异。

以下是 ARM Versatile 的 QEMU 模拟:

```
# ls /sys/devices
platform software system tracepoint virtual
```

所有系统上都存在以下 3 个目录。

❑ system/: 包含系统核心设备,包括 CPU 和时钟。

❑ virtual/: 这包含基于内存的设备。你会在 virtual/mem 中找到显示为/dev/null、/dev/random 和/dev/zero 的内存设备。你将在 virtual/net 中找到环回设备(loopback device)lo。

❑ platform/: 这是未通过传统硬件总线连接的设备的总称。这可能是嵌入式设备上的几乎所有内容。

其他设备出现在对应于实际系统总线的目录中。例如,PCI 根总线(如果有的话)显示为 pci0000:00。

浏览这个层次结构非常困难,因为它需要一些系统拓扑知识,并且路径名变得非常长且难以记住。为了简单化,/sys/class 和/sys/block 提供了两种不同的设备视图。

11.6.3　驱动程序

驱动程序(/sys/class)是按其类型呈现的设备驱动程序的视图。换句话说,它是软件视图而不是硬件视图。每个子目录代表一类驱动程序,并由驱动程序框架的一个组件实现。

例如,UART 设备由 tty 层管理,你可以在/sys/class/tty 中找到它们。同样,你会在/sys/class/net 中找到网络设备,在/sys/class/input 中找到键盘、触摸屏和鼠标等输入设备。

该类型设备的每个实例的每个子目录中都有一个符号链接,指向它在/sys/device 中的表示。

现在来看一个示例。在 Versatile PB 上可以看到有 4 个串口:

```
# ls -d /sys/class/tty/ttyAMA*
/sys/class/tty/ttyAMA0 /sys/class/tty/ttyAMA2
/sys/class/tty/ttyAMA1 /sys/class/tty/ttyAMA3
```

上述每个目录都是与设备接口实例相关联的内核对象的表示。查看其中一个目录,即可看到对象的属性(以文件表示)以及与其他对象的关系(以链接表示):

```
# ls /sys/class/tty/ttyAMA0
close_delay flags line uartclk
closing_wait io_type port uevent
custom_divisor iomem_base power xmit_fifo_size
```

```
dev iomem_reg_shift subsystem
device irq type
```

称为 device 的链接指向设备的硬件对象。

称为 subsystem 的链接指向上级子系统/sys/class/tty。

余下的目录条目是属性。有些是与特定串行端口相关的，如 xmit_fifo_size，而另一些则适用于许多类型的设备，如中断号 irq 和设备号 dev。

有些属性文件是可写的，允许你在运行时调整驱动程序中的参数。

dev 属性特别有趣。你如果查看它的值，则会发现以下内容：

```
# cat /sys/class/tty/ttyAMA0/dev
204:64
```

这些是该设备的主要和次要编号。该属性是在驱动程序注册该接口时创建的。udev 和 mdev 正是从这个文件中找到设备驱动程序的主要和次要编号。

11.6.4　块驱动程序

块驱动程序是设备模型的另一个视图，它对本次讨论很重要：你将在/sys/block 中找到块驱动程序视图。每个块设备都有一个子目录。

以下示例取自 BeagleBone Black：

```
# ls /sys/block
loop0 loop4 mmcblk0 ram0 ram12 ram2 ram6
loop1 loop5 mmcblk1 ram1 ram13 ram3 ram7
loop2 loop6 mmcblk1boot0 ram10 ram14 ram4 ram8
loop3 loop7 mmcblk1boot1 ram11 ram15 ram5 ram9
```

如果仔细研究 mmcblk1，你会发现这是该板上的 eMMC 芯片，你将看到接口的属性和其中的分区：

```
# ls /sys/block/mmcblk1
alignment_offset ext_range mmcblk1p1 ro
bdi force_ro mmcblk1p2 size
capability holders power slaves
dev inflight queue stat
device mmcblk1boot0 range subsystem
discard_alignment mmcblk1boot1 removable uevent
```

因此，我们的结论就是，通过阅读 sysfs，你可以到了解很多关于系统上存在的设备（硬件）和驱动程序（软件）的信息。

11.7　寻找合适的设备驱动程序

典型的嵌入式电路板基于制造商提供的参考设计，经过更改使其适用于特定应用。参考板随附的板级支持包（BSP）应支持该板上的所有外围设备。当然，随后你也可以进行一些自定义设计，如添加通过 I2C 连接的温度传感器、通过 GPIO 引脚连接的一些灯和按钮、通过 MIPI 连接的显示面板或许多其他设备。你的工作是创建一个自定义内核来控制所有这些设备，但是，该从哪里去寻找支持所有这些外围设备的驱动程序呢？

最明显的地方是制造商网站上的驱动程序支持页面，或者你也可以直接询问他们。当然，以我们的经验来说，这很少能得到你想要的结果。硬件制造商并不是特别精通 Linux，而且他们经常会给你一些误导性的信息。制造商可能具有作为二进制 BLOB 的专有驱动程序，或者他们可能具有源代码，但内核版本与你拥有的内核版本不同。所以，这条路只能说是试试看，不能抱太大期望。

就个人而言，我更倾向于自己寻找一个开源驱动程序。

其次是你的内核中可能已经提供了相应的支持：主线 Linux 中有数千个驱动程序，并且在供应商内核中有许多与特定供应商相关的驱动程序。因此，你可以先运行 make menuconfig（或 xconfig）搜索产品名称或编号。如果没有找到完全匹配的内容，则可以尝试一些更通用的搜索，因为大多数驱动程序都可以处理同一系列的产品。接下来，还可以尝试在 drivers 目录中搜索代码（推荐使用 grep）。

如果还没有找到合适的驱动程序，则可以尝试在线搜索，在相关论坛中询问是否有 Linux 更高版本的驱动程序。如果找到了，则应该认真考虑更新 BSP 以使用更高版本的内核中。有时，这可能是不切实际的，因此也许不得不考虑将驱动程序反向移植到你的内核中。如果内核版本相似，这可能很容易，但如果相隔超过 12～18 个月，那么代码可能会发生变化，你必须重写一大块驱动程序才能将它集成到你的内核中。

如果所有这些选项都失败了，那么你将不得不自己编写缺少的内核驱动程序来找到解决方案。当然，并不总是需要如此，也有一些"曲线救国"的方法，接下来就让我们看看用户空间中的设备驱动程序。

11.8　用户空间中的设备驱动程序

在你开始编写设备驱动程序之前，请先考虑是否真的有必要。许多常见类型的设备都有通用设备驱动程序，允许你直接从用户空间与硬件交互，而无须编写一行内核代码。用户空间代码当然更容易编写和调试，并且 GPL 许可也没有涵盖它，当然我们并不是因为这一点才这样做的。

这些驱动程序分为两大类：

❑　　通过 sysfs 中的文件控制的驱动程序，如 GPIO 和 LED。

❑　　通过设备节点公开通用接口的串行总线，如 I2C。

11.8.1　通用输入/输出接口

通用输入/输出（general-purpose input/output，GPIO）是最简单的数字接口形式，因为它使你可以直接访问各个硬件引脚，每个硬件引脚都可以处于两种状态之一：高电平或低电平。在大多数情况下，你可以将 GPIO 引脚配置为输入或输出。你甚至可以使用一组 GPIO 引脚通过在软件中操作每个位来创建更高级别的接口，如 I2C 或 SPI，这种技术称为位拆裂（bit banging）。其主要的限制是软件循环的速度和准确性，以及你希望专用于它们的 CPU 周期数。在第 21 章 "实时编程" 中我们可以看到，一般来说，除非你配置一个实时内核，否则很难达到比毫秒更好的计时器精度。GPIO 更常见的用例是读取按钮和数字传感器以及控制 LED、电机和继电器等。

大多数 SoC 都有很多 GPIO 位，这些位在 GPIO 寄存器中被组合在一起，通常每个寄存器 32 位。片上 GPIO 位通过多路复用器（multiplexer）——也称为引脚复用器（pin mux）——路由到芯片封装上的 GPIO 引脚。

电源管理芯片和专用 GPIO 扩展器中可能有额外的 GPIO 引脚可用，这些引脚通过 I2C 或 SPI 总线连接。所有这些多样性都由称为 gpiolib 的内核子系统处理，它实际上不是一个库，而是用于以一致的方式公开 I/O 的底层 GPIO 驱动程序。

内核源代码中 gpiolib 的实现细节在 Documentation/gpio 中，而驱动程序本身的代码则在 drivers/gpio 中。

应用程序可以通过/sys/class/gpio 目录中的文件与 gpiolib 交互。以下是你将在典型嵌入式板（BeagleBone Black）上看到的示例：

```
# ls /sys/class/gpio
export gpiochip0 gpiochip32 gpiochip64 gpiochip96 unexport
```

名为 gpiochip0 到 gpiochip96 的目录代表 4 个 GPIO 寄存器，每个寄存器有 32 个 GPIO 位。你如果查看其中一个 gpiochip 目录，则会看到以下内容：

```
# ls /sys/class/gpio/gpiochip96
base label ngpio power subsystem uevent
```

名为 base 的文件包含寄存器中第一个 GPIO 引脚的编号，而 ngpio 则包含寄存器中的位数。在这种情况下，gpiochip96/base 是 96，gpiochip96/ngpio 是 32，这告诉你它包含 GPIO 位 96 到 127。一个寄存器中的最后一个 GPIO 位和下一个寄存器中的第一个 GPIO 位之间可能存在间隙。

要从用户空间中控制 GPIO 位，首先必须从内核空间中导出它，这可以通过将 GPIO 编号写入/sys/class/gpio/export 中来实现。

以下示例显示了 GPIO 53 的处理，它被连接到 BeagleBone Black 上的用户 LED 0：

```
# echo 53 > /sys/class/gpio/export
# ls /sys/class/gpio
export gpio53 gpiochip0 gpiochip32 gpiochip64 gpiochip96 unexport
```

现在有了一个新目录 gpio53，其中包含控制该引脚所需的文件。

注意：

如果内核已经声明了该 GPIO 位，则无法以这种方式导出它。

gpio53 目录包含以下文件：

```
# ls /sys/class/gpio/gpio53
active_low direction power uevent
device edge subsystem value
```

该引脚开始时将作为输入。要将其更改为输出，需将 out 写入 direction 文件中。

文件 value 包含管脚的当前状态，0 表示低电平，1 表示高电平。如果是输出，则可以通过将 0 或 1 写入 value 中来更改状态。

有时，low 和 high 的含义在硬件中是颠倒的（硬件工程师喜欢做这样的事情），因此将 1 写入 active_low 中会反转 value 的含义，从而将低电压报告为 1，将高电压报告为 0。

可以通过将 GPIO 编号写入/sys/class/gpio/unexport 中来从用户空间控制中删除 GPIO。

11.8.2　处理来自 GPIO 的中断

在许多情况下，可以将 GPIO 输入配置为在更改状态时生成中断（interrupt），这样你就可以等待中断，而不是在低效的软件循环中轮询。

如果 GPIO 位可以产生中断，则存在一个名为 edge 的文件。最初，它的值为 none，这意味着它不会产生中断。要启用中断，可以将其设置为以下值之一。

❑　rising：在上升沿（rising edge）中断。
❑　falling：在下降沿（falling edge）中断。

❑　both：在上升沿和下降沿均中断。

❑　none：无中断（默认）。

如果要等待 GPIO 48 的下降沿，必须首先启用中断：

```
# echo 48 > /sys/class/gpio/export
# echo falling > /sys/class/gpio/gpio48/edge
```

要等待来自 GPIO 的中断，可执行以下步骤。

（1）调用 epoll_create 创建 epoll 通知工具：

```
int ep;
ep = epoll_create(1);
```

（2）打开 GPIO，读出它的初始值：

```
int f;
int n;
char value[4];

f = open("/sys/class/gpio/gpio48/value", O_RDONLY | O_NONBLOCK);
[…]
n = read(f, &value, sizeof(value));
if (n > 0) {
    printf("Initial value value=%c\n",
            value[0]);
    lseek(f, 0, SEEK_SET);
}
```

（3）调用 epoll_ctl 注册该 GPIO 的文件描述符，其中包括作为事件的 POLLPRI：

```
struct epoll_event ev, events;
ev.events = EPOLLPRI;
ev.data.fd = f;
int ret;

ret = epoll_ctl(ep, EPOLL_CTL_ADD, f, &ev);
```

（4）使用 epoll_wait 函数等待中断：

```
while (1) {
    printf("Waiting\n");
    ret = epoll_wait(ep, &events, 1, -1);
    if (ret > 0) {
        n = read(f, &value, sizeof(value));
        printf("Button pressed: value=%c\n",value[0]);
```

```
        lseek(f, 0, SEEK_SET);
    }
}
```

该程序的完整源代码，以及 Makefile 和 GPIO 配置脚本，可以在本书代码存档中的 MELP/Chapter11/gpio-int/目录中找到。

虽然我们也可以使用 select 和 poll 来处理中断，但与这两个系统调用不同的是，epoll 的性能不会随着被监视的文件描述符数量的增加而迅速下降。

与 GPIO 一样，我们也可以从 sysfs 中访问 LED，但是其接口明显不同。

11.8.3　LED

一般来说，发光二极管（LED）可通过 GPIO 引脚进行控制，但还有另一个内核子系统也可提供专门用于此目的的更专业的控制。

leds 内核子系统增加了设置亮度的能力，如果 LED 具有这种能力，那么它可以处理以其他方式连接的 LED，而不是简单的 GPIO 引脚。它可以配置为通过事件触发 LED，这个事件可以是块设备访问，也可以只是一个心跳，以显示设备正在工作。

必须使用 CONFIG_LEDS_CLASS 选项和适合你的 LED 触发操作来配置内核。在 Documentation/leds/中包含了更多信息，驱动程序在 drivers/leds/中。

与 GPIO 一样，LED 是通过/sys/class/leds 目录 sysfs 中的接口控制的。对于 BeagleBone Black 开发板，LED 的名称以 devicename:colour:function 的形式在设备树中被编码，如下所示：

```
# ls /sys/class/leds
beaglebone:green:heartbeat beaglebone:green:usr2
beaglebone:green:mmc0 beaglebone:green:usr3
```

现在可以查看其中一个 LED 的属性：

```
# cd /sys/class/leds/beaglebone\:green\:usr2
# ls
brightness max_brightness subsystem uevent
device power trigger
```

请注意，shell 需要前导反斜杠来转义路径中的冒号。

brightness 文件控制 LED 的亮度，它可以是 0（关闭）和 max_brightness（完全打开）之间的数字。如果 LED 不支持中等亮度，则任何非零值都会将其打开。

名为 trigger 的文件列出了触发 LED 打开的事件。该触发器列表取决于实现。以下是一个示例：

```
# cat trigger
none mmc0 mmc1 timer oneshot heartbeat backlight gpio [cpu0]
default-on
```

当前选择的触发器显示在方括号中。你可以通过将其他触发器之一写入文件中来更改它。如果你想完全通过 brightness 来控制 LED，请选择 none。如果你将 trigger 设置为 timer，则会出现两个额外的文件，允许你以毫秒为单位设置开启和关闭时间：

```
# echo timer > trigger
# ls
brightness delay_on max_brightness subsystem uevent
delay_off device power trigger
# cat delay_on
500
# cat /sys/class/leds/beaglebone:green:heartbeat/delay_off
500
```

如果 LED 具有芯片上定时器硬件，则闪烁不会中断 CPU。

11.8.4　I2C

I2C 是一种简单的低速 2 线总线，常见于嵌入式板上，通常用于访问 SoC 上没有的外围设备，如显示控制器、摄像头传感器、GPIO 扩展器等。

在计算机上有一个称为系统管理总线（system management bus，SMBus）的相关标准，用于访问温度和电压传感器。SMBus 是 I2C 的子集。

I2C 是一种主从（master-slave）协议，主设备是 SoC 上的一个或多个主机控制器。从设备则具有制造商分配的 7 位地址（请阅读硬件数据表），每条总线最多允许 128 个节点，但保留 16 个，因此实际上只允许 112 个节点。

主设备可以发起与某个从设备的读取或写入事务。一般来说，第一个字节用于指定从设备上的寄存器，而其余字节是从该寄存器中读取或写入的数据。

每个主机控制器都有一个设备节点。例如，以下 SoC 有 4 个：

```
# ls -l /dev/i2c*
crw-rw---- 1 root i2c 89, 0 Jan 1 00:18 /dev/i2c-0
crw-rw---- 1 root i2c 89, 1 Jan 1 00:18 /dev/i2c-1
crw-rw---- 1 root i2c 89, 2 Jan 1 00:18 /dev/i2c-2
crw-rw---- 1 root i2c 89, 3 Jan 1 00:18 /dev/i2c-3
```

设备接口提供一系列 ioctl 命令，用于查询主机控制器并向 I2C 从设备发送 read 和 write 命令。有一个名为 i2c-tools 的包，它使用此接口提供基本的命令行工具来与 I2C 设备进行交互。这些工具如下。

- ❑　i2cdetect：列出 I2C 适配器并探测总线。
- ❑　i2cdump：从 I2C 外设的所有寄存器中转储数据。
- ❑　i2cget：从 I2C 从设备中读取数据。
- ❑　i2cset：将数据写入 I2C 从设备中。

i2c-tools 包在 Buildroot 和 Yocto Project 以及大多数主流发行版中都可用。因此，只要你知道从设备的地址和协议，编写用户空间程序与设备通信就很简单了。

以下示例显示了如何从 AT24C512B EEPROM 中读取前 4 个字节，该 EEPROM 被安装在 I2C 总线 0 上的 BeagleBone Black 开发板上。它的从地址为 0x50（此示例代码位于 MELP/Chapter11/i2c-example 中）：

```
#include <stdio.h>
#include <unistd.h>
#include <fcntl.h>
#include <sys/ioctl.h>
#include <linux/i2c-dev.h>

#define I2C_ADDRESS 0x50

int main(void)
{
    int f;
    int n;
    char buf[10];

    f = open("/dev/i2c-0", O_RDWR);

    /* Set the address of the i2c slave device */
    ioctl(f, I2C_SLAVE, I2C_ADDRESS);

    /* Set the 16-bit address to read from to 0 */
    buf[0] = 0; /* address byte 1 */
    buf[1] = 0; /* address byte 2 */
    n = write(f, buf, 2);

    /* Now read 4 bytes from that address */
    n = read(f, buf, 4);
```

```
    printf("0x%x 0x%x0 0x%x 0x%x\n",
    buf[0], buf[1], buf[2], buf[3]);

    close(f);
    return 0;
}
```

这个程序与 i2cget 类似，只是所读取的地址和寄存器字节都是硬编码的，而不是作为参数传入的。

可以使用 i2cdetect 来发现 I2C 总线上任何外设的地址。i2cdetect 会使 I2C 外设处于不良状态或锁定总线，因此最好在使用后重新启动。

外设的数据表可以告诉我们寄存器映射到的东西。有了这些信息，即可使用 i2cset 通过 I2C 写入其寄存器中。这些 I2C 命令可以轻松地被转换为 C 函数库，用于与外设的连接。

ℹ️ 注意：

在 Documentation/i2c/dev-interface 中包含更多关于 I2C 的 Linux 实现的信息。主机控制器驱动程序位于 drivers/i2c/busses 中。

还有一种流行的通信协议是串行外设接口（serial peripheral interface，SPI），它使用的是 4 线总线。

11.8.5　SPI

SPI 总线与 I2C 类似，但速度快了几十兆赫兹（MHz）。该接口使用带有独立发送和接收线的 4 根线，使其能够以全双工方式运行。总线上的每个芯片都通过专用的芯片选择线进行选择。它通常用于连接触摸屏传感器、显示控制器和串行 NOR 闪存设备等。

与 I2C 一样，它也是一种主从协议，大多数 SoC 可实现一个或多个主机控制器。有一个通用的 SPI 设备驱动程序，你可以通过 CONFIG_SPI_SPIDEV 内核配置启用它。它为每个 SPI 控制器创建一个设备节点，允许你从用户空间访问 SPI 芯片。该设备节点被命名为 spidev [bus].[chip select]：

```
# ls -l /dev/spi*
crw-rw---- 1 root root 153, 0 Jan 1 00:29 /dev/spidev1.0
```

有关 spidev 接口的使用示例，请参考 Documentation/spi 中的示例代码。

到目前为止，我们讨论的所有设备驱动程序都在 Linux 内核中具有长期的上游支持。

因为这些设备驱动程序都是通用的（GPIO、LED、I2C 和 SPI），所以从用户空间中访问它们很简单。在某些时候，你会遇到缺少兼容内核设备驱动程序的硬件。该硬件可能是你产品的核心部件（如激光雷达、SDR 等）。在 SoC 和此类硬件之间也可能还有一个现场可编程门阵列（field-programmable gate array，FPGA）。在这些情况下，除了编写自己的内核模块，你可能别无选择。

11.9 编写内核设备驱动程序

当你穷尽前面我们所介绍的方法仍然无法获得合适的驱动程序时，那就只剩下华山一条道了：必须编写设备驱动程序来访问连接到你设备的硬件。

字符设备的驱动程序是最灵活的，应该可以满足你所有需求的 90%。如果你正在使用网络接口，则网络驱动程序应该适用。最后，块驱动程序适用于大容量存储。

编写内核驱动程序的任务很复杂，超出了本书的讨论范围。本章末尾的 11.12 节"延伸阅读"提供了一些参考资料，应该对你有帮助。

本节将主要介绍可用于与驱动程序交互的选项（这是通常较少涉及的主题）并阐释字符设备驱动程序的基本原理。

11.9.1 设计字符设备驱动程序接口

主要的字符设备驱动程序接口基于字节流，就像你使用串行端口一样。当然，许多设备并不符合这种描述，例如，机器人手臂的控制器需要移动和旋转每个关节的功能。幸运的是，除了 read 和 write，还有其他方法可以与设备驱动程序进行通信。

❑ ioctl：ioctl 函数允许你向驱动程序传递两个参数，这些参数可以具有你想要的任何含义。按照惯例，第一个参数是一个命令，它将选择驱动程序中的几个函数之一，而第二个参数则是一个指向结构的指针，它用作输入和输出参数的容器。这是一个空白画布，允许你设计任何你喜欢的程序接口。

当驱动程序和应用程序紧密联系并由同一个团队编写时，这是很常见的。但是，ioctl 在内核中已被弃用，你会发现很难让任何具有 ioctl 新用途的驱动程序被上游接受。内核维护者不喜欢 ioctl，因为它使内核代码和应用程序代码过于相互依赖，并且很难使它们在内核版本和架构之间保持同步。

❑ sysfs：这是现在进行驱动程序开发的首选方式，前面描述的 GPIO 接口就是一个很好的例子。优点是它在某种程度上是自我说明（self-documenting）的，代码可读性高，只要你为文件选择描述性名称即可。它也是可编写脚本的，因为文件的内容通常是文本字符串。

另外，如果你需要一次更改多个值，则每个文件都包含单个值的要求使得它难以实现原子性。相形之下，ioctl 在一个结构中，可以在一次函数调用中传递它的所有参数。

❑ mmap：可以通过将内核内存映射到用户空间中来直接访问内核缓冲区和硬件寄存器，从而绕过内核。你可能仍需要一些内核代码来处理中断和直接存储器访问（direct memory access，DMA）。有一个子系统封装了这个构思，称为 uio，它其实就是用户 I/O（User I/O）的缩写。在 Documentation/DocBook/uio-howto 中有更多说明文档，drivers/uio 中则包含了示例驱动程序。

❑ sigio：可以使用名为 kill_fasync() 的内核函数从驱动程序中发送信号以通知应用程序事件，如输入就绪或接收到中断。按照惯例，它使用称为 SIGIO 的信号，但实际上也可以是任何信号。你可以在 UIO 驱动程序（drivers/uio/uio.c）和 RTC 驱动程序（drivers/char/rtc.c）中看到一些示例。主要问题是很难在用户空间中编写可靠的信号处理程序，因此它仍然是一个很少使用的工具。

❑ debugfs：这是另一个将内核数据表示为文件和目录的伪文件系统，类似于 proc 和 sysfs。主要区别在于，debugfs 不得包含系统正常运行所需的信息，它仅用于调试和跟踪信息。debugfs 被挂载为 mount -t debugfs debug /sys/kernel/debug。在 Documentation/filesystems/debugfs.txt 内核文档中有很好的 debugfs 说明。

❑ proc：proc 文件系统已被所有新代码弃用，除非它与进程相关，而这是文件系统的最初预期用途。当然，你也可以使用 proc 发布你选择的任何信息。此外，与sysfs 和 debugfs 不同，它可用于非 GPL 模块。

❑ netlink：这是一个套接字协议族。AF_NETLINK 可创建一个将内核空间链接到用户空间的套接字。它最初的创建是为了让网络工具可以与 Linux 网络代码通信以访问路由表和其他详细信息。udev 也使用它将事件从内核传递到 udev 守护进程。它在常见设备驱动程序中很少使用。

内核源代码中有许多上述所有文件系统的示例，你可以为驱动程序代码设计非常有趣的接口。唯一普遍的规则是最小惊讶原则（principle of least astonishment）。换句话说，如果有其他应用程序开发人员使用你的驱动程序，那么他会发现一切都以合乎逻辑的方式运行，没有任何怪异或让人惊讶的地方。

11.9.2　对于设备驱动程序的剖析

现在让我们来仔细研究简单设备驱动程序的代码。

下面是一个名为 dummy 的设备驱动程序的开头部分，它创建了 4 个设备，这 4 个设备可以通过/dev/dummy0 到/dev/dummy3 访问：

```
#include <linux/kernel.h>
#include <linux/module.h>
#include <linux/init.h>
#include <linux/fs.h>
#include <linux/device.h>

#define DEVICE_NAME "dummy"
#define MAJOR_NUM 42
#define NUM_DEVICES 4

static struct class *dummy_class;
```

接下来，我们将为该字符设备接口定义 dummy_open()、dummy_release()、dummy_read()和 dummy_write()函数：

```
static int dummy_open(struct inode *inode, struct file *file)
{
    pr_info("%s\n", __func__);
    return 0;
}

static int dummy_release(struct inode *inode, struct file *file)
{
    pr_info("%s\n", __func__);
    return 0;
}

static ssize_t dummy_read(struct file *file,
char *buffer, size_t length, loff_t * offset)
{
    pr_info("%s %u\n", __func__, length);
    return 0;
}

static ssize_t dummy_write(struct file *file,
```

```
const char *buffer, size_t length, loff_t * offset)
{
    pr_info("%s %u\n", __func__, length);
    return length;
}
```

然后，还需要初始化一个 file_operations 结构并定义 dummy_init()和 dummy_exit()函数，它们分别在加载和卸载驱动程序时被调用：

```
struct file_operations dummy_fops = {
    .owner = THIS_MODULE,
    .open = dummy_open,
    .release = dummy_release,
    .read = dummy_read,
    .write = dummy_write,
};

int __init dummy_init(void)
{
    int ret;
    int i;
    printk("Dummy loaded\n");
    ret = register_chrdev(MAJOR_NUM, DEVICE_NAME, &dummy_fops);
    if (ret != 0)
        return ret;
    dummy_class = class_create(THIS_MODULE, DEVICE_NAME);
    for (i = 0; i < NUM_DEVICES; i++) {
        device_create(dummy_class, NULL,
                      MKDEV(MAJOR_NUM, i), NULL, "dummy%d", i);
    }
    return 0;
}

void __exit dummy_exit(void)
{
    int i;
    for (i = 0; i < NUM_DEVICES; i++) {
        device_destroy(dummy_class, MKDEV(MAJOR_NUM, i));
    }
    class_destroy(dummy_class);
    unregister_chrdev(MAJOR_NUM, DEVICE_NAME);
    printk("Dummy unloaded\n");
}
```

在代码的最后，名为 module_init 和 module_exit 的宏分别指定了在加载和卸载模块时要调用的函数：

```
module_init(dummy_init);
module_exit(dummy_exit);
```

最后 3 个名为 MODULE_*的宏添加了一些关于模块的基本信息：

```
MODULE_LICENSE("GPL");
MODULE_AUTHOR("Chris Simmonds");
MODULE_DESCRIPTION("A dummy driver");
```

可以使用 modinfo 命令从编译的内核模块中检索此信息。该驱动程序的完整源代码可以在 MELP/Chapter11/dummy-driver 目录中找到，该目录被包含在本书配套的代码存档中。

当加载模块时，将调用 dummy_init()函数。当它调用 register_chrdev 时，你可以看到它成为字符设备，将指针传递给 struct file_operations，其中包含指向驱动程序实现的 4 个函数的指针。register_chrdev 虽然告诉内核有一个主编号为 42 的驱动程序，但没有说明驱动程序的类，因此它不会在/sys/class 中创建条目。

既然在/sys/class 中没有条目，设备管理器也就无法创建设备节点。因此，接下来的几行代码创建了一个设备类 dummy，以及该类的 4 个设备，分别从 dummy0 到 dummy3。结果是驱动程序初始化时创建了/sys/class/dummy 目录，包含子目录 dummy0 到 dummy3。每个子目录都包含一个文件 dev，其中包含设备的主编号和次编号。这就是设备管理器创建设备节点所需的全部内容：从/dev/dummy0 到/dev/dummy3。

dummy_exit()函数必须释放 dummy_init()函数声明的资源，这意味着释放设备类 和主设备号。

该驱动程序的文件操作由 dummy_open()、dummy_read()、dummy_write() 和 dummy_release()函数实现，并且分别在用户空间程序调用 open(2)、read(2)、write(2)和 close(2)时被调用。它们只是输出一条内核消息，以便你可以看到它们被调用了。

可以从命令行中使用 echo 命令来演示这一点：

```
# echo hello > /dev/dummy0
dummy_open
dummy_write 6
dummy_release
```

在上述示例中，出现消息是因为我已登录控制台，并且默认情况下会将内核消息输出到控制台中。如果你没有登录控制台，则可以使用 dmesg 命令查看内核消息。

虽然该驱动程序的完整源代码不到 100 行，但足以说明设备节点和驱动程序代码之

间的链接是如何工作的，包括如何创建设备类、如何允许设备管理器在加载驱动程序时
自动创建设备节点，以及数据如何在用户空间和内核空间之间移动等。

接下来，让我们看看如何构建它。

11.9.3　编译内核模块

现在我们已经有了一些要在目标系统上编译和测试的驱动程序代码。你可以将其复
制到内核源代码树中并修改makefile以构建它，或者你也可以将其编译为树外的模块。让
我们从构建树开始。

你将需要一个简单的makefile，它使用内核构建系统来完成所有困难的工作：

```
LINUXDIR := $(HOME)/MELP/build/linux

obj-m := dummy.o
all:
    make ARCH=arm CROSS_COMPILE=arm-cortex_a8-linux-gnueabihf- \
    -C $(LINUXDIR) M=$(shell pwd)
clean:
    make -C $(LINUXDIR) M=$(shell pwd) clean
```

可以看到，上述代码将 LINUXDIR 设置为你将在其上运行模块的目标设备的内核
目录。

obj-m := dummy.o 代码将调用内核构建规则来获取源文件 dummy.c，并创建一个内核
模块 dummy.ko。下文将向你展示如何加载内核模块。

ⓘ 注意：

内核模块在内核版本和配置之间不是二进制兼容的：模块只会加载到编译它的内核上。

如果要在内核源代码树中构建驱动程序，那么该过程非常简单。选择适合你拥有的
驱动程序类型的目录。该驱动程序是一个基本字符设备，所以可将 dummy.c 放在
drivers/char 中。然后，编辑该目录中的 makefile，添加一行，将驱动程序无条件地构建为
模块，示例如下：

```
obj-m += dummy.o
```

或者，你可以添加以下行以无条件地将其构建为内置模块：

```
obj-y += dummy.o
```

如果要使该驱动程序成为可选驱动程序，则可以在 Kconfig 文件中添加一个 menu 选

项，并根据配置选项制作编译条件（详见 4.4.2 节"了解内核配置——Kconfig"）。

11.9.4 加载内核模块

可以分别使用简单的 insmod、lsmod 和 rmmod 命令加载、列出和卸载模块。以下示例对 dummy 驱动程序执行了这些操作：

```
# insmod /lib/modules/4.8.12-yocto-standard/kernel/drivers/dummy.ko
# lsmod
Tainted: G
dummy 2062 0 - Live 0xbf004000 (O)
# rmmod dummy
```

如果模块位于/lib/modules/<kernel release>的子目录中，则可以使用 depmod -a 命令创建模块依赖数据库（modules dependency database），如下所示：

```
# depmod -a
# ls /lib/modules/4.8.12-yocto-standard
kernel  modules.alias  modules.dep  modules.symbols
```

modules.*文件中的信息被 modprobe 命令用来通过名称而不是其完整路径来定位模块。modprobe 还有许多其他功能，所有这些功能都在 modprobe(8)手册页上有介绍。

现在我们已经编写并加载了 dummy 内核模块，如何让它与一些真正的硬件对话呢？这需要通过设备树或平台数据将该驱动程序绑定到该硬件上。

接下来，我们看看如何发现硬件并将该硬件链接到设备驱动程序。

11.10　发现硬件配置

我们的 dummy 驱动程序演示了设备驱动程序的结构，但它缺乏与真实硬件的交互，因为它只操作内存结构。设备驱动程序通常被编写为与硬件交互。其中一部分是能够首先发现硬件，记住它在不同的配置中可能位于不同的地址。

在某些情况下，硬件会提供自己的信息。可发现总线（如 PCI 或 USB）上的设备具有查询模式，该模式可返回资源要求和唯一标识符。内核将标识符和其他可能的特征与设备驱动程序进行匹配，并将它们结合起来。

当然，嵌入式开发板上的大多数硬件模块都没有这样的标识符。你必须自己以设备树（device tree）或称为平台数据（platform data）的 C 结构的形式提供该信息。

在 Linux 的标准驱动程序模型中，设备驱动程序会将自己注册到适当的子系统：PCI、

USB、开放固件（设备树）、平台设备等。

该注册包括一个标识符和一个回调函数，称为 probe 函数，如果硬件的 ID 和驱动程序的 ID 匹配，则调用该函数。

对于 PCI 和 USB，ID 基于供应商和设备的产品 ID；对于设备树和平台设备，它是一个名称（文本字符串）。

11.10.1　设备树

在第 3 章"引导加载程序详解"中已经介绍过设备树。在这里，我们将向你演示 Linux 设备驱动程序如何与这些信息挂钩。

本示例使用 ARM Versatile 板 arch/arm/boot/dts/vulnerable-ab.dts，以下代码定义了其以太网适配器：

```
net@10010000 {
    compatible = "smsc,lan91c111";
    reg = <0x10010000 0x10000>;
    interrupts = <25>;
};
```

请特别注意该节点的 compatible 属性。该字符串值稍后将重新出现在以太网适配器的源代码中。在第 12 章"使用分线板进行原型设计"中还会介绍有关设备树的更多信息。

11.10.2　平台数据

在没有设备树支持的情况下，有一种使用 C 结构描述硬件的后备方法，这就是所谓的"平台数据"。

每个硬件都由 struct platform_device 描述，它有一个名称和一个指向资源数组的指针。资源的类型由标志确定，其中包括以下内容。

❑　IORESOURCE_MEM：这是内存区域的物理地址。

❑　IORESOURCE_IO：这是 I/O 寄存器的物理地址或端口号。

❑　IORESOURCE_IRQ：这是中断号。

下面是一个以太网控制器的平台数据示例，取自 arch/arm/machversatile/core.c，为简明起见，已对其进行了编辑：

```
#define VERSATILE_ETH_BASE 0x10010000
#define IRQ_ETH 25
static struct resource smc91x_resources[] = {
```

```
    [0] = {
        .start = VERSATILE_ETH_BASE,
        .end = VERSATILE_ETH_BASE + SZ_64K - 1,
        .flags = IORESOURCE_MEM,
    },
    [1] = {
        .start = IRQ_ETH,
        .end = IRQ_ETH,
        .flags = IORESOURCE_IRQ,
    },
};
static struct platform_device smc91x_device = {
    .name = "smc91x",
    .id = 0,
    .num_resources = ARRAY_SIZE(smc91x_resources),
    .resource = smc91x_resources,
};
```

可以看到它有一个 64 KB 的内存区域和一个中断。平台数据必须在内核中被注册，通常是在板子初始化时：

```
void __init versatile_init(void)
{
    platform_device_register(&versatile_flash_device);
    platform_device_register(&versatile_i2c_device);
    platform_device_register(&smc91x_device);
    [...]
```

上面显示的平台数据在功能上与之前的设备树源是一样的，只不过是 name 字段代替了 compatible 属性。

11.10.3　将硬件与设备驱动程序链接在一起

前面我们已经看到了如何使用设备树和平台数据描述以太网适配器。相应的驱动程序代码在 drivers/net/ethernet/smsc/smc91x.c 中，它同时适用于设备树和平台数据。以下是初始化代码，同样为简明起见，已对其进行了编辑：

```
static const struct of_device_id smc91x_match[] = {
    { .compatible = "smsc,lan91c94", },
    { .compatible = "smsc,lan91c111", },
    {},
};
```

```
MODULE_DEVICE_TABLE(of, smc91x_match);
static struct platform_driver smc_driver = {
    .probe = smc_drv_probe,
    .remove = smc_drv_remove,
    .driver = {
        .name = "smc91x",
        .of_match_table = of_match_ptr(smc91x_match),
    },
};
static int __init smc_driver_init(void)
{
    return platform_driver_register(&smc_driver);
}
static void __exit smc_driver_exit(void)
{
    platform_driver_unregister(&smc_driver);
}
module_init(smc_driver_init);
module_exit(smc_driver_exit);
```

当驱动程序初始化时，它将调用 platform_driver_register()，指向 struct platform_driver，其中有一个 probe 函数的回调，一个驱动程序名 smc91x，以及一个指向 struct of_device_id 的指针。

如果此驱动程序已由设备树配置，则内核将在设备树节点中的 compatible 属性与 compatible 结构元素指向的字符串之间查找匹配项。对于每个匹配项，它将调用 probe 函数。

另外，如果它是通过平台数据配置的，则将为 driver.name 指向的字符串上的每个匹配项调用 probe 函数。

probe 函数可提取有关接口的信息：

```
static int smc_drv_probe(struct platform_device *pdev)
{
    struct smc91x_platdata *pd = dev_get_platdata(&pdev->dev);
    const struct of_device_id *match = NULL;
    struct resource *res, *ires;
    int irq;

    res = platform_get_resource(pdev, IORESOURCE_MEM, 0);
    ires platform_get_resource(pdev, IORESOURCE_IRQ, 0);
    [...]
    addr = ioremap(res->start, SMC_IO_EXTENT);
```

```
    irq = ires->start;
    […]
}
```

对 platform_get_resource()的调用将从设备树或平台数据中提取内存和 irq（中断）信息。由驱动程序来映射内存并安装中断处理程序。第三个参数在前两种情况下都为零，如果该特定类型的资源不止一个，那么它就会发挥作用。

设备树允许你配置的不仅仅是基本的内存范围和中断。probe 函数中有一段代码能从设备树中提取可选参数。在以下代码段中，它将获取 register-io-width 属性：

```
match = of_match_device(of_match_ptr(smc91x_match), &pdev->dev);
if (match) {
    struct device_node *np = pdev->dev.of_node;
    u32 val;
    […]
    of_property_read_u32(np, "reg-io-width", &val);
    […]
}
```

对于大多数驱动程序来说，特殊的绑定在 Documentation/devicetree/bindings 中有说明。对于该特定驱动程序，此信息位于 Documentation/devicetree/bindings/net/smsc911x.txt 中。

需要记住的是，驱动程序应该注册一个 probe 函数和足够的信息，以便内核调用 probe，因为它会找到与它所知道的硬件匹配。设备树描述的硬件与设备驱动程序之间的链接是通过 compatible 属性完成的。平台数据和驱动程序之间的链接是通过名称完成的。

11.11　小　　结

设备驱动程序负责处理设备（这通常是物理硬件，但有时也可能是虚拟接口），并以一致且有用的方式将其呈现给用户空间。

Linux 设备驱动程序分为三大类：字符、块和网络。在这三者中，字符驱动程序接口是最灵活的，因此也是最常见的。

Linux 驱动程序纳入了称为驱动程序模型的框架，并通过 sysfs 公开。几乎所有设备和驱动程序的状态都在/sys 中可见。

每个嵌入式系统都有自己独特的一组硬件接口和需求。Linux 可为大多数标准接口提供驱动程序，通过选择正确的内核配置，你可以非常快速地获得有效的目标板。对于非标准组件，你必须为其添加自己的设备支持。

在某些情况下，你可以通过使用 GPIO、I2C 等通用驱动程序来走"曲线救国"的路线，并编写用户空间代码来完成这项工作。我们建议你以此为起点，因为它使你有机会在不编写内核代码的情况下熟悉硬件。

虽然编写内核驱动程序并不是特别困难，但是在进行此类开发时仍应该谨慎，以免损害系统的稳定性。

本章简要探讨了如何编写内核驱动程序代码，如果你要沿着这条路线向前走，则将不可避免地想知道如何检查它是否正常工作，以及如何检测出错误。在第 19 章"使用 GDB 进行调试"中将深入讨论该主题。

第 12 章"使用分线板进行原型设计"将介绍如何使用分线板进行原型设计。

11.12　延 伸 阅 读

以下资源包含有关本章介绍的主题的更多信息。

- *Linux Kernel Development, 3rd Edition*〔《Linux 内核开发（第 3 版）》〕, by Robert Love

- *Linux Weekly News*（《Linux 每周新闻》）：

  https://lwn.net/Kernel

- *Async IO on Linux: select, poll, and epoll*（《Linux 上的异步 IO：select、poll 和 epoll》）, by Julia Evans：

  https://jvns.ca/blog/2017/06/03/async-io-on-linux--select--poll--and-epoll

- *Essential Linux Device Drivers, 1st Edition*〔《基本 Linux 设备驱动程序（第 1 版）》〕, by Sreekrishnan Venkateswaran

第 12 章 使用分线板进行原型设计

让自定义的开发板跑起来是嵌入式 Linux 工程师经常会遇到的任务。例如，一家消费电子产品制造商想要制造一种新设备，并且该设备通常需要运行 Linux。在这种情况下，作为嵌入式 Linux 工程师，你需要在硬件准备好之前就开始制作 Linux 镜像的过程，并使用将开发板和分线板连接在一起的原型来完成此任务。外围 I/O 引脚需要被复用到设备树绑定中以进行有效通信。只有这样才能开始为应用程序编写中间件的任务。

本章的目标是为 BeagleBone Black 开发板添加一个 u-blox GPS 模块。这需要你阅读电路原理图和数据表，以便可以使用 Texas Instrument（TI）的 SysConfig 工具对设备树源进行必要的修改。

接下来，我们将把 SparkFun GPS Breakout 分线板（Breakout Board）连接到 BeagleBone Black 上，并用逻辑分析仪探测连接的 SPI 引脚。

最后，我们将在 BeagleBone Black 开发板上编译和运行测试代码，以便可以通过 SPI 从 ZOE-M8Q GPS 模块中接收 NMEA 语句。

使用真实硬件进行快速原型设计需要大量的试验和纠错。学习本章时，你将亲身体验焊接并组装一个测试台来研究和调试数字信号。

我们还将再次学习设备树源，但这一次，我们将特别注意引脚控制配置，以及如何利用它们来启用外部或板载外围设备。

有了完整的 Debian Linux 发行版，我们可以使用 git、gcc、pip3 和 python3 等工具直接在 BeagleBone Black 上开发软件。

本章包含以下主题：
- ❑　将原理图映射到设备树的源中
- ❑　使用分线板进行原型设计
- ❑　使用逻辑分析仪探测 SPI 信号
- ❑　通过 SPI 接收 NMEA 消息

出发！

12.1　技　术　要　求

要遵循本章中的示例操作，需要确保你具备以下条件：

❏　基于 Linux 的主机系统。

❏　Buildroot 2020.02.9 LTS 版本。

❏　Etcher Linux 版。

❏　microSD 读卡器和卡。

❏　USB 转 TTL 3.3V 串行电缆。

❏　BeagleBone Black 开发板。

❏　5V 1A 直流电源。

❏　用于网络连接的以太网电缆和端口。

❏　SparkFun GPS-15193 分线板。

❏　排线（12 个或更多引脚）直分离接头。

❏　烙铁套件。

❏　6 根公对母跳线。

❏　U.FL GNSS 天线。

你应该已经在第 6 章"选择构建系统"中安装了 Buildroot 2020.02.9 版本。如果尚未安装，那么在按照第 6 章的说明在 Linux 主机上安装 Buildroot 之前，请参阅 *The Buildroot user manual*（《Buildroot 用户手册》）的"System requirements"（《系统要求》）部分，其网址如下：

https://buildroot.org/downloads/manual/manual.html

逻辑分析仪（logic analyzer）有助于排除故障并理解 SPI 通信，本章将使用 Saleae Logic 8 进行演示。当然，Saleae 产品确实比较昂贵（399 美元及以上），因此，如果你没有 Saleae 逻辑分析仪，那也没关系，你仍然可以完成本章的学习。此外，还有一个更经济实惠的低速替代方案足以用于 SPI 和 I2C 调试，其网址如下：

http://dangerousprototypes.com/docs/Bus_Pirate

本章所有代码都可以在本书配套 GitHub 存储库的 Chapter12 文件夹中找到，该存储库的网址如下：

https://github.com/PacktPublishing/Mastering-Embedded-Linux-Programming-Third-Edition。

12.2　将原理图映射到设备树的源中

因为 BeagleBone Black 开发板的物料清单（bill of materials，BOM）、PCB 设计文件

和原理图都是开源的，所以任何人都可以制造 BeagleBone Black 开发板作为其消费产品的一部分。BeagleBone Black 由于是为开发而设计的，因此包含一些生产中可能不需要的组件，如以太网电缆、USB 端口和 microSD 插槽。作为开发板，BeagleBone Black 还可能缺少你的应用所需的一个或多个外围设备，如传感器、LTE 调制解调器或 OLED 显示器等。

BeagleBone Black 围绕德州仪器公司（TI）的 AM335x 构建，后者是一款具有双可编程实时单元（programmable real-time unit，PRU）的单核 32 位 ARM Cortex-A8 SoC。

Octavo Systems 制造的 BeagleBone Black 有一种更昂贵的无线版本，它用 Wi-Fi 和蓝牙模块替换了以太网。BeagleBone Black Wireless 也是开源硬件，但在某些时候，你可能希望围绕 AM335x 设计自己的定制 PCB。因此，为 BeagleBone Black 设计子板（即所谓的 cape，详见 1.7 节"获取本书所需硬件"）也是一种选择。

对于本书，我们会将 u-blox ZOE-M8Q GPS 模块集成到联网设备中。你如果需要在本地网络和云端之间传输大量数据包，那么运行 Linux 是一个明智的选择，因为它具有非常成熟的 TCP/IP 网络栈。

BeagleBone Black 开发板的 ARM Cortex-A8 CPU 满足运行主流 Linux 的要求（足够的可寻址 RAM 和内存管理单元）。这意味着我们的产品可以受益于对 Linux 内核进行的安全性和错误修复。

在第 11 章"连接设备驱动程序"中，我们讨论了将以太网适配器绑定到 Linux 设备驱动程序中的示例。绑定外围设备是通过设备树源或称为平台数据的 C 结构完成的。多年来，使用设备树源已成为绑定到 Linux 设备驱动程序的首选方式，尤其是在 ARM SoC 上。为此，本章中的示例仅涉及设备树源。与 U-Boot 一样，将设备树源编译成 DTB 也是 Linux 内核构建过程的一部分。

在开始修改设备树源之前，我们需要熟悉 BeagleBone Black 和 SparkFun ZOE-M8Q GPS Breakout 的原理图。

12.2.1　阅读原理图和数据表

BeagleBone Black 开发板有两个 46 针扩展接头用于 I/O。除了众多 GPIO，这些接头还包括 UART、I2C 和 SPI 通信端口。

大多数 GPS 模块，包括本章示例将要使用的模块，都可以通过串行 UART 或 I2C 发送 NMEA 数据。尽管许多用户空间 GPS 工具（如 gpsd）仅适用于通过串行连接的模块，但我们为该项目选择了具有 SPI 接口的 GPS 模块。

BeagleBone Black 开发板有两个可用的 SPI 总线。我们只需要这些 SPI 总线之一来连接 u-blox ZOE-M8Q。

我们选择 SPI 而不是 UART 和 I2C 的原因有两个：

❑ UART 在许多 SoC 上很少见，并且需要蓝牙和/或串行控制台等设备。

❑ I2C 驱动程序和硬件可能存在严重错误。一些 I2C 内核驱动程序执行得非常差，以至于当连接的外围设备太多时会出现总线锁定的情况。Broadcom SoC 中的 I2C 控制器（如 Raspberry Pi 4 中的控制器）甚至因在外围设备尝试执行时钟延长时出现故障而臭名昭著。

图 12.1 显示了 BeagleBone Black 的 P9 扩展接头上的引脚图。

P9

DGND	1	2	DGND
VDD_3V3	3	4	VDD_3V3
VDD_5V	5	6	VDD_5V
SYS_5V	7	8	SYS_5V
PWR_BUT	9	10	SYS_RESETN
GPIO_30	11	12	GPIO_60
GPIO_31	13	14	GPIO_40
GPIO_48	15	16	GPIO_51
SPI0_CS0	17	18	SPI0_D1
SPI1_CS1	19	20	SPI1_CS0
SPI0_D0	21	22	SPI0_SCLK
GPIO_49	23	24	GPIO_15
GPIO_117	25	26	GPIO_14
GPIO_125	27	28	SPI1_CS0
SPI1_D0	29	30	SPI1_D1
SPI1_SCLK	31	32	VDD_ADC
AIN4	33	34	GNDA_ADC
AIN6	35	36	AIN5
AIN2	37	38	AIN3
AIN0	39	40	AIN1
GPIO_20	41	42	SPI1_CS1
DGND	43	44	DGND
DGND	45	46	DGND

图 12.1　P9 扩展接头 SPI 端口

可以看到，引脚 17、18、21 和 22 分配给了 SPI0 总线。引脚 19、20、28、29、30、31 和 42 分配给了 SPI1 总线。

请注意，引脚 42 和 28 复制了 SPI1 引脚 19 和 20 的功能。我们只能为 SPI1_CS1 和 SPI1_CS0 使用一个引脚。任何重复的引脚都应禁用或重新使用。

另外，请注意 SPI1 有 CS0 和 CS1 引脚，而 SPI0 只有一个 CS0 引脚。CS 代表的是芯片选择（chip select）。由于每个 SPI 总线都是一个主从接口，因此将 CS 信号线拉低通常会选择要在总线上传输到哪个外设。这种负逻辑被称为低电平有效（active low）。

图 12.2 显示了连接两个外设的 BeagleBone Black 的 SPI1 总线的示意图。

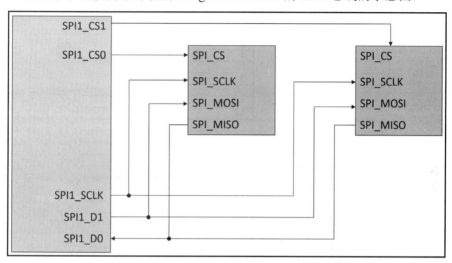

图 12.2　SPI1 总线

Beagle Bone Black 的原理图网址如下：

https://github.com/beagleboard/beaglebone-black/blob/master/BBB_SCH.pdf

图 12.3 显示了 Beagle Bone Black 的原理图，可以看到 P9 扩展接头上的 4 个引脚（28 到 31）被标记为 SPI1。

额外的 SPI1 引脚（19、20 和 42）和所有 SPI0 引脚（17、18、21 和 22）已重新用于原理图上的 I2C1、I2C2 和 UART2。此备用映射是设备树源文件中定义的引脚复用器配置的结果。要将缺失的 SPI 信号线从 AM335x 路由到扩展接头上的相应目标引脚，必须应用正确的引脚复用器配置。引脚复用可以在运行时完成原型设计，但应在完成的硬件到达之前过渡到编译时间。

除了 CS0，你会注意到 SPI0 总线还有 SCLK、D0 和 D1 线。

❑ SCLK 代表的是 SPI 时钟（SPI clock），总是由总线主设备生成，在本示例中就是 AM335x。通过 SPI 总线传输的数据与该 SCLK 信号同步。SPI 支持比 I2C 高得多的时钟频率。

❑ D0 数据线对应主设备输入，从设备输出（master in，slave out，MISO）。

❑ D1 数据线对应主设备输出，从设备输入（master out，slave in，MOSI）。

虽然 D0 和 D1 在软件中既可以指定为 MISO，也可以指定为 MOSI，但我们将坚持

使用这些默认映射。另外，SPI 是全双工（full-duplex）接口，这意味着主设备和选定的
从设备都可以同时发送数据。

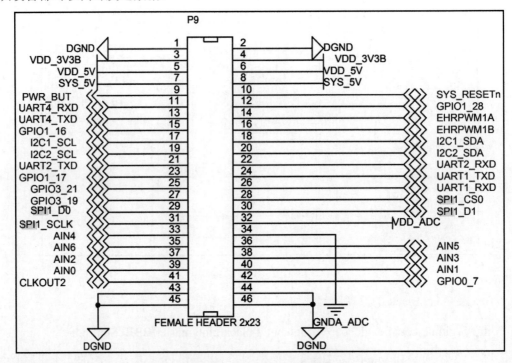

图 12.3　P9 扩展接头原理图

图 12.4 显示了所有 4 个 SPI 信号的方向。

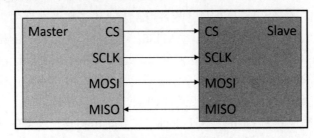

图 12.4　SPI 信号

原　　文	译　　文	原　　文	译　　文
Master	主设备	Slave	从设备

现在，让我们将注意力从 BeagleBone Black 转移到 ZOE-M8Q。这可以从 ZOE-M8

系列的数据表开始，该数据表可从 u-blox 的产品页面中下载，其网址如下：

https://www.u-blox.com/en/product/zoe-m8-series

你可以直接跳转到描述 SPI 的部分。它说默认情况下 SPI 是被禁用的，因为它的引脚与 UART 和 DDC 接口共享。要在 ZOE-M8Q 上启用 SPI，我们必须将 D_SEL 引脚接地。下拉 D_SEL 可将两个 UART 和两个 DDC 引脚转换为 4 个 SPI 引脚。

要找到 SparkFun ZOE-M8Q GPS Breakout 分线板的示意图，可以访问以下网址：

https://www.sparkfun.com/products/15193

在该产品页面中选择 Document（文档）选项卡，搜索 D_SEL 引脚，你会发现它位于标有 JP1 的跳线的左侧。闭合该跳线将 D_SEL 连接到 GND（接地），从而启用 SPI，如图 12.5 所示。

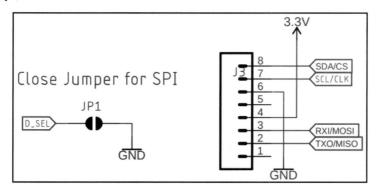

图 12.5　GPS 分线板上的 D_SEL 跳线和 SPI 连接器

原　　文	译　　文
Close Jumper for SPI	闭合跳线以启用 SPI

CS、CLK、MOSI 和 MISO 引脚的连接头与 3.3V 和 GND 位于同一位置。闭合跳线并将这些接头连接到 6 个引脚需要一些焊接操作。

互连芯片或模块时，请务必检查引脚额定值。GPS Breakout 分线板上的 JP2 跳线可将 SCL/CLK 和 SDA/CS 引脚连接到 2.2kΩ 上拉电阻。

AM335x 数据表显示这些输出引脚是 6mA 驱动器，因此启用它们的弱内部上拉会增加 100μA 的上拉电流。ZOE-M8Q 在相同的引脚上有一个 11kΩ 的上拉电阻，在 3.3V 时增加了 300μA。GPS Breakout 分线板上的 2.2kΩ I2C 上拉额外增加了 1.5mA，总共达到 1.9mA 的上拉电流，这是没问题的。

返回图 12.1，请注意 BeagleBone Black 开发板从其 P9 扩展接头的引脚 3 和 4 提供
3.3V。引脚 1 和 2 以及 43 至 46 被连接到 GND。

因此，除了将 GPS Breakout 分线板上的 4 根 SPI 线连接到引脚 17、18、21 和 22，
我们还需要将 GPS 模块的 3.3V 和 GND 连接到 BeagleBone Black 开发板 P9 扩展接头上
的引脚 3 和 43。

现在我们已经对如何连接 ZOE-M8Q 有了一些了解，让我们在 Linux 上启用 SPI0 总
线，它在 BeagleBone Black 开发板上运行。最快的方法是从 BeagleBoard.org 上安装一个
预构建的 Debian 镜像。

12.2.2　在 BeagleBone Black 上安装 Debian

BeagleBoard.org 为其各种开发板提供了 Debian 镜像。Debian 是一个流行的 Linux 发
行版，其中包括一套全面的开源软件包。这来自世界各地的贡献者的巨大努力。根据嵌入
式 Linux 标准，为各种 BeagleBoard 构建 Debian 是非常规的，因为该过程不依赖于交叉
编译。开发人员与其尝试自己为 BeagleBone Black 构建 Debian，不如直接从 BeagleBoard.org
上下载已完成的镜像。

要下载 BeagleBone Black 的 Debian Buster IoT microSD 卡镜像，需要发出以下命令：

```
$ wget https://debian.BeagleBoard.org/images/bone-debian-10.3-
iot-armhf-2020-04-06-4gb.img.xz
```

在撰写本文时，10.3 是基于 AM335x 的 BeagleBone 开发板的最新 Debian 镜像。主
版本号 10 表示 10.3 是 Debian 的 Buster LTS 版本。由于 Debian 10.0 最初于 2019 年 7 月
6 日发布，因此自该日期起，它应该会收到长达 5 年的更新。

ℹ️ **注意：**

如果可能的话，请从 BeagleBoard.org 上下载 10.3 版（也称为 Buster）而不是最新的
Debian 镜像，以用于本章的练习。

BeagleBone 引导加载程序、内核、DTB 和命令行工具不断变化，因此这些说明可能
不适用于更高的 Debian 版本。

现在我们已经获得了 BeagleBone Black 开发板的 Debian 镜像，可以将其写入 microSD
卡中并启动它。

首先在 Etcher 中找到从 BeagleBoard.org 上下载的以下文件：

bone-debian-10.3-iot-armhf-2020-04-06-4gb.img.xz

将该文件写入 microSD 卡中。将 microSD 卡插入 BeagleBone Black 开发板中，并使用 5V 电源为其供电。

接下来，使用以太网电缆将 BeagleBone Black 的以太网电缆插入路由器的空闲端口上。当板载以太网指示灯开始闪烁时，你的 BeagleBone Black 应该在线。Internet 访问允许我们从 Debian 内部的 Git 存储库中安装包和获取代码。

要从 Linux 主机通过 ssh 进入 BeagleBone Black 中，需要使用以下代码：

```
$ ssh debian@beaglebone.local
```

在 debian 用户的密码提示符处输入 temppwd。

🛈 注意：

许多 BeagleBone Black 的板载闪存上已经安装了 Debian，因此即使没有插入 microSD 卡，它们仍然可以启动。如果在密码提示符之前显示了 BeagleBoard.org Debian Buster IoT Image 2020-04-06 消息，则 BeagleBone Black 是从 microSD 上的 Debian 10.3 镜像启动的。如果在密码提示符之前显示了不同的 Debian 版本信息，则需要检查 microSD 卡是否被正确插入。

现在我们在 BeagleBone Black 上工作，先来看看有哪些 SPI 接口可用。

12.2.3　启用 spidev

Linux 带有一个用户空间 API，它提供对 SPI 设备的 read()和 write()访问。此用户空间 API 被称为 spidev，并被包含在 BeagleBone Black 的 Debian Buster 镜像中。可以通过搜索 spidev 内核模块来确认这一点：

```
debian@beaglebone:~$ lsmod | grep spi
spidev               20480  0
```

现在列出可用的 SPI 外设地址：

```
$ ls /dev/spidev*
/dev/spidev0.0 /dev/spidev0.1 /dev/spidev1.0 /dev/spidev1.1
```

/dev/spidev0.0 和/dev/spidev0.1 节点在 SPI0 总线上，而/dev/spidev1.0 和/dev/spidev1.1 节点则在 SPI1 总线上。本项目只需要 SPI0 总线。

U-Boot 在 BeagleBone Black 的设备树顶部加载覆盖。可以通过编辑 U-Boot 的 uEnv.txt 配置文件来选择要加载的设备树覆盖：

```
$ cat /boot/uEnv.txt
```

```
#Docs: http://elinux.org/Beagleboard:U-boot_partitioning_layout_2.0

uname_r=4.19.94-ti-r42
.
.
.
###U-Boot Overlays###
###Documentation: http://elinux.org/
Beagleboard:BeagleBoneBlack_Debian#U-Boot_Overlays
###Master Enable
enable_uboot_overlays=1
###
.
.
.
###Disable auto loading of virtual capes (emmc/video/wireless/adc)
#disable_uboot_overlay_emmc=1
#disable_uboot_overlay_video=1
#disable_uboot_overlay_audio=1
#disable_uboot_overlay_wireless=1
#disable_uboot_overlay_adc=1
.
.
.
###Cape Universal Enable
enable_uboot_cape_universal=1
```

现在可以确认 enable_uboot_overlays 和 enable_uboot_cape_universal 环境变量都被设置为 1。前导#表示该行中该字符之后的任何内容都被注释掉。因此，U-Boot 会忽略上述代码中显示的所有 disable_uboot_overlay_<device>=1 语句。此配置文件适用于 U-Boot 的环境，因此保存到/boot/uEnv.txt 的任何更改都需要重新启动才能生效。

ⓘ **注意：**

音频覆盖与 BeagleBone Black 上的 SPI1 总线冲突。如果你希望通过 SPI1 启用通信，则可以取消注释/boot/uEnv.txt 中的 disable_uboot_overlay_audio=1。

要列出 U-Boot 已加载的设备树覆盖，需要使用以下命令：

```
$ cd /opt/scripts/tools
$ sudo ./version.sh | grep UBOOT
UBOOT: Booted Device-Tree:[am335x-boneblack-uboot-univ.dts]
UBOOT: Loaded Overlay:[AM335X-PRU-RPROC-4-19-TI-00A0]
```

```
UBOOT: Loaded Overlay:[BB-ADC-00A0]
UBOOT: Loaded Overlay:[BB-BONE-eMMC1-01-00A0]
UBOOT: Loaded Overlay:[BB-NHDMI-TDA998x-00A0]
```

该 cape 的通用功能是 Debian 的 AM3358 版本所独有的。有关其详细信息，可访问以下网址：

https://github.com/cdsteinkuehler/beaglebone-universal-io

它提供了对几乎所有 BeagleBone Black 硬件 I/O 的访问，而我们则无须修改设备树源或重建内核。使用 config-pin 命令行工具可在运行时激活不同的引脚复用配置。

要查看所有可用的引脚组，请使用以下代码：

```
$ cat /sys/kernel/debug/pinctrl/*pinmux*/pingroups
```

要仅查看 SPI 引脚组，可使用以下代码：

```
$ cat /sys/kernel/debug/pinctrl/*pinmux*/pingroups | grep spi
group: pinmux_P9_19_spi_cs_pin
group: pinmux_P9_20_spi_cs_pin
group: pinmux_P9_17_spi_cs_pin
group: pinmux_P9_18_spi_pin
group: pinmux_P9_21_spi_pin
group: pinmux_P9_22_spi_sclk_pin
group: pinmux_P9_30_spi_pin
group: pinmux_P9_42_spi_cs_pin
group: pinmux_P9_42_spi_sclk_pin
```

仅将一个引脚分配给引脚组是不寻常的。一般来说，总线的所有 SPI 引脚（CS、SCLK、D0 和 D1）都在同一个引脚组中被复用。我们可以通过查看设备树源来确认这种奇怪的一对一的引脚到组的关系。

设备树源位于 Debian 镜像/opt/source/dtb-4.19-ti/src/arm 目录内。该源目录中的 am335x-boneblack-uboot-univ.dts 文件包含以下 include：

```
#include "am33xx.dtsi"
#include "am335x-bone-common.dtsi"
#include "am335x-bone-common-univ.dtsi"
```

该.dts 文件与 3 个 include 的.dtsi 文件一起定义了设备树源。

dtc 工具将这 4 个源文件编译成一个 am335x-boneblack-uboot-univ.dtb 文件。U-Boot 还在这个 cape 通用设备树的最上层加载设备树覆盖（overlay）。这些设备树覆盖以.dtbo 作为其文件扩展名。

以下是 pinmux_P9_17_spi_cs_pin 的引脚组定义：

```
P9_17_spi_cs_pin: pinmux_P9_17_spi_cs_pin { pinctrl-single,pins = <
    AM33XX_IOPAD(0x095c, PIN_OUTPUT_PULLUP | INPUT_EN | MUX_MODE0) >; };
```

pinmux_P9_17_spi_cs_pin 组可将 P9 扩展接头上的引脚 17 配置为 SPI0 总线的 CS 引脚。
以下是 P9_17_pinmux 定义，其中 pinmux_P9_17_spi_cs_pin 被引用：

```
/* P9_17 (ZCZ ball A16) */
P9_17_pinmux {
    compatible = "bone-pinmux-helper";
    status = "okay";
    pinctrl-names = "default", "gpio", "gpio_pu", "gpio_pd",
"gpio_input", "spi_cs", "i2c", "pwm", "pru_uart";
    pinctrl-0 = <&P9_17_default_pin>;
    pinctrl-1 = <&P9_17_gpio_pin>;
    pinctrl-2 = <&P9_17_gpio_pu_pin>;
    pinctrl-3 = <&P9_17_gpio_pd_pin>;
    pinctrl-4 = <&P9_17_gpio_input_pin>;
    pinctrl-5 = <&P9_17_spi_cs_pin>;
    pinctrl-6 = <&P9_17_i2c_pin>;
    pinctrl-7 = <&P9_17_pwm_pin>;
    pinctrl-8 = <&P9_17_pru_uart_pin>;
};
```

请注意，pinmux_P9_17_spi_cs_pin 组是可以配置 P9_17_pinmux 的 9 种不同方式之一。
由于 spi_cs 不是该引脚的默认配置，因此 SPI0 总线最初是被禁用的。

要启用/dev/spidev0.0，需要运行以下 config-pin 命令：

```
$ config-pin p9.17 spi_cs
Current mode for P9_17 is:       spi_cs
$ config-pin p9.18 spi
Current mode for P9_18 is:       spi
$ config-pin p9.21 spi
Current mode for P9_21 is:       spi
$ config-pin p9.22 spi_sclk
Current mode for P9_22 is:       spi_sclk
```

如果遇到权限错误，请重新运行 config-pin 命令并在其前面加上 sudo。输入 temppwd
作为 debian 用户的 password。

本书代码存档的 MELP/Chapter12 文件夹中有一个 config-spi0.sh 脚本，其中包含这 4

个 config-pin 命令。

Debian 已经安装了 Git，因此你可以克隆本书的存储库以获取该存档：

```
$ git clone https://github.com/PacktPublishing/Mastering-
Embedded-Linux-Programming-Third-Edition.git MELP
```

要在引导 BeagleBone Black 开发板时启用/dev/spidev0.0，需要使用以下命令：

```
$ MELP/Chapter12/config-spi0.sh
```

sudo 密码与 debian 登录提示符相同。

Linux 内核源代码带有一个 spidev_test 程序。我们在本书配套的代码存档的 MELP/
Chapter12/spidev-test 下包含了从 https://github.com/rm-hull/spidev-test 中获得的这个
spidev_test.c 源文件的副本。

要编译 spidev_test 程序，需要使用以下命令：

```
$ cd MELP/Chapter12/spidev-test
$ gcc spidev_test.c -o spidev_test
```

现在运行 spidev_test 程序：

```
$ ./spidev_test -v
spi mode: 0x0
bits per word: 8
max speed: 500000 Hz (500 KHz)
TX | FF FF FF FF FF FF 40 00 00 00 00 95 FF FF FF FF FF FF FF
FF FF FF FF FF FF FF FF FF FF FF FF F0 0D | ......@....?.........
.........?.
RX | 00 00 00 00 00 00 00 00 00 00 00 00 00 00 00 00 00 00 00
00 00 00 00 00 00 00 00 00 00 00 00 00 00 | ....................
..........
```

在上述示例中，-v 标志是--verbose 的缩写，它将显示 TX 缓冲区的内容。

这个版本的 spidev_test 程序默认使用/dev/spidev0.0 设备，所以不需要传入--device 参
数来选择 SPI0 总线。SPI 的全双工特性意味着总线主设备在发送数据的同时也可以接收
数据。在本示例中，RX 缓冲区包含全零，这意味着没有接收到数据。事实上，也无法保
证 TX 缓冲区中的任何数据都已发送。

使用跳线将 BeagleBone Black 开发板的 P9 扩展接头上的引脚 18（SPI0_D1）连接到
引脚 21（SPI0_D0），如图 12.6 所示。

P9 扩展接头的映射方向是：当 USB 端口位于底部时，接头位于 BeagleBone Black

的左侧。跳线从 SPI0_D1 到 SPI0_D0，通过将 MOSI（主输出）馈入 MISO（主输入）形成环回（loopback）连接。

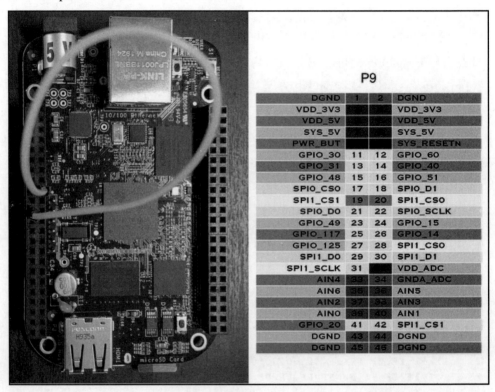

图 12.6　SPI0 环回连接

ℹ️ **注意：**

在重启 BeagleBone Black 后，不要忘记重新运行 config-spi0.sh 脚本以重新启用 /dev/spidev0.0 接口。

使用环回连接重新运行 spidev_test 程序：

```
$ ./spidev_test -v
spi mode: 0x0
bits per word: 8
max speed: 500000 Hz (500 KHz)
TX | FF FF FF FF FF FF 40 00 00 00 00 95 FF FF FF FF
FF FF FF FF FF FF FF FF FF FF FF FF FF FF F0 0D |
......@.........
```

```
RX | FF FF FF FF FF FF 40 00 00 00 00 95 FF FF FF FF
FF FF FF FF FF FF FF FF FF FF FF FF FF FF F0 0D |
......@.....................
```

可以看到，现在 RX 缓冲区的内容已经与 TX 缓冲区的内容匹配了。

至此，我们已验证/dev/spidev0.0 接口功能正常。有关运行时引脚复用的更多信息，包括 BeagleBone Black 设备树和覆盖的起源，建议阅读以下文档：

https://cdn-learn.adafruit.com/downloads/pdf/introduction-to-the-beaglebone-black-device-tree.pdf

12.2.4　自定义设备树

BeagleBoard.org 的 cape 通用设备树非常适合原型设计，但诸如 config-pin 之类的工具不适用于生产环境。当我们交付消费者设备时，其实已经知道其中包含哪些外围设备。除了从 EEPROM 中读取型号和修订号，引导过程中不应涉及硬件发现。然后，U-Boot 可以根据它决定要加载的设备树和覆盖。就像选择内核模块一样，设备树的内容最好是在编译时做出的决定，而不是运行时。

这意味着最终我们需要为定制 AM335x 板自定义设备树源。大多数 SoC 供应商，包括德州仪器（TI），都提供了用于生成设备树源的交互式引脚复用工具。我们将使用 Texas Instruments 在线 SysConfig 工具为 Nova 板添加一个 spidev 接口。

在 4.7 节"将 Linux 移植到新板上"中，我们已经为 Nova 板自定义了设备树，在第 6 章"选择构建系统"中，我们介绍了如何为 Buildroot 创建自定义板级支持包（BSP）。这一次，我们会将自定设备树添加到 am335x-boneblack.dts 文件中，而不仅仅是一字不差地对其进行复制。

如果你还没有账户，请访问以下网址并创建一个账户。你需要一个 myTI 账户才能访问在线 SysConfig 工具：

https://dev.ti.com

要创建 myTI 账户，请执行以下步骤。

（1）单击上述页面右上角的 Lgoin|Register（登录|注册）按钮。

（2）填写 New user（新用户）表单。

（3）单击 Create account（创建账户）按钮。

要启动 SysConfig 工具，请执行以下步骤。

（1）单击上述页面右上角的 Lgoin|Register（登录|注册）按钮。

（2）在 Existing myTI user（现有 myTI 用户）下输入你的电子邮件地址和密码登录。

（3）单击 Cloud tools（云工具）下的 SysConfig Launch（启动）按钮。

Launch（启动）按钮将带你进入以下 SysConfig 开始页面：

https://dev.ti.com/sysconfig/#/start

你可以添加该页面书签以便更快地进行访问。SysConfig 允许将工作设计保存到云中，以便日后可以重新访问它们。

要为 AM335x 生成 SPI0 引脚复用配置，请执行以下步骤。

（1）从 Start a new Design（开始新设计）的 Device（设备）菜单中选择 AM335x。

（2）保留 AM335x 默认的 Part（部件）和 Package（包）值，Part（部件）为 Default（默认），Package（包）为 ZCE。

（3）单击 Start（开始）按钮。

（4）从左侧边栏中选择 SPI。

（5）单击 ADD（添加）按钮将 SPI 添加到你的设计中，如图 12.7 所示。

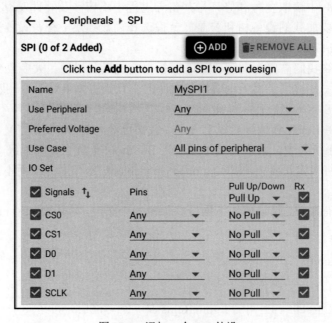

图 12.7　添加一个 SPI 外设

（6）将 MySP1 重命名为 SPI0，方法是将 SPI0 输入 Name（名称）字段中。

（7）从 Use Peripheral（使用外设）菜单中选择 SPI0，如图 12.8 所示。

（8）从 Use Case（用例）菜单中选择 Master SPI with 1 chip select（带 1 个片选的主 SPI），如图 12.9 所示。

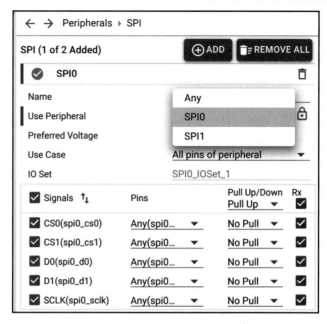

图 12.8　选择 SPI0

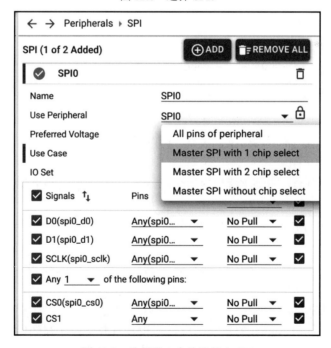

图 12.9　选择带 1 个片选的主 SPI

（9）取消选中 CS1 复选框以删除该项目。

（10）单击 Generated Files（已生成的文件）下的 devicetree.dtsi 以查看设备树源。

（11）从 Signals（信号）的 Pull Up/Down（上拉/下拉）菜单中选择 Pull Up（上拉），如图 12.10 所示。

图 12.10　选择上拉信号

注意这对显示的设备树源带来的变化。可以看到 PIN_INPUT 的所有实例都已被替换为 PIN_INPUT_PULLUP。

（12）取消选中 D1、SCLK 和 CS0 的 Rx 复选框，因为这些引脚是 AM335x 主设备的输出，而不是输入，如图 12.11 所示。

D0 引脚对应于 MISO（主输入，从输出），因此可保留该引脚的 Rx 复选框的选中状态。

相对应地，spi0_sclk、spi0_d1 和 spi0_cs0 引脚现在应在设备树源中被配置为 PIN_OUTPUT_PULLUP。回想一下，SPI CS 信号通常为低电平有效，因此需要一个上拉电阻来防止该线悬空。

（13）单击 devicetree.dtsi 的软盘图标，将设备树源文件保存到你的机器上。

（14）单击左上角 File（文件）菜单中的 Save As（另存为）以保存你的设计。

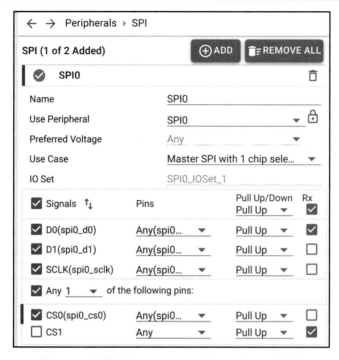

图 12.11　取消选中 D1、SCLK 和 CS0 的 Rx 复选框

（15）给你的设计文件起一个描述性的名称，如 nova.syscfg，然后单击 SAVE（保存）。

（16）保存到机器的.dtsi 文件的内容应如下所示：

```
&am33xx_pinmux {
    spi0_pins_default: spi0_pins_default {
        pinctrl-single,pins = <
            AM33XX_IOPAD(0x950, PIN_OUTPUT_PULLUP | MUX_
MODE0) /* (A18) spi0_sclk.spi0_sclk */
            AM33XX_IOPAD(0x954, PIN_INPUT_PULLUP | MUX_
MODE0) /* (B18) spi0_d0.spi0_d0 */
            AM33XX_IOPAD(0x958, PIN_OUTPUT_PULLUP | MUX_
MODE0) /* (B17) spi0_d1.spi0_d1 */
            AM33XX_IOPAD(0x95c, PIN_OUTPUT_PULLUP | MUX_
MODE0) /* (A17) spi0_cs0.spi0_cs0 */
        >;
    };
    [...]
};
```

在这里我们省略了可选的睡眠引脚设置，因为本示例不需要它们。如果将上述代码中显示的十六进制引脚地址与 am335x-bone-common-univ.dtsi 中相同的 SPI0 引脚地址进行比较，则会发现它们完全匹配。

am335x-bone-common-univ.dtsi 中的 SPI0 管脚全部配置如下：

```
AM33XX_IOPAD(0x095x, PIN_OUTPUT_PULLUP | INPUT_EN | MUX_MODE0)
```

使用 INPUT_EN 位掩码（bitmask）表明 cape 通用设备树中的所有 4 个 SPI0 引脚都被配置为输入和输出，而实际上只有 0x954 处的 spi0_ds0 需要用作输入。

INPUT_EN 位掩码是/opt/source/dtb-4.19-ti/include/dt-bindings/pinctrl/am33xx.h 头文件中定义的许多宏之一，该宏可以在 Debian Buster IoT 镜像中找到：

```
#define PULL_DISABLE          (1 << 3)
#define INPUT_EN              (1 << 5)
[…]
#define PIN_OUTPUT            (PULL_DISABLE)
#define PIN_OUTPUT_PULLUP     (PULL_UP)
#define PIN_OUTPUT_PULLDOWN   0
#define PIN_INPUT             (INPUT_EN | PULL_DISABLE)
#define PIN_INPUT_PULLUP      (INPUT_EN | PULL_UP)
#define PIN_INPUT_PULLDOWN    (INPUT_EN)
```

还有更多 TI 设备树源宏被定义在/opt/source/dtb-4.19-ti/include/dt-bindings/pinctrl/omap.h 头文件中：

```
#define OMAP_IOPAD_OFFSET(pa, offset)  (((pa) & 0xffff) - (offset))
[…]
#define AM33XX_IOPAD(pa, val)     OMAP_IOPAD_OFFSET((pa), 0x0800) (val)
```

现在我们已经正确地复用了 SPI0 引脚，将生成的设备树源复制并粘贴到 nova.dts 文件中。一旦定义了这个新的 spi0_pins_default 引脚组，就可以通过覆盖它来将该引脚组与 spi0 设备节点相关联，如下所示：

```
&spi0 {
    status = "okay";
    pinctrl-names = "default";
    pinctrl-0 = <&spi0_pins_default>;
    […]
}
```

在上述示例中，设备节点名称前的&符号表示引用并修改设备树中的现有节点，而不是定义新节点。

我已将完成的 nova.dts 文件包含在本书配套 GitHub 存储库的代码存档中，位于 MELP/Chapter12/buildroot/board/melp/nova 目录中。

要使用此设备树为 Nova 板构建自定义 Linux 镜像，请执行以下步骤。

（1）将 MELP/Chapter12/buildroot 复制到你的 Buildroot 安装中：

```
$ cp -a MELP/Chapter12/buildroot/* buildroot
```

这将添加一个 nova_defconfig 文件和 board/melp/nova 目录，或替换 MELP/Chapter06/ buildroot 中的既有文件和目录。

（2）cd 到你安装 Buildroot 的目录：

```
$ cd buildroot
```

（3）删除所有以前的构建工件：

```
$ make clean
```

（4）准备好为 Nova 板构建镜像：

```
$ make nova_defconfig
```

（5）构建镜像：

```
$ make
```

在构建完成后，镜像将被写入名为 output/images/sdcard.img 的文件中。使用 Etcher 将该镜像写入 microSD 卡中。请参阅 6.4.6 节"以真实硬件为目标"，了解如何执行此操作。

当 Etcher 刻录完成后，将 microSD 卡插入 BeagleBone Black 中。由于根文件系统不包含 SSH 守护程序，因此你需要连接串行电缆才能登录。

要通过串行控制台登录 BeagleBone Black，请执行以下步骤。

（1）将 USB 转 TTL 3.3V 串行电缆从 Linux 主机插入 BeagleBone Black 的 J1 接头中。确保电缆 FTDI 端的黑线连接到 J1 上的引脚 1。此时一个串行端口应该在你的 Linux 主机上显示为/dev/ttyUSB0。

（2）启动一个合适的终端程序，如 gtkterm、minicom 或 picocom，并以 115200 比特每秒（bits per second，bps）的速度将其附加到端口上，不进行流量控制。gtkterm 可能是最容易设置和使用的：

```
$ gtkterm -p /dev/ttyUSB0 -s 115200
```

（3）通过 5V 连接头为 BeagleBone Black 供电。你应该会在串行控制台上看到

U-Boot 输出、内核日志输出以及最终的登录提示。

（4）以 root 身份登录，无须密码。

向上滚动或输入 dmesg 以在引导期间查看内核消息。以下内核消息确认 spidev0.0 接口已通过我们在 nova.dts 中定义的绑定被成功地探测到：

```
[    1.368869] omap2_mcspi 48030000.spi: registered master spi0
[    1.369813] spi spi0.0: setup: speed 16000000, sample
trailing edge, clk normal
[    1.369876] spi spi0.0: setup mode 1, 8 bits/w, 16000000 Hz
max --> 0
[    1.372589] omap2_mcspi 48030000.spi: registered child spi0.0
```

出于测试目的，spi-tools 包已经被包含在根文件系统中。该包由 spi-config 和 spi-pipe 命令行工具组成。

以下是 spi-config 的用法：

```
# spi-config -h
usage: spi-config options...
    options:
        -d --device=<dev>   use the given spi-dev character device.
        -q --query          print the current configuration.
        -m --mode=[0-3]     use the selected spi mode:
                0: low idle level, sample on leading edge,
                1: low idle level, sample on trailing edge,
                2: high idle level, sample on leading edge,
                3: high idle level, sample on trailing edge.
        -l --lsb={0,1}      LSB first (1) or MSB first (0).
        -b --bits=[7...]    bits per word.
        -s --speed=<int>    set the speed in Hz.
        -r --spirdy={0,1}   consider SPI_RDY signal (1) or ignore it (0).
        -w --wait           block keeping the file descriptor open
to avoid speed reset.
        -h --help           this screen.
        -v --version        display the version number.
```

以下是 spi-pipe 的用法：

```
# spi-pipe -h
usage: spi-pipe options...
    options:
        -d --device=<dev>      use the given spi-dev character device.
        -s --speed=<speed>     Maximum SPI clock rate (in Hz).
```

```
-b --blocksize=<int>     transfer block size in byte.
-n --number=<int>        number of blocks to transfer (-1 = infinite).
-h --help                this screen.
-v --version             display the version number.
```

本章不会使用 spi-tools，而是依赖于 spidev-test 和我们称之为 spidev-read 的同一程序的修改版本。

至此，我们已经对设备树源进行了较为深入的研究。虽然 DTS 非常多样化，适用于许多设备，但它也可能令开发人员头疼，因为 dtc 编译器不是很聪明，所以很多设备树源的调试都是在运行时使用 modprobe 和 dmesg 进行的。当引脚复用时忘记上拉或将输入错误配置为输出就足以阻止设备进行探测。带 SDIO 接口的 Wi-Fi/蓝牙模块尤其难以启动。

在介绍了 SPI 之后，现在是时候近距离接触 GPS 模块了。完成 SparkFun ZOE-M8Q GPS Breakout 分线板的接线后，我们将回到通用 spidev 接口的主题中。

12.3　使用分线板进行原型设计

现在 BeagleBone Black 开发板上的 SPI 已经能够正常工作了，接下来让我们将注意力转回 GPS 模块。在连接 SparkFun ZOE-M8Q GPS Breakout 分线板之前，我们需要做一些焊接工作。焊接需要桌面空间、材料和大量时间投资。

要执行此项目的焊接任务，你将需要以下物品。

❑　带有锥形尖端的烙铁（可调节温度）。

❑　以下任意一种物品：硅胶汽车仪表板防滑垫、硅胶烤垫或瓷砖。

❑　精细（0.031 英寸规格）电气松香芯焊料。

❑　烙铁架。

❑　湿海绵。

❑　剪线钳。

❑　护目镜。

❑　辅助就手工具、放大镜和 LED 灯。

❑　带有#2 刀片的 X-Acto #2 刀，或带有#11 刀片的 X-Acto #1 刀。

以下物品也很不错，但不是必需的。

❑　绝缘硅胶焊垫。

❑　焊芯。

❑　黄铜海绵。

❑　粘胶或类似的油灰状黏合剂。

❑　牙科工具包。

❑　尖嘴钳。

❑　镊子。

这些物品中的大多数都与 SparkFun 初学者工具包被捆绑在一起，但它们也可以在其他地方以较低的成本购买。如果你不熟悉焊接，那么我们建议你在操作 ZOE-M8Q 之前使用一些废弃的 PCB 板子进行练习。SparkFun GPS Breakout 分线板上的孔很小，需要稳定、细腻的操作手感。带有放大镜和鳄鱼夹的辅助就手工具非常有用。在施加焊料时，一些粘胶还可以将分线板固定在坚硬平坦的表面上。完成后，可使用 X-Acto 刀刮掉触点上或附近的任何多余的粘胶。

即使你是一名电子产品新手，我们也鼓励你尝试并学习焊接。在很好地掌握它之前，你可能会遇到一些挫折，但是，当你真正掌握了这门技艺，从构建自己的电路中获得满足感之后，你会发现这一切都是非常值得的。建议你在操作之前先阅读一本 MightyOhm 发布的免费漫画书：*Soldering is Easy*（《焊接是容易的》），作者是 Mitch Altman 和 Andie Nordgren。其中文版网址如下：

http://www.doc88.com/p-9012008248188.html

以下是我自己的一些有用的焊接技巧：

先用黄铜海绵擦拭你的烙铁头，这可以避免令人烦恼的氧化。使用 X-Acto 刀从 PCB 上刮掉任何杂散的焊料。使用热熨斗熔化并在硅胶垫上使用一些焊料以适应其特性。最后，在处理热焊料时始终记得戴上护目镜，防止有任何异物进入你的眼睛。

12.3.1　闭合 SPI 跳线

首先，我们需要在 SparkFun GPS Breakout 分线板示意图上找到名为 JP1 的跳线，再在它左侧找到 D_SEL 引脚。将 D_SEL 引脚连接到跳线右侧的 GND 可将 ZOE-M8Q 从 I2C 模式切换到 SPI 模式。这两个 SPI 跳线焊盘上已经有一些焊料，因此我们需要加热焊盘，以便可以移动焊料。

现在可以翻转该接线板以查看跳线。请注意，JP1 跳线在电路板的中央左侧被标记为 SPI，如图 12.12 所示。

要闭合 SPI 跳线，请执行以下操作。

（1）插入并将烙铁加热到 600°F（约 315℃）。

图 12.12　跳线

（2）用鳄鱼夹将 GPS Breakout 分线板固定到位。

（3）放置辅助工具中的放大镜和 LED 灯，以便你可以清楚地看到 SPI 跳线。

（4）将烙铁头放在 SPI 跳线的左右焊盘上，直到焊料熔化，在两个焊盘之间形成桥接。

（5）如有必要，可以施加更多的焊料。

（6）使用烙铁头熔化并去除跳线焊盘上多余的焊料。

闭合跳线仅需要很少的焊料。如果焊料开始冒烟，请调低烙铁的温度。

闭合 SPI 跳线后，ZOE-M8Q 上的串行和 I2C 通信将被禁用。分线板顶部的 FTDI 和 I2C 引脚标签不再适用。此时可使用电路板底部的 SPI 引脚标签。

💡提示：

在焊接时，你可以使用尖嘴的一侧而不是烙铁的尖端，以获得最佳效果。

我们不需要为 JP2 重复相同的焊接过程，因为焊盘已经被桥接在该跳线上。JP2 对于两个 2.2kΩ I2C 上拉电阻中的每一个都有一个单独的焊盘。请注意，JP2 直接位于 JP1 上方，并且在分线板上被标记为 I2C。

现在 SPI 跳线已闭合，接下来让我们连接 GNSS 天线。

12.3.2　安装 GNSS 天线

陶瓷或 Molex 黏合 GNSS 天线可帮助 ZOE-M8Q 获取 GPS 定位。U.FL 连接头易碎，因此应小心处理。你可以将分线板平放在坚硬的表面上，并使用放大镜确保天线放置正确。

要将 GNSS 天线连接到 U.FL 连接头，请执行以下步骤。

（1）对齐电缆，使母连接头和端部均匀地放置在板上公连接头的表面上。

（2）将手指轻轻地放在叠放的连接头的顶部，确保母连接头没有摇晃。

（3）从上方检查两个叠放的连接头，确保它们彼此居中对齐。

（4）用手指中心用力按下连接头的中心，直到你感觉两个连接头锁定到位。

现在天线已连接，接下来可以连接 SPI 接头。

12.3.3　附加 SPI 接头

我们将使用 6 根公对母跳线将 SparkFun GPS Breakout 分线板连接到 BeagleBoard Black 开发板。将跳线的公端插入 BeagleBone Black 上的 P9 扩展接头中，将母端插入排线直的分离式接头中，将该分离式接头焊接到分线板上。通孔焊接与插头引脚到位可能很困难，因为引脚在孔中几乎没有空间让焊料和烙铁尖嘴进去。这就是为什么我们建议在这个项目中使用细规格（0.031 英寸或更小）焊料。

如果你对处理小型电子元件没有经验，则应该首先练习将一些直的分离式接头焊接到废弃的 PCB 上。一些额外的准备可以使你免于损坏和更换昂贵的 ZOE-M8Q GPS 模块。一个合适的焊点应该在接头引脚周围流动并填充孔，形成一个火山形的小堆。焊点需要接触孔周围的金属环。引脚和金属环之间的任何间隙都可能导致连接不良。

要准备 SparkFun GPS Breakout 分线板以便可以连接 SPI 接头，请按照下列步骤操作。

（1）切断排线 8 接头引脚。

（2）切断排线 4 接头引脚。

（3）通过分线板底部的 SPI 孔插入排线 8 接头。

（4）将排线 4 接头穿过分线板下方 SPI 排对面的孔。此接头仅用于在你焊接时保持电路板稳定。

（5）用鳄鱼夹将 GPS Breakout 分线板固定到位。

（6）放置放大镜和 LED 灯，以便你可以清楚地看到分线板上面的排线 8 FTDI 和 I2C 孔。

（7）插入并将烙铁加热至 315～343℃（铅基焊料）或 343～371℃（无铅焊料）。

对分线板上面标记为 SDA、SCL、GND、3V3、RXI 和 TXO 的 6 个孔执行以下步骤。

（1）在热烙铁的尖端涂抹一个非常小的焊球，以准备帮助连接。

（2）用烙铁的尖端接触接头引脚和孔周围的金属环边缘，加热它们。

（3）在烙铁头还在原位的情况下，将焊料送入接头，直至填满孔。

（4）用烙铁头慢慢将熔化的焊料向上拉，形成一个小堆。

（5）用 X-Acto 刀刮掉任何杂散的焊料，并使用吸锡线去除孔之间的任何意外焊桥。

（6）用湿海绵或黄铜海绵清除在烙铁尖嘴形成的任何黑色氧化物。

重复这些步骤，直到所有 6 个引脚都被焊接到它们的孔中。完成后，分线板的上面应如图 12.13 所示。

图 12.13　焊点

请注意，图 12.13 中已经连接了跳线，尽管我们还没有讲到它们。在排线 8 接头引脚中标记为 NC 的两个孔不需要焊接，因为它们没有连接任何东西。

12.3.4　连接 SPI 跳线

现在翻转接线板，使底面可见。我们需要连接跳线。对 GND 使用黑色或灰色线，对 3V3 使用红色或橙色线，以避免混淆它们并损坏你的分线板。它还有助于为其他电线使用不同的颜色，这样我们就不会混淆 SPI 线。

图 12.14 是我的 6 根跳线的母端被插入分线板底部的插头引脚中时的样子。

图 12.14　SPI 跳线的母端

要将 SPI 跳线的公端连接到 BeagleBone Black 上的 P9 扩展接头，请执行以下步骤。

（1）断开 BeagleBone Black 的电源。

（2）将 GPS 的 GND 线连接到 P9 上的引脚 1。

（3）将 GPS 的 CS 线连接到 P9 上的引脚 17。

（4）将 GPS 的 CLK 线连接到 P9 上的引脚 22。

（5）将 GPS 的 3V3 线连接到 P9 上的引脚 3。

（6）将 GPS 的 MOSI 线连接到 P9 上的引脚 18。

（7）将 GPS 的 MISO 线连接到 P9 上的引脚 21。

一般来说，最好先连接 GND 线，然后连接其他线。这可以保护 BeagleBone 的 I/O 线路免受可能在 GPS Breakout 分线板上积累的任何静电放电。

连接时，6 根跳线的公端应如图 12.15 所示。

在我们的示例中，连接到引脚 1 的灰线是 GND，连接到引脚 3 的黄线是 3V3。连接到引脚 18 的蓝线是 GPS Breakout 分线板上的 MOSI。小心不要将 3V3 线插入 P9 上 VDD_3V3 引脚下方的任何一个 VDD_5V 引脚中，否则可能会损坏分线板。

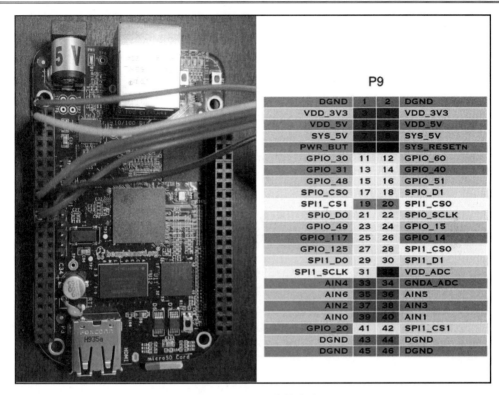

	P9		
DGND	1	2	DGND
VDD_3V3	3	4	VDD_3V3
VDD_5V	5	6	VDD_5V
SYS_5V	7	8	SYS_5V
PWR_BUT	9	10	SYS_RESETN
GPIO_30	11	12	GPIO_60
GPIO_31	13	14	GPIO_40
GPIO_48	15	16	GPIO_51
SPIO_CS0	17	18	SPIO_D1
SPI1_CS1	19	20	SPI1_CS0
SPIO_DO	21	22	SPIO_SCLK
GPIO_49	23	24	GPIO_15
GPIO_117	25	26	GPIO_14
GPIO_125	27	28	SPI1_CS0
SPI1_DO	29	30	SPI1_D1
SPI1_SCLK	31	32	VDD_ADC
AIN4	33	34	GNDA_ADC
AIN6	35	36	AIN5
AIN2	37	38	AIN3
AIN0	39	40	AIN1
GPIO_20	41	42	SPI1_CS1
DGND	43	44	DGND
DGND	45	46	DGND

图 12.15　SPI 跳线的公端

🛈 注意：

彩色图像在黑白印刷的纸版图书上可能不容易辨识效果，本书还提供了一个 PDF 文件，其中包含本书使用的屏幕截图/图表的彩色图像。可以通过以下地址下载：

https://static.packt-cdn.com/downloads/9781789530384_ColorImages.pdf

要启用 BeagleBone Black 上的 SPI0 总线并启动 GPS Breakout，请执行以下步骤。

（1）将 Debian Buster IoT microSD 卡插入 BeagleBone Black 中。

（2）连接 5V 电源为 BeagleBone Black 供电。

（3）将 BeagleBone Black 开发板连接到互联网，方法是使用以太网电缆将该板插入路由器的端口中。

（4）通过 SSH 作为 debian 用户进入你的 BeagleBone Black 中：

```
$ ssh debian@beaglebone.local
```

（5）密码是 temppwd。

（6）导航到本章的目录，这可以在本书的存档中找到：

```
$ cd MELP/Chapter12
```

（7）启用/dev/spidev0.0 接口：

```
$ sudo ./config-spi0.sh
```

导航到 spidev-test 源目录并连续运行 spidev_test 程序几次：

```
debian@beaglebone:~$ cd MELP/Chapter12/spidev-test
$ ./spidev_test
$ ./spidev_test
```

按向上箭头键（↑）使我们不必重新输入上一个命令。在第二次尝试中，你应该会在 RX 缓冲区中看到以$GNRMC 开头的 NMEA 字符串：

```
$ ./spidev_test
spi mode: 0x0
bits per word: 8
max speed: 500000 Hz (500 KHz)
RX | 24 47 4E 52 4D 43 2C 2C 56 2C 2C 2C 2C 2C 2C 2C
2C 2C 2C 4E 2A 34 44 0D 0A 24 47 4E 56 54 47 2C |
$GNRMC,,V,,,,,,,,,,N*4D..$GNVTG,
```

如果你在 RX 缓冲区中看到一个 NMEA 语句，就像上述示例显示的那样，则说明一切都在按计划进行。恭喜！这个项目最困难的部分现在已经结束。正如我们在业内所说的那样，其余的都只是"软件"。

如果 spidev_test 没有从 GPS 模块中接收到 NMEA 语句，那么你应该问自己以下一些问题。

（1）cape 通用设备树加载了吗？

可以使用 sudo 运行/opt/scripts/tools 下的 version.sh 脚本来验证这一点。

（2）运行 config-spi0 脚本是否有错误？

如果遇到权限错误，则可以使用 sudo 重新运行 config-spi0。任何后续的 No such file or directory（没有此类文件或目录）错误都意味着 U-Boot 无法加载 cape 通用树。

（3）分线板上的电源 LED 是否亮红灯？

如果没有，则 3V3 未被连接，因此 GPS Breakout 分线板未通电。你如果有万用表，则可以使用它来确定 GPS Breakout 分线板是否确实从 BeagleBone Black 中接收到 3.3 V。

（4）GPS Breakout 分线板的 GND 跳线是否连接到 P9 上的引脚 1 或 2？

GPS Breakout 分线板在正确接地的情况下将不会运行。

（5）两端是否有松散的跳线？

所有剩余的 4 根线（CS、SCLK、MISO 和 MOSI）对于工作中的 SPI 接口来说都是必不可少的。

（6）MOSI 和 MISO 跳线的两端是否互换？

就像交换 UART 上的 TX 和 RX 线一样，这个错误是出了名的容易犯。对跳线进行颜色编码会有所帮助，但使用胶带标记它们的名称会更好。

（7）CS 和 SCLK 跳线的两端是否互换？

为跳线选择不同的颜色有助于避免此类错误。

ⓘ 注意：

有关 NMEA 语句的详细信息，可访问以下网址：

https://en.wikipedia.org/wiki/NMEA_0183

如果所有这些问题的答案都得到了检验，那么现在就可以连接逻辑分析仪了。如果你没有逻辑分析仪，那么我建议你重新检查 JP1 跳线和所有 6 个焊点。确保 JP1 跳线焊盘被正确连接。填充接头引脚与其周围金属环之间的任何间隙。去除任何可能使两个相邻引脚短路的多余焊料。在可能缺少的接头处添加一些焊料。一旦你对此返工感到满意，就可以重新连接跳线并重新尝试此练习。运气好的话，这次的结果会有所不同。

成功完成此练习之后，该项目所需的所有焊接和布线即告结束。如果你急于看到成品的运行，则可以跳过 12.4 节"使用逻辑分析仪探测 SPI 信号"，直接跳到 12.5 节"通过 SPI 接收 NMEA 消息"。一旦你将 NMEA 数据从 GPS 模块流式传输到终端窗口，就可以返回这里，然后继续阅读 12.4 节，了解 SPI 信号和数字逻辑。

12.4　使用逻辑分析仪探测 SPI 信号

即使你成功地从 GPS 模块中接收到 NMEA，也应该连接一台逻辑分析仪，如 Saleae Logic 8（如果有的话）。探测 SPI 信号有助于我们了解 SPI 协议的工作原理，并在出现问题时充当强大的调试辅助工具。本节将使用 Saleae Logic 8 对 BeagleBone Black 开发板和 ZOE-M8Q 之间的 SPI 信号进行采样。如果 4 个 SPI 信号中的任何一个明显出现问题，那么逻辑分析仪应该很容易发现这个错误。

Saleae Logic 8 需要带有 USB 2.0 端口的笔记本计算机或台式计算机。Saleae Logic 1 软件可用于 Linux、Mac OS X 和 Windows。Linux 版本的 Logic 附带一个 installdriver.sh 脚本，该脚本授予软件访问设备的权限。在 Logic 安装的 Drivers 目录中找到该脚本并从命令行中运行它,这样你就不需要每次都使用 sudo 启动 Logic。在安装文件夹中创建 Logic 可执行文件的快捷方式，并将其放在桌面或启动栏上，以便更快速地进行访问。

　　在系统上安装 Logic 1 软件后，使用随附的高速 USB 电缆连接到设备。启动 Logic 应用程序，等待软件连接并配置设备。当 Logic 窗口在顶部显示 Connected（已连接）时，即可开始连接我们的测试台。

12.4.1　连接逻辑分析仪

　　要连接逻辑分析仪，可使用拇指按下每个测试夹的宽端，以伸展夹脚，然后松开以扣住引脚。使用放大镜阅读通孔旁边的标签，并确保测试夹被牢固地包夹在各自的引脚上。

　　要使用 Saleae Logic 8 组装 SPI 测试台，请执行以下步骤。

　　（1）将九针电缆线束连接到逻辑分析仪。对齐电缆线束，使左侧接地符号处的灰色引线点和右侧 1 处的黑色引线点位于逻辑分析仪的下侧，如图 12.16 所示。

图 12.16　Saleae Logic 8

　　（2）将测试夹连接到灰色、橙色、红色、棕色和黑色引线的末端。每个测试夹都有两个金属引脚，这些引脚都可以被插入引线末端的连接头中。仅将这些引脚之一连接到引线。黑色、棕色、红色和橙色引线对应于逻辑分析仪中的前 4 个通道。灰色引线始终连接到 GND。

　　（3）断开 BeagleBone Black 与 5V 电源的连接，使其处于关闭状态。

　　（4）将除 3V3 之外的所有跳线的母端从焊接到 GPS Breakout 分线板上的接头引脚

拉出。

（5）用橙色引线上的夹子夹住 GPS Breakout 分线板上的 CS 引脚。

（6）用红色引线上的夹子夹住 GPS Breakout 分线板上的 SCLK 引脚。

（7）用灰色引线上的夹子夹住 GPS Breakout 分线板上的 GND 引脚。

（8）跳过 NC 和 3V3 引脚，因为我们没打算探测它们。

（9）用黑色引线上的夹子夹住 GPS Breakout 分线板上的 MOSI 引脚。

（10）用棕色引线上的夹子夹住 GPS Breakout 分线板上的 MISO 引脚。

（11）将跳线的母端重新连接到我们焊接到 GPS Breakout 分线板上的接头引脚。如果跳线已经被连接，那么只需将母端滑到接头引脚上一点，然后连接测试夹。将母端向下推到引脚上，以免它们轻易滑落。完成后的组件应如图 12.17 所示。

图 12.17　为探测连接的测试夹

在图 12.17 示例中，黄色跳线是 3V3，所以没有连接测试夹。蓝色跳线是 MOSI，由逻辑分析仪的黑色引线探测。

（12）将 BeagleBone Black 重新连接到 5V 电源。GPS Breakout 分线板应通电，板载电源 LED 应亮红灯。

12.4.2　配置 Logic 8

要配置 Logic 8 使其在 4 个 SPI 通道上进行采样，请执行以下步骤。

（1）启动 Logic 应用程序并等待它通过 USB 端口连接到逻辑分析仪。

（2）单击 Analyzers（分析仪）窗格中的加号（+）以添加分析仪，如图 12.18 所示。

图 12.18　添加分析仪

（3）从 Add Analyzer（添加分析仪）弹出菜单中选择 SPI。

（4）单击 Analyzer Settings（分析仪设置）对话框中的 Save（保存）按钮，如图 12.19 所示。

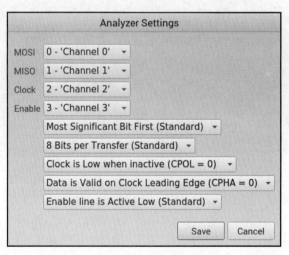

图 12.19　分析仪设置

CPOL 和 CPHA 分别代表时钟极性（clock polarity）和时钟相位（clock phase）。

❑　CPOL 为 0 表示时钟处于非活动状态时为低电平。

❑　CPOL 为 1 表示时钟处于非活动状态时为高电平。

❑　CPHA 为 0 表示数据在时钟前沿（leading edge）有效。

❑　CPHA 为 1 表示数据在时钟后沿（trailing edge）有效。

有 4 种不同的 SPI 模式可用。

❑　模式 0（CPOL = 0，CPHA = 0）。

❑　模式 1（CPOL = 0，CPHA = 1）。

❑　模式 2（CPOL = 1，CPHA = 1）。

❑　模式 3（CPOL = 1，CPHA = 0）。

ZOE-M8Q 默认为 SPI 模式 0。

（5）单击左侧边栏 Channel 4（通道 4）旁边的齿轮按钮，弹出 Channel Settings（通道设置）菜单，如图 12.20 所示。

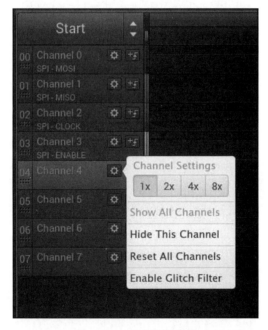

图 12.20　通道设置菜单

（6）从 Channel Settings（通道设置）菜单中选择 Hide This Channel（隐藏此通道）。

（7）对 Channel5、Channel6 和 Channel7 重复上述步骤（5）和（6），以便只有 Channel0～Channel3 可见。

（8）单击左侧边栏上 Channel0（MOSI）旁边的齿轮按钮以弹出 Channel Settings（通道设置）菜单。

（9）从 Channel Settings（通道设置）菜单中选择 4x，如图 12.21 所示。

图 12.21　扩大通道

（10）对 Channel1～Channel3（MISO、CLOCK 和 ENABLE）重复步骤（8）和（9），以使这些信号图更大。

（11）单击左侧边栏上 Channel3（ENABLE）的齿轮按钮右侧的按钮，弹出 Trigger Settings（触发设置）菜单。ENABLE 对应于 SPI CS，因此我们希望在接收到来自该通道的事件时开始采样。

（12）从 Trigger Settings（触发设置）菜单中选择下降沿（Falling Edge）符号作为触发，如图 12.22 所示。

图 12.22　选择下降沿触发

（13）单击左上角 Start（开始）按钮上的上/下箭头符号，设置采样的速度和持续时间。

（14）将采样 Speed（速度）降低到 2 MS/s，并将 Duration（持续时间）设置为 50 Milliseconds（毫秒），如图 12.23 所示。

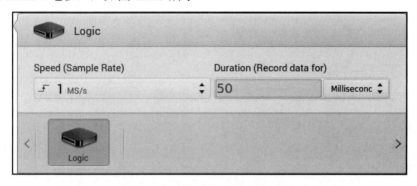

图 12.23　降低采样速度和持续时间

根据经验，Sample Rate（采样率）应该至少是带宽的 4 倍。通过这种方法，简单计算可知 1 MHz SPI 端口需要至少 4 MS/s 的采样率。由于 spidev_test 将 SPI 端口的速度被设置为 500 kHz，因此 2 MS/s 的采样率应该足以跟上。

欠采样会导致不规则的 CLOCK 信号。BeagleBone Black 上的 SPI 端口可以按 16 MHz 的速度运行。事实上，16 MHz 是我们自定义 nova.dts 中 spi0.0 默认的速度，这在 dmesg 命令中可以看到。

要从 BeagleBone Black 中捕获 SPI 传输，需要单击左上角的 Start（开始）按钮。如果 CS 信号表现正确，则在运行 spidev_test 程序之前不应开始捕获。

从 debian@bealglebone 终端执行 spidev_test 后，应触发采样，并且 Logic 窗口中应出现类似于图 12.24 的图形。

使用鼠标上的滚轮放大和缩小信号图的任何有趣部分。请注意，只要通道 0（MOSI）上的 BeagleBone Black 发送数据，通道 3 上的 ENABLE 图就会下降。SPI 的 CS 信号通常为低电平有效（active low），因此当没有数据传输时，ENABLE 图跳高。如果 ENABLE 图保持高电平，则不再向 GPS 模块发送数据，因为该外围设备永远不会在 SPI 总线上启用。

图 12.25 是通道 0 上 MOSI 图的一个有趣部分的特写。

可以看到，这里记录的 0x40 0x00 0x00 0x00 0x00 0x95 字节序列与 spidev_test 的默认 TX 缓冲区的内容相匹配。如果你在通道 1 上看到相同的字节序列，则 MOSI 和 MISO 线可能会在你的电路中的某处被交换。

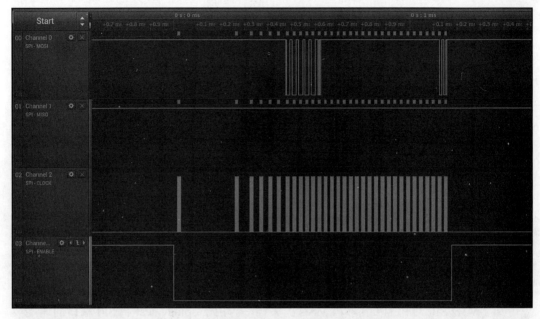

图 12.24　spidev_test 传输

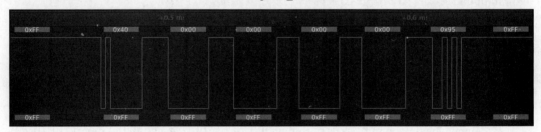

图 12.25　MOSI 片段

图 12.26 显示了 SPI 传输的末尾。

可以看到，该段的通道 0（MOSI）上的最后两个字节是 0xF0 和 0x0D，这和默认的 TX 缓冲区是一样的。

此外，请注意，每当传输一个字节时，通道 2 上的 CLOCK 信号都会振荡固定数量的周期。如果 CLOCK 信号看起来不规则，那么正在发送的数据被丢失或出现乱码，或者你的采样率不够快。

通道 1（MISO）的信号图在整个会话期间保持高电平，因为在第一次 SPI 传输时没有从 GPS 模块中接收到 NMEA 消息。

如果通道 3（ENABLE）上的信号稳定在逻辑 0 状态，则表明正在探测的引脚在未设置 PULL_UP 位的情况下被复用。当 CS 信号无效时，PULL_UP 位就像一个上拉电阻器，将线路保持在高电平，因此称为"低电平有效"。

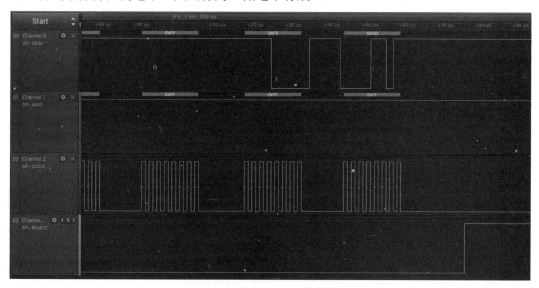

图 12.26 spidev_test 传输结束

如果你在通道 2 以外的通道上看到类似 CLOCK 信号的东西，那么我们探测到了错误的引脚，或者在某处用另一根线交换了 SCLK。

如果你的信号图与上面三幅图（图 12.24～图 12.26）中的图像匹配，则说明你成功地验证了 SPI 正在按预期运行。

现在，我们的嵌入式 Linux 开发武器库中有了另一个强大的工具。除了探测 SPI 信号，Logic 8 还可用于探测和分析 I2C 信号。接下来，让我们看看如何使用它来检查从 GPS 模块中接收到的 NMEA 消息。

12.5 通过 SPI 接收 NMEA 消息

NMEA 是大多数 GPS 接收器支持的数据消息格式。ZOE-M8Q 默认输出 NMEA 语句。这些语句是 ASCII 文本，以\$字符开头，后面是逗号分隔的字段。原始 NMEA 消息并不总是易于阅读，因此我们将使用解析器向数据字段中添加有用的注释。

我们要做的是从/dev/spidev0.0 接口中读取来自 ZOE-M8Q 的 NMEA 语句流。由于 SPI 是全双工的，这也意味着写入/dev/spidev0.0 中，尽管我们可以简单地一遍又一遍地写入相同的 0xFF 值。

有一个名为 spi-pipe 的程序旨在执行此类操作。它与 spi-config 一起，是 spi-tools 包的一部分。我们没有依赖 spi-pipe，而是选择修改 spidev-test，以便它将 ASCII 输入从 GPS 模块流式传输到 stdout 中。本示例的 spidev-read 程序的源代码可以在本书配套的代码存档中找到，位于 MELP/Chapter12/spidev-read 目录中。

要编译 spidev_read 程序，需要使用以下命令：

```
debian@beaglebone:~$ cd MELP/Chapter12/spidev-read
$ gcc spidev_read.c -o spidev_read
```

现在运行 spidev_read 程序：

```
$ ./spidev_read
spi mode: 0x0
bits per word: 8
max speed: 500000 Hz (500 KHz)
$GNRMC,,V,,,,,,,,,,N*4D
$GNVTG,,,,,,,,,N*2E
$GNGGA,,,,,,0,00,99.99,,,,,,*56
$GNGSA,A,1,,,,,,,,,,,,,,99.99,99.99,99.99*2E
$GNGSA,A,1,,,,,,,,,,,,,,99.99,99.99,99.99*2E
$GPGSV,1,1,00*79
$GLGSV,1,1,00*65
$GNGLL,,,,,,V,N*7A
[…]
^C
```

你应该每秒钟看到一次 NMEA 语句。按 Ctrl+C 快捷键可取消流消息传输并返回命令行提示符中。

现在让我们用 Logic 8 来捕获这些 SPI 传输。

（1）单击左上角 Start（开始）按钮上的向上/向下箭头符号以更改采样的持续时间。

（2）将新的持续时间设置为 3 s。

（3）单击左上角的 Start（开始）按钮。

（4）再次运行 spidev_read 程序。

Logic 软件应在 3 s 后停止捕获，并在 Logic 窗口中出现类似图 12.27 的图形。

我们可以清楚地看到 Channel 1（MISO）上的 NMEA 语句的 3 个脉冲，彼此之间正好相隔 1 s。

放大以仔细查看这些 NMEA 语句，如图 12.28 所示。

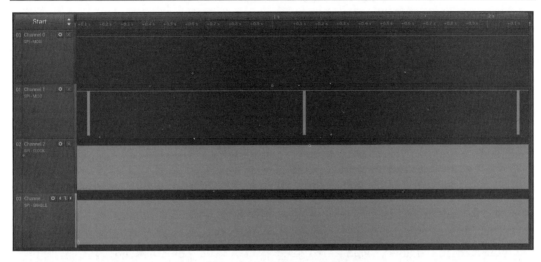

图 12.27　spidev_read 传输

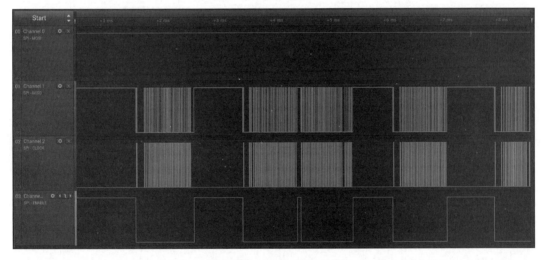

图 12.28　NMEA 语句片段

请注意，MISO 通道上的数据现在与 ENABLE 信号的下降和 CLOCK 信号的振荡一致。spidev_read 程序仅将 0xFF 字节写入 MOSI 中，因此 Channel0（通道 0）上没有活动。

本书配套代码库中已经包含了一个用 Python 编写的 NMEA 解析器脚本，以及 spidev_read 源代码。parse_nmea.py 脚本依赖于 pynmea2 库。

要在 BeagleBone Black 上安装 pynmea2，请使用以下命令：

```
$ pip3 install pynmea2
Looking in indexes: https://pypi.org/simple, https://www.
```

```
piwheels.org/simple
Collecting pynmea2
    Downloading https://files.pythonhosted.org/packages/88/5f/
a3d09471582e710b4871e41b0b7792be836d6396a2630dee4c6ef44830e5/
pynmea2-1.15.0-py3-none-any.whl
Installing collected packages: pynmea2
Successfully installed pynmea2-1.15.0
```

要将 spidev_read 的输出通过管道传输到 NMEA 解析器中，需要使用以下命令：

```
$ cd MELP/Chapter12/spidev-read
$ ./spidev_read | ./parse_nmea.py
```

解析的 NMEA 输出如下所示：

```
<RMC(timestamp=None, status='V', lat='', lat_dir='',
lon='', lon_dir='', spd_over_grnd=None, true_course=None,
datestamp=None, mag_variation='', mag_var_dir='') data=['N']>
<VTG(true_track=None, true_track_sym='', mag_track=None, mag_
track_sym='', spd_over_grnd_kts=None, spd_over_grnd_kts_sym='',
spd_over_grnd_kmph=None, spd_over_grnd_kmph_sym='', faa_mode='N')>
<GGA(timestamp=None, lat='', lat_dir='', lon='', lon_
dir='', gps_qual=0, num_sats='00', horizontal_dil='99.99',
altitude=None, altitude_units='', geo_sep='', geo_sep_units='',
age_gps_data='', ref_station_id='')>
<GSA(mode='A', mode_fix_type='1', sv_id01='', sv_id02='',
sv_id03='', sv_id04='', sv_id05='', sv_id06='', sv_id07='',
sv_id08='', sv_id09='', sv_id10='', sv_id11='', sv_id12='',
pdop='99.99', hdop='99.99', vdop='99.99')>
<GSA(mode='A', mode_fix_type='1', sv_id01='', sv_id02='',
sv_id03='', sv_id04='', sv_id05='', sv_id06='', sv_id07='',
sv_id08='', sv_id09='', sv_id10='', sv_id11='', sv_id12='',
pdop='99.99', hdop='99.99', vdop='99.99')>
<GSV(num_messages='1', msg_num='1', num_sv_in_view='00')>
<GSV(num_messages='1', msg_num='1', num_sv_in_view='00')>
<GLL(lat='', lat_dir='', lon='', lon_dir='', timestamp=None,
status='V', faa_mode='N')>
[…]
```

我的 GPS 模块无法看到任何卫星或获取固定位置。这可能是多种原因造成的，例如选择了错误的 GPS 天线或没有清晰的天空视线。如果你遇到类似的故障，那也没关系。无线电频率（radio frequency，RF）本来就很复杂，本章的目的只是证明我们可以通过 GPS 模块进行 SPI 通信。现在我们已经做到了，可以开始试验备用 GPS 天线和 ZOE-M8Q

的更多高级功能，如它对更丰富的 UBX 消息协议的支持。

　　随着 NMEA 数据现在流向终端，我们的项目就完成了。我们成功验证了 BeagleBone
Black 可以通过 SPI 与 ZOE-M8Q 进行通信。如果你跳过了 12.4 节 "使用逻辑分析仪探测
SPI 信号"，那么现在是继续该练习的好时机。与 I2C 一样，大多数 SoC 都支持 SPI，因
此值得熟悉，尤其是在你的应用程序需要高速外设的情况下。

12.6　小　　结

　　本章介绍了如何将外设与流行的 SoC 集成。为了做到这一点，我们必须使用从数据
表和原理图中收集到的知识来复用管脚并修改设备树源。我们由于手上没有现成的硬件，
因此不得不依靠分线板并进行了一些焊接操作，以便将零部件与开发板连接在一起。

　　最后，我们还介绍了如何使用逻辑分析仪来验证和排除电信号故障。现在我们有了
可以正常工作的硬件，即可开始进行嵌入式应用程序的开发了。

　　接下来的两章都和系统启动以及你对 init 程序的不同选择有关，从简单的 BusyBox
init 到更复杂的系统，如 System V init、systemd 和 BusyBox 的 runit。你选择的 init 程序
会对产品的用户体验产生重大影响，无论是在启动时间还是在容错方面。

12.7　延 伸 阅 读

以下资源提供了有关本章介绍的主题的更多信息。

❑ *Introduction to SPI Interface*（《SPI 接口简介》），by Piyu Dhaker：

　　https://www.analog.com/en/analog-dialogue/articles/introduction-to-spi-interface.html

❑ *Soldering is Easy*（《焊接是容易的》），by Mitch Altman, Andie Nordgren, and Jeff
Keyzer：

　　https://mightyohm.com/blog/2011/04/soldering-is-easy-comic-book

❑ *SparkFun GPS Breakout (ZOE-M8Q and SAM-M8Q) Hookup Guide*（《SparkFun
GPS Breakout 分线板——ZOE-M8Q 和 SAM-M8Q——连接指南》），by Elias the
Sparkiest：

　　https://learn.sparkfun.com/tutorials/sparkfun-gps-breakout-zoe-m8q-and-sam-m8q-hookup-
guide

第 13 章　init 程序

在第 4 章"配置和构建内核"中，我们介绍了内核如何引导到它启动第一个程序 init 的位置处。在第 5 章"构建根文件系统"和第 6 章"选择构建系统"中，我们探讨了如何创建复杂程度不同的根文件系统，所有这些都包含一个 init 程序。现在，是时候更详细地研究 init 程序并发现为什么它对系统的其余部分如此重要了。

init 有许多可能的实现。本章将介绍其中主要的 3 个：BusyBox init、System V init 和 systemd。对于每一个实现，我们都将概述它的工作原理以及它最适合的系统类型。这其中有一部分其实是文件大小、复杂性和灵活性之间的权衡。

本章将介绍如何使用 BusyBox init 和 System V init 来启动守护进程。我们还将介绍如何将服务添加到 systemd 中。

本章包含以下主题：
❑　内核引导后的操作
❑　init 程序简介
❑　BusyBox init
❑　System V init
❑　systemd

13.1　技　术　要　求

要遵循本章的示例操作，请确保你具备以下条件：
❑　基于 Linux 的主机系统。
❑　Buildroot 2020.02.9 LTS 版本。
❑　Yocto 3.1（Dunfell）LTS 版本。

你应该已经在第 6 章"选择构建系统"的学习过程中安装了 Buildroot 的 2020.02.9 LTS 版本。如果尚未安装，那么在根据第 6 章的说明在 Linux 主机上安装 Buildroot 之前，请参阅 *The Buildroot user manual*（《Buildroot 用户手册》）的"System requirements"（《系统需求》）部分。其网址如下：

https://buildroot.org/downloads/manual/manual.html

此外，你应该已经在第 6 章"选择构建系统"的学习过程中构建了 Yocto 的 3.1（Dunfell）LTS 版本。如果尚未构建，请参阅 *Yocto Project Quick Build*（《Yocto Project 快速构建》）指南的"Compatible Linux Distribution"（《兼容的 Linux 发行版》）和"Build Host Packages"（《构建主机包》）部分，其网址如下：

https://www.yoctoproject.org/docs/current/brief-yoctoprojectqs/brief-yoctoprojectqs.html

然后根据第 6 章的说明在 Linux 主机上构建 Yocto。

本章的所有代码都可以在本书配套 GitHub 存储库的 Chapter13 文件夹中找到，该存储库网址如下：

https://github.com/PacktPublishing/Mastering-Embedded-Linux-Programming-Third-Edition

13.2　内核引导后的操作

在第 4 章"配置和构建内核"中已经解释过，内核引导代码将寻找根文件系统（这可以是 initramfs，也可以是在内核命令行上由 root=指定的文件系统），然后执行 init 程序，默认情况下，该程序对于 initramfs 来说就是/init，而对于常规文件系统来说则是/sbin/init。

init 程序具有 root 权限，并且由于它是第一个运行的进程，因此它的进程 ID（Process ID，PID）为 1。如果由于某种原因而无法启动 init，那么内核将崩溃。

init 程序是所有其他进程的祖先。我们可以使用 pstree 命令以树状图显示进程间的关系。在以下示例中，pstree 命令运行在简单的嵌入式 Linux 系统上：

```
# pstree -gn
init(1)-+-syslogd(63)
        |-klogd(66)
        |-dropbear(99)
        `-sh(100)---pstree(109)
```

init 程序的任务是控制用户空间中的引导过程并将其设置为运行。它可能就像运行外壳脚本的 shell 命令一样简单——在第 5 章"构建根文件系统"的开头有这样一个示例——但在大多数情况下，你将使用专用的 init 守护进程来执行以下任务：

❑　在引导期间，内核转移控制权后，init 程序将启动其他守护程序并配置系统参数和其他使系统进入工作状态所需的东西。

❑　可选地，init 程序在允许登录 shell 的终端上启动登录守护程序，如 getty。

❑ init 程序采用由于直接父级终止而变成孤立的进程，并且线程组中没有其他进程。

❑ init 程序通过捕获 SIGCHLD 信号并收集返回值来响应任何 init 的直接子进程，以防止它们成为僵尸进程。在第 17 章"了解进程和线程"中将更详细地讨论僵尸进程。

❑ 可选地，init 程序将重新启动那些已终止的守护程序。

❑ init 程序将处理系统关闭。

换句话说，init 管理系统从启动到关闭的生命周期。

还有一种观点认为 init 可以很好地处理其他运行时事件，如新硬件和模块的加载/卸载，这其实就是 systemd 所执行的任务。

13.3　init 程序简介

你在嵌入式设备中最有可能遇到的 3 个 init 程序是 BusyBox init、System V init 和 systemd。它们和构建系统的关系如下：

❑ Buildroot 可以选择构建所有这 3 个 init 程序，默认构建的是 BusyBox init。

❑ Yocto Project 允许你轻松地在 System V init 和 systemd 之间进行选择，默认构建的是 System V init。虽然 Yocto 的 Poky-tiny 发行版可以构建 BusyBox init，但大多数其他发行版都不行。

表 13.1 提供了一些指标来比较这 3 个 init 程序。

表 13.1　init 程序比较

指　　标	BusyBox init	System V init	systemd
复杂性	低	中	高
引导速度	快	慢	中
必需的 shell	ash	ash 或 bash	无
可执行文件数	1	4	50（*）
libc	任意	任意	glibc
大小（MiB）	<0.1（*）	0.1	34（**）

（*）BusyBox init 是 BusyBox 单一可执行文件的一部分，该可执行文件针对磁盘大小进行了优化。

（**）基于 systemd 的 Buildroot 配置。

从广义上讲，当你从 BusyBox init 转到 systemd 时，灵活性和复杂性都会增加。

13.4　BusyBox init

BusyBox 有一个极简化的 init 程序，该程序使用配置文件/etc/inittab 来定义规则，以在引导时启动程序，并在关机时停止它们。一般来说，实际工作由 shell 脚本完成，按照惯例，这些脚本被放在/etc/init.d 目录中。

13.4.1　BusyBox init 解析

init 从读取/etc/inittab 开始。这包含要运行的程序列表，每行一个，其格式如下：

```
<id>::<action>:<program>
```

这些参数的作用如下。

❑　id：这是命令的控制终端。

❑　action：这包括运行该命令的状态，下文将详细介绍状态列表。

❑　program：这是要运行的程序。

action 列表如下。

❑　sysinit：当 init 在任何其他类型的操作之前启动时运行该程序。

❑　respawn：运行程序并在程序终止时对其进行重新启动。respawn 通常被用于将程序作为守护程序运行。

❑　askfirst：这与 respawn 相同，但 askfirst 会将消息 Please press Enter to activate this console（请按 Enter 键激活此控制台）输出到控制台中，并在按 Enter 键后运行程序。askfirst 用于在终端上启动交互式 shell，而不提示输入用户名或密码。

❑　once：运行程序一次，但如果程序终止，则不尝试重新启动程序。

❑　wait：运行程序并等待程序完成。

❑　restart：当 init 收到 SIGHUP 信号时运行程序，表明它应该重新加载 inittab 文件。

❑　ctrlaltdel：当 init 收到 SIGINT 信号时运行程序，这通常是在控制台上按 Ctrl+Alt+Delete 快捷键的结果。

❑　shutdown：在 init 关闭时运行程序。

以下是一个挂载 proc 和 sysfs 并在串行接口上运行 shell 的小示例：

```
null::sysinit:/bin/mount -t proc proc /proc
null::sysinit:/bin/mount -t sysfs sysfs /sys
console::askfirst:-/bin/sh
```

对于想要启动少量守护进程，并且可能在串行终端上启动登录 shell 的简单项目，手动编写脚本很容易。如果你正在创建自己卷（RYO）嵌入式 Linux，那么这将是合适的。但是，随着要配置的事物数量的增加，你会发现手写的初始化脚本很快变得无法维护。它们不是模块化的，因此每次添加或删除新组件时都需要更新。

13.4.2　Buildroot init 脚本

Buildroot 多年来一直在有效地使用 BusyBox init。Buildroot 在/etc/init.d/中有两个分别名为 rcS 和 rcK 的脚本。

rcS 脚本将在启动时运行并遍历/etc/init.d/中所有名称以大写 S 开头的脚本，其名称后跟两位数字，并按数字顺序运行它们。这些都是启动（start）脚本。

rcK 脚本将在关机时运行并遍历所有以大写 K 开头后跟两位数字的脚本，并按数字顺序运行它们。这些都是终止（kill）脚本。

有了这些之后，Buildroot 包就可以很容易地提供自己的启动和终止脚本，使用两位数来强制它们应该运行的顺序，因此系统变得可扩展。如果你使用的是 Buildroot，那么这是透明的。如果不是，那么你可以将其用作编写你自己的 BusyBox init 脚本的模型。

与 BusyBox init 一样，System V init 依赖于/etc/init.d 中的 shell 脚本和/etc/inittab 配置文件。虽然这两个 init 系统在许多方面都相似，但是 System V init 具有更多的功能和更长的历史。

13.5　System V init

这个 init 程序的灵感来自 UNIX System V，因此可以追溯到 20 世纪 80 年代中期。Linux 发行版中最常见的版本最初是由 Miquel van Smoorenburg 编写的。它曾经是几乎所有桌面和服务器发行版以及相当数量的嵌入式系统的 init 守护进程。当然，近年来，它已逐渐被 systemd 取代（13.6 节 "systemd" 将详细介绍它）。

我们刚刚描述的 BusyBox init 守护进程只是 System V init 的精简版。与 BusyBox init 相比，System V init 有以下两个优点：
- 引导脚本是以众所周知的模块化格式编写的，便于在构建时或运行时添加新包。
- 它具有运行级别（runlevel）的概念，允许在从一个运行级别切换到另一个运行级别时一次性地启动或停止一组程序。

有 8 个运行级别，编号从 0 到 6，再加上 S。

❑　S：运行启动任务。

❑　0：停止系统。

❑　1 到 5：可用于一般用途。

❑　6：重新启动系统。

1 到 5 级可以随意使用。在桌面 Linux 发行版上，它们通常按以下方式分配。

❑　1：单用户。

❑　2：无须网络配置的多用户。

❑　3：具有网络配置的多用户。

❑　4：未使用。

❑　5：多用户图形登录。

init 程序可启动/etc/inittab 中的 initdefault 行给出的默认运行级别，如下所示：

```
id:3:initdefault:
```

可以使用 telinit [runlevel]命令在运行时更改运行级别，该命令会向 init 发送消息。你可以使用 runlevel 命令找到当前运行级别和上一个运行级别。示例如下：

```
# runlevel
N 5
# telinit 3
INIT: Switching to runlevel: 3
# runlevel
5 3
```

最初，runlevel 命令的输出是 N 5，表示之前没有运行级别，因为自启动以来运行级别没有改变，当前的运行级别是 5。

改变运行级别后，其输出是 5 3，表明有从 5 到 3 的过渡。

halt 和 reboot 命令分别切换到运行级别 0 和 6。你可以通过在内核命令行上给出不同的从 0 到 6 的单个数字来覆盖默认的运行级别。例如，要强制运行级别为单用户，可以将 1 附加到内核命令行中，它看起来如下所示：

```
console=ttyAMA0 root=/dev/mmcblk1p2 1
```

每个运行级别都有许多停止事物的脚本，称为终止脚本，以及另一个启动事物的组，即启动脚本。当进入一个新的运行级别时，init 首先运行新级别的终止脚本，然后是新级别的启动脚本。当前正在运行并且在新的运行级别中既没有启动脚本也没有终止脚本的守护程序会被发送一个 SIGTERM 信号。换句话说，切换运行级别的默认操作是终止守护进程，除非另有说明。

事实上，运行级别在嵌入式 Linux 中的使用并不多：大多数设备只是简单地启动到默认运行级别并保持在那里。这也许是因为大多数人没有意识到它们的存在。

💡 提示：

运行级别是一种在模式之间切换的简单方便的方法，例如，从生产模式切换到维护模式。

System V init 是 Buildroot 和 Yocto Project 中的一个选项。在这两种用例中，init 脚本都已被剥离掉任何 bash shell 细节，因此它们将与 BusyBox ash shell 一起使用。当然，在 Buildroot 中使用 System V init 替换 BusyBox init 程序时，其实是添加了一个模仿 BusyBox 行为的 inittab 来作弊。

Buildroot 未实现运行级别，但是切换到级别 0 或 6 会暂停或重启系统。

接下来，让我们看看其中的一些细节。以下示例取自 Yocto Project 3.1 版本。其他发行版在实现 init 脚本时可能会稍有不同。

13.5.1　inittab

init 程序首先读取/etc/inttab，其中包含的条目将定义在每个运行级别发生的情况。该格式是前文描述的 BusyBox inittab 的扩展版本，这并不奇怪，因为前面已经介绍过，System V 本来就是借鉴了 BusyBox。

inittab 中每一行的格式如下：

```
id:runlevels:action:process
```

该字段如下所示。

❏　id：最多 4 个字符的唯一标识符。

❏　runlevels：应执行此条目的运行级别。在 BusyBox inittab 中，此项为空。

❏　action：下文给出的关键字之一。

❏　process：要运行的命令。

此处 action 与 BusyBox init 相同，包括 sysinit、respawn、once、wait、restart、ctrlaltdel 和 shutdown。但是，System V init 没有 askfirst，这是 BusyBox 特有的。

以下是 Yocto Project 目标 core-image-minimal 为 qemuarm 机器提供的完整 inittab：

```
# /etc/inittab: init(8) configuration.
# $Id: inittab,v 1.91 2002/01/25 13:35:21 miquels Exp $

# The default runlevel.
```

```
id:5:initdefault:

# Boot-time system configuration/initialization script.
# This is run first except when booting in emergency (-b) mode.
si::sysinit:/etc/init.d/rcS

# What to do in single-user mode.
~~:S:wait:/sbin/sulogin
# /etc/init.d executes the S and K scripts upon change
# of runlevel.
#
# Runlevel 0 is halt.
# Runlevel 1 is single-user.
# Runlevels 2-5 are multi-user.
# Runlevel 6 is reboot.

l0:0:wait:/etc/init.d/rc 0
l1:1:wait:/etc/init.d/rc 1
l2:2:wait:/etc/init.d/rc 2
l3:3:wait:/etc/init.d/rc 3
l4:4:wait:/etc/init.d/rc 4
l5:5:wait:/etc/init.d/rc 5
l6:6:wait:/etc/init.d/rc 6

# Normally not reached, but fallthrough in case of emergency.
z6:6:respawn:/sbin/sulogin
AMA0:12345:respawn:/sbin/getty 115200 ttyAMA0
# /sbin/getty invocations for the runlevels
#
# The "id" field MUST be the same as the last
# characters of the device (after "tty").
#
# Format:
# <id>:<runlevels>:<action>:<process>
#

1:2345:respawn:/sbin/getty 38400 tty1
```

　　上述第一个条目 id:5:initdefault 将默认 runlevels 设置为 5。

　　下一个条目 si::sysinit:/etc/init.d/rcS 在启动时运行 rcS 脚本。稍后将详细介绍它。

　　接下来，有一组以 l0:0:wait:/etc/init.d/rc 0 开头的 6 个条目。它们每次运行/etc/init.d/rc
脚本都会有运行级别上的变化。该脚本负责处理启动和终止脚本。

在 inittab 结束时，有一个条目运行 getty 守护程序，以在输入运行级别 1～5 时在 /dev/ttyAMA0 上生成登录提示，从而允许你登录并获得交互式 shell：

```
AMA0:12345:respawn:/sbin/getty 115200 ttyAMA0
```

ttyAMA0 设备是我们用 QEMU 模拟的 ARM Versatile 板上的串行控制台，其他开发板会有所不同。还有一个在 tty1 上运行 getty 的条目，当进入运行级别 2～5 时会触发该条目。

以下是一个虚拟控制台，如果你使用 CONFIG_FRAMEBUFFER_CONSOLE 或 VGA_CONSOLE 构建内核，那么这个虚拟控制台通常会被映射到图形屏幕上。桌面 Linux 发行版通常在虚拟终端 1～6 上生成 6 个 getty 守护程序，你可以使用快捷键 Ctrl+Alt+F1 到 Ctrl+Alt+F6 来选择它们。虚拟终端 7 是为图形屏幕保留的。Ubuntu 和 Arch Linux 是明显的例外，因为它们使用虚拟终端 1 进行图形处理。嵌入式设备上很少使用虚拟终端。

由 sysinit 条目运行的/etc/init.d/rcS 脚本只输入运行级别 S：

```
#!/bin/sh
[…]
exec /etc/init.d/rc S
```

因此，输入的第一个运行级别是 S，然后是默认运行级别 5。请注意，运行级别 S 不会被记录，也不会被 runlevel 命令显示为先前的运行级别。

13.5.2　init.d 脚本

每个需要响应运行级别更改的组件在/etc/init.d 中都有一个脚本来执行该更改。该脚本应该有两个参数：start 和 stop。稍后我将举一个例子。

运行级别处理脚本/etc/init.d/rc 将它要切换到的运行级别作为参数。对于每个运行级别，都有一个名为 rc<runlevel>.d 的目录：

```
# ls -d /etc/rc*
/etc/rc0.d /etc/rc2.d /etc/rc4.d /etc/rc6.d
/etc/rc1.d /etc/rc3.d /etc/rc5.d /etc/rcS.d
```

在那里，你会找到一组以大写字母 S 开头后跟两位数字的脚本，你还可以找到以大写字母 K 开头的脚本。它们分别是启动和终止脚本。以下是运行级别 5 的脚本示例：

```
# ls /etc/rc5.d
S01networking S20hwclock.sh S99rmnologin.sh S99stop-bootlogd
S15mountnfs.sh S20syslog
```

这些脚本实际上是指向 init.d 中相应脚本的符号链接。rc 脚本首先运行所有以 K 开头的脚本，添加 stop 参数，然后运行那些以 S 开头的脚本，添加 start 参数。再一次，有两位数的代码用于传递脚本应该运行的顺序。

13.5.3　添加新的守护进程

想象一下，你有一个名为 simpleserver 的程序，它被编写为传统的 UNIX 守护进程；换句话说，它在后台分叉和运行。此类程序的代码位于 MELP/Chapter13/simpleserver 中。你将需要一个如下所示的 init.d 脚本，你可以在 MELP/Chapter13/simpleserver-sysvinit 中找到它：

```sh
#! /bin/sh

case "$1" in
    start)
        echo "Starting simpelserver"
        start-stop-daemon -S -n simpleserver -a /usr/bin/simpleserver
        ;;
    stop)
        echo "Stopping simpleserver"
        start-stop-daemon -K -n simpleserver
        ;;
    *)
        echo "Usage: $0 {start|stop}"
        exit 1
esac

exit 0
```

start-stop-daemon 是一个辅助函数，它可以更轻松地操作诸如此类的后台进程。start-stop-daemon 最初来自 Debian 安装程序包 dpkg，但大多数嵌入式系统使用来自 BusyBox 的函数。start-stop-daemon 使用-S 参数启动守护程序，确保在任何时候运行的实例都不超过一个。要停止一个守护进程，你可以使用-K 参数，这会导致它发送一个信号，默认情况下是 SIGTERM，以向守护进程指示它是时候终止了。

要使 simpleserver 运行，请将脚本复制到名为/etc/init.d/simpleserver 的目标目录中并使其可执行。然后，添加要从中运行此程序的每个运行级别的链接，在这种情况下，只有默认的运行级别 5：

```
# cd /etc/init.d/rc5.d
# ln -s ../init.d/simpleserver S99simpleserver
```

数字 99 表示这将是最后启动的程序之一。请记住,可能还有其他以 S99 开头的链接,在这种情况下,rc 脚本只会按词典顺序运行它们。

在嵌入式设备中很少需要过多担心关闭操作,但如果有需要做的事情,则可以在级别 0 和 6 中添加终止链接:

```
# cd /etc/init.d/rc0.d
# ln -s ../init.d/simpleserver K01simpleserver
# cd /etc/init.d/rc6.d
# ln -s ../init.d/simpleserver K01simpleserver
```

我们可以绕过运行级别和排序,以便更直接地测试和调试 init.d 脚本。

13.5.4 启动和停止服务

你可以通过直接调用/etc/init.d 中的脚本以与它们进行交互。下面是一个使用 syslog 脚本的示例,该脚本将控制 syslogd 和 klogd 守护进程:

```
# /etc/init.d/syslog --help
Usage: syslog { start | stop | restart }

# /etc/init.d/syslog stop
Stopping syslogd/klogd: stopped syslogd (pid 198)
stopped klogd (pid 201)
done

# /etc/init.d/syslog start
Starting syslogd/klogd: done
```

所有脚本都实现了 start 和 stop,它们也应该实现 help。一些实现 status 也是如此,它将告诉你该服务是否正在运行。

主流发行版仍然使用 System V init,它们有一个名为 service 的命令来启动和停止服务,它隐藏了直接调用脚本的细节。

System V init 是一个简单的 init 守护进程,为 Linux 管理员服务了数十年。虽然运行级别提供了比 BusyBox init 更高程度的复杂性,但 System V init 仍然缺乏监控服务和在需要时重新启动它们的能力。

随着 System V init 渐显疲态,大多数流行的 Linux 发行版都转向了 systemd。

13.6　systemd

systemd 将自己定义为系统和服务管理器。有关其详细信息，可访问以下网址：

https://www.freedesktop.org/wiki/Software/systemd/

该项目由 Lennart Poettering 和 Kay Sievers 于 2010 年发起，旨在创建一套集成工具，用于管理基于 init 守护进程的 Linux 系统。它还包括设备管理（udev）和日志记录等。

　　Systemd 是当前最先进的技术，并且仍在快速发展。它在桌面和服务器 Linux 发行版上很常见，并且在嵌入式 Linux 系统上也越来越流行，尤其是在更复杂的设备上。那么，对于嵌入式系统来说，它与 System V init 相比有什么优势呢？

- ❑ 配置更简单、更合乎逻辑（你一旦理解了它，就会更深刻地明白这一点）。与 System V init 有时令人费解的 shell 脚本不同，systemd 具有以明确定义的格式编写的单元配置文件。
- ❑ 服务之间存在明确的依赖关系，而不是仅设置脚本运行顺序的两位数代码。
- ❑ 为每个服务设置权限和资源限制都很容易，这对安全很重要。
- ❑ 它可以监控服务并在需要时重新启动它们。
- ❑ 服务是并行启动的，这可能会减少启动时间。

　　限于篇幅，在这里完整介绍 systemd 既不可能也不合适。与 System V init 一样，我们将重点介绍基于 Yocto Project 3.1 版本（systemd 版本为 244）生成的配置的嵌入式用例。接下来我们将提供快速概述，然后向你展示一些具体示例。

13.6.1　使用 Yocto Project 和 Buildroot 构建 systemd

Yocto Project 中的默认 init 守护进程是 System V。要选择 systemd，需要将以下行添加到你的 conf/local.conf 中：

```
INIT_MANAGER = "systemd"
```

Buildroot 默认使用 BusyBox init。你可以仔细研究 System configuration（系统配置）| Init system（初始化系统）菜单，通过 menuconfig 选择 systemd。你还必须配置工具链以将 glibc 用于 C 库，因为 systemd 不支持 uClibc-ng 或 musl。

　　此外，内核的版本和配置也有限制。在 systemd 源代码顶层的 README 文件中有完整的库和内核依赖项列表。

13.6.2　关于目标、服务和单元

在描述 systemd 的工作原理之前，我们需要介绍以下 3 个关键概念。

❏ unit（单元）：描述目标、服务和其他一些东西的配置文件。单元是包含属性和值的文本文件。

❏ service（服务）：可以启动和停止的守护进程，很像 System V init 服务。

❏ target（目标）：一组服务，类似于但比 System V init 运行级别更通用。有一个默认目标是在引导时启动的服务组。

你可以使用 systemctl 命令更改状态并找出发生了什么。

13.6.3　单元

配置的基本项目是单元文件。单元文件位于以下 3 个不同的地方。

❏ /etc/systemd/system：本地配置。

❏ /run/systemd/system：运行时配置。

❏ /lib/systemd/system：发行范围的配置。

在查找单元时，systemd 将按该顺序搜索目录，一旦找到匹配项就停止，并允许你通过在/etc/systemd/system 中放置一个同名单元来覆盖发行范围单元的行为。你可以通过创建一个空的或链接到/dev/null 的本地文件来完全禁用一个单元。

所有单元文件都以标记为[Unit]的部分开头，其中包含基本信息和依赖项。例如，以下是 D-Bus 服务/lib/systemd/system/dbus.service 的 Unit 部分：

```
[Unit]
Description=D-Bus System Message Bus
Documentation=man:dbus-daemon(1)
Requires=dbus.socket
```

可以看到，该 Unit 部分除了服务的描述和对文档的引用，还有对通过 Requires 关键字表示的 dbus.socket 单元的依赖关系，这告诉 systemd，在 D-Bus 服务启动时必须创建一个本地套接字。

Unit 部分中的依赖关系通过 Requires、Wants 和 Conflicts 关键字表示。

❏ Requires：该单元所依赖的单元列表，它们在该单元启动时启动。

❏ Wants：一种较弱形式的 Requires。列出的单元已启动，但如果其中任何一个单元失败，当前单元不会停止。

❏ Conflicts：负依赖关系。列出的单元在启动此单元时停止，反过来，如果启动其

中之一，则停止此单元。

这 3 个关键字定义了传出依赖项（outgoing dependency）。它们主要用于创建目标之间的依赖关系。还有另一组依赖项称为传入依赖项（incoming dependency），用于在服务和目标之间创建链接。

换句话说，传出依赖项用于创建在系统从一种状态转换到另一种状态时需要启动的目标列表，传入依赖项用于确定在任何特定状态下应该启动或停止的服务。传入的依赖项是由 WantedBy 关键字创建的，在 13.6.7 节"添加自己的服务"中将对此展开讨论。

处理依赖关系会生成一个应该启动或停止的单元列表。Before 和 After 关键字决定了它们的启动顺序。停止顺序与启动顺序正好相反。

- □　Before：在列出的单元之前启动本单元。
- □　After：在列出的单元之后启动本单元。

在以下示例中，After 指令可确保 Web 服务器在网络子系统启动后启动：

```
[Unit]
Description=Lighttpd Web Server
After=network.target
```

在没有 Before 或 After 指令的情况下，这些单元将并行启动或停止，没有特定的顺序。

13.6.4　服务

服务是可以启动和停止的守护进程，相当于 System V init 服务。服务是一种名称以.service 结尾的单元文件，如 lighttpd.service。

服务单元有一个[Service]部分，描述了它应该如何运行。以下是 lighttpd.service 的相关部分：

```
[Service]
ExecStart=/usr/sbin/lighttpd -f /etc/lighttpd/lighttpd.conf -D
ExecReload=/bin/kill -HUP $MAINPID
```

这些是当启动服务和重新启动它时要运行的命令。你可以在此处添加更多配置点，详细信息请参阅 systemd.service(5)的手册页。

13.6.5　目标

目标是对服务（或其他类型的单元）进行分组的另一种类型的单元。在这方面，目标是元服务，也可用作同步点。

目标只有依赖关系。目标的名称以.target 结尾，如 multi-user.target。

目标是执行与 System V init 运行级别相同角色所需的状态。例如，以下是 multi-user.target 的完整单元：

```
[Unit]
Description=Multi-User System
Documentation=man:systemd.special(7)
Requires=basic.target
Conflicts=rescue.service rescue.target
After=basic.target rescue.service rescue.target
AllowIsolate=yes
```

这表示基本目标必须在多用户目标之前启动。它还表明，由于它与 rescue 目标冲突，启动 rescue 目标会导致多用户目标首先停止。

13.6.6　systemd 引导系统的方式

现在让我们来看看 systemd 实现引导的方式。systemd 由内核运行，因为/sbin/init 会通过符号方式链接到/lib/systemd/systemd。systemd 将运行默认目标，default.target 始终是指向所需目标的链接，如用于文本登录的 multi-user.target 或用于图形环境的 graphics.target。例如，如果默认目标是 multi-user.target，那么你会发现这个符号链接：

```
/etc/systemd/system/default.target -> /lib/systemd/system/
multi-user.target
```

通过在内核命令行上传递 system.unit=<new target>可以覆盖默认目标。你也可以使用 systemctl 找出默认目标，如下所示：

```
# systemctl get-default
multi-user.target
```

启动诸如 multi-user.target 之类的目标会创建一个使系统进入工作状态的依赖关系树。在一个典型的系统中，multi-user.target 依赖于 basic.target，而 basic.target 又依赖于 sysinit.target，且 sysinit.target 又依赖于需要提前启动的服务。你可以使用 systemctl list-dependencies 输出文本图。

还可以使用以下命令列出所有服务及其当前状态：

```
# systemctl list-units --type service
```

可以使用以下命令对目标执行相同的操作：

```
# systemctl list-units --type target
```

现在我们已经看到了系统的依赖关系树，如何在这棵树中插入一个额外的服务呢？

13.6.7 添加自己的服务

使用与之前相同的 simpleserver 示例，以下是一个服务单元，你可以在 MELP/Chapter13/simpleserver-systemd 中找到它：

```
[Unit]
Description=Simple server

[Service]
Type=forking
ExecStart=/usr/bin/simpleserver

[Install]
WantedBy=multi-user.target
```

[Unit]部分仅包含描述，以便在使用 systemctl 和其他命令列出时正确显示。可以看到这里很简单，没有依赖关系。

[Service]部分指向可执行文件，并有一个标志表明它进行了分叉。如果它更简单并在前台运行，则 systemd 将为我们执行守护进程，并且不需要 Type=forking。

[Install]部分可创建对 multi-user.target 的传入依赖项，以便在系统进入多用户模式时启动我们的服务器。

将单元保存在/etc/systemd/system/simpleserver.service 中后，你可以使用 systemctl start simpleserver 和 sytemctl stop simpleserver 命令启动和停止它。还可以使用 systemctl 来查找其当前状态：

```
# systemctl status simpleserver
simpleserver.service - Simple server
    Loaded: loaded (/etc/systemd/system/simpleserver.service;disabled)
    Active: active (running) since Thu 1970-01-01 02:20:50 UTC;
8s ago
Main PID: 180 (simpleserver)
    CGroup: /system.slice/simpleserver.service
            └─180 /usr/bin/simpleserver -n

Jan 01 02:20:50 qemuarm systemd[1]: Started Simple server.
```

可以看到，在该阶段它只会根据命令启动和停止。要使其持久化，你需要向目标中添加永久依赖项，这就是单元中[Install]部分的用途。它要表明的是，启用此服务后，它将依赖于 multi-user.target，因此将在引导时启动。

你可以使用 systemctl enable 来启用它，如下所示：

```
# systemctl enable simpleserver
Created symlink from /etc/systemd/system/multiuser.target.
wants/simpleserver.service to /etc/systemd/system/simpleserver.service.
```

现在你可以看到服务添加依赖项的方式，并且该方式无须持续编辑目标单元文件。目标可以有一个名为<target_name>.target.wants 的目录，该目录可以包含指向服务的链接。这与将依赖单元添加到目标的[Wants]列表中完全相同。在本示例中，你会发现该链接已经被创建：

```
/etc/systemd/system/multi-user.target.wants/simpleserver.
service -> /etc/systemd/system/simpleserver.service
```

如果这是一项重要服务，你可能需要在它失败时重新启动它。可以通过将以下标志添加到[Service]部分中来完成此操作：

```
Restart=on-abort
```

Restart 的其他选项还包括 on-success、on-failure、on-abnormal、on-watchdog、on-abort 或 always 等。

13.6.8　添加看门狗

看门狗（watchdog）是嵌入式设备中的常见要求：如果关键服务停止工作，则需要采取措施，通常是通过重置系统。

在大多数嵌入式 SoC 上，都有一个硬件看门狗，可以通过/dev/watchdog 设备节点对其进行访问。看门狗将在引导时使用超时（timeout）初始化，然后必须在此期间被重置，否则将触发看门狗，系统将重新启动。

与看门狗驱动程序的连接在 Documentation/watchdog 的内核源代码中进行了描述，驱动程序的代码在 drivers/watchdog 中。

如果有两个或多个关键服务需要看门狗保护，则会出现问题。systemd 有一个有用的功能，可以在多个服务之间分配看门狗。

systemd 可以被配置为期望来自服务的常规 keepalive 调用，如果未收到则采取行动，创建每个服务的软件看门狗。为使这样的机制正常工作，你必须向守护程序中添加代码以发送 keepalive 消息。它需要检查 WATCHDOG_USEC 环境变量中的非零值，然后在这段时间内调用 sd_notify(false, "WATCHDOG=1")（建议使用看门狗超时时间的一半）。在 systemd 源代码中有相关示例。

要在服务单元中启用看门狗，需要在[Service]部分添加以下内容：

```
WatchdogSec=30s
Restart=on-watchdog
StartLimitInterval=5min
StartLimitBurst=4
StartLimitAction=reboot-force
```

在上述示例中，服务期望每 30 s 进行一次 keepalive 调用。如果交付失败，则服务会被重启，但如果 5 min 内重启超过 4 次，则 systemd 会强制立即重启。在 systemd.service(5) 手册页中有这些设置的完整描述。

像这样的看门狗会处理个别服务，但如果 systemd 本身出现问题、内核崩溃或硬件锁定，那又该怎么办呢？在这种情况下，我们需要告诉 systemd 使用 watchdog 驱动：在 /etc/systemd/system.conf.systemd 中添加 RuntimeWatchdogSec=NN（这将在此期间重置软件狗）。因此，如果 systemd 因为某些原因失败，则系统将重置。

13.6.9　对嵌入式 Linux 的影响

systemd 有很多在嵌入式 Linux 中非常有用的功能，有些功能在前面的介绍中尚未提及，如使用切片的资源控制（在 systemd.slice(5)和 systemd.resource-control(5)的手册页中有详细描述）、设备管理（详见 udev(7)手册页）和系统日志记录工具（详见 journald(5) 手册页）等。

你必须考虑 systemd 的大小问题，因为即使是只有核心组件 systemd、udevd 和 journald 的极简化构建，它也接近 10 MiB 的存储空间（包括共享库）。

此外，还必须记住的是，systemd 开发紧跟内核和 glibc，因此，在比 systemd 发布早一两年的内核和 glibc 上，它将无法正常工作。

13.7　小　　结

每个 Linux 设备都需要某种类型的 init 程序。如果你正在设计一个只需要在引导时启动少量守护程序并且在之后保持相当静态的系统，则 BusyBox init 就足以满足你的需求。如果你使用 Buildroot 作为构建系统，那么这通常是一个不错的选择。

另外，如果你的系统在启动时或运行时服务之间具有复杂的依赖关系，并且你拥有存储空间，那么 systemd 将是最佳选择。即使没有其他复杂功能，systemd 在处理看门狗、远程日志记录等方面也有一些很实用功能，所以值得认真考虑。

与此同时，System V init 仍比较活跃。这也不难理解，因为很多重要组件都有其 init 脚本，并且它仍然是 Yocto Project 参考发行版（Poky）的默认初始化。

在减少启动时间方面，对于类似的工作负载，systemd 比 System V init 更快。当然，如果你想要寻找一个非常快速的启动，那么这二者显然都比不上带有最少启动脚本的简单的 BusyBox init。

在第 14 章"使用 BusyBox runit 启动"中，我们将仔细研究一个鲜为人知的 init 系统，即 BusyBox runit，它非常适合嵌入式 Linux 系统。BusyBox runit 提供了 systemd 的强大功能和灵活性，但是又不会增加复杂性和开销。如果 Buildroot 是你选择的构建系统，而 BusyBox init 又不能满足你的需求，那么你将有很充分的理由考虑使用 BusyBox runit。第 14 章将阐释这些原因，并且在此过程中你将获得更多使用 Buildroot 的实践经验。

13.8　延　伸　阅　读

以下资源包含有关本章介绍的主题的更多信息。

systemd System and Service Manager（《systemd 系统和服务管理器》）：

https://www.freedesktop.org/wiki/Software/systemd/

在上述 URL 页面的底部有很多有用的链接。

第 14 章　使用 BusyBox runit 启动

在第 13 章"init 程序"中,我们详细讨论了经典的 System V init 和最先进的 systemd 程序,还讨论了 BusyBox 的极简化 init 程序。现在,是时候来认真研究 BusyBox 的 runit 程序的实现了。

BusyBox runit 在 System V init 的简单性和 systemd 的灵活性之间取得了合理的平衡。为此,完整版的 runit 被用于流行的现代 Linux 发行版,如 Void。

虽然 systemd 可能在云中占主导地位,但对于许多嵌入式 Linux 系统来说,它通常有点牛刀杀鸡。BusyBox runit 则不然,它提供了高级功能,如服务监督和专用服务日志记录,但没有 systemd 的复杂性和开销。

本章将向你展示如何将你的系统划分为单独的 BusyBox runit 服务,每个服务都有自己的目录和 run 脚本。然后,我们将讨论如何使用 check 脚本来强制某些服务等待其他服务启动。接着,我们将向服务添加专用日志记录,并了解如何配置日志轮转(log rotation)。最后,我们还提供了一个服务示例,它将通过写入命名管道向另一个服务发送信号。

与 System V init 不同,BusyBox runit 服务是同时启动而不是顺序启动,这可以显著加快启动时间。你所选择的 init 程序对你的产品的行为和用户体验有明显的影响。

本章包含以下主题:
- ❑　获取 BusyBox runit
- ❑　创建服务目录和文件
- ❑　服务监督
- ❑　服务依赖
- ❑　专用服务日志记录
- ❑　发出服务信号

14.1　技 术 要 求

要遵循本章示例操作,请确保你具备以下条件。
- ❑　基于 Linux 的主机系统。
- ❑　Etcher Linux 版。
- ❑　microSD 读卡器和卡。

❑　USB 转 TTL 3.3V 串行电缆。

❑　Raspberry Pi 4。

❑　5V 3A USB-C 电源。

你应该已经在第 6 章"选择构建系统"的学习过程中安装了 Buildroot 的 2020.02.9 LTS 版本。如果尚未安装，则在根据第 6 章的说明在 Linux 主机上安装 Buildroot 之前，请参阅 *The Buildroot user manual*（《Buildroot 用户手册》）的"System requirements"（《系统要求》）部分。其网址如下：

https://buildroot.org/downloads/manual/manual.html

本章的所有代码都可以在本书配套 GitHub 存储库的 Chapter14 文件夹中找到，该存储库网址如下：

https://github.com/PacktPublishing/Mastering-Embedded-Linux-Programming-Third-Edition

14.2　获取 BusyBox runit

要为本章准备系统，可执行以下操作。

（1）导航到你为第 6 章"选择构建系统"克隆 Buildroot 的目录：

```
$ cd buildroot
```

（2）查看 runit 是否由 BusyBox 提供：

```
$ grep Runit package/busybox/busybox.config
# Runit Utilities
```

在撰写本文时，BusyBox runit 仍然是 Buildroot 2020.02.9 LTS 版本中的一个可用选项。如果你在以后的版本中找不到 BusyBox runit，请恢复到该标签。

（3）撤销任何更改并删除任何未跟踪的文件或目录：

```
$ make clean
$ git checkout .
$ git clean --force -d
```

请注意，git clean --force 将删除 Nova U-Boot 补丁和我们在之前章节的练习中添加到 Buildroot 中的任何其他文件。

（4）创建一个名为 busybox-runit 的新分支来捕获你的工作：

```
$ git checkout -b busybox-runit
```

（5）将 BusyBox runit 添加到 Raspberry Pi 4 的默认配置中：

```
$ cd configs
$ cp raspberrypi4_64_defconfig rpi4_runit_defconfig
$ cd ..
$ cp package/busybox/busybox.config \
board/raspberrypi/busybox-runit.config
$ make rpi4_runit_defconfig
$ make menuconfig
```

（6）从主菜单向下展开，选择 Toolchain（工具链）| Toolchain type（工具链类型）子菜单，然后选择 External toolchain（外部工具链），如图 14.1 所示。

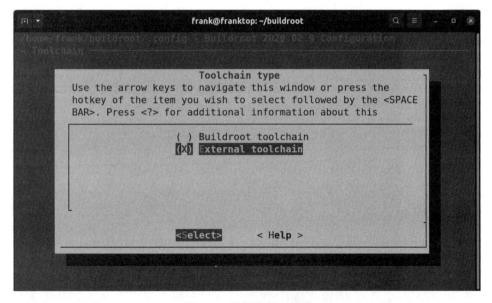

图 14.1　选择外部工具链

（7）退出这一层然后继续向下展开 Toolchain（工具链）子菜单。选择 Linaro AArch64 工具链，然后退出一层以返回主菜单，如图 14.2 所示。

（8）BusyBox 应该已经被选为 init 系统。如果要确认的话，可以导航到 System configuration（系统配置）| Init system（初始化系统）子菜单上，此时你应该观察到选择了 BusyBox 而不是 systemV 或 systemd。

退出 Init system（初始化系统）子菜单，回到主菜单。

（9）从主菜单向下深入 BusyBox 下的 Target packages（目标包）| BusyBox Configuration file to use?（要使用的 BusyBox 配置文件）文本字段中，如图 14.3 所示。

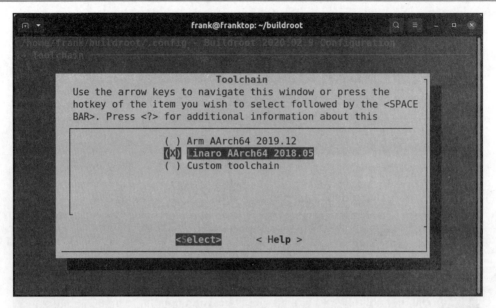

图 14.2　选择 Linaro AArch64 工具链

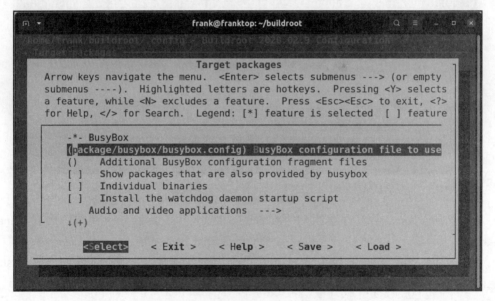

图 14.3　选择要使用的 BusyBox 配置文件

（10）将该文本字段中的 package/busybox/busybox.config 字符串值替换为 board/raspberrypi/busybox-runit.config，如图 14.4 所示。

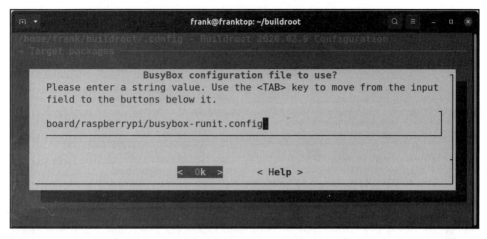

图 14.4　修改要使用的 BusyBox 配置文件

（11）退出 menuconfig 并在询问是否保存新配置时选择 Yes（是）。Buildroot 默认会将新配置保存到名为.config 的文件中。

（12）使用 BusyBox 配置的新位置更新 configs/rpi4_runit_defconfig：

```
$ make savedefconfig
```

（13）现在可以为 runit 配置 BusyBox：

```
$ makebusybox-menuconfig
```

（14）一旦进入 busybox-menuconfig，你应该就会注意到一个名为 Runit Utilities（Runit 实用程序）的子菜单。展开该子菜单并选择该菜单页面上的所有选项。

chpst、setuidgid、envuidgid、envdir 和 softlimit 实用程序是服务 run 脚本经常引用的命令行工具，因此最好将它们全部包含在内。

svc 和 svok 实用程序是 daemontools 的保留物，因此你如果愿意，也可以选择不需要它们，如图 14.5 所示。

（15）从 Runit Utilities（Runit 实用程序）子菜单向下展开，选择 Default directory for services（服务的默认目录）文本字段。

（16）在 Default directory for services（服务的默认目录）文本字段中输入/etc/sv，如图 14.6 所示。

（17）退出 busybox-menuconfig 并在要求保存新配置时选择 Yes（是）。

与 menuconfig 选项一样，busybox-menuconfig 仅将新的 BusyBox 配置保存到输出目录的.config 文件中。默认情况下，BusyBox 输出目录为 2020.02.9 LTS 版本 Buildroot 中的 output/build/busybox-1.31.1。

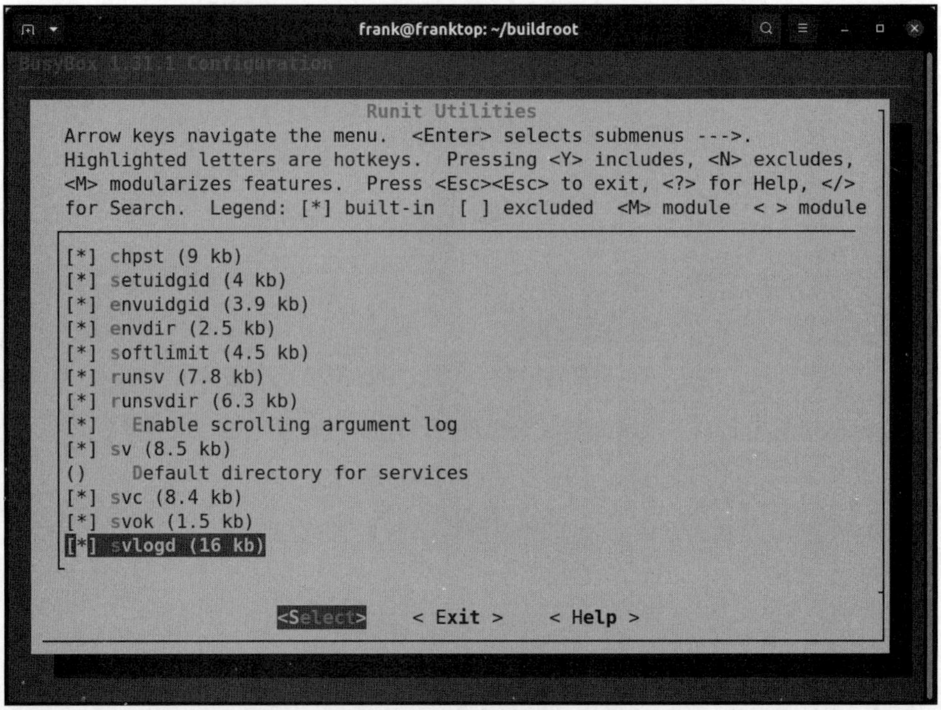

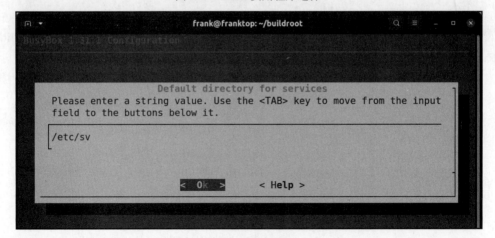

图 14.5　Runit 实用程序选择

图 14.6　修改服务的默认目录

（18）将更改保存到 board/raspberrypi/busybox-runit.config 中：

```
$ make busybox-update-config
```

（19）BusyBox 在 Buildroot 的 package/busybox 目录中包含一个用于其 init 程序的 inittab 文件。此配置文件指示 BusyBox init 通过挂载各种文件系统并将文件描述符链接到 stdin、stdout 和 stderr 设备节点来启动用户空间。

为了让 BusyBox init 将控制权转移到 BusyBox runit，需要替换 package/busybox/inittab 中的以下行：

```
# now run any rc scripts
::sysinit:/etc/init.d/rcS
```

这些行需要被替换为它们的 BusyBox runit 等效项：

```
# now switch over to runit
null::respawn:runsvdir /etc/sv
```

（20）还需要从 BusyBox 的 inittab 中删除以下行：

```
# Stuff to do before rebooting
::shutdown:/etc/init.d/rcK
```

已删除的::shutdown 命令不需要替换行，因为 BusyBox runit 会在重新启动之前自动终止它所监督的进程。

现在已经有了新的 configs/rpi4_runit_defconfig 和 board/raspberrypi/busybox-runit.config 文件以及修改后的 package/busybox/inittab 文件，你可以使用它在 Raspberry Pi 4 的自定义 Linux 镜像上启用 BusyBox runit。

将这 3 个文件提交到 Git 中，这样你的工作就不会丢失。

要构建自定义镜像，需要使用以下命令：

```
$ make rpi4_runit_defconfig
$ make
```

构建完成后，可引导镜像将被写入 output/images/sdcard.img 文件中。使用 Etcher 将此镜像刻录到 microSD 卡上，将其插入你的 Raspberry Pi 4 中，然后打开电源。系统除启动之外不会做太多事情，因为/etc/sv 中还没有用于 runsvdir 启动的服务。

要尝试 BusyBox runit，可以将串行电缆连接到你的 Raspberry Pi 4 开发板并以 root 身份登录，无须密码。我们没有将 connman 添加到此镜像中，因此可输入/sbin/ifup -a 以让以太网接口跑起来：

```
# /sbin/ifup -a
[  187.076662] bcmgenet: Skipping UMAC reset
[  187.151919] bcmgenet fd580000.genet: configuring instance
```

```
for external RGMII (no delay)
udhcpc: started, v1.31.1
udhcpc: sending discover
[  188.191465] bcmgenet fd580000.genet eth0: Link is Down
udhcpc: sending discover
[  192.287490] bcmgenet fd580000.genet eth0: Link is Up -
1Gbps/Full - flow control rx/tx
udhcpc: sending discover
udhcpc: sending select for 192.168.1.130
udhcpc: lease of 192.168.1.130 obtained, lease time 86400
deleting routers
adding dns 192.168.1.254
```

接下来，让我们看看 runit 服务目录的结构和布局。

14.3　创建服务目录和文件

runit 是 daemontools 进程监督工具包的重新实现。它是由 Gerrit Pape 创建的，目的是作为 System V init 和其他 UNIX init 方案的替代品。在撰写本文时，关于 runit 的两个最佳信息来源是 Pape 的网站和 Void Linux 的在线文档。Pape 的网站网址如下：

http://smarden.org/runit/

BusyBox 的 runit 实现与标准 runit 的主要区别在于自说明文档。例如，sv --help 没有提及 sv 实用程序的 start 和 check 选项，实际上 BusyBox 的实现支持这些选项。

BusyBox runit 的源代码可以在 BusyBox 的 output/build/busybox-1.31.1/runit 目录中找到。你还可以在线浏览最新版本的 BusyBox runit 源代码。其网址如下：

https://git.busybox.net/busybox/tree/runit

如果 BusyBox 的 runit 实现中存在任何错误或功能缺失，则可以通过修补 Buildroot 的 busybox 包来修复或添加它们。

Arch Linux 发行版支持使用 BusyBox runit 和 systemd 来进行简单的进程监控。你可以在 Arch Linux Wiki 上阅读有关如何执行此操作的更多信息。

BusyBox 默认使用 init，没有提供用 runit 替换 BusyBox init 的操作说明文档。由于这些原因，我们不会将 BusyBox init 替换为 runit，而是向你演示如何使用 BusyBox runit 将服务监督添加到 BusyBox init 中。

14.3.1 服务目录布局

以下是 Void Linux 发行版的原始文档（现已弃用）对于 runit 的介绍：

"每个 runit 服务都有自己的目录，一个服务目录仅需要一个文件，该文件是一个名为 run 的可执行文件，预计它将在前台执行一个进程。"

除了必需的 run 脚本，runit 服务目录还可以包含一个 finish 脚本、一个 check 脚本和一个 conf 文件。在服务关闭或进程停止时运行 finish 脚本。run 脚本将以一个 conf 文件为源，以在 run 内使用环境变量之前设置任何环境变量。

/etc/sv 目录（就像 BusyBox init 的/etc/init.d 目录一样），通常是存储 runit 服务的地方。下面是一个简单的嵌入式 Linux 系统的 BusyBox init 脚本列表：

```
$ ls output/target/etc/init.d
S01syslogd  S02sysctl    S21haveged  S45connman  S50sshd  rcS
S02klogd    S20urandom   S30dbus     S49ntp      rcK
```

Buildroot 提供了这些 BusyBox init 脚本作为各种守护程序包的一部分。对于 BusyBox runit，我们必须自己生成这些启动脚本。

以下是同一系统的 BusyBox runit 服务列表：

```
$ ls -D output/target/etc/sv
bluetoothd  dbus    haveged  ntpd   syslogd
connmand    dcron   klogd    sshd   watchdog
```

每个 BusyBox runit 服务都有自己的目录，其中包含一个可执行的 run 脚本。同样在目标镜像上的 BusyBox init 脚本将不会在启动时运行，因为我们从 inittab 中删除了::sysinit:/etc/init.d/rcS。

与 init 脚本不同，run 脚本需要在前台而不是后台运行才能使用 runit。

Void Linux 发行版是一个 runit 服务文件的宝库。以下是 sshd 的 Void 运行脚本：

```
#!/bin/sh
# Will generate host keys if they don't already exist
ssh-keygen -A >/dev/null 2>&1
[ -r conf ] && . ./conf
exec /usr/sbin/sshd -D $OPTS 2>&1
```

runsvdir 实用程序可启动并监视/etc/sv 目录下定义的服务集合。因此，sshd 的 run 脚本需要被安装为/etc/sv/sshd/run，以便 runsvdir 可以在启动时找到它。另外，sshd 的 run 脚本还必须是可执行的，否则 BusyBox runit 将无法启动它。

将/etc/sv/sshd/run 的内容与 Buildroot 的/etc/init.d/S50sshd 的片段进行对比：

```
start() {
    # Create any missing keys
    /usr/bin/ssh-keygen -A

    printf "Starting sshd: "
    /usr/sbin/sshd
    touch /var/lock/sshd
    echo "OK"
}
```

sshd 默认在后台运行。-D 选项可强制 sshd 在前台运行。

runit 希望在 run 脚本中使用以 exec 开头的前台命令。exec 命令可在当前进程中替换当前程序。最终的结果是，从/etc/sv/sshd 中启动的./run 进程变成了/usr/sbin/sshd -D 进程而没有分叉：

```
# ps aux | grep "[s]shd"
    201 root     runsv sshd
    209 root     /usr/sbin/sshd -D
```

请注意，sshd run 脚本为$OPTS 环境变量提供了一个 conf 文件。如果在/etc/sv/sshd 中不存在 conf 文件，则$OPTS 未被定义且为空，在这种情况下恰好是没问题的。

与绝大多数 runit 服务一样，sshd 不需要 finish 脚本即可在系统关闭或重新启动之前释放任何资源。

14.3.2　服务配置

Buildroot 包含在其包中的 init 脚本是 BusyBox init 脚本。这些 init 脚本需要被移植到 BusyBox runit 中，并被安装到 output/target/etc/sv 下的不同目录中。与单独修补每个包相比，我们发现将所有服务文件捆绑在 Buildroot 树之外的 rootfs 覆盖或伞包中更容易。Buildroot 可通过 BR2_EXTERNAL make 变量启用树外自定义，该变量指向包含自定义的目录。

将 Buildroot 放入 br2-external 树中的最常见方法是，将其作为子模块嵌入 Git 存储库的最上层，示例如下：

```
$ cat .gitmodules
[submodule "buildroot"]
    path = buildroot
    url = git://git.buildroot.net/buildroot
```

```
ignore = dirty
branch = 15a05e6d5a875759d217d61b3c7b31ec87ea4eb5
```

　　将 Buildroot 作为子模块进行嵌入可以简化你添加的任何包或应用于 Buildroot 的补丁的维护工作。子模块被固定到一个标签上，以便任何树外自定义保持稳定，直到 Buildroot 被有意升级。可以看到，上述 buildroot 子模块的提交哈希被固定到该 Buildroot LTS 版本的 2020.02.9 标签上，如下所示：

```
$ cd buildroot
$ git show --summary
commit 15a05e6d5a875759d217d61b3c7b31ec87ea4eb5 (HEAD ->
busybox-runit, tag: 2020.02.9)
Author: Peter Korsgaard <peter@korsgaard.com>
Date:   Sun Dec 27 17:55:12 2020 +0100

    Update for 2020.02.9

    Signed-off-by: Peter Korsgaard <peter@korsgaard.com>
```

　　要在 buildroot 是上级 BR2_EXTERNAL 目录的子目录时运行 make，我们需要传递一些额外的参数：

```
$ make -C $(pwd)/buildroot BR2_EXTERNAL=$(pwd) O=$(pwd)/output
```

下面是 Buildroot 为 br2-external 树推荐的目录结构：

```
+-- board/
|   +-- <company>/
|       +-- <boardname>/
|           +-- linux.config
|           +-- busybox.config
|           +-- <other configuration files>
|           +-- post_build.sh
|           +-- post_image.sh
|           +-- rootfs_overlay/
|           |   +-- etc/
|           |   +-- <some file>
|           +-- patches/
|               +-- foo/
|               |   +-- <some patch>
|               +-- libbar/
|                   +-- <some other patches>
+-- configs/
```

```
|    +-- <boardname>_defconfig
+-- package/
|    +-- <company>/
|        +-- package1/
|        |    +-- Config.in
|        |    +-- package1.mk
|        +-- package2/
|            +-- Config.in
|            +-- package2.mk
+-- Config.in
+-- external.mk
+-- external.desc
```

请注意，你在 14.2 节"获取 BusyBox runit"中创建的自定义 rpi4_runit_defconfig 和 busybox-runit.config 文件都将被插入此树中的位置处。根据 Buildroot 的指导方针，这两个配置应该是与特定开发板相关的文件。<boardname>_defconfig 以要为其配置镜像的开发板的名称作为前缀。busybox.config 将进入相应的 board/<company>/<boardname> 目录中。

另外还要注意，你的自定义 BusyBox inittab 所在的 rootfs_overlay/etc 目录也是与特定开发板相关的。

由于 BusyBox runit 的所有服务配置文件都驻留在/etc/sv 中，因此将它们全部提交到与特定开发板相关的 rootfs 覆盖中似乎是合理的。但是根据我们的经验，这个解决方案很快就会变得太不灵活。因为我们通常需要为同一个开发板配置多个镜像。例如，消费设备可能具有单独的开发、生产和制造镜像。每个镜像都包含不同的服务，因此配置需要在镜像之间有所不同。为了做到这一点，服务配置最好在包这一级完成，而不是在开发板这一级。我自己就是使用树外的伞包（即每种类型的镜像一个包）来为 BusyBox runit 配置服务的。

在最上层，br2-external 树必须包含 external.desc、external.mk 和 Config.in 文件。external.desc 文件包含一些描述 br2-external 树的基本元数据：

```
$ cat external.desc
name: ACME
desc: Acme's external Buildroot tree
```

Buildroot 将 BR2_EXTERNAL_<name>_PATH 变量设置为 br2-external 树的绝对路径，以便可以在 Kconfig 和 makefile 中引用该变量。

desc 字段是作为 BR2_EXTERNAL_<name>_DESC 变量提供的可选描述。可根据此 external.desc 将<name>替换为 ACME。

external.mk 文件通常只包含 external.desc 中定义的 BR2_EXTERNAL_<name>_PATH 变量的单行引用:

```
$ cat external.mk
include $(sort $(wildcard $(BR2_EXTERNAL_ACME_PATH)/package/acme/*/*.mk))
```

该 include 行告诉 Buildroot 到哪里搜索外部包.mk 文件。外部包的相应 Config.in 文件的位置在 br2-external 树的最上层 Config.in 文件中被定义:

```
$ cat Config.in
source "$BR2_EXTERNAL_ACME_PATH/package/acme/development/Config.in"
source "$BR2_EXTERNAL_ACME_PATH/package/acme/manufacturing/Config.in"
source "$BR2_EXTERNAL_ACME_PATH/package/acme/production/Config.in"
```

Buildroot 将读取 br2-external 树的 Config.in 文件,并将其中包含的包配方添加到最上层配置菜单中。让我们用 development、manufacturing 和 production 伞包来填充 Buildroot 的 br2-external 树结构的其余部分:

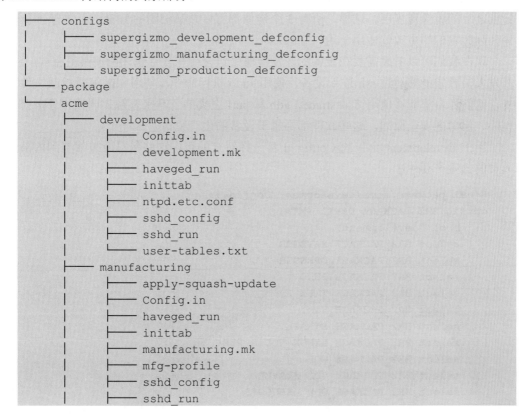

```
|        ├──── test-button
|        ├──── test-fan
|        ├──── test-gps
|        ├──── test-led
|        └──── user-tables.txt
└──── production
         ├──── Config.in
         ├──── dcron-root
         ├──── download-apply-update
         ├──── inittab
         ├──── ntpd.etc.conf
         ├──── ota.acme.systems.crt
         ├──── production.mk
         └──── user-tables.txt
```

　　如果将此目录树与 Buildroot 以前的目录树进行比较，你可以看到<boardname>已被替换为 supergizmo，而<company>则已被替换为 acme。你可以将伞包视为一些通用基础镜像之上的镜像覆盖层。这样，所有 3 个镜像都可以共享相同的 U-Boot、内核和驱动程序序，因此它们的更改仅适用于用户空间。

　　现在我们可以考虑需要在设备的开发镜像中包含哪些软件包才能使其更有效。至少，开发人员希望能够通过 ssh 进入设备，使用 sudo 执行命令，使用 vim 编辑板载文件。此外，他们还希望能够使用诸如 strace、gdb 和 perf 之类的工具来跟踪、调试和分析自己的程序。但考虑安全原因，这些软件都不属于设备的生产镜像。

　　用于 development 伞包的 Config.in 将选择特定的包，这些包只应被部署到内部开发人员的预生产硬件中：

```
$ cat package/acme/development/Config.in
config BR2_PACKAGE_DEVELOPMENT
    bool "development"
    select BR2_PACKAGE_HAVEGED
    select BR2_PACKAGE_OPENSSH
    select BR2_PACKAGE_SUDO
    select BR2_PACKAGE_TMUX
    select BR2_PACKAGE_VIM
    select BR2_PACKAGE_STRACE
    select BR2_PACKAGE_LINUX_TOOLS_PERF
    select BR2_PACKAGE_GDB
    select BR2_PACKAGE_GDB_SERVER
    select BR2_PACKAGE_GDB_DEBUGGER
```

```
select BR2_PACKAGE_GDB_TUI
help
    The development image overlay for Acme's SuperGizmo.
```

在包构建过程的安装步骤中，不同的服务脚本和配置文件将被写入 output/target 目录中。以下是 package/acme/development/development.mk 的相关摘录：

```
define DEVELOPMENT_INSTALL_TARGET_CMDS
    $(INSTALL) -D -m 0644 $(@D)/inittab $(TARGET_DIR)/etc/
inittab
    $(INSTALL) -D -m 0755 $(@D)/haveged_run $(TARGET_DIR)/etc/
sv/haveged/run
    $(INSTALL) -D -m 0755 $(@D)/sshd_run $(TARGET_DIR)/etc/sv/
sshd/run
    $(INSTALL) -D -m 0644 $(@D)/sshd_config $(TARGET_DIR)/etc/
ssh/sshd_config
endef
```

Buildroot <package>.mk 文件包含<package>_BUILD_CMDS 和<package>_INSTALL_TARGET_CMDS 部分。这个伞包名为 development，因此它的安装宏被定义为 DEVELOPMENT_INSTALL_TARGET_CMDS。

<package>前缀需要与包的 Config.in 文件的 config BR2_<package>行中的<package>后缀匹配，否则宏名称将导致包构建错误。

haveged/run 和 sshd/run 脚本将被安装到目标的/etc/sv 目录中。启动 runsvdir 所需的自定义 inittab 将被安装到目标的/etc 中。除非这些文件以它们的预期权限被安装在正确的位置，否则 BusyBox runit 无法启动 haveged 或 sshd 服务。

haveged 是一个软件随机数生成器，旨在缓解 Linux 的/dev/random 设备中的低熵条件。低熵条件会阻止 sshd 启动，因为 SSH 协议严重依赖随机数。一些较新的 SoC 可能尚未为其硬件随机数生成器提供内核支持。

如果不在这些系统上运行 haveged，则 sshd 可能需要几分钟才能在启动后开始接受连接。

在 BusyBox runit 下运行 haveged 非常简单：

```
$ cat package/acme/development/haveged_run
#!/bin/sh
exec /usr/sbin/haveged -w 1024 -r 0 -F
```

production 和 manufacturing 伞包可以将不同的包和服务的集合叠加到镜像上。production 镜像包括用于下载和应用软件更新的工具。manufacturing 镜像包括工厂技术人员用于配置和测试硬件的工具。BusyBox runit 也非常适合这两个用例。

production 伞包的 Config.in 将选择定期无线软件更新所需的包：

```
$ cat package/acme/production/Config.in
config BR2_PACKAGE_PRODUCTION
    bool "production"
    select BR2_PACKAGE_DCRON
    select BR2_PACKAGE_LIBCURL
    select BR2_PACKAGE_LIBCURL_CURL
    select BR2_PACKAGE_LIBCURL_VERBOSE
    select BR2_PACKAGE_JQ
    help
        The production image overlay for Acme's SuperGizmo.
```

在开发和制造环境中，强制 OTA 更新通常是不可取的，因此这些软件包将被排除在这些镜像之外。

production 镜像包含一个 download-apply-update 脚本，该脚本将使用 curl 查询 OTA 服务器以获取新的可用软件更新。板载还包含公共 SSL 证书，因此 curl 可以验证 OTA 服务器的真实性。

dcron 守护进程被配置为每 10~20 min 运行一次 download-apply-update 脚本，并带有一些噪声以避免相互踩踏。

如果有较新的更新可用，则脚本会下载镜像，对其进行验证，并将其应用于 microSD 卡，然后重新启动。以下是 package/acme/production/production.mk 的相关片段：

```
define PRODUCTION_INSTALL_TARGET_CMDS
    $(INSTALL) -D -m 0644 $(@D)/inittab $(TARGET_DIR)/etc/
inittab
    $(INSTALL) -D -m 0644 $(@D)/dcron-root $(TARGET_DIR)/etc/
cron.d/root
    $(INSTALL) -D -m 0775 $(@D)/download-apply-update
$(TARGET_DIR)/usr/sbin/download-apply-update
    $(INSTALL) -D -m 0644 $(@D)/ota.acme.com.crt $(TARGET_
DIR)/etc/ssl/certs/ota.acme.com.crt
    $(INSTALL) -D -m 0644 $(@D)/ntpd.etc.conf $(TARGET_DIR)/
etc/ntp.conf
endef
```

将 production 镜像 cd 构建到 br2-external 树的根目录中并发出以下命令：

```
$ make clean
$ make supergizmo_production_defconfig
$ make
```

为 Acme SuperGizmo 构建 development 和 manufacturing 镜像的步骤仅在 defconfig 的选择上有所不同。除了最后一行，3 个 defconfig 几乎相同，即

BR2_PACKAGE_DEVELOPMENT=y
BR2_PACKAGE_PRODUCTION=y
BR2_PACKAGE_MANUFACTURING=y

具体取决于镜像的选择。

这 3 个伞包是互斥的，所以不要在同一个镜像中选择多个伞包，否则你可能会遇到意想不到的结果。

14.4　服　务　监　督

一旦我们在/etc/sv下创建了包含 run 脚本的服务目录并确保 BusyBox init 启动了 runsvdir，那么 BusyBox runit 就会处理所有其余的事情。这包括启动、停止、监视和重新启动其控制下的所有服务。

runsvdir 实用程序可以为每个服务目录启动一个 runsv 进程，并在该进程终止时重新启动一个 runsv 进程。因为 run 脚本会在前台运行它们各自的守护进程，所以 runsv 期望 run 阻塞，这样当 run 退出时，runsv 会自动重新启动它。

在系统启动期间需要服务自动重启，因为 run 脚本可能会崩溃。在 BusyBox runit 下尤其如此（其中服务几乎同时启动，而不是一个接一个地启动）。例如，当依赖服务或基本系统资源（如 GPIO 或设备驱动程序）尚不可用时，服务可能无法启动。

在 14.5 节"服务依赖"中，我们将向你展示如何表达服务之间的依赖关系，以便你的系统启动顺序保持确定性。

14.4.1　runsv 脚本运行的服务

以下是在简单的嵌入式 Linux 系统上运行的 runsv 进程：

```
# ps aux | grep "[r]unsv"
   177 root     runsvdir /etc/sv
   179 root     runsv ntpd
   180 root     runsv haveged
   181 root     runsv syslogd
   182 root     runsv dcron
   185 root     runsv dbus
```

```
187 root     runsv bluetoothd
192 root     runsv watchdog
195 root     runsv connmand
199 root     runsv sshd
202 root     runsv klogd
```

请注意，inittab 中的 runsvdir /etc/sv 命令直到 PID 177 才会执行。

PID 为 1 的进程是/sbin/init，它只是一个指向/bin/busybox 的符号链接。

PID 2～176（未显示）都是内核线程和系统服务，因此它们的命令在 ps 显示时出现在方括号内。方括号表示进程没有与之关联的实际命令行。

由于 connmand 和 bluetoothd 都依赖于 D-Bus 来启动，runsv 可能在 D-Bus 启动并运行之前多次重新启动其中任何一项服务：

```
# pstree -a
init
  |-getty -L 115200 ttyS0
  |-hciattach /dev/ttyAMA0 bcm43xx 921600 flow - 60:81:f9:b0:8a:02
  |-runsvdir /etc/sv
  |   |-runsv ntpd
  |   |   `-ntpd -u ntp -c /etc/ntp.conf -U 60 -g -n
  |   |       `-{ntpd}
  |   |-runsv haveged
  |   |   `-haveged -w 1024 -r 0 -F
  |   |-runsv syslogd
  |   |   `-syslogd -n -O /var/data/log/messages -b 99 -s 1000
  |   |-runsv dcron
  |   |-runsv dbus
  |   |   `-dbus-daemon --system --nofork --nopidfile --syslog-only
  |   |-runsv bluetoothd
  |   |   `-bluetoothd -E --noplugin=* -n
  |   |-runsv watchdog
  |   |   `-watchdog -T 10 -F /dev/watchdog
  |   |-runsv connmand
  |   |   `-connmand -n
  |   |-runsv sshd
  |   |   `-sshd -D
  |   `-runsv klogd
  |       `-klogd -n
  `-wpa_supplicant -u
```

某些服务需要连接到 Internet 才能启动。由于 DHCP 的异步特性，这会使服务启动延迟儿秒钟。由于 connmand 管理该系统上的所有网络接口，因此这些服务又依赖于 connmand。如果设备的 IP 地址因网络切换或 DHCP 租约更新而发生变化，则许多相同的服务可能需要重新启动。幸运的是，BusyBox runit 提供了一种从命令行中轻松地重启服务的方法。

14.4.2　控制服务

BusyBox runit 提供了一个用于管理和检查服务的 sv 命令行工具：

```
# sv --help
BusyBox v1.31.1 () multi-call binary.

Usage: sv [-v] [-w SEC] CMD SERVICE_DIR...

Control services monitored by runsv supervisor.
Commands (only first character is enough):

status: query service status
up: if service isn't running, start it. If service stops,restart it
once: like 'up', but if service stops, don't restart it
down: send TERM and CONT signals. If ./run exits, start ./finish
    if it exists. After it stops, don't restart service
exit: send TERM and CONT signals to service and log service. If
they exit,
    runsv exits too
pause, cont, hup, alarm, interrupt, quit, 1, 2, term, kill:send
STOP, CONT, HUP, ALRM, INT, QUIT, USR1, USR2, TERM, KILL signal
to service
```

sv 的帮助信息解释了 up、once、down 和 exit 命令的作用，它还说明了 pause、cont、hup、alarm、interrupt、quit、1、2、term 和 kill 命令如何直接映射到 POSIX 信号上。请注意，每个命令的第一个字符足以调用它。

让我们使用 ntpd 作为目标服务来试验各种 sv 命令。你的状态时间将与我的不同，具体取决于你在命令之间等待的时间。

（1）重启 ntpd 服务：

```
# sv t /etc/sv/ntpd
# sv s /etc/sv/ntpd
run: /etc/sv/ntpd: (pid 1669) 6s
```

sv t 命令可重新启动服务，而 sv s 命令则可获取其状态。

t 是 term 的缩写，因此 sv t 在重新启动之前将向服务发送 TERM 信号。状态消息显示 ntpd 自重新启动后已运行 6 s。

（2）现在来看看当我们使用 sv d 停止 ntpd 服务时，状态会发生什么变化：

```
# sv d /etc/sv/ntpd
# sv s /etc/sv/ntpd
down: /etc/sv/ntpd: 7s, normally up
```

这一次，状态消息显示 ntpd 自停止以来已关闭 7 s。

（3）启动 ntpd 服务备份：

```
# sv u /etc/sv/ntpd
# sv s /etc/sv/ntpd
run: /etc/sv/ntpd: (pid 2756) 5s
```

状态消息现在显示 ntpd 自启动以来已运行 5 s。请注意，PID 比以前更高，因为自 ntpd 重新启动后系统已经运行了一段时间。

（4）一次性启动 ntpd：

```
# sv o /etc/sv/ntpd
# sv s /etc/sv/ntpd
run: /etc/sv/ntpd: (pid 3795) 3s, want down
```

sv o 命令与 sv u 类似，区别在于目标服务停止后不会再次重新启动。

你可以通过使用 sv k /etc/sv/ntpd 向 ntpd 服务发送 KILL 信号并观察 ntpd 服务关闭和保持关闭状态来确认这一点。

以下是 sv 命令的长格式：

```
# sv term /etc/sv/ntpd
# sv status /etc/sv/ntpd
# sv down /etc/sv/ntpd
# sv up /etc/sv/ntpd
# sv once /etc/sv/ntpd
```

如果服务需要条件错误或信号处理，则可以在 finish 脚本中定义该逻辑。服务 finish 脚本是可选的，只要 run 退出就会执行。

finish 脚本有两个参数：

❑　$1，这是 run 的退出码。

❑　$2，这是由 waitpid 系统调用确定的退出状态的最低有效字节。

当 run 正常退出时，run 的退出码为 0；当 run 异常退出时，则退出码为-1。

run 正常退出时，状态字节为 0；run 被信号终止时，状态字节为信号数字。

如果 runsv 无法启动 run，则退出码为 1，状态字节为 0。

当服务检测到 IP 地址更改时，可以重新启动网络服务，方法是通过脚本输出 sv t。

这类似于 ifplugd 所做的事情，只不过触发 ifplugd 的是以太网链路状态而不是 IP 地址的更改。这样的服务可以像一个 shell 脚本一样简单，它由一个持续轮询所有网络接口的 while 循环组成。你还可以从 run 或 finish 脚本发出 sv 命令，作为服务之间通信的一种方式。接下来让我们看看如何做到这一点。

14.5　服务依赖

前文提到的一些服务，如 connmand 和 bluetoothd 都需要 D-Bus。D-Bus 是一种消息系统总线，支持发布-订阅进程间通信。D-Bus 的 Buildroot 包提供了一个系统 dbus-daemon 和一个参考 libdbus 库。libdbus 库实现了低级 D-Bus C API，但对于 Python 等其他语言则存在与 libdbus 的高级绑定。一些语言还提供了完全不依赖于 libdbus 的 D-Bus 协议的替代实现。诸如 connmand 和 bluetoothd 之类的 D-Bus 服务期望在它们可以启动之前，系统 dbus-daemon 已经在运行。

14.5.1　启动依赖项

官方的 runit 文档推荐使用 sv start 来表达对 runit 控制下的其他服务的依赖。为了确保 D-Bus 在 connmand 启动之前可用，可相应地定义/etc/sv/connmand/run：

```
#!/bin/sh
/bin/sv start /etc/sv/dbus > /dev/null || exit 1
exec /usr/sbin/connmand -n
```

如果系统 dbus-daemon 尚未运行，则 sv start /etc/sv/dbus 会尝试启动它。

sv start 命令与 sv up 类似，不同之处在于，它将等待由-w 参数或 SVWAIT 环境变量指定的秒数，以便服务启动。如果没有-w 参数或 SVWAIT 环境变量未被定义，则默认的最大等待时间为 7 s。

如果服务已经启动，则返回退出码 0 表示成功。退出码为 1 表示失败，这将导致/etc/sv/connmand/run 过早退出而不启动 connmand。监控 connmand 的 runsv 进程会继续尝试启动服务，直到最终成功。

以下是从 Void 中提取的相应的/etc/sv/dbus/run 片段：

```
#!/bin/sh
[ ! -d /var/run/dbus ] && /bin/install -m755 -g 22 -o 22 -d /
var/run/dbus
[ -d /tmp/dbus ] || /bin/mkdir -p /tmp/dbus
exec /bin/dbus-daemon --system --nofork --nopidfile --syslog-only
```

将其与 Buildroot 的/etc/init.d/S30dbus 的以下片段进行对比：

```
# Create needed directories.
[ -d /var/run/dbus ] || mkdir -p /var/run/dbus
[ -d /var/lock/subsys ] || mkdir -p /var/lock/subsys
[ -d /tmp/dbus ] || mkdir -p /tmp/dbus
RETVAL = 0
start() {
    printf "Starting system message bus: "
    dbus-uuidgen --ensure
    dbus-daemon --system
    RETVAL=$?
    echo "done"
    [ $RETVAL -eq 0 ] && touch /var/lock/subsys/dbus-daemon
}

stop() {
    printf "Stopping system message bus: "
    ## we don't want to kill all the per-user $processname, we want
    ## to use the pid file *only*; because we use the fake nonexistent
    ## program name "$servicename" that should be safe-ish
    killall dbus-daemon
    RETVAL=$?
    echo "done"
    if [ $RETVAL -eq 0 ]; then
        rm -f /var/lock/subsys/dbus-daemon
        rm -f /var/run/messagebus.pid
    fi
}
```

可以看到，Buildroot 版本的 D-Bus 服务脚本要复杂得多。

因为 runit 在前台运行 dbus-daemon，所以不需要 lock 或 pid 文件以及与之相关的所有仪式。你可以认为上述 stop()函数是一个很好的 finish 脚本（runit 用例除外），没有要终止的 dbus-daemon 或要删除的 pid 或 lock 文件。服务 finish 脚本在 runit 中是可选的，因此它们应该仅为有意义的工作保留。

14.5.2　自定义启动依赖项

如果在/etc/sv/dbus 目录中存在 check，则 sv 将运行此脚本以检查该服务是否可用。如果 check 退出并返回 0，则认为服务可用。

check 机制使你能够表达除正在运行的进程之外的可用服务的附加后置条件。例如，仅仅因为 connmand 已经启动并不意味着必须建立与 Internet 的连接。check 脚本将确保某个服务在其他服务可以启动之前完成它打算做的事情。

要验证 Wi-Fi 是否启动，需要定义以下 check：

```sh
#!/bin/sh
WIFI_STATE=$(cat /sys/class/net/wlan0/operstate)
"$WIFI_STATE" = "up" || exit 1
exit 0
```

通过将上述脚本安装到/etc/sv/connmand/check 中，你可以使 Wi-Fi 成为启动 connmand 服务的必要条件。这样，当你发出 sv start /etc/sv/connmand 时，如果 Wi-Fi 接口已启动，即使 connmand 正在运行，该命令也只会返回退出码 0。

你可以使用 sv check 命令在不启动服务的情况下执行 check 脚本。与 sv start 一样，如果服务目录中存在 check，则 sv 将运行此脚本以确定服务是否可用。如果 check 以 0 退出，则认为服务可用。sv 将最多等待 7 s，以等待 check 返回（退出码为 0）。与 sv start 不同，如果 check 返回非零退出码，则 sv 不会尝试启动服务。

14.5.3　简单总结

通过上述讲解，相信你已经明白了 sv start 和 check 机制如何使我们能够表达服务之间的启动依赖关系。将这些功能与 finish 脚本相结合使我们能够构建流程监督树。例如，作为父进程的服务可以在停止时调用 sv down 来关闭其依赖的子服务。这种高级定制让 BusyBox runit 非常强大，你可以只使用简单的、定义良好的 shell 脚本来定制你的系统，使其按照你希望的方式运行。要了解有关监督树的更多信息，推荐阅读有关 Erlang 容错（fault tolerance）的文献。

14.6　专用服务日志记录

专用服务日志记录器仅记录来自单个守护程序的输出。专用日志记录很好用，因为不同服务的诊断数据分布在不同的日志文件中。由中心式系统日志记录器（如 syslogd）生成的单一日志文件则通常很难解开。这两种形式的日志记录都有其目的：专用日志记录在可读性方面表现出色，而中心式日志记录则可以提供上下文。你的每个服务都可以拥有自己的专用记录器，并且仍然可以写入 syslog，因此你二者都不会错过。

14.6.1　专用日志记录器的工作方式

因为服务 run 脚本在前台运行，所以将专用日志记录器添加到服务中仅涉及将标准输出从服务的 run 重定向到日志文件中。你可以通过在目标服务目录中创建一个 log 子目录以及在其中创建另一个 run 脚本来启用专用服务日志记录。这个额外的 run 是针对该服务的日志记录器，而不是服务本身。当这个 log 目录存在时，在服务目录中 run 进程的输出和 log 目录中 run 进程的输入之间打开一个管道。

以下是 sshd 可能的服务目录布局：

```
# tree etc/sv/sshd
etc/sv/sshd
|-- finish
|-- log
|   `-- run
`-- run
```

更准确地说，当 BusyBox runit runsv 进程遇到这个服务目录布局时，除了在必要时启动 sshd/run 和 sshd/finish，它还会做以下几件事。

（1）创建管道。
（2）将标准输出从 run 和 finish 重定向到管道。
（3）切换到 log 目录。
（4）启动 log/run。
（5）重定向 log/run 的标准输入，使其从管道中读取。

runsv 可启动并监控 sshd/log/run，就像它启动和监控 sshd/run 一样。

为 sshd 添加日志记录器后，你会注意到 sv d /etc/sv/sshd 只会停止 sshd。要停止日志记录器，则必须输入 sv d /etc/sv/sshd/log，除非你将该命令添加到/etc/sv/sshd/finish 脚本中。

14.6.2　向服务中添加专用日志记录

BusyBox runit 提供了一个 svlogd 日志守护进程，用于你的 log/run 脚本：

```
# svlogd --help
BusyBox v1.31.1 () multi-call binary.

Usage: svlogd [-tttv] [-r C] [-R CHARS] [-l MATCHLEN] [-b BUFLEN] DIR...

Read log data from stdin and write to rotated log files in DIRs

-r C         Replace non-printable characters with C
-R CHARS     Also replace CHARS with C (default _)
-t           Timestamp with @tai64n
-tt          Timestamp with yyyy-mm-dd_hh:mm:ss.sssss
-ttt         Timestamp with yyyy-mm-ddThh:mm:ss.sssss
-v           Verbose
```

请注意，svlogd 需要一个或多个 DIR 输出目录路径作为参数。

要将专用日志记录添加到现有 BusyBox runit 服务中，请执行以下操作。

（1）在服务目录内创建一个 log 子目录。

（2）在 log 子目录中创建一个 run 脚本。

（3）使该 run 脚本可执行。

（4）使用 exec 在 run 中运行 svlogd。

以下是来自 Void 的/etc/sv/sshd/log/run 脚本：

```
#!/bin/sh
[ -d /var/log/sshd ] || mkdir -p /var/log/sshd
exec chpst -u root:adm svlogd -t /var/log/sshd
```

由于 svlogd 会将 sshd 日志文件写入/var/log/sshd 中，如果该目录不存在，则需要先创建该目录。要使 sshd 日志文件持久存在，你可能需要修改 inittab 以在启动时将/var 挂载到可写闪存分区中，然后启动 runsvdir。

exec 的 chpst -u root:adm 部分将确保 svlogd 以 root 用户和 adm 组的权限运行。

-t 选项将在写入日志文件的每一行前面加上一个 TAI64N 格式的时间戳。虽然 TAI64N 时间戳是精确的，但它们并不是最易读的。

svlogd 提供的其他时间戳选项是-tt 和-ttt。一些守护进程会将自己的时间戳写入标准输出中。为了避免写入带有让人混淆的双重时间戳的行，只需从 log/run svlogd 命令中省略-t 或其任何变体。

　　你可能很想将专用日志记录器添加到 klogd 和 syslogd 服务中。我们建议你不要这么做。klogd 和 syslogd 是系统范围的日志记录守护程序，它们都非常擅长自己范围内的工作。记录一个日志记录器所做的事情实际上没有任何意义，除非它发生了故障并且你需要对其进行调试。如果你开发的服务同时记录 stdout 和 syslog，请确保从 syslog 消息文本中排除时间戳。syslog 协议包含一个 timestamp 字段，可供你嵌入时间戳。

　　每个专用日志记录器都在其自己的单独进程中运行。在设计嵌入式系统时需要考虑支持这些额外的日志记录器进程所需的额外开销。如果你打算使用 BusyBox runit 来监督资源受限系统上的众多服务，则务必选择要向哪些服务添加专用日志记录，否则系统的响应能力可能会受到影响。

14.6.3　日志轮转

　　svlogd 使用默认的 10 个日志文件自动轮转日志文件，每个日志文件最大为 100 万字节。这些轮转的日志文件被写出到一个或多个 DIR 输出目录路径中，这些路径作为参数被传递给 svlogd。当然，这些轮转设置都是可配置的，但在开始配置它们之前，不妨先来了解日志轮转的工作原理。

　　假设 svlogd 以某种方式知道名为 NUM 和 SIZE 的两个值。NUM 是要保留的日志文件数。SIZE 是日志文件的最大大小。svlogd 将日志消息附加到名为 current 的日志文件中。当 current 的大小达到 SIZE 个字节时，svlogd 会轮转 current。

　　要轮转当前文件，svlogd 将执行以下操作。

　　（1）关闭 current 日志文件。

　　（2）将 current 设为只读。

　　（3）将 current 重命名为@<timestamp>.s。

　　（4）创建一个新的 current 日志文件并开始写入。

　　（5）统计包含 current 在内的日志文件的数量。

　　（6）如果 count 等于或超过 NUM，则删除最早的日志文件。

　　请注意，<timestamp> 用于重命名当前正被轮转出去的 current 日志文件，它是文件轮转时的时间戳，而不是创建时的时间戳。

　　现在来看看以下 SIZE、NUM 和 PATTERN 的说明：

```
# svlogd --help
BusyBox v1.31.1 () multi-call binary.
[Usage not shown]
DIR/config file modifies behavior:
```

```
sSIZE - when to rotate logs (default 1000000, 0 disables)
nNUM - number of files to retain
!PROG - process rotated log with PROG
+,-PATTERN - (de)select line for logging
E,ePATTERN - (de)select line for stderr
```

如果 DIR/config 文件存在，则从该文件中读取这些设置。请注意，SIZE 为 0 会禁用日志轮转，它不是默认值。

以下是一个 DIR/config 文件，该文件将导致 svlogd 最多保留 100 个日志文件，每个日志文件的大小最多为 9999999 字节，这意味着在写入轮转日志的一个输出目录中，轮转日志的总大小约为 1 GB：

```
s9999999
n100
```

如果将多个 DIR 输出目录传递给 svlogd，则 svlogd 会将日志写入所有这些目录中。由于每个输出目录都有自己的 config 文件，因此你可以使用模式匹配来选择将哪些消息记录到哪个输出目录中。

假设 PATTERN 的长度为 N，如果 DIR/config 中的一行以+、-、E 或 e 开头，则 svlogd 会根据 PATTERN 匹配每个日志消息的前 N 个字符。

❑　　+ 和 - 前缀适用于 current。
　　➢　+PATTERN 将选择匹配的行以记录到 current。
　　➢　-PATTERN 将过滤掉匹配的行以记录到 current。
❑　　E 和 e 前缀适用于标准错误。
　　➢　EPATTERN 将选择匹配的行以提醒标准错误。
　　➢　ePATTERN 将过滤掉匹配的行以提醒标准错误。

14.7　发出服务信号

在 14.5.1 节 "启动依赖项" 中，演示了如何使用 sv 命令行工具来控制服务。此外，我们还介绍了如何在run 和 finish 脚本中使用sv start 和 sv down 命令在服务之间进行通信。

你可能已经猜到，runsv 会在 sv 命令执行时向它所监督的 run 进程发送 POSIX 信号。但你可能不知道的是，sv 工具可以通过命名管道控制其目标 runsv 进程。

命名管道 supervise/control 和可选的 log/supervise/control 将被打开，以便其他进程可以向 runsv 发送命令。使用 sv 命令向服务发送信号很容易，但如果你愿意，可以完全绕过 sv 并将控制字符直接写入 control 管道中。

没有专用日志记录的服务的运行时目录布局如下所示:

```
# tree /etc/sv/syslogd
/etc/sv/syslogd
|-- run
`-- supervise
    |-- control
    |-- lock
    |-- ok
    |-- pid
    |-- stat
    `-- status
```

/etc/sv/syslogd 下的 control 文件是服务的命名管道。pid 和 stat 文件包含服务的实时 PID 和状态值(run 或 down)。

系统启动时,由 runsv syslogd 创建和填充 supervise 子目录及其所有内容。如果某个服务包含一个专用的记录器,则 runsv 也会为它生成一个 supervise 子目录。

以下控制字符(t、d、u 和 o)将直接映射到我们已经讨论过的简写形式的 sv 命令(term、down、up 和 once)。

- ❑ t term: 在重新启动服务之前向进程发送一个 TERM 信号。
- ❑ d down: 向进程发送一个 TERM 信号,后跟一个 CONT 信号,并且不重新启动它。
- ❑ u up: 启动一个服务并在进程退出时重新启动它。
- ❑ o once: 尝试启动服务最多 7 s,之后不重新启动它。
- ❑ 1: 向进程发送 USR1 信号。
- ❑ 2: 向进程发送 USR2 信号。

控制字符 1 和 2 特别有趣,因为它们对应于用户定义的信号。由接收端的服务决定如何响应 USR1 和 USR2 信号。如果你是负责扩展服务的开发人员,则可以通过实现信号处理程序来做到这一点。两个用户定义的信号可能看起来不太好处理,但如果你能将这些不同的事件与写入配置文件的更新结合起来,则可以实现很多目的。用户定义的信号具有额外的优点,即不需要像 STOP、TERM 和 KILL 信号那样停止或终止正在运行的进程。

14.8 小 结

本章深入探讨了一个鲜为人知的 init 系统,我觉得它在很大程度上被低估了。与 systemd 一样,BusyBox runit 可以在启动期间和运行时强制执行服务之间的复杂依赖关系。BusyBox runit 只是以更简单的方式完成，我认为它比 systemd 更像 UNIX。此外，在启动时间方面，没有谁能做得比 BusyBox runit 更好了。如果你已经使用 Buildroot 作为你的构建系统，那么我强烈建议你考虑将 BusyBox runit 作为你的设备的 init 系统。

　　本章的讨论涵盖了很多领域。首先，我们介绍了如何将 BusyBox runit 安装到你的设备上，并使用 Buildroot 启动它；然后，我们向你展示了如何使用树外伞包以不同的方式将服务组装并配置在一起；接着，在深入研究服务依赖关系和表达它们的方式之前，我们还尝试了一个实时进程监督树；在此之后，我们演示了如何添加专用记录器并为服务配置日志轮转；最后，我们还介绍了服务如何才能写入现有的命名管道，以此作为相互发送信号的一种方式。

　　在第 15 章 "管理电源" 中，我们将把注意力转向 Linux 系统的电源管理，目的是探讨如何降低能耗。如果你正在设计使用电池供电的设备，那么这将特别有用。

14.9　延 伸 阅 读

以下是本章提到的各种资源。

❑　*The Buildroot user manual*（《Buildroot 用户手册》）。

　　http://nightly.buildroot.org/manual.html#customize

❑　*runit documentation*（《runit 文档》）,by Gerrit Pape。

　　http://smarden.org/runit/

❑　*Void Handbook*（《Void 指南》）。

　　https://docs.voidlinux.org/config/services

❑　*Adopting Erlang*（《采用 Erlang》）, by Tristan Sloughter, Fred Hebert, and Evan Vigil-McClanahan。

　　https://adoptingerlang.org/docs/development/supervision_trees

第 15 章　管 理 电 源

对于通过电池供电的设备，电源管理至关重要：我们可以采取任何措施来降低功耗，从而延长电池寿命。另外，即使是使用主电源运行的设备，降低功耗也有利于减少冷却需求和能源成本。本章将介绍电源管理的 4 个原则：

- ❑　除非必要勿急跑。
- ❑　一有机会就睡觉。
- ❑　无用设备全关掉。
- ❑　睡得越香越美妙。

用更专业的术语来说，这些原则相应地意味着：

- ❑　电源管理系统应该尽量降低 CPU 时钟频率。
- ❑　在空闲期间，应该尽可能选择休眠状态。
- ❑　应该通过关闭未使用的外围设备来减少负载。
- ❑　应该能够将整个系统置于挂起状态，同时确保电源状态能迅速转换。

Linux 具有解决上述每一点的功能。本章将依次描述这些功能，并提供示例和建议，说明如何将它们应用于嵌入式系统，以充分利用电源。

系统电源管理的一些术语取自高级配置和电源接口（advanced configuration and power interface，ACPI）规范。在 15.8 节 "延伸阅读" 中给出了对该规范的完整参考。

本章包含以下主题：

- ❑　测量用电量
- ❑　调整时钟频率
- ❑　选择最佳空闲状态
- ❑　关闭外围设备
- ❑　使系统进入休眠状态

15.1　技 术 要 求

要遵循本章示例操作，请确保你具备以下条件：

- ❑　基于 Linux 的系统。
- ❑　Etcher Linux 版。

- ❏ 　microSD 读卡器和卡。
- ❏ 　USB 转 TTL 3.3V 串行电缆。
- ❏ 　BeagleBone Black。
- ❏ 　5V 1A 直流电源。
- ❏ 　用于网络连接的以太网电缆和端口。

本章所有代码都可以在本书配套 GitHub 存储库的 Chapter15 文件夹中找到。该存储库网址如下：

https://github.com/PacktPublishing/Mastering-Embedded-Linux-Programming-Third-Edition

15.2　测量用电量

对于本章示例，我们需要使用真实的硬件而不是虚拟的。这意味着我们需要具有工作电源管理功能的 BeagleBone Black。遗憾的是，meta-yocto-bsp 层附带的 BeagleBone 的 BSP 不包含电源管理 IC（power management IC，PMIC）的必要固件，因此我们将使用预构建的 Debian 镜像。在 meta-ti 层中可能存在缺失的固件，但我对此没有仔细研究过。

在 BeagleBone Black 上安装 Debian 的过程与第 12 章 "使用分线板进行原型设计" 中介绍的过程相同，只不过 Debian 的版本可能会有所不同。

要下载 BeagleBone Black 的 Debian Stretch IoT microSD 卡镜像，可发出以下命令：

```
$ wget https://debian.beagleboard.org/images/bone-debian-9.9-
iot-armhf-2019-08-03-4gb.img.xz
```

在撰写本文时，10.3（又名 Buster）是基于 AM335x 的 BeagleBones 的最新 Debian 镜像。本章练习将使用 Debian 9.9，因为 Debian 10.3 包含的 Linux 内核缺少一些电源管理功能。

将 Debian Stretch IoT 镜像下载到 microSD 卡中后，可使用 Etcher 将其写入 microSD 卡中。

ℹ️ 注意：

如果可能的话，请下载 Debian 9.9（又名 Stretch）版本，而不是从 BeagleBoard.org 中下载最新的 Debian 镜像，以用于本章的练习。

Debian 10.3 版本中缺少 CPUIdle 驱动程序，因此该版本的发行版本中缺少 menu 和 ladder CPUIdle 调控器。

如果版本 9.9 不再可用或不再受支持，则可以从 BeagleBoard.org 中下载并尝试比 10.3 更新的 Debian 版本。

现在，在 BeagleBone 开发板没有上电的情况下，将 microSD 卡插入读卡器中，再插入串行电缆。串行端口应在你的计算机上显示为/dev/ttyUSB0。

启动合适的终端程序，如 gtkterm、minicom 或 picocom，并以 115200 bps（比特每秒）连接到端口，无流量控制。

gtkterm 可能是最容易设置和使用的：

```
$ gtkterm -p /dev/ttyUSB0 -s 115200
```

如果你收到权限错误，则可能需要将自己添加到 dialout 组中并重新启动以使用此端口。

按住 BeagleBone Black 上的 Boot Switch 按钮（最靠近 microSD 插槽的那个按钮），使用外部 5V 电源连接头为电路板供电，大约 5 s 后松开按钮。你应该会在串行控制台上看到 U-Boot 输出、内核日志输出以及最终的登录提示：

```
Debian GNU/Linux 9 beaglebone ttyS0

BeagleBoard.org Debian Image 2019-08-03

Support/FAQ: http://elinux.org/Beagleboard:BeagleBoneBlack_Debian

default username:password is [debian:temppwd]

beaglebone login: debian
Password:
```

以 debian 用户身份登录，密码是 temppwd。

🛈 注意：

许多 BeagleBone Black 的板载闪存上已经安装了 Debian，因此即使没有插入 microSD 卡，它们仍然可以启动。如果在密码提示之前显示 BeagleBoard.org Debian Image 2019-08-03 消息，则 BeagleBone Black 可能从 microSD 上的 Debian 9.9 镜像中进行引导。如果在密码提示之前显示不同的 Debian 版本信息，则需要验证 microSD 卡是否被正确插入。

要检查正在运行的 Debian 版本，需要运行以下命令：

```
debian@beaglebone:~$ cat /etc/os-release
PRETTY_NAME="Debian GNU/Linux 9 (stretch)"
NAME="Debian GNU/Linux"
VERSION_ID="9"
VERSION="9 (stretch)"
ID=debian
```

```
HOME_URL="https://www.debian.org/"
SUPPORT_URL="https://www.debian.org/support"
BUG_REPORT_URL="https://bugs.debian.org/"
```

现在检查电源管理功能是否正常工作：

```
debian@beaglebone:~$ cat /sys/power/state
freeze standby mem disk
```

如果你看到上述所有 4 种状态，则说明一切正常；如果你只看到 freeze，则说明电源管理子系统未正常工作。返回并仔细检查上述步骤。

现在我们可以继续测量功耗。这有两种方法：外部和内部。

❑ 从外部测量功率，即从系统外部测量，我们只需要一个电流表测量电流，一个电压表测量电压，然后将二者相乘即可得到瓦数。你可以使用给出读数的基本仪表，然后记下数据。或者，它们也可以更复杂，并结合数据记录，这样你就可以看到负载逐毫秒变化时功率的变化。出于本章的目的，我们将从 Mini USB 端口为 BeagleBone 供电，并使用一种价格仅为几美元的廉价 USB 电源监视器。

❑ 内部方法是使用 Linux 中内置的监控系统。你会发现系统通过 sysfs 向你报告了大量信息。还有一个非常有用的程序称为 PowerTOP，它可从各种来源收集信息并将其呈现在一个地方。PowerTOP 是 Yocto Project 和 Buildroot 的一个包。也可用于在 Debian 上安装 PowerTOP。

要从 Debian Stretch IoT 的 BeagleBone Black 上安装 PowerTop，需要运行以下命令：

```
debian@beaglebone:~$ sudo apt update
[…]
debian@beaglebone:~$ sudo apt install powertop
Reading package lists... Done
Building dependency tree
Reading state information... Done
Suggested packages:
    laptop-mode-tools
The following NEW packages will be installed:
    powertop
0 upgraded, 1 newly installed, 0 to remove and 151 not upgraded.
Need to get 177 kB of archives.
After this operation, 441 kB of additional disk space will be used.
Get:1 http://deb.debian.org/debian stretch/main armhf powertop
armhf 2.8-1+b1 [177 kB]
Fetched 177 kB in 0s (526 kB/s)
```

在安装 PowerTOP 之前,不要忘记将 BeagleBone Black 开发板插入以太网中并更新可用的包列表。

图 15.1 是在 BeagleBone Black 上运行的 PowerTOP 示例。

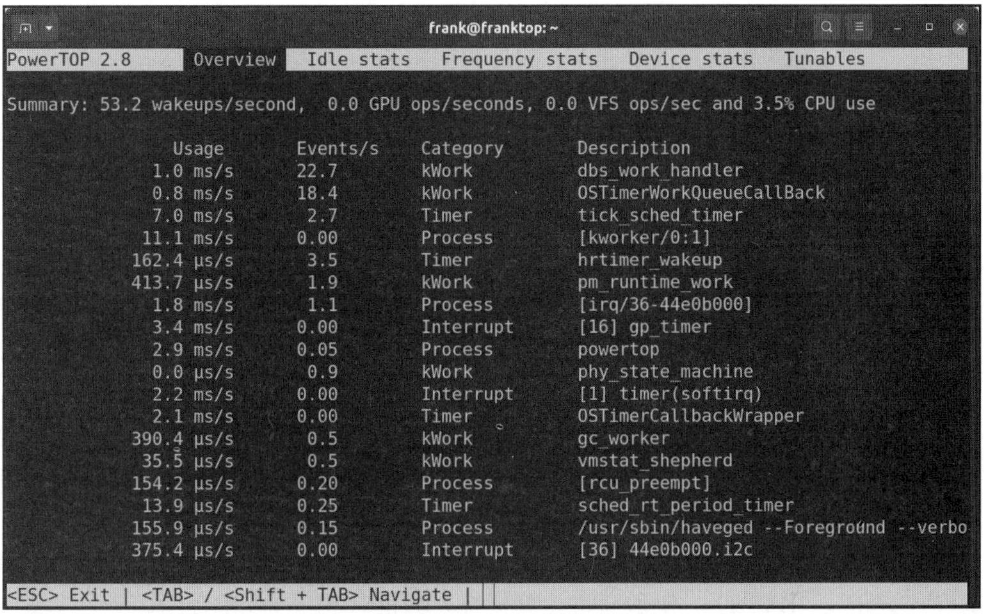

图 15.1　PowerTOP 概览

在图 15.1 中,可以看到系统很安静,只有 3.5% 的 CPU 使用率。

在稍后的 15.3.2 节"使用 CPUFreq"和 15.4.1 节"CPUIdle 驱动程序"中,我们将展示更多有趣的示例。

现在我们已经有了测量功耗的方法,接下来让我们看看在嵌入式 Linux 系统中管理功耗的最大旋钮之一:时钟频率。

15.3　调整时钟频率

急速跑 1 km 比漫步走 1 km 将消耗更多的能量。类似地,以较低的频率运行 CPU 也可能节省能源。让我们来看看这一原则。

执行代码时,CPU 的功耗是由栅极泄漏电流(gate leakage current)等引起的静态分量和由栅极切换引起的动态分量的总和:

$$P_{\text{cpu}} = P_{\text{static}} + P_{\text{dyn}}$$

动态功率分量取决于被切换的逻辑门的总电容、时钟频率和电压的平方：

$$P_{\text{dyn}} = CfV^2$$

从以上公式中可以看出，改变频率本身并不会节省任何功率，因为必须完成相同数量的 CPU 周期才能执行给定的子程序。如果我们将频率降低一半，则完成计算所需的时间将增加一倍，但由于动态功率分量的存在，因此消耗的总功率将是相同的。

事实上，降低频率实际上可能会增加功率预算，因为 CPU 进入空闲状态需要更长的时间。因此，在这些情况下，最好使用可能的最高频率，以便 CPU 可以快速地回到空闲状态。这被称为空闲竞争（race to idle）。

ℹ️ 注意：

降低频率还有另一个动机：热管理（thermal management）。为了将封装的温度保持在一定范围内，可能需要以较低的频率进行运行。但这不是我们讨论的重点。

因此，如果想要省电，就必须能够改变 CPU 内核工作的电压。但是，对于任何给定的电压，都有一个最大频率，超过该频率，门的开关就会变得不可靠。更高的频率需要更高的电压，因此二者需要一起被调整。

许多 SoC 实现了这样的功能，它被称为动态电压和频率缩放（dynamic voltage and frequency scaling，DVFS）。制造商将计算核心频率和电压的最佳组合。每个组合被称为运行性能点（operating performance point，OPP）。ACPI 规范将它们称为 P 状态（P-state），其中 P0 是频率最高的 OPP。虽然 OPP 其实是频率和电压的组合，但它常被单独称为频率分量（frequency component）。

在 P 状态之间切换需要内核驱动程序。因此，接下来，就让我们看看该驱动程序和控制它的调控器。

15.3.1　CPUFreq 驱动程序

Linux 有一个名为 CPUFreq 的组件来管理 OPP 之间的转换。CPUFreq 是每个 SoC 封装的板级支持包的一部分。CPUFreq 由 drivers/cpufreq/中的驱动程序组成，这些驱动程序可实现从一个 OPP 转换到另一个 OPP，另外还有一组实现何时进行切换的策略的调控器（governor）。调控器通过/sys/devices/system/cpu/cpuN/cpufreq 目录对每个 CPU 进行控制，其中，N 是 CPU 编号。在该目录中有许多文件，最有趣的一些文件如下。

❑ cpuinfo_cur_freq、cpuinfo_max_freq 和 cpuinfo_min_freq：此 CPU 的当前频率以

及最大值和最小值，以 KHz 为单位。

- ❑ cpuinfo_transition_latency：从一个 OPP 切换到另一个 OPP 的时间（以纳秒为单位）。如果该值未知，则将其设置为-1。
- ❑ scaling_available_frequencies：此 CPU 上可用的 OPP 频率列表。
- ❑ scaling_available_governors：此 CPU 上可用的调控器列表。
- ❑ scaling_governor：当前使用的 CPUFreq 调控器。
- ❑ scaling_max_freq 和 scaling_min_freq：调控器可用的频率范围，以 KHz 为单位。
- ❑ scaling_setspeed：当调控器是 userspace 时，允许你手动设置频率的文件，下文将详细介绍它。

调控器将设置 OPP 的更改策略。它可以将频率设置在 scaling_min_freq 和 scaling_max_freq 的限制之间。调控器命名如下。

- ❑ powersave：始终选择最低频率。
- ❑ performance：始终选择最高频率。
- ❑ ondemand：根据 CPU 利用率更改频率。如果 CPU 空闲时间少于 20%，则将频率设置为最大值；如果空闲时间超过 30%，则将频率降低 5%。
- ❑ conservative：类似于 ondemand，但是以 5%的步长切换到更高频率，而不是立即达到最大值。
- ❑ userspace：频率由用户空间程序设置。

Debian 启动时的默认调控器是 performance：

```
$ cd /sys/devices/system/cpu/cpu0/cpufreq
$ cat scaling_governor
performance
```

要切换到 ondemand 调控器（这也是本章练习使用的调控器），需要运行以下命令：

```
$ sudo cpupower frequency-set -g ondemand
[sudo] password for debian:
Setting cpu: 0
```

在提示输入密码时输入 temppwd。

可以通过/sys/devices/system/cpu/cpufreq/ondemand/查看和修改 ondemand 调控器用来决定何时更改 OPP 的参数。ondemand 调控器和 conservative 调控器都考虑了改变频率和电压所需的努力。该参数在 cpuinfo_transition_latency 中。这些计算适用于具有正常调度策略的线程，如果该线程是实时调度的，则它们都会立即选择最高的 OPP，以便线程能够满足其调度期限。

userspace 调控器允许用户空间守护进程执行选择 OPP 的逻辑。示例包括 cpudyn 和 powernowd，尽管这二者都面向基于 x86 的笔记本计算机，而不是嵌入式设备。

现在我们已经知道了有关 CPUFreq 驱动程序的运行时详细信息的位置，接下来让我们看看如何在编译时定义 OPP。

15.3.2　使用 CPUFreq

先来看看 BeagleBone Black，可以发现 OPP 编码在设备树中。以下是 am33xx.dtsi 中的代码片段：

```
cpu0_opp_table: opp-table {
    compatible = "operating-points-v2-ti-cpu";
    syscon = <&scm_conf>;
    […]
    opp50-300000000 {
        opp-hz = /bits/ 64 <300000000>;
        opp-microvolt = <950000 931000 969000>;
        opp-supported-hw = <0x06 0x0010>;
        opp-suspend;
    };
    […]
    opp100-600000000 {
        opp-hz = /bits/ 64 <600000000>;
        opp-microvolt = <1100000 1078000 1122000>;
        opp-supported-hw = <0x06 0x0040>;
    };
    […]
    opp120-720000000 {
        opp-hz = /bits/ 64 <720000000>;
        opp-microvolt = <1200000 1176000 1224000>;
        opp-supported-hw = <0x06 0x0080>;
    };
    […]
    oppturbo-800000000 {
        opp-hz = /bits/ 64 <800000000>;
        opp-microvolt = <1260000 1234800 1285200>;
        opp-supported-hw = <0x06 0x0100>;
    };
    oppnitro-1000000000 {
        opp-hz = /bits/ 64 <1000000000>;
        opp-microvolt = <1325000 1298500 1351500>;
```

```
        opp-supported-hw = <0x04 0x0200>;
    };
};
```

可以通过查看可用频率来确认以下是运行时使用的 OPP：

```
$ cd /sys/devices/system/cpu/cpu0/cpufreq
$ cat scaling_available_frequencies
300000 600000 720000 800000 1000000
```

在选择 userspace 调控器之后，即可通过写入 scaling_setspeed 来设置频率，这样就可以测量每个 OPP 消耗的功率。这些测量值不是很准确，所以不要太认真。

首先，对于空闲系统，其结果是 70mA @ 4.6V = 320 mW。这与频率无关，这是我们期望的，因为这是该特定系统功耗的静态分量。

现在，可以通过运行以下计算绑定负载来了解每个 OPP 消耗的最大功率：

```
# dd if=/dev/urandom of=/dev/null bs=1
```

结果如表 15.1 所示，Delta power 是空闲系统之上的额外用电量。

表 15.1　每个 OPP 消耗的最大功率

OPP	Freq/kHz	Power/mW	Delta power/mW
OPP50	300000	370	50
OPP100	600000	505	185
OPP120	720000	600	280
Turbo	800000	640	320
Nitro	1000000	780	460

上述测量显示了各种 OPP 的最大功率。但这不是一个公平的测试，因为 CPU 以 100% 的速度运行，所以它将以更高的频率执行更多的指令。如果保持负载不变但改变频率，则会发现如表 15.2 所示的结果。

表 15.2　负载不变但改变频率之后的测量结果

OPP	Freq/kHz	CPU utilization/%	Power/mW
OPP50	300000	94	320
OPP100	600000	48	345
OPP120	720000	40	370
Turbo	800000	34	370
Nitro	1000000	28	370

这显示了在最低频率下的功耗节省，大约为 15%。

使用 PowerTOP 即可看到每个 OPP 花费的时间百分比。图 15.2 显示了 BeagleBone Black 使用 ondemand 调控器运行轻负载的情况。

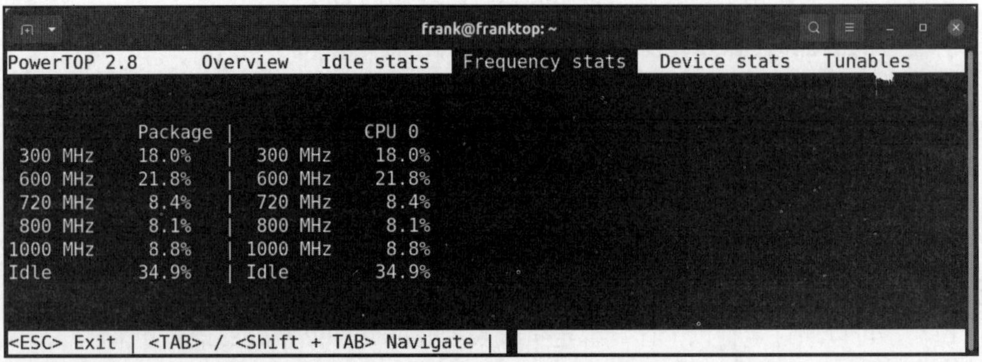

图 15.2　PowerTOP 频率统计

在大多数情况下，ondemand 调控器是最好用的一种。要选择特定的调控器，需要使用默认调控器（如 CPU_FREQ_DEFAULT_GOV_ONDEMAND）配置内核，也可以使用引导脚本在引导时更改调控器。在本书配套代码存档目录 MELP/Chapter15/cpufrequtils 中有一个示例 System V init 脚本，取自 Debian。

有关 CPUFreq 驱动程序的更多信息，请查看 Linux 内核源代码树的 Documentation/cpu-freq 目录中的文件。

现在我们已经了解了 CPU 繁忙时的功耗情况和调整方式。接下来，将探讨如何在 CPU 空闲时节省电量。

15.4　选择最佳空闲状态

当处理器没有更多工作要做时，它会执行暂停指令（halt instruction）并进入空闲（idle）状态。在空闲时，CPU 仅消耗较少的功率。当硬件中断等事件发生时，退出空闲状态。

大多数 CPU 都有多个空闲状态，它们使用不同的电量。一般来说，在功耗和延迟或退出状态所需的时间长度之间存在权衡。在 ACPI 规范中，它们被称为 C 状态（C-state）。

在更深的 C 状态中，更多的电路以丢失某些状态为代价而关闭，因此需要更长的时间才能恢复正常操作。例如，在某些 C 状态下，CPU 缓存可能已关闭，因此当 CPU 再次运行时，它可能必须从主内存中重新加载一些信息。这个成本是很高的，因此仅在 CPU

很可能保持此状态很长一段时间时才这样做。状态的数量因系统而异。每个状态都需要
一些时间从休眠中恢复到完全活跃。

选择正确的空闲状态的关键是对 CPU 将处于静止状态的时间有一个很好的了解。预
测未来总是很棘手，但有些事情可以提供帮助。一个是当前的 CPU 负载：如果现在负载
很高，那么在不久的将来很可能会继续如此，因此深度休眠是无益的。即使负载很低，
也应该看看是否有即将到期的定时器事件。如果没有负载也没有定时器，那么更深的空
闲状态是合理的。

Linux 中选择最佳空闲状态的部分是 CPUIdle 驱动程序。Linux 内核源代码树内的
Documentation/cpuidle 目录中有大量关于它的信息。

15.4.1　CPUIdle 驱动程序

与 CPUFreq 子系统一样，CPUIdle 由作为板级支持包（BSP）一部分的驱动程序和确
定策略的调控器组成。当然，与 CPUFreq 不同的是，调控器不能在运行时被更改，并且
没有用于用户空间调控器的接口。

CPUIdle 在/sys/devices/system/cpu/cpu0/cpuidle 目录中公开有关每个空闲状态的信息，
其中每个休眠状态都有一个子目录，名为 state0 到 stateN。

state0 是最浅的休眠，stateN 是最深的休眠。请注意，该编号与 C 状态的编号不匹配，
并且 CPUIdle 也没有等效于 C0（运行）的状态。

对于每个状态，都有以下文件。

❑　desc：状态的简短描述。

❑　disable：通过向此文件中写入 1 来禁用此状态的选项。

❑　latency：CPU 内核在退出此状态时恢复正常运行所需的时间，以微秒（μs）为
单位。

❑　name：该状态的名称。

❑　power：处于空闲状态时消耗的功率，以毫瓦（mW）为单位。

❑　time：在此空闲状态中花费的总时间，以微秒（μs）为单位。

❑　usage：进入此状态的次数。

BeagleBone Black 上的 AM335x SoC 有两种空闲状态。以下是第一个：

```
$ cd /sys/devices/system/cpu/cpu0/cpuidle
$ grep "" state0/*
state0/desc:ARM WFI
state0/disable:0
```

```
state0/latency:1
state0/name:WFI
state0/power:4294967295
state0/residency:1
state0/time:1023898
state0/usage:1426
```

可以看到，该状态被命名为 WFI，它指的是 ARM 停止指令 Wait For Interrupt（等待中断）。延迟为 1 μs，因为它只是一条停止指令，并且所消耗的功率为-1，这意味着功率预算未知（至少 CPUIdle 未知）。

以下是第二个状态：

```
$ cd /sys/devices/system/cpu/cpu0/cpuidle
$ grep "" state1/*
state1/desc:mpu_gate
state1/disable:0
state1/latency:130
state1/name:mpu_gate
state1/power:0
state1/residency:300
state1/time:139156260
state1/usage:7560
```

可以看到，该状态名为 mpu_gate，它具有 130 μs 的更高延迟。该空闲状态可能被硬编码到 CPUIdle 驱动程序中或呈现在设备树中。以下是 am33xx.dtsi 中的代码片段：

```
cpus {
    cpu@0 {
        compatible = "arm,cortex-a8";
        enable-method = "ti,am3352";
        device_type = "cpu";
        reg = <0>;
.
.
.
        cpu-idle-states = <&mpu_gate>;
    };

    idle-states {
        mpu_gate: mpu_gate {
            compatible = "arm,idle-state";
            entry-latency-us = <40>;
```

```
        exit-latency-us = <90>;
        min-residency-us = <300>;
        ti,idle-wkup-m3;
    };
  };
}
```

CPUIdle 有以下两个调控器。

❑ ladder：根据上一个空闲周期所用的时间，这会将空闲状态向下或向上逐个递减或递增。它适用于常规定时器滴答（tick），但不适用于动态滴答。

❑ menu：根据预期的空闲时间选择空闲状态。它适用于动态滴答系统。

你应该根据自己的 NO_HZ 配置选择其中一个调控器。15.4.2 节"无滴答操作"将详细说明 NO_HZ 配置。

用户交互是通过 sysfs 文件系统进行的。在/sys/devices/system/cpu/cpuidle 目录下，可发现以下两个文件。

❑ current_driver：这是 cpuidle 驱动程序的名称。

❑ current_governor_ro：这是调控器的名称。

使用 PowerTOP 可显示正在使用哪个驱动程序和哪个调控器。空闲状态可以被显示在 PowerTOP 的 Idle stats（空闲状态）选项卡上。图 15.3 显示了使用 menu 调控器的 BeagleBone Black。

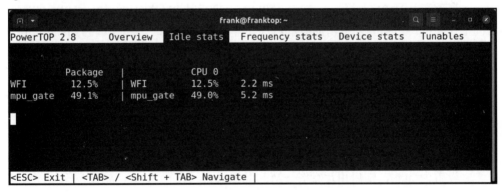

图 15.3　在 PowerTOP 中显示的空闲状态

这表明当系统空闲时，它大多会进入更深的 mpu_gate 空闲状态，这正是我们想要的。

即使 CPU 完全空闲，大多数 Linux 系统仍被配置为在收到系统定时器中断时定期唤醒。为了节省更多电量，我们需要配置 Linux 内核以进行无滴答操作。

15.4.2　无滴答操作

这里有必要说明无滴答（tickless）或 NO_HZ 选项。如果系统真的空闲，最可能的中断源将是系统定时器，它被编程为以 Hz 每秒的速率生成定期时间滴答，其中 Hz 通常为 100。历史上，Linux 使用定时器滴答作为测量超时的主要时基。

但是，如果在特定时刻没有注册定时器事件，那么唤醒 CPU 以处理定时器中断显然是一种浪费。动态滴答内核配置选项 CONFIG_NO_HZ_IDLE 可在定时器处理例程结束时查看定时器队列，并在下一个事件发生时安排下一次中断，避免不必要的唤醒，让 CPU 长时间处于空闲状态。在任何对功耗敏感的应用程序中，内核都应被配置为启用此选项。

虽然 CPU 消耗嵌入式 Linux 系统中的大部分电力，但系统的其他组件也可以被关闭以尽量节省能源。

15.5　关闭外围设备

到目前为止，我们的讨论都是关于 CPU 以及如何在 CPU 运行或空闲时降低功耗。现在是时候关注系统外设部分了，看看是否在这一部分也可以实现节能。

在 Linux 内核中，这是由运行时电源管理系统（runtime power management system）管理的，简称运行时 PM（runtime PM，RPM）。运行时 PM 与支持运行时 PM 的驱动程序协同工作，可关闭那些未使用的驱动程序，并在下次需要时再次唤醒它们；运行时 PM 是动态的，应该对用户空间透明；运行时 PM 由设备驱动程序来实现对硬件的管理，但通常情况下，它会包括关闭子系统的时钟，也称为时钟门控（clock gating），并在可能的情况下关闭核心电路。

运行时电源管理通过 sysfs 接口被公开。每个设备都有一个名为 power 的子目录，你可以在其中找到以下文件。

- control：这允许用户空间确定是否在此设备上使用运行时 PM。如果将 control 设置为 auto，则启用运行时 PM；但如果将其设置为 on，则设备将始终处于开启状态且不使用运行时 PM。
- runtime_enabled：报告运行时 PM 是 enabled、disabled 还是 forbidden。如果 control 为 on，则报告 forbidden。
- runtime_status：报告设备的当前状态。它可以是 active、suspended 或 unsupported 这些值之一。

❑ autosuspend_delay_ms：这是设备挂起之前的时间。-1 表示永远等待。如果挂起
设备硬件的成本很高，则某些驱动程序会执行此操作，因为它可以防止快速挂
起/恢复周期。

举一个具体的例子，让我们来看看 BeagleBone Black 上的 MMC 驱动程序：

```
$ cd /sys/devices/platform/ocp/481d8000.mmc/mmc_host/mmc1/
mmc1:0001/power
$ grep "" *
async:enabled
autosuspend_delay_ms:3000
control:auto
runtime_active_kids:0
runtime_active_time:14464
runtime_enabled:enabled
runtime_status:suspended
runtime_suspended_time:121208
runtime_usage:0
```

可以看到，运行时 PM 已启用，设备当前处于挂起状态，并且在上次使用后有 3000 ms
的延迟时间才会再次挂起。现在从设备中读取一个块，看看它是否发生了变化：

```
$ sudo dd if=/dev/mmcblk1p3 of=/dev/null count=1
1+0 records in
1+0 records out
512 bytes copied, 0.00629126 s, 81.4 kB/s
$ grep "" *
async:enabled
autosuspend_delay_ms:3000
control:auto
runtime_active_kids:0
runtime_active_time:17120
runtime_enabled:enabled
runtime_status:active
runtime_suspended_time:178520
runtime_usage:0
```

现在 MMC 驱动器处于活动状态，并且该开发板的功率从 320 mW 增加到 500 mW。如
果在 3 s 后再次重复 MMC 驱动程序，那么它会再次挂起，并且功率也会恢复到 320 mW。

有关运行时 PM 的更多信息，请查看位于 Documentation/power/runtime_pm.txt 中的
Linux 内核源代码。

现在我们知道了运行时 PM 是什么以及它做了什么，接下来可以看看它的实际作用。

15.6　使系统进入休眠状态

还有一种电源管理技术需要考虑：当预计在将来的一段时间内都不会再次使用系统时，可以将整个系统置于休眠模式。在 Linux 内核中，这被称为系统休眠（system sleep）。系统休眠通常是用户发起的：用户决定设备应该关闭一段时间。例如，下班时间到了，我们可以合上笔记本计算机的盖子，将它放入包里。

Linux 中对系统休眠的大部分支持来自对笔记本计算机的支持。在笔记本计算机的世界中，通常有两种选择：

- 挂起（suspend）。
- 休眠（hibernate）。

第一个选项也称为挂起到 RAM（suspend to RAM），关闭除系统内存之外的所有内容，因此机器仍然会消耗一点电量。当系统唤醒时，内存会保留之前的所有状态，挂起的笔记本计算机会在几秒内运行。

如果选择的是休眠选项，则内存中的内容将被保存到硬盘中。系统完全不消耗电力，因此可以无限期地保持这种状态，但是在唤醒时，需要一些时间才能从磁盘中恢复内存。

休眠选项在嵌入式系统中很少使用，主要是因为闪存存储在读/写方面往往很慢，而且还因为它对工作流程的干扰。

有关更多信息，请查看 Documentation/power 目录中的内核源代码。

挂起到 RAM 和休眠选项映射到 Linux 支持的 4 种休眠状态中的两种。接下来，就让我们看看这两种类型的系统休眠和其他 ACPI 电源状态。

15.6.1　电源状态

在 ACPI 规范中，休眠（sleep）状态被称为 S 状态（S-state）。

Linux 支持 4 种休眠状态（freeze、standby、mem 和 disk），它们与相应的 ACPI S 状态（[S0]、S1、S3、S4）如下所示。

- freeze（[S0]）：停止（冻结）用户空间中的所有活动，但 CPU 和内存正常运行。省电的结果是没有运行用户空间代码。ACPI 没有等效状态，因此 S0 是最接近的匹配。S0 是运行系统的状态。
- standby（S1）：与 freeze 类似，但额外使除引导 CPU 之外的所有 CPU 脱机。
- mem（S3）：关闭系统并将内存置于自刷新模式。也称为挂起到 RAM（suspend

to RAM）。

❑ disk（S4）：将内存保存到硬盘上并关闭电源。也称为挂起到磁盘（suspend to disk）。

并非所有系统都支持所有状态。要找出哪些状态可用，请阅读/sys/power/state 文件，如下所示：

```
# cat /sys/power/state
freeze standby mem disk
```

要进入系统休眠状态之一，只需将所需状态写入/sys/power/state 中。

对于嵌入式设备，最常见的需求是使用 mem 选项挂起到 RAM。例如，可按以下方式挂起 BeagleBone Black：

```
# echo mem > /sys/power/state
[ 1646.158274] PM: Syncing filesystems ...done.
[ 1646.178387] Freezing user space processes ... (elapsed 0.001
seconds) done.
[ 1646.188098] Freezing remaining freezable tasks ... (elapsed
0.001 seconds) done.
[ 1646.197017] Suspending console(s) (use no_console_suspend to debug)
[ 1646.338657] PM: suspend of devices complete after 134.322 msecs
[ 1646.343428] PM: late suspend of devices complete after 4.716 msecs
[ 1646.348234] PM: noirq suspend of devices complete after 4.755 msecs
[ 1646.348251] Disabling non-boot CPUs ...
[ 1646.348264] PM: Successfully put all powerdomains to target state
```

设备将在不到 1 s 的时间内断电，然后用电量下降到 10 mW 以下，这是我的简单万用表的测量极限值。但是如何再次唤醒设备？这是接下来我们要讨论的主题。

15.6.2 唤醒事件

在暂停设备之前，必须有一种再次唤醒它的方法。内核会尝试按以下方式帮助你。如果连一个唤醒源都没有，则系统将拒绝挂起并显示以下消息：

```
No sources enabled to wake-up! Sleep abort.
```

上述消息的意思是：没有启用唤醒的源！休眠中止。

当然，这意味着即使在最深的休眠期间，系统的某些部分也必须保持通电状态。这通常涉及电源管理 IC（power management IC，PMIC）、实时时钟（realtime clock，RTC），并且可能还包括 GPIO、UART 和以太网等接口。

唤醒事件通过 sysfs 控制。/sys/device 中的每个设备都有一个名为 power 的子目录，其中包含一个 wakeup 文件，该文件包含以下字符串之一。

- ❑ enabled：此设备将生成唤醒事件。
- ❑ disabled：此设备不会生成唤醒事件。
- ❑ （空）：此设备无法生成唤醒事件。

要获取可以生成唤醒的设备列表，可以搜索 wakeup 包含 enabled 或 disabled 字符串的所有设备：

```
$ find /sys/devices/ -name wakeup | xargs grep "abled"
```

在 BeagleBone Black 中，UART 是唤醒源，因此按控制台上的一个键就可以唤醒 BeagleBone：

```
[ 1646.348264] PM: Wakeup source UART
[ 1646.368482] PM: noirq resume of devices complete after 19.963 msecs
[ 1646.372482] PM: early resume of devices complete after 3.192 msecs
[ 1646.795109] net eth0: initializing cpsw version 1.12 (0)
[ 1646.798229] net eth0: phy found : id is : 0x7c0f1
[ 1646.798447] libphy: PHY 4a101000.mdio:01 not found
[ 1646.798469] net eth0: phy 4a101000.mdio:01 not found on slave 1
[ 1646.927874] PM: resume of devices complete after 555.337 msecs
[ 1647.003829] Restarting tasks ... done.
```

我们已经掌握了如何让设备进入休眠状态，然后通过来自 UART 等外围接口的事件将其唤醒。但是，如果我们希望设备在没有任何外部交互的情况下自行唤醒，那又该怎么办呢？这就是实时时钟（RTC）发挥作用的地方。

15.6.3　从实时时钟定时唤醒

大多数系统都有一个 RTC，可以在未来长达 24 小时内产生警报中断。如果确实如此，则会存在一个/sys/class/rtc/rtc0 目录。该目录中应该包含 wakealarm 文件。向 wakealarm 文件中写入一个数字将导致它在该秒数后生成一个警报。如果你还启用了来自 rtc 的 wakeup 事件，则 RTC 将恢复已被挂起的设备。

例如，以下 rtcwake 命令将使系统处于 standby 状态，而 RTC 则会在 5 s 后将其唤醒：

```
$ sudo su -
# rtcwake -d /dev/rtc0 -m standby -s 5
  rtcwake: assuming RTC uses UTC ...
  rtcwake: wakeup from "standby" using /dev/rtc0 at Tue Dec 1
19:34:10 2020
[ 187.345129] PM: suspend entry (shallow)
```

```
[ 187.345148] PM: Syncing filesystems ... done.
[ 187.346754] Freezing user space processes ... (elapsed 0.003
seconds) done.
[ 187.350688] OOM killer disabled.
[ 187.350789] Freezing remaining freezable tasks ... (elapsed
0.001 seconds) done.
[ 187.352361] Suspending console(s) (use no_console_suspend to debug)
[ 187.500906] Disabling non-boot CPUs ...
[ 187.500941] pm33xx pm33xx: PM: Successfully put all
powerdomains to target state
[ 187.500941] PM: Wakeup source RTC Alarm
[ 187.529729] net eth0: initializing cpsw version 1.12 (0)
[ 187.605061] SMSC LAN8710/LAN8720 4a101000.mdio:00: attached
PHY driver [SMSC LAN8710/LAN8720] (mii_bus:phy_addr=4a101000.
mdio:00, irq=POLL)
[ 187.731543] OOM killer enabled.
[ 187.731563] Restarting tasks ... done.
[ 187.756896] PM: suspend exit
```

由于 UART 也是唤醒源，因此在 RTC 的 wakealarm 到期之前按控制台上的某个键也将唤醒 BeagleBone Black：

```
[ 255.698873] PM: suspend entry (shallow)
[ 255.698894] PM: Syncing filesystems ... done.
[ 255.701946] Freezing user space processes ... (elapsed 0.003
seconds) done.
[ 255.705249] OOM killer disabled.
[ 255.705256] Freezing remaining freezable tasks ... (elapsed
0.002 seconds) done.
[ 255.707827] Suspending console(s) (use no_console_suspend to debug)
[ 255.860823] Disabling non-boot CPUs ...
[ 255.860857] pm33xx pm33xx: PM: Successfully put all
powerdomains to target state
[ 255.860857] PM: Wakeup source UART
[ 255.888064] net eth0: initializing cpsw version 1.12 (0)
[ 255.965045] SMSC LAN8710/LAN8720 4a101000.mdio:00: attached
PHY driver [SMSC LAN8710/LAN8720] (mii_bus:phy_addr=4a101000.
mdio:00, irq=POLL)
[ 256.093684] OOM killer enabled.
[ 256.093704] Restarting tasks ... done.
[ 256.118453] PM: suspend exit
```

BeagleBone Black 上的电源按钮也是一个唤醒源，因此你可以在没有串行控制台的情况下使用它从 standby 状态中进行恢复。确保按下的是电源按钮而不是旁边的重置按钮，否则开发板将重新启动。

对 4 种 Linux 系统休眠模式的介绍到此结束。我们学习了如何将设备挂起到 mem 或 standby 电源状态，然后通过来自 UART、RTC 或电源按钮的事件将其唤醒。虽然 Linux 中的运行时电源管理功能主要是为笔记本计算机创建的，但开发人员也可以利用这种技术来支持同样依靠电池供电的嵌入式系统。

15.7　小　　结

Linux 具有复杂的电源管理功能。本章详细阐释了以下 4 个主要组成部分。

- ❏　CPUFreq：可更改每个处理器内核的 OPP，以降低那些繁忙但有一些空闲带宽的处理器内核的功率，从而有机会调整频率。OPP 在 ACPI 规范中被称为 P 状态。
- ❏　CPUIdle：在一段时间内预计不会唤醒 CPU 时可选择更深的空闲状态。空闲状态在 ACPI 规范中被称为 C 状态。
- ❏　运行时 PM：关闭不需要的外围设备。
- ❏　系统休眠模式：将使整个系统进入低功耗状态。它们通常受最终用户控制，例如，通过按待机按钮。系统休眠状态在 ACPI 规范中被称为 S 状态。

大多数电源管理由板级支持包（BSP）为你完成。开发人员的主要任务是确保针对预期用例正确配置它。只有最后一个组件，即选择系统休眠状态，需要编写一些代码来允许最终用户进入和退出该状态。

本书的第 3 篇和编写嵌入式应用程序有关。我们将从打包和部署 Python 代码开始，深入研究在第 10 章"现场更新软件"中评估 balena 时介绍的容器化技术。

15.8　延 伸 阅 读

以下资源包含有关本章介绍的主题的更多信息.

Advanced Configuration and Power Interface Specification（《高级配置和电源接口规范》），UEFI Forum, Inc.：

https://uefi.org/sites/default/files/resources/ACPI_Spec_6_4_Jan22.pdf

第 3 篇

编写嵌入式应用程序

本篇将演示如何使用嵌入式 Linux 平台为工作设备创建应用程序。本篇首先介绍各种 Python 打包和部署选项，以帮助你进行应用程序的迭代开发，然后介绍如何有效利用 Linux 进程和线程模型，以及如何在资源受限的设备中管理内存。

本篇包括以下 3 章：

- ❏ 第 16 章，打包 Python 程序
- ❏ 第 17 章，了解进程和线程
- ❏ 第 18 章，管理内存

第 16 章　打包 Python 程序

Python 是最流行的机器学习编程语言之一，再加上日常生活中机器学习技术的逐渐普及，人们对在边缘设备上运行 Python 的愿望越来越强烈也就不足为奇了。即使在这个转译器（transpiler）和 WebAssembly 盛行的时代，打包 Python 应用程序以进行部署仍然是一个尚未解决的问题。在本章中，你会了解将 Python 模块捆绑在一起的选择，以及在什么时候使用哪一种方法更合适。

本章将首先回顾当今 Python 打包解决方案的起源，从内置标准 distutils 到其后继者 setuptools。接下来，我们将介绍 pip 包管理器，然后转到 Python 虚拟环境的 venv，接着是 conda，这是主流的通用跨平台解决方案。最后，本章还将展示如何使用 Docker 将 Python 应用程序与其用户空间环境捆绑在一起，以便快速部署到云中。

由于 Python 是一种解释型语言，因此开发人员无法像使用 Go 之类的语言那样将程序编译为独立的可执行文件，这使得部署 Python 应用程序变得较为复杂。运行 Python 应用程序需要安装 Python 解释器和若干个运行时依赖项。这些要求需要与代码兼容才能使应用程序正常工作。这需要对软件组件进行精确的版本控制。解决这些部署问题就是 Python 打包的全部内容。

本章包含以下主题：

❏　追溯 Python 打包的起源
❏　使用 pip 安装 Python 包
❏　使用 venv 管理 Python 虚拟环境
❏　使用 conda 安装预编译的二进制文件
❏　使用 Docker 部署 Python 应用程序

16.1　技　术　要　求

要跟随本章示例操作，请确保你在基于 Linux 的主机系统上安装了以下包。

❏　Python：Python 3 解释器和标准库。
❏　pip：Python 3 的包安装程序。
❏　venv：用于创建和管理轻量级虚拟环境的 Python 模块。
❏　Miniconda：conda 包和虚拟环境管理器的最小安装程序。

❑　Docker：用于在容器内构建、部署和运行软件的工具。

16.1.1　安装 venv

本章推荐使用 Ubuntu 20.04 LTS 或更高版本。即使 Ubuntu 20.4 LTS 在 Raspberry Pi 4 上运行，但我仍然更喜欢在 x86-64 台式计算机或笔记本计算机上进行开发。我选择了 Ubuntu 作为开发环境，因为该发行版维护者让 Docker 保持了最新。

Ubuntu 20.04 LTS 还附带了 Python 3 和已经安装的 pip，因为 Python 在整个系统中被广泛使用。不要卸载 python3，否则会导致 Ubuntu 无法使用。要在 Ubuntu 上安装 venv，可输入以下命令：

```
$ sudo apt install python3-venv
```

ⓘ 注意：

在学习 conda 部分之前不要安装 Miniconda，因为它会干扰早期的 pip 练习，后者依赖于系统 Python 安装。

接下来，让我们安装 Docker。

16.1.2　安装 Docker

要在 Ubuntu 20.04 LTS 上安装 Docker，需要执行以下操作。

（1）更新包存储库：

```
$ sudo apt update
```

（2）安装 Docker：

```
$ sudo apt install docker.io
```

（3）启动 Docker 守护程序并使其在引导时启动：

```
$ sudo systemctl enable --now docker
```

（4）将自己添加到 docker 组中：

```
$ sudo usermod -aG docker <username>
```

请注意将步骤（4）中的<username>替换为你的用户名。

建议你创建自己的 Ubuntu 用户账户，而不是使用默认的 ubuntu 用户账户，该账户应该保留用于管理任务。

16.2　追溯 Python 打包的起源

Python 程序打包的发展经历了多次失败尝试，埋葬了大量废弃工具。在 Python 社区中，围绕依赖项管理的最佳实践经常发生变化，并且推荐的解决方案往往不到一年即宣告失败。当你研究此主题时，请注意查看信息的发布时间，不要相信任何可能已过时的建议。

大多数 Python 库都是使用 distutils 或 setuptools 分发的，包括在 Python 包索引（Python package index，PyPI）上找到的所有包。这两种分发方法都依赖于 Python 包安装程序（package installer for Python，pip）用来安装包的 setup.py 项目规范文件。pip 还可以在安装项目后生成或冻结精确的依赖项列表。这个可选的 requirements.txt 文件由 pip 与 setup.py 一起使用，以确保项目安装是可重复的。

16.2.1　distutils

distutils 是 Python 的原始打包系统。自 Python 2.0 起，它已被包含在 Python 标准库中。distutils 提供了一个可以通过 setup.py 脚本导入的同名 Python 包。尽管 distutils 仍然随 Python 一起提供，但它缺少一些基本功能，因此现在不鼓励直接使用 distutils。setuptools 已成为其首选替代品。

虽然 distutils 对于一些简单的项目来说仍然是有效的，但社区已经不再关注它。今天，distutils 主要是由于一些遗留项目的原因而存在，因为有许多 Python 库在首次被发布时仅有 distutils 可用。现在将它们移植到 setuptools 中需要付出相当大的努力，并且可能会对现有用户造成很大的影响。

16.2.2　setuptools

setuptools 通过添加对复杂结构的支持来扩展 distutils，从而使大型应用程序更易于分发。setuptools 已成为 Python 社区中事实上的打包系统。

与 distutils 一样，setuptools 提供了一个同名的 Python 包，你可以将其导入 setup.py 脚本中。distribute 曾经是 setuptools 的一个雄心勃勃的分叉，最终合并回 setuptools 0.7 中，巩固了 setuptools 作为 Python 打包的最终选择的地位。

setuptools 引入了一个名为 easy_install（现已弃用）的命令行实用程序和一个名为 pkg_resources 的 Python 包，用于发现运行时包和访问资源文件。

setuptools 还可以生成充当其他可扩展包（如框架和应用程序）的插件的包。为此，你可以在 setup.py 脚本中注册入口点，以便导入其他包。

术语发行版（distribution）在 Python 的上下文语境中意味着不同的东西。发行版是用于分发版本的包、模块和其他资源文件的版本化存档。版本（release）是在给定时间点采用的 Python 项目的版本化快照。更糟糕的是，术语包（package）和发行版经常被互换使用。本书假设发行版是你下载的东西，包是安装和导入的模块。

删减一个版本可能会导致多个发行版，如一个源发行版和一个或多个构建发行版。可以有针对不同平台的不同构建发行版，例如，包含 Windows 安装程序的发行版。

术语构建发行版（build distribution）意味着在安装之前不需要构建步骤。它并不一定意味着预编译。例如，一些内置的分发格式——如 Wheel（.whl）——会排除已编译的 Python 文件。包含已编译扩展的构建发行版称为二进制发行版（binary distribution）。

扩展模块（extension module）是用 C 或 C++编写的 Python 模块。每个扩展模块都编译成一个动态加载的库，例如 Linux 上的共享对象（.so）和 Windows 上的 DLL（.pyd）。将此与纯模块进行对比，纯模块必须完全用 Python 进行编写。

setuptools 引入的 Egg（.egg）构建发行版格式支持纯模块和扩展模块。由于 Python 解释器在运行时导入模块时，Python 源代码（.py）文件会编译成字节码（.pyc）文件，因此你可以看到诸如 Wheel 之类的构建发行版格式如何排除预编译的 Python 文件。

16.2.3　setup.py

假设你正在用 Python 开发一个小程序，可能会查询远程 REST API 并将响应数据保存到本地 SQL 数据库中。那么，如何将该程序及其依赖项打包在一起以进行部署呢？

这可以先从定义一个 setup.py 脚本开始，setuptools 可以用它来安装程序。使用 setuptools 进行部署是迈向更精细的自动化部署方案的第一步。

即使你的程序小到可以很简单地放入单个模块中，它也很可能不会长时间保持这种状态。假设你的程序由一个名为 follower.py 的文件组成，如下所示：

```
$ tree follower
follower
└── follower.py
```

然后，可以将 follower.py 拆分为 3 个单独的模块，并将它们放在一个同样被称为 follower 的嵌套目录中，以此来将该模块转换为一个包：

```
$ tree follower/
follower/
```

```
└── follower
    ├── fetch.py
    ├── __main__.py
    └── store.py
```

　　__main__.py 模块是你的程序开始的地方，因此它主要包含最上层的、面向用户的功能。fetch.py 模块包含用于向远程 REST API 发送 HTTP 请求的函数，而 store.py 模块则包含用于将响应数据保存到本地 SQL 数据库中的函数。要将这个包作为脚本运行，你需要将-m 选项传递给 Python 解释器，如下所示：

```
$ PYTHONPATH=follower python -m follower
```

　　PYTHONPATH 环境变量指向目标项目的包目录所在的目录。-m 选项后的 follower 参数告诉 Python 运行属于 follower 包的 __main__.py 模块。

　　像这样在项目目录中嵌套包目录为你的程序成长为一个更大的应用程序铺平了道路，该应用程序由多个包组成，每个包都有自己的命名空间。

　　将项目的各个部分都放在正确的位置后，现在可以创建一个最小的 setup.py 脚本，setuptools 可使用它来打包和部署程序：

```
from setuptools import setup

setup(
    name='follower',
    version='0.1',
    packages=['follower'],
    include_package_data=True,
    install_requires=['requests', 'sqlalchemy']
)
```

　　install_requires 参数是需要自动安装的外部依赖项列表，以便项目在运行时工作。请注意，在上述示例中，没有指定需要这些依赖项的哪些版本或从何处获取它们。只要求外观和行为类似于 requests 和 sqlalchemy 的库。像这样将策略与实现分开可以让你轻松地将依赖项的官方 PyPI 版本替换为你自己的依赖项，以防需要修复错误或添加功能。在依赖项声明中添加可选的版本说明符固然很好，但在 setup.py 中将分发 URL 硬编码为 dependency_links 原则上是错误的。

　　packages 参数告诉 setuptools 要随项目版本分发的树内包。由于每个包都在父项目目录自己的子目录中被定义，因此在这种情况下唯一发布的包是 follower。

　　我们在这个发行版中包含了数据文件和 Python 代码。为此，需要将 include_package_data 参数设置为 True，以便 setuptools 查找 MANIFEST.in 文件并安装其中列出的所有文

件。以下是 MANIFEST.in 文件的内容:

```
include data/events.db
```

如果 data 目录包含我们想要包含的数据的嵌套目录,则可以使用 recursive-include 将所有这些目录连同它们的内容包在一起:

```
recursive-include data *
```

以下是最终的目录布局:

```
$ tree follower
follower
├── data
│   └── events.db
├── follower
│   ├── fetch.py
│   ├── __init__.py
│   └── store.py
├── MANIFEST.in
└── setup.py
```

setuptools 擅长构建和分发依赖于其他包的 Python 包。setuptools 能够做到这一点要归功于诸如入口点和依赖项声明之类的功能,而 distutils 根本没有这些功能。

setuptools 可以很好地与 pip 配合使用,并且会定期发布 setuptools 的新版本。

Wheel 构建发行版格式的创建是为了替换 setuptools 起源的 Egg 格式。通过添加流行的 setuptools 扩展来构建 Wheel 以及 pip 对安装 Wheel 的大力支持,这项努力在很大程度上已经取得了成功。

16.3　使用 pip 安装 Python 包

现在我们已经知道了如何在 setup.py 脚本中定义项目的依赖项。但是,如何安装这些依赖项呢? 当找到更好的依赖项时,如何升级或替换它? 如何决定何时可以安全地删除不再需要的依赖项? 管理项目依赖项是一项棘手的工作。幸运的是,Python 附带了一个名为 pip 的工具,它可以为开发人员提供很大帮助,尤其是在项目的早期阶段。

16.3.1　pip 和 pip3

pip 的最初 1.0 版本于 2011 年 4 月 4 日发布,大约在 Node.js 和 npm 起飞的同时。在成为 pip 之前，该工具被命名为 pyinstall。

pyinstall 是在 2008 年创建的，作为 easy_install 的替代品，当时它与 setuptools 捆绑在一起。easy_install 现在已弃用，setuptools 建议改用 pip。

由于 pip 被包含在 Python 安装程序中，并且可以在系统上安装多个版本的 Python（如 2.7 和 3.8），因此了解你正在运行的 pip 版本会有所帮助：

```
$ pip --version
```

如果在你的系统上找不到 pip 可执行文件，这可能意味着你使用的是 Ubuntu 20.04 LTS 或更高版本并且没有安装 Python 2.7。没关系，在本节的其余部分，我们将用 pip3 代替 pip，用 python3 代替 python：

```
$ pip3 --version
```

如果有 python3 但没有 pip3 可执行文件，则可以在基于 Debian 的发行版（如 Ubuntu）上安装它：

```
$ sudo apt install python3-pip
```

pip 通常会将包安装到名为 site-packages 的目录中。要查找 site-packages 目录的位置，可运行以下命令：

```
$ python3 -m site | grep ^USER_SITE
```

ℹ️ 注意：

从这里开始显示的 pip3 和 python3 命令仅适用于 Ubuntu 20.04 LTS 或更高版本，它安装的不再是 Python 2.7。但是，大多数 Linux 发行版仍然带有 pip 和 python 可执行文件，所以如果你的 Linux 系统已经提供了 pip 和 python 命令，则也可以使用它们。

要获取系统上已安装的包列表，需要使用以下命令：

```
$ pip3 list
```

该列表显示 pip 只是另一个 Python 包，因此你可以使用 pip 自行升级，但我们建议你不要这样做，至少从长远来看不要这样做。下文介绍虚拟环境时将解释原因。

要获取安装在 site-packages 目录中的包列表，需要使用以下命令：

```
$ pip3 list --user
```

此列表应为空或比系统包列表短得多。

回到 16.2 节"追溯 Python 打包的起源"的示例项目。cd 进入 setup.py 所在的父级 follower 目录中。然后运行以下命令：

```
$ pip3 install --ignore-installed --user .
```

pip 将使用 setup.py 获取并安装 install_requires 声明的包到你的 site-packages 目录中。--user 选项指示 pip 将包安装到你的 site-packages 目录中而不是全局安装。

--ignore-installed 选项可强制 pip 将系统上已经存在的任何必需包重新安装到 site-packages 中，这样就不会丢失任何依赖项。

现在再次列出你的 site-packages 目录中的所有包：

```
$ pip3 list --user
Package      Version
----------   ---------
certifi      2020.6.20
chardet      3.0.4
follower     0.1
idna         2.10
requests     2.24.0
SQLAlchemy   1.3.18
urllib3      1.25.10
```

这一次，你应该看到 requests 和 SQLAlchemy 都在包列表中。要查看你可能刚刚安装的 SQLAlchemy 包的详细信息，可发出以下命令：

```
$ pip3 show sqlalchemy
```

显示的详细信息包含 Requires 和 Required-by 字段。二者都是相关包的列表。你可以使用这些字段中的值和对 pip show 的连续调用来跟踪项目的依赖关系树。但是，通过 pip install 安装一个名为 pipdeptree 的命令行工具并使用它可能会更容易。

当 Required-by 字段变为空时，这是一个很好的指标，表明现在可以安全地从系统中卸载包。如果在已删除的包的 Requires 字段中，有些包不再被其他包依赖，则也可以安全地卸载这些包。以下是使用 pip 卸载 sqlalchemy 的方法：

```
$ pip3 uninstall sqlalchemy -y
```

末尾的-y 将禁止确认提示。要一次卸载多个包，只需在-y 之前添加更多包名称即可。这里省略了--user 选项，因为 pip 足够聪明，可在以全局方式安装包时首先从 site-packages 中进行卸载。

有时你需要一个用于某种目的或利用特定技术的包，但你不知道它的名称，则可以使用 pip 从命令行中对 PyPI 执行关键字搜索，但这种方法通常会产生太多结果。在 PyPI 网站上搜索包要容易得多，它允许你按各种分类器过滤结果。PyPI 网站的网址如下：

https://pypi.org/search/

16.3.2　requirements.txt

　　pip install 将安装最新发布的包版本，但很多时候你可能更希望安装特定版本（这可能是项目代码的需要）。虽然最终你将需要升级项目的依赖项，但在这样做之前，让我们看看如何使用 pip freeze 修复你的依赖项。

　　需求文件允许你准确指定 pip 应该为你的项目安装哪些包和版本。按照惯例，项目需求文件始终被命名为 requirements.txt。

　　需求文件的内容只是枚举项目依赖项的 pip install 参数列表。这些依赖项是精确版本化的，这样当有人尝试重建和部署你的项目时就不会出现意外。将 requirements.txt 文件添加到项目的存储库中是一种很好的做法，这将确保可重现的构建。

　　回到本章示例的 follower 项目，现在我们已经安装了所有依赖项并验证了代码可以按预期工作，即可冻结 pip 为我们安装的包的最新版本。

　　pip 有一个 freeze 命令，可以输出已安装的包及其版本。将此命令的输出重定向到 requirements.txt 文件：

```
$ pip3 freeze --user > requirements.txt
```

　　现在你有了一个 requirements.txt 文件，克隆你的项目的人可以使用-r 选项和需求文件的名称安装其所有依赖项：

```
$ pip3 install --user -r requirements.txt
```

　　自动生成的需求文件格式默认为精确版本匹配（==）。例如，requests==2.22.0 这样的行告诉 pip 要安装的 requests 的版本必须正好是 2.22.0。你可以在需求文件中使用其他版本说明符，如最低版本（>=）、版本排除（!=）和最高版本（<=）。

　　最低版本（>=）匹配任何大于或等于右侧的版本。版本排除（!=）匹配除右侧之外的任何版本。最高版本（<=）则匹配小于或等于右侧的任何版本。

　　可以使用逗号将多个版本说明符组合在一行中：

```
requests >=2.22.0,<3.0
```

　　pip 安装需求文件中指定的包时，默认行为是从 PyPI 中获取它们。你也可以通过在你的 requirements.txt 文件顶部添加以下行来作为 Python 包索引的 URL，以覆盖 PyPI 的 URL（https://pypi.org/simple/）：

```
--index-url http://pypi.mydomain.com/mirror
```

　　维护你自己的私有 PyPI 镜像是一项困难的工作。因此，当你需要做的只是修复错误或向项目依赖项中添加功能时，覆盖包源而不是整个包索引更有意义。

提示：

用于 NVIDIA Jetson Nano 的 Jetpack SDK 4.3 版基于 Ubuntu 的 18.04 LTS 发行版。Jetpack SDK 为 Nano 的 NVIDIA Maxwell 128 CUDA 内核添加了广泛的软件支持，如 GPU 驱动程序和其他运行时组件。你可以使用 pip 从 NVIDIA 的包索引中为 TensorFlow 安装 GPU 加速 Wheel，示例如下：

```
$ pip install --user --extra-index-url https://
developer.download.nvidia.com/compute/redist/jp/
v43 tensorflow-gpu==2.0.0+nv20.1
```

我们之前提到过，在 setup.py 中硬编码发行版 URL 是错误的。你可以在需求文件中使用-e 参数形式来覆盖单个包源：

```
-e git+https://github.com/myteam/flask.git#egg=flask
```

在上述示例中，指示 pip 从 myteam 的 GitHub 分叉 flask.git 中获取 flask 包源。-e 参数形式还采用了 Git 分支名称、提交哈希或标记名称：

```
-e git+https://github.com/myteam/flask.git@master
-e git+https://github.com/myteam/flask.
git@5142930ef57e2f0ada00248bdaeb95406d18eb7c
-e git+https://github.com/myteam/flask.git@v1.0
```

使用 pip 将项目的依赖项升级到 PyPI 上发布的最新版本非常简单：

```
$ pip3 install --upgrade --user -r requirements.txt
```

在使用 pip:requirements.txt 验证安装后，你的依赖项的最新版本不会破坏你的项目，然后你可以将它们写回需求文件中：

```
$ pip3 freeze --user > requirements.txt
```

确保该 freeze 操作没有覆盖需求文件中的任何覆盖或特殊版本处理。撤销任何错误并将更新的 requirements.txt 文件提交给版本控制。

在某些时候，升级你的项目依赖项会导致你的代码被破坏。新的包版本可能会出现问题或与你的项目不兼容。

需求文件格式提供了处理这些情况的语法。假设你在项目中一直使用 2.22.0 版本的 requests，而 requests 已发布 3.0 版本。

在这种情况下，根据语义版本控制的做法，可以增加主版本号表示 requests 的 3.0 版本包括对该库 API 的重大破坏。可按以下方式表示新版本需求：

```
requests ~= 2.22.0
```

兼容的版本说明符（~=）依赖于语义版本控制。兼容意味着大于或等于右侧且小于下一个版本的主编号（如>= 1.1 和 == 1.*）。前文我们已经对 requests 表达了相同的版本要求，如下所示：

```
requests >=2.22.0,<3.0
```

如果一次只开发一个 Python 项目，则这些 pip 依赖项管理技术可以正常工作。但是你可能会使用同一台机器同时处理多个 Python 项目，每个项目都可能需要不同版本的 Python 解释器。对多个项目仅使用 pip 的最大问题是，它将所有包安装到特定 Python 版本的同一用户site-packages 目录中。这使得我们很难将一个项目与另一个项目的依赖项隔离开。

正如我们很快将看到的，pip 与 Docker 可以很好地结合在一起，用于部署 Python 应用程序。

你可以将 pip 添加到基于 Buildroot 或 Yocto 的 Linux 镜像中，但这只能实现快速的板载实验。Python 运行时包安装程序（如 pip）不适合 Buildroot 和 Yocto 环境，因为在构建时你希望定义嵌入式 Linux 镜像的全部内容。pip 在 Docker 等容器化环境中运行良好，在这些环境中，构建时和运行时之间的界限通常很模糊。

在第 7 章 "使用 Yocto 进行开发" 中，介绍了 meta-python 层中可用的 Python 模块，以及如何为你自己的应用程序定义自定义层。

你可以使用 pip freeze 生成的 requirements.txt 文件来通知从 meta-python 中为你自己的层配方选择依赖项。

Buildroot 和 Yocto 都以系统范围的方式安装 Python 包，因此，接下来我们要讨论的虚拟环境技术并不适用于嵌入式 Linux 构建。但是，虚拟环境确实可以更加轻松地生成准确的 requirements.txt 文件。

16.4　使用 venv 管理 Python 虚拟环境

虚拟环境（virtual environment）是一个自包含的目录树，其中包含用于特定 Python 版本的 Python 解释器、用于管理项目依赖项的 pip 可执行文件以及本地 site-packages 目录。在虚拟环境之间切换会使 shell 认为唯一可用的 Python 和 pip 可执行文件是活动虚拟环境中存在的可执行文件。最佳实践要求你为每个项目创建不同的虚拟环境。这种隔离形式解决了两个项目依赖同一个包的不同版本的问题。

虚拟环境对 Python 来说并不陌生。Python 安装的系统范围的特性需要虚拟环境。除了使你能够安装同一包的不同版本，虚拟环境还为你提供了一种简单的方法来运行 Python 解释器的多个版本。

16.4.1　venv

管理 Python 虚拟环境有若干个选择。仅在两年前仍非常流行的一个工具（pipenv）在撰写本文时却已经衰落了。与此同时，出现了一个新的竞争者（poetry），Python 3 对虚拟环境（venv）的内置支持开始得到更多的采用。

自 3.3 版（2012 年发布）以来，venv 一直与 Python 一起发布。因为 venv 只与 Python 3 安装捆绑在一起，所以 venv 与需要 Python 2.7 的项目不兼容。当然，由于对 Python 2.7 的支持已于 2020 年 1 月 1 日正式结束，因此，venv 仅支持 Python 3 这一局限性也就不是什么了不得的问题。

venv 基于流行的 virtualenv 工具，该工具仍然在 PyPI 上维护和可用。如果你有一个或多个项目由于某种原因仍需 Python 2.7，那么你可以使用 virtualenv 而不是 venv 来处理这些项目。

默认情况下，venv 会安装在你的系统上找到的最新版本的 Python。如果你的系统上有多个 Python 版本，则可以通过运行 python3 或创建每个虚拟环境时想要的任何版本来选择特定的 Python 版本。有关详细信息，可访问以下网址：

https://docs.python.org/3/tutorial/venv.html

使用最新版本的 Python 进行开发通常适用于绿地项目，但这对于大多数遗留软件和企业软件来说可能是不可接受的。本章将使用你的 Ubuntu 系统附带的 Python 3 版本来创建和使用虚拟环境。

💡 提示：

棕地（brownfield）这个概念就是源于它字面上的意思：棕色的土地。棕地是指在城市不断扩张过程中留下的大量工业旧址。它们往往被闲置荒芜，并且可能含有危害性物质和污染物，导致再利用变得非常困难。与棕地相对应的概念是绿地（greenfield），绿地一般指未用于开发和建设并覆盖有绿色植物的土地。

应用程序开发领域借用了棕地和绿地的概念。绿地项目指的是在全新环境中从头开发的软件项目；而棕地技术指的是在遗留系统之上开发和部署新的软件系统，或者需要与已经在使用的其他软件共存。

16.4.2　创建虚拟环境

要创建虚拟环境，首先需要确定将其放置在何处，然后将 venv 模块作为带有目标目录路径的脚本进行运行，并使用目标目录路径。

（1）确保在你的 Ubuntu 系统上已安装了 venv：

```
$ sudo apt install python3-venv
```

（2）为你的项目创建一个新目录：

```
$ mkdir myproject
```

（3）切换到新目录：

```
$ cd myproject
```

（4）在名为 venv 的子目录中创建虚拟环境：

```
$ python3 -m venv ./venv
```

16.4.3　激活和验证虚拟环境

现在你已经创建了一个虚拟环境，下面是激活和验证它的方法。

（1）切换到你的项目目录：

```
$ cd myproject
```

（2）检查系统的 pip3 可执行文件的安装位置：

```
$ which pip3
/usr/bin/pip3
```

（3）激活项目的虚拟环境：

```
$ source ./venv/bin/activate
```

（4）检查项目的 pip3 可执行文件的安装位置：

```
(venv) $ which pip3
/home/frank/myproject/venv/bin/pip3
```

（5）列出随虚拟环境安装的包：

```
(venv) $ pip3 list
Package          Version
```

```
------------- -------
pip             20.0.2
pkg-resources   0.0.0
setuptools      44.0.0
```

如果在虚拟环境中输入 which pip 命令，则可以看到 pip 现在指向与 pip3 相同的可执行文件。在激活虚拟环境之前，pip 可能没有指向任何内容，因为 Ubuntu 20.04 LTS 不再附带安装 Python 2.7。

python 和 python3 也是这种情况。因此，在虚拟环境中运行 pip 或 python 时，现在可以省略掉那个 3。

16.4.4　在虚拟环境中安装测试库

接下来，让我们在现有的虚拟环境中安装一个名为 hypothesis 的基于属性的测试库。

（1）切换到你的项目目录：

```
$ cd myproject
```

（2）如果项目的虚拟环境尚未激活，请重新激活它：

```
$ source ./venv/bin/activate
```

（3）安装 hypothesis 包：

```
(venv) $ pip install hypothesis
```

（4）列出当前已安装在虚拟环境中的包：

```
(venv) $ pip list
Package          Version
---------------- -------
attrs            19.3.0
hypothesis       5.16.1
pip              20.0.2
pkg-resources    0.0.0
setuptools       44.0.0
sortedcontainers 2.2.2
```

可以看到，除了 hypothesis、attrs 和 sortedcontainers，该列表中还添加了两个新包，因为 hypothesis 依赖这两个包。

假设你有另一个 Python 项目，它依赖于 sortedcontainers 的版本 18.2.0 而不是 19.3.0。这两个版本将不兼容，因此会相互冲突。虚拟环境允许你安装同一个包的两个版本，两个项目的每个版本都不同。

你可能已经注意到，切换出项目目录并不会停用其虚拟环境。别担心，停用虚拟环境非常简单，如下所示：

```
(venv) $ deactivate
$
```

这会让你回到全局系统环境中，你必须再次输入 python3 和 pip3。

至此，我们已经介绍了开始使用 Python 虚拟环境所需了解的所有内容。在使用 Python 进行开发时，创建和切换虚拟环境是现在的常见做法。隔离的环境使跟踪和管理跨多个项目的依赖关系变得更加容易。

虽然将 Python 虚拟环境部署到用于生产环境的嵌入式 Linux 设备上的意义不大，但仍然可以使用名为 dh-virtualenv 的 Debian 打包工具来完成。该工具的网址如下：

https://github.com/spotify/dh-virtualenv

16.5　使用 conda 安装预编译的二进制文件

conda 是一个包和虚拟环境管理系统，用于 PyData 社区的 Anaconda 软件分发。

Anaconda 发行版包括 Python 以及用于若干个难以构建的开源项目（如 PyTorch 和 TensorFlow）的二进制文件。conda 可以在没有完整的 Anaconda 发行版（非常大）的情况下被安装，也适用于最小的 Miniconda 发行版（仍然超过 256 MB）。

尽管 conda 是在 pip 之后不久为 Python 创建的，但它已经发展成为像 APT 或 Homebrew 这样的通用包管理器。现在，conda 可用于打包和分发任何语言的软件。因为 conda 下载预编译的二进制文件，所以安装 Python 扩展模块是轻而易举的事。conda 的另一大卖点是它是跨平台的，完全支持 Linux、macOS 和 Windows。

除了包管理，conda 还是一个成熟的虚拟环境管理器。conda 虚拟环境具有我们能从 Python venv 环境中获得的所有好处。与 venv 一样，conda 允许你使用 pip 将包从 PyPI 安装到项目的本地 site-packages 目录中。如果你愿意，还可以使用 conda 自己的包管理功能来安装来自不同通道的包。通道（channel）是 Anaconda 和其他软件发行版提供的包来源。

16.5.1　环境管理

与 venv 不同，conda 的虚拟环境管理器可以轻松地处理多个 Python 版本，包括 Python 2.7（venv 不支持 Python 2.7）。

你需要在 Ubuntu 系统上安装 Miniconda 才能进行以下练习。开发人员可能会在虚拟环境中使用 Miniconda 而不是 Anaconda，因为 Anaconda 环境带有许多预安装的包，其中许多你也许永远不需要。Miniconda 环境已经剥离出很多你用不到的包，并允许你在需要时轻松安装 Anaconda 的任何包。

要在 Ubuntu 20.04 LTS 上安装和更新 Miniconda，请执行以下操作。

（1）下载 Miniconda：

```
$ wget https://repo.anaconda.com/miniconda/Miniconda3-
latest-Linux-x86_64.sh
```

（2）安装 Miniconda：

```
$ bash Miniconda3-latest-Linux-x86_64.sh
```

（3）更新根环境下所有已安装的包：

```
(base) $ conda update --all
```

全新的 Miniconda 安装附带 conda 和一个根环境，其中包含 Python 解释器和已安装的一些基本包。默认情况下，conda 根环境的 python 和 pip 可执行文件将被安装到你的主目录中。

conda 根环境被称为 base。你可以通过发出以下命令来查看其位置以及任何其他可用 conda 环境的位置：

```
(base) $ conda env list
```

16.5.2　验证根环境

在创建你自己的 conda 环境之前可验证此根环境。

（1）安装 Miniconda 后打开一个新的 shell。

（2）检查根环境的 python 可执行文件被安装在哪里：

```
(base) $ which python
```

（3）检查 Python 的版本：

```
(base) $ python --version
```

（4）检查根环境的 pip 可执行文件的安装位置：

```
(base) $ which pip
```

（5）检查 pip 的版本：

```
(base) $ pip --version
```

（6）列出根环境下安装的包：

```
(base) $ conda list
```

16.5.3　创建 conda 环境

接下来，创建并使用你自己的名为 py377 的 conda 环境。

（1）新建一个名为 py377 的虚拟环境：

```
(base) $ conda create --name py377 python=3.7.7
```

（2）激活新的虚拟环境：

```
(base) $ source activate py377
```

（3）检查环境的 python 可执行文件的安装位置：

```
(py377) $ which python
```

（4）检查 Python 的版本：

```
(py377) $ python --version
```

（5）列出环境中安装的包：

```
(py377) $ conda list
```

（6）停用环境：

```
(py377) $ conda deactivate
```

使用 conda 创建安装了 Python 2.7 的虚拟环境非常简单，如下所示：

```
(base) $ conda create --name py27 python=2.7.17
```

再次查看你的 conda 环境，看看 py377 和 py27 现在是否出现在列表中：

```
(base) $ conda env list
```

最后，删除 py27 环境，因为我们并不会使用它：

```
(base) $ conda remove --name py27 --all
```

现在你已经掌握了如何使用conda 来管理虚拟环境，接下来，让我们使用它来管理这些环境中的包。

16.5.4　包管理

由于 conda 支持虚拟环境，因此可以使用它以隔离的方式管理不同项目的 Python 依赖项，就像使用 venv 所做的一样。

作为一个通用的包管理器，conda 有自己的工具来管理依赖项。我们知道 conda list 可列出 conda 在活动虚拟环境中安装的所有包。前文还提到了 conda 对包来源的使用，这些来源被称为通道。

（1）可以通过输入以下命令获取通道 URL 列表（这是 conda 配置的从中提取包的 URL 列表）：

```
(base) $ conda info
```

（2）重新激活你在上次练习中创建的 py377 虚拟环境：

```
(base) $ source activate py377
(py377) $
```

（3）现在大多数 Python 开发都是在 Jupyter Notebook 中进行的，所以让我们先安装这些包：

```
(py377) $ conda install jupyter notebook
```

（4）出现提示时输入 y。这将安装 jupyter 和 notebook 包及其所有依赖项。当你输入 conda list 时，会看到已安装包的列表比以前长了很多。

现在，让我们安装更多计算机视觉（computer vision，CV）项目所需的 Python 包：

```
(py377) $ conda install opencv matplotlib
```

（5）同样，在出现提示时输入 y。这一次安装的依赖项数量较少。opencv 和 matplotlib 都依赖于 numpy，因此 conda 会自动安装该包，而无须你指定它。如果要指定旧版本的 opencv，则可通过以下方式安装所需版本的包：

```
(py377) $ conda install opencv=3.4.1
```

（6）conda会尝试解决这个依赖项的活动环境。由于在本示例的活动虚拟环境中没有其他已安装的包依赖于opencv，因此目标版本很容易解决。如果有其他的包依赖，那么你可能会遇到包冲突并且重新安装将失败。解决后，conda 会在降级 opencv 及其依赖之前提示你。输入 y 即可将 opencv 降级到 3.4.1 版本。

（7）现在假设你改变主意或发布了更新版本的 opencv 来解决你之前的问题，则可以将 opencv 升级到 Anaconda 发行版提供的最新版本，示例如下：

```
(py377) $ conda update opencv
```

（8）这次 conda 会提示你是否要更新 opencv 及其依赖为最新版本。这次输入 n 取消包更新。因为与单独更新包相比，一次性更新安装在活动虚拟环境中的所有包通常会更容易，示例如下：

```
(py377) $ conda update --all
```

（9）删除已安装的包也很简单：

```
(py377) $ conda remove jupyter notebook
```

（10）当 conda 删除 jupyter 和 notebook 时，也会删除它们所有的悬空依赖项。所谓悬空依赖项（dangling dependency），是指没有其他已安装包依赖的已安装包。像大多数通用包管理器一样，conda 不会删除其他已安装包仍然依赖的任何依赖项。

（11）有时你可能不知道要安装的包的确切名称。Amazon 为 Python 提供了一个名为 Boto 的 AWS 开发工具包。像许多 Python 库一样，有一个用于 Python 2 的 Boto 版本和一个用于 Python 3 的更新版本（Boto3）。要在 Anaconda 中搜索名称中包含单词 boto 的包，需要输入以下命令：

```
(py377) $ conda search '*boto*'
```

（12）你应该在搜索结果中看到 boto3 和 botocore。在撰写本文时，Anaconda 上可用的最新版 boto3 是 1.13.11。要查看该特定版本的 boto3 的详细信息，需要输入以下命令：

```
(py377) $ conda info boto3=1.13.11
```

（13）包的详细信息显示 boto3 1.13.11 版本依赖于 botocore(botocore >=1.16.11, <1.17.0)，所以安装 boto3 就可以了。

16.5.5　导出虚拟环境

现在假设你已经在 Jupyter 笔记本中安装了开发 OpenCV 项目所需的所有包。如何与其他人分享这些项目要求，以便他们重新创建你的工作环境？其操作如下。

（1）将活动虚拟环境导出到 YAML 文件中：

```
(py377) $ conda env export > my-environment.yaml
```

（2）与 pip freeze 生成的需求列表非常相似，conda 导出的 YAML 是虚拟环境中安装的所有包及其固定版本的列表。从环境文件中创建 conda 虚拟环境需要-f 选项和文件名：

```
$ conda env create -f my-environment.yaml
```

（3）环境名称被包含在导出的 YAML 中，因此不需要--name 选项来创建环境。如果有开发人员从 my-environment.yaml 文件中创建了虚拟环境，那么只要使用 conda env list 命令即可在其环境列表中看到 py377。

conda 是开发人员武器库中非常强大的工具。通过将通用包安装与虚拟环境相结合，它提供了非常有吸引力的部署功能。

conda 实现了许多与 Docker（下一个要讨论的主题）相同的目标，但没有使用容器。由于专注于数据科学社区，因此它在 Python 方面优于 Docker。

由于目前领先的一些机器学习框架（如 PyTorch 和 TensorFlow）主要基于 CUDA，因此通常很难找到 GPU 加速的二进制文件。conda 通过提供多个预编译的二进制包版本解决了这个问题。

将 conda 虚拟环境导出到 YAML 文件中，以安装在其他机器上提供了另一种部署选项。这个解决方案在数据科学界很流行，但它不适用于嵌入式 Linux 的生产环境。conda 不是 Yocto 支持的 3 个包管理器之一。即使 conda 是一个选项，在 Linux 镜像上容纳 Minconda 所需的存储也不适用于大多数资源受限的嵌入式系统。

如果你的开发板有 NVIDIA GPU，如 NVIDIA Jetson 系列，那么你会真的很想使用 conda 进行板载开发。幸运的是，有一个名为 Miniforge 的 conda 安装程序，可以在 Jetsons 等 64 位 ARM 机器上运行，其网址如下：

https://github.com/conda-forge/miniforge

使用 conda 可以安装 jupyter、numpy、pandas、scikit-learn 和大多数其他流行的 Python 数据科学库。

16.6　使用 Docker 部署 Python 应用程序

Docker 提供了另一种将 Python 代码与用其他语言编写的软件捆绑在一起的方法。Docker 背后的思路是，你无须将应用程序进行打包并安装到预配置的服务器环境中，而是构建并发布一个容器镜像，其中包含你的应用程序及其所有运行时依赖项。

容器镜像（container image）更像是一个虚拟环境，而不是虚拟机。虚拟机（virtual machine）是一个完整的系统镜像，包括内核和操作系统。容器镜像是一个最小的用户空间环境，只附带运行应用程序所需的二进制文件。

虚拟机在模拟硬件的虚拟机管理程序（hypervisor）之上运行，而容器则直接在主机操作系统之上运行。因此，与虚拟机不同，容器能够共享相同的操作系统和内核，而无须使用硬件模拟。相反,容器依赖于 Linux 内核的两个特殊功能进行隔离:命名空间和 cgroup。

　　Docker 并没有发明容器技术,但它最先使得该技术更易用。总而言之,Docker 让构建和部署容器镜像变得非常简单。

16.6.1　Dockerfile 解析

　　Dockerfile 描述了 Docker 镜像的内容。每个 Dockerfile 都包含一组指令,指定要使用的环境和运行的命令。

　　本节示例将使用现有的 Dockerfile 作为项目模板,而不是从头开始编写 Dockerfile。该 Dockerfile 为一个非常简单的 Flask Web 应用程序生成一个 Docker 镜像,你可以扩展该应用程序以满足你的需求。

　　Docker 镜像被构建在 Alpine Linux 之上,这是一个非常精简的 Linux 发行版,通常被用于容器部署。除了 Flask,Docker 镜像还包括 uWSGI 和 Nginx 以获得更好的性能。

　　首先请访问 GitHub 上的 uwsgi-nginx-flask-docker 项目。其网址如下:

https://github.com/tiangolo/uwsgi-nginx-flask-docker

　　然后,单击 README.md 文件中指向 python-3.8-alpine Dockerfile 的链接。

　　现在查看 Dockerfile 中的第一行:

```
FROM tiangolo/uwsgi-nginx:python3.8-alpine
```

　　这个 FROM 命令告诉 Docker 从 tiangolo 命名空间中提取一个名为 uwsgi-nginx 的镜像,该镜像带有来自 Docker Hub 的 python3.8-alpine 标签。

　　Docker Hub 是一个公共注册中心,人们可在这里发布他们的 Docker 镜像供其他人获取和部署。如果你愿意,可以使用 AWS ECR 或 Quay 等服务设置你自己的镜像注册表。你需要在命名空间前面插入注册表服务的名称,如下所示:

```
FROM quay.io/my-org/my-app:my-tag
```

　　否则,Docker 默认从 Docker Hub 中获取镜像。FROM 就像 Dockerfile 中的 include 语句。它可以将另一个 Dockerfile 的内容插入你的文件中,这样你就可以在上面构建一些东西了。我喜欢将这种方法视为分层镜像。Alpine 是基础层,然后是 Python 3.8,接着是 uWSGI 和 Nginx,最后是你的 Flask 应用程序。

　　有关镜像分层如何工作的更多信息,可查看以下网址中的 python3.8-alpine Dockerfile:

https://hub.docker.com/r/tiangolo/uwsgi-nginx

Dockerfile 中我们感兴趣的下一行如下所示：

```
RUN pip install flask
```

RUN 指令将运行一个命令。Docker 可依次执行 Dockerfile 中包含的 RUN 指令，以构建生成的 Docker 镜像。该 RUN 指令可将 Flask 安装到系统 site-packages 目录中。我们知道 pip 是可用的，因为 Alpine 基础镜像还包含 Python 3.8。

让我们跳过 Nginx 的环境变量部分，直接转到复制操作：

```
COPY ./app /app
```

这个特定的 Dockerfile 与其他若干个文件和子目录一起位于 Git 存储库中，因此，COPY 指令可将一个目录从宿主 Docker 运行时环境（通常是存储库的 Git 克隆）复制到正在构建的容器中。

你正在查看的 python3.8-alpine.dockerfile 文件位于 tiangolo/uwsgi-nginx-flask-docker 存储库的 docker-images 子目录中。在 docker-images 目录中是一个 app 子目录，其中包含一个 Hello World Flask Web 应用程序。此 COPY 指令可将 app 目录从示例存储库复制到 Docker 镜像的根目录中：

```
WORKDIR /app
```

WORKDIR 指令告诉 Docker 从容器内部的哪个目录开始工作。在上述示例中，它刚刚复制的/app 目录成为工作目录。

如果目标工作目录不存在，则 WORKDIR 将创建它。因此，此 Dockerfile 中出现的任何后续非绝对路径都相对于/app 目录。

现在来看看如何在容器内设置环境变量：

```
ENV PYTHONPATH=/app
```

ENV 告诉 Docker，接下来是一个环境变量定义。PYTHONPATH 是一个环境变量，它可扩展为以冒号分隔的路径列表，Python 解释器将在其中查找模块和包。

接下来，让我们跳过几行转到第二条 RUN 指令：

```
RUN chmod +x /entrypoint.sh
```

RUN 指令告诉 Docker 从 shell 中运行命令。在本示例中，正在运行的命令是 chmod，它会更改文件权限。在这里显示的是/entrypoint.sh 可执行文件。

该 Dockerfile 中的下一行是可选的：

```
ENTRYPOINT ["/entrypoint.sh"]
```

　　ENTRYPOINT 是该 Dockerfile 中最有趣的指令。它在启动容器时向 Docker 主机命令行公开一个可执行文件。这使你可以将参数从命令行向下传递到容器内的可执行文件中。你可以在命令行上的 docker run <image> 之后附加这些参数。如果 Dockerfile 中有多个 ENTRYPOINT 指令，则只执行最后一个 ENTRYPOINT。

　　Dockerfile 中的最后一行如下：

```
CMD ["/start.sh"]
```

　　与 ENTRYPOINT 指令一样，CMD 指令在容器启动时执行，而不是在构建时执行。在 Dockerfile 中定义 ENTRYPOINT 指令时，CMD 指令可定义要传递给该 ENTRYPOINT 的默认参数。在本示例中，/start.sh 路径其实就是传递给 /entrypoint.sh 的参数。/entrypoint.sh 的最后一行将执行 /start.sh：

```
exec "$@"
```

　　/start.sh 脚本来自 uwsgi-nginx 基础镜像。/start.sh 在 /entrypoint.sh 为它们配置容器运行环境后启动 Nginx 和 uWSGI。当 CMD 与 ENTRYPOINT 结合使用时，可以从 Docker 主机命令行中覆盖 CMD 设置的默认参数。

　　大多数 Dockerfile 没有 ENTRYPOINT 指令，因此 Dockerfile 的最后一行通常是在前台运行的 CMD 指令，而不是默认参数。我们使用这个 Dockerfile 技巧来保持一个通用的 Docker 容器运行以进行开发：

```
CMD tail -f /dev/null
```

　　除了 ENTRYPOINT 和 CMD，上述示例 python-3.8-alpine Dockerfile 中的所有指令仅在构建容器时执行。

16.6.2　构建 Docker 镜像

　　在构建 Docker 镜像之前，我们需要一个 Dockerfile。你的系统上可能已经有一些 Docker 镜像。要查看 Docker 镜像列表，需要使用以下命令：

```
$ docker images
```

现在让我们获取并构建刚刚解析过的 Dockerfile。

　　（1）克隆包含 Dockerfile 的存储库：

```
$ git clone https://github.com/tiangolo/uwsgi-nginx-flask-docker.git
```

　　（2）切换到存储库内的 docker-images 子目录：

```
$ cd uwsgi-nginx-flask-docker/docker-images
```

（3）将 python3.8-alpine.dockerfile 复制到一个名为 Dockerfile 的文件中：

```
$ cp python3.8-alpine.dockerfile Dockerfile
```

（4）从 Dockerfile 中构建镜像：

```
$ docker build -t my-image .
```

一旦镜像构建完成，它就会出现在你的本地 Docker 镜像列表中：

```
$ docker images
```

一个 uwsgi-nginx 基础镜像也应该与新建的 my-image 一起出现在列表中。请注意，创建 uwsgi-nginx 基础镜像的时间远大于创建 my-image 的时间。

16.6.3 运行 Docker 镜像

现在我们已经构建了一个可以作为容器运行的 Docker 镜像。要获取系统上正在运行的容器的列表，可使用以下命令：

```
$ docker ps
```

要运行基于 my-image 的容器，可发出以下 docker run 命令：

```
$ docker run -d --name my-container -p 80:80 my-image
```

现在观察正在运行的容器的状态：

```
$ docker ps
```

此时你应该会看到一个名为 my-container 的容器，该容器基于列表中名为 my-image 的镜像。docker run 命令中的-p 选项可将容器端口映射到主机端口上，因此，在此示例中，容器端口 80 将映射到主机端口 80。此端口映射允许在容器内运行的 Flask Web 服务器为 HTTP 请求提供服务。

要停止 my-container 容器，需要运行以下命令：

```
$ docker stop my-container
```

现在再次检查正在运行的容器的状态：

```
$ docker ps
```

此时 my-container 不应再出现在正在运行的容器列表中。容器没了？不，它只是停止了。你仍然可以通过在 docker ps 命令中添加-a 选项来查看 my-container 及其状态：

```
$ docker ps -a
```

接下来，让我们看看如何提取 Docker 镜像。

16.6.4　提取 Docker 镜像

前文谈到了 Docker Hub、AWS ECR 和 Quay 等镜像注册表。实际上，我们通过克隆的 GitHub 存储库以本地方式构建的 Docker 镜像已经被发布在 Docker Hub 上。从 Docker Hub 获取预构建的镜像比在系统上自己构建要快得多。该项目的 Docker 镜像网址如下：

https://hub.docker.com/r/tiangolo/uwsgi-nginx-flask

要从 Docker Hub 中提取我们构建为 my-image 的相同 Docker 镜像，需要输入以下命令：

```
$ docker pull tiangolo/uwsgi-nginx-flask:python3.8-alpine
```

现在再次查看你的 Docker 镜像列表：

```
$ docker images
```

你应该在列表中看到一个新的 uwsgi-nginx-flask 镜像。

要运行这个新提取的镜像，需要发出以下 docker run 命令：

```
$ docker run -d --name flask-container -p 80:80 tiangolo/uwsgi-
nginx-flask:python3.8-alpine
```

如果不想输入完整的镜像名称，则可以将上述 docker run 命令中的完整镜像名称（repo:tag）替换为来自 docker 镜像的相应镜像 ID（hash）。

16.6.5　发布 Docker 镜像

要将 Docker 镜像发布到 Docker Hub 上，必须首先拥有一个账户并登录它。可以通过访问以下网址在 Docker Hub 上创建一个账户并进行登录。

https://hub.docker.com

拥有账户后，即可将现有镜像推送到 Docker Hub 存储库中。

（1）从命令行中登录 Docker Hub 镜像注册表：

```
$ docker login
```

（2）出现提示时输入你的 Docker Hub 用户名和密码。

（3）使用以存储库名称开头的新名称标记现有镜像：

```
$ docker tag my-image:latest <repository>/my-image:latest
```

将上述命令中的<repository>替换为 Docker Hub 上的存储库名称（与你的用户名相同）。你还可以将 my-image:latest 替换为要推送的另一个现有镜像的名称。

（4）将镜像推送到 Docker Hub 镜像注册表中：

```
$ docker push <repository>/my-image:latest
```

再次进行与步骤（3）相同的替换。

默认情况下，推送到 Docker Hub 上的镜像是公开可用的。要访问新发布的镜像的网页，可转到以下网址：

https://hub.docker.com/repository/docker/<repository>/my-image

注意将上述 URL 中的<repository>替换为 Docker Hub 上的存储库名称（与你的用户名相同）。你还可以用推送的实际镜像的名称替换掉 my-image（如果不同的话）。如果单击该网页上的 Tags（标签）选项卡，则应该会看到用于获取该镜像的 docker pull 命令。

16.6.6　删除 Docker 容器

我们已经知道 docker images 命令可列出镜像，docker ps 命令可列出容器。在可以删除 Docker 镜像之前，必须首先删除所有引用它的容器。要删除 Docker 容器，首先需要知道容器的名称或 ID。

（1）找到目标 Docker 容器的名称：

```
$ docker ps -a
```

（2）如果容器正在运行，则停止该容器：

```
$ docker stop flask-container
```

（3）删除 Docker 容器：

```
$ docker rm flask-container
```

请注意将上述两个命令中的 flask-container 替换为步骤（1）中获得的容器名称或 ID。出现在 docker ps 下的每个容器也有一个与之关联的镜像名称或 ID。在删除所有引用镜像的容器后，你可以删除该镜像。

16.6.7　删除 Docker 镜像

Docker 镜像名称（repo:tag）可能会变得很长（如 tiangolo/uwsgi-nginx-flask: python3.8-alpine）。出于这个原因，在删除时复制和粘贴镜像的 ID（哈希）可能更容易。

（1）找到 Docker 镜像的 ID：

```
$ docker images
```

（2）删除 Docker 镜像：

```
$ docker rmi <image-ID>
```

请注意将上述命令中的<image-ID>替换为步骤（1）中获得的镜像 ID。

如果你只是想清除系统上不再使用的所有容器和镜像，则对应命令如下：

```
$ docker system prune -a
```

docker system prune 将删除所有停止的容器和悬空的镜像。

16.6.8　Docker 应用总结

现在我们已经明白了如何使用 pip 来安装 Python 应用程序的依赖项。你只需将调用 pip install 的 RUN 指令添加到 Dockerfile 中即可。

因为容器是沙箱环境，所以它们提供了许多与虚拟环境相同的好处。但与 conda 和 venv 虚拟环境不同，Buildroot 和 Yocto 都支持 Docker 容器。Buildroot 有 docker-engine 和 docker-cli 包。Yocto 具有 meta-virtualization 层。如果你的设备因为 Python 包冲突而需要隔离，则可以考虑使用 Docker 来实现。

docker run 命令提供了将操作系统资源公开给容器的选项。指定一个绑定挂载允许将主机上的文件或目录挂载到容器内以进行读写。

默认情况下，容器不向外界发布任何端口。当运行my-container 镜像时，可使用-p 选项将容器中的端口 80 发布到主机的端口 80 上。

--device 选项可将/dev 下的主机设备文件添加到非特权容器中。

如果你希望授予对主机上所有设备的访问权限，则可以使用--privileged 选项。

容器擅长的是部署，能够推送 Docker 镜像，然后可以轻松地在任何主要云平台上拉取和运行，这彻底改变了 DevOps 运动。得益于 balena 等 OTA 更新解决方案，Docker 也进军了嵌入式 Linux 领域。

Docker 的缺点之一是运行时的存储空间和内存开销。Go 二进制文件有点臃肿，但

Docker 在 Raspberry Pi 4 等四核 64 位 ARM SoC 上运行良好。如果你的目标设备有足够的电量，则可以考虑在其上运行 Docker，软件开发团队将因此而受益。

16.7　小　　结

你可能会问，这些与 Python 程序打包相关的内容与嵌入式 Linux 开发有什么关系？答案并不复杂，本章与现代编程有关。要在当今时代成为一名成功的开发人员，你需要能够快速、频繁且以可重复的方式将代码部署到生产环境中。这意味着仔细管理你的依赖关系并尽可能多地自动化流程。现在你应该已经掌握了哪些工具可用于使用 Python 执行此操作。

在第 17 章"了解进程和线程"中，我们将详细研究 Linux 进程模型，并描述进程的真正含义、进程与线程的关系、进程和线程如何协作以及进程和线程是如何调度的。如果你想创建一个稳定可靠且可维护的嵌入式系统，了解这些内容很重要。

16.8　延 伸 阅 读

以下资源包含有关本章介绍的主题的更多信息。

❑ *Python Packaging User Guide*（《Python 打包用户指南》），PyPA：

https://packaging.python.org

❑ *setup.py vs requirements.txt*（《setup.py 和 requirements.txt 比较》），by Donald Stufft：

https://caremad.io/posts/2013/07/setup-vs-requirement

❑ *pip User Guide*（《pip 用户指南》），PyPA：

https://pip.pypa.io/en/latest/user_guide/

❑ *Poetry Documentation*（《Poetry 文档》），Poetry：

https://python-poetry.org/docs

❑ *conda user guide*（《conda 用户指南》），Continuum Analytics：

https://docs.conda.io/projects/conda/en/latest/user-guide

❑ *docker docs*（《docker 文档》），Docker Inc.：

https://docs.docker.com/engine/reference/commandline/docker

第 17 章　了解进程和线程

在前面的章节中，我们探讨了创建嵌入式 Linux 平台的各个方面。现在，是时候开始研究如何使用该平台来创建正常工作的设备了。本章将讨论 Linux 进程模型的含义以及它如何包含多线程的程序。我们将比较使用单线程和多线程进程的优缺点，看看如何执行进程和协程之间的异步消息传递。最后，我们还将研究调度并讨论分时和实时调度策略的区别。

虽然这些主题并不是嵌入式计算所特有的，但是，对于任何嵌入式设备的设计者来说，了解这些主题都是很重要的。关于这个主题有许多很好的参考资料，其中一些将在本章末尾的 17.8 节"延伸阅读"中列出，但总的来说，它们并未考虑嵌入式开发的用例。因此，本章将专注于概念和设计决策，而不是函数调用和代码。

本章包含以下主题：

❏　进程和线程的抉择
❏　进程
❏　线程
❏　ZeroMQ
❏　调度

出发！

17.1　技 术 要 求

要遵循本章中的示例操作，请确保在基于 Linux 的主机系统上安装了以下软件。

❏　Python：Python 3 解释器和标准库。
❏　Miniconda：conda 包和虚拟环境管理器的最小安装程序。

如果你还没有安装 Miniconda，请参阅第 16 章"打包 Python 程序"中有关 conda 的部分。本章的练习还需要 GCC C 编译器和 GNU make，但这些工具已经随大多数 Linux 发行版一起提供。

本章所有代码都可以在本书配套 GitHub 存储库的 Chapter17 文件夹中找到，该存储库网址如下：

https://github.com/PacktPublishing/Mastering-Embedded-Linux-Programming-Third-Edition

17.2　进程和线程的抉择

许多熟悉实时操作系统（real-time operating system，RTOS）的嵌入式开发人员认为 UNIX 进程模型很麻烦。另外，他们看到了 RTOS 任务和 Linux 线程之间的相似性，并且倾向于使用 RTOS 任务到线程的一对一映射来转移现有设计。我们曾经多次看到这样的设计，整个应用程序是用一个包含 40 个或更多线程的进程来实现的。本节将花一些时间来讨论这是否是一个好主意。让我们从一些定义开始。

进程（process）是一个内存地址空间和一个执行线程，如图 17.1 所示。

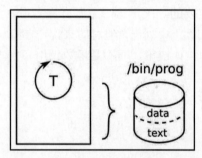

图 17.1　进程

原　　文	译　　文	原　　文	译　　文
data	数据	text	文本

地址空间是进程私有的，因此在不同进程中运行的线程（thread）无法访问它。这种内存分离（memory separation）是由内核中的内存管理子系统创建的，它为每个进程保留一个内存页面映射，并在每个上下文切换时重新编程内存管理单元。在第 18 章"管理内存"中将详细描述它是如何工作的。部分地址空间被映射到一个文件中，该文件包含程序正在运行的代码和静态数据，如下所示。

当程序运行时，它会分配资源，如堆栈空间、堆内存、文件引用等。当进程终止时，系统会回收这些资源：所有内存都被释放，所有文件描述符都被关闭。

进程可以使用进程间通信（inter-process communication，IPC）相互通信，如本地套接字。稍后将详细讨论 IPC。

线程是进程中的执行线程。所有进程都从一个运行 main() 函数的线程开始，这被称为主线程（main thread）。你可以创建额外的线程，例如，使用 pthread_create(3) POSIX

函数，这会导致多个线程在同一地址空间中进行执行，如图 17.2 所示。

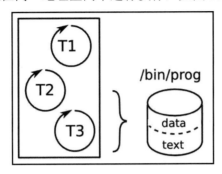

图 17.2　多线程

原　　文	译　　文	原　　文	译　　文
data	数据	text	文本

在同一个进程中，线程彼此共享资源。这些线程可以读取和写入相同的内存并使用相同的文件描述符。只要处理好同步和锁定问题，线程之间的通信就很容易。

因此，基于这些简短的细节，你可以想象将具有 40 个 RTOS 任务的假设系统移植到 Linux 的两种极端设计中。

❑　第一个极端设计是，你可以将任务映射到进程中并让 40 个单独的程序通过 IPC 进行通信，例如，通过套接字发送消息。你将大大减少内存损坏问题，因为在每个进程中运行的主线程都受到保护，并且你将减少资源泄漏，因为每个进程在退出后都会被清理。

然而，进程之间的消息接口相当复杂，并且在一组进程之间紧密合作的情况下，消息的数量可能会很大，并成为系统性能的限制因素。

此外，这 40 个进程中的任何一个都可能终止（可能是因为一个导致它崩溃的错误），而让其他 39 个进程继续运行。因此，每个进程都必须处理其邻居不再运行并正常恢复的问题。

❑　第二个极端设计是，你可以将任务映射到线程中并将系统实现为包含 40 个线程的单个进程。在这种情况下，合作变得容易得多，因为这些线程共享相同的地址空间和文件描述符。这种设计减少或消除了发送消息的开销，并且线程之间的上下文切换比进程之间更快。

其缺点是，这也引入了一项任务破坏另一项任务的堆或栈的可能性。如果任何线程遇到致命错误，则整个进程将终止，并带走所有线程。

最后，调试复杂的多线程进程可能是一场噩梦。

你应该得出的结论是，这两种设计都不是理想的，并且有更好的方法来处理。但在讨论这一点之前，我们将更深入地研究 API 以及进程和线程的行为。

17.3　进　　程

进程拥有线程可以运行的环境：它拥有内存映射、文件描述符、用户和组 ID 等。

常见的第一个进程是 init 进程，它由内核在启动时创建，PID 为 1。此后，通过称为分叉（fork）的操作中的复制来创建进程。

17.3.1　创建新进程

创建进程的 POSIX 函数是 fork(2)。这是一个奇怪的函数，因为对于每个成功的调用，都有两个返回值：一个在发出调用的进程中，该进程被称为父进程（parent），另一个在新创建的进程中，这被称为子进程（child），如图 17.3 所示。

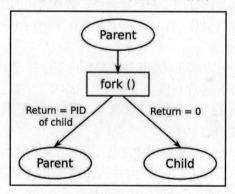

图 17.3　分叉

原　　文	译　　文	原　　文	译　　文
Parent	父进程	PID of child	子进程的 PID
Child	子进程		

在调用之后，子进程立即成为父进程的精确副本：它具有相同的栈（stack）、相同的堆（heap）、相同的文件描述符（file descriptor），并且它执行相同的代码行——在 fork 之后的代码。程序员可以区分它们的唯一方法是查看 fork 的返回值：对于子进程来说返回值是 0，对于父进程来说它大于 0。

实际上，返回给父进程的值是新创建的子进程的 PID。还有第三种可能，即返回值为负数，表示 fork 调用失败，仍然只有一个进程。

尽管这两个进程大多相同，但它们位于不同的地址空间中。一个进程对变量所做的更改不会被另一个进程看到。

在底层，内核不会制作父进程内存的物理副本（这将是一个非常缓慢的操作并且会不必要地消耗内存），相反，内存是共享的，但带有写时复制（copy-on-write，CoW）标志。如果父进程或子进程修改了该内存，则内核会创建一个副本，然后写入该副本。这使它成为一个高效的 fork 函数，同时保留了进程地址空间的逻辑分离。在第 18 章"管理内存"中将详细讨论 CoW 机制。

接下来，让我们看看如何终止进程。

17.3.2 终止进程

进程可以通过调用 exit(3)函数自愿停止，或者通过接收未处理的信号不自觉地停止。特别是一个信号 SIGKILL，不能被处理，所以它总是会杀死一个进程。在所有这些情况下，终止进程都将停止所有线程、关闭所有文件描述符并释放所有内存。系统向父进程发送一个信号 SIGCHLD，以便它知道这已经发生。

进程有一个返回值，它由 exit 参数（如果正常终止的话）或信号编号（如果被终止的话）组成。其主要用途是在 shell 脚本中：这允许你测试程序的返回值。按照惯例，0 表示成功，任何其他值表示某种失败。

父进程可以使用 wait(2) 或 waitpid(2) 函数收集返回值。这会导致一个问题：在子进程终止与其父进程收集返回值之间会有延迟。在该时期，返回值必须被存储在某个地方，并且现在终止掉的进程的 PID 号不能被重用。处于这种状态的进程称为僵尸（zombie），在 ps 和 top 命令中显示为 state Z。

只要父进程在收到子进程终止通知时，就会调用 wait 或 waitpid。

父进程接收通知的方式是使用 SIGCHLD 信号，详情可参阅 *Linux System Programming*（《Linux 系统编程》），作者为 Robert Love，由 O'Reilly Media 出版。

有关信号处理的详细信息，可参阅 *The Linux Programming Interface*（《Linux 编程接口》），作者为 Michael Kerrisk，由 No Starch Press 出版。

一般来说，僵尸进程存在的时间太短而无法出现在进程列表中。如果父进程无法收集返回值，那么它们将成为问题，因为最终将没有足够的资源来创建更多进程。

MELP/Chapter17/fork-demo 中的程序说明了进程的创建和终止：

```
#include <stdio.h>
#include <stdlib.h>
```

```
#include <unistd.h>
#include <sys/types.h>
#include <sys/wait.h>

int main(void)
{
    int pid;
    int status;
    pid = fork();
    if (pid == 0) {
        printf("I am the child, PID %d\n", getpid());
        sleep(10);
        exit(42);
    } else if (pid > 0) {
        printf("I am the parent, PID %d\n", getpid());
        wait(&status);
        printf("Child terminated, status %d\n",WEXITSTATUS(status));
    } else
        perror("fork:");
    return 0;
}
```

wait 函数将阻塞，直到子进程退出并存储 exit 状态。当你运行它时，将会看到以下结果：

```
I am the parent, PID 13851
I am the child, PID 13852
Child terminated with status 42
```

子进程继承了父进程的大部分属性，包括用户和组 ID、所有打开的文件描述符、信号处理和调度特征。

17.3.3 运行不同的程序

fork 函数可创建一个正在运行的程序的副本，但它不运行不同的程序。为此，你需要以下 exec 函数之一：

```
int execl(const char *path, const char *arg, ...);
int execlp(const char *file, const char *arg, ...);
int execle(const char *path, const char *arg,
    ..., char * const envp[]);
int execv(const char *path, char *const argv[]);
```

```
int execvp(const char *file, char *const argv[]);
int execvpe(const char *file, char *const argv[],
    ..., char *const envp[]);
```

每个函数都需要一个程序文件的路径来加载和运行。如果函数成功，则内核将丢弃当前进程的所有资源，包括内存和文件描述符，并为正在加载的新程序分配内存。当调用 exec*的线程返回时，它不是返回调用后的代码行中，而是返回新程序的 main()函数中。

在 MELP/Chapter17/exec-demo 中有一个命令启动器的示例：它提示输入命令，如/bin/ls，然后分叉并执行你输入的字符串。其代码如下：

```
#include <stdio.h>
#include <stdlib.h>
#include <string.h>
#include <unistd.h>
#include <sys/types.h>
#include <sys/wait.h>

int main(int argc, char *argv[])
{
    char command_str[128];
    int pid;
    int child_status;
    int wait_for = 1;

    while (1) {
        printf("sh> ");
        scanf("%s", command_str);
        pid = fork();
        if (pid == 0) {
            /* child */
            printf("cmd '%s'\n", command_str);
            execl(command_str, command_str, (char *)NULL);
            /* We should not return from execl, so only get
                to this line if it failed */
            perror("exec");
            exit(1);
        }
        if (wait_for) {
            waitpid(pid, &child_status, 0);
            printf("Done, status %d\n", child_status);
        }
    }
```

```
    return 0;
}
```

以下是你在运行时将看到的内容：

```
# ./exec-demo
sh> /bin/ls
cmd '/bin/ls'
bin etc lost+found proc sys var
boot home media run tmp
dev lib mnt sbin usr
Done, status 0
sh>
```

可以通过按 Ctrl+C 快捷键来终止程序。

现在我们拥有一个可复制现有进程的函数，还有另一个丢弃其资源并将不同程序加载到内存中的函数，这似乎很奇怪，特别是在一个 exec 函数后面几乎立即跟随一个 fork。其实这种情况并不鲜见，大多数操作系统会将这两个操作组合成一个调用。

当然，这样做有明显的优势。例如，它使得在 shell 中实现重定向和管道变得非常容易。想象一下，你想获得一个目录列表。以下是事件的顺序：

（1）在 shell 提示符下输入 ls。

（2）shell 分叉出一个自己的副本。

（3）子进程执行/bin/ls。

（4）ls 程序将目录列表输出到 stdout（文件描述符 1）中，stdout 被附加到终端上。这样你将看到目录列表。

（5）ls 程序终止，shell 重新获得控制权。

现在假设你希望通过使用>字符重定向输出来将目录列表写入文件中。其顺序如下：

（1）输入 ls > listing.txt。

（2）shell 分叉出一个自己的副本。

（3）子进程打开并截断 listing.txt 文件，然后使用 dup2(2)将该文件的文件描述符复制到文件描述符 1（stdout）上。

（4）子进程执行/bin/ls。

（5）程序像以前一样输出列表，但这次，它写入 listing.txt 中。

（6）ls 程序终止，shell 重新获得控制权。

ℹ️ 注意：

上述步骤（3）有机会在执行程序之前修改子进程的环境。ls 程序不需要知道它正在写入文件中而不是终端上。可以将 stdout 连接到管道而不是文件，以便 ls 程序（仍然未更改）可以将输出发送到另一个程序。

　　正如 Eric Steven Raymon 所著的 *The Art of UNIX Programming*（《UNIX 编程艺术》，Addison Wesley 出版）一书中所描述的，这是 UNIX 哲学的一部分，即组合许多小组件，每个组件都做得很好，特别是在管道、重定向和过滤器部分。

　　到目前为止，我们讨论的程序都是在前台运行的，那些在后台运行、等待事情发生的程序又是如何做的呢？让我们来仔细看看。

17.3.4　守护进程

　　前文我们已经在多个地方讨论了守护进程。守护进程（daemon）是在后台运行的进程，由 init 进程拥有，并且不连接到控制终端。创建守护进程的步骤如下：

　　（1）调用 fork 创建一个新进程，之后父进程应该退出，从而创建一个孤儿，它将重新以 init 为父进程。

　　（2）该子进程调用 setsid(2)，创建一个新会话和进程组（它是唯一成员）。确切的细节不是我们的讨论重点，你可以简单地认为这是一种将进程与任何控制终端隔离的方法。

　　（3）将工作目录更改为 root 目录。

　　（4）关闭所有文件描述符，将 stdin、stdout、stderr（描述符 0、1、2）重定向到/dev/null，这样就没有输入了，并且所有的输出都被隐藏了。

　　令人欣喜的是，上述所有步骤都可以通过一个函数调用来实现，即 daemon(3)。

17.3.5　进程间通信

　　每个进程都是一个内存岛。可通过以下两种方式将信息从一个进程传递到另一个进程。

- ❑　可以将信息从一个地址空间复制到另一个地址空间中。
- ❑　可以创建一个既可以访问又可以共享数据的内存区域。

　　第一种方法通常与队列或缓冲区结合使用，以便在进程之间传递一系列消息。这意味着需要将消息复制两次：首先复制到保留区域中，然后复制到目的地。这方面的一些示例是套接字、管道和消息队列。

　　第二种方法不仅需要一种创建同时映射到两个（或更多）地址空间的内存的方法，而且它还需要一种同步访问该内存的方法，例如，使用信号量或互斥锁。

　　POSIX 具有所有这些功能。有一组较旧的 API 称为 System V IPC，它提供消息队列、共享内存和信号量，但不如 POSIX 灵活，所以本章无意详细介绍它们。你如果对此感兴趣，则可以查看 svipc(7)的手册页，它提供了这些工具的概述；或者也可以阅读 Michael

Kerrisk 编写的 *The Linux Programming Interface*(《Linux 编程接口》)和 W. Richard Stevens 编写的 *UNIX Network Programming*（《UNIX 网络编程》）第 2 卷。

基于消息的协议通常比共享内存更容易编程和调试，但是如果消息很大或消息很多，则可能速度会很慢。

17.3.6　基于消息的 IPC

基于消息的进程间通信（IPC）有多种选择，以下是其总结。

要区分基于消息的 IPC，可考虑以下属性：

❑　消息流是单向的还是双向的。

❑　数据流是没有消息边界的字节流还是保留边界的离散消息。如果是保留边界的离散消息，则消息的最大大小很重要。

❑　消息是否标有优先级。

表 17.1 总结了先进先出（first in first out，FIFO）、套接字（socket）和消息队列（message queue）的这些属性。

表 17.1　FIFO、套接字和消息队列的属性对比

属　　性	FIFO	UNIX 套接字：流	UNIX 套接字：数据报	POSIX 消息队列
消息边界	字节流	字节流	离散消息	离散消息
单向/双向	单向	双向	单向	单向
最大消息大小	无限制	无限制	100 KiB～250 KiB	默认：8 KiB 绝对最大值：1 MiB
优先级	无	无	无	0～32767

接下来，我们将讨论第一种基于消息的 IPC 形式：UNIX 套接字。

17.3.7　UNIX 套接字

UNIX（或本地）套接字可满足大多数要求，再加上开发人员对套接字 API 的熟悉，使它成为迄今为止最常见的机制之一。

UNIX 套接字是使用 AF_UNIX 地址系列创建的，并被绑定到路径名上。对套接字的访问由套接字文件的访问权限决定。

与互联网套接字一样，套接字类型可以是 SOCK_STREAM 或 SOCK_DGRAM，前者提供双向字节流，后者提供具有保留边界的离散消息。

UNIX 套接字数据报是可靠的，这意味着它们不会被丢弃或重新排序。数据报的最大

大小取决于系统,这可以通过/proc/sys/net/core/wmem_max 获得。数据报的最大大小通常为 100 KiB 或更多。

UNIX 套接字没有指示消息优先级的机制。

17.3.8 FIFO 和命名管道

FIFO 和命名管道(named pipe)只是同一事物的不同术语。它们是匿名管道的扩展,用于在 shell 中实现管道时在父进程和子进程之间进行通信。

FIFO 是一种特殊的文件,由 mkfifo(1)命令创建。与 UNIX 套接字一样,文件访问权限决定了谁可以读写。它们是单向的,这意味着有一个读取者,通常也只有一个写入者,尽管可以有几个。

FIFO 数据是纯字节流,但保证消息的原子性(消息小于与管道关联的缓冲区)。换句话说,小于这个缓冲区大小的写入不会被拆分成几个较小的写入,所以只要在你那一端的缓冲区的大小足够大,即可一次性读取完整个消息。

在现代内核上,FIFO 缓冲区的默认大小为 64 KiB,可以使用带有 F_SETPIPE_SZ 的 fcntl(2)将其增加到/proc/sys/fs/pipe-max-size 中的值上,通常为 1 MiB。

FIFO 同样没有优先级的概念。

17.3.9 POSIX 消息队列

消息队列由一个名称标识,该名称必须以正斜杠/开头,并且只包含一个/字符:消息队列实际上被保存在 mqueue 类型的伪文件系统中。

可以创建一个队列并通过 mq_open(3)获取对现有队列的引用,它返回一个文件描述符。每条消息都有一个优先级,消息基于优先级,然后基于年龄顺序从队列中被读取。消息最长可达/proc/sys/kernel/msgmax 字节。

POSIX 消息队列的默认值为 8 KiB,但你可以通过将值写入/proc/sys/kernel/msgmax 中以将其设置为 128 字节到 1 MiB 范围内的任何大小。由于队列引用是一个文件描述符,因此可以使用 select(2)、poll(2)和其他类似函数来等待队列中的活动。

有关详细信息,请参阅 Linux mq_overview(7)手册页。

17.3.10 基于消息的 IPC 总结

UNIX 套接字最常被使用,因为它们提供了所有需要的东西(可能除了消息优先级)。UNIX 套接字可以在大多数操作系统上实现,因此具有最大的可移植性。

FIFO 的使用频率较低，主要是因为它们缺少数据报的等价物。另外，其 API 非常简单，因为它提供了正常的 open(2)、close(2)、read(2)和 write(2)文件调用。

消息队列是该组中最不常用的。内核中的代码路径没有像套接字（网络）和 FIFO（文件系统）调用那样优化。

还有更高级别的抽象，如 D-Bus，它们正在从主流 Linux 转移到嵌入式设备上。D-Bus 实际上使用的是 UNIX 套接字和共享内存。

17.3.11　基于共享内存的 IPC

共享内存消除了在地址空间之间复制数据的需要，但这也产生了同步访问它的问题。进程之间的同步通常使用信号量（semaphore）来实现。

17.3.12　POSIX 共享内存

要在进程之间共享内存，必须创建一个新的内存区域，然后将其映射到每个想要访问它的进程的地址空间中，如图 17.4 所示。

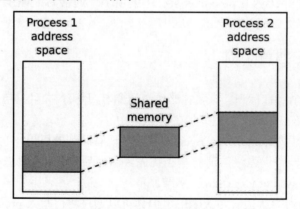

图 17.4　POSIX 共享内存

原　　文	译　　文	原　　文	译　　文
Process 1 address space	进程 1 地址空间	Shared memory	共享内存
Process 2 address space	进程 2 地址空间		

命名 POSIX 共享内存段遵循我们在消息队列中遇到的模式。这些段由以/字符开头的名称标识，并且恰好有一个如下所示的字符：

```
#define SHM_SEGMENT_NAME "/demo-shm"
```

shm_open(3)函数可采用该名称并为其返回文件描述符。如果它不存在并且设置了 O_CREAT 标志，则创建一个新段。它的初始大小为 0。可以使用（误导性命名的）ftruncate(2)函数将其扩展为所需的大小：

```
int shm_fd;
struct shared_data *shm_p;
/* Attempt to create the shared memory segment */
shm_fd = shm_open(SHM_SEGMENT_NAME, O_CREAT | O_EXCL | O_RDWR,0666);
if (shm_fd > 0) {
    /* succeeded: expand it to the desired size (Note: dont't
    do this every time because ftruncate fills it with zeros) */
    printf("Creating shared memory and setting size=%d\n",
            SHM_SEGMENT_SIZE);
    if (ftruncate(shm_fd, SHM_SEGMENT_SIZE) < 0) {
        perror("ftruncate");
        exit(1);
    }
    [...]
} else if (shm_fd == -1 && errno == EEXIST) {
    /* Already exists: open again without O_CREAT */
    shm_fd = shm_open(SHM_SEGMENT_NAME, O_RDWR, 0);
    [...]
}
```

一旦有了共享内存的描述符，就可以使用 mmap(2)将其映射到进程的地址空间中，以便不同进程中的线程可以访问内存：

```
/* Map the shared memory */
shm_p = mmap(NULL, SHM_SEGMENT_SIZE, PROT_READ | PROT_WRITE,
            MAP_SHARED, shm_fd, 0);
```

MELP/Chapter17/shared-mem-demo 中的程序提供了使用共享内存段在进程之间进行通信的示例。以下是 main 函数：

```
static sem_t *demo_sem;
[...]
int main(int argc, char *argv[])
{
    char *shm_p;
    printf("%s PID=%d\n", argv[0], getpid());
    shm_p = get_shared_memory();

    while (1) {
```

```
        printf("Press enter to see the current contents of shm\n");
        getchar();
        sem_wait(demo_sem);
        printf("%s\n", shm_p);
        /* Write our signature to the shared memory */
        sprintf(shm_p, "Hello from process %d\n", getpid());
        sem_post(demo_sem);
    }
    return 0;
}
```

该程序使用共享内存段将消息从一个进程传递到另一个进程。该消息的内容是 Hello from process，后跟其 PID。

get_shared_memory 函数负责创建内存段（如果它不存在的话），或者获取它的文件描述符（如果存在的话）。它将返回一个指向内存段的指针。可以看到，有一个信号量来同步对内存的访问，这样一个进程就不会覆盖另一个进程的消息。

要试用它，你需要在不同的终端会话中运行程序的两个实例。在第一个终端中，你将看到以下内容：

```
# ./shared-mem-demo
./shared-mem-demo PID=271
Creating shared memory and setting size=65536
Press enter to see the current contents of shm

Press enter to see the current contents of shm

Hello from process 271
```

因为这是程序第一次运行，所以它创建了内存段。最初，消息区域是空的，但在循环运行一次后，它包含了该进程的 PID，即 271。

现在可以在另一个终端中运行第二个实例：

```
# ./shared-mem-demo
./shared-mem-demo PID=279
Press enter to see the current contents of shm

Hello from process 271

Press enter to see the current contents of shm

Hello from process 279
```

它不会创建共享内存段，因为该段已经存在。它会显示已经包含的消息，这是另一个程序的 PID。按 Enter 键会导致它写入自己的 PID，第一个程序可以看到该结果。

通过这样的机制，两个程序实现了相互通信。

POSIX IPC 函数是 POSIX 实时扩展的一部分，因此需要将它们与 librt 进行链接。奇怪的是，POSIX 信号量是在 POSIX 线程库中实现的，因此还需要链接到 pthreads 库。因此，当你针对 ARM Cortex-A8 SoC 时，编译参数如下：

```
$ arm-cortex_a8-linux-gnueabihf-gcc shared-mem-demo.c –lrt -pthread \
-o arm-cortex_a8-linux-gnueabihf-gcc
```

有关进程间通信（IPC）方法的讨论到此结束。在介绍 ZeroMQ 时，我们将再次重温基于消息的 IPC。接下来，让我们看看多线程进程。

17.4　线　　程

线程（thread）的编程接口是 POSIX 线程 API，它首先在 IEEE POSIX 1003.1c standard (1995)中定义，通常称为 pthreads。它是作为 libpthread.so C 库的附加部分实现的。

在过去 15 年里，有两种 pthread 实现：LinuxThreads 和 Native POSIX Thread Library（NPTL）。NPTL 更符合规范，特别是在处理信号和进程 ID 方面。NPTL 现在占主导地位，但你可能会遇到一些使用 LinuxThreads 的旧版本的 uClibc。

17.4.1　创建一个新线程

可以用来创建线程的函数是 pthread_create(3)：

```
int pthread_create(pthread_t *thread, const pthread_attr_t *attr,
    void *(*start_routine) (void *), void *arg);
```

该函数将创建一个新的执行线程，该线程从 start_routine 函数开始，并在 pthread_t 中放置一个描述符，这是 thread 指向的描述符。它继承了调用线程的调度参数，但可以通过在 attr 中传递一个指向线程属性的指针来覆盖这些参数。线程将立即开始执行。

pthread_t 是在程序内引用线程的主要方式，但也可以使用诸如 ps-eLf 之类的命令从外部看到线程：

```
UID PID PPID LWP C NLWP STIME TTY TIME CMD
...
chris 6072 5648 6072 0 3 21:18 pts/0 00:00:00 ./thread-demo
chris 6072 5648 6073 0 3 21:18 pts/0 00:00:00 ./thread-demo
```

在上述输出中，thread-demo 程序有两个线程。如你所料，PID 和 PPID 列显示它们都属于同一个进程并具有相同的父进程。不过，标记为 LWP 的列很有趣。LWP 代表的是轻量级进程（light weight process），在这种语境下，它其实就是线程的另一个名称。该列中的数字也被称为线程 ID（thread ID，TID）。

在主线程中，TID 与 PID 相同，但对于其他线程，它是不同（更高）的值。在文档声明必须提供 PID 的地方也可以使用 TID，但请注意，此行为特定于 Linux 并且不可移植。

下面是一个简单的程序，它说明了一个线程的生命周期（该代码可见于 MELP/Chapter17/thread-demo 中）：

```
#include <stdio.h>
#include <unistd.h>
#include <pthread.h>
#include <sys/syscall.h>

static void *thread_fn(void *arg)
{
    printf("New thread started, PID %d TID %d\n",
            getpid(), (pid_t)syscall(SYS_gettid));
    sleep(10);
    printf("New thread terminating\n");
    return NULL;
}

int main(int argc, char *argv[])
{
    pthread_t t;

    printf("Main thread, PID %d TID %d\n",
            getpid(), (pid_t)syscall(SYS_gettid));
    pthread_create(&t, NULL, thread_fn, NULL);
    pthread_join(t, NULL);
    return 0;
}
```

可以看到，在 thread_fn 函数中，使用了 syscall(SYS_gettid)检索 TID。在 glibc 2.80 之前，必须通过 syscall 直接调用 Linux，因为没有用于 gettid()的 C 库包装器。

给定内核可以调度的线程总数是有限制的。该限制可根据系统的大小进行调整，小型设备上大约 1000 个，大型嵌入式设备上约数万个。实际数量在/proc/sys/kernel/threads-max 中可用。一旦达到这个限制，fork 和 pthread_create 就会失败。

17.4.2　终止线程

当发生以下任何情况时，线程将终止：

❑　　到达 start_routine 的末尾。

❑　　调用了 pthread_exit(3)。

❑　　被另一个调用 pthread_cancel(3)的线程取消。

❑　　包含线程的进程终止，例如，由于线程调用 exit(3)，或进程接收到未处理、屏蔽或被忽略的信号。

请注意，如果多线程程序调用 fork，则只有进行调用的线程将存在于新的子进程中。分叉不会复制所有线程。

线程有一个返回值，它是一个 void 指针。一个线程可以等待另一个线程终止并通过调用 pthread_join(2)收集其返回值。

如前文所述，在 thread-demo 的代码中有一个这样的例子。这产生了一个与进程间的僵尸问题非常相似的问题：线程的资源（如堆栈）在另一个线程连接之前无法释放。如果线程仍未连接，则程序中存在资源泄漏。

17.4.3　用线程编译程序

对 POSIX 线程的支持是 libpthread.so 库中 C 库的一部分。但是，使用线程构建程序比链接库要多：必须对编译器生成代码的方式进行更改，以确保某些全局变量（如 errno）每个线程有一个实例，而不是整个进程才有一个实例。

🛈 提示：

构建线程程序时，必须将-pthread 开关添加到编译和链接阶段中。当然，不必像使用-pthread 那样在链接阶段也使用-lpthread。

17.4.4　线程间通信

线程的一大优点是，它们共享地址空间并且可以共享内存变量。但这也是一个很大的缺点，因为它需要以类似于在进程之间共享的内存段的方式进行同步以保持数据的一致性，但前提是，对于线程，所有内存都是共享的。事实上，线程可以使用线程本地存储（thread local storage，TLS）创建私有内存，但这不是本节要讨论的内容。

pthreads 接口提供了实现同步所需的基础元素：互斥锁和条件变量。你如果想要更复杂的结构，则必须自己对其进行构建。

值得注意的是，前文描述的所有进程间通信（IPC）方法——套接字、管道和消息队列——在同一进程中的线程之间同样有效。

17.4.5　互斥锁

要编写稳定可靠的程序，需要使用互斥锁（mutex lock）保护每个共享资源，并确保读取或写入资源的每个代码路径都首先锁定了互斥锁。如果能始终如一地应用此规则，则应该可以解决大多数问题。剩下的那些问题与互斥体的基本行为有关。本节将简单列出这些问题，但不会详细介绍。

❑ 死锁（deadlock）：当互斥锁被永久地锁定时就会发生这种情况。

一种典型情况是抱死（deadly Embrace），假设有两个线程，分别是 A 和 B，A 需要两个互斥锁，它自己锁定了一个锁，但没锁定另一个锁。另一个锁被线程 B 锁定，但 B 又需要线程 A 锁定的那个锁。结果就是 A 和 B 都被阻塞，等待对方拥有的锁，因此它们将保持原样。

避免抱死问题的一个简单规则是确保互斥锁始终以相同的顺序被锁定。其他解决方案则涉及超时和回退期等。

❑ 优先级反转（priority inversion，也称为优先级倒置）：等待互斥锁造成的延迟会导致实时线程错过最后期限。优先级反转的特定情况发生在高优先级线程被阻塞时，它将等待由低优先级线程锁定的互斥锁。如果低优先级线程又被其他中等优先级线程抢占，则高优先级线程将被迫等待无限长的时间。

有称为优先级继承（priority inheritance）和优先级上限（priority ceiling）的互斥协议解决了这个问题，代价则是内核中每个锁定和解锁调用的处理开销更大。

❑ 性能低下：只要线程在大多数时候都不必阻塞，则互斥锁给代码带来的开销最小。当然，如果你的设计具有许多线程所需的资源，则争用率会变得很大。这通常是一个设计问题，可以使用更细粒度的锁定或不同的算法来解决。

互斥锁并不是线程间同步的唯一方式。前文介绍 POSIX 共享内存时，讨论了两个进程如何使用信号量相互通知。线程具有类似的构造。

17.4.6　不断变化的条件

协作线程需要能够相互提醒某些事情发生了变化并需要注意。这被称为条件（condition，也被称为状态），警报通过条件变量（condition variable）或 condvar 被发送。

条件只是你可以测试以给出 true 或 false 结果的东西。一个简单的例子是包含 0 个或一些项目的缓冲区。一个线程将从缓冲区中取出项目，当它为空时休眠。另一个线程将项目放入缓冲区中并通知另一个线程它已经这样做了，因为另一个线程正在等待的条件已经改变。如果线程在休眠，那么它需要醒来做点什么。唯一的复杂性是，根据条件的定义，它属于共享资源，因此必须受到互斥锁的保护。

以下是一个包含两个线程的简单程序。

第一个线程是生产者（producer）：它每秒唤醒一次，并将一些数据放入一个全局变量中，然后发出信号通知发生了变化。

第二个线程是使用者（consumer）：它等待条件变量并在每次唤醒时测试条件（缓冲区中有一个非零长度的字符串）。

你可以在 MELP/Chapter17/condvar-demo 中找到该代码：

```
#include <stdio.h>
#include <stdlib.h>
#include <pthread.h>
#include <unistd.h>
#include <string.h>

char g_data[128];
pthread_cond_t cv = PTHREAD_COND_INITIALIZER;
pthread_mutex_t mutx = PTHREAD_MUTEX_INITIALIZER;

void *consumer(void *arg)
{
    while (1) {
        pthread_mutex_lock(&mutx);
        while (strlen(g_data) == 0)
            pthread_cond_wait(&cv, &mutx);

        /* Got data */
        printf("%s\n", g_data);
        /* Truncate to null string again */
        g_data[0] = 0;
        pthread_mutex_unlock(&mutx);
    }
    return NULL;
}

void *producer(void *arg)
{
    int i = 0;
```

```
    while (1) {
        sleep(1);
        pthread_mutex_lock(&mutx);
        sprintf(g_data, "Data item %d", i);
        pthread_mutex_unlock(&mutx);
        pthread_cond_signal(&cv);
        i++;
    }
    return NULL;
}
```

可以看到，当使用者线程在 condvar 上阻塞时，它会在持有锁定互斥锁的同时这样做，这似乎会导致下次生产者线程尝试更新条件时死锁。为了避免这种情况，pthread_condwait(3)将在线程被阻塞后解锁互斥锁，然后在唤醒并从等待中返回之前再次锁定它。

17.4.7　进程和线程应用规则

现在我们已经了解了进程和线程的基础知识以及它们通信的方式，接下来不妨看看可以用它们做什么。

以下是我们在构建系统时使用的一些规则。

❑　规则 1：将具有大量交互的任务放在一起。

通过将相互操作的线程紧密地放在一个进程中来最小化开销非常重要。

❑　规则 2：不要将所有线程放在一个篮子中。

为了弹性和模块化，可尝试将交互受限的组件保留在单独的进程中。

❑　规则 3：不要在同一进程中混合关键线程和非关键线程。

这是对规则 2 的放大。系统的关键部分（可能是机器控制程序）应尽可能简单，并以比其他部分更严格的方式写入。即使其他进程失败，它也必须能够继续。如果你有实时线程，那么根据定义，它们必须是关键线程，并且应该自己控制一个进程。

❑　规则 4：线程不应该过于密切交织。

编写多线程程序时的诱惑之一，就是将线程之间的代码和变量混合在一起，因为它是一个一体化程序并且易于执行。但是，开发人员应该保持线程模块化，并具有明确定义的交互。

❑　规则 5：不要认为线程是免费的。

创建额外线程非常容易，但也是有成本的，尤其是在协调它们的活动所需的额外同步方面，成本可能不小。

❑　规则 6：线程可以并行工作。

　　线程可以在多核处理器上同时运行，从而提供更高的吞吐量。如果你有一项大型计算工作，则可以为每个 CPU 核心创建一个线程并最大限度地利用硬件。有一些库可以帮助你执行此操作，如 OpenMP。对于普通开发人员而言，不必从头开始编写并行编程算法。

　　Android 设计就是一个很好的例证。每个应用程序都是一个独立的 Linux 进程，有助于模块化内存管理并确保一个应用程序崩溃不会影响整个系统。

　　进程模型也可用于访问控制：进程只能访问其 UID 和 GID 允许的文件和资源。每个进程中都有一组线程。其中一个线程管理和更新用户界面，一个线程处理来自操作系统的信号，几个线程管理动态内存分配和释放 Java 对象，另外还有一个至少有两个线程的工作池，可使用 Binder 协议接收来自系统其他部分的消息。

　　总而言之，进程提供弹性是因为每个进程都有一个受保护的内存空间，并且当进程终止时，包括内存和文件描述符在内的所有资源都被释放，从而减少了资源泄漏。

　　另外，线程共享资源，可以通过共享变量轻松地进行通信，并且可以通过共享对文件和其他资源的访问来进行协作。线程可以通过工作池和其他抽象来提供并行性，这在多核处理器中非常有用。

17.5　ZeroMQ

　　如前文所述，套接字、命名管道和共享内存是进行进程间通信的手段。它们可充当构成大多数重要应用程序的消息传递过程的传输层。诸如互斥锁和条件变量之类的并发原语可用于管理共享访问，并协调在同一进程内运行的线程之间的工作。

　　但是，多线程编程是出了名的困难，套接字和命名管道都有自己的诸多陷阱。因此，需要更高级别的 API 来抽象异步消息传递的复杂细节，这就是我们要讨论 ZeroMQ 的原因。

　　ZeroMQ 是一个异步消息传递库，其行为类似于并发框架。它具有用于进程内、进程间、TCP 和多播传输（multicast transport）的工具，以及对各种编程语言（包括 C、C++、Go 和 Python）的绑定。这些绑定以及 ZeroMQ 基于套接字的抽象允许团队在同一个分布式应用程序中轻松地混合编程语言。

　　ZeroMQ 库中还内置了对常见消息传递模式的支持，如请求/回复、发布/订阅和并行管道（parallel pipeline）。ZeroMQ 中的 Zero 代表的是零成本，而 MQ 代表的则是消息队列（message queue）。

本节将使用 ZeroMQ 探索进程间和进程内基于消息的通信。让我们从为 Python 安装 ZeroMQ 开始。

17.5.1　获取 pyzmq

我们将使用 ZeroMQ 的官方 Python 绑定进行以下练习。建议在新的虚拟环境中安装该 pyzmq 包。如果你的系统上已经有 conda，那么创建 Python 虚拟环境很容易。

要使用 conda 配置必要的虚拟环境，请按以下步骤操作。

（1）导航到包含示例的 zeromq 目录：

```
(base) $ cd MELP/Chapter17/zeromq
```

（2）创建一个名为 zeromq 的新虚拟环境：

```
(base) $ conda create --name zeromq python=3.9 pyzmq
```

（3）激活新的虚拟环境：

```
(base) $ source activate zeromq
```

（4）检查 Python 的版本是否为 3.9：

```
(zeromq) $ python --version
```

（5）列出你的环境中已安装的软件包：

```
(zeromq) $ conda list
```

你如果在包列表中看到 pyzmq 及其依赖项，即可运行以下练习。

17.5.2　进程之间的消息传递

我们将从一个简单的回显服务器开始对 ZeroMQ 进行探索。该服务器期望来自客户端的字符串形式的名称，并使用 Hello <name> 进行回复。

以下代码在 MELP/Chapter17/zeromq/server.py 中：

```
import time
import zmq


context = zmq.Context()
socket = context.socket(zmq.REP)
socket.bind("tcp://*:5555")
```

```
while True:
    # Wait for next request from client
    message = socket.recv()
    print(f"Received request: {message}")

    # Do some 'work'
    time.sleep(1)

    # Send reply back to client
    socket.send(b"Hello {message}")
```

该服务器进程为其响应创建一个 REP 类型的套接字，将该套接字绑定到端口 5555
上，然后等待消息。上述示例使用了 1 s 睡眠，以模拟在收到请求和发送回复之间完成的
一些工作。

echo 客户端的代码在 MELP/Chapter17/zeromq/client.py 中：

```
import zmq

def main(who):
    context = zmq.Context()

    # Socket to talk to server
    print("Connecting to hello echo server…")
    socket = context.socket(zmq.REQ)
    socket.connect("tcp://localhost:5555")

    # Do 5 requests, waiting each time for a response
    for request in range(5):
        print(f"Sending request {request} …")
        socket.send(b"{who}")

        # Get the reply.
        message = socket.recv()
        print(f"Received reply {request} [ {message} ]")

if __name__ == '__main__':
    import sys

    if len(sys.argv) != 2:
        print("usage: client.py <username>")
        raise SystemExit
    main(sys.argv[1])
```

客户端进程将采用用户名作为命令行参数。客户端可为请求创建一个 REQ 类型的套接字，连接到侦听端口 5555 的服务器进程，并开始发送包含传入的用户名的消息。就像服务器中的 socket.recv()一样，客户端中的 socket.recv()会阻塞，直至消息到达队列中。

要查看运行中的 echo 服务器和客户端代码，请激活你的 zeromq 虚拟环境并从 MELP/Chapter17/zeromq 目录中运行 planets.sh 脚本：

```
(zeromq) $ ./planets.sh
```

planets.sh 脚本生成了 3 个客户端进程，分别称为 Mars、Jupiter 和 Venus。可以看到来自 3 个客户端的请求是交错的，因为每个客户端在发送下一个请求之前都会等待服务器的回复。由于每个客户端发送 5 个请求，因此应该从服务器收到总共 15 个回复。

通过上述示例可以看到，使用 ZeroMQ 进行基于消息的进程间通信非常容易。接下来，让我们使用 Python 的内置 asyncio 模块以及 ZeroMQ 来进行进程内消息传递。

17.5.3　进程内的消息传递

asyncio 模块是在 Python 3.4 版中引入的。它添加了一个可插入的事件循环，用于使用协程执行单线程并发代码。Python 中的协程也被称为绿色线程（green thread），是使用来自 C#的 async/await 语法声明的。它们比 POSIX 线程轻量得多，并且更像可恢复函数。因为协程在事件循环的单线程上下文中运行，所以可将 pyzmq 与 asyncio 结合进行使用，以进行基于套接字的进程内消息传递。

以下是从https://github.com/zeromq/pyzmq 存储库中获取的协程示例的略微修改版本：

```
import time
import zmq
from zmq.asyncio import Context, Poller
import asyncio

url = 'inproc://#1'
ctx = Context.instance()

async def receiver():
    """receive messages with polling"""
    pull = ctx.socket(zmq.PAIR)
    pull.connect(url)
    poller = Poller()
    poller.register(pull, zmq.POLLIN)
    while True:
        events = await poller.poll()
```

```
        if pull in dict(events):
            print("recving", events)
            msg = await pull.recv_multipart()
            print('recvd', msg)

async def sender():
    """send a message every second"""
    tic = time.time()
    push = ctx.socket(zmq.PAIR)
    push.bind(url)
    while True:
        print("sending")
            await push.send_multipart([str(time.time() - tic).
encode('ascii')])
            await asyncio.sleep(1)

asyncio.get_event_loop().run_until_complete(
    asyncio.wait(
        [
            receiver(),
            sender(),
        ]
    )
)
```

可以看到，receiver()和 sender()协程共享相同的上下文。在套接字的 url 部分中指定的 inproc 传输方法用于线程间通信，并且比上一个示例中使用的 tcp 传输快得多。PAIR 模式专门连接两个套接字。与 inproc 传输一样，这种消息传递模式仅在进程内工作，并且旨在用于线程之间的信号传递。

receiver()或 sender()协程都不会返回。asyncio 事件循环在两个协程之间交替进行，在阻塞或完成 I/O 时暂停和恢复每个协程。

要从活动的 zeromq 虚拟环境中运行该协程示例，可使用以下命令：

```
(zeromq) $ python coroutines.py
```

sender()将时间戳发送到 receiver()，receiver()会显示这些时间戳。按 Ctrl+C 快捷键可终止进程。

恭喜！你刚刚见证了不使用显式线程的进程内异步消息传递。关于协程和 asyncio 其实还有很多知识和技巧，这个例子只是为了让你体验 Python 在与 ZeroMQ 配对时可以实现的功能。

接下来，让我们暂时抛开单线程事件循环，回到 Linux 的主题上。

17.6　调　　度

本章要讨论的第二个大主题是调度（scheduling）。Linux 调度程序有一个准备运行的线程队列，它的工作是在 CPU 可用时将它们调度到 CPU 上。每个线程都有一个可能是分时（time-shared）或实时（real-time）的调度策略。

❑ 分时调度策略是指让所有线程轮流获得 CPU 的使用权。分时线程有一个 nice 值，可以增加或减少线程对 CPU 时间的使用权。

❑ 实时线程具有优先级（priority），高优先级的线程可抢占 CPU 时间的使用权。

调度程序使用线程，而不是进程。每个线程都将被调度，无论它在哪个进程中运行。当发生以下任何情况时，调度程序就会运行：

❑ 通过调用 sleep()或另一个阻塞系统调用阻塞线程。

❑ 分时线程耗尽其时间片（time slice）。

❑ 中断导致线程被解除阻塞，例如，由于 I/O 完成。

有关 Linux 调度程序的背景信息，建议阅读 Robert Love 编写的 *Linux Kernel Development*（《Linux 内核开发》）第 3 版中关于进程调度的章节。

17.6.1　公平与确定性

如前文所述，调度策略分为两类：分时和实时。分时策略基于公平原则，它们旨在确保每个线程都获得相当多的处理器时间，并且没有线程可以占用系统。一个线程如果运行时间过长，那么会被放到队列的后面，以便其他线程也可以使用 CPU。同时，公平策略也需要适应正在做大量工作的线程，并为它们提供完成工作的资源。分时调度很好，因为它可以自动适应各种工作负载。

另外，如果你有一个实时程序，那么此时采用公平策略是行不通的。在这种情况下，你需要一个基于确定性（deterministic）的策略，它至少可以为你提供最低限度的保证，即你的实时线程将在合适的时间被调度，保证不会错过其截止期限。这意味着实时线程必须抢占分时线程。

实时线程还具有静态优先级，当同时运行多个线程时，调度程序可以使用该优先级在它们之间进行选择。Linux 实时调度程序实现了一个相当标准的算法，该算法可以运行最高优先级的实时线程。大多数实时操作系统（real time operating system，RTOS）调度程序也是用这种方式编写的。

这两种类型的线程可以共存。那些需要确定性调度的线程将首先被调度，然后剩余的 CPU 时间将在分时线程之间被分配。

17.6.2　分时策略

分时策略是为公平而设计的。从 Linux 2.6.23 开始，使用的调度程序一直是完全公平调度程序（completely fair scheduler，CFS）。它不使用正常意义上的时间片。相反，它会计算某个线程在对 CPU 时间拥有公平份额的情况下有权运行的时间长度，并将其与实际运行的时间量相平衡。如果它超出了有权运行的时间并且还有其他分时线程等待运行，则调度程序将暂停该线程并运行一个等待线程。

分时策略如下所示。

❑ SCHED_NORMAL（也称为 SCHED_OTHER）：这是默认策略。绝大多数 Linux 线程都使用此策略。

❑ SCHED_BATCH：这与 SCHED_NORMAL 类似，只是线程调度的粒度更大，也就是说，它们运行的时间更长，但必须等待更长的时间才能再次安排它们。目的是减少后台处理（批处理作业）的上下文切换次数并减少 CPU 缓存流失量。

❑ SCHED_IDLE：这些线程仅在任何其他策略中没有准备就绪的线程时运行。这是可能的最低优先级。

可以使用两对函数来获取和设置线程的策略和优先级。第一对函数以 PID 作为参数并影响进程中的主线程：

```
struct sched_param {
    ...
    int sched_priority;
    ...
};

int sched_setscheduler(pid_t pid, int policy,
    const struct sched_param *param);

int sched_getscheduler(pid_t pid);
```

第二对函数在 pthread_t 上运行，可以更改进程中其他线程的参数：

```
int pthread_setschedparam(pthread_t thread, int policy,
    const struct sched_param *param);
```

```
int pthread_getschedparam(pthread_t thread, int *policy,
    struct sched_param *param);
```

有关线程策略和优先级的更多信息，请参见 sched(7)手册页。

在理解了分时策略和优先级的概念之后，让我们来看看 nice 值。

17.6.3　nice 值

一些分时线程比其他线程更重要，你可以使用 nice 值来表示这一点，它可将线程的 CPU 权利乘以一个缩放因子。该名称来自函数调用 nice(2)，它自早期以来一直是 UNIX 的一部分。nice 值的范围是-20～19，一共 40 个级别，默认值为 0。

所谓 nice，就是发"好人卡"，nice 值越大，就越说明它是一个"好人"，允许别的线程先运行。所以 nice 值为 19 的线程就是一个"大好人"，它允许所有其他线程在它之前运行；相应地，nice 值为-20 的线程非常不好，它第一个抢着运行。

可以为 SCHED_NORMAL 和 SCHED_BATCH 线程更改 nice 值。为了减少 nice 值（这会增加 CPU 负载），你需要 CAP_SYS_NICE 功能，该功能可供 root 用户使用。有关该功能的更多信息，请参见 capabilities (7)手册页。

对于 nice 值的认识有一些误区。第一个误区是，几乎所有关于更改 nice 值的函数和命令（nice(2)以及 nice 和 renice 命令）的文档都谈及进程。然而，它实际上与线程相关。如前文所述，你可以使用 TID 代替 PID 来更改单个线程的 nice 值。

第二个误区是，nice 值往往被称为线程的优先级。这其实是一种误导，更不应将这个概念与实时优先级混淆，它们是完全不同的两个概念。

17.6.4　实时策略

实时策略是一个基于确定性的策略。实时调度程序将始终运行已经准备就绪的最高优先级实时线程。实时线程总是抢占分时线程。

从本质上讲，如果你选择了实时策略而不是分时策略，则说明你对该线程的预期调度已经有深入的了解，并希望覆盖调度程序的内置假设。

有以下两种实时策略。

❑　SCHED_FIFO：这是一种运行到完成（run to completion）算法，这意味着一旦线程开始运行，它就会继续运行，直到它被更高优先级的实时线程抢占，它在系统调用中被阻塞，或者直到它终止（完成）。

❑　SCHED_RR：这是一种轮询调度（round robin）算法，如果相同优先级的线程超过它们的时间片（默认为 100 ms），那么这种算法将在它们之间进行循环。从 Linux 3.9 开始，可以通过/proc/sys/kernel/sched_rr_timeslice_ms 来控制时间片的值。此外，它的行为方式与 SCHED_FIFO 相同。

每个实时线程的优先级范围为 1～99，其中 99 为最高。

要给线程一个实时策略，你需要 CAP_SYS_NICE，它默认只给 root 用户。

在 Linux 和其他地方，实时调度的一个问题是，某个线程变成了计算绑定的，通常是因为一个错误导致它无限循环，这将阻止较低优先级的实时线程和所有分时线程一起运行。在这种情况下，系统会变得不稳定并可能完全锁定。

有两种方法可以防止这种可能性。

第一种方法是，从 Linux 2.6.25 开始，调度程序默认为非实时线程保留 5%的 CPU 时间，因此即使实时线程失控也无法完全停止系统。它通过两个内核控件进行配置：

❑　/proc/sys/kernel/sched_rt_period_us
❑　/proc/sys/kernel/sched_rt_runtime_us

它们的默认值分别为 1000000（1 s）和 950000（950 ms），这意味着每秒将保留 50 ms 用于非实时处理。你如果希望实时线程能够占用 100%，则可以将 sched_rt_runtime_us 设置为-1。

第二种方法是使用硬件或软件看门狗来监控关键线程的执行，并在它们开始错过最后期限时采取行动。在第 13 章"init 程序"中已经介绍过看门狗。

17.6.5　选择策略

在实践中，分时策略可满足大多数计算工作负载。受 I/O 限制的线程大部分时间被阻塞，当它们被解除阻塞时，它们几乎会立即被调度。同时，受 CPU 限制的线程自然会占用任何剩余的 CPU 周期。nice 值的正值（1～19）可以被应用于不太重要的线程，而负值（-20～-1）则可以被应用于更重要的线程。

当然，这只是一般性的行为，不能保证永远都是如此。如果需要更多确定性行为，则需要实时策略。要将线程标记为实时的，需要以下条件：

❑　它有一个必须产生输出的最后期限。
❑　错过最后期限会损害系统的有效性。
❑　它是事件驱动的。
❑　它不受计算限制。

实时任务的示例包括经典的机械臂伺服控制器、多媒体处理和通信处理。在第 21 章"实时编程"中将讨论实时系统设计。

17.6.6　选择实时优先级

选择适用于所有预期工作负载的实时优先级是一项较为困难的任务，也是尽量避免实时策略的一个很好的理由。

在 Liu 和 Layland 1973 年的论文（详见 17.8 节“延伸阅读”）之后，最广泛使用的选择优先级的程序被称为速率单调分析（rate monotonic analysis，RMA）。它适用于具有周期性线程的实时系统，这是一个非常重要的类。每个线程都有一个周期（period）和一个利用率（utilization），后者是它将执行的周期的比例。其目标是平衡负载，以便所有线程都可以在下一个周期之前完成它们的执行阶段。

RMA 指出，如果发生以下情况，则可以实现此目标：

❑　　最高优先级赋予周期最短的线程。

❑　　总利用率低于 69%。

总利用率是所有单个利用率的总和。它还假设线程之间的交互或在互斥锁上阻塞的时间（以及类似时间）可以忽略不计。

17.7　小　　结

Linux 和随附的 C 库中内置的 UNIX 悠久遗产几乎提供了你编写稳定可靠且有弹性的嵌入式应用程序所需的一切。问题在于，对于每项工作，都至少有两种方法可以实现你想要的目标。

本章重点讨论了系统设计的两个方面：一是划分单独的进程，每个进程都可以有一个或多个线程来完成其工作，二是调度这些线程。希望你能很好地理解这些内容，并成为你进一步研究它们的基础。

第 18 章“管理内存”将研究系统设计的另一个重要方面：内存管理。

17.8　延 伸 阅 读

以下资源提供了有关本章介绍的主题的更多信息。

❑　*The Art of Unix Programming*（《UNIX 编程艺术》），by Eric Steven Raymond

❑　*Linux System Programming, 2nd edition*〔《Linux 系统编程（第 2 版）》〕，by Robert Love

❑ *Linux Kernel Development, 3rd edition*〔《Linux 内核开发（第 3 版》）, by Robert Love

❑ *The Linux Programming Interface*（《Linux 编程接口》）, by Michael Kerrisk

❑ *UNIX Network Programming, Vol ume 2: Interprocess Communications, 2nd Edition* 〔《UNIX 网络编程，第 2 卷：进程间通信（第 2 版）》）, by W. Richard Stevens

❑ *Programming with POSIX Threads*（《使用 POSIX 线程编程》）, by David R. Butenhof

❑ *Scheduling Algorithms for Multiprogramming in a Hard-Real-Time Environment* （《硬实时环境中多任务编程的调度算法》）, by C. L. Liu and James W. Layland, Journal of ACM, 1973, vol 20, no 1, pp. 46-61

第 18 章 管 理 内 存

本章将讨论与内存管理相关的问题，这对于任何 Linux 系统都是一个重要主题，对于系统内存通常受限的嵌入式 Linux 来说更是如此。

在简要介绍虚拟内存之后，本章将演示如何测量内存使用情况、如何检测内存分配问题（包括内存泄漏），以及内存不足时会发生什么。你必须了解一些可用的工具，这包括 free 和 top 等简单工具，也包括 mtrace 和 Valgrind 等复杂工具。

本章将阐释内核空间内存和用户空间内存之间的区别，以及内核如何将内存的物理页映射到进程的地址空间中。我们将定位并读取 proc 文件系统下各个进程的内存映射，讨论如何使用 mmap 系统调用将程序的内存映射到文件中，以便它可以批量分配内存或与另一个进程共享内存。

在本章的后半部分，将使用 ps 来测量每个进程的内存使用情况，然后介绍一些更精确的工具，如 smem 和 ps_mem。

本章包含以下主题：
- ❑ 虚拟内存基础知识
- ❑ 内核空间内存布局
- ❑ 用户空间内存布局
- ❑ 进程内存映射
- ❑ 交换
- ❑ 使用 mmap 映射内存
- ❑ 应用程序的内存使用情况
- ❑ 每个进程的内存使用情况
- ❑ 识别内存泄漏
- ❑ 内存不足

18.1 技 术 要 求

要遵循本章示例操作，请确保你具备以下条件：
- ❑ 安装了 gcc、make、top、procps、valgrind 和 smem 的基于 Linux 的主机系统。

所有这些工具都可以在大多数流行的 Linux 发行版（如 Ubuntu、Arch 等）上使用。

本章所有代码都可以在本书配套 GitHub 存储库的 Chapter18 文件夹中找到，该存储库网址如下：

https://github.com/PacktPublishing/Mastering-Embedded-Linux-Programming-Third-Edition

18.2　虚拟内存基础知识

回想一下，Linux 将 CPU 的内存管理单元（memory management unit，MMU）配置为向正在运行的程序提供一个虚拟地址空间，该地址空间在 32 位处理器上从 0 开始，到最高地址 0xffffffff 结束。该地址空间默认被分为 4 KiB 的页面。如果 4 KiB 页面对于你的应用程序来说太小了，则可以将内核配置为使用 HugePages，从而减少访问页表条目所需的系统资源量并提高页表缓存（translation lookaside buffer，TLB）命中率。

Linux 将这个虚拟地址空间划分为应用程序区域和内核区域，应用程序区域被称为用户空间（user space），内核区域则被称为内核空间（kernel space）。二者之间的分割是由名为 PAGE_OFFSET 的内核配置参数设置的。

在典型的 32 位嵌入式系统中，PAGE_OFFSET 为 0xc0000000，这意味着将低 3 GB 分配给用户空间，将高 3 GB 分配给内核空间。

用户地址空间是为每个进程分配的，以便每个进程在沙箱中运行，与其他进程分开。所有进程的内核地址空间都是相同的，因为只有一个内核。

此虚拟地址空间中的页面由 MMU 映射到物理地址中，MMU 使用页表（page table）来执行映射。

虚拟内存的每一页都可以是未映射的或映射如下。

❑　未映射，因此尝试访问这些地址将导致 SIGSEGV。

❑　映射到进程专用的物理内存页。

❑　映射到与其他进程共享的物理内存页。

❑　映射并与写时复制（copy on write，CoW）标志集共享：写入被捕获在内核中，内核制作页面副本并将其映射到进程中以代替原始页面，然后才允许写入发生。

❑　映射到内核使用的物理内存页。

内核还可以将页面映射到保留的内存区域中，例如访问设备驱动程序中的寄存器和内存缓冲区。

一个明显的问题是：为什么我们要这样做，而不是像典型的实时操作系统（RTOS）那样简单地直接引用物理内存？

虚拟内存有很多优点，其中一些优点如下：

- ❑ 捕获无效的内存访问，并通过 SIGSEGV 向应用程序发出警报。
- ❑ 进程在自己的内存空间中运行，与其他进程隔离。
- ❑ 通过共享公共代码和数据（如在库中）来有效地使用内存。
- ❑ 通过添加交换文件可以增加物理内存量，尽管在嵌入式目标上交换很少见。

这些都是对虚拟内存比较有利的论据，但我们也不得不承认它也有一些缺点。例如，很难确定应用程序的实际内存预算，这也是本章的主要关注点之一。默认的分配策略是过量使用，但这容易导致棘手的内存不足问题，在 18.11 节"内存不足"中将详细讨论该问题。最后，内存管理代码在处理异常（页面错误）时引入的延迟降低了系统的确定性，这对实时程序来说非常重要，在第 21 章"实时编程"中将会涉及这一点。

内核空间和用户空间的内存管理是不同的。接下来，让我们看看它们的本质区别以及其他一些你需要了解的内容。

18.3　内核空间内存布局

内核内存的管理方式相当简单。它不是按需分页的，这意味着对于使用 kmalloc()或类似函数的每个分配，都有真正的物理内存。内核内存永远不会被丢弃或换出（page out）。

18.3.1　内核日志消息分析

一些架构在内核日志消息中显示了启动时内存映射的汇总信息。以下跟踪信息来自 32 位 ARM 设备（BeagleBone Black）：

```
Memory: 511MB = 511MB total
Memory: 505980k/505980k available, 18308k reserved, 0K highmem
Virtual kernel memory layout:
    Vector    :    0xffff0000  -  0xffff1000   (      4    kB)
    fixmap    :    0xfff00000  -  0xfffe0000   (    896    kB)
    vmalloc   :    0xe0800000  -  0xff000000   (    488    MB)
    lowmem    :    0xc0000000  -  0xe0000000   (    512    MB)
    pkmap     :    0xbfe00000  -  0xc0000000   (      2    MB)
    modules   :    0xbf800000  -  0xbfe00000   (      6    MB)
      .text   :    0xc0008000  -  0xc0763c90   (   7536    kB)
      .init   :    0xc0764000  -  0xc079f700   (    238    kB)
      .data   :    0xc07a0000  -  0xc0827240   (    541    kB)
      .bss    :    0xc0827240  -  0xc089e940   (    478    kB)
```

在上述示例中，505980 KiB 可用的数字是内核在开始执行但尚未进行动态分配之前看到的可用内存量。

内核空间内存的使用者包括：

- ❑ 内核本身，也就是在引导时从内核镜像文件中加载的代码和数据。这显示在.text、.init、.data 和.bss 段中的上述内核日志中。一旦内核完成初始化，.init 段就会被释放。
- ❑ slab 分配器分配的内存用于各种内核数据结构。这包括使用 kmalloc()进行的分配。它们来自标记为 lowmem 的区域。
- ❑ vmalloc()分配的内存常用于比 kmalloc()可用内存更大的内存块。这些内存在 vmalloc 区域中。
- ❑ 映射设备驱动程序以访问属于各种硬件位的寄存器和内存，你可以通过阅读 /proc/iomem 对其进行查看。这些内存也来自 vmalloc 区域，但是由于它们被映射到主系统内存之外的物理内存中，它们不占用任何实际内存。
- ❑ 内核模块，它们被加载到标记为模块（module）的区域中。
- ❑ 其他地方都没有跟踪的其他低级分配。

现在我们已经了解了内核空间中内存的布局，接下来不妨看看内核实际使用了多少内存。

18.3.2　内核的内存使用情况

糟糕的是，对于内核使用多少内存的问题并没有一个准确的答案，但接下来的介绍已经尽可能接近事实了。

首先，可以在上面显示的内核日志中看到内核代码和数据占用的内存，也可以使用 size 命令，示例如下：

```
$ arm-poky-linux-gnueabi-size vmlinux
text data bss dec hex filename
9013448 796868 8428144 18238460 1164bfc vmlinux
```

一般来说，与内存总量相比，这里显示的静态代码和数据段的内核占用的内存量很小。如果不是这种情况，那么你需要查看内核配置并删除不需要的组件。

Linux Kernel Tinification 致力于帮助开发人员构建更精简更小的内核，它曾经取得良好进展，但后来该项目停滞不前，而 Josh Triplett 的补丁最终在 2016 年从 linux-next 树中被删除。现在，减少内核在内存中大小的最佳选择是芯片内执行（execute in place，XIP），这个概念其实就是使用闪存替换了 RAM。有关详细信息，可访问以下网址：

https://lwn.net/Articles/748198/

可以通过阅读/proc/meminfo 获得有关内存使用情况的更多信息：

```
# cat /proc/meminfo
MemTotal: 509016 kB
MemFree: 410680 kB
Buffers: 1720 kB
Cached: 25132 kB
SwapCached: 0 kB
Active: 74880 kB
Inactive: 3224 kB
Active(anon): 51344 kB
Inactive(anon): 1372 kB
Active(file): 23536 kB
Inactive(file): 1852 kB
Unevictable: 0 kB
Mlocked: 0 kB
HighTotal: 0 kB
HighFree: 0 kB
LowTotal: 509016 kB
LowFree: 410680 kB
SwapTotal: 0 kB
SwapFree: 0 kB
Dirty: 16 kB
Writeback: 0 kB
AnonPages: 51248 kB
Mapped: 24376 kB
Shmem: 1452 kB
Slab: 11292 kB
SReclaimable: 5164 kB
SUnreclaim: 6128 kB
KernelStack: 1832 kB
PageTables: 1540 kB
NFS_Unstable: 0 kB
Bounce: 0 kB
WritebackTmp: 0 kB
CommitLimit: 254508 kB
Committed_AS: 734936 kB
VmallocTotal: 499712 kB
VmallocUsed: 29576 kB
VmallocChunk: 389116 kB
```

手册页 proc(5)上对这些字段中的每一个都有描述。内核内存使用量是以下各项的总和。

❑　Slab：slab 分配器分配的总内存。

❑　KernelStack：执行内核代码时使用的堆栈空间。

❑　PageTables：用于存储页表的内存。

❑　VmallocUsed：vmalloc()分配的内存。

在 slab 分配内存的情况下，你可以通过阅读/proc/slabinfo 获得更多信息。

类似地，在/proc/vmallocinfo 中对 vmalloc 区域的分配进行了细分。

在这两种情况下，你都需要详细了解内核及其子系统，以便准确了解哪个子系统在进行分配以及为什么进行分配，这超出了本书讨论的范围。

对于模块，可使用 lsmod 找出代码和数据占用的内存空间：

```
# lsmod
Module Size Used by
g_multi 47670 2
libcomposite 14299 1 g_multi
mt7601Usta 601404 0
```

这留下了没有记录的低级分配，这使我们无法生成准确的内核空间内存使用情况。当我们将已经知道的所有内核和用户空间分配相加时，这将显示为缺失的内存。

测量内核空间内存使用情况很复杂。/proc/meminfo 中的信息比较有限，/proc/slabinfo 和/proc/vmallocinfo 提供的附加信息很难解释。通过进程内存映射的方式，用户空间可以更好地了解内存使用情况。

18.4　用户空间内存布局

Linux 对用户空间采用惰性分配策略，仅在程序访问时映射内存的物理页。例如，使用 malloc(3)分配 1 MiB 的缓冲区会返回一个指向内存地址块的指针，但没有实际的物理内存。在页表条目中设置了一个标志，以便内核可捕获任何读取或写入访问。这被称为页面错误（page fault，也称为页故障）——当 CPU 执行进程的某个页面时，发现要访问的页（虚拟地址的页）不在物理内存中，从而导致中断。只有在这一点上，内核才会尝试查找物理内存页并将其添加到进程的页表映射中。

可以用一个简单的程序 MELP/Chapter18/pagefault-demo 来演示这一点：

```
#include <stdio.h>
#include <stdlib.h>
#include <string.h>
```

```
#include <sys/resource.h>
#define BUFFER_SIZE (1024 * 1024)

void print_pgfaults(void)
{
    int ret;
    struct rusage usage;
    ret = getrusage(RUSAGE_SELF, &usage);
    if (ret == -1) {
        perror("getrusage");
    } else {
        printf("Major page faults %ld\n", usage.ru_majflt);
        printf("Minor page faults %ld\n", usage.ru_minflt);
    }
}

int main(int argc, char *argv[])
{
    unsigned char *p;
    printf("Initial state\n");
    print_pgfaults();
    p = malloc(BUFFER_SIZE);
    printf("After malloc\n");
    print_pgfaults();
    memset(p, 0x42, BUFFER_SIZE);
    printf("After memset\n");
    print_pgfaults();
    memset(p, 0x42, BUFFER_SIZE);
    printf("After 2nd memset\n");
    print_pgfaults();
    return 0;
}
```

运行它时，会看到以下输出：

```
Initial state
Major page faults 0
Minor page faults 172
After malloc
Major page faults 0
Minor page faults 186
After memset
Major page faults 0
```

```
Minor page faults 442
After 2nd memset
Major page faults 0
Minor page faults 442
```

可以看到，在初始化程序环境后遇到了 172 个次要页面错误，在调用 getrusage(2)时又遇到了 14 个（这些数字将根据你使用的架构和 C 库的版本而有所不同）。

这里重要的部分是用数据填充内存时的增加：442-186=256。缓冲区为 1 MiB，即 256 页。第二次调用 memset(3)时已经没有区别，因为现在所有页面都已被映射。

如你所见，当内核捕获对尚未映射的页面的访问时，就会产生页面错误。实际上，页面错误有两种：minor 和 major。

如上述代码所示，如果出现 minor（次要）错误，则内核只需找到一页物理内存并将其映射到进程地址空间中即可。

当虚拟内存被映射到一个文件中时，会发生一个 major（主要）页面错误，例如，使用 mmap(2)时出现的错误（下文将详细介绍）。从这个内存中读取意味着内核不仅必须找到一个内存页并将其映射到内存中，而且还必须用文件中的数据填充它。因此，major 错误在时间和系统资源方面的成本要高得多。

虽然 getrusage(2)为进程中的次要和主要页面错误提供了有用的指标，但有时我们真正想看到的是进程的整体内存映射情况。

18.5　进程内存映射

用户空间中的每个正在运行的进程都有一个我们可以检查的进程映射。这些进程映射告诉我们程序的内存是如何分配的，以及它链接到哪些共享库。

可以通过 proc 文件系统查看进程的内存映射。例如，以下是 init 进程 PID 1 的映射：

```
# cat /proc/1/maps
00008000-0000e000 r-xp 00000000 00:0b 23281745 /sbin/init
00016000-00017000 rwxp 00006000 00:0b 23281745 /sbin/init
00017000-00038000 rwxp 00000000 00:00 0          [heap]
b6ded000-b6f1d000 r-xp 00000000 00:0b 23281695 /lib/libc-2.19.so
b6f1d000-b6f24000 ---p 00130000 00:0b 23281695 /lib/libc-2.19.so
b6f24000-b6f26000 r-xp 0012f000 00:0b 23281695 /lib/libc-2.19.so
b6f26000-b6f27000 rwxp 00131000 00:0b 23281695 /lib/libc-2.19.so
b6f27000-b6f2a000 rwxp 00000000 00:00 0
b6f2a000-b6f49000 r-xp 00000000 00:0b 23281359 /lib/ld-2.19.so
b6f4c000-b6f4e000 rwxp 00000000 00:00 0
```

```
b6f4f000-b6f50000 r-xp 00000000 00:00 0          [sigpage]
b6f50000-b6f51000 r-xp 0001e000 00:0b 23281359   /lib/ld-2.19.so
b6f51000-b6f52000 rwxp 0001f000 00:0b 23281359   /lib/ld-2.19.so
beea1000-beec2000 rw-p 00000000 00:00 0          [stack]
ffff0000-ffff1000 r-xp 00000000 00:00 0          [vectors]
```

上述示例中的前两列显示了开始和结束虚拟地址以及每个映射的权限。

这些权限的含义如下。

❑ r: 读取。

❑ w: 写入。

❑ x: 执行。

❑ s: 共享。

❑ p: 私有（写时复制）。

如果映射与文件相关联，则文件名出现在最后一列中，第 3、4 和 5 列分别包含距文件开头的偏移量、块设备号和文件的 inode。大多数映射都是到程序本身及其链接的库。程序可以在两个区域中分配内存，标记为[heap]和[stack]。使用 malloc 分配的内存来自[heap]（非常大的分配除外，稍后将会谈到），栈上的分配则来自[stack]。

这两个区域的最大大小由进程的 ulimit 控制。

❑ 堆（heap）：ulimit -d，默认无限制。

❑ 栈（stack）：ulimit -s，默认 8 MiB。

超过限制的分配会被 SIGSEGV 拒绝。

当内存不足时，内核可能会决定丢弃被映射到文件中并且是只读的页面。如果再次访问该页面，那么它将导致主要页面错误并从文件中读回。

18.6 交   换

交换（swap）的想法是保留一些存储空间，内核可以在其中放置未被映射到文件中的内存页面，从而释放内存以供其他用途。它通过交换文件的大小来增加物理内存的有效大小。

18.6.1 交换的利弊

需要指出的是，交换并不是万能的，因为将页面复制到交换文件中或从交换文件中复制页面都是有成本的。交换在因为实际内存太少而无法承载工作负载的系统上作用很明显，因此成为其主要活动。这有时也被称为 Disk Thrashing。

交换很少在嵌入式设备上使用，因为它不适用于闪存存储，在闪存存储中持续写入会很快耗尽它。但是，你可能需要考虑交换到压缩内存（zram）。

18.6.2　交换到压缩内存

zram 驱动程序可创建名为/dev/zram0、/dev/zram1 等的基于 RAM 的块设备。写入这些设备的页面在存储之前会被压缩。压缩比为 30%~50%时，预期可用内存总体增加约10%，但代价是更多的处理和相应的功耗增加。

要启用 zram，请使用以下选项配置内核：

```
CONFIG_SWAP
CONFIG_CGROUP_MEM_RES_CTLR
CONFIG_CGROUP_MEM_RES_CTLR_SWAP
CONFIG_ZRAM
```

然后，将以下代码添加到/etc/fstab 中以在引导时挂载 zram：

```
/dev/zram0 none swap defaults zramsize=<size in bytes>,
swapprio=<swap partition priority>
```

可使用以下命令打开和关闭交换功能：

```
# swapon /dev/zram0
# swapoff /dev/zram0
```

虽然将内存换出到 zram 比换出到闪存存储中要好很多，但是这两种技术显然都不能替代足够的物理内存。

用户空间进程依赖内核为它们管理虚拟内存。但有时，一个程序会想要对其内存映射进行比内核所能提供的更大的控制，有一个系统调用允许将内存映射到文件中，以便从用户空间中进行更直接的访问。

18.7　使用 mmap 映射内存

进程的生命开始于一定数量的内存映射到程序文件的文本（代码）和数据段，以及与之链接的共享库。它可以在运行时使用 malloc(3)在堆上分配内存，也可以通过本地范围的变量在栈上分配内存，以及通过 alloca(3)分配内存。它还可以在运行时使用 dlopen(3)动态加载库。所有这些映射都由内核处理。当然，进程也可以使用 mmap(2)以显式方式操作其内存映射：

```
void *mmap(void *addr, size_t length, int prot, int flags,
int fd, off_t offset);
```

该函数可以使用 fd 描述符从文件中映射 length 字节的内存，从文件中的 offset 开始，并返回一个指向映射的指针（假设映射是成功的）。

由于底层硬件以页为单位工作，因此 length 将四舍五入到最接近的整数页数。

保护参数 prot 是读、写和执行权限的组合，而 flags 参数至少包含 MAP_SHARED 或 MAP_PRIVATE。还有许多其他标志，感兴趣的读者可参阅 mmap 手册页。

使用 mmap 可以做很多事情，接下来让我们看一些示例。

18.7.1　使用 mmap 分配私有内存

可以使用 mmap 分配私有内存区域，方法是在 flags 参数中设置 MAP_ANONYMOUS 并将文件描述符 fd 设置为-1。这类似于使用 malloc 从堆中分配内存，不同之处在于内存是页对齐的并且是页的倍数。内存分配的区域与库所使用的区域相同。实际上，出于这个原因，该区域被某些人称为 mmap 区域。

匿名映射（anonymous mapping）更适合大型分配，因为它们不会用内存块来固定堆，这会使碎片更有可能发生。有趣的是，你会发现 malloc 停止从堆中为超过 128 KiB 的请求分配内存（至少在 glibc 中是如此），并以这种方式使用 mmap，因此在大多数情况下，只使用 malloc 是正确的做法。系统将选择满足请求的最佳方式。

18.7.2　使用 mmap 共享内存

在第 17 章 "了解进程和线程" 中已经介绍过，POSIX 共享内存需要 mmap 来访问内存段。在这种情况下，你可以设置 MAP_SHARED 标志并使用来自 shm_open() 的文件描述符，如下所示：

```
int shm_fd;
char *shm_p;

shm_fd = shm_open("/myshm", O_CREAT | O_RDWR, 0666);
ftruncate(shm_fd, 65536);
shm_p = mmap(NULL, 65536, PROT_READ | PROT_WRITE,
MAP_SHARED, shm_fd, 0);
```

另一个进程使用相同的调用、文件名、长度和标志来映射到该内存区域以进行共享。

对 msync(2)的后续调用可控制何时将内存更新传递到底层文件中。

通过 mmap 共享内存还提供了一种直接读取和写入设备内存的方法。

18.7.3　使用 mmap 访问设备内存

在第 11 章 "连接设备驱动程序" 中已经介绍过, 驱动程序可以允许其设备节点进行内存映射并与应用程序共享部分设备内存。确切的实现取决于驱动程序。

这方面的一个示例是 Linux 帧缓冲区/dev/fb0。诸如 Xilinx（赛灵思）Zynq 系列之类的现场可编程门阵列（field-programmable gate array，FPGA）也可通过 Linux 的 mmap 作为内存进行访问。帧缓冲接口在/usr/include/linux/fb.h 中定义, 包括一个 ioctl 函数来获取显示的大小和每像素的位数。然后, 可以使用 mmap 要求视频驱动程序与应用程序共享帧缓冲区并读取和写入像素:

```
int f;
int fb_size;
unsigned char *fb_mem;

f = open("/dev/fb0", O_RDWR);
/* Use ioctl FBIOGET_VSCREENINFO to find the display
  dimensions and calculate fb_size */
fb_mem = mmap(0, fb_size, PROT_READ | PROT_WRITE, MAP_SHARED, fd, 0);
/* read and write pixels through pointer fb_mem */
```

第二个示例是 Linux 流视频设备接口 Video 4 Linux，version2（通常简称为 V4L2）, 它在/usr/include/linux/videodev2.h 中定义。每个视频设备都有一个名为/dev/videoN 的节点, 从/dev/video0 开始。有一个 ioctl 函数要求驱动程序分配一些视频缓冲区, 你可以将这些缓冲区映射到用户空间中。然后, 这就变成了循环缓冲区并用视频数据填充或清空它们的问题, 具体取决于你是在播放还是捕获视频流。

至此, 我们已经理解了用户空间的内存布局和映射, 接下来, 让我们看看应用程序的内存使用情况。

18.8　应用程序的内存使用情况

与内核空间一样, 分配、映射和共享用户空间内存的不同方式使得回答这个看似简单的问题变得相当困难。

首先, 你可以询问内核它认为有多少内存可用, 这可以使用 free 命令来完成。下面是一个典型的输出示例：

```
        total   used    free   shared  buffers  cached
Mem:  509016 504312   4704   0       26456    363860
-/+ buffers/cache: 113996 395020
Swap: 0 0 0
```

乍一看，这几乎是一个内存不足的系统，在总共 509016 KiB 中只有 4704 KiB 空闲：不到 1%。但是，请注意，26456 KiB 位于缓冲区中，而高达 363860 KiB 则位于缓存中。Linux 认为空闲内存就是浪费内存；内核将空闲内存用于缓冲区和高速缓存，并且知道在需要时可以缩小它们。

从测量中删除缓冲区和缓存可提供真正的空闲内存，即 395020 KiB：占总数的 77%。使用 free 时，第二行标记为-/+ buffers/cache 的数字很重要。

可以通过将 1～3 的数字写入/proc/sys/vm/drop_caches 中来强制内核释放缓存：

```
# echo 3 > /proc/sys/vm/drop_caches
```

该数字实际上是一个位掩码，用于确定要释放的两种主要缓存类型中的哪一种：

1 用于页面缓存，2 用于组合的 dentry 和 inode 缓存。由于 1 和 2 是不同的位，写入 3 会释放两种类型的缓存。

这些缓存的确切作用在这里并不是特别重要，它们只是内核正在使用但可以在短时间内回收的内存。

free 命令告诉我们正在使用多少内存以及剩余多少。它既不告诉我们哪些进程正在使用不可用内存，也不告诉我们使用的比例是多少。因此，为了衡量这一点，还需要其他工具。

18.9 每个进程的内存使用情况

有若干个指标可以衡量进程正在使用的内存量。我将从最容易获得的两个开始：虚拟集大小（virtual set size，VSS）和常驻集大小（resident set size，RSS），二者在 ps 和 top 命令的大多数实现中都可用。

❑ VSS：在 ps 命令中称为 VSZ，在 top 中称为 VIRT，这是进程映射的内存总量。它是/proc/<PID>/map 中显示的所有区域的总和。这个数字的意义有限，因为在任何时候只有部分虚拟内存被分配给物理内存。

❑ RSS：在 ps 中称为 RSS，在 top 中称为 RES，这是映射到内存物理页的内存总和。这更接近进程的实际内存预算，但存在一个问题：如果将所有进程的 RSS

相加，则会高估正在使用的内存，因为某些页面是被共享的。

接下来，让我们深入了解 top 和 ps 命令。

18.9.1　使用 top 和 ps

BusyBox 中的 top 和 ps 版本提供的信息非常有限。以下示例将使用 procps 包中的完整版本。

ps 命令可使用选项-Aly 显示 VSS（VSZ）和 RSS（RSS），或者也可以使用包含 vsz 和 rss 的自定义格式，如下所示：

```
# ps -eo pid,tid,class,rtprio,stat,vsz,rss,comm
PID TID CLS RTPRIO STAT VSZ RSS COMMAND
1   1    TS -Ss 4496 2652 systemd
[…]
205 205 TS -Ss 4076 1296 systemd-journal
228 228 TS -Ss 2524 1396 udevd
581 581 TS -Ss 2880 1508 avahi-daemon
584 584 TS -Ss 2848 1512 dbus-daemon
590 590 TS -Ss 1332 680  acpid
594 594 TS -Ss 4600 1564 wpa_supplicant
```

同样，top 可显示每个进程的可用内存和内存使用情况的汇总信息：

```
top - 21:17:52 up 10:04, 1 user, load average: 0.00, 0.01, 0.05
Tasks: 96 total, 1 running, 95 sleeping, 0 stopped, 0 zombie
%Cpu(s): 1.7 us, 2.2 sy, 0.0 ni, 95.9 id, 0.0 wa, 0.0 hi
KiB Mem: 509016 total, 278524 used, 230492 free, 25572 buffers
KiB Swap: 0 total, 0 used, 0 free, 170920 cached
PID USER PR NI VIRT RES SHR S %CPU %MEM TIME+ COMMAND
595 root 20 0 64920 9.8m 4048 S 0.0 2.0 0:01.09 node
866 root 20 0 28892 9152 3660 S 0.2 1.8 0:36.38 Xorg
[…]
```

这些简单的命令可让你了解内存使用情况，并在你看到进程的 RSS 不断增加时提供内存泄漏的第一个迹象。当然，它们在内存使用情况的绝对测量中并不是很准确。

18.9.2　使用 smem

2009 年，Matt Mackall 开始研究在进程内存测量中考虑共享页面的问题，并添加了两个新指标，称为唯一集大小（unique set size，USS）和比例集大小（proportional set size，PSS）。

❑ USS：这是分配给物理内存的内存量，对进程来说是唯一的。它不与任何人共享。它是进程终止时将释放的内存量。

❑ PSS：这是分配到物理内存的在所有进程之间共享的页面的拆分记账。例如，如果一个库代码区域长 12 页，由 6 个进程共享，则每个进程将在 PSS 中累积两页。因此，你如果为所有进程添加 PSS 编号，那么将获得这些进程正在使用的实际内存量。换句话说，PSS 就是我们一直在寻找的数字。

/proc/<PID>/smaps 中提供了有关 PSS 的信息，其中包含/proc/<PID>/maps 中显示的每个映射的附加信息。以下是此类文件中的一部分，它提供了有关 libc 代码段映射的信息。

```
b6e6d000-b6f45000 r-xp 00000000 b3:02 2444 /lib/libc-2.13.so
Size: 864 kB
Rss: 264 kB
Pss: 6 kB
Shared_Clean: 264 kB
Shared_Dirty: 0 kB
Private_Clean: 0 kB
Private_Dirty: 0 kB
Referenced: 264 kB
Anonymous: 0 kB
AnonHugePages: 0 kB
Swap: 0 kB
KernelPageSize: 4 kB
MMUPageSize: 4 kB
Locked: 0 kB
VmFlags: rd ex mr mw me
```

可以看到，RSS 为 264 KiB，但由于它在许多其他进程之间共享，因此 PSS 仅为 6 KiB。

有一个名为 smem 的工具，它可以从 smaps 文件中整理信息并以各种方式对其进行呈现，包括饼图或条形图。smem 的项目页面网址如下：

https://www.selenic.com/smem/

smem 在大多数桌面发行版中被作为一个包进行提供。但是，由于它是用 Python 编写的，因此在嵌入式目标上安装它需要 Python 环境，对于一个工具来说，这可能太麻烦了。为了帮助解决这个问题，有一个名为 smemcap 的小程序，它可以从目标上的/proc 中捕获状态并将其保存到 TAR 文件中，以后可以在主机上进行分析。它是 BusyBox 的一部分，但也可以从 smem 源代码中对其进行编译。

以 root 身份本地运行 smem，将看到以下结果：

```
# smem -t
PID User Command Swap USS PSS RSS
610 0 /sbin/agetty -s ttyO0 11 0 128 149 720
1236 0 /sbin/agetty -s ttyGS0 1 0 128 149 720
609 0 /sbin/agetty tty1 38400 0 144 163 724
578 0 /usr/sbin/acpid 0 140 173 680
819 0 /usr/sbin/cron 0 188 201 704
634 103 avahi-daemon: chroot hel 0 112 205 500
980 0 /usr/sbin/udhcpd -S /etc 0 196 205 568
[...]
836 0 /usr/bin/X :0 -auth /var 0 7172 7746 9212
583 0 /usr/bin/node autorun.js 0 8772 9043 10076
1089 1000 /usr/bin/python -O /usr/ 0 9600 11264 16388
-----------------------------------------------------------------
53 6 0 65820 78251 146544
```

从输出的最后一行中可以看出，在本示例中，总 PSS 大约是 RSS 的一半。

你如果没有或不想在你的目标上安装 Python，则可以使用 smemcap 捕获状态。注意，这里仍然需要 root 身份运行：

```
# smemcap > smem-bbb-cap.tar
```

然后，将 TAR 文件复制到主机上并使用 smem -S 读取它，这次不需要以 root 身份运行：

```
$ smem -t -S smem-bbb-cap.tar
```

其输出与我们在本地运行 smem 时得到的输出相同。

18.9.3　其他工具

显示 PSS 的另一种方法是通过 ps_mem，它以更简单的格式输出几乎相同的信息，并且也是以 Python 编写的。其网址如下：

https://github.com/pixelb/ps_mem

Android 还有一个工具，名为 procrank，可以显示每个进程的 USS 和 PSS 的汇总信息。只需进行一些小改动，即可针对嵌入式 Linux 进行交叉编译。可从以下网址中获取代码：

https://github.com/csimmonds/procrank_linux

现在我们已经知道如何测量每个进程的内存使用情况。假设我们已经使用上述工具查找到系统中严重占用内存的进程，那么，如何深入研究该过程以找出问题所在？这正是 18.10 节 "识别内存泄漏" 要讨论的主题。

18.10　识别内存泄漏

如果内存已被分配，但当不再需要内存时却未对其进行释放，就会发生内存泄漏（memory leak）。

内存泄漏绝不是嵌入式系统所独有的，但它会成为一个问题，部分原因是目标没有太多内存，另一部分原因是它们经常运行很长时间而不重新启动，从而由很小的跑冒滴漏演变成一个大水坑。

当你运行 free 或 top 时，便会意识到存在内存泄漏，即使是删除了缓存，空闲内存也在不断下降。通过查看每个进程的 USS 和 RSS 可以识别一个或多个罪魁祸首。

有若干种工具可以识别程序中的内存泄漏。下面将讨论其中的两个：mtrace 和 valgrind。

18.10.1　mtrace

mtrace 是 glibc 的一个组件，它可以跟踪对 malloc、free 和相关函数的调用，并识别程序退出时未释放的内存区域。

你需要从程序中调用 mtrace() 函数以开始跟踪，然后在运行时将路径名写入 MALLOC_TRACE 环境变量中，在其中将会写入跟踪信息。如果 MALLOC_TRACE 不存在或无法打开文件，则不会安装 mtrace 钩子（hook）。虽然跟踪信息是用 ASCII 编写的，但通常使用 mtrace 命令来查看它。

以下是一个示例：

```
#include <mcheck.h>
#include <stdlib.h>
#include <stdio.h>

int main(int argc, char *argv[])
{
    int j;
    mtrace();
    for (j = 0; j < 2; j++)
        malloc(100); /* Never freed:a memory leak */
    calloc(16, 16); /* Never freed:a memory leak */
    exit(EXIT_SUCCESS);
}
```

以下是在运行程序并查看跟踪信息时可能会看到的内容：

```
$ export MALLOC_TRACE=mtrace.log
$ ./mtrace-example
$ mtrace mtrace-example mtrace.log

Memory not freed:
-----------------
                      Address  Size  Caller
0x0000000001479460   0x64     at    /home/chris/mtrace-example.c:11
0x00000000014794d0   0x64     at    /home/chris/mtrace-example.c:11
0x0000000001479540   0x100    at    /home/chris/mtrace-example.c:15
```

遗憾的是，mtrace 不会在程序运行时告诉你内存泄漏的情况。它必须先终止。

18.10.2　Valgrind

Valgrind 是一个非常强大的工具，可用于发现内存问题，包括内存泄漏和其他问题。

Valgrind 的优点之一是不必重新编译要检查的程序和库，当然，如果使用-g 选项编译它们会更好，这样可以包含调试符号表。

Valgrind 通过在模拟环境中运行程序并在各个点捕获执行来工作，但是这也导致了 Valgrind 的一大缺点，即程序的运行将比正常速度慢得多，这使得它在测试任何具有实时约束的程序时都不太有用。

🛈 注意：

有关 Valgrind 的常见问题解答、文档和下载，可访问以下网址：

https://valgrind.org

Valgrind 包含以下诊断工具。

❑　memcheck：这是默认工具，它将检测内存泄漏和一般的内存滥用。

❑　cachegrind：计算处理器缓存命中率。

❑　callgrind：计算每个函数调用的成本。

❑　helgrind：重点显示 Pthread API 的滥用，包括潜在的死锁和竞争条件。

❑　DRD：这是另一个 Pthread 分析工具。

❑　massif：分析堆和栈的使用情况。

可以使用-tool 选项选择所需的工具。Valgrind 可以在以下主要的嵌入式平台上运行：32 位和 64 位变体的 ARM（Cortex-A）、PowerPC、MIPS 和 x86。

Valgrind 在 Yocto Project 和 Buildroot 中都叫以作为一个包予以提供。

要找到内存泄漏，需要使用默认的 memcheck 工具，并使用--leak-check=full 选项来输出发现泄漏的行：

```
$ valgrind --leak-check=full ./mtrace-example
==17235== Memcheck, a memory error detector
==17235== Copyright (C) 2002-2013, and GNU GPL'd, by Julian
Seward et al.==17235==Using Valgrind-3.10.0.SVN and LibVEX;
rerun with -h for copyright info
==17235== Command: ./mtrace-example
==17235==
==17235==
==17235== HEAP SUMMARY:
==17235== in use at exit: 456 bytes in 3 blocks
==17235== total heap usage: 3 allocs, 0 frees, 456 bytes allocated
==17235==
==17235== 200 bytes in 2 blocks are definitely lost in loss record
1 of 2==17235== at 0x4C2AB80: malloc (in /usr/lib/valgrind/
vgpreload_memcheck-linux.so)
==17235== by 0x4005FA: main (mtrace-example.c:12)
==17235==
==17235== 256 bytes in 1 blocks are definitely lost in loss record
2 of 2==17235== at 0x4C2CC70: calloc (in /usr/lib/valgrind/
vgpreload memcheck-linux so)
==17235== by 0x400613: main (mtrace-example.c:14)
==17235==
==17235== LEAK SUMMARY:
==17235== definitely lost: 456 bytes in 3 blocks
==17235== indirectly lost: 0 bytes in 0 blocks
==17235== possibly lost: 0 bytes in 0 blocks
==17235== still reachable: 0 bytes in 0 blocks
==17235== suppressed: 0 bytes in 0 blocks
==17235==
==17235== For counts of detected and suppressed errors, rerun
with: -v==17235== ERROR SUMMARY: 2 errors from 2 contexts
(suppressed: 0 from 0)
```

上述 Valgrind 的输出显示在 mtrace-example.c 中发现了两个内存泄漏：第 12 行的 malloc 和第 14 行的 calloc。在这两个内存分配之后应该调用 free 以释放内存，但程序实际上并没有这样做。因此，如果不加以控制，则长时间运行的进程中的内存泄漏最终可能会导致系统内存不足。

18.11　内 存 不 足

标准的内存分配策略是超分（over-commit），这意味着内核允许应用程序分配比物理内存更多的内存。大多数情况下，这很好用，因为应用程序请求的内存通常比实际需要的多。这也有助于fork(2)的实现：制作大型程序的副本是安全的，因为内存页面可以通过写时复制（copy on write，CoW）标志集被共享。在大多数情况下，fork 之后是一个exec 函数调用，它将取消共享内存，然后加载一个新程序。

当然，总是有可能特定的工作负载会导致一组进程试图同时兑现它们承诺的分配，因此需要的内存比实际拥有的内存更多，这时就会出现内存不足（out of memory，OOM）的情况。此时除了终止进程直到问题消失，别无选择，而这正是 oom-killer 的工作（下文将详细介绍）。

在/proc/sys/vm/overcommit_memory 中有一个内核分配的调整参数，可以将其设置为以下值。

- ❑　0：启发式超分。
- ❑　1：始终超分；从不检查。
- ❑　2：始终检查；从不超分。

选项 0 是默认值，在大多数情况下是最佳选择。

选项 1 仅在你运行的程序使用大型稀疏数组并分配大量内存但仅写入其中一小部分时才真正有用。这样的程序在嵌入式系统环境中很少见。

如果担心出现内存不足问题（可能是在任务或安全关键应用程序中），则选项 2（从不超分）似乎是一个不错的选择。大于分配限制的分配将失败。这里的分配限制是交换空间的大小加上总内存，再乘以超分比率。超分比率由/proc/sys/vm/overcommit_ratio 控制，默认值为 50%。

例如，假设你的设备具有 512 MB 的系统内存，并且已经设置了 25%的非常保守的超分比率：

```
# echo 25 > /proc/sys/vm/overcommit_ratio
# grep -e MemTotal -e CommitLimit /proc/meminfo
MemTotal: 509016 kB
CommitLimit: 127252 kB
```

由于没有交换，因此分配限制是 MemTotal 的 25%，这和预期一致。

在/proc/meminfo 中还有另一个重要的变量，称为 Committed_AS。这是执行到目前为止所做的所有分配所需的内存总量。我在一个系统上发现了以下内容：

```
# grep -e MemTotal -e Committed_AS /proc/meminfo
MemTotal: 509016 kB
Committed_AS: 741364 kB
```

可以看到，内核已经承诺了比可用内存更多的内存。因此，将 overcommit_memory 设置为 2 意味着无论 overcommit_ratio 如何，所有分配都会失败。为了获得一个正常工作的系统，加装双倍的 RAM，或者大幅减少正在运行的进程数量。

在所有情况下，最后的防御都是 oom-killer。它使用启发式方法为每个进程计算 0～1000 的 badness 分数，然后终止那些得分最高的进程，直到有足够的空闲内存。你应该在内核日志中看到类似以下内容：

```
[44510.490320] eatmem invoked oom-killer: gfp_mask=0x200da,
order=0, oom_score_adj=0
...
```

可以使用 echo f > /proc/sysrq-trigger 强制执行 OOM 事件。

你可以通过将调整值写入/proc/<PID>/oom_score_adj 中来影响进程的 badness 分数。这个 badness 值和第 17 章"了解进程和线程"中介绍的 nice 值有异曲同工之妙。nice 值是发"好人卡"，badness 值则是发"坏人卡"。值-1000 意味着 badness 分数永远不会大于 0，因此进程永远不会被终止；而+1000 的值则意味着 badness 分数将始终大于 1000（坏透顶了），因此进程将始终被终止。

18.12　小　　结

计算虚拟内存系统中使用的每个内存字节是不可能的。但是，你可以使用 free 命令找到一个相当准确的可用内存总量的数字，不包括缓冲区和高速缓存占用的内存量。通过在一段时间内使用不同的工作负载对其进行监控，你应该确信它将保持在给定的限制内。

当你想要调整内存使用量或识别意外分配的来源时，有一些资源可以提供更详细的信息。内核空间中最有用的信息在/proc 中，这包括 meminfo、slabinfo 和 vmallocinfo。

在获得用户空间的准确测量时，最好的指标是 PSS，如 smem 和其他工具所示。对于内存调试，可以从简单的跟踪器（如 mtrace）中获得帮助，或者也可以使用 Valgrind memcheck 工具这样的重量级选项。

如果你担心内存不足（OOM）的后果，则可以通过/proc/sys/vm/overcommit_memory

微调分配机制，并且可以通过 oom_score_adj 参数控制特定进程被终止的可能性。

第 19 章"使用 GDB 进行调试"将讨论使用 GNU 调试器调试用户空间和内核代码，你可以通过观察代码运行来了解情况，这自然也包括本章介绍的内存管理情况。

18.13　延 伸 阅 读

以下资源包含有关本章介绍的主题的更多信息。

- *Linux Kernel Development, 3rd Edition*〔《Linux 内核开发（第 3 版）》〕, by Robert Love
- *Linux System Programming, 2nd Edition*〔《Linux 系统编程（第 2 版）》〕, by Robert Love
- *Understanding the Linux VM Manager*（《了解 Linux 虚拟机管理器》）, by Mel Gorman：

  https://www.kernel.org/doc/gorman/pdf/understand.pdf

- *Valgrind 3.3 - Advanced Debugging and Profiling for Gnu/Linux Applications* （《Valgrind 3.3 - Gnu/Linux 应用程序的高级调试和性能分析》）, by J Seward, N. Nethercote, and J. Weidendorfer

第 4 篇

调试和优化性能

本篇将告诉读者如何有效利用 Linux 提供的许多调试和性能分析工具来检测出现的问题和识别性能瓶颈。

本篇包括以下 3 章：

❑ 第 19 章，使用 GDB 进行调试
❑ 第 20 章，性能分析和跟踪
❑ 第 21 章，实时编程

第 19 章只关注通过调试器观察代码执行的传统方法，在 Linux 中，这个调试器指的是 GNU 调试器（GNU debugger，GDB）。

第 20 章则研究各种性能分析器和跟踪器，从 top 开始，然后是 perf，此外还有其他工具，最后是 strace。

第 21 章讨论和实时编程相关的内容。

第 19 章　使用 GDB 进行调试

对于嵌入式 Linux 开发来说，发生错误并不奇怪，识别和修复它们也是开发过程的一部分。有许多不同的技术可用于发现程序缺陷，包括静态和动态分析、代码审查、跟踪、分析和交互式调试等。在第 20 章"性能分析和跟踪"中将详细介绍跟踪器和性能分析器，但本章只想集中讨论通过调试器观察代码执行的传统方法，我们使用的是 GNU 项目调试器（GNU project debugger，GDB）。GDB 是一个强大而灵活的工具，可以使用它来调试应用程序、检查程序崩溃后创建的事后文件（核心文件），甚至还可以单步执行内核代码。

本章包含以下主题：
- ❏　GNU 调试器
- ❏　准备调试
- ❏　调试应用程序
- ❏　启动调试
- ❏　本机调试
- ❏　即时调试
- ❏　调试分叉和线程
- ❏　核心文件
- ❏　GDB 用户界面
- ❏　Visual Studio Code
- ❏　调试内核代码

19.1　技 术 要 求

要遵循本章示例操作，请确保你具备以下条件：
- ❏　基于 Linux 的主机系统，至少有 60 GB 可用磁盘空间。
- ❏　Buildroot 2020.02.9 LTS 版本。
- ❏　Yocto 3.1（Dunfell）LTS 版本。
- ❏　Etcher Linux 版。
- ❏　MicroSD 读卡器和卡。

❑　USB 转 TTL 3.3V 串行电缆。

❑　Raspberry Pi 4。

❑　5V 3A USB-C 电源。

❑　用于网络连接的以太网电缆和端口。

❑　BeagleBone Black。

❑　5V 1A 直流电源。

你应该已经在第 6 章"选择构建系统"中安装了 Buildroot 2020.02.9 LTS 版本。如果尚未安装，那么在按照第 6 章的说明在 Linux 主机上安装 Buildroot 之前，请参阅 *The Buildroot user manual*（《Buildroot 用户手册》）的"System requirements"（《系统要求》）部分，其网址如下：

https://buildroot.org/downloads/manual/manual.html

你应该已经在第 6 章"选择构建系统"中构建了 Yocto 的 3.1（Dunfell）LTS 版本。如果还没有，则请参阅 *Yocto Project Quick Build*（《项目快速构建》）指南的"Compatible Linux Distribution"（《兼容 Linux 发行版》）和"Build Host Packages"（《构建主机包》）部分，其网址如下：

https://www.yoctoproject.org/docs/current/brief-yoctoprojectqs/brief-yoctoprojectqs.html

然后根据第 6 章中的说明在 Linux 主机上构建 Yocto。

本章所有代码都可以在本书配套 GitHub 存储库的 Chapter19 文件夹中找到，该存储库网址如下：

https://github.com/PacktPublishing/Mastering-Embedded-Linux-Programming-Third-Edition

19.2　GNU 调试器

GDB 是编译语言（主要是 C 和 C++）的源代码级调试器，但也支持多种其他语言，如 Go 和 Objective-C。你应该阅读要使用的 GDB 版本的说明文档，以了解它当前对各种语言的支持状态。

GDB 项目网站包含很多有用的信息（如 GDB 用户手册）。其网址如下：

https://www.gnu.org/software/gdb/

现成可用的 GDB 有一个命令行用户界面，有些人可能会觉得不习惯，但实际上，只要稍加练习，就很容易使用它。如果你不喜欢命令行界面，则 GDB 也有一些前端用户界面，本章后面将介绍其中的 3 个。

19.3　准　备　调　试

你需要使用调试符号编译要调试的代码。GCC 为此提供了两个选项：-g 和-ggdb。
-ggdb 将添加特定于 GDB 的调试信息，而-g 则可以为你使用的任何目标操作系统生成适
当格式的信息，使其成为更便携的选项。对于本书的特定用例（嵌入式 Linux 开发），
目标操作系统始终是 Linux，因此无论你使用-g 还是-ggdb 都没有什么区别。有趣的是，
这两个选项都允许你指定调试信息的级别 0～3。

- ❑　0：这根本不产生调试信息，相当于省略-g 或-ggdb 开关。
- ❑　1：这会产生最少的信息，但包括函数名称和外部变量，这足以生成回溯。
- ❑　2：这是默认设置，包括有关局部变量和行号的信息，以便你可以执行源代码级
　　调试和单步调试代码。
- ❑　3：包括一些额外的信息，这意味着 GDB 可以正确处理宏扩展。

在大多数情况下，-g 就足够了。但是，如果你在单步执行代码时遇到问题，特别是
如果它包含宏时，可以考虑使用-g3 或-ggdb3。

下一个要考虑的问题是代码优化的级别。编译器优化往往会破坏源代码行和机器代
码之间的关系，这使得单步执行源代码变得不可预测。你如果遇到此类问题，则很可能
需要在不进行优化的情况下进行编译，省略-O 编译开关，或使用-Og，这样可以启用不
会干扰调试的优化。

还有一个相关的问题是栈帧指针（stack-frame pointer）的问题，GDB 需要它来生成
对当前函数调用的回溯。在某些架构上，GCC 不会生成具有更高优化级别（-O2 及以上）
的栈帧指针。你如果发现自己确实必须使用-O2 进行编译，但仍需要回溯，则可以使用
-fno-omit-frame-pointer 覆盖默认行为。

还要注意通过添加-fomit-frame-pointer 手动优化以省略帧指针的代码：你可能希望暂
时删除这些位。

19.4　调试应用程序

可通过以下两种方式之一使用 GDB 来调试应用程序：

- ❑　如果你正在开发代码以在台式机和服务器上运行，或者实际上是在同一台机器
　　上编译和运行代码的任何环境，则可以自然运行 GDB。

❑　大多数嵌入式开发是使用交叉工具链完成的，因此你可能希望调试在设备上运行的代码，但要从拥有源代码和工具的跨平台开发环境中控制它。

本章将专注于后一种方式，因为它是嵌入式 Linux 开发人员最有可能遇到的情况。当然，我们也将向你演示如何设置系统进行本地调试。

我们不打算介绍使用 GDB 的基础知识，因为已经有很多关于该主题的优秀参考资料，包括 GDB 用户手册和本章末尾 19.14 节"延伸阅读"中提供的资料。

19.4.1　使用 gdbserver 进行远程调试

远程调试的关键组件是调试代理 gdbserver，它在目标上运行并控制被调试程序的执行。gdbserver 将通过网络连接或串行接口连接到主机上运行的 GDB 副本。

通过 gdbserver 进行调试与本机调试几乎相同，但并不完全一样。差异主要在于这涉及两台计算机，并且它们必须处于正确状态才能进行调试。

以下是一些需要注意的事项：

❑　在调试会话开始时，需要使用 gdbserver 在目标上加载要调试的程序，然后从主机上的交叉工具链中单独加载 GDB。

❑　GDB 和 gdbserver 需要在调试会话开始之前相互连接。

❑　需要告知在主机上运行的 GDB 到哪里去查找调试符号和源代码，对于共享库来说尤其如此。

❑　GDB run 命令不会按预期工作。

❑　gdbserver 将在调试会话结束时终止，如果你需要另一个调试会话，则需要重新启动它。

❑　你需要在主机而不是目标上调试二进制文件的符号和源代码，一般来说，目标上没有足够的存储空间供它们使用，因此需要在将它们部署到目标中之前将其进行剥离。

❑　GDB/gdbserver 组合不支持本机运行的 GDB 的所有功能，例如，gdbserver 不能在 fork 之后跟随子进程，而本机 GDB 可以。

❑　如果 GDB 和 gdbserver 来自不同版本的 GDB，或者是相同版本但配置不同，则可能会发生一些意想不到的事情。理想情况下，它们应该使用你最喜欢的构建工具从相同的源中构建。

调试符号会显著增加可执行文件的大小，有时会增加 10 倍。

在第 5 章"构建根文件系统"中已经提到过，删除调试符号而不重新编译所有内容可能很有用。这项工作的工具是 strip，它来自交叉工具链中的 binutils 包。

可使用以下开关控制 strip 的级别。

❑　--strip-all：删除所有符号（默认）。

❑　--strip-unneeded：删除重定位处理不需要的符号。

❑　--strip-debug：仅删除调试符号。

🛈 注意：

对于应用程序和共享库，--strip-all（默认）已经很好，但是当涉及内核模块时，你会发现它会阻止模块加载，因此可改用--strip-unneeded。我仍在研究--strip-debug 的用例。

接下来，让我们看看使用 Yocto Project 和 Buildroot 进行调试所涉及的细节。

19.4.2　设置 Yocto Project 以进行远程调试

使用 Yocto Project 进行远程应用程序调试时，需要做以下两件事：

（1）需要将 gdbserver 添加到目标镜像中。

（2）需要创建一个包含 GDB 的 SDK，并为计划调试的可执行文件提供调试符号。

第一件事是要在目标镜像中包含 gdbserver，你可以通过将其添加到 conf/local.conf 中来显式地添加包：

```
IMAGE_INSTALL_append = "gdbserver"
```

在没有串行控制台的情况下，还需要添加一个 SSH 守护进程，以便可以通过某种方式在目标上启动 gdbserver：

```
EXTRA_IMAGE_FEATURES ?= "ssh-server-openssh"
```

或者，也可以将 tools-debug 添加到 EXTRA_IMAGE_FEATURES 中，这会将 gdbserver、原生 gdb 和 strace 添加到目标镜像（第 20 章 "性能分析和跟踪" 将讨论 strace）中：

```
EXTRA_IMAGE_FEATURES ?= "tools-debug ssh-server-openssh"
```

对于第二件事，你只需要按照第 6 章 "选择构建系统" 中的描述构建一个 SDK：

```
$ bitbake -c populate_sdk <image>
```

该 SDK 包含 GDB 的副本。它还包含目标的 sysroot 以及作为目标镜像一部分的所有程序和库的调试符号。

最后，该 SDK 还包含可执行文件的源代码。例如，查看为 Raspberry Pi 4 构建并由 Yocto Project 3.1.5 版本生成的 SDK，它默认被安装在/opt/poky/3.1.5/中。目标的 sysroot 是/opt/poky/3.1.5/sysroots/aarch64-poky-linux/。

相对于 sysroot，程序位于/bin/、/sbin/、/usr/bin/和/usr/sbin/中，库位于/lib/和/usr/lib/中。在每个目录中，你都会找到一个名为.debug/的子目录，其中包含每个程序和库的符号。GDB 知道在搜索符号信息时要在.debug/中进行查找。相对于 sysroot，可执行文件的源代码则被存储在/usr/src/debug/中。

19.4.3　为远程调试设置 Buildroot

Buildroot 不区分构建环境和用于应用程序开发的环境，因为没有 SDK。

假设你使用的是 Buildroot 内部工具链，则需要启用以下选项，以便为主机构建跨平台 GDB，并为目标构建 gdbserver：

- ❑ BR2_PACKAGE_HOST_GDB，该选项位于 Toolchain（工具链）| Build cross gdb for the host（为主机构建跨平台 gdb）中。
- ❑ BR2_PACKAGE_GDB，该选项位于 Target packages（目标包）| Debugging, profiling and benchmark（调试、性能分析和基准测试）| gdb 中。
- ❑ BR2_PACKAGE_GDB_SERVER，该选项位于 Target packages（目标包）| Debugging, profiling and benchmark（调试、性能分析和基准测试）| gdbserver 中。

你还需要使用调试符号构建可执行文件，因此需要启用 BR2_ENABLE_DEBUG，该选项在 Build options（构建选项）| build packages with debugging symbols（构建包含调试符号的包）中。

这将在 output/host/usr/<arch>/sysroot 中创建带有调试符号的库。

19.5　启　动　调　试

现在我们已经在目标上安装了 gdbserver 并在主机上安装了跨平台 GDB 调试器，因此可以启动调试会话。

19.5.1　连接 GDB 和 gdbserver

GDB 和 gdbserver 之间的连接可以通过网络或串行接口进行。在使用网络连接的情况下，可以启动 gdbserver 并使用 TCP 端口号进行侦听，当然，也可以选择使用 IP 地址来接受连接。在大多数情况下，你并不关心要连接哪个 IP 地址，因此只需提供端口号即可。在以下示例中，gdbserver 将等待来自任何主机的端口 10000 上的连接：

```
# gdbserver :10000 ./hello-world
Process hello-world created; pid = 103
Listening on port 10000
```

接下来，从你的工具链中启动 GDB 的副本，将其指向程序的未剥离副本，以便 GDB 可以加载符号表：

```
$ aarch64-poky-linux-gdb hello-world
```

在 GDB 中，使用 target remote 命令与 gdbserver 建立连接，并为其提供目标的 IP 地址或主机名以及它正在等待的端口：

```
(gdb) target remote 192.168.1.101:10000
```

当 gdbserver 看到来自主机的连接时，将输出以下内容：

```
Remote debugging from host 192.168.1.1
```

该过程与串行连接类似。在目标上，你需要告诉 gdbserver 使用哪个串行端口：

```
# gdbserver /dev/ttyO0 ./hello-world
```

你可能需要事先使用 stty(1)或类似程序配置端口波特率（baud rate）。以下是一个简单示例：

```
# stty -F /dev/ttyO0 115200
```

stty 还有许多其他选项，感兴趣的读者可以阅读其手册页以了解更多详细信息。值得注意的是，该端口不得用于其他任何用途。例如，不能使用正在用作系统控制台的端口。

在主机上，你需要使用 target remote 连接到 gdbserver，另外还要加上电缆主机端的串行设备。在大多数情况下，你需要使用 GDB 命令 set serial baud 先设置主机串行端口的波特率，如下所示：

```
(gdb) set serial baud 115200
(gdb) target remote /dev/ttyUSB0
```

尽管现在 GDB 和 gdbserver 已被连接，但我们还没有准备好设置断点并开始单步执行源代码。

19.5.2　设置 sysroot

GDB 需要知道在哪里可以找到你正在调试的程序和共享库的调试信息及源代码。在本机调试时，这些路径是已知的并且内置在 GDB 中，但是当使用交叉工具链时，GDB

无法猜测目标文件系统的根在哪里。你必须提供此信息。

　　如果使用 Yocto Project SDK 构建应用程序，则 sysroot 位于 SDK 中，因此可按以下方式在 GDB 中设置它：

```
(gdb) set sysroot /opt/poky/3.1.5/sysroots/aarch64-poky-linux
```

　　如果使用的是 Buildroot，那么你会发现 sysroot 位于 output/host/usr/<toolchain>/sysroot 中，并且在 output/staging 中有指向它的符号链接。因此，对于 Buildroot，可按以下方式设置 sysroot：

```
(gdb) set sysroot /home/chris/buildroot/output/staging
```

　　GDB 还需要找到你正在调试的文件的源代码。GDB 有一个源文件的搜索路径，可以使用 show directory 命令进行查看：

```
(gdb) show directories
Source directories searched: $cdir:$cwd
```

以下是默认值：

❑　$cwd 是在主机上运行的 GDB 实例的当前工作目录。

❑　$cdir 是编译源的目录。源代码被编码到带有标签 DW_AT_comp_dir 的目标文件中。

可以使用 objdump --dwarf 查看这些标签，示例如下：

```
$ aarch64-poky-linux-objdump --dwarf ./helloworld | grep DW_AT_comp_dir
[…]
<160> DW_AT_comp_dir : (indirect string, offset: 0x244): /home/
chris/helloworld
[…]
```

　　在大多数情况下，默认值$cdir 和$cwd 就足够了，但是如果在编译和调试之间移动了目录，则会出现问题。Yocto Project 就出现过这样一个例子。深入了解使用 Yocto Project SDK 编译的程序的 DW_AT_comp_dir 标签，你可能会注意到：

```
$ aarch64-poky-linux-objdump --dwarf ./helloworld | grep DW_AT_comp_dir
<2f> DW_AT_comp_dir : /usr/src/debug/glibc/2.31-r0/git/csu
<79> DW_AT_comp_dir : (indirect string, offset: 0x139): /usr/
src/debug/glibc/2.31-r0/git/csu
<116> DW_AT_comp_dir : /usr/src/debug/glibc/2.31-r0/git/csu
<160> DW_AT_comp_dir : (indirect string, offset: 0x244): /home/
chris/helloworld
[…]
```

在这里可以看到对目录/usr/src/debug/glibc/2.31-r0/git 的多个引用，但它究竟在哪里呢？答案是它在 SDK 的 sysroot 中，所以其完整路径是：

/opt/poky/3.1.5/sysroots/aarch64-poky-linux/usr/src/debug/glibc/2.31-r0/git

SDK 包含目标镜像中所有程序和库的源代码。

GDB 有一个简单的方法来处理像这样移动的整个目录树：substitute-path。因此，在使用 Yocto Project SDK 进行调试时，可使用以下命令：

```
(gdb) set sysroot /opt/poky/3.1.5/sysroots/aarch64-poky-linux
(gdb) set substitute path /usr/src/debug/opt/poky/3.1.5/
sysroots/aarch64-poky-linux/usr/src/debug
```

你可能还有存储在 sysroot 之外的其他共享库。在这种情况下，可以使用 set solib-search-path，它可以包含以冒号分隔的目录列表来搜索共享库。只有当 GDB 在 sysroot 中找不到二进制文件时，它才会搜索 solib-search-path。

告诉 GDB 在哪里寻找库和程序的源代码的第三种方法是使用 directory 命令：

```
(gdb) directory /home/chris/MELP/src/lib_mylib
Source directories searched: /home/chris/MELP/src/lib_mylib:$cdir:$cwd
```

以这种方式添加的路径优先，因为它们将在来自 sysroot 或 solib-search-path 的路径之前被搜索。

19.5.3　GDB 命令文件

每次运行 GDB 时都需要做一些事情，如设置 sysroot。因此，可以考虑将这样的命令放入一个命令文件中并在每次启动 GDB 时运行它们，这样会更方便一些。

GDB 从$HOME/.gdbinit 中读取命令，然后从当前目录的.gdbinit 中读取命令，接着从命令行中使用-x 参数指定的文件中读取命令。但是，出于安全原因，最新版本的 GDB 将拒绝从当前目录中加载.gdbinit。你可以通过在$HOME/.gdbinit 中添加像下面这样的一行命令来覆盖该行为：

```
set auto-load safe-path /
```

或者，你如果不想以全局方式启用自动加载，则可以指定一个特定目录，如下所示：

```
add-auto-load-safe-path /home/chris/myprog
```

我个人的偏好是使用-x 参数指向命令文件，后者将公开文件的位置，这样就不用担心是否会忘记了。

为了帮助设置 GDB，Buildroot 在 output/staging/usr/share/buildroot/gdbinit 中创建了一

个包含正确 sysroot 命令的 GDB 命令文件。它将包含类似于下面的一行命令：

```
set sysroot /home/chris/buildroot/output/host/usr/aarch64-
buildroot-linux-gnu/sysroot
```

现在 GDB 正在运行并且能够找到它需要的信息，接下来，让我们看看可以使用它执行的一些命令。

19.5.4　GDB 命令概述

GDB 有很多命令，这些命令在其在线手册和 19.14 节"延伸阅读"提供的资源中都有详细说明。为了帮助你能尽快使用，以下我们将列出一些最常用的命令。在大多数情况下，命令都有一个缩写形式，这在以下表格中可以看到。

1．断点

表 19.1 显示了用于管理断点的命令。

表 19.1　用于管理断点的命令

命　　令	缩 写 形 式	用　　途
break <location>	b <location>	在函数名、行号或行上设置断点，位置示例如 main、5 和 sortbug.c:42
info breakpoints	i b	列出断点
delete breakpoint <N>	d b <N>	删除断点<N>

2．运行和单步执行

表 19.2 显示了用于控制程序执行的命令。

表 19.2　用于控制程序执行的命令

命　　令	缩 写 形 式	用　　途
run	r	将程序的最新副本载入内存中并开始运行它。这对于使用 gdbserver 进行的远程调试无效
continue	c	从断点处继续执行
Ctrl+C 快捷键	-	终止被调试的程序
step	s	单步执行代码的一行，遇到被调用的任何函数都会单步进入（step into）
next	n	单步执行代码的一行，但是遇到函数调用会运行到下一行而不进入（step over）
finish	-	结束当前调用函数，回到上一层调用函数处

3．获取信息

表 19.3 显示了用于获取有关调试器信息的命令。

表 19.3　用于获取有关调试器信息的命令

命　　　令	缩　写　形　式	用　　　途
backtrace	bt	列出调用栈
info threads	i th	显示在程序中执行的线程的相关信息
info sharedlibrary	i share	显示程序当前加载的共享库的相关信息
print <variable>	p <variable>	输出变量的值，如 print foo
list	l	显示当前正在执行代码位置附近的代码

在开始单步执行调试会话中的程序之前，首先需要设置一个初始断点。

19.5.5　运行到断点

gdbserver 可将程序加载到内存中并在第一条指令处设置一个断点，然后等待来自 GDB 的连接。建立连接后，你将进入调试会话中。但是，你如果立即尝试单步，则会得到如下所示的信息：

```
Cannot find bounds of current function
```

这是因为程序已在以汇编语言编写的代码中停止，汇编代码为 C/C++ 程序创建了运行时环境。C/C++ 代码的第一行是 main() 函数。假设你想在 main() 处停止，则可以在此处设置一个断点，然后使用 continue 命令（缩写为 c）告诉 gdbserver 从程序开始处的断点继续并在 main() 处停止：

```
(gdb) break main
Breakpoint 1, main (argc=1, argv=0xbefffe24) at helloworld.c:8
printf("Hello, world!\n");
(gdb) c
```

此时你可能会看到以下内容：

```
Reading /lib/ld-linux.so.3 from remote target...
warning: File transfers from remote targets can be slow. Use
"set sysroot" to access files locally instead.
```

使用旧版本的 GDB，你可能会看到以下内容：

```
warning: Could not load shared library symbols for 2 libraries,
e.g. /lib/libc.so.6.
```

在这两种情况下，问题都是你忘记设置 sysroot。如果有必要，可以复习 19.5.2 节"设置 sysroot"的内容。

这与本地启动程序完全不同（本地启动只需输入 run 即可）。实际上，你如果尝试在远程调试会话中输入 run，则会看到一条消息说远程目标不支持 run 命令，而在旧版本的 GDB 中，它则会挂起而没有任何解释。

19.5.6　用 Python 扩展 GDB

可以通过在 GDB 中嵌入一个完整的 Python 解释器来扩展它的功能，具体方法是：在构建之前使用--with-python 选项配置 GDB。

GDB 有一个 API 将其大部分内部状态作为 Python 对象公开。该 API 允许我们将自定义 GDB 命令定义为用 Python 编写的脚本。这些额外的命令可能包括有用的调试辅助工具，例如跟踪点和漂亮的打印机（这些都不是 GDB 内置功能）。

19.5.7　构建包含 Python 支持的 GDB

前文已经介绍了为远程调试设置 Buildroot。在 GDB 中启用 Python 支持需要一些额外的步骤。在撰写本文时，Buildroot 仅支持在 GDB 中嵌入 Python 2.7，这很糟糕，但总比完全不支持 Python 好。我们不能使用 Buildroot 生成的工具链来构建包含 Python 支持的 GDB，因为它缺少一些必要的线程支持。

要为主机构建包含 Python 支持的跨平台 GDB，请执行以下步骤。

（1）导航到安装 Buildroot 的目录：

```
$ cd buildroot
```

（2）复制你要为其构建镜像的开发板的配置文件：

```
$ cd configs
$ cp raspberrypi4_64_defconfig rpi4_64_gdb_defconfig
$ cd ..
```

（3）从 output 目录中清除以前的构建工件：

```
$ make clean
```

（4）激活配置文件：

```
$ make rpi4_64_gdb_defconfig
```

（5）开始自定义你的镜像：

```
$ make menuconfig
```

（6）启用外部工具链，方法是导航到 Toolchain（工具链）| Toolchain type（工具链类型）| External toolchain（外部工具链），并选择该选项。

（7）退出 External toolchain（外部工具链）并打开 Toolchain（工具链）子菜单。选择一个已知的有效工具链（如 Linaro AArch64 2018.05）作为你的外部工具链。

（8）从 Toolchain（工具链）页面中选择 Build cross gdb for the host（为主机构建跨平台 gdb）并启用 TUI support（TUI 支持）和 Python support（Python 支持），如图 19.1 所示。

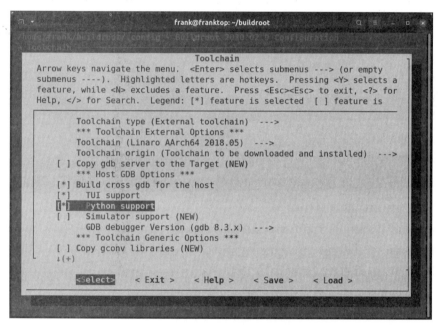

图 19.1　GDB 中的 Python 支持

（9）从 Toolchain（工具链）页面深入 GDB debugger Version（GDB 调试器版本）子菜单中，并选择 Buildroot 中可用的最新 GDB 版本。

（10）退出 Toolchain（工具链）页面并深入 Build options（构建选项）中。选择 build packages with debugging symbols（构建包含调试符号的包）。

（11）退出 Build options（构建选项）页面并深入 System Configuration（系统配置），选择 Enable root login with password（启用通过密码登录 root 账户）。打开 Root password（Root 密码）并在文本字段中输入一个非空密码，如图 19.2 所示。

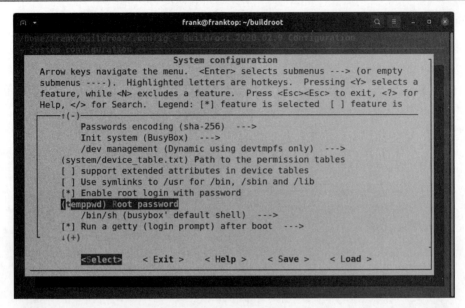

图 19.2　Root 密码

（12）退出 System Configuration（系统配置）页面并深入 Target packages（目标包）|
Debugging, profiling and benchmark（调试、性能分析和基准测试）中。选择 gdb 包，将
gdbserver 添加到目标镜像中。

（13）退出 Debugging, profiling and benchmark（调试、性能分析和基准测试）并深
入 Target packages（目标包）| Networking applications（网络应用程序）中。选择 dropbear
包以允许 scp 和 ssh 访问目标。

请注意，dropbear 不允许没有密码的 root scp 和 ssh 访问。

（14）添加 haveged 熵守护进程，这可以在 Target packages（目标包）| Miscellaneous
（杂项）中找到，以便在引导时更快地使用 SSH。

（15）将另一个包添加到你的镜像中，以便可以进行调试。我选择了 bsdiff 二进制补
丁/差异工具，它是用 C 编写的，可以在 Target packages（目标包）| Development tools（开
发工具）中找到。

（16）保存更改并退出 Buildroot 的 menuconfig。

（17）将更改保存到配置文件中：

```
$ make savedefconfig
```

（18）为目标构建镜像：

```
$ make
```

你如果希望跳过上述 menuconfig 步骤，则可以在本章的代码存档中找到适用于
Raspberry Pi 4 的现成 rpi4_64_gdb_defconfig 文件。

将该文件从 MELP/Chapter19/buildroot/configs/复制到你的 buildroot/configs 目录中，
如果你愿意，可以在该目录上运行 make。

构建完成后，在 output/images/中应该有一个可引导的 sdcard.img 文件，你可以使用
Etcher 将其写入 microSD 卡中，然后将该 microSD 插入目标设备中并启动它。使用以太
网电缆将目标设备连接到本地网络，并使用 arp-scan 定位其 IP 地址。以 root 身份通过
SSH 连接到设备并输入你在配置镜像时设置的密码。我将 temppwd 指定为我的 rpi4_64_
gdb_defconfig 镜像的 root 密码。

19.5.8　使用 GDB 远程调试 bsdiff

请按以下步骤操作。

（1）导航到目标上的/usr/bin 目录：

```
# cd /usr/bin
```

（2）使用 gdbserver 启动 bdiff，就像之前对 helloworld 所做的那样：

```
# gdbserver :10000 ./bsdiff pcregrep pcretest out
Process ./bsdiff created; pid = 169
Listening on port 10000
```

（3）从你的工具链中启动 GDB 的副本，将其指向程序的未剥离副本，以便 GDB 可
以加载符号表：

```
$ cd output/build/bsdiff-4.3
$ ~/buildroot/output/host/bin/aarch64-linux-gdb bsdiff
```

（4）在 GDB 中，按以下方式设置 sysroot：

```
(gdb) set sysroot ~/buildroot/output/staging
```

（5）使用命令 target remote 连接到 gdbserver，为它提供目标的 IP 地址或主机名以
及它正在等待的端口：

```
(gdb) target remote 192.168.1.101:10000
```

（6）当 gdbserver 看到来自主机的连接时，它会输出以下内容：

```
Remote debugging from host 192.168.1.1
```

（7）现在可以将 Python 命令脚本（如 tp.py）从<data-directory>/python 加载到 GDB 中，并按以下方式使用这些命令：

```
(gdb) source tp.py
(gdb) tp search
```

在本示例中，tp 是 tracepoint 命令的名称，而 search 是 bsdiff 中递归函数的名称。

（8）要显示 GDB 搜索 Python 命令脚本的目录，请执行以下命令：

```
(gdb) show data-directory
```

GDB 中的 Python 支持也可用于调试 Python 程序。GDB 可以看到 CPython 的内部结构，而 Python 的标准 pdb 调试器则没有。它甚至可以将 Python 代码注入正在运行的 Python 进程中。这可以创建强大的调试工具，如 Facebook 的 Python 3 内存分析器。有关该工具的详细信息，可访问以下网址：

https://github.com/facebookincubator/memory-analyzer

19.6　本 机 调 试

在目标上运行 GDB 的本机副本不像远程运行那样普遍，但它也是有可能的。除了在目标镜像中安装 GDB，你还需要未剥离的要调试的可执行文件的副本以及安装在目标镜像中的相应源代码。Yocto Project 和 Buildroot 都允许你执行此操作。

ℹ️ **注意：**

虽然本机调试不是嵌入式开发人员的常见活动，但在目标上运行配置文件和跟踪工具是很常见的。如果在目标上有未剥离的二进制文件和源代码，则这些工具通常效果最好，当然，这只是我们要讲的故事的一半。第 20 章"性能分析和跟踪"将继续这个话题。

19.6.1　Yocto Project

首先，将 gdb 添加到目标镜像中，方法是将其添加到 conf/local.conf 中：

```
EXTRA_IMAGE_FEATURES ?= "tools-debug dbg-pkgs"
```

你需要获得要调试的包的调试信息。Yocto Project 将构建包的调试变体，其中包含未剥离的二进制文件和源代码。

你可以通过将<package name>-dbg 添加到 conf/local.conf 中来选择性地将这些调试包

添加到目标镜像中，或者可以通过将 dbg-pkgs 添加到 EXTRA_IMAGE_FEATURES 中来简单地安装所有调试包。

需要注意的是，这将显著增加目标镜像的大小，可能会增加数百兆字节。

源代码被安装在目标镜像的/usr/src/debug/<package name>中。这意味着 GDB 将在不需要运行 set substitute-path 的情况下取得它。如果你不需要该源代码，则可以通过将以下代码添加到 conf/local.conf 文件中来阻止安装它：

```
PACKAGE_DEBUG_SPLIT_STYLE = "debug-without-src"
```

19.6.2　Buildroot

使用 Buildroot 时，可通过启用以下选项来告诉它在目标镜像中安装 GDB 的本机副本：

BR2_PACKAGE_GDB_DEBUGGER，该选项在 Target packages（目标包）| Debugging, profiling and benchmark（调试、性能分析和基准测试）| Full debugger（完整的调试器）中。

要使用调试信息构建二进制文件并将它们安装在目标镜像中而不进行剥离，请启用以下第一个选项并禁用第二个选项：

❑　BR2_ENABLE_DEBUG，该选项在 Build options（构建选项）| Build packages with debugging symbols（构建包含调试符号的包）中。

❑　BR2_STRIP_strip，该选项在 Build options（构建选项）| Strip target binaries（剥离目标二进制文件）中。

这就是我们要说的关于本机调试的全部内容。再次强调，这种做法在嵌入式设备上并不常见，因为额外的源代码和调试符号会使目标镜像变得非常臃肿。

接下来，让我们看看另一种形式的远程调试。

19.7　即　时　调　试

有时，一个程序在运行一段时间后会开始出现异常，你想知道它在做什么。GDB 的附加（attach）功能就是干这个的。我称之为即时调试（just-in-time debugging）。它可用于本机和远程调试会话。

在远程调试的情况下，你需要找到要调试的进程的 PID，并使用--attach 选项将其传递给 gdbserver。例如，如果 PID 是 109，则可以输入以下内容：

```
# gdbserver --attach :10000 109
```

```
Attached; pid = 109
Listening on port 10000
```

这会强制进程停止，就好像它在断点处一样，允许你以正常方式启动跨平台 GDB 并连接到 gdbserver。完成后，你可以 detach，允许程序在没有调试器的情况下继续运行：

```
(gdb) detach
Detaching from program: /home/chris/MELP/helloworld/helloworld,
process 109
Ending remote debugging.
```

通过 PID 附加到正在运行的进程中当然很方便，但是多进程或多线程程序呢？当然也有使用 GDB 调试这些类型程序的技术。

19.8　调试分叉和线程

当你正在调试的程序分叉时会发生什么？调试会话是跟随父进程还是子进程？此行为由 follow-fork-mode 控制，它可以是 parent 或 child，默认为 parent。糟糕的是，gdbserver 的当前版本（10.1）不支持此选项，因此它仅适用于本机调试。

如果你在使用 gdbserver 时确实需要调试子进程，则解决方法是修改代码，以便子进程在 fork 之后立即循环变量，让你有机会将新的 gdbserver 会话 attach 到它，然后设置变量，使其退出循环。

当多线程进程中的线程遇到断点时，默认行为是所有线程都停止。在大多数情况下，这是最好的做法，因为它允许你查看静态变量而不会被其他线程更改。当你重新开始执行线程时，所有停止的线程都会启动，即使你是单步执行也会如此，最后这种情况可能会导致问题。

有一种方法可以修改 GDB 处理已停止的线程的方式，这是通过一个被称为 scheduler-locking 的参数来实现的。通常情况下该参数的值是 off，但如果将其设置为 on，则只有在断点处停止的线程会恢复，而其他线程将保持停止状态，让你有机会查看线程单独执行的操作而不受干扰。在将 scheduler-locking 设置为 off 之前，情况会一直如此。gdbserver 支持此功能。

19.9　核 心 文 件

核心文件（core file）可以在故障程序终止时捕获它的状态。所以，当你看到

Segmentation fault(core dumped)时（该信息表示分段错误，核心文件已经转储），可以查看核心文件并从中提取信息的金矿。

19.9.1　观察核心文件

第一个观察结果是，默认情况下不创建核心文件，但仅当进程的核心文件资源限制为非零时。你可以使用 ulimit -c 为当前 shell 更改它。

要删除对核心文件大小的所有限制，请输入以下命令：

```
$ ulimit -c unlimited
```

默认情况下，核心文件名为 core，放在进程的当前工作目录下，即/proc/<PID>/cwd 指向的那个目录。这个方案有很多问题。首先，当查看具有多个名为 core 的文件的设备时，不清楚每个文件是由哪个程序生成的。其次，进程的当前工作目录很可能在只读文件系统中，可能没有足够的空间来存储核心文件，或者进程可能没有权限写入当前工作目录。

有两个文件可控制核心文件的命名和放置。第一个文件是/proc/sys/kernel/core_uses_pid，向该文件中写入 1 会导致将死亡进程的 PID 编号附加到文件名中，只要你可以将 PID 编号与日志文件中的程序名称相关联，这多少有点有用。

更有用的是/proc/sys/kernel/core_pattern，它使你可以更好地控制核心文件。默认模式是 core，但也可以将其更改为由以下元字符组成的模式。

- ❑　%p：PID。
- ❑　%u：转储进程的真实 UID。
- ❑　%g：转储进程的真实 GID。
- ❑　%s：导致转储的信号编号。
- ❑　%t：转储时间，以纪元时间 1970-01-01 00:00:00+0000 (UTC)以来的秒数表示。
- ❑　%h：主机名。
- ❑　%e：可执行文件名。
- ❑　%E：可执行文件的路径名，斜杠（/）替换为感叹号（!）。
- ❑　%c：转储进程的核心文件大小软资源限制。

你还可以使用以绝对目录名称开头的模式，以便将所有核心文件集中在一个位置。例如，以下模式可将所有核心文件放入/corefiles 目录中，并用程序名称和崩溃时间命名它们：

```
# echo /corefiles/core.%e.%t > /proc/sys/kernel/core_pattern
```

在 core 转储之后，你会发现以下内容：

```
# ls /corefiles
core.sort-debug.1431425613
```

有关详细信息，请参阅手册页 core(5)。

19.9.2　使用 GDB 查看核心文件

以下是查看 core 文件的示例 GDB 会话：

```
$ arm-poky-linux-gnueabi-gdb sort-debug /home/chris/rootfs/
corefiles/core.sort-debug.1431425613
[...]
Core was generated by `./sort-debug'.
Program terminated with signal SIGSEGV, Segmentation fault.
#0 0x000085c8 in addtree (p=0x0, w=0xbeac4c60 "the") at sort-debug.c:41
41 p->word = strdup (w);
```

这表明程序在第 41 行停止。list 命令可显示附近的代码：

```
(gdb) list
37 static struct tnode *addtree (struct tnode *p, char *w)
38 {
39 int cond;
40
41 p->word = strdup (w);
42 p->count = 1;
43 p->left = NULL;
44 p->right = NULL;
45
```

backtrace 命令（缩写为 bt）显示了我们是如何做到这一点的：

```
(gdb) bt
#0 0x000085c8 in addtree (p=0x0, w=0xbeac4c60 "the") at sort-debug.c:41
#1 0x00008798 in main (argc=1, argv=0xbeac4e24) at sort-debug.c:89
```

这是一个明显的错误：使用空指针调用 addtree()。

GDB 最初是一个命令行调试器，许多人仍然以这种方式使用它。尽管 LLVM 项目的 LLDB 调试器越来越受欢迎，但 GCC 和 GDB 仍然是 Linux 的主要编译器和调试器。

到目前为止，我们只关注了 GDB 的命令行界面，接下来让我们看看 GDB 的一些前端，这些前端具有越来越现代的用户界面。

19.10　GDB 用户界面

GDB 是通过 GDB 机器接口（GDB machine interface，GDB/MI）在低级别控制的，它可用于将 GDB 包装在用户界面中或作为更大程序的一部分，它大大扩展了开发人员可用的选项范围。

我们将介绍 3 个非常适合调试嵌入式目标的工具：

❑　终端用户界面（terminal user interface，TUI）。

❑　数据显示调试器（data display debugger，DDD）。

❑　Visual Studio Code。

19.10.1　终端用户界面

终端用户界面（TUI）是标准 GDB 包的可选部分。主要功能是一个代码窗口，显示即将执行的代码行以及任何断点。这是对命令行模式 GDB 中 list 命令的明显改进。

TUI 的吸引力在于它无须任何额外设置即可工作，并且由于它处于文本模式，因此可以通过 SSH 终端会话使用，例如，在目标上本地运行 gdb 时。大多数跨平台工具链使用 TUI 配置 GDB。只需将-tui 添加到命令行中，你就会看到如图 19.3 所示的内容。

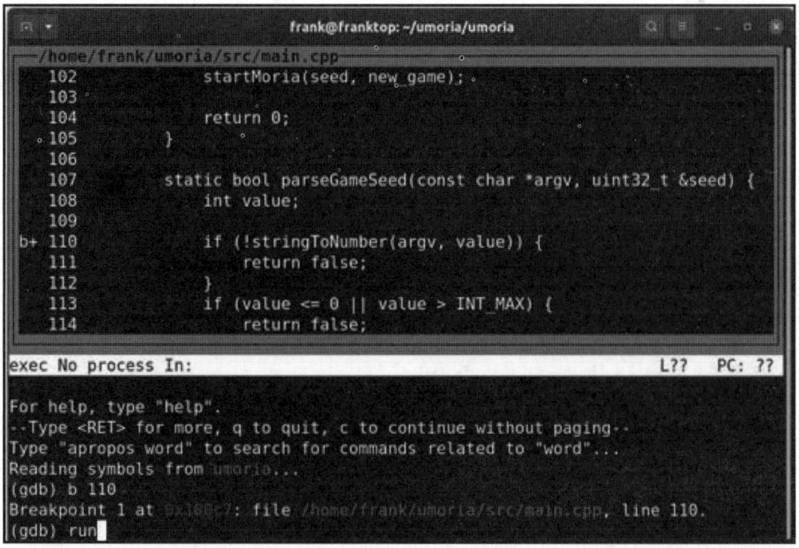

图 19.3　TUI

如果你觉得 TUI 有所欠缺并且更喜欢 GDB 的真正图形前端，则 GNU 项目也提供了其中之一。有关详细信息，可访问以下网址：

https://www.gnu.org/software/ddd

19.10.2　数据显示调试器

数据显示调试器（DDD）是一个简单的独立程序，它为你提供了 GDB 的图形用户界面。虽然该 UI 控件看起来有点过时，但它可以完成所有必要的事情。

--debugger 选项告诉 DDD 从你的工具链中使用 GDB，你可以使用-x 参数给出 GDB 命令文件的路径：

```
$ ddd --debugger arm-poky-linux-gnueabi-gdb -x gdbinit sort-debug
```

图 19.4 展示了其中一个最好的功能：数据窗口，其中包含网格中的项目，你可以根据需要重新排列这些项目。如果双击一个指针，则它会扩展为一个新的数据项，并且该链接将显示为一个箭头。

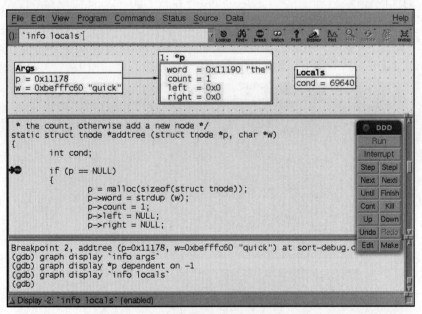

图 19.4　DDD

如果这两个 GDB 前端都不可接受，因为你是一个全栈 Web 开发人员，习惯于使用你所在行业的最新工具，那么我们仍然可以满足你的需求——接下来我们将介绍目前流行的开源代码编辑器 Visual Studio Code。

19.11　Visual Studio Code

Visual Studio Code 是 Microsoft 非常流行的开源代码编辑器。因为它是一个用 TypeScript 编写的 Electron 应用程序，所以与 Eclipse 等成熟的集成开发环境（integrated development environment，IDE）相比，Visual Studio Code 感觉更轻量级和响应更快。

Visual Studio Code 通过其庞大的用户社区贡献的扩展，为许多语言提供了丰富的语言支持，如代码自动完成（code completion）、转到定义（go to definition）等。可以使用 CMake 和 C/C++的扩展将远程跨平台 GDB 调试集成到 Visual Studio Code 中。

19.11.1　安装 Visual Studio Code

在 Ubuntu Linux 系统上安装 Visual Studio Code 的最简单方法是使用 snap：

```
$ sudo snap install --classic code
```

在创建可以被部署到 Raspberry Pi 4 开发板中并远程调试的 C/C++项目之前，我们首先需要一个工具链。

19.11.2　安装工具链

我们将使用 Yocto 为 Raspberry Pi 4 构建一个 SDK。该 SDK 将包含一个针对 Raspberry Pi 4 的 64 位 ARM 内核的工具链。在 7.2.1 节 "构建现有的 BSP" 中，已经使用 Yocto 为 Raspberry Pi 4 构建了 64 位 ARM 镜像。

现在让我们使用与该章中相同的 poky/build-rpi 输出目录来构建一个新的 core-image-minimal-dev 镜像和该镜像的相应 SDK。

（1）在复制的 Yocto 的目录上向上导航一级。

（2）通过获取 build-rpi 构建环境：

```
$ source poky/oe-init-build-env build-rpi
```

（3）编辑 conf/local.conf 使其包含以下内容：

```
MACHINE ?= "raspberrypi4-64"
IMAGE_INSTALL_append = " gdbserver"
EXTRA_IMAGE_FEATURES ?= "ssh-server-openssh debug-tweaks"
```

debug-tweaks 功能消除了对 root 密码的需要，因此可以使用诸如 scp 和 ssh 之类的命令行工具来部署（从主机到目标）和运行新建二进制文件。

（4）构建 Raspberry Pi 4 的开发镜像：

```
$ bitbake core-image-minimal-dev
```

（5）使用 Etcher 将生成的 core-image-minimal-dev-raspberrypi4-64.wic.bz2 镜像从 tmp/deploy/images/raspberrypi4-64/写入 microSD 卡中，并在你的 Raspberry Pi 4 上启动它。

（6）通过以太网将你的 Raspberry Pi 4 连接到本地网络，并使用 arp-scan 定位你的 Raspberry Pi 4 的 IP 地址。稍后在 19.11.6 节"配置 CMake"中进行远程调试时，我们将需要此 IP 地址。

（7）构建 SDK：

```
$ bitbake -c populate_sdk core-image-minimal-dev
```

🛈 注意：

切勿在生产镜像中使用 debug-tweaks。用于 OTA 软件更新的自动化持续集成/持续部署（CI/CD）管道是必不可少的，但必须非常小心以确保开发镜像不会意外泄漏到生产环境中。

现在我们在 poky/build-rpi 下的 tmp/deploy/sdk 目录中有一个名为 poky-glibc-x86_64-core-image-minimal-dev-aarch64-raspberrypi4-64-toolchain-3.1.5.sh 的自解压安装程序，可以使用它在任何 Linux 开发机器上安装这个新构建的 SDK。

在 tmp/deploy/sdk 中找到 SDK 安装程序并运行它：

```
$ ./poky-glibc-x86_64-core-image-minimal-dev-aarch64-
raspberrypi4-64-toolchain-3.1.5.sh
Poky (Yocto Project Reference Distro) SDK installer version 3.1.5
================================================================
Enter target directory for SDK (default: /opt/poky/3.1.5):
You are about to install the SDK to "/opt/poky/3.1.5". Proceed [Y/n]? Y
[sudo] password for frank:
Extracting SDK.......................................................done
Setting it up...done
SDK has been successfully set up and is ready to be used.
Each time you wish to use the SDK in a new shell session, you
need to source the environment setup script e.g.
$ . /opt/poky/3.1.5/environment-setup-aarch64-poky-linux
```

可以看到，SDK 已经被安装到/opt/poky/3.1.5 中。我们不会按照说明获取 environment-setup-aarch64-poky-linux，但该文件的内容将用于填充即将到来的 Visual Studio Code 项目文件。

19.11.3　安装 CMake

我们将使用 CMake 交叉编译可在 Raspberry Pi 4 上部署和调试的 C 代码。要在 Ubuntu Linux 上安装 CMake，请执行以下命令：

```
$ sudo apt update
$ sudo apt install cmake
```

如果你完成了第 2 章"关于工具链"的学习，则 CMake 应该已经被安装在你的主机上。

19.11.4　创建一个 Visual Studio Code 项目

使用 CMake 构建的项目具有规范的结构，其中包括 CMakeLists.txt 文件以及单独的 src 和 build 目录。

在主目录中创建一个名为 hellogdb 的 Visual Studio Code 项目：

```
$ mkdir hellogdb
$ cd hellogdb
$ mkdir src build
$ code .
```

最后的 code.命令将启动 Visual Studio Code 并打开 hellogdb 目录。隐藏的.vscode 目录包含项目的 settings.json 和 launch.json。当你从目录中启动 Visual Studio Code 时，也会创建这个隐藏目录。

19.11.5　安装 Visual Studio Code 扩展

我们需要安装以下 Visual Studio Code 扩展，以使用 SDK 中的工具链进行交叉编译和调试代码：

❑　Microsoft 的 C/C++。
❑　twxs 的 CMake。
❑　Microsoft 的 CMake Tools。

单击 Visual Studio Code 窗口左边的 EXTENSIONS（扩展）图标，在市场中搜索这些扩展，然后安装它们。安装后，你的 EXTENSIONS（扩展）侧边栏应如图 19.5 所示。

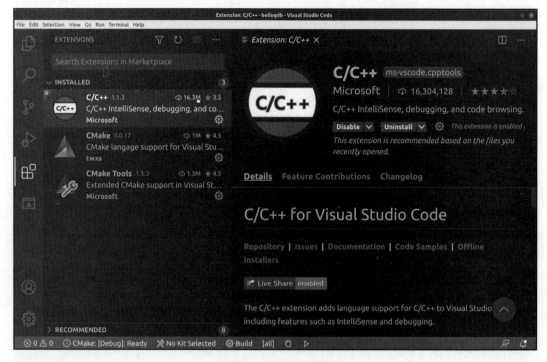

图 19.5　已安装的扩展

现在我们将使用 CMake 集成已构建的 SDK 附带的工具链，以交叉编译和调试 hellogdb 项目示例。

19.11.6　配置 CMake

现在需要填充 CMakeLists.txt 和 cross.cmake 以使用工具链交叉编译 hellogdb 项目。请按以下步骤操作。

（1）将本书配套代码存档 MELP/Chapter19/hellogdb/CMakeLists.txt 复制到你的主目录下的 hellogdb 项目文件夹中。

（2）在 Visual Studio Code 中，单击 Visual Studio 窗口左上角的 Explorer（资源管理器）图标以打开 Explorer（资源管理器）侧边栏。

（3）单击 Explorer（资源管理器）侧边栏中的 CMakeLists.txt 以查看文件内容。请注意，项目名称被定义为 HelloGDBProject，目标开发板的 IP 地址被硬编码为 192.168.1.128。

（4）更改它以匹配你的 Raspberry Pi 4 的 IP 地址并保存 CMakeLists.txt 文件。

（5）展开 src（源）文件夹并单击 Explorer（资源管理器）侧边栏中的 New File（新文件）图标，在 hellogdb 项目的 src 目录中创建一个名为 main.c 的文件。

（6）将以下代码粘贴到该 main.c 源文件中并将其进行保存：

```c
#include <stdio.h>

int main() {
    printf("Hello CMake\n");
    return 0;
}
```

（7）将 MELP/Chapter19/hellogdb/cross.cmake 复制到你的主目录下的 hellogdb 项目文件夹中。

（8）单击 Explorer（资源管理器）侧边栏中的 cross.cmake 以查看该文件内容。可以看到，在 cross.cmake 中定义的 sysroot_target 和 tools 路径指向已安装 SDK 的/opt/poky/3.1.5 目录。

另外还可以看到，CMAKE_C_COMPILE、CMAKE_CXX_COMPILE 和 CMAKE_CXX_FLAGS 变量的值直接来自 SDK 中包含的环境设置脚本。

有了这两个文件，即可开始构建我们的 hellogdb 项目。

19.11.7　配置项目设置

现在可以为 hellogdb 项目配置 settings.json 文件以使用 CMakeLists.txt 和 cross.cmake 进行项目的构建。

（1）在 Visual Studio Code 中打开 hellogdb 项目，按 Shift+Ctrl+P 快捷键以调出 Command Palette（命令面板）字段。

（2）在 Command Palette（命令面板）字段中输入>settings.json，然后从选项列表中选择 Preferences: Open Workspace Settings (JSON)（首选项：打开工作空间设置）。

（3）编辑 hellogdb 的.vscode/settings.json 使其看起来如下所示：

```json
{
    "cmake.sourceDirectory": "${workspaceFolder}",
    "cmake.configureArgs": [
        "-DCMAKE_TOOLCHAIN_FILE=${workspaceFolder}/cross.cmake"
    ],
    "C_Cpp.default.configurationProvider": "ms-vscode.cmake-tools"
}
```

可以看到对 cross.cmake 的引用在 cmake.configureArgs 的定义中。

（4）按 Shift+Ctrl+P 快捷键再次调出 Command Palette（命令面板）字段。

（5）在 Command Palette（命令面板）字段中输入 >CMake:Delete Cache and Configuration 并执行它，这将删除缓存和配置。

（6）单击 Visual Studio 窗口左边的 CMake 图标以打开 CMake 侧边栏。

（7）单击 CMake 侧边栏中的 HelloGDBProject 二进制文件来构建它，如图 19.6 所示。

图 19.6　构建 HelloGDBProject

如果正确配置了所有内容，则 Output（输出）窗格的内容应如下所示：

```
[main] Building folder: hellogdb HelloGDBProject
[build] Starting build
[proc] Executing command: /usr/bin/cmake --build /home/frank/
hellogdb/build --config Debug --target HelloGDBProject -- -j 14
[build] [100%] Built target HelloGDBProject
[build] Build finished with exit code 0
```

现在我们已经使用 Visual Studio Code 构建了一个针对 64 位 ARM 的可执行二进制文件，接下来可将其部署到 Raspberry Pi 4 中以进行远程调试。

19.11.8　配置远程调试的启动设置

现在让我们创建一个 launch.json 文件，以便可以将 HelloGDBProject 二进制文件部署到 Raspberry Pi 4 中并从 Visual Studio Code 中远程调试它。

（1）单击 Visual Studio Code 窗口左边的 Run（运行）图标以打开 Run（运行）侧边栏。

（2）单击 Run（运行）侧边栏上的 Create a launch.json file（创建 launch.json 文件）并选择 C++ (GDB/LLDB)作为环境。

（3）当提示输入 C/C++调试配置类型时，从选项列表中选择 Default Configuration（默认配置）。

（4）在.vscode/launch.json 的"(gdb) Launch"配置中添加或编辑以下字段：

```
"program": "${workspaceFolder}/build/HelloGDBProject",
"miDebuggerServerAddress": "192.168.1.128:10000",
"targetArchitecture": "aarch64",
"miDebuggerPath": "/opt/poky/3.1.5/sysroots/x86_64-
pokysdk-linux/usr/bin/aarch64-poky-linux/aarch64-poky-linux-gdb",
```

（5）将 miDebuggerServerAddress 中的 192.168.1.128 地址替换为你的 Raspberry Pi 4 的 IP 地址并保存文件。

（6）在 main.c 中 main()函数主体的第一行设置断点。

（7）单击 Run（运行）侧边栏中的新 build_and_debug – Utility，以将 HelloGDBProject 二进制文件发送到 Raspberry Pi 4 中并使用 gdbserver 启动它。

如果 Raspberry Pi 4 开发板和 launch.json 文件设置正确，则 Output（输出）窗格的内容应如下：

```
[main] Building folder: hellogdb build_and_debug
[build] Starting build
[proc] Executing command: /usr/bin/cmake --build /home/frank/
hellogdb/build --config Debug --target build_and_debug -- -j 14
[build] [100%] Built target HelloGDBProject
[build] Process ./HelloGDBProject created; pid = 552
[build] Listening on port 10000
```

单击 Visual Studio Code 窗口左上角的(gdb) Launch（启动）按钮。GDB 应该会命中在 main.c 中设置的断点，并且类似以下的行应该会出现在 Output（输出）窗格中：

```
[build] Remote debugging from host 192.168.1.69, port 44936
```

图 19.7 显示了 GDB 遇到断点时 Visual Studio Code 的样子。

图 19.7　GDB 远程调试

单击悬停在顶部的蓝色 Continue（继续）按钮，以下行应出现在 Output（输出）窗格中：

```
[build] Hello CMake
[build]
[build] Child exited with status 0
[build] [100%] Built target build_and_debug
[build] Build finished with exit code 0
```

恭喜！你已使用 CMake 成功地将使用 Yocto 构建的 SDK 集成到 Visual Studio Code 中，以在目标设备上启用 GDB 远程调试。这是一个不小的成就，现在你已经了解了它是如何完成的，你也可以为自己的项目做同样的事情。

19.12　调试内核代码

可以使用 kgdb 进行源代码级调试，其方式类似于使用 gdbserver 进行远程调试。还有一个自托管的内核调试器 kdb,它对于轻量级任务非常方便,例如查看指令是否被执行,或获取回溯以了解它是如何到达那里的。最后,还有内核 Oops 消息和恐慌,它们会告诉你很多有关内核异常原因的信息。

19.12.1　使用 kgdb 调试内核代码

当使用源调试器查看内核代码时,你必须记住内核是一个复杂的系统,具有实时行为。不要期望它的调试像应用程序那样简单。单步执行更改内存映射或切换上下文的代码可能会产生奇怪的结果。

kgdb 这一名称代表的就是内核 GDB(kernel GDB),它多年来一直是 Linux 主线的一部分。在内核 DocBook 中有其用户手册,在以下网址中可找到其在线版本:

https://www.kernel.org/doc/htmldocs/kgdb/index.html

在大多数情况下,可通过串行接口连接到 kgdb,该接口通常与串行控制台共享。因此,这个实现被称为 kgdboc,它是 kgdb over console 的缩写。

为了正常工作,它需要一个支持 I/O 轮询而不是中断的平台 tty 驱动程序,因为 kgdb 在与 GDB 通信时必须禁用中断。

一些平台可通过 USB 支持 kgdb,并且有一些版本可以通过以太网工作,但遗憾的是,这些平台都没有进入 Linux 主线中。

关于优化和栈帧的警告也适用于内核,其限制是:内核写入的假设优化级别至少为 -O1。可以通过在运行 make 之前设置 KCFLAGS 来覆盖内核编译标志。

以下是内核调试所需的内核配置选项:

❑ CONFIG_DEBUG_INFO,该选项在 Kernel hacking | Compile-time checks and compiler options(编译时检查和编译器选项)| Compile the kernel with debug info(使用调试信息编译内核)菜单中。

❑ CONFIG_FRAME_POINTER,这可以是架构的一个选项,并且在 Kernel hacking | Compile-time checks and compiler options(编译时检查和编译器选项)| Compile the kernel with frame pointers(使用帧指针编译内核)菜单中。

❑ CONFIG_KGDB,该选项在 Kernel hacking | KGDB: kernel debugger(KGDB:内核调试器)菜单中。

❑ CONFIG_KGDB_SERIAL_CONSOLE,该选项在 Kernel hacking | KGDB: kernel debugger(KGDB:内核调试器)| KGDB: use kgdb over the serial console(KGDB:在串行控制台上使用 kgdb)菜单中。

除了 zImage 或 uImage 压缩内核镜像，内核镜像必须是 ELF 对象格式，以便 GDB 可以将符号加载到内存中。这是在构建 Linux 的目录中生成的名为 vmlinux 的文件。在 Yocto 中，可以请求将副本包含在目标镜像和 SDK 中。它被构建为一个名为 kernel-vmlinux 的包，你可以像安装任何其他包一样安装它，例如，将其添加到 IMAGE_INSTALL 列表中。

该文件被放入 sysroot 引导目录中，其名称如下：

```
/opt/poky/3.1.5/sysroots/cortexa8hf-neon-poky-linux-gnueabi/
boot/vmlinux-5.4.72-yocto-standard
```

在 Buildroot 中，你会在构建内核的目录中找到 vmlinux，该目录位于 output/build/linux-<version string>/vmlinux 中。

19.12.2　调试会话示例

现在我们将通过一个简单的示例向你展示 kgdb 的工作原理。

你需要通过内核命令行或在运行时通过 sysfs 告诉 kgdb 使用哪个串行端口。第一个选项是将 kgdboc=<tty>,<baud rate>添加到命令行中，如下所示：

```
kgdboc=ttyO0,115200
```

第二个选项引导设备并将终端名称写入/sys/module/kgdboc/parameters/kgdboc 文件中，如下所示：

```
# echo ttyO0 > /sys/module/kgdboc/parameters/kgdboc
```

请注意，你不能以这种方式设置波特率。如果它和控制台是同一个 tty，那么它已经设置好了。如果没有设置好，则可以使用 stty 或类似程序。

现在可以在主机上启动 GDB，选择与正在运行的内核匹配的 vmlinux 文件：

```
$ arm-poky-linux-gnueabi-gdb ~/linux/vmlinux
```

GDB 将从 vmlinux 中加载符号表并等待进一步的输入。

接下来，关闭连接到控制台的任何终端模拟器：你需要将它用于 GDB，如果二者同时处于活动状态，则某些调试字符串可能会损坏。

现在可以返回 GDB 并尝试连接到 kgdb。当然，你会发现此时你从 target remote 中获得的响应是无用的：

```
(gdb) set serial baud 115200
(gdb) target remote /dev/ttyUSB0
Remote debugging using /dev/ttyUSB0
```

```
Bogus trace status reply from target: qTStatus
```

这里出现的问题是 kgdb 此时没有侦听连接。你需要先中断内核，然后才能进入与它的交互式 GDB 会话。

糟糕的是，只是在 GDB 中按 Ctrl+C 快捷键（就像在应用程序中那样）是行不通的。你必须通过 SSH 在目标上启动另一个 shell 并将 g 写入目标板的/proc/sysrq-trigger 中来强制进入内核：

```
# echo g > /proc/sysrq-trigger
```

目标停止死亡，现在可以通过电缆主机端的串行设备连接到 kgdb：

```
(gdb) set serial baud 115200
(gdb) target remote /dev/ttyUSB0
Remote debugging using /dev/ttyUSB0
0xc009a59c in arch_kgdb_breakpoint ()
```

现在将由 GDB 负责调试工作。你可以设置断点、检查变量、查看回溯等。例如，在 sys_sync 上设置一个中断，如下所示：

```
(gdb) break sys_sync
Breakpoint 1 at 0xc0128a88: file fs/sync.c, line 103.
(gdb) c
Continuing.
```

现在目标活过来了。在目标上输入 sync 调用 sys_sync 并命中断点：

```
[New Thread 87]
[Switching to Thread 87]

Breakpoint 1, sys_sync () at fs/sync.c:103
```

你如果已完成调试会话并想要禁用 kgdboc，则只需将 kgdboc 终端设置为 null：

```
# echo "" > /sys/module/kgdboc/parameters/kgdboc
```

就像使用 GDB 附加到正在运行的进程一样，这种捕获内核并通过串行控制台连接到 kgdb 的技术在内核完成引导后就可以工作。但是，如果内核因为错误而永远无法完成引导，那又该怎么办呢？

19.12.3　调试早期代码

前面的示例适用于你感兴趣的代码在系统完成全面引导时执行的情况。你如果需要早点进入，则可以通过在命令行的 kgdboc 选项之后添加 kgdbwait 来告诉内核在引导期间等待：

```
kgdboc=ttyO0,115200 kgdbwait
```

现在引导时将在控制台上看到：

```
[ 1.103415] console [ttyO0] enabled
[ 1.108216] kgdb: Registered I/O driver kgdboc.
[ 1.113071] kgdb: Waiting for connection from remote gdb...
```

此时，你可以关闭控制台并以通常方式从 GDB 中连接。

19.12.4　调试模块

调试内核模块带来了额外的挑战，因为代码在运行时被重新定位，因此你需要找出它所在的地址。该信息通过 sysfs 呈现。

模块每个部分的重定位地址被存储在/sys/module/<module name>/sections 中。请注意，由于 ELF 部分以小点（.）开头，因此它们显示为隐藏文件，如果要列出它们，则必须使用 ls -a。重要的是.text、.data 和.bss。

以一个名为 mbx 的模块为例：

```
# cat /sys/module/mbx/sections/.text
0xbf000000
# cat /sys/module/mbx/sections/.data
0xbf0003e8
# cat /sys/module/mbx/sections/.bss
0xbf0005c0
```

现在可以在 GDB 中使用这些数字，以在这些地址中加载模块的符号表：

```
(gdb) add-symbol-file /home/chris/mbx-driver/mbx.ko 0xbf000000 \
-s .data 0xbf0003e8 -s .bss 0xbf0005c0
add symbol table from file "/home/chris/mbx-driver/mbx.ko" at
.text_addr = 0xbf000000
.data_addr = 0xbf0003e8
.bss_addr = 0xbf0005c0
```

此时一切都应该正常工作了：你可以在模块中设置断点并检查全局和局部变量，就像在 vmlinux 中一样：

```
(gdb) break mbx_write
Breakpoint 1 at 0xbf00009c: file /home/chris/mbx-driver/mbx.c,line 93.
```

```
(gdb) c
Continuing.
```

然后，强制设备驱动调用 mbx_write，它会命中断点：

```
Breakpoint 1, mbx_write (file=0xde7a71c0, buffer=0xadf40 "hello\n\n",
length=6, offset=0xde73df80)
at /home/chris/mbx-driver/mbx.c:93
```

如果你已经使用 GDB 在用户空间中调试代码，则应该对使用 kgdb 调试内核代码和模块并不陌生。接下来让我们看看 kdb。

19.12.5　使用 kdb 调试内核代码

虽然 kdb 没有 kgdb 和 GDB 的功能，但它也有自己的用途，并且它是自我托管的，无须担心外部依赖性问题。

kdb 有一个简单的命令行界面，可以在串行控制台上使用它。你可以使用该命令行界面来检查内存、寄存器、进程列表和 dmesg，甚至还可以设置断点以在某个位置停止。

要配置内核以便可以通过串行控制台调用 kdb，可以如前文所示启用 kgdb，然后启用以下附加选项：

CONFIG_KGDB_KDB，该选项在 KGDB: Kernel hacking | kernel debugger（内核调试器）| KGDB_KDB: Include kdb frontend for kgdb（KGDB_KDB：包括用于 kgdb 的 kdb 前端）菜单中。

现在，当你强制内核进入一个触发的陷阱时，将在控制台上看到 kdb shell，而不是进入 GDB 会话中，示例如下：

```
# echo g > /proc/sysrq-trigger
[ 42.971126] SysRq : DEBUG
Entering kdb (current=0xdf36c080, pid 83) due to Keyboard Entry
kdb>
```

在 kdb shell 中可以做很多事情。help 命令将输出所有选项。对这些选项的简介如下。
- ❑ 获取信息。
  - ➢ ps：显示活动进程。
  - ➢ ps A：显示所有进程。
  - ➢ lsmod：列出模块。
  - ➢ dmesg：显示内核日志缓冲区。
- ❑ 断点。

➤ bp：设置一个断点。

➤ bl：列出断点。

➤ bc：清除断点。

➤ bt：输出回溯。

➤ go：继续执行。

❑ 检查内存和寄存器。

➤ md：这显示内存。

➤ rd：显示寄存器。

下面是一个设置断点的简单示例：

```
kdb> bp sys_sync
Instruction(i) BP #0 at 0xc01304ec (sys_sync)
is enabled addr at 00000000c01304ec, hardtype=0 installed=0
kdb> go
```

内核现在恢复正常，控制台显示正常的 shell 提示符。如果输入 sync，那么它会命中断点并再次进入 kdb：

```
Entering kdb (current=0xdf388a80, pid 88) due to Breakpoint
@0xc01304ec
```

kdb 不是源代码级调试器，所以看不到源代码或单步执行情况。但是，你可以使用 bt 命令显示回溯，这对于了解程序流程和调用层次结构很有用。

19.12.6　查看内核 Oops 消息

当内核执行无效内存访问或执行非法指令时，内核 Oops 消息将被写入内核日志（有关内核 Oops 消息的介绍详见 9.4.6 节"将内核错误记录到 MTD 上"）中。其中最有用的部分是回溯，本节将演示如何使用 Oops 信息来定位导致错误的代码行。如果它们导致系统崩溃，则还将解决保留 Oops 消息的问题。

此 Oops 消息是通过写入 MELP/Chapter19/mbx-driver-oops 中的邮箱驱动程序生成的：

```
Unable to handle kernel NULL pointer dereference at virtual
address 00000004
pgd = dd064000
[00000004] *pgd=9e58a831, *pte=00000000, *ppte=00000000
Internal error: Oops: 817 [#1] PREEMPT ARM
Modules linked in: mbx(O)
CPU: 0 PID: 408 Comm: sh Tainted: G O 4.8.12-yocto-standard #1
Hardware name: Generic AM33XX (Flattened Device Tree)
```

```
task: dd2a6a00 task.stack: de596000
PC is at mbx_write+0x24/0xbc [mbx]
LR is at __vfs_write+0x28/0x48
pc : [<bf0000f0>] lr : [<c024ff40>] psr: 800e0013
sp : de597f18 ip : de597f38 fp : de597f34
r10: 00000000 r9 : de596000 r8 : 00000000
r7 : de597f80 r6 : 000fda00 r5 : 00000002 r4 : 00000000
r3 : de597f80 r2 : 00000002 r1 : 000fda00 r0 : de49ee40
Flags: Nzcv IRQs on FIQs on Mode SVC_32 ISA ARM Segment none
Control: 10c5387d Table: 9d064019 DAC: 00000051
Process sh (pid: 408, stack limit = 0xde596210)
```

在该 Oops 消息中可以看到 PC is at mbx_write+0x24/0xbc [mbx]这一行，并可告诉你大部分你想知道的内容：最后一条指令位于名为 mbx 的内核模块的 mbx_write 函数中。此外，它位于函数开头的偏移量 0x24 字节处，即 0xbc 字节长。

接下来，看一下回溯：

```
Stack: (0xde597f18 to 0xde598000)
7f00:                    bf0000cc 00000002
7f20: 000fda00 de597f80 de597f4c de597f38 c024ff40 bf0000d8
de49ee40 00000002
7f40: de597f7c de597f50 c0250c40 c024ff24 c026eb04 c026ea70
de49ee40 de49ee40
7f60: 000fda00 00000002 c0107908 de596000 de597fa4 de597f80
c025187c c0250b80
7f80: 00000000 00000000 00000002 000fda00 b6eecd60 00000004
00000000 de597fa8
7fa0: c0107700 c0251838 00000002 000fda00 00000001 000fda00
00000002 00000000
7fc0: 00000002 000fda00 b6eecd60 00000004 00000002 00000002
000ce80c 00000000
7fe0: 00000000 bef77944 b6e1afbc b6e73d00 600e0010 00000001
d3bbdad3 d54367bf
[<bf0000f0>] (mbx_write [mbx]) from [<c024ff40>] (__vfs_write+0x28/0x48)
[<c024ff40>] (__vfs_write) from [<c0250c40>] (vfs_write+0xcc/0x158)
[<c0250c40>] (vfs_write) from [<c025187c>] (SyS_write+0x50/0x88)
[<c025187c>] (SyS_write) from [<c0107700>] (ret_fast_syscall+0x0/0x3c)
Code: e590407c e3520b01 23a02b01 e1a05002 (e5842004)
---[ end trace edcc51b432f0ce7d ]---
```

在本示例中，我们并没有看到更多的东西，只是了解到从虚拟文件系统函数_vfs_write 中调用了 mbx_write。

找到与 mbx_write+0x24 相关的代码行会非常好，我们可以使用带有/s 修饰符的 GDB 命令 disassemble，以便将源代码和汇编代码一起显示。在本示例中，代码位于 mbx.ko 模块中，因此可将其加载到 gdb 中：

```
$ arm-poky-linux-gnueabi-gdb mbx.ko
[…]
(gdb) disassemble /s mbx_write
Dump of assembler code for function mbx_write:
99 {
0x000000f0 <+0>: mov r12, sp
0x000000f4 <+4>: push {r4, r5, r6, r7, r11, r12, lr, pc}
0x000000f8 <+8>: sub r11, r12, #4
0x000000fc <+12>: push {lr} ; (str lr, [sp, #-4]!)
0x00000100 <+16>: bl 0x100 <mbx_write+16>
100 struct mbx_data *m = (struct mbx_data *)file->private_data;
0x00000104 <+20>: ldr r4, [r0, #124] ; 0x7c
0x00000108 <+24>: cmp r2, #1024 ; 0x400
0x0000010c <+28>: movcs r2, #1024 ; 0x400
101 if (length > MBX_LEN)
102 length = MBX_LEN;
103 m->mbx_len = length;
0x00000110 <+32>: mov r5, r2
0x00000114 <+36>: str r2, [r4, #4]
```

Oops 告诉我们错误发生在 mbx_write+0x24。从反汇编中，可以看到 mbx_write 位于地址 0xf0 处。加上 0x24 就是 0x114，它是由第 103 行的代码生成的。

ⓘ **注意**：

你可能认为上面我们找到的是错误的指令，因为列表显示的是：

```
0x00000114 <+36>: str r2, [r4, #4]
```

但是，我们寻找的是+24，而不是+36？别急，这里其实是 GDB 的作者把人搞晕了。这里的偏移量是以十进制而不是十六进制显示的：36 = 0x24，所以我们找到的是正确的！

从第 100 行中可以看出，m 的类型为 struct mbx_data *。以下是定义该结构的地方：

```
#define MBX_LEN 1024
struct mbx_data {
    char mbx[MBX_LEN];
    int mbx_len;
};
```

因此，看起来 m 变量是一个空指针，这就是导致 Oops 的原因。

查看初始化 m 的代码，可以看到少了一行。修改该驱动程序以初始化指针，如以下代码块所示，修改之后工作正常，没有 Oops：

```
static int mbx_open(struct inode *inode, struct file *file)
{
    if (MINOR(inode->i_rdev) >= NUM_MAILBOXES) {
        printk("Invalid mbx minor number\n");
        return -ENODEV;
    }
    file->private_data = &mailboxes[MINOR(inode->i_rdev)];
    return 0;
}
```

并非每个内核 Oops 都这么容易查明，如果该 Oops 发生在内核日志缓冲区的内容可以显示之前则尤其如此。

19.12.7　保存 Oops 消息

要解码 Oops 消息，前提条件是你能够首先捕获它。如果系统在控制台启用之前的引导期间就崩溃了，或在挂起之后崩溃，那么你将看不到它。有一些机制可以将内核 Oops 和消息记录到 MTD 分区或持久内存中，但这里有一个简单的技术，它在许多情况下都有效，不需要事先考虑。

只要在复位期间内存的内容没有损坏（通常不会），就可以重新启动到引导加载程序并使用它来显示内存。你需要知道内核日志缓冲区的位置，记住它是一个简单的文本消息环形缓冲区。符号是 __log_buf。在 System.map 中查找内核：

```
$ grep __log_buf System.map
c0f72428 b __log_buf
```

然后，将该内核逻辑地址映射到 U-Boot 可以理解的物理地址中，方法是减去 PAGE_OFFSET 并加上 RAM 的物理起始地址。PAGE_OFFSET 几乎总是 0xc0000000，而 BeagleBone 上 RAM 的起始地址是 0x80000000，因此计算变为：

```
c0f72428 - 0xc0000000 + 0x80000000 = 80f72428
```

现在可以使用 U-Boot md 命令显示日志：

```
U-Boot#
md 80f72428
80f72428: 00000000 00000000 00210034 c6000000 ........4.!.....
```

```
80f72438: 746f6f42 20676e69 756e694c 6e6f2078  Booting Linux on
80f72448: 79687020 61636973 5043206c 78302055  physical CPU 0x
80f72458: 00000030 00000000 00000000 00730084  0............s.
80f72468: a6000000 756e694c 65762078 6f697372  ....Linux versio
80f72478: 2e34206e 30312e31 68632820 40736972  n 4.1.10 (chris@
80f72488: 6c697562 29726564 63672820 65762063  builder) (gcc ve
80f72498: 6f697372 2e34206e 20312e39 6f726328  rsion 4.9.1 (cro
80f724a8: 6f747373 4e2d6c6f 2e312047 302e3032  sstool-NG 1.20.0
80f724b8: 20292029 53203123 5720504d 4f206465  ) ) #1 SMP Wed O
80f724c8: 32207463 37312038 3a31353a 47203533  ct 28 17:51:53 G
```

ℹ️ **注意：**

从 Linux 3.5 开始，内核日志缓冲区中的每一行都有一个 16 字节的二进制标头，用于编码时间戳、日志级别和其他内容。*Linux weekly news*（《Linux 每周新闻》）中有一篇文章对此进行了讨论，题为 "Toward more reliable logging"（《走向更可靠的日志记录》），其网址如下：

https://lwn.net/Articles/492125/

本节研究了如何使用 kgdb 在源代码级别上调试内核代码，然后讨论了在 kdb shell 中设置断点和输出回溯。最后，还演示了如何使用 dmesg 或 U-Boot 命令行从控制台中读取内核 Oops 消息。

19.13　小　　结

了解如何使用 GDB 进行交互式调试是嵌入式系统开发人员必须掌握的一个有用工具。它是一个稳定可靠的实体，并且也提供了很好的说明文档。它能够通过在目标上放置一个代理以进行远程调试，这个代理可以是用于应用程序的 gdbserver，或用于内核代码的 kgdb。

尽管默认的命令行用户界面需要一段时间才能适应，但仍有许多替代前端。本章介绍了 3 个前端界面，即 TUI、DDD 和 Visual Studio Code。

Eclipse 是另一个流行的前端，它可以通过 CDT 插件支持使用 GDB 进行调试。建议你阅读 19.14 节 "延伸阅读" 中推荐的参考资料，以获取有关如何配置 CDT 以使用交叉工具链并连接到远程设备的信息。

进行调试的第二种同样重要的方法是收集崩溃报告并离线分析它们。在这个类别中，我们研究了应用程序核心转储和内核 Oops 消息。

当然，这只是识别程序缺陷的方法之一。在第 20 章 "性能分析和跟踪" 中将讨论性能分析和跟踪，它们是分析和优化程序的方法。

19.14　延 伸 阅 读

以下资源包含有关本章介绍的主题的更多信息。

- *The Art of Debugging with GDB, DDD, and Eclipse*（《使用 GDB、DDD 和 Eclipse 进行调试的艺术》），by Norman Matloff and Peter Jay Salzman
- *GDB Pocket Reference*（《GDB 袖珍宝典》），by Arnold Robbins
- *Python Interpreter in GNU Debugger*（《GNU 调试器中的 Python 解释器》），by crazyguitar：

  https://www.pythonsheets.com/appendix/python-gdb.html

- *Extending GDB with Python*（《使用 Python 扩展 GDB》），by Lisa Roach：

  https://www.youtube.com/watch?v=xt9v5t4_zvE

- *Cross-compiling with CMake and VS Code*（《使用 CMake 和 VS Code 进行交叉编译》），by Enes ÖZTÜRK：

  https://enesozturk.medium.com/cross-compiling-with-cmake-and-vscode-9ca4976fdd1

- *Remote Debugging with GDB*（《使用 GDB 进行远程调试》），by Enes ÖZTÜRK：

  https://enes-ozturk.medium.com/remote-debugging-with-gdb-b4b0ca45b8c1

- *Getting to grips with Eclipse: cross compiling*（《掌握 Eclipse：交叉编译》）：

  https://2net.co.uk/tutorial/eclipse-cross-compile

- *Getting to grips with Eclipse: remote access and debugging*（《掌握 Eclipse：远程访问和调试》）：

  https://2net.co.uk/tutorial/eclipse-rse

第 20 章　性能分析和跟踪

如第 19 章"使用 GDB 进行调试"所述，使用源代码级调试器进行交互式调试可以让你深入了解程序的工作方式，但它会将你的视野限制在一小段代码中。本章将着眼于更大的图景，以了解系统是否按预期运行。

众所周知，程序开发人员和系统设计人员不能仅凭猜测来判断性能瓶颈在哪里，而是必须有切实的测试数据。因此，如果你的系统存在性能问题，则明智的做法是先查看整个系统的运行数据，然后使用更复杂的工具逐步解决。

本章将从众所周知的 top 命令开始，作为获得系统概览的一种方式。通常而言，问题可以定位到单个程序，这样就可以使用 Linux 性能分析器 perf 对其进行分析。如果问题不容易定位到某个具体的进程而你想要获得更广泛的了解，则 perf 也可以做到这一点。

为了诊断与内核相关的问题，本章将介绍一些跟踪工具，如 Ftrace、LTTng 和 BPF，作为收集详细信息的一种方式。

本章还将介绍 Valgrind，由于它的沙箱执行环境，它可以监视程序并报告程序运行时的代码。最后将介绍一个简单的跟踪工具 strace，它将通过跟踪程序进行的系统调用来揭示程序的执行。

本章包含以下主题：
- 观察者效应
- 开始性能分析
- 使用 top 进行性能分析
- 穷人的性能分析器
- perf 简介
- 跟踪事件
- Ftrace 简介
- 使用 LTTng
- 使用 BPF
- 使用 Valgrind
- 使用 strace

20.1　技 术 要 求

要遵循本章示例操作，请确保你具备以下条件：

❑　基于 Linux 的主机系统。

❑　Buildroot 2020.02.9 LTS 版本。

❑　Etcher Linux 版。

❑　Micro SD 读卡器和卡。

❑　Raspberry Pi 4。

❑　5 V 3A USB-C 电源。

❑　用于网络连接的以太网电缆和端口。

你应该已经在第 6 章 "选择构建系统" 中安装了 Buildroot 2020.02.9 LTS 版本。如果尚未安装，那么在按照第 6 章的说明在 Linux 主机上安装 Buildroot 之前，请参阅 *The Buildroot user manual*（《Buildroot 用户手册》）的 "System requirements"（《系统要求》）部分，其网址如下：

https://buildroot.org/downloads/manual/manual.html

本章所有代码都可以在本书配套 GitHub 存储库的 Chapter20 文件夹中找到，该存储库网址如下：

https://github.com/PacktPublishing/Mastering-Embedded-Linux-Programming-Third-Edition

20.2　观察者效应

在深入研究这些工具之前，让我们先来谈谈这些工具将向你展示的东西。

20.2.1　关于观察者效应

与许多领域的情况一样，测量某个属性会影响观察本身，这就是所谓的观察者效应（observer effect）。例如，测量电源线中的电流需要测量一个小电阻器上的压降。但是，电阻器本身会影响电流。性能分析也是如此：每个系统观察都有 CPU 周期成本，并且该资源不再用于应用程序。测量工具还会扰乱缓存行为、占用内存空间和写入磁盘，这一切都使情况变得更糟。总之，测量本身也会带来开销，没有开销就没有测量。

我经常听到工程师说性能分析工作的结果完全具有误导性，但这通常是因为他们的测量未能接近真实情况。开发人员应始终尝试在目标上进行测量，使用软件的发布版本，使用有效的数据集，使用尽可能少的额外服务。

发布版本通常意味着构建完全优化的二进制文件而没有调试符号。这些生产要求严重限制了大多数性能分析工具的功能。

20.2.2　符号表和编译标志

一旦系统启动并运行，我们就可能会遇到问题。虽然在自然状态下观察系统很重要，但这些工具通常需要额外的信息来理解事件。

一些工具需要特殊的内核选项。本章讨论的工具（如 perf、Ftrace、LTTng 和 BPF）都是如此。因此，你可能必须为这些测试构建和部署一个新内核。

调试符号对于将原始程序地址转换为函数名称和代码行有很大帮助。使用调试符号部署可执行文件并不会改变代码的执行，但它确实需要你拥有使用调试信息编译的二进制文件和内核的副本，至少对于你要分析的组件而言是如此。

如果你在目标系统上安装了这些工具（如 perf），则该工具效果最好。这些技术与我在第 19 章 "使用 GDB 进行调试" 中讨论的一般调试技术相同。

你如果想要一个生成调用图的工具，则可能必须在启用栈帧的情况下进行编译。如果你希望该工具准确地使用代码行来确定地址，则可能需要使用较低级别的优化进行编译。

最后，还有一些工具需要已被插入程序中的组件才能捕获样本，因此必须重新编译这些组件。这适用于内核的 Ftrace 和 LTTng。

请注意，你对所观察系统的更改越多，就越难以将你所做的测量与生产系统联系起来。

💡 提示：

最好采取旁侧观望（wait-and-see）的方法，仅在需求明确时才进行更改，并牢记每一次的修改都会改变所测量的内容。

因为性能分析的结果可能非常模糊，所以在使用更复杂和侵入性的组件之前，可以先从简单、易于使用的工具开始，这些工具很容易获得。

20.3　开始性能分析

在研究整个系统时，一个很好的起点是使用比较简单的工具，如 top，它可以非常快速地为你提供概览。它将向你显示正在使用多少内存，哪些进程正在占用 CPU 周期，以

精通嵌入式 Linux 编程

及它是如何分布在不同的核心和时间上的。

如果 top 显示单个应用程序正在用完用户空间中的所有 CPU 周期，则可以使用 perf 分析该应用程序。

如果两个或更多进程的 CPU 使用率很高，则可能有某种东西将它们耦合在一起，这可能是数据通信。如果在系统调用或处理中断上花费了很多周期，则内核配置或设备驱动程序可能存在问题。无论哪种情况，你都需要使用 perf 首先获取整个系统的性能分析。

你如果想了解更多关于内核和事件顺序的信息，请使用 Ftrace、LTTng 或 BPF。

可能还有其他问题是 top 无法帮助解决的。例如，如果你有多线程代码并且存在锁定问题，或者你有随机数据损坏的问题，那么 Valgrind 加上 Helgrind 插件可能会有所帮助。内存泄漏也属于这一类问题，在第 18 章 "管理内存" 中介绍了与内存相关的诊断。

在进入这些更高级的性能分析工具之前，让我们先从大多数系统（包括生产系统）中找到的最基本的工具开始。

20.4　使用 top 进行性能分析

top 程序是一个简单的工具，不需要任何特殊的内核选项或符号表。BusyBox 中有一个基本版本，procps 包中有一个功能更强大的版本，它可在 Yocto Project 和 Buildroot 中获得。你可能还想考虑使用 htop，它在功能上与 top 相似，但用户界面更好（有些人这样认为）。

首先，让我们看看 top 的摘要信息行：如果你使用的是 BusyBox，则该行在第 2 行；如果你使用的是 procps 中的 top，则该行在第 3 行。

以下是一个使用 BusyBox top 的示例：

```
Mem: 57044K used, 446172K free, 40K shrd, 3352K buff, 34452K cached
CPU: 58% usr 4% sys 0% nic 0% idle 37% io 0% irq 0% sirq
Load average: 0.24 0.06 0.02 2/51 105
PID PPID USER STAT VSZ %VSZ %CPU COMMAND
105 104 root R 27912 6% 61% ffmpeg -i track2.wav
[…]
```

上述信息摘要行显示了在各种状态下运行所花费的时间百分比，如表 20.1 所示。

表 20.1　top 的信息摘要行中的指标

procps	BusyBox	描　　述
us	usr	用户空间程序，包含一个默认 nice 值
sy	sys	内核代码

续表

procps	BusyBox	描　述
ni	nic	用户空间程序，包含一个非默认的 nice 值
id	idle	空闲
wa	io	I/O 等待
hi	irq	硬件中断
si	sirq	软件中断
st	-	窃取时间（steal time）：仅在虚拟环境中相关

在上述示例中，几乎所有的时间（58%）都花在了用户模式中，还有一小部分（4%）时间花在了系统模式中，所以这是一个在用户空间中受 CPU 限制的系统。汇总信息后的第一行表明只有一个应用程序对此负责：ffmpeg。任何减少 CPU 使用率的努力都应该指向那里。

以下是另一个示例：

```
Mem: 13128K used, 490088K free, 40K shrd, 0K buff, 2788K cached
CPU: 0% usr 99% sys 0% nic 0% idle 0% io 0% irq 0% sirq
Load average: 0.41 0.11 0.04 2/46 97
PID PPID USER STAT VSZ %VSZ %CPU COMMAND
92 82 root R 2152 0% 100% cat /dev/urandom
[…]
```

通过 cat 从/dev/urandom 中读取的结果可知，该系统几乎将所有时间都花在内核空间（sys 占 99%）上。在这种人为示例中，分析 cat 本身显然没什么用，但分析 cat 调用的内核函数则可能会有所帮助。

top 的默认视图只显示进程，因此该 CPU 使用率是进程中所有线程的总和。按 H 键即可查看每个线程的信息。同样，它将聚合所有 CPU 的时间。如果你使用的是 procps 版本的 top，则可以按 1 键查看每个 CPU 的汇总信息。

一旦使用 top 挑出了问题进程，就可以将 GDB 附加到该进程中。

20.5　穷人的性能分析器

可以使用 GDB 以任意间隔停止应用程序来进行分析，以查看程序究竟在做什么。这是穷人的性能分析器（poor man's profiler，PMP）。虽然其名称比较怪异，但是它易于设置，是收集性能分析数据的一种方式。

其过程很简单：

（1）使用 gdbserver（用于远程调试）或 GDB（用于本机调试）附加到进程中。该进程将停止。

（2）观察它停止的函数。可以使用 backtrace GDB 命令查看调用栈。

（3）输入 continue 以便程序继续。

（4）稍等片刻，再按 Ctrl+C 快捷键停止，返回步骤（2）。

如果重复步骤（2）～（4）若干次，则很快你将了解到它是在循环还是在进行中，如果经常重复它们，则将了解代码中的热点在哪里。

以下网址有一个专门介绍该技术的完整网页，以及使它更容易执行的脚本：

http://poormansprofiler.org

多年来，我在各种操作系统和调试器中多次使用过这种技术。

这是一个统计性能分析（statistical profiling）示例，你可以在其中每隔一段时间对程序状态进行采样。在获得大量样本之后，你将可以了解正在执行的函数的统计似然性。令人惊讶的是，你真正需要的很少。

其他统计性能分析器还包括 perf record、OProfile 和 gprof 等。

使用调试器进行采样具有侵入性，因为在收集样本时程序会停止很长时间。其他工具可以通过低得多的开销做到这一点。perf 就是这样的工具。

20.6　perf 简介

perf 是 Linux 性能事件计数器子系统（performance event counter subsystem）perf_events 的缩写，也是与 perf_events 交互的命令行工具的名称。自 Linux 2.6.31 以来，二者都已成为内核的一部分。在 tools/perf/Documentation 以及以下网址的 Linux 源代码树中为它提供了很多有用的信息。

https://perf.wiki.kernel.org

开发 perf 的最初动力是提供一种统一的访问性能测量单元（performance measurement unit，PMU）的寄存器的方式，这是大多数现代处理器内核的一部分。一旦 API 被定义并集成到 Linux 中，则扩展它以涵盖其他类型的性能计数器就变得合乎逻辑了。

perf 的核心是事件计数器的集合，其中包含有关何时主动收集数据的规则。通过设置规则，你可以从整个系统、仅内核或仅一个进程及其子进程中捕获数据，并在所有 CPU 或仅一个 CPU 上执行此操作。总之，它非常灵活。

有了该工具，你就可以从查看整个系统开始，然后对似乎导致问题的设备驱动程序、运行缓慢的应用程序或似乎执行时间太长的库函数进行逐一排查。

perf 命令行工具的代码是内核的一部分，位于 tools/perf 目录中。该工具和内核子系统是携手开发的，这意味着它们必须来自相同版本的内核。

perf 可以做很多事情。本章仅讨论其作为性能分析器的功能。有关它的其他功能的描述，请阅读 perf 手册页或 tools/perf/Documentation 中的文档。

除了调试符号，我们还需要设置两个配置选项以在内核中完全启用 perf。

20.6.1　为 perf 配置内核

你需要一个为 perf_events 配置的内核，并且需要交叉编译 perf 命令才能在目标上运行。相关的内核配置是 CONFIG_PERF_EVENTS，它出现在 General setup（常规设置）| Kernel Performance Events and Counters（内核性能事件和计数器）菜单中。

如果要使用跟踪点（稍后将详细介绍此主题）进行分析，则还需要启用一些选项（详见 20.8 节 "Ftrace 简介"）。在使用 Ftrace 时，也建议启用 CONFIG_DEBUG_INFO。

perf 命令有许多依赖项，这使得交叉编译非常混乱。但是，Yocto Project 和 Buildroot 都有它的目标包。

你还需要在目标上为你有兴趣分析的二进制文件提供调试符号；否则，perf 无法将地址解析为有意义的符号。理想情况下，你需要整个系统的调试符号，包括内核。对于后者，请记住内核的调试符号在 vmlinux 文件中。

20.6.2　使用 Yocto Project 构建 perf

如果你使用的是标准的 linux-yocto 内核，则 perf_events 已经启用，因此无须再做任何事情。

要构建 perf 工具，可以将其显式地添加到目标镜像依赖项中，也可以添加 tools-profile 功能。如前文所述，你可能需要在目标镜像以及内核 vmlinux 镜像上使用调试符号。总的来说，在 conf/local.conf 中需要以下代码：

```
EXTRA_IMAGE_FEATURES = "debug-tweaks dbg-pkgs tools-profile"
IMAGE_INSTALL_append = "kernel-vmlinux"
```

根据默认内核配置的来源，向基于 Buildroot 的镜像中添加 perf 可能会更复杂一些。

20.6.3　使用 Buildroot 构建 perf

许多 Buildroot 内核配置不包含 perf_events，因此你应该首先检查你的内核是否包含 20.6.2 节中提到的选项。

要交叉编译 perf，请运行 Buildroot menuconfig 并选择以下选项：

BR2_LINUX_KERNEL_TOOL_PERF，该选项在 Kernel | Linux Kernel Tools（Linux 内核工具）中。

要使用调试符号构建包并将它们以未剥离的方式安装在目标上，请选择以下两个设置：

❑ BR2_ENABLE_DEBUG，该设置在 Build options（构建选项）| build packages with debugging symbols（使用调试符号构建包）菜单中。

❑ BR2_STRIP = none，该设置在 Build options（构建选项）| strip command for binaries on target（目标上二进制文件的剥离命令）菜单中。

然后运行 make clean，接着运行 make。

构建完所有内容后，必须手动将 vmlinux 复制到目标镜像中。

20.6.4　使用 perf 进行性能分析

可以通过 perf 使用事件计数器之一对程序的状态进行采样，并在一段时间内累积样本以创建性能分析。这其实是统计性能分析的另一个例子。

默认事件计数器被称为 cycles，它是一个通用硬件计数器，可被映射到 PMU 寄存器中，表示核心时钟频率的周期计数。

使用 perf 创建性能分析可分为以下两个阶段：

（1）使用 perf record 命令捕获样本并将它们写入名为 perf.data 的文件中（默认情况下）。

（2）使用 perf report 分析结果。

这两个命令都在目标上运行。收集的样本将针对你指定的命令的进程和子项进行过滤。下面是一个 shell 脚本的性能分析示例，该脚本用于搜索 linux 字符串：

```
# perf record sh -c "find /usr/share | xargs grep linux > /dev/null"
[ perf record: Woken up 2 times to write data ]
[ perf record: Captured and wrote 0.368 MB perf.data (~16057 samples) ]
# ls -l perf.data
-rw------- 1 root root 387360 Aug 25 2015 perf.data
```

现在可以使用 perf report 命令显示 perf.data 的结果。你可以在命令行上选择以下 3 个用户界面。

- ❑ --stdio：这是一个没有用户交互的纯文本界面。你必须为跟踪的每个视图启动 perf report 和 annotate。
- ❑ --tui：这是一个简单的基于文本的菜单界面，可在屏幕之间进行遍历。
- ❑ --gtk：这是一个图形界面，其他方面与--tui 相同。

默认为 TUI，如图 20.1 所示。

```
Samples: 9K of event 'cycles', Event count (approx.): 2006177260
 11.29%  grep  libc-2.20.so        [.] re_search_internal
  8.80%  grep  busybox.nosuid      [.] bb_get_chunk_from_file
  5.55%  grep  libc-2.20.so        [.] _int_malloc
  5.40%  grep  libc-2.20.so        [.] _int_free
  3.74%  grep  libc-2.20.so        [.] realloc
  2.59%  grep  libc-2.20.so        [.] malloc
  2.51%  grep  libc-2.20.so        [.] regexec@@GLIBC_2.4
  1.64%  grep  busybox.nosuid      [.] grep_file
  1.57%  grep  libc-2.20.so        [.] malloc_consolidate
  1.33%  grep  libc-2.20.so        [.] strlen
  1.33%  grep  libc-2.20.so        [.] memset
  1.26%  grep  [kernel.kallsyms]   [k] __copy_to_user_std
  1.20%  grep  libc-2.20.so        [.] free
  1.10%  grep  libc-2.20.so        [.] _int_realloc
  0.95%  grep  libc-2.20.so        [.] re_string_reconstruct
  0.79%  grep  busybox.nosuid      [.] xrealloc
  0.75%  grep  [kernel.kallsyms]   [k] __do_softirq
  0.72%  grep  [kernel.kallsyms]   [k] preempt_count_sub
  0.68%  find  [kernel.kallsyms]   [k] __do_softirq
  0.53%  grep  [kernel.kallsyms]   [k] __dev_queue_xmit
  0.52%  grep  [kernel.kallsyms]   [k] preempt_count_add
  0.47%  grep  [kernel.kallsyms]   [k] finish_task_switch.isra.85
Press '?' for help on key bindings
```

图 20.1　perf report TUI

perf 能够记录代表进程执行的内核函数，因为它在内核空间中收集样本。

图 20.1 中的列表首先按最活跃的函数排序。在该示例中，捕获到的运行进程除了 grep，就只有一个 find。这些 grep 进程有些在库（libc-2.20）中，有些在程序（busybox.nosuid）中，还有些在内核中。

我们获得了程序和库函数的符号名称，因为所有二进制文件都已被安装在目标上并带有调试信息，而内核符号则是从/boot/vmlinux 中读取的。

如果你在其他位置有 vmlinux，则可以使用-k <path>将它添加到 perf report 命令中。

可以使用 perf record -o <file name>将样本保存到 perf.data 之外的其他文件中，然后使用 perf report -i <file name>对其进行分析。

默认情况下，perf record 将使用 cycles 计数器以 1000 Hz 的频率记录样本。

🔔 提示：

1000 Hz 的采样频率可能高于你真正需要的频率，这可能是观察者效应的原因。因此你可以尝试降低频率。根据我的经验，100 Hz 对于大多数情况来说就足够了。你可以使用-F 选项设置采样频率。

这仍然不能真正让性能分析工作变得轻松。列表顶部的函数大多是低级内存操作，你可以相当肯定它们已经被优化。幸运的是，perf record 还使我们能够找到调用栈并查看这些函数被调用的位置。

20.6.5　调用图

如果我们能够后退一步，从更广阔的视野看看这些代价高昂的函数的上下文环境，那么无疑更好理解。我们可以通过将-g 选项传递给 perf record 来捕获每个样本的回溯。

现在，性能报告将显示一个加号（+），其中的函数是调用链的一部分。你可以展开跟踪以查看链中较底层的函数，如图 20.2 所示。

```
Samples: 10K of event 'cycles', Event count (approx.): 2256721655
-    9.95%    grep    libc-2.20.so          [.] re_search_internal
  - re_search_internal
        95.96% 0
         3.50% 0x208
+    8.19%    grep    busybox.nosuid        [.] bb_get_chunk_from_file
+    5.07%    grep    libc-2.20.so          [.] _int_free
+    4.76%    grep    libc-2.20.so          [.] _int_malloc
+    3.75%    grep    libc-2.20.so          [.] realloc
+    2.63%    grep    libc-2.20.so          [.] malloc
+    2.04%    grep    libc-2.20.so          [.] regexec@@GLIBC_2.4
+    1.43%    grep    busybox.nosuid        [.] grep_file
+    1.37%    grep    libc-2.20.so          [.] memset
+    1.29%    grep    libc-2.20.so          [.] malloc_consolidate
+    1.22%    grep    libc-2.20.so          [.] _int_realloc
+    1.15%    grep    libc-2.20.so          [.] free
+    1.01%    grep    [kernel.kallsyms]     [k] __copy_to_user_std
+    0.98%    grep    libc-2.20.so          [.] strlen
+    0.89%    grep    libc-2.20.so          [.] re_string_reconstruct
+    0.73%    grep    [kernel.kallsyms]     [k] preempt_count_sub
+    0.68%    grep    [kernel.kallsyms]     [k] finish_task_switch.isra.85
+    0.62%    grep    busybox.nosuid        [.] xrealloc
+    0.57%    grep    [kernel.kallsyms]     [k] __do_softirq
Press '?' for help on key bindings
```

图 20.2　perf report（调用图）

ℹ 注意：

生成调用图依赖于从栈中提取调用帧的能力，就像 GDB 中的回溯一样。展开栈所需的信息被编码在可执行文件的调试信息中，但并非所有架构和工具链的组合都能够这样做。

能够回溯固然很好，但这些都是函数的汇编程序，有没有可以查看源代码的地方？

20.6.6　perf annotate

在已经知道要查看哪些函数之后，最好深入进去查看代码并计算每条指令的命中数。这就是 perf annotate 所做的事情，它将调用安装在目标上的 objdump 的副本。你只需使用 perf annotate 代替 perf report 即可。

perf annotate 需要可执行文件和 vmlinux 的符号表。图 20.3 是一个带注释的函数的示例。

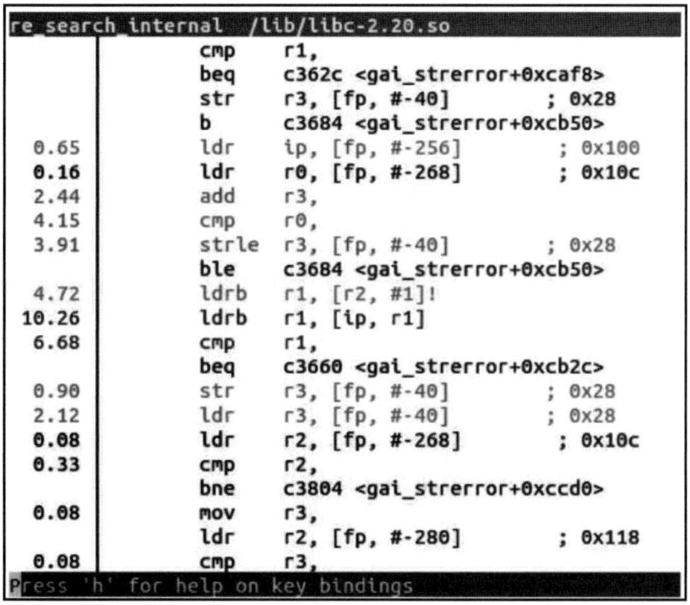

图 20.3　perf annotate（汇编程序）

如果希望查看与汇编程序交错的源代码，则可以将相关的源文件复制到目标设备上。如果你正在使用 Yocto Project 并使用 dbg-pkgs 额外镜像功能进行构建，或者已经安装了单独的-dbg 包，那么源代码将被安装在/usr/src/debug 中，否则你可以检查调试信息以查看源代码的位置，如下所示：

```
$ arm-buildroot-linux-gnueabi-objdump --dwarf lib/libc-2.19.so
| grep DW_AT_comp_dir
<3f> DW_AT_comp_dir : /home/chris/buildroot/output/build/
hostgcc-initial-4.8.3/build/arm-buildroot-linux-gnueabi/libgcc
```

目标上的路径应该与你在 DW_AT_comp_dir 中看到的路径完全相同。

图 20.4 显示了一个带有源代码和汇编代码的注释示例。

```
re_search_internal  /lib/libc-2.20.so
                                ++match_first;
                                goto forward_match_found_start_or_reached_end;

                       case 6:
                         /* Fastmap without translation, match forward.  */
                         while (BE (match_first < right_lim, 1)
   4.15          cmp    r0,
   3.91          strle  r3, [fp, #-40]        ; 0x28
                 ble    c3684 <gai_strerror+0xcb50>
                                && !fastmap[(unsigned char) string[match_first]])
   4.72          ldrb   r1, [r2, #1]!
  10.26          ldrb   r1, [ip, r1]
   6.68          cmp    r1,
                 beq    c3660 <gai_strerror+0xcb2c>
   0.90          str    r3, [fp, #-40]        ; 0x28
                                ++match_first;

                       forward_match_found_start_or_reached_end:
                         if (BE (match_first == right_lim, 0))
   2.12          ldr    r3, [fp, #-40]        ; 0x28
   0.08          ldr    r2, [fp, #-268]       ; 0x10c
   0.33          cmp    r2,
Press 'h' for help on key bindings
```

图 20.4　perf annotate（源代码）

现在可以在 cmp r0 上方和 str r3, [fp, #-40]指令下方看到相应的 C 源代码。

对 perf 的介绍到此结束。虽然还有其他统计采样分析器，如 OProfile 和 gprof（它们早于 perf），但这些工具近年来已经失宠，所以我选择省略它们。

接下来，让我们看看事件跟踪器。

20.7　跟 踪 事 件

到目前为止，我们所讨论的工具都使用了统计取样。开发人员经常想要了解有关事件顺序的更多信息，以便可以查看它们并将它们相互关联。函数跟踪涉及使用捕获有关事件的信息的跟踪点（tracepoint）来检测代码，并且可能包括以下部分或全部：

❑　时间戳。

❑　上下文，如当前 PID。

❑　函数参数和返回值。

❑　调用栈。

显然，事件跟踪比统计分析更具侵入性，并且可以生成大量数据。后一个问题可以通过在捕获样本时应用过滤器以及稍后在查看跟踪时应用过滤器来缓解。

我们将介绍 3 个跟踪工具：内核函数跟踪器 Ftrace、LTTng 和 BPF。

20.8　Ftrace 简介

内核函数跟踪器 Ftrace 是从 Steven Rostedt 和许多开发人员所做的工作演变而来的，当时他们正在跟踪实时应用程序中高调度延迟的原因。Ftrace 出现在 Linux 2.6.27 之后，并一直在积极开发。Documentation/trace 中的内核源代码中有许多描述内核跟踪的文档。

Ftrace 由许多跟踪器组成，这些跟踪器（tracer）可以记录内核中的各种类型的活动。我们将讨论 function 和 function_graph 跟踪器以及事件跟踪点。在第 21 章 "实时编程" 中，将重温 Ftrace 并使用它来演示实时延迟。

❑ function 跟踪器对每个内核函数进行检测，以便可以记录调用并加上时间戳。有趣的是，它可以使用-pg 开关编译内核以注入工具。

❑ function_graph 跟踪器则更进一步，它将记录函数的进入和退出，以便可以创建调用图。

❑ 事件跟踪点功能还记录与调用关联的参数。

Ftrace 有一个非常适合嵌入式的用户界面，完全通过 debugfs 文件系统中的虚拟文件实现，这意味着你无须在目标上安装任何工具即可使其工作。不过，如果你愿意，它也还有其他用户界面：

❑ trace-cmd 是一个命令行工具，用于记录和查看跟踪，可在 Buildroot（BR2_PACKAGE_TRACE_CMD）和 Yocto Project（trace-cmd）中使用。

❑ 还有一个名为 KernelShark 的图形跟踪查看器，可作为 Yocto Project 的包使用。

与 perf 一样，启用 Ftrace 需要设置某些内核配置选项。

20.8.1　准备使用 Ftrace

Ftrace 及其各种选项可在内核配置菜单中进行配置。你至少需要以下选项：

CONFIG_FUNCTION_TRACER，该选项在 Kernel hacking | Tracers（跟踪器）| Kernel Function Tracer（内核函数跟踪器）菜单中。

建议你也打开以下选项：

❑ CONFIG_FUNCTION_GRAPH_TRACER，该选项在 Kernel hacking | Tracers（跟踪器）| Kernel Function Graph Tracer（内核函数图跟踪器）菜单中。

❑　CONFIG_DYNAMIC_FTRACE，该选项在 Kernel hacking | Tracers（跟踪器）|
enable/disable function tracing dynamically（动态启用/禁用函数跟踪）菜单中。
由于整个事情都托管在内核中，因此无须进行用户空间配置。

20.8.2　使用 Ftrace

在使用 Ftrace 之前，你必须挂载 debugfs 文件系统，按照惯例，该文件系统位于
/sys/kernel/debug 目录中：

```
# mount -t debugfs none /sys/kernel/debug
```

Ftrace 的所有控件都在/sys/kernel/debug/tracing 目录下，其中的 README 文件甚至还
有一个迷你 HOWTO。
以下是内核中可用的跟踪器列表：

```
# cat /sys/kernel/debug/tracing/available_tracers
blk function_graph function nop
```

活动跟踪器由 current_tracer 显示，它最初是空跟踪器 nop。
要捕获跟踪，可以通过将 available_tracers 之一的名称写入 current_tracer 中来选择跟
踪器，然后启用跟踪一小会，如下所示：

```
# echo function > /sys/kernel/debug/tracing/current_tracer
# echo 1 > /sys/kernel/debug/tracing/tracing_on
# sleep 1
# echo 0 > /sys/kernel/debug/tracing/tracing_on
```

在那 1 s 内，跟踪缓冲区将被内核调用的每个函数的详细信息填充。跟踪缓冲区的格
式是纯文本，这在 Documentation/trace/ftrace.txt 中有描述。
可以从 trace 文件中读取跟踪缓冲区：

```
# cat /sys/kernel/debug/tracing/trace
# tracer: function
#
# entries-in-buffer/entries-written: 40051/40051 #P:1
#
#                  _-----=> irqs-off
#                 / _----=> need-resched
#                | / _---=> hardirq/softirq
#                || / _--=> preempt-depth
#                ||| /   delay
```

```
# TASK-PID CPU#      |||| TIMESTAMP FUNCTION
#    | |       |     ||||    |          |
sh-361 [000] ...1 992.990646: mutex_unlock <-rb_simple_write
sh-361 [000] ...1 992.990658: __fsnotify_parent <-vfs_write
sh-361 [000] ...1 992.990661: fsnotify <-vfs_write
sh-361 [000] ...1 992.990663: __srcu_read_lock <-fsnotify
sh-361 [000] ...1 992.990666: preempt_count_add <-__srcu_read_lock
sh-361 [000] ...2 992.990668: preempt_count_sub <-__srcu_read_lock
sh-361 [000] ...1 992.990670: __srcu_read_unlock <-fsnotify
sh-361 [000] ...1 992.990672: __sb_end_write <-vfs_write
sh-361 [000] ...1 992.990674: preempt_count_add <-__sb_end_write
[…]
```

你可以在 1 s 内捕获大量数据点——在本例中，超过 40000 个。

与性能分析器一样，像这样的平面函数列表是很理解的。如果选择 function_graph 跟踪器，则 Ftrace 将捕获如下所示的调用图：

```
# tracer: function_graph
#
# CPU DURATION              FUNCTION CALLS
# |    |   |                |   |   |   |
 0) + 63.167 us    |             } /* cpdma_ctlr_int_ctrl */
 0) + 73.417 us    |           } /* cpsw_intr_disable */
 0)                |           disable_irq_nosync() {
 0)                |             __disable_irq_nosync() {
 0)                |               __irq_get_desc_lock() {
 0) 0.541 us       |                 irq_to_desc();
 0) 0.500 us       |                 preempt_count_add();
 0) + 16.000 us    |               }
 0)                |               __disable_irq() {
 0) 0.500 us       |                 irq_disable();
 0) 8.208 us       |               }
 0)                |               __irq_put_desc_unlock() {
 0) 0.459 us       |                 preempt_count_sub();
 0) 8.000 us       |               }
 0) + 55.625 us    |             }
 0) + 63.375 us    |           }
```

现在你可以看到函数调用的嵌套，由大括号{和}进行分隔。在终止大括号处，有一个函数所用时间的测量值，如果花费超过 10 μs，则使用加号（+）进行注释，而如果花费超过 100 μs，则使用感叹号（!）进行注释。

你通常只对由单个进程或线程引起的内核活动感兴趣，在这种情况下，可以通过将线程 ID 写入 set_ftrace_pid 中来将跟踪限制为一个线程。

20.8.3　动态 Ftrace 和跟踪过滤器

启用 CONFIG_DYNAMIC_FTRACE 允许 Ftrace 在运行时修改函数跟踪点，这有以下两个好处：

- 首先，它可以触发跟踪函数探测（probe）的额外构建时（build-time）处理，这允许 Ftrace 子系统在启动时定位它们并用 NOP 指令覆盖它们，从而将函数跟踪代码的开销几乎减少到 0。这样，你就可以在生产环境或接近生产环境的内核中启用 Ftrace，而不会影响性能。
- 第二个优点是可以选择性地启用功能跟踪点，而不是跟踪所有内容。函数列表被放入 available_filter_functions 中，这有好几万。你可以根据需要选择性地启用函数跟踪，方法是将名称从 available_filter_functions 复制到 set_ftrace_filter 中，然后通过将名称写入 set_ftrace_notrace 中来停止跟踪该函数，还可以使用通配符并将名称附加到列表中。例如，假设你对 tcp 处理感兴趣：

```
# cd /sys/kernel/debug/tracing
# echo "tcp*" > set_ftrace_filter
# echo function > current_tracer
# echo 1 > tracing_on
```

运行一些测试，然后查看 trace：

```
# cat trace
# tracer: function
#
# entries-in-buffer/entries-written: 590/590 #P:1
#
#                              _-----=> irqs-off
#                             / _----=> need-resched
#                            | / _---=> hardirq/softirq
#                            || / _--=> preempt-depth
#                            ||| /    delay
# TASK-PID CPU#             ||||    TIMESTAMP FUNCTION
#    | |      |             ||||       |         |
dropbear-375 [000] ...1 48545.022235: tcp_poll <-sock_poll
dropbear-375 [000] ...1 48545.022372: tcp_poll <-sock_poll
dropbear-375 [000] ...1 48545.022393: tcp_sendmsg <-inet_sendmsg
```

```
dropbear-375 [000] ...1 48545.022398: tcp_send_mss <-tcp_sendmsg
dropbear-375 [000] ...1 48545.022400: tcp_current_mss <-tcp_send_mss
[…]
```

set_ftrace_filter 函数还可以包含命令，例如，在执行某些函数时启动和停止跟踪。限于篇幅，我们无法介绍其细节，但你如果对此感兴趣，则可以阅读 Documentation/trace/ftrace.txt 中的 Filter commands（过滤器命令）部分。

20.8.4　跟踪事件

前文描述的 function 和 function_graph 跟踪器仅记录函数执行的时间，而跟踪事件功能则还可以记录与调用相关的参数，使跟踪更具可读性和信息量。例如，跟踪事件将记录请求的字节数和返回的指针，而不是只记录 kmalloc 函数已被调用。

跟踪事件可用于 perf 和 LTTng 以及 Ftrace，但跟踪事件子系统的开发则是由 LTTng 项目推动的。

创建跟踪事件需要内核开发人员的努力，因为每个事件都是不同的。它们是在源代码中使用 TRACE_EVENT 宏定义的，现在有一千多个。

可以在/sys/kernel/debug/tracing/available_events 中查看运行时可用的事件列表。它们被命名为 subsystem:function，如 kmem:kmalloc。

每个事件也由 tracking/events/[subsystem]/[function]中的子目录表示，如下所示：

```
# ls events/kmem/kmalloc
enable filter format id trigger
```

这些文件如下。

❑　enable：向该文件中写入 1 以启用该事件。

❑　filter：这是一个表达式，对于要跟踪的事件，它的评估结果必须为 true。

❑　format：这是事件和参数的格式。

❑　id：这是一个数字标识符。

❑　trigger：这是在事件发生时使用 Documentation/trace/ftrace.txt 的 Filter commands 部分中定义的语法执行的命令。

我们将向你展示一个涉及 kmalloc 和 kfree 的简单示例。事件跟踪不依赖于函数跟踪器，因此首先选择 nop 跟踪器：

```
# echo nop > current_tracer
```

接下来，通过单独启用每个事件来选择要跟踪的事件：

```
# echo 1 > events/kmem/kmalloc/enable
# echo 1 > events/kmem/kfree/enable
```

你还可以将事件名称写入 set_event 中，如下所示：

```
# echo "kmem:kmalloc kmem:kfree" > set_event
```

现在，当你阅读跟踪时，可以看到函数及其参数：

```
# tracer: nop
#
# entries-in-buffer/entries-written: 359/359 #P:1
#
#                      _-----=> irqs-off
#                     / _-----=> need-resched
#                    | / _---=> hardirq/softirq
#                    || / _--=> preempt-depth
#                    ||| /     delay
#   TASK-PID CPU#    |||| TIMESTAMP FUNCTION
#      | |      |    ||||     |          |
    cat-382   [000] ...1 2935.586706: kmalloc:call_
site=c0554644 ptr=de515a00
        bytes_req=384 bytes_alloc=512
        gfp_flags=GFP_ATOMIC|GFP_NOWARN|GFP_NOMEMALLOC
    cat-382 [000] ...1 2935.586718: kfree: call_
site=c059c2d8 ptr=(null)
```

完全相同的跟踪事件在 perf 中作为 tracepoint 事件可见。

由于无须构建臃肿的用户空间组件，Ftrace 非常适合部署到大多数嵌入式目标。

接下来，让我们看看另一个流行的事件跟踪器，它的起源早于 Ftrace。

20.9　使用 LTTng

Linux Trace Toolkit（LTT）项目由 Karim Yaghmour 启动，作为跟踪内核活动的一种方式，并且是最早可用于 Linux 内核的跟踪工具之一。后来，Mathieu Desnoyers 接受了这个想法，并将其重新实现为下一代跟踪工具 LTTng。然后它被扩展以覆盖用户空间跟踪以及内核。该项目网站网址如下，它包含一份非常全面的用户手册：

https://lttng.org/

LTTng 由以下 3 个部分组成：

❑　核心会话管理器。

❑　作为一组内核模块实现的内核跟踪器。

❑　作为库实现的用户空间跟踪器。

此外，你还需要一个跟踪查看器（如 Babeltrace）或 Eclipse Trace Compass 插件来显示和过滤主机或目标上的原始跟踪数据。Babeltrace 的网址如下：

https://babeltrace.org

LTTng 需要一个配置了 CONFIG_TRACEPOINTS 的内核，其启用方式是选择 Kernel hacking | Tracers（跟踪器）| Kernel Function Tracker（内核函数跟踪器）。

以下说明引用的是 LTTng 版本 2.5，其他版本可能有所不同。

20.9.1　LTTng 和 Yocto Project

需要在 conf/local.conf 中将以下包添加到目标依赖项中：

```
IMAGE_INSTALL_append = "lttng-tools lttng-modules lttng-ust"
```

如果要在目标上运行 Babeltrace，则还要附加 babeltrace 包。

20.9.2　LTTng 和 Buildroot

需要启用以下选项：

❑　BR2_PACKAGE_LTTNG_MODULES，该选项在 Target packages（目标包）| Debugging, profiling and benchmark（调试、性能分析和基准测试）| lttng-modules（lttng 模块）菜单中。

❑　BR2_PACKAGE_LTTNG_TOOLS，该选项在 Target packages（目标包）| Debugging, profiling and benchmark（调试、性能分析和基准测试）| lttng-tools（lttng 工具）菜单中。

对于用户空间跟踪跟踪，需启用以下选项：

BR2_PACKAGE_LTTNG_LIBUST，该选项在 Target packages（目标包）| Libraries（库）| Others, enable lttng-libust（其他，启用 lttng-libust）菜单中。

目标有一个名为 lttng-babeltrace 的包。Buildroot 可自动构建 babeltrace 主机并将其放置在 output/host/usr/bin/babeltrace 中。

20.9.3　使用 LTTng 进行内核跟踪

LTTng 可以使用前面描述的 ftrace 事件集作为潜在的跟踪点。最初，它们是被禁用的。LTTng 的控制接口是 lttng 命令。可使用以下命令列出内核探测：

```
# lttng list --kernel
Kernel events:
-------------
writeback_nothread (loglevel: TRACE_EMERG (0)) (type: tracepoint)
writeback_queue (loglevel: TRACE_EMERG (0)) (type: tracepoint)
writeback_exec (loglevel: TRACE_EMERG (0)) (type: tracepoint)
[...]
```

跟踪是在会话的上下文中捕获的，在本示例中被称为 test：

```
# lttng create test
Session test created.
Traces will be written in /home/root/lttng-traces/test-20150824-140942
# lttng list
Available tracing sessions:
1) test (/home/root/lttng-traces/test-20150824-140942)
[inactive]
```

现在可以在当前会话中启用一些事件。可以使用—all选项启用所有内核跟踪点，但请记住有关生成过多跟踪数据的警告。

让我们从以下几个与调度程序相关的跟踪事件开始：

```
# lttng enable-event --kernel sched_switch,sched_process_fork
```

检查一切是否已被设置：

```
# lttng list test
Tracing session test: [inactive]
    Trace path: /home/root/lttng-traces/test-20150824-140942
    Live timer interval (usec): 0
=== Domain: Kernel ===
Channels:
-------------
- channel0: [enabled]
Attributes:
    overwrite mode: 0
    subbufers size: 26214
```

```
    number of subbufers: 4
    switch timer interval: 0
    read timer interval: 200000
    trace file count: 0
    trace file size (bytes): 0
    output: splice()
Events:
    sched_process_fork (loglevel: TRACE_EMERG (0)) (type:
tracepoint) [enabled]
    sched_switch (loglevel: TRACE_EMERG (0)) (type:tracepoint) [enabled]
```

现在开始跟踪：

```
# lttng start
```

运行测试负载，然后停止跟踪：

```
# lttng stop
```

会话的跟踪被写入会话目录 lttng-traces/<session>/kernel 中。

可以使用 Babeltrace 查看器以文本格式转储原始跟踪数据。在本示例中，我们将在主机上运行它：

```
$ babeltrace lttng-traces/test-20150824-140942/kernel
```

该输出过于冗长，限于篇幅我们不在此页面上显示，而是将其留作练习，让你以这种方式捕获和显示跟踪。Babeltrace 的文本输出确实具有使用 grep 和类似命令很容易搜索字符串的优点。

图形化的跟踪查看器的一个不错选择是 Eclipse 的 Trace Compass 插件，它现在是 C/C++开发人员包的 Eclipse IDE 的一部分。将跟踪数据导入 Eclipse 中是非常典型的烦琐操作。简而言之，你需要执行以下步骤：

（1）打开 Tracing（跟踪）透视图。

（2）通过选择 File（文件）| New（新建）| Tracing project（跟踪项目）命令创建一个新项目。

（3）输入项目名称并单击 Finish（完成）。

（4）右击 Project Explorer（项目资源管理器）菜单中的 New Project（新项目）选项并选择 Import（导入）。

（5）展开 Tracing（跟踪），然后选择 Trace Import（跟踪导入）。

（6）浏览到包含跟踪信息的目录（如 test-20150824-140942），选中复选框以指示你想要哪些子目录（可能是 kernel），然后单击 Finish（完成）。

（7）展开项目并在其中展开 Traces[1]，然后在其中双击 kernel（内核）。

接下来，让我们从 LTTng 切换到最新最好的 Linux 事件跟踪器——BPF。

20.10　使用 BPF

Berkeley Packet Filter（BPF）是一项于 1992 年首次推出的技术，用于捕获、过滤和分析网络流量。2013 年，Alexi Starovoitov 在 Daniel Borkmann 的帮助下对 BPF 进行了重写。他们的工作当时被称为 eBPF（扩展的 BPF），于 2014 年被合并到内核中，从 Linux 3.15 开始就可以使用了。

BPF 为在 Linux 内核中运行程序提供了一个沙箱执行环境。BPF 程序是用 C 语言编写的，并且是即时（just-in-time，JIT）编译为本机代码的。在此之前，中间 BPF 字节码必须首先通过一系列安全检查，以便程序不会使内核崩溃。

尽管 BPF 起源于网络，但它现在是在 Linux 内核中运行的通用虚拟机。通过使在特定内核和应用程序事件上运行小程序变得容易，BPF 迅速成为 Linux 最强大的跟踪器。

就像 cgroups 为容器化部署所做的那样，BPF 有可能通过使用户能够完全检测生产系统来彻底改变可观察性。Netflix 和 Facebook 在其微服务和云基础设施中广泛使用 BPF 进行性能分析和阻止分布式拒绝服务（distributed denial of service，DDoS）攻击。

围绕 BPF 的工具正在不断发展，BPF 编译器集合（BPF compiler collection，BCC）和 bpftrace 将自己确立为两个最突出的前端。Brendan Gregg 深入参与了这两个项目，并在他的 *BPF Performance Tools: Linux System and Application Observability*（《BPF 性能工具：Linux 系统和应用程序可观察性》）一书中广泛介绍了 BPF，此书由 Addison-Wesley 出版社出版

BPF 新技术有很多的可能性，涵盖了广泛的范围，这使得它具有很大的优势。和 cgroups 一样，我们不需要了解 BPF 的工作原理即可开始使用它。BCC 附带了几个现成的工具和示例，我们可以简单地从命令行中运行它们。

20.10.1　为 BPF 配置内核

BCC 需要 4.1 或更高版本的 Linux 内核。在撰写本文时，BCC 仅支持少数 64 位 CPU 架构，这严重限制了 BPF 在嵌入式系统中的使用。幸运的是，其中一个 64 位架构是 aarch64，因此我们仍然可以在 Raspberry Pi 4 上运行 BCC。

让我们从为该镜像配置启用 BPF 的内核开始：

```
$ cd buildroot
$ make clean
$ make raspberrypi4_64_defconfig
$ make menuconfig
```

BCC 使用 LLVM 编译 BPF 程序。LLVM 是一个非常大的 C++项目，因此它需要一个包含 wchar、线程和其他功能的工具链来构建。

💡 提示：

有一个名为 ply 的包于 2021 年 1 月 23 日合并到 Buildroot 中，并且包含在 Buildroot 的 2021.02 LTS 版本中。ply 是一个轻量级的 Linux 动态跟踪器，其网址如下：

https://github.com/iovisor/ply

ply 利用了 BPF，以便可以将探针附加到内核中的任意点上。与 BCC 不同，ply 不依赖于 LLVM，并且除 libc 之外没有必需的外部依赖项。这使得移植到 arm 和 powerpc 等嵌入式 CPU 架构变得更加容易。

在为 BPF 配置内核之前，让我们选择一个外部工具链并修改 raspberrypi4_64_defconfig 以适应 BCC：

（1）通过导航到 Toolchain（工具链）| Toolchain type（工具链类型）| External toolchain（外部工具链）并选择该选项，以启用外部工具链。

（2）退出 External toolchain（外部工具链）并打开 Toolchain（工具链）子菜单。选择最新的 ARM AArch64 工具链作为你的外部工具链。

（3）退出 Toolchain（工具链）页面并展开 System configuration（系统配置）| /dev management（/dev 管理）。选择 Dynamic using devtmpfs+eudev（动态使用 devtmpfs+eudev）。

（4）退出/dev management（/dev 管理）并选择 Enable root login with password（允许使用密码进行 root 登录）。打开 Root password（Root 密码）并在文本字段中输入非空密码。

（5）退出 System configuration（系统配置）页面并展开 Filesystem images（文件系统镜像）。将 exact size（确切大小）值增加到 2G，以便为内核源代码提供足够的空间。

（6）退出 Filesystem images（文件系统镜像）并展开 Target packages（目标包）| Networking applications（网络应用）。选择 dropbear 包以启用对目标的 scp 和 ssh 访问。

请注意，dropbear 不允许没有密码的 root scp 和 ssh 访问。

（7）退出 Networking applications（网络应用）并展开 Miscellaneous（杂项）目标包。选择 haveged 包，这样程序就不会阻塞等待/dev/urandom 在目标上初始化。

（8）保存更改并退出 menuconfig。

现在，用你的 menuconfig 更改覆盖 configs/raspberrypi4_64_defconfig 并准备 Linux 内核源进行配置：

```
$ make savedefconfig
$ make linux-configure
```

make linux-configure 命令将在获取、提取和配置内核源代码之前下载和安装外部工具链并构建一些主机工具。

在撰写本文时，Buildroot 的 2020.02.9 LTS 版本中的 raspberrypi4_64_defconfig 仍然指向来自 Raspberry Pi Foundation 的 GitHub 分支的自定义 4.19 内核源代码压缩包。因此，你需要检查 raspberrypi4_64_defconfig 的内容以确定使用的内核版本。一旦 make linux-configure 完成内核配置，就可以为 BPF 重新配置它：

```
$ make linux-menuconfig
```

要从交互式菜单中搜索特定的内核配置选项，可以按 / 键并输入搜索字符串。搜索应该返回一个已编号的匹配列表。输入给定的数字会直接带你进入该配置选项。

至少需要选择以下选项来启用对 BPF 的内核支持：

```
CONFIG_BPF=y
CONFIG_BPF_SYSCALL=y
```

还需要为 BCC 添加以下选项：

```
CONFIG_NET_CLS_BPF=m
CONFIG_NET_ACT_BPF=m
CONFIG_BPF_JIT=y
```

Linux 内核版本 4.1~4.6 需要以下标志：

```
CONFIG_HAVE_BPF_JIT=y
```

Linux 内核版本 4.7 及更高版本则需要以下标志：

```
CONFIG_HAVE_EBPF_JIT=y
```

从 Linux 内核版本 4.7 开始，添加以下选项，以便用户可以将 BPF 程序附加到 kprobe、uprobe 和 tracepoint 事件上：

```
CONFIG_BPF_EVENTS=y
```

从 Linux 内核版本 5.2 开始，为内核头文件添加以下选项：

```
CONFIG_IKHEADERS=m
```

BCC 需要读取内核头文件来编译 BPF 程序，因此选择 CONFIG_IKHEADERS 将使它们可以通过加载 kheaders.ko 模块来访问。

要运行 BCC 网络示例，还需要以下模块：

```
CONFIG_NET_SCH_SFQ=m
CONFIG_NET_ACT_POLICE=m
CONFIG_NET_ACT_GACT=m
CONFIG_DUMMY=m
CONFIG_VXLAN=m
```

确保在退出 make linux-menuconfig 时保存你的更改，以便在构建启用 BPF 的内核之前将它们应用于 output/build/linux-custom/.config。

20.10.2　使用 Buildroot 构建 BCC 工具包

现在我们已经有了对 BPF 的必要内核支持，接下来可以将用户空间库和工具添加到镜像中。在撰写本文时，Jugurtha Belkalem 和其他人一直在努力将 BCC 集成到 Buildroot 中，但他们的补丁尚未合并。

虽然 LLVM 包已经被合并到 Buildroot 中，但并没有选择 BCC 编译所需的 BPF 后端的选项。新的 bcc 和更新的 llvm 包配置文件可以在 MELP/Chapter20/目录中找到。要将它们复制到 Buildroot 的 2020.02.09 LTS 安装中，请执行以下操作：

```
$ cp -a MELP/Chapter20/buildroot/* buildroot
```

现在可将 bcc 和 llvm 包添加到 raspberrypi4_64_defconfig 中：

```
$ cd buildroot
$ make menuconfig
```

如果你的 Buildroot 版本是 2020.02.09 LTS，并且已经从 MELP/Chapter20 中正确复制了 buildroot 覆盖，那么现在应该在 Debugging, profiling and benchmark（调试、性能分析和基准测试）下有一个 bcc 包可用。

要将 bcc 包添加到系统镜像中，请执行以下步骤：

（1）导航到 Target packages（目标包）| Debugging, profiling and benchmark（调试、性能分析和基准测试）并选择 bcc。

（2）退出 Debugging, profiling and benchmark（调试、性能分析和基准测试）并打开 Libraries（库）| Other（其他）。确认 clang、llvm 和 LLVM 的 BPF backend（BPF 后端）都已经被选中。

（3）退出 Libraries（库）| Other（其他）并展开 Interpreter languages and scripting（解

释器语言和脚本编写），验证是否选择了 python3，以便可以运行与 BCC 捆绑在一起的各种工具和示例。

（4）退出 Interpreter languages and scripting（解释器语言和脚本编写），并在 Target packages（目标包）页面的 BusyBox 下选择 Show packages that also provided by busybox（显示同样由 BusyBox 提供的包）。

（5）展开 System tools（系统工具）并验证是否选择了 tar 来提取内核头文件。

（6）保存更改并退出 menuconfig。

再次使用你的 menuconfig 更改覆盖 configs/raspberrypi4_64_defconfig 并构建镜像：

```
$ make savedefconfig
$ make
```

LLVM 和 Clang 需要很长时间才能编译。镜像构建完成后，可使用 Etcher 将生成的 output/images/sdcard.img 文件写入 micro SD 卡中。

现在可以将内核源代码从 output/build/linux-custom 复制到 micro SD 卡 root 分区上的新/lib/modules/<kernel version>/build 目录中。这一步很关键，因为 BCC 需要访问内核源代码来编译 BPF 程序。

将完成的 micro SD 卡插入 Raspberry Pi 4 中，使用以太网电缆将其接入本地网络，然后启动设备。使用 arp-scan 找到 Raspberry Pi 4 的 IP 地址，并使用你在之前设置的密码以 root 身份通过 SSH 进入其中。

在我们的 MELP/Chapter20/buildroot 覆盖中包含的 configs/rpi4_64_bcc_defconfig 使用了 temppwd 作为 root 密码。

接下来，我们将演示如何使用 BPF 进行跟踪。

20.10.3　使用 BPF 跟踪工具

使用 BPF 时，几乎做任何事情（包括运行 BCC 工具和示例）都需要 root 权限，这就是我们要通过 SSH 启用 root 登录的原因。另一个先决条件是安装 debugfs，如下所示：

```
# mount -t debugfs none /sys/kernel/debug
```

BCC 工具所在的目录不在 PATH 环境中，因此需导航到该目录以便于执行：

```
# cd /usr/share/bcc/tools
```

让我们从一个将任务 CPU 时间显示为直方图的工具开始：

```
# ./cpudist
```

cpudist 可以显示任务在被取消调度之前在 CPU 上花费了多长时间，如图 20.5 所示。

```
Tracing on-CPU time... Hit Ctrl-C to end.
^C
     usecs               : count    distribution
         0 -> 1          : 0        |                                          |
         2 -> 3          : 0        |                                          |
         4 -> 7          : 3        |                                          |
         8 -> 15         : 1        |                                          |
        16 -> 31         : 208      |******************************************|
        32 -> 63         : 24       |****                                      |
        64 -> 127        : 2        |                                          |
       128 -> 255        : 3        |                                          |
       256 -> 511        : 2        |                                          |
       512 -> 1023       : 2        |                                          |
      1024 -> 2047       : 29       |*****                                     |
      2048 -> 4095       : 10       |*                                         |
      4096 -> 8191       : 16       |***                                       |
      8192 -> 16383      : 6        |*                                         |
     16384 -> 32767      : 16       |***                                       |
     32768 -> 65535      : 11       |**                                        |
     65536 -> 131071     : 37       |*******                                   |
    131072 -> 262143     : 33       |******                                    |
    262144 -> 524287     : 52       |**********                                |
    524288 -> 1048575    : 27       |*****                                     |
#
```

图 20.5　cpudist

如果你看到的是以下错误而不是直方图，则应该是因为你忘记将内核源代码复制到
micro SD 卡中：

```
modprobe: module kheaders not found in modules.dep
Unable to find kernel headers. Try rebuilding kernel with
CONFIG_IKHEADERS=m (module) or installing the kernel
development package for your running kernel version.
chdir(/lib/modules/4.19.97-v8/build): No such file or directory
[…]
Exception: Failed to compile BPF module <text>
```

另一个有用的系统级工具是 llcstat，它可以跟踪缓存引用和缓存未命中事件，并通过
PID 和 CPU 对其进行汇总，如图 20.6 所示。

并非所有 BBC 工具都需要按 Ctrl+C 快捷键结束。一些工具如 llcstat 也可以采用样本
周期作为命令行参数。

可以使用诸如 funccount 之类的工具获得更具体的信息并放大特定的功能，例如，
funccount 可以采用模式作为命令行参数，如图 20.7 所示。

```
frank@franktop: ~/buildroot
# ./llcstat 20
Running for 20 seconds or hit Ctrl-C to end.
PID      NAME              CPU     REFERENCE         MISS    HIT%
275      haveged           1           20300         2300  88.67%
137      kworker/0:2H      0           20300        11200  44.83%
0        swapper/1         1          101400        15000  85.21%
596      llcstat           3           81200        46700  42.49%
0        swapper/2         2          121700         5400  95.56%
0        swapper/3         3          527800        31800  93.97%
77       jbd2/mmcblk0p2-   0           20300        15900  21.67%
0        swapper/0         0         1075800        95800  91.09%
Total References: 1968800 Total Misses: 224100 Hit Rate: 88.62%
#
```

图 20.6　llcstat

```
frank@franktop: ~/buildroot
# ./funccount '*tcp*send*'
Tracing 32 functions for "b'*tcp*send*'"... Hit Ctrl-C to end.
^C
FUNC                                    COUNT
b'tcp_send_delayed_ack'                     1
b'tcp_v4_send_check'                        4
b'__tcp_v4_send_check'                      4
b'tcp_send_mss'                             4
b'tcp_sendmsg'                              4
b'tcp_sendmsg_locked'                       4
Detaching...
#
```

图 20.7　funccount

在本示例中，我们正在跟踪所有包含 tcp 并且后面跟着 send 的内核函数。许多 BCC 工具也可用于跟踪用户空间中的函数。这需要调试符号或使用用户静态定义的跟踪点（user statically defined tracepoint，USDT）探针检测源代码。

嵌入式开发人员特别感兴趣的是 hardirqs 工具，它可以测量内核服务硬中断所花费的时间，如图 20.8 所示。

用 Python 编写自己的通用或自定义 BCC 跟踪工具比你想象的要容易。你可以在 BCC 附带的/usr/share/bcc/examples/tracing 目录中找几个示例来阅读和练手。

对 Linux 事件跟踪工具（Ftrace、LTTng 和 BPF）的介绍到此结束。所有这些工具都需要至少一些内核配置才能工作。Valgrind 提供了更多的性能分析工具，它们完全可以很舒适地在用户空间中进行操作。

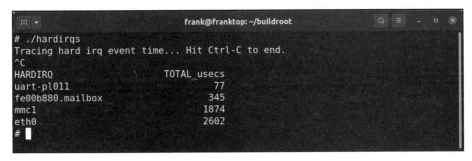

图 20.8　hardirqs

20.11　使用 Valgrind

在第 18 章"管理内存"中已经介绍过 Valgrind，它是一种使用 memcheck 工具识别内存问题的工具。但是，Valgrind 还有其他一些非常有用的应用程序性能分析工具。本节将讨论其中的两个：Callgrind 和 Helgrind。

Valgrind 由于通过在沙箱中运行代码来工作，因此可以在代码运行时检查代码并报告某些行为，这是本地跟踪器和性能分析器无法做到的。

20.11.1　Callgrind

Callgrind 是一个可以生成调用图的性能分析器，它还将收集有关处理器缓存命中率和分支预测的信息。Callgrind 仅在应用程序的性能瓶颈受到 CPU 限制时才较为有用。如果涉及繁重的 I/O 或多个进程，则它基本上没用。

Valgrind 不需要内核配置，但它确实需要调试符号。它在 Yocto Project 和 Buildroot（BR2_PACKAGE_VALGRIND）中都可以被作为目标包使用。

在目标上运行 Valgrind 中的 Callgrind，如下所示：

```
# valgrind --tool=callgrind <program>
```

这会生成一个名为 callgrind.out.\<PID>的文件，可以将其复制到主机上并使用 callgrind_annotate 进行分析。

默认设置是在一个文件中一起捕获所有线程的数据。如果在捕获时添加--separate-threads=yes 选项，则会在名为 callgrind.out.\<PID>-\<thread id>的文件中为每个线程提供性能分析，如 callgrind.out.122-01 和 callgrind.out.122-02。

Callgrind 可以模拟处理器 L1/L2 缓存并报告缓存未命中。使用--simulate-cache=yes

选项可捕获跟踪。L2 未命中比 L1 未命中的成本要昂贵得多，因此请注意具有高 D2mr 或 D2mw 计数的代码。

Callgrind 的原始输出可能很大并且难以解开。诸如 KCachegrind 之类的可视化工具可以帮助你浏览 Callgrind 收集的海量数据。KCachegrind 的网址如下：

https://kcachegrind.github.io/html/Home.html

20.11.2　Helgrind

Helgrind 是一个线程错误检测器，用于检测包含 POSIX 线程的 C、C++和 Fortran 程序中的同步错误。

Helgrind 可以检测到以下 3 类错误：

- ❏ 它可以检测 API 的错误使用。例如，解锁已经被解开的互斥锁，解锁被不同线程锁定的互斥锁，或者不检查某些 pthread 函数的返回值。
- ❏ 它可以监控线程获取锁的顺序，以检测可能导致死锁的循环。
- ❏ 它还会检测数据竞争，当两个线程访问共享内存位置而没有使用合适的锁或其他同步来确保单线程访问时，就会发生这种情况。

使用 Helgrind 很简单，只需要以下命令即可：

```
# valgrind --tool=helgrind <program>
```

它会在发现问题（包括潜在问题）时输出它们。可以通过添加--log-file=<filename> 将这些消息定向到文件。

Callgrind 和 Helgrind 依靠 Valgrind 的虚拟化来进行性能分析和死锁检测。这种重量级的方法减慢了程序的执行速度，增加了观察者效应的可能性。

有时，我们程序中的错误是可重现且易于隔离的，因此，一个更简单的、侵入性更小的工具足以快速调试它们。常见的此类工具是 strace。

20.12　使用 strace

本章从一个简单而无处不在的工具 top 开始，现在将以另一个工具结束：strace。它是一个非常简单的跟踪器，可以捕获程序及其子程序（可选）进行的系统调用。你可以使用它来执行以下操作：

- ❏ 了解程序发出的系统调用。
- ❏ 找出那些失败的系统调用以及错误代码。如果程序无法启动但不输出错误消息或消息过于笼统,则该工具很有用。

❏ 查找程序打开了哪些文件。

❏ 找出正在运行的程序进行了哪些系统调用,例如,查看它是否卡在循环中。

在 Internet 上还有很多例子,使用 strace 作为关键字进行搜索,即可查看到一些相关提示和技巧。

strace 使用 ptrace(2)函数挂钩从用户空间到内核的调用。如果你想了解更多关于 ptrace 的工作原理,则其手册页内容详细且可读性极好。

获取跟踪的最简单方法是将命令作为 strace 的参数予以运行,如下所示(已对代码清单进行了编辑以使其更清晰):

```
# strace ./helloworld
execve("./helloworld", ["./helloworld"], [/* 14 vars */]) = 0
brk(0)                                 = 0x11000
uname({sys="Linux", node="beaglebone", ...}) = 0
mmap2(NULL, 4096, PROT_READ|PROT_WRITE, MAP_PRIVATE|MAP_
ANONYMOUS, -1, 0) = 0xb6f40000
access("/etc/ld.so.preload", R_OK)       = -1 ENOENT (No such
file or directory)
open("/etc/ld.so.cache", O_RDONLY|O_CLOEXEC) = 3
fstat64(3, {st_mode=S_IFREG|0644, st_size=8100, ...}) = 0
mmap2(NULL, 8100, PROT_READ, MAP_PRIVATE, 3, 0) = 0xb6f3e000
close(3)                                 = 0
open("/lib/tls/v7l/neon/vfp/libc.so.6", O_RDONLY|O_CLOEXEC) = -1
ENOENT (No such file or directory)
[...]
open("/lib/libc.so.6", O_RDONLY|O_CLOEXEC) = 3
read(3,
"\177ELF\1\1\1\0\0\0\0\0\0\0\0\0\3\0(\0\1\0\0\0$`\1\0004\0\0\0"...,
512) = 512
fstat64(3, {st_mode=S_IFREG|0755, st_size=1291884, ...}) = 0
mmap2(NULL, 1328520, PROT_READ|PROT_EXEC, MAP_PRIVATE|MAP_DENYWRITE,
3, 0) = 0xb6df9000
mprotect(0xb6f30000, 32768, PROT_NONE) = 0
mmap2(0xb6f38000, 12288, PROT_READ|PROT_WRITE,
MAP_PRIVATE|MAP_FIXED|MAP_DENYWRITE, 3, 0x137000) = 0xb6f38000
mmap2(0xb6f3b000, 9608, PROT_READ|PROT_WRITE,
MAP_PRIVATE|MAP_FIXED|MAP_ANONYMOUS, -1, 0) = 0xb6f3b000
close(3)
[...]
write(1, "Hello, world!\n", 14Hello, world!
```

```
     )             = 14
exit_group(0)                            = ?
+++ exited with 0 +++
```

大多数跟踪显示了运行时环境是如何创建的。特别是，你可以看到库加载器如何寻找 libc.so.6，并在/lib 中找到了它。最后，程序的 main()函数运行，输出消息并退出。

如果希望 strace 跟踪原始进程创建的任何子进程或线程，则可以添加 -f 选项。

💡 提示：

如果使用 strace 来跟踪创建线程的程序，则几乎可以肯定要使用-f 选项。更好的是，使用-ff 和-o \<file name>以便将每个子进程或线程的输出写入名为\<filename>.\<PID | TID>的单独文件中。

strace 的一个常见用途是发现程序在启动时尝试打开哪些文件。可以通过-e选项限制跟踪的系统调用，并且可以使用-o 选项将跟踪写入文件而不是 stdout 中：

```
# strace -e open -o ssh-strace.txt ssh localhost
```

这显示了 ssh 在建立连接时打开的库和配置文件。

你甚至可以将 strace 用作基本的性能分析工具。如果使用-c 选项，那么它会累计系统调用所花费的时间并输出以下汇总信息：

```
# strace -c grep linux /usr/lib/* > /dev/null
%time     seconds      usecs/call    calls      errors     syscall
------    ---------    -----------   --------   ---------   ----------
78.68     0.012825     1             11098      18          read
11.03     0.001798     1             3551                   write
10.02     0.001634     8             216        15          open
0.26      0.000043     0             202                    fstat64
0.00      0.000000     0             201                    close
0.00      0.000000     0             1                      execve
0.00      0.000000     0             1          1           access
0.00      0.000000     0             3                      brk
0.00      0.000000     0             199                    munmap
0.00      0.000000     0             1                      uname
0.00      0.000000     0             5                      mprotect
0.00      0.000000     0             207                    mmap2
0.00      0.000000     0             15         15          stat64
0.00      0.000000     0             1                      getuid32
0.00      0.000000     0             1                      set_tls
------    ---------    -----------   --------   ---------   ----------
100.00    0.016300                   15702      49 total
```

strace 用途广泛，本节只是走马观花地介绍了其功能的一些皮毛。如果你对其更多功能感兴趣，建议下载和阅读 *Spying on your program with strace*（《用 strace 监视你的程序》），这是 Julia Evans 的免费杂志，其网址如下：

https://wizardzines.com/zines/strace/

20.13 小 结

Linux 提供了丰富的性能分析和跟踪选项。本章提供了一些最常见工具的介绍。

当面对一个性能不尽如人意的系统时，可以从 top 开始，尝试找出问题所在。如果证明问题出在单个应用程序上，则可以使用 perf record/report 对其进行分析，请记住，必须配置内核以启用 perf，并且还需要二进制文件和内核的调试符号。如果没有清晰找到问题根源，则可以使用 perf 或 BCC 工具来获得系统范围的视图。

当你对内核的行为有特定的疑问时，Ftrace 就可以派上用场了。function 和 function_graph 跟踪器提供了函数调用关系和顺序的详细视图。事件跟踪器允许你提取有关函数的更多信息，包括参数和返回值。LTTng 也可以发挥类似作用，利用事件跟踪机制，并添加高速环形缓冲区以从内核中提取大量数据。Valgrind 则具有在沙箱中运行代码的优势，并且可以报告通过其他方式难以跟踪的错误。

使用 Callgrind 工具可以生成调用图并报告处理器缓存使用情况，而使用 Helgrind 则可以报告与线程相关的问题。

最后，不要忘记还有 strace。它可以找出程序正在执行哪些系统调用，通过跟踪文件打开调用查找文件路径名，检查系统唤醒和传入信号等。

同时，要注意并尽量避免观察者效应，确保你所做的测量对生产系统有效。

在第 21 章"实时编程"中，我们将深入研究帮助量化目标系统实时性能的延迟跟踪器。

20.14 延 伸 阅 读

强烈推荐以下两本书，它们均由 Brendan Gregg 编写：

❑ *Systems Performance: Enterprise and the Cloud, Second Edition*〔《系统性能：企业和云》（第 2 版）〕。

❑ *BPF Performance Tools: Linux System and Application Observability*（《BPF 性能工具：Linux 系统和应用程序可观察性》）。

第 21 章　实 时 编 程

计算机系统和现实世界之间的大部分交互都是实时发生的，因此这对于嵌入式系统的开发人员来说是一个重要的话题。到目前为止，我们已经在多个地方接触过实时编程。例如，在第 17 章"了解进程和线程"中研究了调度策略和优先级反转（priority inversion），在第 18 章"管理内存"中介绍了页面错误（page fault）的问题和内存锁定的需要。现在我们将这些主题放在一起并深入研究实时编程。

本章首先将介绍实时系统的特性，然后介绍在应用程序和内核级别上对系统设计的影响。我们将介绍实时 PREEMPT_RT 内核补丁，同时演示如何获取它并将其应用于主线内核。另外，本章还将介绍如何使用两个工具（cyclictest 和 Ftrace）来测量系统延迟。

还有一些其他的方法也可以在嵌入式 Linux 设备上实现实时行为，例如，使用专用微控制器或单独的实时内核以及 Linux 内核，就像 Xenomai 和 RTAI 所做的那样。但本章不打算讨论这些，因为本书的重点是使用 Linux 作为嵌入式系统的核心。

本章包含以下主题：
❑　关于实时
❑　识别非确定性的来源
❑　了解调度延迟
❑　内核抢占
❑　实时 Linux 内核（PREEMPT_RT）
❑　可抢占内核锁
❑　高分辨率定时器
❑　避免页面错误
❑　中断屏蔽
❑　测量调度延迟

21.1　技 术 要 求

要遵循本章示例操作，请确保你具备以下条件：
❑　基于 Linux 的主机系统，至少有 60 GB 的可用磁盘空间。

❑　　Buildroot 2020.02.9 LTS 版本。

❑　　Yocto 3.1（Dunfell）LTS 版本。

❑　　Etcher Linux 版。

❑　　microSD 读卡器和卡。

❑　　BeagleBone Black。

❑　　5V 1A 直流电源。

❑　　用于网络连接的以太网电缆和端口。

你应该已经在第 6 章"选择构建系统"的学习过程中安装了 Buildroot 的 2020.02.9 LTS 版本。如果尚未安装，那么在根据第 6 章的说明在 Linux 主机上安装 Buildroot 之前，请参阅 *The Buildroot user manual*（《Buildroot 用户手册》）的"System requirements"（《系统需求》）部分。其网址如下：

https://buildroot.org/downloads/manual/manual.html

此外，你应该已经在第 6 章"选择构建系统"的学习过程中构建了 Yocto 的 3.1（Dunfell）LTS 版本。如果尚未构建，请参阅 *Yocto Project Quick Build*（《Yocto Project 快速构建》）指南的"Compatible Linux Distribution"（《兼容的 Linux 发行版》）和"Build Host Packages"（《构建主机包》）部分，其网址如下：

https://www.yoctoproject.org/docs/current/brief-yoctoprojectqs/brief-yoctoprojectqs.html

然后根据第 6 章的说明在 Linux 主机上构建 Yocto。

21.2　关于实时

实时编程的本质是软件工程师喜欢详细讨论的主题之一，通常会给出一系列相互矛盾的定义。本章将首先列出我们认为对实时很重要的内容。

如果任务必须在某个时间点——称为截止期限（deadline）——之前完成，则该任务就是实时任务。以在计算机上编译 Linux 内核和播放音频流为例，即可理解实时任务和非实时任务之间的区别。播放音频是一个实时任务，因为有恒定的数据流到达音频驱动程序，并且必须以播放速率将音频样本块写入音频接口中。与此同时，编译 Linux 内核的任务则不是实时的，因为没有截止期限。你只是希望它尽快完成；无论是 10 s 还是 10 min，都不会影响内核二进制文件的质量。

另一个需要考虑的重要事情是错过截止期限的后果，其范围从轻微的烦恼到系统故障，或者在最极端的情况下，可能导致伤害或死亡。让我们来看一些示例。

❏ 播放音频流：有几十毫秒数量级的截止期限。如果音频缓冲区不足，你会听到咔嗒咔嗒声，这很烦人，但你会勉强克服它。

❏ 移动并单击鼠标：截止期限也是几十毫秒的数量级。如果错过，则会导致鼠标的移动不规律，按钮的单击操作失败。如果问题仍然存在，系统将无法正常使用。

❏ 打印：进纸的截止期限在毫秒范围内，如果错过，则可能会导致打印机卡纸，必须有人去修理它。偶尔卡纸是可以接受的，但没有人会购买不断卡纸的打印机。

❏ 在生产线上将保质期打印到瓶子上：如果一个瓶子上的保质期没有被打印出来，那么整个生产线就必须停工，然后重新启动生产线，代价高昂。

❏ 烘焙蛋糕：有 30 min 左右的截止期限。如果你错过了几分钟，则蛋糕可能就毁了。如果你错过了更长的时间，则房子都可能会被烧毁。

❏ 电涌检测系统：如果系统检测到电涌，则必须在 2 ms 内触发断路器；否则会导致设备损坏，并可能造成人员伤亡。

换句话说，错过截止期限会有很多后果。我们经常谈论以下不同的类别。

❏ 软实时（soft real-time）：截止期限是可取的，但有时会在系统不被视为故障的情况下错过。上述列表中的前两个示例（"播放音频流"和"移动并单击鼠标"）就是这样的示例。

❏ 硬实时（hard real-time）：错过截止期限会产生严重影响。可以进一步将硬实时细分为关键任务系统，其中错过截止期限是有代价的，例如上述第 3 个和第 4 个示例（"打印"和"在生产线上给瓶子上打印保质期"），以及安全关键系统，其中存在生命和肢体危险，例如上述列表中的最后两个例子（"烘焙蛋糕"和"电涌检测系统"）。我们特意举了一个烘焙蛋糕示例，意在说明并非所有硬实时系统都具有以毫秒或微秒为单位的期限。

为安全关键系统编写的软件必须符合各种标准，以确保其能够可靠地执行。像 Linux 这样的复杂操作系统很难满足这些要求。

当涉及任务关键型系统时，Linux 可用于广泛的控制系统，而且很常见。软件的需求取决于截止期限和置信度的组合，通常可以通过广泛的测试来确定。

因此，如果要说某个系统是实时的，则必须测量它在最大预期负载下的响应时间，并表明它在约定的时间比例内满足截止期限。

根据经验，使用主线内核的配置良好的 Linux 系统适用于截止期限低至数十毫秒的软实时任务，而带有 PREEMPT_RT 补丁的内核则同时适用于软硬实时任务——关键系统的截止期限可低至数百微秒。

创建实时系统的关键是减少响应时间的可变性，以便你更有信心不会错过截止期限；换句话说，你需要使系统更具确定性。一般来说，这是以牺牲性能为代价的。例如，缓存通过缩短访问数据项的平均时间来使系统运行得更快，但在缓存未命中的情况下，最大时间会更长。缓存使系统更快但不确定性更低，这与我们想要的结果相反。

💡 提示：

实时计算速度快只是一个神话。事实并非如此；系统的确定性越高，最大吞吐量就越低。

本章的其余部分将关注识别延迟的原因以及可以采取哪些措施来减少延迟。

21.3　识别非确定性的来源

从根本上说，实时编程是为了确保实时控制输出的线程在需要时被调度，因此可以在截止期限之前完成工作。任何阻止这种情况的东西都是一个问题。以下是一些问题领域。

❑ 调度（scheduling）：实时线程必须在其他线程之前被调度，因此它们必须具有实时策略（SCHED_FIFO 或 SCHED_RR）。此外，根据我们在第 17 章"了解进程和线程"中描述的速率单调分析（rate monotonic analysis，RMA）理论，它们应该按降序分配优先级，从截止期限最短的那个开始。

❑ 调度延迟（scheduling latency）：一旦发生诸如中断或定时器之类的事件，内核就必须能够重新调度，并且不受无限延迟的影响。减少调度延迟也是本章后面的一个关键主题。

❑ 优先级反转（也称为优先级倒置）：这是基于优先级的调度的结果，当高优先级线程被低优先级线程持有的互斥锁阻塞时，即会导致无限延迟，正如我在第 17 章"了解进程和线程"中所描述的那样，用户空间具有优先级继承和优先级上限互斥锁；在内核空间中，我们有实现了优先级继承的实时互斥锁（RT-mutex），下文将在实时 Linux 内核部分讨论它们。

❑ 准确的定时器：如果要在低毫秒或微秒范围内管理截止期限，则需要匹配的定时器。高分辨率定时器至关重要，并且是几乎所有内核的配置选项。

❑ 页面错误：在执行代码的关键部分时出现页面错误会打乱所有时序估计，这可以通过锁定内存来避免，详见 21.8 节"避免页面错误"。

❑ 中断：它们发生在不可预测的时间，如果突然泛滥，则可能会导致意外的处理开销。有两种方法可以避免这种情况。一种是将中断作为内核线程运行，另一种是在多核设备上屏蔽一个或多个 CPU 免受中断处理。稍后将讨论这两种可能性。

❏ 处理器缓存：这些缓存在 CPU 和主内存之间提供了一个缓冲区，并且与所有缓存一样，是不确定性的来源，尤其是在多核设备上。糟糕的是，这超出了本书的讨论范围，但你可能需要参考本章末尾 21.12 节"延伸阅读"中提供的参考资料以获取更多详细信息。

❏ 内存总线争用：当外设直接通过 DMA 通道访问内存时，它们会占用一段内存总线带宽，这会减慢 CPU 核心（或多个核心）的访问速度，从而导致程序的不确定性执行。当然，这是一个硬件问题，也超出了本书的讨论范围。

接下来我们将展开讨论一些最重要的问题，看看可以对它们做些什么。

21.4　了解调度延迟

实时线程一有事就需要调度。但是，即使没有其他具有相同或更高优先级的线程，从唤醒事件发生的点（中断或系统定时器）到线程开始运行的时间总是存在延迟。这被称为调度延迟（scheduling latency）。它可以被分解为若干个组成部分，如图 21.1 所示。

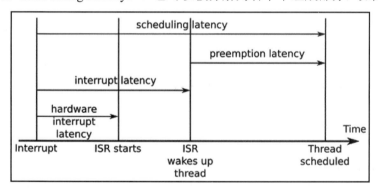

图 21.1　调度延迟

原　　文	译　　文
scheduling latency	调度延迟
preemption latency	抢占延迟
interrupt latency	中断延迟
hardware interrupt latency	硬件中断延迟
Interrupt	中断
ISR starts	中断服务程序（ISR）开始

续表

原　　文	译　　文
ISR wakes up thread	ISR 唤醒线程
Thread scheduled	线程调度
Time	时间

首先，从断言中断到中断服务程序（interrupt service routine，ISR）开始运行之间存在硬件中断延迟。其中一小部分是中断硬件本身的延迟，但最大的问题是由于软件禁用了中断。因此，最小化这个中断关闭时间很重要。

接下来是中断延迟，即 ISR 为该中断提供服务并唤醒任何等待此事件的线程之前的时间长度。它主要取决于 ISR 的编写方式。一般来说，它应该只需要很短的时间，以微秒（μs）为单位。

最后的延迟是抢占延迟，即从通知内核线程已准备好运行到调度程序实际运行线程的时间。这取决于内核是否可以被抢占。如果它在关键部分运行代码，那么重新调度将不得不等待。延迟的长度取决于内核抢占的配置。

21.5　内核抢占

发生抢占延迟是因为抢占当前执行线程并调用调度程序并不总是安全或可取的。Linux 主线版本具有以下 3 个抢占设置，可通过 Kernel Features（内核功能）| Preemption Model（抢占模式）菜单进行选择。

❑ CONFIG_PREEMPT_NONE：无抢占。

❑ CONFIG_PREEMPT_VOLUNTARY：可以对抢占请求进行额外检查。

❑ CONFIG_PREEMPT：允许内核被抢占。

上述第一个选项将抢占设置为 none，则内核代码将继续运行而不重新调度，直到它通过系统调用返回始终允许抢占的用户空间中，或者遇到停止当前线程的休眠等待。由于它减少了内核和用户空间之间的转换次数，并可能减少上下文切换的总数，因此该选项会以较大的抢占延迟为代价获得最高的吞吐量。对于吞吐量比响应能力更重要的服务器和一些桌面内核来说，这是默认设置。

第二个选项启用显式抢占点，如果设置了 need_resched 标志，则会调用调度程序，这会减少最坏情况下的抢占延迟，但会降低吞吐量。一些发行版在桌面上设置了这个选项。

第三个选项使内核可抢占，这意味着只要内核不在原子上下文中执行，中断就可以导致立即重新调度，下文将对此进行详细描述。该选项减少了最坏情况下的抢占延迟，因此，在典型的嵌入式硬件上，整体调度延迟可减少到几毫秒的数量级。

这通常被描述为一种软实时选项，并且大多数嵌入式内核都是以这种方式配置的。当然，总吞吐量会略有下降，但这通常不如为嵌入式设备提供更多确定性调度重要。

21.5.1 实时 Linux 内核（PREEMPT_RT）

长期以来，人们一直在努力进一步减少抢占延迟，因为这个原因，实时 Linux 内核的配置选项甚至还获得了 PREEMPT_RT 的名称。该项目由 Ingo Molnar、Thomas Gleixner 和 Steven Rostedt 发起，多年来得到了更多开发人员的贡献。该内核补丁网址如下：

https://www.kernel.org/pub/linux/kernel/projects/rt

其维基百科条目的网址如下：

https://wiki.linuxfoundation.org/realtime/start

在以下网址中还可以找到一个常见问题解答（尽管已经有些过时）：

https://rt.wiki.kernel.org/index.php/Frequently_Asked_Questions

多年来，该项目的许多部分已被纳入主线 Linux 中，包括高分辨率定时器、内核互斥锁和线程中断处理程序。但是，核心补丁仍然在主线之外，因为它们相当具有侵入性，并且（有人声称）它仅使 Linux 用户群中的一小部分受益。也许有一天整个补丁集将被合并到上游中。

其中心计划是减少内核在原子上下文（atomic context）中运行的时间，因为在原子上下文中调用调度程序并切换到不同的线程是不安全的。

典型的原子上下文是内核处于以下状态时：

❑ 运行中断或陷阱处理程序。
❑ 持有自旋锁（spin lock）或处于 RCU 关键部分。自旋锁和 RCU 是内核锁定原语，它们的细节与我们要讨论的主题无关。
❑ 在调用 preempt_disable() 和 preempt_enable() 之间。
❑ 硬件中断被禁用（IRQ 关闭）。

作为 PREEMPT_RT 一部分的更改分为两个主要领域：一个是通过将中断处理程序转换为内核线程来减少中断处理程序的影响，另一个是使锁可抢占，以便线程可以在持有锁时休眠。很明显，这些更改存在很大的开销，这使得平均情况下的中断处理速度更慢但更具确定性，这正是我们努力的目标。

21.5.2　线程化中断处理程序

并非所有中断都是实时任务的触发器，但所有中断都会从实时任务中窃取周期。线程化中断处理程序就是在不影响实时任务的情况下，允许将优先级与中断相关联并在适当的时间调度中断处理程序而不是一律将它们视为最高优先级，如图 21.2 所示。

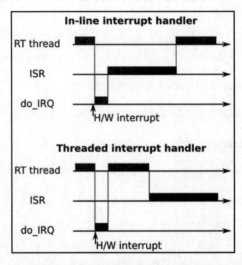

图 21.2　内联与线程化中断处理程序

原　　文	译　　文
In-line interrupt handler	内联中断处理程序
RT thread	实时线程
ISR	中断服务程序
H/W interrupt	H/W 中断
Threaded interrupt handler	线程化中断处理程序

如果将中断处理程序代码作为内核线程运行，则没有理由不能被更高优先级的用户空间线程抢占，因此中断处理程序对用户空间线程的调度延迟没有贡献。

自 2.6.30 版本以来，线程化中断处理程序一直是主线 Linux 的一项功能。你可以通过使用 request_threaded_irq()代替普通的 request_irq()注册单个中断处理程序来请求线程化。同时，你可以通过使用 CONFIG_IRQ_FORCED_THREADING=y 配置内核来使线程 IRQ 成为默认值，这将使所有处理程序成为线程，除非它们通过设置 IRQF_NO_THREAD 标志明确阻止了这一点。

当你应用 PREEMPT_RT 补丁时，默认情况下，中断以这种方式被配置为线程。以下是你可能会看到的示例：

```
# ps -Leo pid,tid,class,rtprio,stat,comm,wchan | grep FF
PID TID CLS RTPRIO STAT COMMAND WCHAN
3 3 FF 1 S ksoftirqd/0 smpboot_th
7 7 FF 99 S posixcputmr/0 posix_cpu_
19 19 FF 50 S irq/28-edma irq_thread
20 20 FF 50 S irq/30-edma_err irq_thread
42 42 FF 50 S irq/91-rtc0 irq_thread
43 43 FF 50 S irq/92-rtc0 irq_thread
44 44 FF 50 S irq/80-mmc0 irq_thread
45 45 FF 50 S irq/150-mmc0 irq_thread
47 47 FF 50 S irq/44-mmc1 irq_thread
52 52 FF 50 S irq/86-44e0b000 irq_thread
59 59 FF 50 S irq/52-tilcdc irq_thread
65 65 FF 50 S irq/56-4a100000 irq_thread
66 66 FF 50 S irq/57-4a100000 irq_thread
67 67 FF 50 S irq/58-4a100000 irq_thread
68 68 FF 50 S irq/59-4a100000 irq_thread
76 76 FF 50 S irq/88-OMAP UAR irq_thread
```

在本示例中，这是一个运行 linux-yocto-rt 的 BeagleBone，只有 gp_timer 中断没有线程化。定时器中断处理程序内联运行是正常的。

ℹ️ **注意：**

中断线程都被赋予了默认的 SCHED_FIFO 策略和 50 的优先级。但是，将它们保留为默认值是没有意义的；现在你可以根据中断与实时用户空间线程相比的重要性来分配其优先级。

以下是线程优先级设置建议（降序排列）：

- ❑ POSIX 定时器线程 posixcputmr 应始终具有最高优先级。
- ❑ 与最高优先级实时线程相关的硬件中断。
- ❑ 最高优先级的实时线程。
- ❑ 优先级稍低的实时线程的硬件中断，然后是线程本身。
- ❑ 下一个最高优先级的实时线程。
- ❑ 非实时接口的硬件中断。
- ❑ 软 IRQ 守护进程 ksoftirqd，在实时内核上负责运行延迟中断例程，在 Linux 3.6 版本之前，负责运行网络栈、块 I/O 层和其他事情。

你可能需要尝试不同的优先级以达到平衡。

可以使用 chrt 命令作为引导脚本的一部分来更改优先级，例如使用以下命令：

```
# chrt -f -p 90 `pgrep irq/28-edma`
```

pgrep 命令是 procps 包的一部分。

现在我们已经通过线程化中断处理程序了解了实时 Linux 内核，接下来不妨更深入地研究它的实现。

21.6　可抢占内核锁

使大多数内核锁可抢占是实时 Linux 内核（PREEMPT_RT）所做的最具侵入性的更改，并且此代码保留在主线内核之外。

这个问题发生在自旋锁上，它可用于大部分内核锁定。自旋锁是一个忙等待互斥锁，在竞争情况下不需要上下文切换，因此只要锁被保持很短的时间，它就非常有效。理想情况下，它们被锁定的时间应该少于重新调度两次所需的时间。

图 21.3 显示了在竞争相同自旋锁的两个不同 CPU 上运行的线程。CPU 0 首先得到它，迫使 CPU 1 自旋，直到它被解锁。

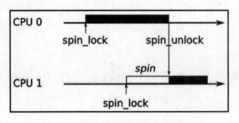

图 21.3　自旋锁

原　　文	译　　文
spin	自旋

持有自旋锁的线程不能被抢占，因为这样做可能会使新线程在尝试锁定相同的自旋锁时进入相同的代码并死锁。因此，在主线 Linux 中，锁定自旋锁会禁用内核抢占，从而创建原子上下文。这意味着持有自旋锁的低优先级线程可以阻止高优先级线程被调度，这种情况也被称为优先级反转。

ⓘ 注意：

PREEMPT_RT 采用的解决方案是用实时互斥锁替换几乎所有的自旋锁。互斥锁比自旋锁慢，但它是完全可抢占的。不仅如此，实时互斥锁还实现了优先级继承，因此不易受到优先级反转的影响。

现在我们已经对 PREEMPT_RT 补丁中的内容有所了解。那么，如何获得它们呢？

21.6.1 获取 PREEMPT_RT 补丁

RT 开发人员不会为每个内核版本创建补丁集，因为涉及的移植工作量很大。平均而言，他们会每隔一个版本为内核创建补丁。在撰写本文时支持的最新内核如下：

- ❏ 5.10-rt
- ❏ 5.9-rt
- ❏ 5.6-rt
- ❏ 5.4-rt
- ❏ 5.2-rt
- ❏ 5.0-rt
- ❏ 4.19-rt
- ❏ 4.18-rt
- ❏ 4.16-rt
- ❏ 4.14-rt
- ❏ 4.13-rt
- ❏ 4.11-rt

ℹ️ 注意：

这些补丁可在以下网址中获得：

https://www.kernel.org/pub/linux/kernel/projects/rt

你如果使用的是 Yocto Project，那么已经有一个 rt 版本的内核；否则，你获取内核的地方可能已经应用了 PREEMPT_RT 补丁。如果没有，那么你将不得不自己应用该补丁。

首先，请确保 PREEMPT_RT 补丁版本和你的内核版本完全匹配；否则，你将无法干净地应用补丁。

然后，以正常方式应用它（示例如下），这样就能够使用 CONFIG_PREEMPT_RT_FULL 配置内核：

```
$ cd linux-5.4.93
$ zcat patch-5.4.93-rt51.patch.gz | patch -p1
```

当然，上面介绍的应用方法可能会产生问题——RT 补丁仅在你使用兼容的主线内核时适用，这是嵌入式 Linux 内核的特性——但是你的版本可能不兼容，因此，你将不得不花一些时间研究出错的补丁并修复它们，然后分析你的目标板的支持并添加任何缺少的实时支持。这些细节同样超出了本书的讨论范围。你如果不知道该怎么做，可以尝试向你正在使用的内核的供应商或内核开发者论坛请求支持。

21.6.2　Yocto Project 和 PREEMPT_RT

Yocto Project 提供了两个标准内核配方：linux-yocto 和已应用实时补丁的 linux-yocto-rt。假设 Yocto 内核支持你的目标，则只需选择 linux-yocto-rt 作为首选内核并声明你的机器是兼容的，例如，通过在 conf/local.conf 中添加与以下类似的行：

```
PREFERRED_PROVIDER_virtual/kernel = "linux-yocto-rt"
COMPATIBLE_MACHINE_beaglebone = "beaglebone"
```

在知道从哪里可以获得实时 Linux 内核之后，让我们来谈谈时序。

21.7　高分辨率定时器

如果你有精确的时序要求，那么定时器分辨率很重要，这对于实时应用来说是很典型的。Linux 中的默认定时器是以可配置的频率运行的时钟，嵌入式系统通常为 100 Hz，服务器和台式机通常为 250 Hz。两个定时器滴答之间的间隔被称为 jiffy，在前面给出的示例中，嵌入式 SoC 上为 10 ms，服务器上为 4 ms。

Linux 从 2.6.18 版的实时内核项目中获得了更精确的定时器，现在它们在所有平台上都可用，前提是有一个高分辨率的定时器源和设备驱动程序——这基本上都可以做到。你需要使用 CONFIG_HIGH_RES_TIMERS=y 配置内核。

启用此选项后，所有内核和用户空间时钟都将精确到底层硬件的粒度。要找到实际的时钟粒度是很困难的。显而易见的答案是 clock_getres(2)提供的值，但它始终声称分辨率为 1 ns。下文介绍的 cyclictest 工具有一个选项来分析时钟报告的时间以猜测分辨率：

```
# cyclictest -R
# /dev/cpu_dma_latency set to 0us
WARN: reported clock resolution: 1 nsec
WARN: measured clock resolution approximately: 708 nsec
```

也可以查看内核日志消息中的字符串，如下所示：

```
# dmesg | grep clock
OMAP clockevent source: timer2 at 24000000 Hz
sched_clock: 32 bits at 24MHz, resolution 41ns, wraps every
178956969942ns
OMAP clocksource: timer1 at 24000000 Hz
Switched to clocksource timer1
```

这两种方法提供的数字有很大的不同，让人不知道该怎么解释，但好消息是，二者都低于 1 µs。

高分辨率定时器可以按足够准确度测量延迟的变化。接下来，让我们看看减轻这种不确定性的几种方法。

21.8 避免页面错误

当应用程序读取或写入未提交到物理内存的内存时，就会发生页面错误（详见 18.4 节"用户空间内存布局"）。通常无法（或很难）预测何时会发生页面错误，因此它们是计算机中不确定性的另一个来源。

幸运的是，有一个函数可以让你提交进程使用的所有内存并将其锁定，这样就不会导致页面错误。该函数是 mlockall(2)。以下是它的两个标志。

❑ MCL_CURRENT：锁定当前映射的所有页面。

❑ MCL_FUTURE：锁定以后映射的页面。

通常可以在应用程序启动期间调用 mlockall，并设置上述两个标志以锁定所有当前和未来的内存映射。

💡 提示：

MCL_FUTURE 并不神奇，因为在使用 malloc()/free() 或 mmap() 分配或释放堆内存时仍然会有不确定的延迟。此类操作最好在启动时完成，而不是在主控制回路中。

在栈上分配的内存比较棘手一点，因为它是自动完成的，你如果调用一个使栈比以前更深的函数，则会遇到更多的内存管理延迟。一个简单的解决方法是将栈的大小增加到比你认为在启动时需要的更大。示例如下：

```
#define MAX_STACK (512*1024)
static void stack_grow (void)
{
    char dummy[MAX_STACK];
    memset(dummy, 0, MAX_STACK);
```

```
    return;
}

int main(int argc, char* argv[])
{
    […]
    stack_grow ();
    mlockall(MCL_CURRENT | MCL_FUTURE);
    […]
}
```

stack_grow()函数可在栈上分配一个大变量，然后将其清零以强制将这些内存页提交给该进程。

中断是另一个应该防范的非确定性来源。

21.9　中断屏蔽

如前文所述，使用线程化中断处理程序有助于减轻中断开销，方法是在不影响实时任务的情况下，允许某些线程以比中断处理程序更高的优先级运行。但是，你如果使用的是多核处理器，则可以采用不同的方法，完全屏蔽一个或多个内核处理中断，让它们专门用于实时任务。这适用于普通 Linux 内核或 PREEMPT_RT 内核。

要实现这一点，需要将实时线程固定到一个 CPU 上，将中断处理程序固定到另一个 CPU 上。你可以使用 taskset 命令行工具设置线程或进程的 CPU 亲和性（affinity），或者可以使用 sched_setaffinity(2)和 pthread_setaffinity_np(3)函数来进行该设置。

要设置中断的亲和性，首先要注意/proc/irq/<IRQ number>中的每个中断号都有一个子目录。中断的控制文件就在其中，包括 smp_affinity 中的 CPU 掩码。向该文件中写入一个位掩码，并为允许处理该 IRQ 的每个 CPU 设置一个位。

栈增长和中断屏蔽是提高响应能力的绝妙技术，但如何判断它们是否真的有效呢？这就需要进行调度延迟的测量。

21.10　测量调度延迟

你如果无法证明自己的设备符合截止期限，那么可能进行的所有配置和调整都将毫无意义。因此，你需要用自己的基准来进行最终测试，让实测数据说话。在此我们将介绍两个重要的测量工具：cyclictest 和 Ftrace。

21.10.1　cyclictest

cyclictest 最初是由 Thomas Gleixner 编写的，现在可以在大多数平台上以一个名为 rt-tests 的包的形式使用。你如果使用的是 Yocto Project，则可以通过构建实时镜像配方来创建包含 rt-tests 的目标镜像，如下所示：

```
$ bitbake core-image-rt
```

你如果使用的是 Buildroot，则需要在 Target packages（目标包）| Debugging, profiling and benchmark（调试、性能分析和基准测试）| rt-tests 菜单中添加 BR2_PACKAGE_RT_TESTS 包。

cyclictest 通过将休眠所用的实际时间与请求的时间进行比较来测量调度延迟。如果没有延迟的话，那么它们应该是相同的，并且报告的延迟将为 0。cyclictest 假设定时器分辨率小于 1 μs。

它有大量的命令行选项。你可以尝试在目标上以 root 身份运行此命令：

```
# cyclictest -l 100000 -m -n -p 99
# /dev/cpu_dma_latency set to 0us
policy: fifo: loadavg: 1.14 1.06 1.00 1/49 320
T: 0 ( 320) P:99 I:1000 C: 100000 Min: 9 Act: 13 Avg: 15 Max:134
```

上述示例中选择的选项如下。

- ❑　-l N：循环 N 次（默认为无限制）。
- ❑　-m：使用 mlockall 锁定内存。
- ❑　-n：使用 clock_nanosleep(2)而不是 nanosleep(2)。
- ❑　-p N：使用实时优先级 N。

结果行显示了以下内容，从左到右读取。

- ❑　T: 0：这是线程 0，是本次运行中的唯一线程。可以使用参数-t 设置线程数。
- ❑　(320)：这是 PID 320。
- ❑　P:99：优先级为 99。
- ❑　I:1000：循环之间的间隔为 1000 μs。可以使用-i N 参数设置间隔。
- ❑　C:100000：此线程的最终循环计数为 100000。
- ❑　Min: 9：最小延迟为 9 μs。
- ❑　Act:13：实际延迟为 13 μs。该实际延迟是最近的延迟测量，只有在你观察 cyclictest 运行时才有意义。

❑　　Avg:15：平均延迟为 15 μs。

❑　　Max:134：最大延迟为 134 μs。

这是在运行未修改的 linux-yocto 内核的空闲系统上获得的，它只是该工具的快速演示。要让它真正发挥作用，你需要在 24 小时或更长时间内运行测试，同时运行代表你期望的最大值的负载。

在 cyclictest 产生的上述数字中，最大延迟是最有趣的，但最好能够了解这些值的分布情况。可以通过添加-h <N>来获得延迟最多 N μs 的样本直方图。使用这种技术，我们获得了在相同目标板上运行内核的 3 个跟踪结果，这 3 个结果分别对应无抢占、标准抢占和 RT 抢占，同时从泛洪 ping 中加载以太网流量。该命令行如下所示：

```
# cyclictest -p 99 -m -n -l 100000 -q -h 500 > cyclictest.data
```

然后，我们使用 gnuplot 创建以下 3 个图表。如果你对此感兴趣，则可以在本书代码存档 MELP/Chapter21/plot 中找到数据文件和 gnuplot 命令脚本。

图 21.4 是在无抢占情况下生成的输出。

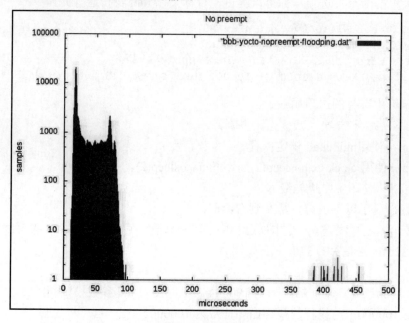

图 21.4　无抢占

可以看到，在无抢占的情况下，大多数样本都在截止期限的 100 μs 内，但也有一些异常值高达 500 μs，这基本上就是你期望的结果。

图 21.5 是使用标准抢占生成的输出。

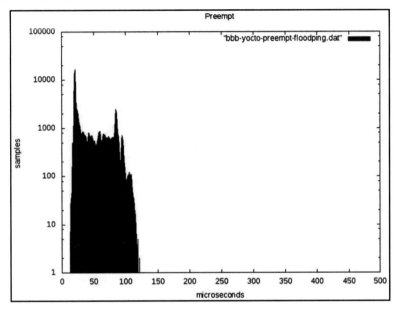

图 21.5　标准抢占

可以看到，在使用标准抢占的情况下，样本分布在低端，但没有超过 120 μs。
图 21.6 是使用 RT 抢占生成的输出。

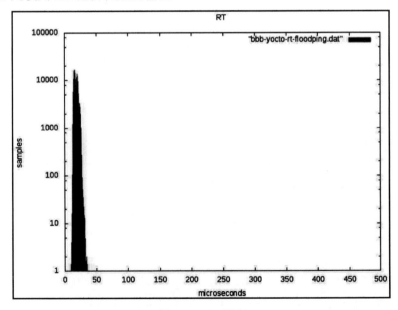

图 21.6　RT 抢占

可以看到，RT 内核是一个明显的优胜者，因为它的所有样本都紧紧地被聚集在 20 μs 的标记附近，并且没有任何样本迟于 35 μs。

由此可见，cyclictest 是调度延迟的标准度量。但是，它不能帮助你识别和解决内核延迟的特定问题。要解决该问题，需要使用 Ftrace。

21.10.2　使用 Ftrace

内核函数跟踪器中具有帮助跟踪内核延迟的跟踪器——毕竟，这就是最初编写它的目的。这些跟踪器可捕获运行期间检测到的最坏情况延迟的跟踪，并显示导致延迟的函数。

感兴趣的跟踪器以及内核配置参数如下。

- ❑ irqsoff: CONFIG_IRQSOFF_TRACER 可跟踪禁用中断的代码，记录最坏情况。
- ❑ preemptoff: CONFIG_PREEMPT_TRACER 类似于 irqsoff，但跟踪内核抢占禁用的最长时间（仅在可抢占内核上可用）。
- ❑ preemptirqsoff: 结合前两个跟踪来记录禁用中断或抢占的最长时间。
- ❑ wakeup: 跟踪并记录最高优先级任务在被唤醒后被调度所需的最大延迟。
- ❑ wakeup_rt: 这与 wakeup 相同，但仅适用于具有 SCHED_FIFO、SCHED_RR 或 SCHED_DEADLINE 策略的实时线程。
- ❑ wakeup_dl: 这与 wakeup 相同，但仅适用于使用 SCHED_DEADLINE 策略的有截止期限的调度线程。

请注意，运行 Ftrace 会增加很多延迟，大约为几十毫秒，每次它捕获一个新的最大值时，Ftrace 本身可以忽略。但是，它会扭曲用户空间跟踪器（如 cyclictest）的结果。换句话说，如果你在捕获跟踪时运行它，请忽略 cyclictest 的结果。

选择跟踪器的操作与我们在第 20 章 "性能分析和跟踪" 中讨论的函数跟踪器相同。以下是在 60 s 内禁用抢占的最长周期捕获跟踪的示例：

```
# echo preemptoff > /sys/kernel/debug/tracing/current_tracer
# echo 0 > /sys/kernel/debug/tracing/tracing_max_latency
# echo 1 > /sys/kernel/debug/tracing/tracing_on
# sleep 60
# echo 0 > /sys/kernel/debug/tracing/tracing_on
```

生成的跟踪结果如下所示（为使结果更清晰，有删减）：

```
# cat /sys/kernel/debug/tracing/trace
# tracer: preemptoff
#
# preemptoff latency trace v1.1.5 on 3.14.19-yocto-standard
```

```
# -----------------------------------------------------------
# latency: 1160 us, #384/384, CPU#0 | (M:preempt VP:0, KP:0, SP:0 HP:0)
# -----------------
# | task: init-1 (uid:0 nice:0 policy:0 rt_prio:0)
# -----------------
# => started at: ip_finish_output
# => ended at: __local_bh_enable_ip
#
#
#                 _------=> CPU#
#                / _-----=> irqs-off
#               | / _----=> need-resched
#               || / _---=> hardirq/softirq
#               ||| / _--=> preempt-depth
#               |||| / delay
# cmd pid       ||||| time | caller
# \ /           ||||| \ | /
init-1 0..s. 1us+: ip_finish_output
init-1 0d.s2 27us+: preempt_count_add <-cpdma_chan_submit
init-1 0d.s3 30us+: preempt_count_add <-cpdma_chan_submit
init-1 0d.s4 37us+: preempt_count_sub <-cpdma_chan_submit
[…]
init-1 0d.s2 1152us+: preempt_count_sub <-__local_bh_enable
init-1 0d..2 1155us+: preempt_count_sub <-__local_bh_enable_ip
init-1 0d..1 1158us+: __local_bh_enable_ip
init-1 0d..1 1162us!: trace_preempt_on <-__local_bh_enable_ip
init-1 0d..1 1340us : <stack trace>
```

在上述示例中可以看到，在运行跟踪时禁用内核抢占的最长时间是 1160 μs。这个简单的事实可以通过阅读/sys/kernel/debug/tracing/tracing_max_latency 获得，但上述跟踪则更进一步，为你提供了导致该测量的内核函数调用序列。标记为 delay 的列显示了调用每个函数的路径上的点，以在 1162 μs 处对 trace_preempt_on() 的调用结束，此时再次启用内核抢占。有了这些信息，你可以回顾调用链并（希望）确定这是否是一个问题。

其他跟踪器的工作方式大致相同。

21.10.3　结合 cyclictest 和 Ftrace

如果 cyclictest 报告出乎意料的长延迟，则可以使用 breaktrace 选项中止程序并触发 Ftrace 以获取更多信息。

你可以使用-b<N>或--breaktrace=<N>调用 breaktrace，其中 N 是触发跟踪的延迟微秒数。使用-T[tracer name]或以下选项之一选择 Ftrace 跟踪器。

- ❑　-C：上下文切换。
- ❑　-E：事件。
- ❑　-f：函数。
- ❑　-w：唤醒。
- ❑　-W：实时唤醒。

例如，当测量到延迟大于 100 μs 时，以下命令将触发 Ftrace 函数跟踪器：

```
# cyclictest -a -t -n -p99 -f -b100
```

现在我们有两个互补的调试延迟问题的工具。cyclictest 负责检测暂停，而 Ftrace 则可以提供详细信息。

21.11　小　　结

除非你用截止期限和可接受的未命中率对其进行限定，否则"实时"一词毫无意义。掌握了这两条信息后，你就可以确定 Linux 是否适合该操作系统，如果是，则可以开始调整你的系统以满足其要求。调整 Linux 和你的应用程序以处理实时事件意味着使其更具确定性，以便实时线程能够可靠地满足其截止期限。确定性通常以总吞吐量为代价，因此实时系统无法像非实时系统那样处理那么多的数据。

由于开发人员不可能提供数学证明来证明像 Linux 这样的复杂操作系统总是能在给定的期限内完成，因此唯一的方法是使用 cyclictest 和 Ftrace 等工具进行广泛的测试，更重要的是，使用对你自己的应用程序的基准测试。

为了提高确定性，你需要同时考虑应用程序和内核。在编写实时应用程序时，你应该遵循本章给出的有关调度、锁定和内存的指导。

内核对系统的确定性有很大影响。值得庆幸的是，多年来开发人员在这方面做了很多工作。启用内核抢占就是很好的第一步。如果你发现它仍然比预期更频繁地错过截止期限，那么你可能需要考虑 PREEMPT_RT 内核补丁。它们当然可以产生低延迟，但遗憾的是它们不在 Linux 主线版本中。这一事实意味着你可能无法将它们与特定开发板的供应商内核集成。随之而来的是你可能需要开始使用 Ftrace 和类似工具查找延迟原因。

本书对嵌入式 Linux 开发的讨论至此结束。作为一名嵌入式系统工程师，你需要非常广泛的技能，其中包括有关硬件的低级知识以及如何通过内核与之交互。你还需要成为优秀的系统工程师，能够配置用户应用程序并调整它们以使其高效工作。人们常说，优秀的工程师可以用一块钱办两块钱的事，希望本书能帮助你达成此目标。

21.12　延 伸 阅 读

以下资源包含有关本章介绍的主题的更多信息。

❑ *Hard Real-Time Computing Systems: Predictable Scheduling Algorithms and Applications*(《硬实时计算系统：可预测的调度算法和应用》), by Giorgio Buttazzo

❑ *Multicore Application Programming*（《多核心应用程序编程》），by Darryl Gove